Análisis Funcional

Su aplicación al estudio de sociedades prehistóricas

Editores

Ignacio Clemente
Roberto Risch
Juan F. Gibaja

BAR International Series 1073
2002

Published in 2016 by
BAR Publishing, Oxford

BAR International Series 1073

Análisis Funcional

ISBN 978 1 84171 452 3

BAR Publishing is the trading name of British Archaeological Reports (Oxford) Ltd. British Archaeological Reports was first incorporated in 1974 to publish the BAR Series, International and British. In 1992 Hadrian Books Ltd became part of the BAR group. This volume was originally published by Archaeopress in conjunction with British Archaeological Reports (Oxford) Ltd / Hadrian Books Ltd, the Series principal publisher, in 2002. This present volume is published by BAR Publishing, 2016.

Printed in England

BAR
PUBLISHING

BAR titles are available from:

BAR Publishing
122 Banbury Rd, Oxford, OX2 7BP, UK
EMAIL info@barpublishing.com
PHONE +44 (0)1865 310431
FAX +44 (0)1865 316916
www.barpublishing.com

ÍNDICE

SECCIÓN VI RECOPILACIÓN BIBLIOGRÁFICA

Lista de autores y autoras

Araujo Igreja, Marina de
UMR 6636, Economies, Sociétés et Environnements Préhistoriques, M.M.S.H., 5 Rue du Château de l'Horloge, BP 647, F-13094 Aix-en-Provence.
Correo electrónico: brugal@mmsh.univ-aix.fr

Arnay de la Rosa, Matilde
Dpto. de Prehistoria, Antropología e Historia Antigua de la Universidad de La Laguna, Facultad de Geografía e Historia, Campus de Guajara. La Laguna, Tenerife.

Baena Preysler, Javier
Dpto. de Prehistoria y Arqueología, Universidad Autónoma de Madrid, Ciudad Universitaria de Cantoblanco, 28049 Madrid.
Correo electrónico: javier.baena@uam.es

Balaguer Nadal, Paz
Servei d'Anàlisis Arqueològiques, Departament d'Antropologia Social i Prehistòria, Universitat Autònoma de Barcelona, Edifici B, 08193 Bellaterra (Barcelona).

Barceló Álvarez, Joan Anton
Departament d'Antropologia Social i Prehistòria, Universitat Autònoma de Barcelona, Edifici B, 08193 Bellaterra (Barcelona).
Correo electrónico: ilphd@blues.uab.es

Blasco Bosqued, Concepción
Dpto. de Prehistoria y Arqueología, Universidad Autónoma de Madrid, Ciudad Universitaria de Cantoblanco, 28049 Madrid.

Bosch, Josep
Museu de Gavà, Plaça de Dolors Clua 13-14, 08850 Gavà (Barcelona).
Correo electrónico: jbosch@aj-gava.net

Briz i Godino, Ivan
Laboratorio de Arqueología, Institución Milá y Fontanals-CSIC, Egipciaques 15, 08001 Barcelona.
Correo electrónico: ibriz@bicat.csic.es

Calvo Trias, Manuel
Departamento de Ciencias Históricas y Teoria de las Artes, Edificio Ramón Llull, Universidad de las Islas Baleares, C/Valldemossa Km 7'5, 07071 Palma de Mallorca.
Correo electrónico: vdhamct0@tomir.uib.es

Carrión Santafé, Elena
Dpto. de Prehistoria y Arqueología, Universidad Autónoma de Madrid, Ciudad Universitaria de Cantoblanco, 28049 Madrid.

Carvalho, António Faustino
Faculdade de Ciências Humanas e Sociais, Universidade do Algarve, Campus de Gambelas, 8000-710 Faro.
Correo electrónico: afcarva@ualg.pt.

Clemente Conte, Ignacio
Laboratorio de Arqueología, Institución Milá y Fontanals-CSIC, Egipciaques 15, 08001 Barcelona.
Correo electrónico: ignacio@bicat.csic.es

Clop García, Xavier
Departament d'Antropologia Social i Prehistòria, Edifici B, Universitat Autònoma de Barcelona, Bellaterra 08193 (Barcelona).
Correo electrónico: xavier.clop@uab.es

Delgado Darias, Teresa
El Museo Canario, Dr. Verneau, 2. 35001 Las Palmas de Gran Canaria.
Correo electrónico: teresadelgado@terra.es

Diniz, Mariana
Centro de Arqueologia, Faculdade de Letras de Lisboa, Alameda da Universidade, 1600-214 Lisboa.
Correo electrónico: m.diniz@mail.doc.fl.ul.pt

Estrada, Alícia
SERP (Seminari d'Estudis i Recerques Prehistòriques), Universitat de Barcelona.

Fregeiro Morador, Mª Inés
Servei d'Anàlisis Arqueològiques, Departament d'Antropologia Social i Prehistòria, Universitat Autònoma de Barcelona, Edifici B, 08193 Bellaterra (Barcelona).

Galván Santos, Bertila
Departamento de Prehistoria, Historia Antigua y Antropología, Campus de Guajara, Universidad de La Laguna, La Laguna, Tenerife.

Gassiot Ballbè, Ermengol
Departament d'Antropologia Social i Prehistòria, Universitat Autònoma de Barcelona, Edifici B, 08193 Bellaterra (Barcelona).
Correo electrónico: egassiot@seneca.uab.es

Gibaja Bao, Juan Francisco
Museu d'Arqueologia de Catalunya, Passeig Santa Madrona, 39-41, Parc de Montjuïc, 08038 Barcelona.
Correo electrónico: jfgibaja@mixmail.com

González Reimers, Emilio
Dpto. de Medicina Interna. Hospital Universitario de Canarias, Universidad de La Laguna, La Laguna, Tenerife.
Correo electrónico: egonrey@ull.es

González Urquijo, Jesús Emilio
Departamento de Ciencias Históricas, Universidad de Cantabria, Avda. De los Castros s/n, 39005, Santander.
Correo electrónico:gonzalje@ccaix3.unican.es

Gutiérrez Sáez, Carmen
Dpto. de Prehistoria y Arqueología, Universidad Autónoma de Madrid, Ciudad Universitaria de Cantoblanco, 28049 Madrid.
Correo electrónico: carmen.gutierrez@uam.es

Gyria, Evgeni Y.
Institute of History of Material Culture Russian Academy of Sciences, Dvortzovaja nab., 18, 191186 St.-Petersburg, Russia.
Correo electrónico: kostionki@yahoo.com

Hernández Gómez, Cristo Manuel
Las Chumberas, bl. 4º, 5D, La Laguna, Tenerife.

Ibáñez Estévez, Juan José
Departamento de Ciencias Históricas, Universidad de Cantabria, Avda. De los Castros s/n, 39005, Santander.
Correo electrónico: ibanezjj@ccaix3.unican.es

Liesau von Lettow-Vorbeck, Corina
Dpto. de Prehistoria y Arqueología, Universidad Autónoma de Madrid, Ciudad Universitaria de Cantoblanco, 28049 Madrid.
Correo electrónico: corina.liesau@uam.es

Lozovsky, Vladimir M.
Sergiev-Possad State History and Artr Museum, 144 av. Krasnoi Armi, Sergiev-Possad 141300, Russia.
Correo electrónico: zamostje@online.ru

Lozovzska, Olia V.
Sergiev-Possad State History and Artr Museum, 144 av. Krasnoi Armi, Sergiev-Possad 141300, Russia.
Correo electrónico : zamostje@online.ru

Márquez Mora, Belén
Dpto. de Paleobiología, Museo Nacional de Ciencias Naturales, C. José Gutiérrez Abascal 2, 28006-Madrid.
Correo electrónico: bmm@mncn.csic.es.

Martín Rodríguez, Ernesto
Dpto. de Ciencias Históricas de la Universidad de Las Palmas de Gran Canaria, Pérez del Toro 1, 35003 Las Palmas de Gran Canaria.
Correo electrónico: emartin@sinf.ulpgc.es

Martínez Molina, Kenneth
Àrea de Prehistòria de la Universitat Rovira i Virgili, Facultat de Lletres, Plç. Imperial Tarraco, nº1, 43005, Tarragona.
Correo electrónico: kenneth@prehistoria.urv.es

Mir, Anna
Museu Comarcal Salvador Vilaseca, Raval de Sta. Anna, 59, 43201, Reus, España.

Oliart Caravatti, Camila
Servei d'Anàlisis Arqueològiques, Departament d'Antropologia Social i Prehistòria, Universitat Autònoma de Barcelona, Edifici B, 08193 Bellaterra (Barcelona).

Ortega Cordellat, Iluminada
Le Cazals, 24520 Mouleydier, Francia.
Correo electrónico: bourguignon.ortega@free.fr

Palomo, Antoni
Arqueolitic, C/Bisbe Lorenzana, 9, 1º-2ª, 17002 Girona.
Correo electrónico: arqueolitic@jet.es

Pijoan López, Jordi
Departament d'Antropologia Social i Prehistòria, Edifici B, Bellaterra 08193 (Barcelona).
Correo electrónico: jordipl31770@yahoo.es

Planas Garrido, Mercedes
Dpto. de Prehistoria y Arqueología, Universidad Autónoma de Madrid, Ciudad Universitaria de Cantoblanco, 28049 Madrid.

Rihuete Herrada, Cristina
Fundació-Museu Arqueològic Son Fornés, Molí d'en Fraret, 07230 Montuiri, Mallorca.
Correo electrónico: sonforne@teleline.es.

Ríos Garaizar, Joseba
Departamento de Ciencias Históricas, Universidad de Cantabria, Avda. De los Castros s/n, 39005, Santander.
Correo electrónico: jorios@euskalnet.net

Risch, Roberto
Departament d'Antropologia Social i Prehistòria, Universitat Autònoma de Barcelona, Edifici B, 08193 Bellaterra (Barcelona).
Correo electrónico : robert.risch@uab.es

Rodríguez Rodríguez, Amelia C.
Departamento de Ciencias Históricas, Edificio de Humanidades, C. Pérez del Toro nº 1, Universidad de Las Palmas de Gran Canaria, Las Palmas 35003.
Correo electrónico: arquz@sinf.ulpgc.es

Sánchez Priego, Juan A.
Departament d'Antropologia Social i Prehistòria, Universitat Autònoma de Barcelona, Edifici B, 08193 Bellaterra (Barcelona).
Correo electrónico: priego3@hotmail.com

Sintes Olives, Elena
Servei d'Anàlisis Arqueològiques, Departament d'Antropologia Social i Prehistòria, Universitat Autònoma de Barcelona, Edifici B, 08193 Bellaterra (Barcelona).

Toselli, Andrea
Laboratorio de Arqueología, Institución Milá y Fontanals-CSIC, Egipciaques 15, 08001 Barcelona.
Correo electrónico: atoselli@bicat.csic.es

Velasco Vázquez, Javier
Dpto. de Prehistoria y Arqueología, Plaza de la Universidad, Universidad de Valladolid, 47002 Valladolid.

Vila Mitjà, Assumpció
Laboratorio de Arqueología, Institución Milá y Fontanals-CSIC, Egipciaques 15, 08001 Barcelona.
Correo electrónico: avila@bicat.csic.es

Wünsch Royo, Germà
Museu d´Arqueologia de Catalunya, Paseo Santa Madrona, 39-41, Parc de Montjuïc, 08038 Barcelona.

Zurro Hernández, Débora
Laboratorio de Arqueología, Institución Milá y Fontanals-CSIC, Egipciaques 15, 08001 Barcelona.
Correo electrónico: dzurro@bicat.csic.es

SECCIÓN I

INTRODUCCIÓN

1. Objetivos y perspectivas del 1er Congreso de Análisis Funcional en España y Portugal

Objectives and Perspectives from the 1st Conference on Functional Analysis in Spain and Portugal

Roberto Risch, Ignacio Clemente y Juan Francisco Gibaja

El *análisis funcional* se ha convertido en una metodología firmemente establecida en la investigación arqueológica de los países de nuestro entorno. Desde su introducción a mediados del s. XX se ha aplicado sobre todo al análisis de los rastros de uso en artefactos líticos tallados, aunque su objetivo último sea la identificación de cualquier actividad económica realizada por comunidades prehistóricas (Semenov 1981). En este sentido, el *Análisis Funcional* desempeña un papel crucial en el avance disciplinar de la arqueología.

En el contexto peninsular existe un número creciente de investigadores e investigadoras que se preocupan por el desarrollo de esta metodología arqueológica. Sin embargo, hasta ahora los distintos equipos y especialistas han trabajado de forma relativamente independiente, y los contactos científicos se han producido sobre todo en congresos y en centros de investigación de otros países dada la falta de un foro de debate propio.

La necesidad de conectar y conocer los avances científicos producidos en la península durante los últimos años ha sido el motivo inicial de la organización del *1er Congreso de Análisis Funcional de España y Portugal*, celebrado en Barcelona a finales de noviembre de 2001. El carácter amplio e integrador que se ha pretendido imprimir al encuentro ha encontrado su correspondencia en la colaboración activa entre tres de las principales instituciones de investigación arqueológica de la ciudad, como son el Departament d'Antropologia Social i Prehistòria de la Universitat Autònoma de Barcelona, el Museu d'Arqueologia de Catalunya, y la Institució Milà i Fontanals del CSIC.

Conscientes de que el *análisis funcional* está derivando hacia una mera técnica descriptiva de determinados materiales arqueológicos de ciertos periodos prehistóricos (véase Vila, capítulo 2), se ha pretendido evitar el celebrar un nuevo congreso de "trazas de uso" falto de contenidos históricos, y que siguiese incidiendo en la marcada parcelación de la arqueología en periodos seudo históricos y en saberes técnicos y excluyentes. Así, el segundo objetivo de la reunión ha sido avanzar en el

Functional Analysis *has become firmly established as a methodology of archaeological research in the countries of our area. From its beginnings in the mid 20th century it has been applied above all to the analysis of use traces on chipped stone artefacts, although its ultimate objective has been the identification of any economic activity carried out by prehistoric communities (Semenov 1981). In this sense,* Functional Analysis *plays a crucial role in the disciplinary advance of archaeology.*

In the context of the Iberian Peninsula, there are growing numbers of researchers concerned with the development of this archaeological methodology. However, until now the various teams and specialists have worked somewhat independently, and scientific contacts have occurred above all in conferences, and in research centres in other countries, given the lack of any forum for debate in the Peninsula.

The need for greater contacts and communication of scientific advances in the Iberian Peninsula in the last few years was the initial motive behind the organization of the 1st Conference on Functional Analysis in Spain and Portugal, *held in Barcelona at the end of 2001. The broad and integrative character of the event was enhanced by the active participation and support of three of the city's main archaeological research institutes, the Departament d'Antropologia Social i Prehistòria of the Universitat Autònoma de Barcelona, the Museu d'Arqueologia de Catalunya, and the Institució Milà i Fontanals of the CSIC (Superior Council for Scientific Research).*

Conscious that functional analysis *is tending to become a mere descriptive technique used on certain archaeological materials from certain prehistoric periods (see Vila, Chapter 2), the aim was to avoid a new conference of "use traces", lacking in historical content, and tending towards the continued parcelling of archaeology into pseudo-historical periods, and technical and exclusive sets of knowledge. Thus, the second objective of the meeting was to make advances in the heuristic potential of this archaeological methodology aimed at establishing an analysis of the productive tasks,*

potencial heurístico de esta metodología arqueológica encaminada a establecer y a analizar las tareas productivas, el nivel tecnológico y la organización social de los procesos de producción en distintas sociedades prehistóricas. De ahí el título del encuentro y de la presente publicación: *Análisis Funcional: su aplicación al estudio de sociedades prehistóricas.*

Nuestro punto de partida ha sido que el Análisis Funcional, entendido como el método de estudio de los procesos de trabajo y consumo a través de la materialidad social, puede llegar a desempeñar un papel paradigmático en la arqueología del siglo XXI, como ocurrió con el método tipológico en la del siglo pasado. Sin embargo, buena parte de los estudios de trazas de uso se caracterizan por una marcada orientación positivista (Ramos Millán 1990), a la vez que se echa en falta una mayor reflexión acerca de su papel en la investigación histórica de las sociedades pasadas, objetivo prioritario de la arqueología. El desarrollo o la aplicación de ésta o de cualquier otra metodología en arqueología sólo cobra sentido a la luz de las preguntas planteadas, y por lo tanto, requiere una teoría general que estructure nuestro acercamiento a la realidad. Al mismo tiempo, es necesario desarrollar instrumentos para dar respuesta a muchas de estas preguntas. Así, resulta imprescindible un avance metodológico sustancial que mejore la capacidad explicativa de la disciplina. A estos temas están dedicados los dos primeros apartados del volumen.

Dada la conexión ineludible entre el Análisis Funcional y la categoría socioeconómica *trabajo*, no parece casual que, en su origen, la metodología surgiese en un contexto influido por el materialismo histórico. Como muestran las contribuciones de carácter general presentadas a este congreso, la línea crítica de la economía política continúa siendo el marco teórico más interesante y fructífero para el estudio histórico de las sociedades a partir de la organización económica y social de los procesos de producción (capítulos 3-5). La consecuencia del postulado de Marx de que todo proceso de producción es a su vez un proceso de consumo de determinados factores económicos, y viceversa, es que siempre contamos, como mínimo, con dos posibles elementos materiales para detectar una determinada actividad económica: el medio de producción y el producto obtenido. Igualmente, significa que todo artefacto es un objeto producido a la vez que un bien de consumo y, por lo tanto, es susceptible de aportar información sobre la organización técnica y las relaciones sociales tanto de la producción como del consumo.

Este carácter doble de buena parte de los objetos arqueológicos no sólo resulta de gran importancia en un registro empírico siempre parcial, sino que permite abordar cuestiones históricas cruciales como las formas de producción, el nivel de productividad y riqueza alcanzado por una sociedad, la división del trabajo o el desarrollo de la desigualdad social. Encontrar respuesta a estas preguntas mediante el análisis funcional de los

technological levels *and social organization of the production processes in different prehistoric societies. Hence the title of the event and of the present publication:* Functional Analysis: Its Application to the Study of Prehistoric Societies.

Our starting point was that Functional Analysis, understood as the method used for studying labour and consumption processes through social materiality, could come to play a paradigmatic role in 21st century archaeology, as was the case of the typological method in the last century. However, a large proportion of studies of use traces are characterized by a markedly positivist orientation (Ramos Millán 1990), at the same time as they lack a greater reflection on their role in historical research of past societies, the primary objective of archaeology. The development or application of this or any other methodology in archaeology only makes sense in the light of the questions asked, and, as such, requires a general theory which structures the approach to reality. At the same time, it is necessary to develop instruments to provide answers to many of these questions. Thus, a substantial methodological advance which improves the explanatory capacity of the discipline becomes of utmost importance. The first two sections of the volume are dedicated to these themes.

Given the unavoidable connection between Functional Analysis and the socio-economic category of labour, it does not seem to be coincidental that, in its origins, the methodology arose in a context influenced by historical materialism. As is shown by the general presentations in the conference, a critical approach to Political Economy continues to be the most interesting and fruitful theoretical framework for the historical study of societies on the basis of the economic and social organization of their production processes (Chapters 3-5). The consequence of Marx's postulate that all processes of production are at the same time processes of consumption of certain economic factors, and vice versa, is that we can always count on, at a minimum, two possible material elements for the detection of a determined economic activity: the means of production, and the product obtained. Equally, it means that all artefacts are produced objects as well as consumed objects, and, as such, can provide information on the technical organization and social relations both of production and of consumption.

This double character of many archaeological objects is not only of great importance in an always partial empirical examination, but also it allows the tackling of crucial historical questions such as forms of production, the levels of wealth and productivity achieved by a given society, the division of labour or the development of social inequality. Finding answers to these questions by means of the functional analysis of archaeological remains requires the empirical identification of all of the "production traces" present in the archaeological

restos arqueológicos requiere la identificación empírica de todas las "huellas de producción" presentes en el material arqueológico y su distinción entre huellas de fabricación, mantenimiento, uso y desgaste (capítulo 3).

La segunda parte del libro está dedicada a nuevos avances metodológicos del análisis funcional. Los objetivos planteados hacen necesario ampliar su ámbito de estudio al conjunto del registro arqueológico y desarrollar las teorías inferenciales, o de "rango medio", que permitan articular cualquier actividad identificada en un modelo explicativo e histórico general. Una de las nuevas líneas emprendidas en los últimos años ha sido la descripción numérica a partir del tratamiento digital de las imágenes (capítulos 6 y 7).

Por otra parte, las posibilidades de ampliar el análisis funcional a otros materiales habitualmente poco tratados quedan reflejadas en los trabajos dedicados al estudio de artefactos tallados de cuarcita (capítulo 8), de instrumentos y adornos macrolíticos (capítulos 9 y 21), de recipientes cerámicos (capítulo 24), de objetos de hueso (capítulo 18) y metal (capítulos 25-27) y de restos paleoantropológicos (capítulos 10 y 28). En todos estos casos el estudio de las "huellas" de producción y de uso ha permitido comprender mejor las condiciones técnicas y sus implicaciones económicas y sociales.

En los últimos años, diferentes perspectivas han puesto de manifiesto la importancia desproporcionada que se ha otorgado a la industria lítica tallada y a las actividades realizadas con ella (p.e. Gero 1991, Risch 1995). Incluso en el contexto de las sociedades cazadoras-recolectoras el estudio de los artefactos macrolíticos (de Beaune 2000) está permitiendo reconocer las actividades de recolección y preparación de alimentos vegetales que constituyen el grueso de la subsistencia de esas comunidades. Durante toda la prehistoria reciente los instrumentos de trabajo de piedra representan una de las categorías de objetos más visible en el registro arqueológico, a pesar de lo cual continúan siendo obviados en la mayoría de los estudios y publicaciones. Sin embargo, el programa de estudio de Semenov ya incluía algunos de estos artefactos, e incluso su primera aplicación en la Península Ibérica se refirió a los útiles pulimentados (Delibes 1974). Es de esperar que el número cada vez mayor de análisis funcionales de instrumentos macrolíticos produzca un cambio de valoración de estos materiales por parte de la comunidad arqueológica (Adams 1989, 1993, Hayden 1987, Menasanch *et al.* 2002, Risch 1995, 2002, Ibáñez y González 1995, González e Ibáñez e.p.). Especialmente prometedora parece ser la combinación de análisis de huellas de uso y de residuos con el fin de identificar no sólo la actividad, sino también la especie procesada (Field y Fullagar 1998, Atchison y Fullagar 1998, capítulo 9).

A partir del Neolítico, y en especial con la aparición de la metalurgia, los estudios de huellas de uso son un elemento casi anecdótico de la investigación

material and their division into traces of fabrication, maintenance, use and wear (Chapter 3).

The second part of the book concentrates on new methodological advances within functional analysis. The objectives set out require the amplification of the ambit of study to the whole of the archaeological record, as well as the development of inferential or "middle range" theories, which allow the articulation of any identified activity in a general explicative and historical model. One of the new lines followed in recent years has been numerical description on the basis of the digital treatment of images (Chapters 6 and 7).

From a different perspective, the possibilities of amplifying functional analysis to other, rarely considered, materials is reflected in the works on the study of artefacts made from quartzite (Chapter 8), macrolithic objects and adornments (Chapters 9 and 21), ceramic recipients (Chapter 24), bone objects (Chapter 18), metal objects (Chapters 25-27), and palaeo-anthropological remains (Chapters 10 and 28). In all these cases, the study of the production and use "traces" has allowed the better comprehension of the objects' technical conditions, and their social and economic implications.

In recent years, different approaches have indicated the disproportionate importance that has been given to the flaked stone industry, and to the activities carried out with these products (e.g. Gero 1991, Risch 1995). Even in the context of hunter-gatherer societies, the study of macrolithic artefacts (de Beaune 2000) is allowing the recognition of collection and preparation of vegetable resources, i.e. activities which constitute the bulk of the subsistence of these communities. During the entire later prehistory ground stone instruments represent one of the most visible categories of objects in the archaeological record, despite of which they continue to be overlooked in the majority of studies and publications. Surprisingly, Semenov's study programme already included some of these artefacts, and in fact even the first application of this programme in the Iberian Peninsula referred to polished tools (Delibes 1974). It is to be hoped that the ever larger number of functional analyses of macrolithic instruments may produce a change of values with regard to these materials by the archaeological community (Adams 1989, 1993, Hayden 1987, Menasanch et al. 2002, Risch 1995, 2002, Ibáñez and González 1995, González and Ibáñez, in press). An especially promising development could be the combination of use marks with residues in order to identify not only the activity, but also the species processed (Field and Fullagar 1998, Atchison and Fullagar 1998, Chapter 9).

From the Neolithic onwards, and especially with the appearance of metallurgy, the studies of use traces are an almost anecdotal element in archaeological research, which stops concentrating on worked stone industry in these periods, but neither takes on the functional analysis

arqueológica, que en estos periodos deja de centrarse en las industrias talladas, aunque sin abordar tampoco el analisis de la funcionalidad de otras categorías de útiles. Así, sabemos muy poco del uso y la forma de empleo de los recipientes cerámicos de la prehistoria reciente que tanta atención han recibido desde una perspectiva tipológica. En los años 80, y en particular en Europa central, el análisis de residuos contenidos en las cerámicas experimentó un avance notable, a pesar de lo cual se sigue aplicando de forma extremadamente escasa y puntual (Rottländer y Schlichterle 1983, Rottländer 1989, Evershed 1995). Por otra parte, se están explorando nuevas posibilidades de abordar la cuestión funcional a través del estudio de huellas de desgaste y uso en las superficies de los propios recipientes (Skibo 1992, Dugay 1996).

Todavía más deficiente resulta el estado de la investigación en el caso de los objetos de metal. La identificación del modo y la intensidad de uso de estos artefactos tiende a basarse en asunciones apriorísticas o en paralelos etnográficos y rara vez se realizan comprobaciones empíricas (Kristiansen 1984, Kienlin y Ottaway 1998, Lull *et al.*1999: 119-121). Además, la posibilidad de refundición convierte a los objetos de metal en un artefacto extremadamente escaso en los contextos de habitación. Esto ha contribuido a enfatizar su carácter votivo y funerario, y a considerarlos, sobre todo con anterioridad al Bronce final, un elemento de "prestigio" más que una parte significativa de los medios de producción.

Precisamente esta "invisibilidad" de los objetos de metal en los espacios de habitación debería despertar un mayor interés por las huellas de trabajo presentes en los materiales mejor conservados (hueso, concha, piedra), así como en los instrumentos cortantes de sílex. En este sentido cabe destacar los análisis funcionales de artefactos tallados de los yacimientos de Gatas y Fuente Álamo (Clemente *et al.*1999, Gibaja 2002). En ambos asentamientos, correspondientes a la Edad del Bronce, se pudo observar que la gran mayoría de los instrumentos líticos tallados estuvo destinada exclusivamente al procesado de restos vegetales no leñosos (siega y "trilla"), mientras que apenas se documenta el trabajo de otros productos. Estos resultados, unidos a la presencia de huellas de cortado en otros materiales, implican que, al contrario de lo planteado repetidas veces en modelos explicativos convencionales, el metal, además de ser un elemento de elevado valor social, desempeñaba una función de primer orden como instrumento de trabajo en el sudeste de la Península Ibérica desde finales del III milenio cal ANE.

Otros materiales para los que existe un claro déficit de trabajos experimentales y de patrones de referencia para su análisis funcional son el hueso y las conchas, aunque al primero ya estuvo dedicada buena parte del trabajo pionero de Semenov (1981). El estudio de estos tipos de materiales plantea una doble problemática: por una parte,

of other tool categories Thus, we know very little about the use and handling of the pottery vessels of later prehistory, which have received such detailed attention from a typological perspective. During the 80's residue analyses of the pottery contents experienced considerable advance especially in central Europe, yet its application continues to be extremely scarce and limited to few pieces (Rottländer y Schlichterle 1983, Rottländer 1989, Evershed 1995). On the other hand, the study of wear and use traces on the surface of the vessels is opening new possibilities to approach pottery function.

In the case of metal objects, research is still more limited. The identification of the mode and intensity of use of these artefacts tends to be based on a priori assumptions or on ethnographic parallels, and rarely are empirical tests carried out (Kristiansen 1984, Kienlin y Ottaway 1998, Lull et al. 1999: 119-121). Furthermore, the possibility of re-melting converts metal objects into extremely scarce artefacts in habitat contexts. This has contributed to the emphasis of their votive and funerary character, and to their being considered, especially before the final Bronze Age, as "prestige" elements more than as a significant part of the means of production.

It is precisely this "invisibility" of metal objects in living spaces that should arouse a greater interest in the work traces present on the better preserved materials (bone, shell, stone), as well as in flint cutting instruments. In this regard, the functional analyses of worked artefacts from the sites of Gatas and Fuente Álamo (Clemente et al. 1999, Gibaja 2002) should be mentioned. In both of these Bronze Age settlements it can be observed that the great majority of worked stone instruments were destined exclusively to the processing of non-woody vegetal remains (harvesting and "threshing"), while labour associated with other products is hardly documented. These results, together with the presence of cutting marks on other materials, imply that in contrast to what has been repeatedly proposed in conventional explanatory models, metal, as well as being an element of high social value, had a primary function as a labour instrument in the south-east of the Iberian Peninsula from the end of the 3rd millennium BCE.

Other materials for which there exists a clear deficit of experimental works and reference patterns for their functional analysis are bone and shells, although the first played an important role in Seeanov's (1981) pioneering work. The study of these types of materials presents a double problem: on the one hand, the archaeological remains of these materials do not tend to be well preserved and, on the other hand, as is the case with polished stone instruments, the use traces formed on the surface are hard to distinguish from the intense technological or production traces. Nevertheless, in the last few years, above all with materials from sites in peat sediments or in lake areas, where the materials have an optimum conservation, the functional analysis method has been applied successfully on both experimental and

los restos arqueológicos de estas materias, por lo general, no suelen tener una buena conservación y, por otra parte, al igual que ocurre con los instrumentos líticos pulimentados, las trazas de uso que se forman en sus superficies resultan difíciles de diferenciar de los intensos rastros tecnológicos o de producción. Sin embargo, en los últimos años, sobretodo a partir del análisis de materiales provenientes de yacimientos situados en sedimentos de turbas o en áreas lacustres, donde los materiales presentan una conservación óptima, se viene aplicando con éxito el análisis funcional a instrumentos de producción en hueso tanto experimentales como arqueológicos (Semenov 1981, Stordeur y Anderson 1985, Peltier 1986, Campana 1989, LeMoine 1997, Maygrot 1997, Korobkova y Sharovskaya 2001, Clemente y Gyria e.p., capítulo 18).

Respecto al análisis funcional de los objetos e instrumentos de concha, también nos encontramos con el problema de su idónea conservación y la presencia de alteraciones postdepositacionales que dificultan su análisis. En este aspecto, son numerosos los trabajos dedicados a la producción de ornamentos en concha (p.e., D'Errico *et al.* 1993), así como las aproximaciones funcionales aplicadas a otros materiales arqueológicos como los instrumentos en valvas de mejillón del neolítico europeo (Vigie 1992, Vigie y Courtin 1986, Courtin y Vigie 1987), del ámbito caribeño (Vargas *et al.* 1993) o de los canales de Tierra del Fuego, donde se cuenta además con información etnohistórica (Mansur 1983, 1986, Clemente 1997, Mansur y Clemente e.p.). El desarrollo y aplicación del análisis funcional a estos materiales debería servir para la solución de problemáticas específicas como es el caso de las grandes conchas de *Glycimeris* sp. con o sin perforación, que aparecen en los yacimientos argáricos en el sudeste peninsular, que fueron recogidas selectivamente en la playa pero no utilizadas sólo como colgantes (Ruiz 1999).

También cabe esperar que en el futuro se pueda profundizar en las huellas de fabricación, mantenimiento, uso y desgaste de artefactos de materias vegetales, como la madera o los tejidos. Así, por ejemplo, la observación microscópica de las superficies de unos extraños contenedores cilíndricos de madera rellenos de pelo humano, encontrados en el interior de la Cova des Càrritx (Menorca), permitió constatar que no se trataba de objetos votivos, sino de artefactos con marcadas señales de desgaste y que, por lo tanto, habían sufrido un uso intenso antes de ser introducidos en la cueva (Lull *et al.* 1999: 311-361). El análisis de las huellas de fabricación en madera también se ha aplicado el estudio de postes y vigas de asentamientos palafíticos de Gran Bretaña (Sands 1997). Esto permite identificar no sólo la forma de trabajo y el tipo de hacha empleada, sino también el número de instrumentos biselados disponibles en el poblado en un determinado momento, el volumen de madera trabajada con un instrumento, y, en consecuencia, la fuerza de trabajo disponible.

archaeological bone production instruments (Semenov 1981, Stordeur and Anderson 1985, Peltier 1986, Campana 1989, LeMoine 1997, Maygrot 1997, Korobkova and Sharovskaya 2001, Clemente and Gyria ibid., Chapter 18).

With regard to the functional analysis of shell objects and instruments, these also have the problem of their ideal conservation and the presence of post-depositional alterations, which make their analysis difficult. In this regard, there are numerous works dedicated to the production of shell ornaments (eg. D'Errico et al. 1993), as well as functional approaches applied to other archaeological materials such as instruments made from shells from the European Neolithic (Vigie 1992, Vigie and Courtin 1986, Courtin and Vigie 1987), from the Caribbean (Vargas et al. 1993) and from the channels of Tierra del Fuego, where ethno-historical information also exists (Mansur 1983, 1986, Clemente 1997, Mansur and Clemente, ibid). The development and application of functional analysis to these materials should serve towards the solution of specific problems, such as that of the large perforated or non-perforated Glycimeris sp. shells, which appear in the Argaric sites of the southeastern Iberian Peninsula and which were selectively collected on the beaches, but were not used only as pendants (Ruiz 1999).

It must also be hoped that in the future more progress can be made on the production, maintenance, use and wear marks on artefacts made from vegetal materials such as wood and cloth. Thus, for example, the microscopic observation of the surfaces of some cylindrical wooden containers filled with human hair, found in the interior of the Cova des Càrritx (Menorca), allowed the suggestion that these were not votive objects, but rather were artefacts with marked signs of wear, and that, as such, they had been intensively used before being placed in the cave (Lull et al. 1999: 311-361). The analysis of the fabrication marks in wood has also been applied to the study of posts and beams from lake settlements in Great Britain (Sands 1997). This has allowed the identification not only of the form of labour and the type of axe employed, but also of the number of axes available in the settlement at a certain moment, the volume of wood worked with an instrument, and, in consequence, the labour force available.

A better developed field is that of the study of meat-stripping and butchering marks (eg. Giacobini 1995). These traces are decisive in the investigation of the forms of processing, use and, definitively, consumption of meat resources in a society. Such palaeofaunal observations can moreover be made in combination with the functional analysis of cutting artefacts, with the aim of establishing the quantitative and qualitative relations between all of the factors of production involved in these labour processes.

Un ámbito mejor desarrollado es el estudio de las huellas de descarnación y descuartizamiento (p.e. Giacobini 1995). Estas trazas son determinantes a la hora de conocer la forma de procesado, aprovechamiento y, en definitiva, consumo de los recursos cárnicos en una sociedad. Tales observaciones paleofaunísiticas pueden realizarse además en combinación con el análisis funcional de los artefactos cortantes, con el fin de establecer las relaciones cuantitativas y cualitativas entre todos los factores de producción implicados en estos procesos de trabajo.

También los restos vegetales, como las semillas, cuentan con "huellas de producción" que nos informan sobre las condiciones climáticas, hídricas y edáficas reinantes durante el proceso de producción agrícola, como han mostrado los recientes estudios isotópicos de la ratio 13C/12C o del 15N (Araus *et al.* 1997, 1999). Desde la perspectiva del consumo los restos subsistenciales, pueden ser valorados en función de su potencial nutritivo y cuantificados teniendo en cuenta el volumen de instrumentos de trabajo disponibles para su procesado (Castro *et al.* 1998, 1999, Risch 1998).

Por último debemos subrayar el papel central de los análisis funcionales sobre los restos de los hombres y las mujeres que aportaron la fuerza indispensable para cualquier actividad productiva y que se beneficiaron de los bienes obtenidos (Molleson 1989, Price 1989). Las consecuencias individuales del trabajo y del consumo quedan registradas física y químicamente en los restos óseos, y nos permiten obtener una información directa sobre el reparto de costes y beneficios tanto materiales como energéticos dentro de una sociedad. Esta cuestión resulta crucial a la hora de determinar la producción de excedentes económicos y el nivel de igualdad o desigualdad en la distribución social de los recursos materiales.

Las aplicaciones concretas del análisis funcional a casos arqueológicos han sido ordenadas en sentido cronológico, dado que nos interesa mostrar el interés histórico de la metodología.

La parte tercera de este volumen (capítulos 11 al 18) está dedicada a distintos yacimientos de sociedades cazadoras-recolectoras que abarcan distintas cronologías (paleolítico medio -capítulos 11-13-, paleolítico superior -capítulos 14-16- y epipaleolítico/mesolítico -capítulos 17 y 18). En estos trabajos se tratan distintas problemáticas, como la cuestión del enmangue de instrumentos específicos como las raederas musterienses del Esquilleu (capítulo 13) o los raspadores magdalenienses del Parco (capítulo 16), vistos desde perspectivas y tipos de análisis diferentes. También se dedica especial atención a las distribuciones espaciales de las actividades realizadas en el asentamiento epipaleolítico de Berniollo, poniendo en relación el carácter de las áreas y su articulación con las estrategias económicas del grupo a partir de la función deducida para el asentamiento (capítulo 17). Igualmente,

Vegetal remains, such as seeds, also have "production traces" which provide information about the climatic, hydrological and edaphological conditions in place during the process of agricultural production, as has been shown by the recent isotopic studies of the 13C/12C or 15N ratios (Araus et al. 1997, 1999). From the perspective of the consumption of subsistence remains, they can be evaluated in function of their nutritive potential, and quantified taking account of the volume of labour instruments available for their processing (eg. Castro et al. 1998, 1999, Risch 1998).

Finally, the central role must be underlined of functional analysis on the remains of the men and women who provided the indispensable power for any productive activity and who benefited from the goods obtained (Molleson 1989, Price 1989). The individual consequences of labour and consumption are registered physically and chemically in skeletal remains, and they allow us to obtain direct information about the division of costs and benefits, both material and energetic, within a society. This question is crucial for determining the production of economic surpluses and the level of equality or inequality in the social distribution of material resources.

The concrete applications of functional analysis to archaeological cases has been ordered chronologically, given that it is of interest to show the historical relevance of the methodology.

The third part of this volume (Chapters 11 to 18) discusses different hunter-gatherer sites from different archaeological periods (Mid-Palaeolithic – Chapters 11-13 – Upper Palaeolithic – Chapters 14-16 – and Epi-Palaeolithic/Mesolithic – Chapters 17 and 18). These works discuss various problems, such as the question of the use of handles on specific instruments such as the Musterien scrapers from Esquilleu (Chapter 13), or the Magdelenian rasps from Parco (Chapter 16), seen from different perspectives and analytical approaches. Special attention is also paid to the spatial distribution of activities carried out in the Epi-Palaeolithic settlement of Berniollo, drawing a relation between the character of the areas and their articulation with the economic strategies of the group on the basis of the function deduced for the settlement (Chapter 17). Similarly, from the perspective of Functional Analysis, explanations are sought for the distribution and spatial organization of the activities carried out in the Musterien sites of Abric Romaní (Chapter 11) and Salt (Chapter 12). From the Aurignatien site of Barbas, in France, a joint study has been made of lithic production and of the function of the instruments, with the aim of establishing the spatial distribution of activities (Chapter 14). The analyses carried out on burins from the Gravetien site of Vigne Brun (Loire, France) show that both the points and the edges of these instruments were used to carry out such diverse activities as cutting, scraping, engraving, perforating osseous material (bone, deer antlers) ***a partir***

del Análisis Funcional, se buscan explicaciones de la distribución y organización espacial de las actividades llevadas a cabo en los yacimientos musteriesnses del Abric Romaní (capítulo 11) y del Salt (capítulo 12). Del yacimiento auriñaciense de Barbas, en Francia, se presenta un estudio conjunto del proceso de producción lítica y la función de los instrumentos, con el fin de determinar la distribución espacial de las actividades (capítulo 14). Los análisis realizados sobre los buriles del yacimiento gravetiense de Vigne Brun (Loire, Francia) nos muestran que estos instrumentos fueron utilizados, tanto en el diedro como en los bordes laterales, para efectuar actividades tan diversas como cortar, raspar, gravar, perforar materias óseas (hueso, asta de cérvido) materias minerales (rocas), piel, madera y otras materias vegetales (capítulo 15). Por último, en el capítulo 18 se presentan los resultados obtenidos tras el análisis de una serie de instrumentos óseos provenientes de uno de los niveles mesolíticos de Zamostje 2 (Rusia), así como los análisis de unos instrumentos elaborados en mandíbula de castor y de un instrumento en caparazón de tortuga.

El estudio del utillaje lítico en contextos neolíticos y especialmente calcolíticos y de la edad del bronce en la Península Ibérica, suele quedar relegado a un segundo plano por la importancia que siempre han tenido otros tipos de instrumentos y objetos elaborados en cerámica y metal. Si en estos últimos años algunos investigadores han empezado a presentar los primeros análisis sobre materiales líticos de contextos neolíticos (Gibaja y Clemente 1996, Ibáñez y González 1996, Rodríguez et al. 1996), en este congreso hemos asistido además a las primeras aproximaciones referidas a la función y operatividad de instrumentos y objetos metálicos como espadas y sierras de cobre y bronce, así como al uso diferencial de determinados contenedores cerámicos entre el neolítico final y la edad del bronce procedentes de diversos yacimientos del noreste de España (capítulos 19 a 28).

Sin duda, los estudios funcionales centrados en estos periodos no sólo son novedosos, sino que además abren nuevas perspectivas sobre las sociedades que confeccionaron y usaron tales útiles. A este respecto algunos de los trabajos expuestos han dado el salto del objeto al sujeto y han tratado cuestiones como los inicios de la agricultura en Portugal (capítulo 20), la división social del trabajo en sociedades neolíticas de Cataluña (capítulo 21), la especialización en determinados procesos productivos relacionados con la explotación de ciertas litologías (capítulo 22) y la posible existencia de actos violentos durante el III milenio a.C (capítulo 23).

Más arriba hemos mencionado la escasa atención prestada al uso, el desgaste y el mantenimiento de los artefactos metálicos. Si bien la reconstrucción de los procesos productivos de estos materiales es uno de los temas centrales de la arqueología, solemos dar por supuesto su valor de uso, calificándolos, por ejemplo, de "objetos de prestigio". Los trabajos incluidos en este

minerals (rocks), skin, wood and other vegetal materials (Chapter 15). Finally, in Chapter 18, the results are presented of the analysis of a series of bone instruments from one of the Mesolithic levels from Zamostje 2 (Russia), as well as the analysis of instruments made from beaver jaw, and of an instrument made from tortoise shell.

The study of stone tools in Neolithic and especially Chalcolithic contexts, as well as in the Bronze Age in the Iberian Peninsula, tends to be relegated to second place by the importance which has always been given to other types of instruments and objects made from ceramic and metals. If in the last few years some researchers have begun to present the first analyses of stone materials in Neolithic contexts (Gibaja and Clemente 1996, Ibáñez and González 1996, Rodríguez et al. 1996), in this conference we have also witnessed the first approaches dealing with the function and operation of metallic instruments and objects such as copper and bronze swords and saws, as well as the differential use of certain ceramic containers between the final Neolithic and the Bronze Age from different sites in North-eastern Spain (Chapters 19 to 28).

Without doubt, the functional studies centred on these periods are not merely original, but they also open new perspectives on the societies which produced and used such tools. In this respect some of the works set out have taken the leap from object to subject, and have dealt with questions such as the beginnings of agriculture in Portugal (Chapter 20), the social division of labour in the Neolithic societies of Catalonia (Chapter 21), the specialization in determined productive processes related to the exploitation of certain lithologies (Chapter 22) and the possible existence of violent activities during the 3rd millennium BC (Chapter 23).

We have previously mentioned the scarce attention paid to the use, wear and maintenance of metal artefacts. If the reconstruction of the production processes of these materials is one of the central themes of archaeology, we tend to assume their use value, qualifying them, for example, as "prestige objects". The works included in this volume (Chapters 25-27) make it clear, in the first place, that it is possible to address the problem of consumption and use of metal objects (see Gutiérrez - Chapter 25) and, secondly, that many of the established premises will be modified as their functional analysis advances. As such it is surprising to note the small difference in effectiveness observed by Liesau (Chapter 26) between arsenical copper saws and bronze saws, a result which brings into question the conventional explanations of the substitution of one alloy for the other in a large part of the Iberian Peninsula towards the second quarter of the 2nd millennium BCE. Also, the tests carried out by Carrión, Baena and Blasco with an early Bronze Age sword leads us to reflect on the forms of use and the effectiveness of this type of weapon, at the same time as it shows the importance that leather armour or

volumen (capítulos 25-27) ponen de manifiesto, en primer lugar, que es posible abordar la vertiente consuntiva de los objetos de metal (véase Gutiérrez - capítulo 25) y, en segundo, que muchas de las premisas establecidas deberán ser modificadas a medida que avancemos en su análisis funcional. Así, sorprende la escasa diferencia de efectividad observada por Liesau (capítulo 26) entre sierras de cobre arsenical y de bronce, resultado que cuestiona las explicaciones convencionales de la sustitución de una aleación por otra en buena parte de la Península Ibérica hacia el segundo cuarto del II milenio cal ANE. También la experimentación llevada a cabo por Carrión, Baena y Blasco con una espada del Bronce antiguo lleva a la reflexión sobre las formas de manejo y la efectividad de este tipo de armamento, a la vez que muestra la importancia que debieron de tener las corazas o protecciones de cuero, arqueológicamente tan difíciles de documentar (capítulo 27).

También hemos querido aprovechar la publicación de este congreso para realizar una recopilación bibliográfica de los trabajos llevados a cabo por investigadores e investigadoras españoles/as y portugueses/as y relacionados con el análisis funcional (sección VI, capítulo 29). Más de doscientos títulos se han registrado desde los trabajos pioneros a mediados de los 70s hasta nuestros días. Esperamos que esta recopilación bibliográfica sirva para resaltar el gran trabajo que venimos desarrollando dentro de esta disciplina y como aporte a cualquier investigador o investigadora de una documentación que le facilite la búsqueda de datos.

El congreso concluyó con una mesa redonda formada por Jesús Emilio González, Rafael Micó, Amelia Rodríguez, Xavier Terradas y Assumpció Vila, quienes con sus intervenciones iniciaron una animada discusión sobre el papel del análisis funcional en arqueología, y que quizás sirvió para dar mayor coherencia a los muy diversos planteamientos expresados en las distintas secciones. También queremos agradecer a Sylvia Gili su ayuda en la organización del congreso, así como el haberse hecho cargo del trabajo de edición del presente volumen.

El *1er Congreso de Análisis Funcional de España y Portugal* contó con el apoyo institucional de la Direcció General de Recerca de la Generalitat de Catalunya (2001ARCS00094), del Vicerectorat d'Investigació de la Universitat Autònoma de Barcelona, del Museu d'Arqueologia de Catalunya y de la Institució Milà i Fontanals del CSIC. De manera especial deseamos mencionar a Miquel Molist, director del Museu d'Arqueologia de Catalunya, y a Assumpció Vila, de la Institució Milà i Fontanals del CSIC, con cuyo aliento y respaldo contamos desde el momento en que se les propuso la realización de este congreso. A la vista de los resultados presentados sólo cabe esperar que las nuevas líneas de investigación abiertas tengan continuidad y que futuros encuentros permitan proseguir las discusiones iniciadas.

protectors, so hard to document archaeologically, must have had (Chapter 27).

We also wanted to use the publication of the results of this conference to present a bibliographic review of the works carried out by Spanish and Portuguese researchers and related to functional analysis (section VI, Chapter 29). More than 200 titles have appeared since the pioneering works of the mid-70s, up to our day. We hope that this bibliography will help to emphasize the important work that has been developed within the discipline, and will serve as a documentary bases for any researcher in their search for information.

The conference concluded with a round table of Jesús Emilio González, Rafael Micó, Amelia Rodríguez, Xavier Terradas and Assumpció Vila, who began an animated discussion on the role of functional analysis in archaeology, which perhaps will serve to give a greater coherence to the very diverse proposals expressed in the various sections. We also wish to thank Sylvia Gili for her help in the organization of the conference, as well as for taking charge of the editing of the present volume. Alex Walker was responsible for the translation o this introductory chapter and for a final revision of the abstracts.

The 1st Functional Analysis Conference of Spain and Portugal *received institutional support from the Direcció General de Recerca de la Generalitat de Catalunya (2001ARCS00094), the Vicerectorat d'Investigació de la Universitat Autònoma de Barcelona, the Museu d'Arqueologia de Catalunya and the Institució Milà i Fontanals of the CSIC. We would especially like to thank Miquel Molist, director del Museu d'Arqueologia de Catalunya, and Assumpció Vila, of the Institució Milà i Fontanals of the CSIC, whose support and encouragement we received from the moment in which we proposed the conference.* *On the basis of the results presented, it can only be hoped that the new lines of research opened carry on, and that future meetings allow the continuation of the discussions started in this conference.*

Bibliografía/ Bibliography

ATCHISON, J. y FULLAGAR, R. (1998), "Starch residues on pounding implements from Jinmium rock-shelter", en R. Fullagar (ed.), *A closer look: recent Australian studies of stone tools*, Sydney University, Sydney, pp. 110-125.

ADAMS, J.L. (1989), "Methods for improving ground stone artifacts analysis: experiments in mano wear patterns", en Amick, D.S. y Mauldin, R.P. (eds), *Experiments in Lithic Technology*, B.A.R., Int.Ser., 528, Oxford, pp. 259-281.

ADAMS, J.L. (1993), "Mechanisms of wear of ground stone surfaces", *Pacific Coast Archaeological Society Journal*, Quarterly 29(4), pp. 60-73.

ARAUS, J.L., FEBRERO, A., BUXÓ, R., RODRÍGUEZ-ARIZA, M., MOLINA, F., CAMALICH, M., MARTÍN, D. y VOLTAS, J. (1997), "Identification of ancient irrigation practices based on the carbon isotope discrimination of plant seeds: a case study from the South-East Iberian Peninsula", *Jounral of Archaeological Science*, 24, pp. 729-740.

ARAUS, J.L., FEBRERO, A., CATALA, M., MOLIST, M., VOLTAS, J. y ROMAGOSA, I. (1999), "Crop water availability in early agriculture: evidence from carbon isotope discrimination of seeds from a tenth millenium BP site on the Euphrates", *Global Change Biology*, 5, pp. 233-244.

CAMPANA, D.V. (1989), *Natufian and protoneolithic bone tools. The manufacture and use of bone implements in the Zagros and the Levant*, BAR International Series, 494.

CASTRO, P., CHAPMAN, R., GILI, S., LULL, V., MICÓ, R., RIHUETE, C., RISCH, R. y SANAHUJA, M.E. (eds.) (1998), *Aguas Project. Paleoclimatic reconstruction and the dynamics of human settlement and land-use in the area of the middle Aguas (Almería), in the south-east of the Iberian Peninsula*, Science, Research and Development, European Commission, Luxembourg.

CASTRO, P., GILI, S., LULL, V., MICÓ, R., RIHUETE, C., RISCH, R. y SANAHUJA, M.E. (1998), "Teoría de la producción de la vida social: un análisis de los mecanismos de explotación en el sudeste peninsular (c. 3000-1550 cal ANE)", *Boletín de Antropología Americana*, 33, pp. 25-77.

CASTRO, P., CHAPMAN, R., GILI, S., LULL, V., MICÓ, R., RIHUETE, C., RISCH, R. y SANAHUJA, M.E. (1999), *Proyecto Gatas 2. La dinámica arqueoecológica de la ocupación prehistórica*. Junta de Andalucía, Consejería de Cultura, Sevilla.

CLEMENTE, I. (1997), *Los instrumentos líticos de Túnel VII: una aproximación etnoarqueológica,* Treballs d'Etnoarqueologia, 2, CSIC-UAB.

CLEMENTE, I., GIBAJA, J.F. y VILA, A. (1999), "Análisis funcional de la industria lítica tallada procedente de los sondeos de Gatas", en P. Castro *et al.*, *Proyecto Gatas 2. La dinámica arqueoecológica de la ocupación prehistórica*. Junta de Andalucía, Sevilla, pp. 341-347.

CLEMENTE, I. y GYRIA, E.Y. (en prensa), "Análisis de los instrumentos en costillas de alce del sitio Zamostje 2 (Nivel 7, excavaciones de los años 1996-7. Archaeological News, nº 10, San Peterburgo.

COURTIN, J. y VIGIE, B. (1987), "Le problème des couquillages a bord dentelé dans la préhistoire du midi de la France", *Mesogee, Bulletin du Muséum d'Histoire Naturelle de Marseille*, 47, pp. 93-98.

D'ERRICO, F., JARDÓN, P. y SOLER, B. (1993), "Techniques de perforation des coquillages et usures de suspension: critères d'analyse à base expérimentale", en P.C. Anderson, *et al.* (dirs.), *Traces et fonction: les gestes retrouvés*. ERAUL, 50 (1), pp. 243-254.

DE BEAUNE, S. (2000), *Pour une archéologie du geste*, CNRS Editions, Paris.

DELIBES DE CASTRO, G. (1974), "Contribución al estudio de las funciones del hacha pulimentada. Resultados de la aplicación del sistema Semenov a 130 ejemplares de Tierra de Campos", *Zephyrus*, 25, pp. 151-154.

DUGAY, L. (1996), "Specialised pottery production on Bronze Age Cyprus and pottery use-wear analysis", *Journal of Mediterranean Archaeology*, 9.2, pp. 167-192.

Evershed, R.P. (1995), "Analysis of organic residues from ceramic vessels", en Shennen, S.J., *Bronze Age copper producers of the Eastern Alps - excavations at St.Veit-Klingberg*, Rodolf Habelt, Bonn, pp. 236-240.

FIELD, J. y FULLAGAR, R. (1998), "Grinding and pounding stones from Cuddie Springs and Junmium", en R. Fullagar (ed.), *A closer look: recent Australian studies of stone tools*, Sydney University, Sydney, pp. 96-108.

GERO, J.M. (1991), "Genderlithics: Womans roles in stone tool production", en J.M. Gero y M.W. Conkey (eds), *Engendering archaeology: women and prehistory*, Blackwell, Oxford, pp. 163-193.

GIACOBINI, G. (1995), "Identificazione delle tracce di macellazione con strumenti litici. Analisi di Microscopia elettronica a scansione", *Padusa*, 1, pp. 29-37.

GIBAJA, J.F. y CLEMENTE, I. (1996), "Análisis funcional del material lítico en las sepulturas de la Bòbila Madurell (Barcelona)", *I Congrés del Neolític a la Península Ibérica, Rubricatum*,1, pp. 183-189.

GIBAJA, J.F. (2002), "Análisis del material lítico tallado de Fuente Álamo", en R. Risch, *Recursos naturales, medios de producción y explotación social. Un análisis económico de la industria lítica de Fuente Alamo (Almería), 2250-1400 ANE*, P. von Zabern, Maguncia, pp. 163-177.

GONZÁLEZ URQUIJO, J.E. e IBÁÑEZ, J.J. (en prensa), "The use of pebbles on several sites in Eastern Vizcaya between 12.000 and 10.000 B.P.", *Moudre et broyer. L'interpretation fonctionnelle de l'outillage de mouture et de broyage dans la préhistoire et la antiquité.*

HAYDEN, B. (ed.) (1987), *Lithic studies among the contemporary Highland Maya*, The University of Arizona Press, Tucson.

IBÁÑEZ, J.J. y GONZÁLEZ, J.E. (1995), "Utilización de algunos cantos rodados en el yacimiento magdaleniense de Laminak II (Berriatua, Bizkaia)", *Kobie*, 21, pp. 172-193.

IBÁÑEZ, J.J. y GONZÁLEZ, J.E. (1996), "La función de los útiles tallados neolíticos de la Cueva de los Murciélagos de Zuheros (Córdoba)", *I Congrés del Neolític a la Península Ibérica*, Rubricatum, 1, pp. 169-176.

KIENLIN, T. y OTTAWAY, S. (1998), "Flanged axes of the North-Alpine region: an assessment of the possibilities of use wear analysis on metal artifacts", en C. Mordant, M. Pernot y V. Rychner (eds.), *L'Atelier du bronzier en Europe du XXe au VIIIe siècle avant de notre ère*, Tomo II, CTHS, Paris, pp. 271-286.

KOROBKOVA G.F. y SHAROVSKAIA T.A. (2001). "Instrumentos prehistóricos de hueso /reconocimiento de las huellas de uso por datos arqueológicos y experimentales", *Archaeological News*, 8 (San Peterburgo), pp. 88-98.

KRISTIANSEN, K. (1984), "Krieger und Hõuptlinge in der Bronzezeit Dõnemarks - ein Beitrag zur Geschichte des bronzezeitlichen Schwertes", *Jahrbuch des Römisch-Germanischen Zentralmuseums Mainz*, 31, pp. 187-208.

LEMOINE, G.M. (1997), *Use Wear Analysis on Bone and Antler Tools of the Mackenzie Inuit*, BAR International Series 679.

LULL, V., MICÓ, R., RIHUETE, C. y RISCH, R. (1999), *La Cova des Càrritx y la Cova des Mussol. Ideología y Sociedad en la Prehistoria de Menorca*, Consell Insular de Menorca, Barcelona.

MANSUR-FRANCHOMME, M.E. (1983), *Traces d'utilisation et technologie lithique: exemples de la Patagonie,* Tesis de 3er. ciclo, Universidad de Burdeos I, nº 1860.

MANSUR-FRANCHOMME, M.E. (1986), *Microscopie du matériel lithique: traces d'utilisation, altérations naturelles, accidentelles et technologique,* Cahiers du Quaternaire, nº9, Centre National de la Recherche Scientifique, Burdeos.

MANSUR, M.E. y CLEMENTE, I. (en prensa), "¿Tecnologías invisibles?. Confección, uso y conservación de instrumentos de valva en Tierra del Fuego", *Actas del XIV Congreso Nacional de Arqueología Argentina*, Rosario.

MAIGROT, Y. (1997), "Tracéologie des outils tranchants en os des Vè et IVè millénaires av. J.-C. en Bassin Parisien", *Bulletin de la Société Préhistorique Française*, 94/2, pp. 198-216.

MENASANCH, M., RISCH, R. y SOLDEVILLA, J.A. (2002), "Las tecnologías del procesado de cereal en el sudeste de la Península Ibérica durante el III y II milenio ANE", en H. Procopiou (ed.), *Mouldre et Broyer*, Publicacions du C.R.N.S., Paris, pp. 81-110.

MOLLESON, T. (1989), "Seed preparation in the Mesolithic: the osteological evidence", *Antiquity*, 63, pp. 356-362.

PELTIER, A. (1986), "Étude expérimentale des surfaces osseuses façonnées et utilisées", *Bulletin de la Société Préhistorique Française*, Tome 83 (1), pp. 5-7.

PRICE, T.D. (ed.) (1989), *The Chemistry of Prehistoric Human Bone*, Cambridge University Press, Cambridge.

RAMOS MILLÁN, A. (1990), "Use-wear analysis and archaeological theory: a restatement of current problems", en *The interpretative possibilities of microwear studies - Proceedings of the international conference on lithic use-wear analysis, 15th-17th February, 1989 in Upsala, Sweden*, Societas Archaeological Upsaliensis, Uppsala, pp. 31-45.

RISCH, R. (1995), *Recursos naturales y sistemas de producción en el Sudeste de la Península Ibérica entre 3000 y 1000 ANE*, Tesis Doctoral de la Universidad Autónoma de Barcelona, Ed. Microfotográfica, Bellaterra.

RISCH, R. (1998), "Análisis paleoeconómico y medios de producción líticos: el caso de Fuente Álamo", en G. Delibes (ed.), *Minerales y metales en la prehistoria reciente. Algunos testimonios de su explotación y laboreo en la Península Ibérica,* Universidad de Valladolid, Valladolid, pp. 105-154.

RISCH, R. (2002), *Recursos naturales, medios de producción y explotación social. Un análisis económico de la industria lítica de Fuente Álamo (Almería), 2250-1400 ANE*, P. von Zabern, Mainz.

RODRÍGUEZ, A.C., MARTÍN, D., CAMALICH, M.D. y GONZÁLEZ, P. (1996), "Las actividades tecnoeconómicas en 'Cueva del Toro' (Antequera-Málaga) a través del análisis funcional", *I Congrés del Neolític a la Península Ibèrica*, Rubricatum, 1, pp. 161-167.

ROTTLÄNDER, R. (1989), *Die Resultate der modernen Fettanalytik und ihre Anwendung auf die prähistorische Forschung*, Archaeophysiko 12, Rheinland Verlag, Köln.

ROTTLÄNDER, R. (1983), *Analyse frühgeschichtlicher Gefässinhalte*, Naturwissenschaften, 70, pp. 33-38.

RUIZ PARRA, M. (1999), "Los artefactos y arteusos malacológicos de Gatas", en P. Castro *et al.*, *Proyecto Gatas 2. La dinámica arqueoecológica de la ocupación prehistórica.* Junta de Andalucía, Sevilla, pp. 361-374.

SANDS, R. (1997), *Prehistoric woodworking: the analysis and interpretation of Bronze and Iron Age toolmarks*, The Institute of Archaeology, London.

SEMENOV, S.A. (1981), *Tecnología prehistórica. Estudio de las herramientas y objetos antiguos a través de las huellas de uso,* Akal, Madrid.

SKIBO, J.M. (1992), *Pottery Funktion: a use alteration perspective*, Plenum Press, Nueva York.

STORDEUR, D. y ANDERSON-GERFAUD, P. (1985), "Les omoplates encochées néolithiques de Ganj Dareh (Iran). Étude Morphologique et fonctionnelle", *Cahiers de l'Euphrates* 4, pp. 289-309.

VARGAS, I., TOLEDO, M.I., MOLINA, L.E. y MONTCOURT, C.E. (1993), *Los artifices de la concha*, Contribuciones a la arqueología tropical 1, Usda Forest Service Southern Region Organizacion de los Estados Americanos.

VIGIE-CHEVALIER, B. (1992), *Recherches sur l'exploitation des ressources aquatiques dans le midi méditerranéen français au postglaciaire*, Thèse de l'Université de Provence, Aix-Marseille I.

VIGIE, B. y COURTIN, J. (1986), "Les outils sur coquilles marines dans le néolithique du midi de la France", *Mesogee, Bulletin du Muséum d'Histoire Naturelle de Marseille*, vol 46 (1), pp. 51-61.

2. Historia y actualidad del análisis funcional sobre materiales líticos en España

Assumpció Vila Mitjà

Abstract

History of functional analysis in Spain began in Barcelona in the late seventies and it is an important part of my own scientific biography. In 1980 I published the first paper on functional analysis, where both its methodology and possibilities were presented through three different applications on archaeological materials from Serinyà (Girona), a zone with important prehistoric sites. From the beginning I understood lithic use-wear analysis as an essential part of a new theoretical and methodological global and alternative approach which should replace the typological and formal approaches dominant at that time. The proposal became definite in my PhD theses (1981) and in a meeting I tought in 1986 (published in 1987). Since then we have been working and introducing methodological improvements to get reliable data and profitable analysis. Finally, the team working in the Archaeological Laboratory of the CSIC (Spanish Council for Scientific Research) has developed a proposal for lithic analysis that is based on both, our own technical experience, and the information gained through our ethnoarchaeological projects.

Only at the beginning of the nineties new PhD theses and papers on functional analysis appeared, and today they have become very common, yet, these studies do not constitute a new option to traditional approaches. In most cases they are just an annexe to traditional lithic analysis, so that from my point of view this development does not sugest a great future for functional analysis.

La historia de este tipo de análisis empezó en Barcelona a mitad de los setenta y, por circunstancias históricas, forma parte esencial de mi biografía científica por lo que el artículo va a ser realmente en primera persona. Para contextualizar, recordaré que lo que en aquellos años debíamos aprender sobre industria lítica en la universidad estaba muy bien delimitado y del todo ajustado al resto de conocimientos que se suponía adquiriríamos allí y repetiríamos una vez fuera. Básicamente había que memorizar los listados tipológicos emanados desde Burdeos, aprender a calcular el % y realizar el gráfico acumulativo correspondiente. Como conclusión dar el nombre correspondiente al resultado de la confrontación tipológica, otra vez de acuerdo con las propuestas francesas, y si la coincidencia no era total buscar algún prefijo o adjetivo adecuado a la particularidad. El nombre era importante porque aunque pareciera que sólo se refería a una parte del material arqueológico (el lítico) en realidad estábamos nombrando la cultura responsable de la producción de este material. Y dando nombre a la cultura ya sabíamos todo.

Afortunadamente algunas de las personas interesadas en el material lítico tuvimos la posibilidad de conocer de primera mano otra aproximación, también francesa, a los conjuntos líticos. La propuesta de análisis del Dr. Georges Laplace, objetiva, con criterios unívocos pero abierta y basada en la realidad estudiada, lejos de la subjetividad idealista que se nos enseñaba, nos animó a seguir en el tema.

Pero fue la lectura del libro "Prehistoric Technology", versión inglesa del original en ruso que presentaba los trabajos que el investigador soviético S.A. Semenov venía realizando desde los años 30, lo que decidió en aquellos momentos mi especialización (formando parte de un equipo cuyo interés se centraba en las sociedades cazadoras-recolectoras). La praxis (teoría y práctica) evidenciada en la publicación de Semenov, quién desde una concepción distinta entendía los restos líticos como instrumentos de trabajo y restos de producción, como medios para conseguir otro tipo de bienes, respondía a mis preguntas más audaces.

Con todo ello planteé la Tesis de licenciatura o Tesina, que con el título "Estudi de les traces d'ús i desgast en els instruments de sílex" presenté en la Universidad de Barcelona en febrero de 1977. Su publicación en 1980 (revista Fonaments, 2) es la primera sobre el tema de análisis funcional en la Peninsula Ibérica. En este primer trabajo además de una, imprescindible, presentación del método hacía una aplicación en tres direcciones o sentidos para evidenciar la amplitud de posibilidades del análisis de macro y microhuellas de uso. Así, escogí investigar los posibles cambios en el uso de una misma forma y sus consecuencias a lo largo del tiempo: el raspador (182 piezas procedentes del Reclau Viver y de la

Bora Gran, ambos yacimientos paleolíticos en la zona de Serinyà, Girona, pero con diferente cronología); un conjunto de piezas que formaban parte de contextos funerarios: 10 cuchillos eneolíticos de Les Encantades (también en Serinyà), y finalmente una misma forma en un mismo momento pero en dos contextos: cinco de las llamadas piezas de hoz (del Reclau Viver y de Encantades). En la Tesina ya utilicé el análisis y descripción morfotécnicos según el sistema propuesto por G. Laplace y el análisis de las huellas de uso según la metodología de S.A. Semenov, combinación que será una constante en mis trabajos a partir de ese momento.

En los años 80 ya entendíamos como necesario el trabajo en equipo y la especialización de sus componentes (arqueólogas/os especializadas/os en distintas técnicas o estudios) para poder avanzar, y con buen nivel, en la representación del pasado a través de la Arqueología. Fruto de esa concepción de la Arqueología fueron los proyectos desarrollados en la zona de Sau, Osona, sobre el final del Paleolítico superior. Mi Tesis Doctoral sale de estos proyectos y en ella ya puedo ejemplificar una propuesta global, con el análisis funcional o de huellas de uso integrado en el análisis lítico y éste en la comprensión de la obtención y aprovechamiento de los recursos. La Tesis se presentó en 1981 en la Universidad de Barcelona con el título "Les activitats productives en el Paleolític i el seu desenvolupament (Un exemple català: El Castell Sa Sala i El Cingle Vermell)" y se publicó en dos partes: "El Cingle Vermell, un assentament de caçadors-recol.lectors del Xè mil.lenni BP" en 1985 dentro de las Monografías de la Generalitat de Catalunya, y como artículo en la revista Cypsela en 1987 "L'assentament paleolític del Castell (Vilanova de Sau)", además de la versión en microficha que hacía la universidad.

Seguía siendo lo único que había en la Península sobre el tema, mostrando lo que ya era una línea de trabajo en cuanto al estudio de los conjuntos líticos y no sólo una aplicación de una técnica novedosa.

Así, fue importante que en 1986 alumnas y alumnos del segundo ciclo de la especialidad de Prehistoria de la Universidad Autónoma de Barcelona pidieran un Seminario específico sobre análisis de la industria lítica, que se atendiera su solicitud y que se impartiera de manera no restringida, es decir que se abriera la posibilidad de asistencia a toda España. La convocatoria tuvo mucho éxito, lo que es indicativo de las inquietudes que había en este sentido y de la necesidad de encontrar alternativas al paradigma tradicional al menos entre estudiantes y personas recién licenciadas. Lo impartimos (junto con investigadores del Instituto J. Almera del CSIC) con el título "Noves tècniques d'estudi de les eines lítiques prehistòriques", y lo publicó la universidad en 1987 como una especie de manual "Introducció a l'estudi de les eines lítiques prehistòriques". Incluyó clases teóricas y prácticas y estuvo estructurado alrededor del análisis de las huellas de uso como única forma de identificar útiles, es decir para conocer el objetivo de la producción lítica. Todo ello en el marco de una teoría general, por lo que incluíamos los otros procesos de trabajo también involucrados (implícitos) en la llamada industria lítica y que por lo tanto debían tenerse en cuenta a la hora de abordar su estudio: caracterización de las materias primas e identificación del área fuente, análisis de la transformación de la materia prima, y estudio de las reparticiones espaciales para evaluar la presencia de distintas actividades en un asentamiento. Con aplicaciones estadísticas específicas y con las técnicas necesarias en cada apartado.

En la página 93 de la publicación escribíamos, a modo de resumen, que el estudio de los instrumentos líticos debía concluir con: el estudio del aprovechamiento y transformación diferencial de las materias primas; la contrastación forma-función; evaluación de las actividades representadas en los asentamientos y estudio de la repartición espacial de los procesos de trabajo imbricados en la industria lítica. Con el colofón de que debía llevarse a cabo una constante contrastación estadística.

La realización de este Seminario y su rápida publicación sirvieron para dar a conocer ampliamente una manera distinta de entender los restos líticos y su estudio, marcando un antes y un después en el sentido de que ya no era posible ignorar la existencia de alternativas en los análisis líticos al uso.

Desde los primeros trabajos insistimos en la propuesta global original de S.A. Semenov para no perder de vista que no estábamos proponiendo una técnica que sirviera para conseguir unos datos más que añadir a los listados tipológicos, sino que la propuesta era de cambio general respecto a la consideración y al papel de los restos líticos. Que no se aprovecharon los recursos minerales para conseguir formas sino instrumentos, es decir intermediarios para conseguir otros bienes. Y que la información que posibilitaba la metodología del análisis funcional era imprescindible para determinar cuáles habían sido los instrumentos.

Por ello insertamos el análisis funcional en la propuesta general de análisis de la industria lítica. Y este análisis a su vez engarzado en una metodología arqueológica que pretendía reconocer en un yacimiento los procesos de trabajo y, si era posible, su dinámica. En la citada tesis doctoral ejemplifiqué ya con el estudio del Cingle Vermell tanto la metodología como los resultados que se podían obtener. Debo recordar aquí que el planteamiento incluyó consecuentemente la excavación en extensión y el análisis de todas las piezas líticas.

Paralelamente empezamos a plantear la necesidad de confrontar mediante el uso de una misma propuesta metodológica la relación entre la forma y el uso de determinada pieza a fin de poder discriminar las recurrencias y su dinámica cronológica y entender así los cambios tecnológicos. La concretamos en el trabajo publicado en 1988 en B.A.R. 411 donde además de ampliar la posibilidad de análisis morfotécnico a las piezas sin retoque trabajábamos con una "fórmula" tipo Laplace para los caracteres funcionales. Presentamos incluso un sencillo programa para construir la base de datos y gestionar su tratamiento. Seguimos pensando que es una buena base de partida para la necesaria contrastación entre las características formales del instrumento y su uso concreto.

Después de la tesis doctoral, insistí desde el Instituto "Jaume Almera" del CSIC en los que considero temas básicos para poder construir a partir del análisis: la fiabilidad de los datos-base. Empezamos entonces las pruebas con el tratamiento estadístico de imágenes digitalizadas captadas directamente del microscopio para ver las posibilidad de objetivar y cuantificar los distintos rastros de uso y sus diferencias. Y ensayamos también otra posibilidad dentro de la Inteligencia Artificial: las redes neuronales.

Aunque desde entonces ha habido cambios bastante importantes, sigue siendo aún imprescindible conseguir una caracterización objetiva de las distintas huellas de uso, y jerarquizar su peso o capacidad discriminatoria en el proceso de análisis para mejorar, fiabilizar y rentabilizar la inversión en los análisis funcionales propiamente dichos que no son en sí el fin último sino sólo un paso. En estos temas estamos quienes trabajamos actualmente en el Laboratori d'Arqueologia del CSIC en Barcelona. Además de no olvidar en ningún momento que trabajamos en Arqueología y lo que perseguimos es entender y explicar las causas de los cambios sociales a lo largo del proceso histórico; de ahí, por ejemplo, la propuesta etnoarqueológica que hemos desarrollado, que en relación a los estudios líticos nos está proporcionando la posibilidad de reenfocar los análisis con variables contrastadas (e.p. en Cota Zero 2002).

He intentado con todo lo anterior fundamentar y argumentar mi crítica a cómo se desvirtuó esta metodología de análisis lítico que procedía de un paradigma distinto al dominante en la Academia de los años 70 al traspasarse al llamado mundo occidental. Por una parte se la redujo a una técnica, interesante para conocer los materiales sobre los que habrían actuado determinadas formas retocadas incluidas en las lista tipológicas; se insistió en una única huella de uso como diagnóstico (¿fósil director?), cuya sola presencia ya bastaba para determinar este material trabajado; olvidándose de cinemáticas y cambios en el modo de uso sincrónicos y diacrónicos; se insistió en los medios técnicos utilizados en la observación; se realizaron estudios puntuales de determinadas piezas generalizando los resultados para formas parecidas; se enfatizaron las diferencias y no las recurrencias (p.e. en cuanto a la incidencia de la materia prima) insistiendo en que la cantidad y variedad de los aspectos que intervenían en el resultado final hacían imposible una objetivación del método (lo que redundó en el mantenimiento de la figura/autoridad del maestro/a) ; repitiendo inútilmente experimentaciones tipo réplicas o puntuales; proponiendo la posibilidad de muestreos (dada la elevada cantidad de piezas a analizar si se pretendía ir más allá de piezas concretas) como si la distribución espacial de las actividades representadas en las piezas fuera por definición homogénea. Y se limitó la investigación a las propias "trazas", de ahí Traceología.

En realidad todo ello era consecuente con el paradigma dominante en los 70 y 80. Y, como de costumbre, esta "deformación " del método no fue replanteada en nuestro país sino asumida, olvidando o desconociendo según los casos la propuesta original.

En España a finales de los 80 y sobretodo en los 90 aparecen los primeros trabajos en forma de Tesis doctorales, en Madrid, País Vasco y Aragón y después Barcelona y Valencia, así como algunas Tesis de licenciatura (ver bibliografía general en la recopilación bibliográfica de I. Clemente, en este volumen). Estos trabajos, durante su elaboración y en mayor cantidad una vez terminados, dieron lugar a artículos, presentaciones a congresos y publicaciones varias, todo lo cual contribuyó a que a partir de estos años aunque no se generaliza su aplicación y mucho menos su inclusión en los programas docentes universitarios, sea ya opción personal de cada investigador/a el tenerlo en cuenta o no. No se puede ya ignorar ni mirar hacia otro lado como si no existiese. Con el añadido, considerado ventaja para mucha gente, de la variedad en el enfoque y en las intenciones/objetivos de los trabajos que iban publicándose.

De todas maneras, aunque parezca increíble seguimos recibiendo alumnas/os procedentes de universidades españolas interesadas en conocer un tema, el análisis de huellas de uso, del que han oído algo pero del que nunca les han hablado en clase y sobre el que no disponen de bibliografía en sus bibliotecas.

No sólo es un tema ya ampliamente conocido sino que incluso se han publicado algunos comentarios respecto al desencanto que las aplicaciones concretas del análisis funcional han producido. Comentarios que a veces van seguidos de críticas al método y a la técnica (parecería que tiene demasiados problemas) fruto todo ello como ya hemos comentado y publicado (Vila y Clemente, 2000) de falsas expectativas generadas únicamente a partir de un desconocimiento global y generalizado que produce primero una sobrevaloración de las aplicaciones técnicas y después un rechazo igualmente irracional al no proporcionar las confirmaciones que nunca pudo ni pretendió dar.

La no posibilidad de enfocar los estudios del material lítico desde una misma perspectiva por parte de las pocas personas involucradas entonces en el llamado análisis funcional se hizo evidente en las dos reuniones que hubo específicamente sobre este tema en los años 1991 y 1992, celebradas la primera en el Laboratori d'Arqueologia del CSIC en Barcelona y la segunda en el Museo de Altamira en Santillana del Mar.

Ya sea por la inmersión en determinados equipos de trabajo o por propio convencimiento, la realidad es que en España ha triunfado por mayoría la "versión occidental" de lo que fue una propuesta alternativa al estudio de los conjuntos líticos. Y en todos los sentidos, criptoamnesia en sentido Laplace (Laplace, 1986-87), enésimas repeticiones de las mismas propuestas, análisis con resultados "han trabajado madera", o estudio de las raederas de tal sitio, reiteración de experimentaciones puntuales y no prospectivas....

Las personas que actualmente trabajan en análisis funcional seguro que comparten y pueden discutir determinados planteamientos y parcialidades del análisis en sí y de los objetivos a alcanzar pero no creo posible la vertebración de un auténtico y único grupo de trabajo (que parecería articulable si tenemos en cuenta que no hablamos de multitudes). Como ha ocurrido con la mayoría de las técnicas y de propuestas que incluyen técnicas, los/as arqueólogas se limitan a aprender la técnica y a repetir. Casi no hay auténtica investigación, y sobre todo no la hay en la propia metodología .

Dado que aún parece que para que se fíen de tus análisis hay que buscar el Visto Bueno en el extranjero y así lo ha hecho la mayoría de las/os pocas/os analistas españoles, es de suponer que se realizarán buenas aplicaciones técnicas pero creo que el futuro, incluso para esta gente, no es muy prometedor. Me refiero a que después de sus tesinas o tesis la aplicación del análisis traceológico les será demandado sólo si el añadido "uso" puede conseguirse sin demasiada inversión o problema o si refuerza algún detalle considerado indicativo o curioso, o, claro, si se limitan a analizar "sus" propios materiales. Dicho de otro modo, creo que la reconversión sufrida por el análisis funcional no beneficiará ni siquiera a sus practicantes.

Porque no lo hemos convertido en una alternativa para el estudio de los conjuntos líticos arqueológicos. Esta alternativa global articulada alrededor de la caracterización de los instrumentos reales (y añado aquí que no sólo líticos) hubiera hecho necesaria la discusión sobre prioridades y la consecuente programación de investigaciones dirigidas y complementarias. Ello hubiera permitido avanzar coordinada y más rápidamente incluso en lo que aún (!) son problemas de limitadas resoluciones particulares y de ilimitadas reticencias como, por ejemplo, si se podrán ver bien las huellas de uso en esta "otra materia prima" (que quizás tenga otro nombre pero comparta en un 95 % la composición mineral relativa con la tomada como patrón) porque además no conocemos con certeza el grado relativo de influencia ni el peso de la variable materia prima entre todas las que intervienen en el patrón de uso que necesitamos. Pero, sobretodo, habríamos ampliado posibilidades y entendido procesos de producción y de cambio. El perder de vista los objetivos ha hecho sumergirse la investigación en particularismos fenoménicos, rizando el rizo pero sin conseguir una permanente.

Hasta ahora el análisis de uso de las piezas líticas (las que lo permitan, pues la limitación generada por todo tipo de alteraciones es otro tema pendiente) es un añadido cuya presencia en un estudio de la industria lítica no cambia nada sustancialmente.

Quizás iniciativas como la de este Seminario con propuestas y discusiones enfocadas desde una perspectiva global consigan ir modificando este panorama.

Bibliografía

BARCELO, JA.; VILA, A. y GIBAJA, J. (2000), "An application of Neural Networks to Use-Wear Analysis. Some preliminary Results", en Lockyear, K.; Sly, T.J.T. y Mihailescu, V. (eds.), *CAA96.Computer Applications and Quantitative Methods in Archaeology,* BAR, Internat. Series, 845, Oxford, pp. 63-69.

BRIZ, I.; CLEMENTE, I.; PIJOAN, J.; TERRADAS, X. y VILA, A. (e.p.), "Contextos etnoarqueològics i l'estudi de conjunts lítics", *Cota Zero* 2002.

ESTEVEZ, J. y VILA, A. (1996), *Encuentros en los conchales fueguinos,* Treballs d'Etnoarqueologia, 1. CSIC-UAB, Bellaterra.

LAPLACE, G. (1986-87), "Autorité et tradition en taxonomie", *Antiquités nationales,* 18-19, pp. 33-37.

VILA, A. (1977), " Analyse fonctionelle et analyse morphotechnique", *Dialektikê* 1977, pp. 54-58.

VILA, A. (1980), "Estudi de les traces d'ús i desgast en els instruments de sílex", *Fonaments,* 2, pp. 11-55.

VILA, A. (1985), *El Cingle Vermell: un assentament de caçadors-recol.lectors del Xè mil.lenni B.P.,* Excavacions Arqueològiques a Catalunya, 5. Generalitat de Catalunya, Barcelona.

VILA, A. (1987), "L'assentament paleolític del Castell (Vilanova de Sau)", *Cypsela,* VI, pp. 111-123.

VILA, A. (1987), *Introducció a l'estudi de les eines lítiques prehistòriques,* Universitat Autònoma de Barcelona, Bellaterra.

VILA, A. (1988), "Formulation analytique des caractères fonctionnels", en Beyries, S. (ed.), *Industries Lithiques. Tracéologie et Technologie,* B.A.R. Internat. Series, 411 (ii), Oxford, pp. 189-205.

VILA, A. y CLEMENTE, I. (2000), "Reflexiones en torno al Congreso-Homenaje a S.A.Semenov", *Rev.Atlántica-Mediterránea de Preh^{a} y Arqueología Social*, vol III, pp. 345-354.

VILA, A. y GALLART, F. (1991), "Aplicación del análisis digital de imágenes en Arqueología: el caso de los micropulidos de uso", en Vila, A. (coord.), *Arqueología* CSIC, Madrid, pp. 131-139

SECCIÓN II

TEORÍA

3. Análisis funcional y producción social: relación entre método arqueológico y teoría económica

Roberto Risch

Abstract

This paper discusses the importance of functional analysis for archaeology from a theoretical and epistemological perspective. The starting point is the recognition that functional analysis is essential to the identification of the "archaeological record", understood as social matter produced by human labour, and therefore to the practice of archaeology. Its aim is to establish the significant physical relations between human labour and matter, and it raises three basic questions: 1. what is being produced? 2. how is it being produced? and 3. who produces it? Basically, functional analysis offers a way to place our ideas about the economic development of societies (economic theory) within the study of their material remains.

This makes clear that, apart from further methodological developments in functional analysis, archaeology is in need of an economic theory which proposes a way to link the "traces" of human labour with the social organisation of production and reproduction. The initial premise is that any form of social life requires the existence of women, men and material objects which are generated through basic production (biological reproduction), object production (generation of goods) and maintenance production (prevents the exhaustion of and regenerates the use value of subjects and objects). Any form of production is a combination of certain physical factors, defined as the basic economic scheme, for which the proposed formulation is: labour object + labour force + means of production -> product. Finally, as all production processes at the same time imply consumption, all products have at least two possible meanings, one as worked matter, the other as a used or consumed object. Functional analysis is necessary in order to recognise the archaeological remains as factors of the basic economic scheme and to understand the diverse production and consumption cycles in which they participated.

Such an understanding of the economy cannot restrict itself to the study of production processes, but leads us to consider the forms of appropriation or allocation of the generated products and, ultimately, to ask for the objective causes of social inequality. Wealth and surplus production are, respectively, the crucial aspects to be addressed by a sociologically orientated archaeology. While the first refers to the volume of objects and subjects produced within a community, the second implies a certain distribution of the material and energy costs and benefits within society. Surplus value is defined as that share of production which does not revert in any form to the group or individual that has generated it, and it always implies an individual appropriation of social production, which becomes property. The differentiation between the categories is important, as surplus value is not the natural result of economic development, but rather depends on certain social conditions that require historical explanation.

Two economic strategies are possible in order to increase wealth or produce surplus value. The first implies an intensification of the labour force (absolute surplus value), the second relies on an increase in productivity through the development of the means of production (relative surplus value). Social division of labour has played a central role in archaeological models relating to economic intensification and social differentiation, although its meaning and material implications are often contradictory or ill defined. Simplification of labour processes, technical exclusiveness of the spaces of production, standardisation of the means of production and volume of production are proposed as the axis along which the economic strategies of surplus production can be defined (fig. 1 and 2).

Finally, the discussion of economic theory in archaeology concludes that functional analysis has to be understood as the study of all indicators of social production, i.e. basic production, object production and maintenance production. At an empirical level, rather than use wear traces, what should be identified are production wear traces, understood as any physical and chemical transformation occurring during the circulation of an object or subject in society. At an analytical level, the proposed economic scheme allows us to distinguish different types of traces which are linked to the production and consumption processes in society (fig. 3).

La investigación arqueológica presupone la capacidad para definir, por una parte, un objeto de estudio (problemática histórica) y, por otra, unos objetos físicos (base empírica) que nos acerquen a éste. Además, cualquier enunciado sobre lo material requerirá una metodología que permita observar, definir y ordenar la realidad percibida. En definitiva, un método que establezca los nexos inferenciales y la estructura lógica que transcurre entre observación fenomenológica y conceptualización abstracta, y viceversa. Ahora bien, tales conceptos sólo cobrarán sentido y adquirirán valor explicativo cuando aparezcan articulados en un cuerpo teórico (ontología) que establezca una estructura de relaciones causales. A continuación pretendemos mostrar el papel central que desempeña el análisis funcional en el desarrollo científico de la arqueología, siempre y cuando supere un nivel meramente descriptivo y sus resultados permitan solucionar una determinada problemática arqueológica e histórica. Así, resulta necesario reflexionar sobre la estructura epistemológica indispensable para que el análisis funcional forme parte de la investigación arqueológica a niveles técnico, metodológico y teórico.

Como hemos dicho, la arqueología parte de la capacidad de discernir de la totalidad de materiales que nos rodean una parte que consideramos histórica y social y que forma la base empírica de la disciplina. En la práctica arqueológica, con el término "restos arqueológicos" establecemos implícitamente una oposición entre materialidad social (objetos empleados por y que forman parte de la sociedad) y materia natural (el resto del mundo). Todo resultado material de las practicas sociales forma parte del ámbito de estudio de la investigación arqueológica. Se podría objetar que, en realidad, la naturaleza conforma la base de todo lo social, o bien que lo natural también puede estar "socializado" sin necesidad de una intervención humana directa e intencionada. Sin embargo, salvo desde un determinismo ambiental extremo, en un acercamiento al comportamiento y desarrollo de las sociedades humanas lo natural nos interesa sobre todo en cuanto a lo social, y son las causas sociales las que requieren ser explicadas en primer lugar. Por ello no todo objeto material es del mismo orden en la investigación arqueológica (Lull 1988).

El axioma principal para poder hablar de objeto arqueológico es el trabajo humano, gracias al cual una materia natural es transformada en materialidad social, convirtiéndose en testigo de la persona o grupo humano que la produjeron y utilizaron. Toda materialidad social es trabajo objetivizado, con lo que la transformación y desplazamiento intencionado de una materia es el rasgo indispensable para poder identificar un objeto arqueológico. Definir lo social en cuanto al trabajo nos remite inequívocamente a una tradición dentro del pensamiento económico y social que va desde Smith en el siglo XVIII, hasta Marx y Engels en el XIX, quienes identificaron el trabajo como el motor de la historia, por encima de cualquier factor natural, y lo convirtieron en el principio de la economía política.

Desde otras posiciones ontológicas se podría argumentar que el denominador común de la materialidad social es la "cultura", o la "capacidad cognitiva" del ser humano, pero en ambos casos es indispensable la participación activa y transformativa del sujeto en el mundo. Si trabajo no se entiende sólo como actividad económica asalariada, sino como cualquier práctica que genere valor social, sea de tipo material, técnico, artístico o intelectual, pero que revierte en la continuación de la vida de la comunidad, entonces no podemos negar la presencia de esa fuerza objetiva y subjetiva en toda materialidad social y resto arqueológico. Ahora bien, de esto no se deduce que el significado de los objetos dependa exclusivamente del trabajo, al igual que el valor de una moneda no se relaciona sólo con el material del que está fabricada, pero sí implica que sin la presencia de trabajo ni siquiera existiría el objeto social más que como potencialidad imaginaria. Una vez producido, los usos y los significados sociales que pueda desempeñar un objeto trascienden el ámbito productivo original para participar en otras prácticas sociales, sean de tipo económico, político o parental (Castro *et al.* 1996).

La paradoja arqueológica es que el trabajo en sí mismo, como actividad siempre pasada, no resulta observable. Por ello, el primer salto inferencial que efectúa la arqueología es asumir que una determinada materia ha sido modificada intencionadamente por el ser humano. Básicamente suelen emplearse dos argumentos para solventar la paradoja, uno de tipo contextual -un objeto no se encuentra en su contexto biológico o geológico natural- y otro de tipo material -un objeto ha cambiado su forma o composición natural, convirtiéndose en artefacto. El peso de ambas vías de acercamiento a la evidencia empírica ha llevado a una fractura cada vez más importante en el seno de la praxis arqueológica. Mientras la geo y la bioarqueología se centran en estudiar la "descontextualización" de lo natural y sus causas, la perspectiva artefactual enfatiza los aspectos tipológicos y tecnológicos observables a partir de trazas producidas por los trabajos de fabricación o uso. Por lo tanto, al margen de los puentes establecidos con otras disciplinas, como la geología o la biología, la identificación de las "huellas de trabajo" en un determinado objeto se convierte en la problemática central a la hora de definir los restos arqueológicos y, por lo tanto, de dotar a la investigación arqueológica de una base empírica sólida. Independientemente del papel histórico que se quiera asignar al trabajo humano, su identificación arqueológica resulta consustancial a la propia identificación del objeto arqueológico, es decir, a la posibilidad misma de generar conocimiento histórico en arqueología. El avance disciplinar se encuentra, por tanto, estrechamente vinculado al desarrollo del análisis de las "huellas de trabajo" (Semenov 1981: 10).

Así pues, el *análisis funcional* se debería definir como la identificación y el estudio de los procesos de trabajo a través de la materialidad social. Su objetivo consiste en establecer relaciones físicas significativas entre trabajo humano y materia, y plantea tres cuestiones básicas: 1. ¿qué se produce?, 2. ¿cómo se produce?, y 3. ¿quién o quienes producen? Las respuestas describen el proceso de producción, pero sus implicaciones históricas en el seno de una determinada organización social requieren un cuerpo sólido de teoría económica. El análisis funcional representa una metodología inminentemente arqueológica que permite aplicar los postulados de esta teoría económica al estudio de la materialidad social. Si prescindimos de las técnicas tomadas de otros campos de investigación, se trata de una de las escasas contribuciones de la arqueología al estudio histórico de las sociedades humanas.

El desarrollo de tal metodología arqueológica requiere, por lo tanto, avanzar en una doble dirección. Por una parte, se hace necesaria una reflexión sobre qué teoría económica debe guiar nuestra investigación. Tal teoría no puede tener un carácter metafísico, como buena parte de la teoría económica moderna (Dobb 1975, Barceló 1998), sino que debe ser capaz de explicar históricamente los procesos de producción y consumo de la materialidad social. Por otra parte, cabe avanzar a nivel de procedimiento metodológico para que el análisis funcional sea aplicable a la globalidad de la materialidad social con unas técnicas de observación y de análisis establecidas. Hoy por hoy existen grandes vacíos en ambos campos, pues los nuevos planteamientos suponen una ruptura con los enfoques tradicionales de la praxis arqueológica, incluido el paradigma procesualista. Mientras que la arqueología histórico-cultural era y es consciente de su estatus disciplinar basado en el concepto de *cultura arqueológica* y en una metodología propia, como es el método tipológico, el procesualismo apostó por la multidisciplinariedad para desarrollar unas metodologías de llamado "rango medio" que explicasen "científicamente" el desarrollo de las sociedades humanas a partir de teorías y técnicas ajenas al análisis histórico. Tampoco el posprocesualismo parte de premisas muy favorables al análisis funcional, al cuestionar el sentido de la observación analítica del objeto, que pasa a entenderse como un agente de las relaciones sociales y como un elemento de confrontación al servicio de los discursos científicos. Igualmente, el papel de la producción material y, por lo tanto, del trabajo, pasa a ser marginal o marginado. En este sentido, el análisis funcional puede desempeñar un papel crucial en una arqueología distinta que supere los postulados del siglo XX, cuyos enfrentamientos han resultado, en muchas ocasiones, científicamente estériles.

La cuestión económica.

El análisis funcional nos acerca a la organización económica de las sociedades a través del estudio de las consecuencias materiales de los procesos de trabajo. Para que una producción social se realice, suelen ser necesarias, además de la fuerza de trabajo, unos objetos de trabajo y unas herramientas. Estos tres factores han constituido la base de las principales teorías económicas occidentales a la hora de explicar la producción, y pueden ser articulados en lo que hemos denominado *esquema económico básico* (Risch 1995, Castro *et al.* 1998):

$$OT + FT + MT \Rightarrow P$$

donde OT son los objetos de trabajo, en primera instancia la tierra, dada su importancia como aglutinadora de energía, pero también todos los demás materiales antrópicamente transformables, incluidos sus valores energéticos; FT es la fuerza de trabajo, entendida como trabajo humano; y MT son los medios de trabajo, es decir, todos los elementos técnicos utilizados en la acción económica. El objetivo final de cualquier acción económica es obtener un producto (P), es decir, un bien necesario, deseado o impuesto a la reproducción social. Además, muchos procesos de producción generan algún tipo de residuo, aunque éstos también suelen tener una utilidad social gracias al reciclaje. La diferencia entre productos acabados y productos residuales es analíticamente ambigua, y depende más de una decisión social que de las tecnologías disponibles.

El proceso de producción de unos objetos siempre implica al mismo tiempo el proceso de consumo de otros. Así, por ejemplo, una materia prima extraída de la naturaleza o una herramienta son el resultado material de determinados trabajos. Estos productos son utilizados como un objeto y un medio de trabajo en nuevos procesos económicos. Igualmente, la fuerza de trabajo debe ser generada y mantenida, antes de entrar a formar parte del esquema económico básico. Esta relación dialéctica entre producción y consumo, conocida como el enfoque de la "reproducción social" (Marx 1973, Sraffa 1960), implica, entre otras cosas, que todo objeto social es resultado de un proceso de producción y condición para un proceso de consumo diferente. Entendido el producto como valor social, también podemos decir que en él se combinan el valor adquirido a través de su elaboración (*valor de producción*) y su utilidad para satisfacer determinadas necesidades (*valor de uso*) (Risch 1998, 2002: 28-31). Desde una perspectiva arqueológica debemos reconocer, en consecuencia, que todo resto arqueológico puede o debe ser abordado desde dos perspectivas diferentes, es decir, tiene, como mínimo, dos lecturas posibles, una como materia trabajada, y otra como objeto utilizado y consumido. Reconocer el carácter doble del valor social en los artefactos es uno de los principales retos de una arqueología económica.

El primer paso debería consistir en identificar los restos arqueológicos como factores del *esquema económico básico*, y para ello resulta indispensable el análisis funcional. Así, la observación de las "huellas de trabajo" debería informarnos de si estamos ante un objeto de trabajo, un medio de trabajo, un producto final o un auténtico residuo de producción. Dado que los elementos materiales y energéticos producidos socialmente tienen, como hemos visto, un doble carácter y se encuentran inmersos en una transformación casi constante, la mayor parte de los restos arqueológicos informarán sobre varios factores del esquema en distintos procesos de producción. De modo similar a una ecuación matemática, los factores materialmente desconocidos, como, en general, la fuerza de trabajo, pueden averiguarse a partir de las variables registradas. Al ubicar todos los materiales arqueológicos en el *esquema económico básico* de sus respectivos procesos de producción respondemos a las dos primeras cuestiones económicas planteadas, es decir, qué y cómo produjo la sociedad (Risch 2002: 8-24).

Generalmente, cuando se aborda el tema de la economía sólo se tiene en cuenta la producción de bienes materiales, olvidando que cualquier sociedad realiza muchos otros trabajos para garantizar su reproducción objetiva y subjetiva. Si consideramos que toda vida social requiere de hombres, mujeres y los objetos que éstos y éstas utilizan (materialidad social), entonces resultan necesarias: 1, la *producción básica*, responsable de la reproducción biológica de la sociedad y llevada a cabo exclusivamente por las mujeres, 2, la *producción de objetos*, encargada de la fabricación de todos los bienes de uso y consumo, y 3, la *producción de mantenimiento*, que abarca todos aquellos trabajos que impiden el agotamiento de la materialidad social, renovando su valor de uso (Castro *et al.* 1998). Las tres producciones funcionan según el esquema económico básico y ponen de manifiesto que los hombres, las mujeres y los objetos pueden y deben participar en la producción de la vida social de muy diversas formas. Asimismo, desde la perspectiva consuntiva, la apropiación y el uso social o individual de la materialidad social resultante de las tres producciones puede adoptar formas muy distintas. Analizar y explicar históricamente la participación de los sujetos y objetos sociales en las producciones, así como la apropiación de los productos en las distintas sociedades es, a nuestro entender, el objetivo prioritario de una arqueología de orientación sociológica. La importancia del análisis funcional a la hora de definir los procesos de trabajo realizados por, con y sobre las evidencias arqueológicas de mujeres, hombres y objetos, resulta indiscutible para este proyecto.

La economía en sociedad.

Una vez definido lo que entendemos por economía resulta indispensable volver a recomponer lo inicialmente desarticulado y vincularlo a la organización de la sociedad en general. No sólo nos interesa describir cuales son los procesos productivos y qué valor material han generado, sino entender las implicaciones que tuvieron para la estructura social, política e ideológica. Se trata de lograr dar el paso de las formas de producción, a las relaciones de producción y de propiedad.

Desde el punto de vista de la teoría económica dominante, también llamada neoclásica o marginalista, esta problemática se reduce a lograr distribuir recursos económicos escasos entre deseos individuales prácticamente ilimitados. Se considera que la institución donde mejor se regulan ambos campos y que más incentiva el aumento de la productividad es el mercado. Sólo en este foro pueden competir todos los actores por maximizar los beneficios de los productos que poseen. Cada uno de estos enunciados resulta problemático, pues ni la escasez ni los deseos son parámetros absolutos, y presuponen una serie de condiciones que si bien se dan en la sociedad capitalista actual, sabemos o sospechamos que no son universales.

Mientras que los recursos naturales y los productos sociales están disponibles en unas cantidades finitas, la "escasez" siempre es relativa y social, en tanto que depende de la organización de la producción y el consumo. Como acertadamente planteaba Polanyi (1994: 100) "la insuficiencia de medios no crea por sí misma una situación de escasez. Si uno no tiene bastante de algo, puede pasar sin ello". El desarrollo tecnológico y la reorganización social de la producción han permitido a la sociedad humana encontrar alternativas viables en infinidad de situaciones reales. Tampoco los deseos individuales están definidos a priori, sino que resultan de una determinada experiencia de la materialidad tanto natural como social. La dificultad analítica de las categorías de escasez y necesidad individual se hace patente cuando las intentamos formular arqueológicamente. A partir de los restos materiales, podemos decir que una sociedad tenía mucho o poco de un determinado producto, pero difícilmente sabremos si éste era percibido como algo escaso, o cual fue su grado de "deseabilidad". En principio, todo objeto social ha sido producido con la intención de satisfacer alguna necesidad o deseo. Postular que las necesidades son ilimitadas es una buena forma de estimular la producción mediante un estado de insatisfacción material constante de la sociedad, pero difícilmente puede presentarse como axioma sobre el que basar nuestra comprensión de las sociedades humanas.

Las primera premisa de la que parte el modelo marginalista es la existencia de un mercado donde hombres y mujeres pueden ofertar cualquiera de los factores económicos, desde las materias primas hasta productos acabados, pasando por su propia fuerza de trabajo. Independientemente de las cualidades tan distintas de estas materias y fuerzas, el mercado permite valorar todas ellas en términos de precios fijados, en teoría, por la ley de la oferta y la demanda.

La segunda premisa es que los sujetos sean dueños de los factores económicos, es decir, que los elementos materiales y energéticos de la producción no estén en manos del colectivo, como también podría postularse, sino que constituyan propiedad privada. Sin embargo, el sistema presenta una importante trampa a la posibilidad de los sujetos-propietarios de competir en igualdad de condiciones en el mercado: el uso de los instrumentos necesarios para producir mercancías no otorga derecho de propiedad sobre ellos o, dicho de otro modo, resulta legítimo apropiarse de herramientas que emplean otros miembros de la sociedad. Este detalle permite que los dueños de los medios de producción, y no los trabajadores -como parecería más razonable-, se convierten también en propietarios de todos los productos generados con ellos. El resultado es que en el mercado compiten dos grupos de individuos muy diferentes: los propietarios de los medios de producción, y el resto, que únicamente posee su propia fuerza de trabajo. Solemos denominar capitalistas a los primeros y trabajadores a los segundos. Ambos tienen derecho a intentar maximizar sus beneficios, pero, evidentemente, no en igualdad de condiciones.

La teoría económica disidente y parte de la denominada antropología económica han mostrado que esta organización de los factores económicos ni es justa, ni es universal, argumentado desde la imposibilidad de valorar el trabajo humano como mercancía (Polanyi 1994, Negri y Hardt 1997), hasta nuestra responsabilidad con respecto a los recursos naturales (Martínez Alier y Schlüpmann 1991, Bresso 1993), pasando por la dudosa legitimidad de la propiedad privada (MacPherson 1973). Aún así, de momento, nuestra sociedad continúa produciendo y distribuyendo la materialidad social según estos principios no universales, pero sí intocables. Propuestas como la "tasa Tobin", gravar el uso de recursos naturales o limitar la emisión de CO^2 pretenden mejorar algunos inconvenientes del sistema, pero no afectan a sus pilares básicos.

Según los intereses económicos, políticos o científicos de cada cual se puede argumentar la conveniencia o no de un cambio radical en la organización económica actual, pero, en cualquier caso, cabe reconocer que los enunciados de la teoría marginalista sólo son aplicables en sistemas distributivos mercantiles y asegurando la propiedad privada de los medios de producción. Esta teoría cobertora explica y, sobre todo, justifica el funcionamiento de la economía de mercado capitalista, pero en realidad es la combinación de factores económicos (producción) y sociopolíticos (propiedad) la que permite entender cómo se genera y se distribuye la riqueza en la sociedad.

Recordar la constelación actual de los factores económicos y su control, que nos resulta tan familiar, sirve para percatarnos de cuales son las causas objetivas que permiten desarrollar situaciones de desigualdad social. Cualquier análisis histórico chocará inexorablemente con esta pregunta acerca de las causas objetivas de la desigualdad social. Tampoco la arqueología debería limitarse a describir procesos productivos y dejar de lado la organización social de la producción, la distribución y el consumo, que expresa objetivamente las relaciones de propiedad existentes en una sociedad.

Dos cuestiones cruciales: la riqueza y la plusvalía.

Toda sociedad debe realizar una serie de actividades para cubrir sus necesidades materiales, pero no existe una forma predeterminada en que estas tareas se deban llevar a cabo. A lo largo de la historia los distintos grupos humanos han desarrollado o adoptado infinidad de variantes técnicas y sociales para organizar su economía, respondiendo así a necesidades también cambiantes, que a su vez surgen ante determinadas condiciones materiales. El producto obtenido constituye la riqueza material de la sociedad.

Desde una perspectiva histórica a largo plazo, la riqueza social ha mantenido una trayectoria ascendente, aunque con ritmos muy desiguales según las zonas geográficas y las épocas, e interrumpida por momentos de claro retroceso. Tales incrementos de la producción se han logrado modificando cuantitativa o cualitativamente algunos de los factores del esquema económico básico, bien aumentando la fuerza de trabajo, bien mejorando material y técnicamente los objetos y medios de trabajo.

Mientras que en el primer caso sólo se logra un aumento de la producción, en el segundo también se da una mejora de la productividad, entendida como cantidad de valor obtenida por unidad de trabajo. Evidentemente, ambas estrategias suelen estar vinculadas. Si bien sería incorrecto convertir esta tendencia en axioma universal, según el cual todas las sociedades humanas estarían determinadas por una inexorable necesidad de aumentar su riqueza material -múltiples grupos humanos se desarrollan con éxito sin ninguna ansiedad por obtener un mayor rendimiento productivo-, sí parece que las mejoras cualitativas de los medios de producción, una vez instituidas técnicamente, cuentan con una gran capacidad de implantación social, sea por imposición violenta, sea por adopción interesada (Ziman 2000). Las consecuencias sociales (p.e., aumentos demográficos logrados por una mayor participación de las mujeres en la producción básica) y económicas (p.e., reorganización de las relaciones de producción), al igual que las políticas o ideológicas, hacen difícil volver a una situación técnica menos desarrollada.

La formación histórica de la riqueza material de las sociedades y los medios utilizados en su producción constituye indudablemente una de las principales cuestiones económicas en arqueología. Ahora bien, como hemos visto anteriormente, este análisis es parcial, al considerar la riqueza sólo como un resultado natural de la producción y no como un valor indispensable para la reproducción social y, por tanto, también individual. Desde el punto de vista del consumo, la cuestión que igualmente debe ser abordada es el acceso de todos los miembros de una comunidad a esa riqueza material; en otras palabras, el reparto de la producción social. Si en un caso se trata de definir el volumen de bienes materiales obtenidos, aquí nos preguntamos por la distribución de los gastos y de los beneficios materiales y energéticos dentro de la sociedad.

Como punto de partida se podría pensar en sociedades en las que sus miembros acceden a una porción similar de los productos generados. En el otro extremo encontraríamos situaciones donde la mayor parte de la riqueza se encuentra en manos de unos pocos y el resto de la comunidad obtienen apenas el mínimo necesario para sobrevivir físicamente. Si analizamos de nuevo esta cuestión desde una perspectiva histórica a largo plazo, observamos que el grado de desigualdad en el reparto de la producción ha fluctuado considerablemente a lo largo del tiempo, y no sigue una tendencia ascendente. En principio, las primeras sociedades de tipo estatal de Mesopotamia o Egipto no parecen haber seguido unos sistemas de reparto más equitativos que, por ejemplo, las ciudades estado griegas, el imperio romano o el califato de Córdoba. Incluso en el capitalismo actual existen diferencias notables entre unos países y otros en lo que se refiere al reparto de la producción, aunque la constante de los últimos años ha sido una concentración de la riqueza en el mundo cada vez más evidente[1], a tenor de la mayor liberalización de los mercados y la privatización de recursos naturales y servicios sociales. En definitiva, el aumento de la producción y de la productividad no va unido inevitablemente a una mayor desigualdad social en el consumo, algo que, dicho sea de paso, es un motivo de esperanza para la mayoría de la humanidad.

Esta reflexión pone de manifiesto la insuficiencia de la categoría riqueza para describir la situación económica de una sociedad. Al abordar la problemática del reparto desigual de la producción social necesitamos expresar cuando un objeto es producido según los factores del esquema económico básico, pero luego no repercute en la reproducción de los mismos y se convierte en *plusvalía* o excedente[2]. Esta es aquella parte de la producción que no revierte en forma alguna en el grupo o individuo que la ha generado. Por lo tanto, todo excedente implica una apropiación individual de la producción social. El excedente aparece cuando la apropiación del resultado material del trabajo es restringida socialmente y se convierte en propiedad privada. En definitiva, se trata de una situación de distribución desigual de los gastos y de los beneficios materiales y energéticos dentro de la sociedad. Determinar cómo se produce el excedente constituye la problemática propia del análisis económico, pero averiguar sus formas de apropiación y consumo atañe directamente al estudio de la organización social del grupo (Risch 2002: 24-28).

Del grado de asimetría existente entre producción social y consumo individual depende el nivel de explotación económica y la desigualdad social de una comunidad. Excedente, propiedad y explotación social son conceptos mutuamente referenciados. Además, la institucionalización del excedente como propiedad es consecuencia de una apropiación previa de uno o varios de los factores de producción (OT, FT, MT y P) en cualquiera de las tres producciones sociales. De ahí que para entender las causas históricas de la formación del excedente resulte necesario analizar esta apropiación inicial. En el caso del capitalismo, por ejemplo, el proceso de trabajo que genera la plusvalía posee dos características específicas: 1. el trabajador opera bajo el control del capitalista, y 2. el producto resultante es propiedad del capitalista (Marx 1962: 198-200). Ambas condiciones no son factores económicos, sino sociales. Por tanto, la plusvalía no es resultado mecánico de todo desarrollo económico, sino que depende de determinadas condiciones sociales que requieren de explicación histórica (p.e., el modelo de la "acumulación primitiva" de Marx en el caso del capitalismo).

Las mismas estrategias posibles para aumentar la riqueza social también sirven para obtener excedentes: el incremento del tiempo de trabajo de los productores y productoras produce *plusvalía absoluta*, mientras que una mejora de los medios de producción y, por tanto, de la productividad genera *plusvalía relativa*. Si bien una mayor riqueza siempre requiere de un aumento de la producción, la generación de plusvalía, en principio, sólo implica que la apropiación del producto ya no se mantiene proporcional a la inversión de trabajo de todos los miembros de la sociedad. Su primera expresión física es la aparición de personas que no trabajan o trabajan menos, y su implicación arqueológica directa sería una distribución desigual de los medios de producción. La plusvalía relativa se caracteriza además por una mejora técnica de los medios de producción y, por lo tanto, debería ser analizable arqueológicamente. Al repercutir sobre las condiciones de consumo, una economía excedentaria también afecta a las propiedades materiales y a los valores energéticos de los recursos y medios implementados en la producción y de los beneficios sociales obtenidos con ellos. En cualquier modo de producción cabe sospechar que si las características materiales y energéticas de sus factores de producción revierten de forma negativa en el estado de salud, la nutrición o el hábitat, detrás se encuentran intereses particulares que se benefician de alguna manera de este empeoramiento de las condiciones de vida de la sociedad. Así, por ejemplo, una sociedad política y económicamente libre no aplicará estrategias de plusvalía relativa o absoluta a la producción de alimentos si el producto final sólo permite una nutrición deficiente o insuficiente de la población. Los factores de producción (OT, FT y MT) adquirirán formas y características cualitativamente diferentes según se produzca o no plusvalía, y según cómo se produzca ésta.

---

[1] Así, p.e., las 200 personas más ricas del mundo superan la suma de la renta del 41% de la población mundial (Informe 1999: 38).

[2] En castellano los términos excedente y plusvalía expresan la misma idea. El concepto de "Mehrwert", traducido al castellano como plusvalía, es utilizado por Marx para definir y explicar el contenido de las nociones de "riqueza" de los fisiócratas, y de "beneficio" y "renta" de Smith o Ricardo (p.e., Marx 1962: 539, 556)

Como hemos expuesto en otro lugar (Risch 2002: 28-31), las distintas estrategias de obtención de plusvalía conllevan una revalorización o desvalorización de los factores de producción y de los bienes de consumo y, en consecuencia, de los diferentes tipos de artefactos y arteusos. El análisis de la relación entre valor de producción y valor de uso (*supra*) permite reconocer estas variaciones en el valor social de los productos. Aquí confluyen finalmente variables que deberían ser analizadas arqueológicamente, como el volumen de producción, la división social del trabajo y la mejora de las condiciones técnicas de trabajo. La otra cara de la economía se expresa físicamente mediante las relaciones y los vínculos entre espacios de producción y espacios de consumo y, evidentemente, mediante los propios agentes implicados en ellos, sus lesiones, sus enfermedades y su alimentación. En definitiva, éstas serían las problemáticas arqueológicas a abordar en un análisis de la trayectoria económica de las sociedades y de su deriva hacia formas excedentarias de producción.

Aunque no desde la perspectiva socioeconómica (reproducción-apropiación) aquí expuesta, cada uno de estos aspectos ha sido tratado en mayor o menor profundidad en arqueología por medio de sus ramificaciones cuantitativas, espaciales, económicas, paleoantropológicas, etc.. El análisis funcional puede situarse en una posición estratégica para lograr dar sentido a estos avances técnicos y metodológicos en una investigación histórica y socialmente comprometida. Su cometido reside, en primer lugar, en reconocer todas las huellas de trabajo dejadas en los artefactos (materias transformadas artificialmente y convertidas en un medio instrumental o final de la sociedad) y arteusos (materias naturales apropiadas socialmente), además de en los restos antropológicos -un material que cuenta tanto con un plano de expresión de arteuso como de artefacto, en cuanto que resto del objeto y del medio de producción y consumo que representa nuestro propio cuerpo en el ciclo reproductivo- con el fin de responder a las preguntas de quien ha producido y/o consumido o utilizado qué productos y de qué manera. El número de huellas y el análisis de los niveles de desgaste o agotamiento identificados en los medios de producción nos conduce al volumen de riqueza generado en una comunidad. Finalmente, la ubicación de los tipos de huellas y, por tanto, de actividades en el espacio y el tiempo permite reconocer la distancia no sólo cartesiana entre los lugares y agentes de producción y de consumo.

División del trabajo y plusvalía.

La división del trabajo ha jugado un papel destacado en el análisis económico de las sociedades, al ser entendida como uno de los mecanismos fundamentales de la obtención e incremento de la riqueza y/o plusvalía (p.e., en arqueología, Childe 1951, Friedman y Rowlands 1977, Renfrew 1982, Lull 1983, Vidale 1992). Con frecuencia se ha establecido una relación directa entre, por una parte, especialización y, por otra, obtención de plusvalía y aumento de la productividad. Sin embargo, ambos presupuestos son problemáticos, pues la existencia de plusvalía está vinculada a la explotación social y la productividad depende mucho más de los medios que de la fuerza de trabajo. Cuando, por ejemplo, un artesano o artesana a tiempo parcial comienza a dedicarse de forma exclusiva a la producción secundaria, el resto de la comunidad debe compensar su ausencia de la producción subsistencial con más fuerza de trabajo. Los productos del o de la especialista, y por tanto la riqueza social aumentan, pero en ninguna de las producciones, ni en la producción global, ha tenido lugar un aumento de la productividad. Si el reparto de la riqueza se mantiene igual tampoco puede hablarse de plusvalía o explotación social. Un escenario alternativo sería qué mejoras de los medios de producción agrícolas o de la fertilidad de la tierra permitiesen al artesano o artesana una dedicación completa, sin implicar un sobretrabajo al resto de la población. En tal caso, se habrá aumentado la productividad del sector primario, pero no la del "especialista", y tampoco cabe suponer la generación de plusvalía.

Por el contrario, la obtención de más productos o la generación de nuevas clases de objetos, es decir, de un sobreproducto en una sociedad, siempre implica un aumento de la fuerza de trabajo o de la productividad, lo cual puede incluir la división del trabajo, pero no necesariamente la generación de plusvalía. En este sentido resulta pertinente diferenciar estrictamente entre división técnica del trabajo o división de tareas, destinada a obtener un sobreproducto, y división social del trabajo, que genera unas relaciones sociales diferenciadas y disimétricas y está encaminada a producir plusvalía (Castro *et al.* 1998). La complejidad de la noción de división del trabajo hace necesaria una definición precisa de sus implicaciones estrictamente económicas, mientras que su carácter social remite nuevamente a la problemática de la distribución de gastos y beneficios materiales y energéticos en la comunidad.

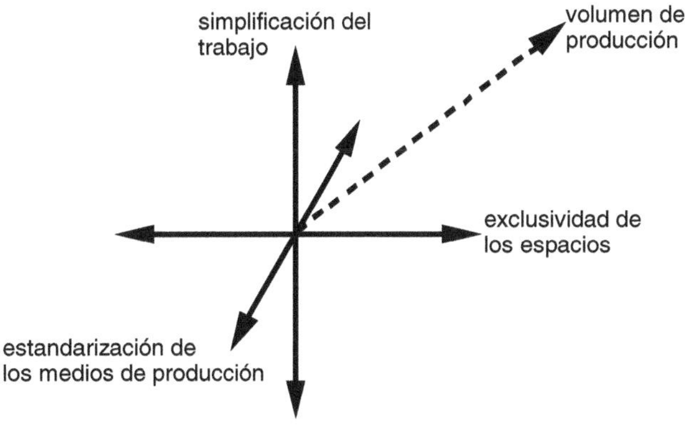

Figura 1: Los cuatro parámetros económicos de la división del trabajo.

El mérito de haber reconocido el papel de la división del trabajo en la mejora de la productividad corresponde a Smith en el siglo XVIII. Los mecanismos implicados en este fenómeno económico serían: 1. la especialización del trabajo, entendida como vía para permitir la simplificación de los procesos de elaboración, 2. la mejora de la organización espacial de la producción, y 3. la mecanización (Smith 1994). Mientras Smith se dedicó sobre todo al análisis de los primeros dos aspectos, debemos a Marx (1962) el reconocimiento de la importancia de la mecanización y las condiciones técnicas de trabajo. Así pues, sólo aumenta la productividad si la especialización del trabajo conlleva una división técnica y espacial de los procesos de trabajo y/o si los instrumentos y las materias primas empleadas se hacen más eficaces. La primera consecuencia física de este tipo de división del trabajo es una reducción de la variabilidad en todos o algunos de los factores del esquema económico básico dentro de cada tipo de producción (homogeneización de los movimientos del trabajo, los espacios de producción, los instrumentos y los recursos materiales y energéticos utilizados). Tal estandarización interna de los procesos de producción conlleva necesariamente un aumento de la variedad total de las fuerzas productivas de que dispone la sociedad. En definitiva, la división del trabajo debe ser definida en términos de la *simplificación del trabajo*, la *exclusividad de los espacios de producción* y la *estandarización de los medios de producción* (materias primas e instrumentos de trabajo) alcanzadas en un sistema económico. Dado que los grados de especialización en cada uno de estos tres ejes son variables y no están correlacionados entre sí, la división del trabajo puede estar organizada de múltiples maneras (fig. 1). Finalmente, el *volumen de producción* resulta la variable necesaria para definir cuantitativamente la división del trabajo y su productividad (Risch 2002: 31-33).

Resulta importante recalcar que la especialización del trabajo no equivale a un aumento de la sofisticación técnica de las actividades, como se ha sugerido repetidas veces en arqueología. Más bien, se trata de una actividad exclusiva en un espacio y un tiempo que se expresa en una multiplicación de espacios de producción exclusivos, y resulta en un volumen de producción superior a las necesidades de consumo del individuo o del grupo socio-parental según se trate de una división sexual y/o social del trabajo en el seno de los grupos parentales o de la comunidad. Cuanto más *simples* sean los procesos de trabajo mayor será la productividad alcanzada. Este proceso técnico repercute en los medios de trabajo y, por lo tanto, puede convertirse en objeto de estudio del análisis funcional.

Como consecuencia de esta mayor parcelación o individualización de los procesos de producción también aumenta la exclusividad productiva de los espacios de trabajo. El grado de especialización de éstos varía de forma inversamente proporcional al número de actividades diferentes realizadas en él y se expresa materialmente en la diversificación y/o la dominancia de las condiciones técnicas de los espacios. Los datos necesarios para valorar estos parámetros pueden ser aportados en arqueología por el análisis funcional de los espacios a partir de la identificación de las actividades reflejadas en los artefactos y arteusos encontrados tanto en espacios de producción como de consumo.

Otro postulado recurrente en arqueología ha sido la existencia de una relación positiva entre especialización del trabajo y estandarización de los productos obtenidos. Implícitamente se asume que las características formales y físicas de los productos están determinadas exclusivamente por los procesos técnicos, y carecen de cualquier otro significado social. Si bien podría aceptarse esta premisa en el caso de los instrumentos de trabajo (artefactos mediales), destinados a realizar transformaciones materiales más o menos específicas, difícilmente puede ser un punto de partida válido para los objetos de consumo (artefactos finales), con frecuencia auténticos mediadores políticos e ideológicos en múltiples prácticas sociales. Al análisis funcional correspondería, por tanto, ubicar los distintos tipos de artefactos y arteusos dentro del esquema económico a partir de las huellas de trabajo, uso o desgaste observables en ellos. Sin embargo, en las herramientas de trabajo tampoco resulta evidente una relación directa entre especialización y estandarización, pues no existe una única tecnología posible para obtener la mayoría de los productos (p.e., Lemonnier 1993). Más bien, entendiendo un artefacto especializado como aquél que siempre desempeña la misma tarea, parecen existir tres niveles de determinación entre ambas variables:

1. *Estandarización funcional*, resultado del uso del objeto y expresada en una estandarización de las superficies activas.
2. *Estandarización material*, resultado de la apropiación de la materia prima y expresada por las características físico-químicas del objeto.
3. *Estandarización morfométrica* del artefacto, resultado de la selección de la materia prima y del proceso de producción.

La importancia de los tres niveles de estandarización es proporcional al grado de especialización del artefacto (fig. 2). A mayor regularidad de la acción de trabajo, mayor estandarización de la superficie activa. Para aumentar la productividad se intentará mejorar y regularizar la materia prima utilizada. A menudo existen varias alternativas materiales para satisfacer la misma necesidad. En última instancia, la regularidad del trabajo hará que la forma, el tamaño y el peso estén normalizados. Aquí la posibilidad de que intervengan factores extraeconómicos es todavía mayor (Risch 1998). Nuevamente, las posibilidades de aplicar este esquema en arqueología dependen del desarrollo del análisis funcional no sólo a la hora de determinar el uso de los objetos, sino también para entender los condicionantes técnicos de sus procesos de producción y consumo.

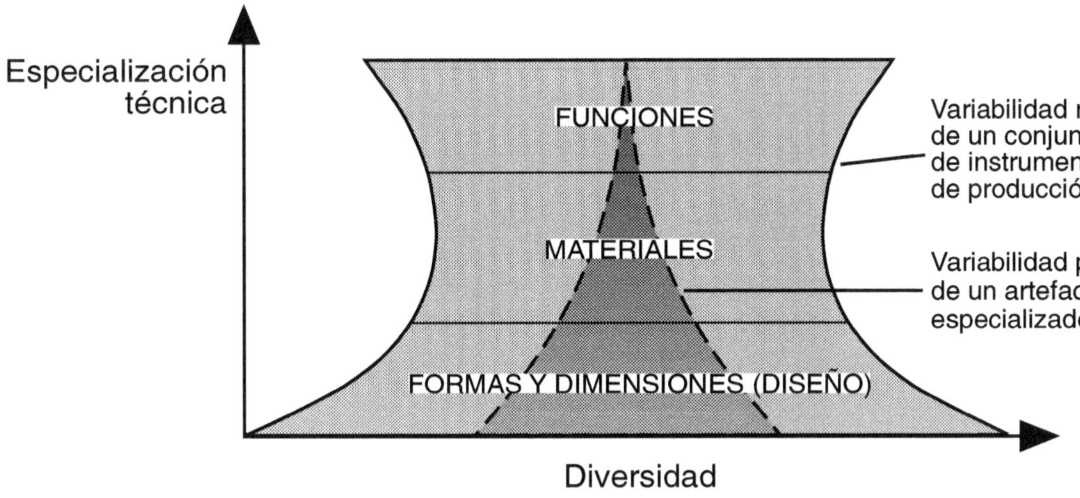

Figura 2: Relación entre estandarización y especialización técnica.

En este volumen se presentan varios ejemplos que permiten definir el grado de especialización de los instrumentos y de actividades concretas a partir del esquema propuesto.

En definitiva, consideramos que estos tres parámetros cualitativos (*simplificación del trabajo*, *exclusividad de los espacios de producción* y *estandarización de los medios de producción*) y el cuantitativo (*volumen de producción*) permiten definir las distintas expresiones históricas de la división del trabajo y su importancia en el desarrollo económico de las sociedades y en la producción de plusvalía.

El análisis funcional como método de estudio de los procesos de producción y consumo.

El ciclo continuo de la producción y el consumo impide restringir el análisis económico de las sociedades a una de las partes. Sin la amortización de recursos materiales y energéticos no sería posible obtener nuevos productos, que a su vez resultan indispensables para reponer y mantener los factores económicos. Por esta razón, también el análisis funcional sólo puede ser entendido como el estudio de todos los indicadores de la producción social. Estos indicadores proceden de la producción básica, la producción de mantenimiento y la producción de objetos, así como de la vida, empleo o amortización de los sujetos y objetos generados.

A niveles empíricos reconocemos estos indicadores mediante una serie de trazas, entendidas en un sentido amplio (desde una escala microscópica -p.e., una estría- hasta niveles estructurales -p.e., una acumulación de carbones y cenizas), empleando diferentes técnicas experimentales y analíticas (observación microscópica, análisis de residuos, análisis químicos, etc.). Relacionamos estas trazas con determinadas formas de uso de la materialidad, y ello nos permite identificar los artefactos y arteusos arqueológicos, así como entender sus implicaciones económicas.

Un segundo nivel del análisis funcional consistiría en la ubicación de los indicadores de producción en el espacio. Los conjuntos de indicadores informan de las prácticas socio-económicas realizadas en un determinado lugar y, sobre todo, permiten hablar, de las distancias existentes entre la producción y el consumo. Finalmente, las trazas dejadas por el desarrollo de la vida en los restos antropológicos son un elemento indispensable para determinar si esta distancia espacial corresponde o no a una situación de disimetría social y/o sexual.

Del modelo económico expuesto se deduce que las trazas que observamos, incluso dejando de lado los procesos posdeposicionales, han sido producidas por actividades de diferente orden en la estructura económica de las sociedades. En este sentido, el término huellas de uso para referirse a los rasgos y rastros dejados por la producción social en un objeto o sujeto resulta claramente insuficiente. En su lugar, deberíamos hablar de *huellas de producción*, entendidas como toda transformación física o química acaecida durante la circulación de cualquier objeto o sujeto en sociedad. Epistemológicamente el concepto de *huella de producción* va más allá de la identificación y descripción de trazas y establece su relación con determinadas actividades. Los mecanismos de reproducción de la sociedad nos permiten ahora deducir los siguientes tipos de *huellas de producción*:

Huellas de mantenimiento: Trazas resultantes de la producción de mantenimiento que pueden aparecer en todos los factores, pero de forma dominante en la fuerza de trabajo (hombres y mujeres) y en los medios de trabajo. El análisis de las huellas de fabricación y de mantenimiento son la condición indispensable para identificar arqueológicamente un objeto como artefacto y nos permite acceder al valor de producción de la materialidad social.

Huellas de Prod. \ *Factores Econ.*	OT	+ FT	+ MT	→ P
Huellas de Fabricación	(+)	+	+	+
Huellas de Mantenimiento	(+)	+	+	(+)
Huellas de Uso	-	+	+	-
Huellas de Desgaste	+	+	+	+

Figura 3: Las huellas de producción y su significado económico.

Huellas de uso: En sentido estricto, las huellas de uso sólo se refieren a trazas causadas en los medios y en la fuerza de trabajo a raíz de la transformación, generación o mantenimiento intencionado de objetos, mujeres y hombres. Su presencia en los objetos delimita y caracteriza lo que suele conocerse como superficies activas, que, a su vez, distinguen a los artefactos mediales. En el caso de los restos antropológicos abarcan tanto el uso de partes del cuerpo como instrumentos de producción (p.e., piezas dentarias), como los indicadores óseos de estrés ocupacional. En las actividades de fabricación y mantenimiento de objetos, las *huellas de uso* se desarrollan en la fuerza y los instrumentos de trabajo implicados en las mismas, mientras que en el caso de la producción básica sólo se ocasionan en el cuerpo de las mujeres.

Huellas de desgaste: En general, se trata de distintas señales de desgaste físico y/o alteración química producidas por el uso y el consumo de cualquier materialidad social y ajenas a trabajos de generación de otros bienes. Estas huellas se producen de manera intencionada o casual durante la vida de uso o amortización de los arteusos y artefactos. Entre otros, incluyen señales de deterioro de los objetos y sujetos, huellas de cocinado y descarnado de alimentos o trazas de sujeción y fijación en las caras pasivas de los objetos. Los materiales que sólo cuentan con *huellas de desgaste* constituyen productos finales, es decir, objetos y sujetos que no intervienen en la transformación directa de nuevos materiales como instrumentos y fuerza de trabajo. En el primer caso nos encontramos ante bienes de consumo, en el otro ante consumidores netos, con las consecuentes implicaciones que ello acarrea para el resto de la comunidad. Las huellas de uso y de desgaste informan sobre el valor de uso de los objetos sociales.

Tal diferenciación de las *huellas de producción* permite identificar los arteusos y artefactos arqueológicos y ubicarlos en los esquemas económicos de cada una de las producciones sociales. Finalmente, el análisis funcional se habrá convertido en el estudio de los procesos de trabajo y de consumo a partir de los restos arqueológicos. Sus principales evidencias serían, además de las huellas de producción observables en los artefactos y en determinados arteusos, los residuos generados por la producción y los restos antropológicos.

Agradecimientos

La redacción de este trabajo ha permitido continuar las discusiones sobre teoría arqueológica con mis compañeros y compañeras Pedro Castro, Bob Chapman, Trinidad Escoriza, Sylvia Gili, Vicente Lull, Montserrat Menasanch, Rafael Micó y María Encarna Sanahuja, a quienes agradezco sus comentarios y sugerencias.

Bibliografía

BARCELÓ, A. (1998), *Economía política radical*, Síntesis, Madrid.

BRESSO, M. (1993), *Per una economia ecologica*, Nuova Italia Scientifica, Roma.

CASTRO, P., GILI, S., LULL, V., MICÓ, R., RIHUETE, C., RISCH, R. y SANAHUJA, M.E. (1998), "Teoría de la producción de la vida social: un análisis de los mecanismos de explotación en el sudeste peninsular (c. 3000-1550 cal ANE)", *Boletín de Antropología Americana*, 33, pp. 25-77 (publicado también en *Astigi Vetus*, 1, 2001, pp. 13-54).

CHILDE, V.G. (1951/1936), *Man makes himself*, New American Library, Nueva York.
DOBB, M. (1975), *Teorías del valor y de la distribución desde Adam Smith: Ideología y teoría económica*, Siglo XXI, Buenos Aires.
FRIEDMAN, J. y ROWLANDS, M.J. (1977), "Notes towards an epigenetic model of the evolution of 'civilization'", en J. Friedman y M.J. Rowlands (eds), *The evolution of social systems*, Duckworth, Trownbridge, pp. 201-276.
INFORME (1999), *Informe sobre el desenvolupament humà 1999*, Associació per les Nacions Unides, Barcelona.
LEMONNIER, P. (ed.) (1993), *Technological Choices. Transformations in material cultures since the Neolithic*, Routledge, London.
LULL, V. (1983). *La cultura de El Argar. Un modelo para el estudio de las formaciones económico-sociales prehistóricas*, Akal, Madrid.
LULL, V. (1988), "Hacia una teoría de la representación en arqueología", *Revista de Occidente*, 81, pp. 76-92.
MACPHERSON, C.B. (1973), *Die politische Theorie des Besitzindividualismus*, Suhrkamp, Frankfurt a. M.
MARTÍNEZ ALIER, J. y SCHLÜPMANN, K. (1991), *La economía y la ecología*, Fondo de Cultura Económica, México.
MARX, K. (1962/1867), *Das Kapital - Erster Band*, Dietz Verlag, Berlin.
MARX, K. (1973/1939), *Grundrisse: Introduction to the critique of Political Economy*, Penguin, Harmondsworth.
NEGRI, A. y HARDT, M. (1997), *Die Arbeit des Dionysos*, ID-Archiv, Berlin.
POLANYI, K. (1994), *El sustento del hombre*, Mondadori, Barcelona.
RENFREW, C. (1982), "Polity and power: interaction, intensification and exploitation", en C. Renfrew y M. Wagstaff (eds), *An island polity: the archaeology of exploitation of Melos*, Cambridge University Press, Cambridge.
RISCH, R. (1998), "Análisis paleoeconómico y medios de producción líticos: el caso de Fuente Alamo", en G. Delibes (ed.), *Minerales y metales en la prehistoria reciente. Algunos testimonios de su explotación y laboreo en la península ibérica*, Universidad de Valladolid, Valladolid, pp. 105-154.
RISCH, R. (2002), *Recursos naturales, medios de producción y explotación social. Un análisis económico de la industria lítica de Fuente Alamo (Almería), 2250-1400 ANE*, P. von Zabern, Mainz.
SEMENOV, S. A. (1981/1957), *Tecnología prehistórica. Estudio de las herramientas y objetos antiguos a través de las huellas de uso*, Akal, Madrid.
SMITH, A. (1994/1776), *La riqueza de las naciones*, Alianza, Madrid.
SRAFFA, P. (1960), *Production of commodities by means of commodities*, Cambridge University Press, Cambridge.
VIDALE, M. (1992), *Produzione artigianale protostorica*, Saltuarie dal Laboratorio del Piovego 4, Padova.
ZIMAN, J. (2000), *Technological innovation as an evolutionary process*, Cambridge University Press, Cambridge.

4. Análisis funcional y producción en las sociedades cazadoras-recolectoras: significación de los cambios tecnológicos durante el mesolítico

Ermengol Gassiot Ballbè

Abstract

During the last years the interest about the comprehension of the consumption dinamics in prehistoric societies has grown. This fact has affected the study of hunter-gatherer societies in different ways. On the one hand, the development of the functional analysis has provided an increasing empirical evidence about the modalities of use and amortization of the stone tools. On the other hand, from a liberal perspective, the self-denominated Evolutionary Ecology shows an special interest in defining the consumption in relation to the individual benefit optimization. In this work, however, an economical analysis of the Upper Palaeolithic and Mesolithic populations in the northern Iberian Peninsula is presented. From an economical materialist theory, we emphasize the necessity of understanding the consumption within the framework of the social life production. In this proposal the functional analysis provides empirical arguments which give theoric statements the substantive explanatory nature.

The main argument here defended concerns to the economical signification of the factors consumption in production. This can happen under the form of use of means and instruments of work to realize a determinated activity and like consumption means of life by the force of labour. The distinction between objective consumption and subjective consumption is stablished on the basis of the comprehension of these processes like acts of social transmission of value and identifying who or what the receiver is. On understanding consumption like an act of production where social value is amortized and transferred, time becomes a very important variable. It indicates us the length of the utensils' live and of the time in which the effort implicated in their manufature is socially compensated. Moreover, it conditions the social production as a whole on stablishing the rhythm of the amortization of factorsí inversion on the food productive cycles and other goods. This fact demands that the diachronic dimension of the use of the means of prodution is considered in the analysis of prehistorical productions.

In the last part of the article we present the heuristic potential of this proposal. The study of the technological changes occured between 14.000 calBC and 5.500 calBC under this prism must not be exclusively understood in relation to the individual yield of the different kind of artifacts. The way in which these are socially amortized directly falls into the general trend of the decreasing yields that governs hunter-gatherer economies. It allows a more complex view about the social production in this period as well as pointing out new explicative causes. We fundamentally justify that, to a certain extent, the characteristic changes during the Mesolithic in Western Europe can be understood from the same social production.

El análisis funcional es una vía de aproximación a la tecnología de una época dada (Semenov 1981). Así mismo, la determinación de las cualidades técnicas de la actividad laboral que activa la producción aporta información no sólo de las características del trabajo humano en cada período sino también del conjunto de la organización económica. Para alcanzar este último objetivo es necesaria la articulación del análisis funcional como método arqueológico y del análisis económico como teoría cobertora. A éste último el análisis funcional aporta su necesaria dimensión empírica y lo traslada al plano de la realidad concreta. La teoría económica facilita, a su vez, la capacidad para trascender los contextos individuales de la observación empírica y relacionarlos con el conjunto de la actividad social en la que se insertan. El análisis del trabajo como capacidad humana de transformar intencionalmente la materia para cubrir determinadas necesidades sociales constituye el argumento para llevar a cabo esta actividad.

Sin embargo, de forma paralela a su popularización dentro de nuestra disciplina, en varios trabajos se ha entendido el método funcional fundamentalmente como una forma para caracterizar el uso particular de los diferentes objetos líticos que conforman el registro arqueológico (Grace 1989). Esta visión, restrictiva ya en el hecho de que excluye una amplia gama de restos arqueológicos (en cambio, tratados en varias ponencias de este volumen), limita también el tipo de información que potencialmente puede aportar el análisis funcional.

Entendida de esta forma, el estudio de la funcionalidad proporciona casi exclusivamente información cualitativa de las tareas efectuadas por la herramienta en lo que críticamente A. Vila califica, también en este volumen, un enfoque exclusivamente traceológico del método. Este énfasis "traceológico" ha derivado en una caracterización del uso de los artefactos a partir de la determinación de sus características particulares como objetivo último: identificación de la acción o acciones realizadas con la herramienta (tipo de movimiento, dirección, etc.) y de los materiales sobre los que se ha llevado a cabo.

Paralelamente, dentro de otra dimensión del análisis de las sociedades cazadoras-recolectoras ha crecido en los últimos años el interés por el consumo. El cuerpo teórico y explicativo de una buena parte de análisis etnográficos y arqueológicos de comunidades cazadoras-recolectoras en las últimas dos décadas fundamenta las explicaciones sobre la subsistencia y las relaciones sociales de estas poblaciones en las tomas de decisiones y posicionamientos individuales en torno al consumo (Barton y Clark 1997, Bettinger 1991, Bettinger *et al.* 1997, Hawkes 1993, Minnegal 1997, Winterhalder 1997, Winterhalder y Smith 1981). La conducta de las personas que integran las sociedades preindustriales, según estos modelos, presenta una "racionalidad" análoga a la actual y persigue alcanzar niveles óptimos para la supervivencia propia, caracterizados por el acceso a un máximo de bienes apetecibles mediante un mínimo riesgo y gasto energético o de tiempo.

En el estudio de los medios de trabajo, y concretamente la industria lítica, estas premisas han influenciado las propuestas de autores fundamentalmente anglosajones (Bleed 1986, Myers 1989, Torrence 1989, Vierra 1995: 51-56). En ellas se emprende la caracterización de la tecnología en términos de relación entre el coste y el beneficio implicados en una determinada opción técnica. Si bien su evaluación se expresa en diferentes unidades de medida (Torrence 1989), se fundamenta en el cociente entre la aplicación de tiempo o energía (y, a un nivel más subjetivo, de riesgo) y el beneficio obtenido (cierta cantidad de biomasa, prestigio, etc.). En las actividades de caza y recolección el *valor* de estas prácticas radica principalmente en su capacidad para adquirir bienes de consumo que, en su conjunto, pueden evaluarse como determinadas cantidades de calorías, proteínas, pieles, tendones o fibras que puedan proporcionar. En definitiva, por la *utilidad* procedente de sus cualidades para satisfacer determinadas necesidades[1]. En la tecnología, el valor de las diferentes herramientas es fruto de su potencial para efectuar tareas específicas (herir un animal, raspar piel, cortar madera ....).

Las implicaciones de este tipo de enfoque merecen ser enumeradas. Por una parte comporta la individualización de los contextos de la acción humana, con una significación específica en función de la coyuntura: qué agente la lleva a cabo, el momento en que se realiza y las necesidades concretas que la motivan. Se asume que la satisfacción de unas necesidades infinitas del agente se lleva a cabo mediante el consumo de una serie de bienes, seriados en función de "presupuesto" (cantidad de tiempo o energía disponible, por ejemplo) y su aptitud para efectuar determinadas tareas. La conducta individual caracterizada así se evalúa a partir de premisas de dudosa aplicación en sociedades cazadoras recolectoras, como la maximización de la herencia genética, la optimización de la aptitud propia en relación la del vecino/a, etc.

A otro nivel, el desarrollo de los enfoques traceológicos ofrece puntos de confluencia con las propuestas revisadas. La caracterización de los medios de trabajo mediante la descripción de los movimientos efectuados y las materias trabajadas prioriza la dimensión cualitativa de su valor. La exclusiva atención hacia su valor de uso en algunos casos puede alcanzar el extremo de una preocupación por definir las formas de los gestos técnicos individuales (por ejemplo, Grace 1989) y obviar los procesos de manufactura y uso de los medios de trabajo como parte de la producción social. Tal proceder comporta una pérdida de potencial explicativo de las realidades sociales pretéritas del análisis funcional al limitarlo a inferencias de bajo rango que, si bien necesarias, no pueden constituir el fin último de la investigación arqueológica.

El consumo como una instancia económica dentro del ciclo de la producción.

Un tópico remarcado en las propuestas liberales de análisis paleoeconómico es la separación de los ámbitos de producción y consumo. En la arqueología procesual, el énfasis inicial en el primero ha cedido paulatinamente paso a la concepción de que el segundo determina la relación entre ambos e, incluso, la misma configuración de la producción (Gassiot 2000: 225-286, Gassiot 2001). Dicha concepción necesita, no obstante, ser revisada. Desde una perspectiva general, la producción de mantenimiento tal y como la definen Castro et al. (1998: 32) incorpora muchas actividades tradicionalmente calificadas como consumo. De hecho, el gasto de medios de trabajo, objetos de trabajo y fuerza de trabajo en las producciones básica, de objetos y de mantenimiento (Castro *et al.* 1998 y Risch en este volumen) comporta su consumo. En el análisis de las sociedades cazadoras-recolectoras, Estévez *et al.* (1998) muestran también la necesidad de evaluar el consumo en relación a los procesos de obtención y transformación de biomasa y objetos líticos. Esta interrelación dialéctica entre la manufactura de los objetos y su consumo como factores de la producción caracteriza también los esquemas de análisis propuestos por Clemente (1997), Risch (1995), Terradas (1996) y Vila (1986).

En términos ontológicos abstractos he refutado en otro lugar la separación entre producción y consumo, la

[1] Estas premisas ya se encuentran presentes de forma explícita en trabajos de referencia obligatoria en el análisis de las sociedades cazadoras-recolectoras como Lee (1981) (Gassiot 2000: 86).

primera entendida como ámbito de la modificación e innovación y la segunda como de la reiteración y perpetuación (Gassiot 2000: 317-318). En un plano más concreto, la caracterización analítica de los procesos productivos ilustra la continuidad entre los procesos de fabricación y consumo de bienes en el seno de la producción social. La caracterización clásica de los procesos producción puede sintetizarse mediante la siguiente fórmula (Gassiot 2000, adaptada de Marx 1986a y 1986b)

$$T < \begin{matrix} FT \\ Mp \end{matrix} > T\text{-}P \; ..... \; P\text{-}T$$

En ella se presenta la producción desde la perspectiva del trabajo, entendiendo el proceso como aquel en el que se asigna valor a la materia que resulta en un producto social.

El primer segmento de la fórmula,

$$T < \begin{matrix} FT \\ Mp \end{matrix} > T \longrightarrow P$$

representa la parte del proceso productivo en el cual, mediante la aplicación de trabajo, se generan una serie de productos nuevos. En ella intervienen la fuerza de trabajo (FT) y los medios de producción (MP), conformados por los factores objeto de trabajo (OT) y medios de trabajo (MT).

La FT está conformada por las personas que intervienen en los procesos de trabajo, aportando trabajo vivo mediante su propio cuerpo y a través de los MT. Los MT transmiten el trabajo que contienen en si mismos, puesto que a su vez son también objetos producidos. Su existencia como tales en un proceso productivo implica su desaparición progresiva en el consumo hasta perder totalmente, fruto de su paulatino desgaste, las cualidades que los hacen efectivos para ser usados. Volveré más adelante sobre este punto. Finalmente, la materia receptora de trabajo y que pasa a formar parte del producto (P) constituye los OT. Durante el proceso de producción así concebido, los OT reciben valor en forma del trabajo aportado por la FT (equivalente al tiempo de trabajo de la persona o personas implicadas) y los MT. Éstos últimos, cuyo valor es resultado del hecho de haber sido receptores de trabajo pretérito (todos los medios de trabajo han sido producidos: en la recogida de los soportes minerales y su posterior transformación en lascas, por ejemplo), lo ceden proporcionalmente a su desgaste. Las principales diferencias entre la FT y los MT radican en que la primera es imprescindible para activar la producción social mientras que los segundos no[2] y en que solamente la FT puede generar en la producción un valor mayor al que cede al ser usada.

En la producción de alimentos dentro de una comunidad cazadora-recolectora, la fauna y vegetales silvestres constituyen los OT, los raspadores, cuchillos, armas de caza, cestos, etc. conforman los MT y las personas que participan en estas actividades son la FT. En la producción de herramientas líticas, por ejemplo, el sílex y otras rocas empleadas son los OT, las personas que participan en su captación y la talla la FT y percutores, yunques, etc. los MT.

El segundo segmento de la fórmula... P-T remite al proceso de uso de los productos, a su pérdida de valor-trabajo en el consumo. Al realizar su valor de uso, las cualidades que lo definen apto para transmitir trabajo bajo una determinada forma mecánica (cortar, raspar, machacar, perforar ...), los productos pierden su valor entendido como el trabajo previo implicado en su fabricación. Éste es el momento en que se da la amortización del valor de su producción y, por tanto, cobra sentido el esfuerzo implicado en ella. En consecuencia, considerando el ciclo productivo desde la perspectiva del trabajo, su culminación acontece en un acto de consumo del producto. En éste, la realización de las cualidades del producto permite transmitir de nuevo trabajo que vuelve a reiniciar otro ciclo productivo. En consecuencia, podemos resumir esta dimensión de la producción bajo la forma T ... T y entenderla bajo el prisma de la descripción de los procesos de valorización de los objetos, de la materia social. El consumo de una presa cazada permite reponer el desgaste diario de la fuerza de trabajo que volverá a activarse en un ciclo productivo. El desgaste de un cuchillo cortando carne, su consumo, se da dentro de un proceso de trabajo de la producción de alimento.

Análogamente a la descripción T ... T de la producción, ésta puede ser descrita analíticamente desde la perspectiva del consumo, de los procesos en que los productos ceden su valor, como

$$P \; ..... \; p\text{-}T < \begin{matrix} FT \\ Mp \end{matrix} > T \; ..... \; P$$

En el plano concreto, la fórmula remite al proceso de circulación de los productos dentro de los ciclos productivos. Éstos arrancan en el consumo del producto que puede ser una materia prima, un medio de trabajo[3] o fuerza de trabajo (P-T). La realización de su valor de uso supone, a su vez, su desaparición en uno o, en general, varios ciclos productivos. Paralelamente comporta la transmisión de trabajo mediante la FT o los medios de producción (MP) que dará lugar a un nuevo elemento producido. Este ciclo (P ... P) se reiniciará cuando este segundo producto vuelva a ser consumido en un nuevo ciclo productivo.

[2] Su existencia otorga ciertas características técnicas a los procesos productivos llegando a configurarlos históricamente. No obstante, en su esencia, la producción de alimento bajo determinadas formas puede efectuarse con la única participación de fuerza de trabajo (por ejemplo, ciertos tipos de recolección). Obviamente, la inexistencia de medios de trabajo únicamente puede plantearse hipotéticamente en ciertas fases del proceso de hominización y determina directamente el rendimiento de toda la producción.

[3] Para simplificar el análisis no incluyo las materias auxiliares de la producción, aquellas que transmiten una serie de cualidades sin llegar a formar parte del producto. La madera que al quemarse modifica las propiedades del sílex en algunos procesos de talla es una materia auxiliar.

Contemplando la producción social como un continuo en el que se activa trabajo y se consumen productos, los procesos analíticamente definidos como T ... T y P ... P se imbrican dialécticamente y su separación nos llevaría a una representación sesgada de la realidad concreta.

Un ejemplo deja claro lo expresado hasta aquí. En un proceso de caza de ciervo, se activa trabajo por medio de la fuerza de trabajo y los otros medios de producción implicados en la actividad. A lo largo de diferentes procesos de trabajo, la fuerza de trabajo y los medios de producción resultan consumidos en lo que, al mismo tiempo, supone la valorización de la carne de ciervo como alimento, sus pieles como abrigo y sus astas como materia prima. Estos productos, al ser realizados como valores de uso, transmitirán su valor a nuevos productos mediante una determinada inversión laboral: alimento y abrigo a la fuerza de trabajo renovada diariamente o a aquellas personas que se incorporan por primera vez al trabajo, el asta en un proyectil que a su vez cederá su valor al impactar en una presa y fracturarse, etc. En consecuencia, el consumo participa del ciclo productivo como una instancia constitutiva de éste. La transmisión del valor de un factor de la producción a un producto implica, pues, un acto de consumo. La propia caracterización del valor a partir del trabajo contenido implica, a su vez, la concepción de los factores como productos de una producción concreta precedente.

Como transmisión de valor, el consumo puede manifestarse objetivamente de tres maneras. Una primera es el desgaste de las personas en la producción que es resultado del consumo de la fuerza de trabajo. Socialmente se repone en el corto plazo en la alimentación diaria, descanso y otras actividades de mantenimiento y en el largo plazo en la incorporación de nuevas personas como fuerza de trabajo. Una segunda es el desgaste de medios e instrumentos de trabajo en la producción. Su reposición se da también por actividades de mantenimiento de algunos medios de trabajo, como rejuvenecimiento de filos, reparaciones de mangos, etc., y en la fabricación de nuevos medios de producción. La tercera es el consumo de medios de vida por parte de la fuerza de trabajo, tanto alimentarios como aquellos derivados de las realidades sociales específicas: calzado, vestimenta o medicinas, elementos de prestigio, demarcadores de edad, sexo o estatus, ...

El análisis funcional permite arqueológicamente representar al menos de forma parcial cómo se dieron en el pasado estas tres formas de consumo. Ello es obvio en el segundo aspecto, que constituye el ámbito tradicional de los estudios de trazas de uso, especialmente en la industria lítica tallada. El primer aspecto también está reflejado en este volumen por el trabajo presentado por Delgado *et al.* El consumo de medios de vida es, en cambio, un campo menos evidente dentro de los análisis funcionales tal y como se conciben en la actualidad. Por una parte, la visibilidad arqueológica de una buena parte de ellos es escasa y en ocasiones resultante de condiciones excepcionales de conservación de la evidencia arqueológica. Por la otra, el estudio de las trazas de uso en los restos faunísticos (marcas de corte, raspado, etc.) generalmente se asigna a la arqueozoología como método arqueológico diferenciado. No obstante, si entendemos que el análisis funcional remite a los procesos de uso de los diferentes objetos producidos (considerando la fuerza de trabajo entre éstos), es evidente que la fauna explotada en la prehistoria debe incluirse en sus focos de atención. Su consumo, como factor en la producción con unas determinadas propiedades atractivas para su uso, justifica el análisis de su funcionalidad.

Consumo, medios e instrumentos de trabajo y rendimiento de la producción social.

En función de cómo se concreta, el consumo puede presentarse bajo dos modalidades diferenciadas (Gassiot 2000: 323-327). El consumo objetivo supone la transmisión de valor a un producto social diferente al sujeto que activa el ciclo productivo, como por ejemplo el consumo de medios de producción y trabajo vivo en el curtido de una piel. El consumo subjetivo remite al que conlleva la reposición de valor de la fuerza de trabajo, es decir, de las y los sujetos de la producción social. Se concreta como el uso de medios de vida y su consideración es importante para incluir dentro de la producción social aquellas actividades generalmente caracterizadas como de mantenimiento o cuidado. En ambos casos, un aspecto esencial del consumo es que, como realización del valor de uso de los productos, siempre requiere de la aplicación de trabajo para activarse. La capacidad de herir de un proyectil se realiza como tal cuando éste es lanzado, acto que supone, ya sin contar las otras actividades que necesariamente deben efectuarse en asociación, un hecho laboral.

Esta afirmación nos remite a la primera dimensión económica del consumo, a su productividad o rendimiento que se define por el cociente en su valor de uso y su valor trabajo. Expresado de otra forma, puede caracterizarse como la relación entre las necesidades cubiertas por el consumo de un bien y el tiempo de trabajo implicado en su producción y puesta en funcionamiento. Asumiendo que las necesidades cubiertas pueden reducirse a una parte de las necesidades de la renovación de una jornada laboral, es decir, del valor de un día de la fuerza de trabajo, el rendimiento puede expresarse como un cociente entre tiempo de trabajo aportado y tiempo de trabajo gastado. En la teoría económica liberal, que influye numerosos trabajos sobre la subsistencia prehistórica, se confunde el rendimiento de un bien o una práctica social con el valor. Éste último se define a su vez como la relación entre energía, calorías, etc. obtenidas en relación con los costos implicados de tiempo, energía u otras variables.

Si bien en sentido estricto el tiempo no altera el cociente que define el rendimiento, su consideración es esencial en el análisis de la producción. Desde una perspectiva T ... T y manteniendo estable el rendimiento, cuanto más rápido se realiza un ciclo de producción con plusproducto, mayor es el potencial teórico de incremento del volumen de la producción en un plazo dado (Gassiot 2000: 356-360). Este fenómeno, desde una perspectiva P...P, nos lleva a la segunda dimensión económica del consumo que concierne también al ritmo de realización del ciclo productivo, en este caso partiendo del período de amortización de P. En otros términos, remite a la vida útil de los medios de producción y la fuerza de trabajo, al período de tiempo en que transmitirán su valor antes de desgastarse y, por lo tanto, este valor apartado de la producción social volverá a fluir en ella. Seguidamente ejemplificaré la utilidad de esta consideración en el estudio de las formaciones sociales cazadoras-recolectoras. Previamente es necesario, sin embargo, explicar la distinción entre medios de trabajo (MT) e instrumentos de trabajo (IT).

La mayoría de herramientas que participan en un proceso de producción tienen un período de utilidad que perdura una vez obtenido el producto buscado. Tal es el caso de un molino de basalto, cuya vida activa supera sobradamente el proceso de producción de harina de cereal. Igualmente sucede con la mayoría de recipientes cerámicos y una parte considerable de la industria lítica. Siguiendo la terminología empleada, estos objetos conforman los medios de trabajo. No obstante, existen herramientas cuya utilidad se circunscribe a un único ciclo productivo, al término del cual han transmitido todo su valor al producto y han dejado de ser útiles. Los moldes de cerámica en la producción metalúrgica a la cera perdida son un ejemplo de instrumentos de trabajo. Algunas herramientas líticas talladas pierden filo de forma rápida y son desechadas durante el primer proceso productivo. Ambos casos proporcionan ejemplos de instrumentos de trabajo cuya principal característica remite a la duración de su uso y a su proceso de amortización, que se establece dentro de un único ciclo o proceso productivo. Mientras los medios de trabajo transfieren su valor en partes proporcionales a lo largo de los diferentes procesos en los que intervienen, el valor de los instrumentos de trabajo refluye enteramente a los productos de un único proceso.

La relevancia de esta distinción es considerable a la hora de entender las dinámicas productivas en los diferentes períodos prehistóricos e históricos. No obstante, es difícil establecerla con fiabilidad arqueológicamente. Se puede intuir con cierta plausibilidad que un artefacto ha sido utilizado durante diferentes actividades, bien por la intensidad de los brillos o trazas ilustrando tareas cualitativamente distintas o por la presencia de reavivados de filos, reparaciones u otras actividades para prolongar su utilidad. Sin embargo, es ciertamente más complicado asegurar que un artefacto se emplea solamente en un único proceso de producción al término del cual es desechado. El trabajo a que ha sido sometido un filo puede ser de intensidad considerable pero únicamente realizado durante una sola producción.

A falta de un desarrollo del método de análisis funcional para controlar mejor la variable tiempo, y a raíz de la importancia para el análisis económico de la diferenciación entre IT y MT, se puede establecer una distinción entre aquellas herramientas con una duración breve y aquellas cuyas cualidades de uso permanecen relativamente fijas en períodos de mayor duración. Las primeras pueden identificarse bajo la denominación de medios de trabajo circulantes (MTC), cuyo valor circula enteramente en uno o pocos ciclos productivos. Ello implica que la amortización de la inversión de trabajo efectuada en su fabricación se concreta al cabo de uno o pocos episodios de producción de P. Por lo tanto, es necesario renovarla para seguir manteniendo en lo sucesivo la producción. Si bien la definición del término es poco precisa, en el estado actual de la cuestión sirve para indicar tendencias y a instancias analíticas. Contrariamente, en los medios de trabajo fijos (MTF) sus cualidades para determinado trabajo permanecen activas a lo largo de un número elevado de ciclos de producción. Su vida útil se prolonga mucho más en el tiempo y, por lo tanto, el período que dura su proceso de amortización. Su renovación es menos recurrente y, a diferencia de los MTC, únicamente transmiten una parte reducida de su valor al producto resultante de cada ciclo individual.

Desde una perspectiva de los procesos de transmisión de valor dentro de la producción, en lo que denominamos consumo, la duración del ciclo P ... P de los medios de trabajo tiene repercusiones importantes en las dinámicas de la producción social en las sociedades cazadoras-recolectoras. En una primera dirección, la longitud temporal de los procesos de amortización de los MTC y MTF incide en el momento y determina la forma en que aparecerán los rendimientos decrecientes en la producción de alimentos. Como es bien sabido y argumentado, en ausencia de explotación de fauna y vegetales domésticos los incrementos de la extracción de especimenes de una población silvestre más allá de cierto umbral comporta un aumento del valor del producto. A medida que una población, por ejemplo de *Cervus elaphus*, se rarifica el tiempo necesario para el encuentro, quizás la captura, y el traslado de la biomasa al punto de consumo tiende a ser mayor. Por tanto, cada Kg. de carne comporta una mayor cantidad de trabajo necesario. La aparición de los rendimientos decrecientes se rige, en ausencia de cambios en la tecnología y organización de los procesos de trabajos (hecho que, en realidad, en el largo plazo nunca sucede), por la estructura de las poblaciones de los objetos de trabajo explotados: densidad de animales por superficie, capacidad de reposición a una sangría continua y etología de la especie. El empleo en una misma producción de MTF como alternativa al uso de MTC introduce modificaciones a su valor y a cómo éste varía al incrementar o disminuir la masa del producto final.

En coherencia con ello, el uso de MTF o MTC incide en el volumen de la producción. En una población mesolítica equipada en mayor grado con MTF, la estructura de los procesos de consumo-amortización de su valor promueve una mayor movilización de fuerza de trabajo. Por una parte esto revierte en inversiones laborales de mayor entidad y un incremento de la presión sobre la fuerza de trabajo. Por la otra, comporta una mayor presión sobre las poblaciones naturales de objetos de trabajo (animales, por ejemplo). Como resultado de todo ello el volumen de la producción alimenticia de una población cazadora-recolectora con una alta participación de MTF complementada con MTC de bajo valor (de manufactura altamente expeditiva) fácilmente es superior a la de otra cuyo equipo técnico está conformado en mayor medida por MTC. En el siguiente apartado se justifica que esta dicotomía coincide con los cambios acaecidos al final del Paleolítico superior final y primera mitad del Mesolítico como mínimo en una gran parte de la Europa meridional y occidental.

Cambios en la producción lítica durante el Mesolítico: reducción del valor e incremento del carácter de los medios de trabajo.

A grandes rasgos, la evidencia industrial del mesolítico en la Península Ibérica indica una marcada reducción del valor de los artefactos líticos. Este hecho se expresa como en una simplificación de los procesos de trabajo implicados en su manufactura y en una menor inversión laboral en la búsqueda de los soportes minerales. En la cornisa cantábrica, por ejemplo, estos fenómenos se manifiestan tanto en los conjuntos orientales que evidencian una progresiva microlitización, como en los procedentes de yacimientos al oeste de Santander y adscritos a la llamada cultura Asturiense (Clark 1976: 131-147, Fernández-Tresguerres 1980, González Morales 1982: 156-170, González Sáinz 1989, Laplace y Merino 1979, etc.). La reducción del valor de la industria lítica es también evidente si se consideran en su totalidad los diferentes conjuntos de muchos niveles mesolíticos de la parte occidental de la cornisa, donde la densidad de artefactos cae de forma muy acusada (Arias 1991: 91-139, Clark 1976, González Morales 1982). Aunque menos general, este hecho también puede observarse en algunos yacimientos de Euskal Herria, como Atxeta y Marizulo (Arias 1991: 111-139, González Morales 1982: 78-79). La mayor presencia de materiales de procedencia local dentro de los conjuntos tallados a partir del final del Magdaleniense completa este breve diagnóstico.

Estas transformaciones han sido interpretadas generalmente mediante modelos de decadencia cultural por una parte y a la luz de las transformaciones en el medio geográfico acaecidas con la suavización climática del Holoceno por otra. La teoría económica como ámbito ontológico y el análisis funcional como método arqueológico proporcionan una explicación alternativa, cuyo atractivo radica en tomar la misma realidad productiva para explicar estas modificaciones tecnológicas. Con este modelo no se pretende excluir los factores microgeográficos en la comprensión de los conjuntos de yacimientos individuales. Hacerlo comportaría negar la orientación materialista que la sustenta así como ignorar estudios donde esta relación ha quedado bien argumentada, como el presentado por Ibáñez y González (1998) sobre los niveles azilienses y Magdalenienses finales de Berniollo, Santa Catalina y Laminak, en la Comunidad Autónoma Vasca. Sin embargo, difícilmente pueden asignarse únicamente a este tipo de factores locales unos cambios tecnológicos acaecidos en direcciones similares en otras sociedades cazadoras-recolectoras europeas en la misma época, como en los conjuntos mesolíticos ingleses (Bleed 1986, Myers 1989), irlandeses (Peterson 1990) o portugueses (Vierra 1995:20-21), por citar algunos del ámbito atlántico europeo.

El análisis económico de los conjuntos líticos tallados del final del Paleolítico e inicio de Mesolítico nos permite caracterizar las categorías establecidas más arriba. Gran parte de los artefactos "típicos" del Paleolítico superior como los realizados sobre láminas con dorso y las puntas de proyectil pueden incluirse dentro del término MTC. El desgaste causado en ellos por la actividad laboral obliga a su reposición en intervalos de tiempo relativamente breves. Un ejemplo clásico lo proporcionan las puntas de proyectil que frecuentemente son encontradas con fracturas asociadas al impacto (González e Ibáñez 1999). Experimentaciones recientes realizadas con puntas con aletas manufacturadas sobre un único soporte muestran unos procesos de amortización sumamente breves: las fracturas de las puntas han sido generales después de realizar, a lo sumo, unos siete impactos cada una (Palomo y Gibaja en este volumen). El desarrollo de las puntas de proyectil a lo largo del Paleolítico superior se fundamenta en un incremento de su potencial de herir a la presa como vía para incrementar su productividad, sin que ello implique ni una disminución del valor de su producción ni una prolongación substancial de su vida útil. Este fenómeno es visible en la progresión de las puntas con pedúnculo a las puntas con aletas del arco mediterráneo peninsular entorno al 20.000-18.000 A.P. (Muñoz 1999) o en la evolución de los arpones en el cantábrico a lo largo del 18.300 a 11.700 calANE.

Los cambios tecnológicos iniciados en los últimos milenios del Paleolítico superior y que continuarán a lo largo del Mesolítico ilustran una progresión dual de los conjuntos industriales. Por una parte es evidente una reducción del valor de muchos soportes producidos. Un caso paradigmático lo ofrece la simplificación morfotécnica muy acusada en los conjuntos asturianos y del oeste de Cantabria entre 9.000 y 4.500 calANE, combinada con una explotación predominante de cuarcitas locales. Aún asumiendo que los actuales registros para esta zona y época solamente reflejan parte de una industria que pudo tener en la madera una materia prima destacada, las evidencias disponibles ilustran una disminución general de su valor. En el este de la franja cantábrica, la reducción del tamaño de las láminas y su progresiva microlitización definitoria del proceso de "azilianización" se correlaciona con un abaratamiento de su manufactura, tanto por los menores requisitos del soporte que permite una menor selección y un mayor uso de materiales locales, como por la menor preparación de los núcleos de extracción (Ibáñez y González 1998: 27-31). Así mismo, los proyectiles del Magdaleniense mediterráneo sobre láminas con dorso suponen una clara reducción del valor con respecto las precedentes puntas con muesca y puntas con aletas (Muñoz 1999). Las puntas sobre geométricos representan, ya en una cronología holocénica, un paso más en esta tendencia en gran parte de la Península Ibérica y el oeste europeo.

Es difícil probar, con los medios actualmente disponibles, si estos cambios suponen un incremento de la productividad de estas herramientas. A un nivel intuitivo, uno puede ser propenso a responder afirmativamente a esta cuestión. Sin embargo, una disminución en el valor puede implicar también una reducción en la cantidad de valor de uso, es decir, el volumen de producto obtenido en la utilización de la herramienta. En definitiva, una caída en el valor de su producción también puede estar acompañada por una disminución de su efectividad. Este fenómeno podría explicar las transformaciones en los proyectiles al final del Paleolítico. Sin embargo, las pautas de fractura y desgaste de los medios de producción mencionados para la segunda mitad del Paleolítico y el Mesolítico indican procesos de amortización breves. Con lo cual, la posible mayor efectividad de las puntas con muescas o los arpones sobre hueso con doble hilera vendrá limitada por el carácter predominantemente circulante que le confieren tanto sus características físicas como la naturaleza mecánica del trabajo al que son sometidos. Su elevado valor de producción en relación con opciones técnicas posteriores limita, a su vez, su productividad.

Por otra parte, en el Mesolítico son notorias las evidencias de otro tipo de proceso: el incremento del carácter fijo de algunos medios de trabajo. La aparición de medios de producción con procesos de amortización más diferidos está cada vez mejor establecida para numerosos contextos de poblaciones cazadoras-recolectoras postpleistocénicas, tanto europeas como del resto del mundo. La existencia de formas de navegación, redes, cestería o trampas para la pesca se documenta directa e indirectamente en diferentes registros arqueológicos. En el ámbito peninsular los datos actuales son menos conclusivos en este sentido. No obstante, el incremento de la presencia de pequeñas aves y pequeños carnívoros en, por ejemplo, los conjuntos más recientes de Berroberría y Laminak II, insinúa la existencia de trampas como medio de caza (Arias 1992: 67).

Sin embargo, la evidencia más plausible de un marcado incremento del ciclo de amortización de los medios de trabajo se concreta en la aparición armaturas compuestas que incorporan diversos microlitos para la realización de una o varias funciones. Su existencia queda fuera de duda alguna en los niveles citados de Laminak II, Berniollo y Santa Catalina, donde el análisis de trazas en las láminas de reducido tamaño evidencia que algunas de ellas habían funcionado como barbas enmangadas en soportes de manera (González e Ibáñez 1999, Ibáñez y González 1998). La asociación entre microlitismo y armaturas compuestas está bien establecida en diversos contextos europeos durante el Mesolítico por evidencias directas. En el yacimiento de Vale of Pickering, del Mesolítico reciente inglés (6.000-3.400 ane), se excavó una armatura completa de madera con varios geométricos adheridos a modo de barbas (Myers 1989: 81). También en Loshult, en Suecia, se encontró a principios de s. XX otra armatura completa con microlitos laminares asignada a la "cultura" Maglemose, del Mesolítico antiguo.

Una destacada diferencia entre esta clase de herramientas y, por ejemplo, los proyectiles sobre hueso, asta o piedra de gran parte del Paleolítico superior es que las primeras pueden ser objeto de pequeñas reparaciones que facilitan su reutilización (Bleed 1986: 738-744). En la Península Ibérica las reparaciones que reponen una parte de la utilidad de la herramienta son habituales en las industrias geométricas del Neolítico antiguo (Clemente y Gibaja 1998: 461-463, Gibaja, Clemente y Vila 1997). En definitiva, la progresiva extensión del microlitismo facilita la reparación de las partes útiles de ciertos medios de trabajo sin la necesidad de reemplazarlos en su totalidad. Incluso asumiendo que en algunos proyectiles la mayor inversión fuera en la elaboración del astil, la posibilidad de reparar selectivamente unas partes del medio de trabajo supuso con toda seguridad una modificación en el valor de la producción del conjunto de la herramienta y, especialmente, en su proceso de amortización. Estas consideraciones nos llevan necesariamente a la dimensión temporal del consumo de los medios de producción que, en definitiva, constituye la amortización del esfuerzo implicado en su realización.

A la luz de lo expuesto, se puede concretar que las industrias clásicas del Paleolítico superior están compuestas fundamentalmente por medios de trabajo en los cuales predomina su carácter circulante. En ellas, el incremento de la productividad se basa en un aumento de la efectividad del artefacto aunque, como queda arqueológicamente demostrado para casi todo el período, ello pueda suponer un incremento en su valor de producción (Gassiot 2000: 366-376). Al final del período, en el norte de la Península Ibérica aproximadamente a partir del 14.000 calANE y, especialmente y de forma creciente, después del 11.500 calANE, se introducen modificaciones en los medios de producción líticos y óseos que inciden en una dirección distinta. Esta transformación se concreta en una significación económica dual. Por una parte, aquellos medios/instrumentos de trabajo que mantienen un carácter fundamentalmente circulante experimentan una clara reducción de su valor que en ocasiones puede revertir también en una menor eficiencia (¿quizás en las lascas sin retoque del "Asturiense"?). En definitiva, aquellos artefactos cuyo valor refluye enteramente en cada ciclo de producción (o unos pocos) comportan una menor inversión laboral previa. Por la otra, aparecen medios de trabajo que, aunque puedan implicar mayores inversiones laborales, se amortizan durante un mayor intervalo de tiempo y a lo largo de un número superior de ciclos productivos de otros objetos. La combinación entre una talla más expeditiva con una progresiva microlitización y la aparición de otras herramientas complejas (cestería, canoas, etc.) supone la concreción de este fenómeno.

Significación productiva de los cambios en las industrias líticas del Mesolítico.

La principal consecuencia de lo expuesto recae en la propia consideración de las sociedades cazadoras-recolectoras. Hasta la actualidad se ha tendido a emplear la diversidad en los objetos de trabajo de la producción alimenticia como principal factor para establecer distinciones entre ellas, como la "*broad spectrum revolution*" de K. Flannery. Así, por ejemplo, se focaliza la distinción entre las economías del Paleolítico superior y el Mesolítico en el norte peninsular en el grado de polarización cinegética, menor en el segundo período. La discusión presentada obliga a prestar también atención a cómo se produce, asumiendo que la participación diferente de los diferentes factores económicos en el proceso puede comportar realidades sociales esencialmente distintas (Gassiot 2000: 389-411).

Las modelizaciones ilustradas en las figuras 1 y 2 sirven para ejemplificar la argumentación presentada. En ellas ilustro de forma simplificada dos situaciones productivas que, en abstracto, representan la distinción en las cualidades de los medios de producción identificada para el Paleolítico superior y el Mesolítico. En ambos casos, el objeto de la producción es alimentario aunque, para la presente discusión, este aspecto es secundario. Lo que si es relevante es el que el rendimiento del trabajo activado por la fuerza de trabajo presenta una tendencia marginal decreciente, concretamente de un 10 %. Con ello pretendo representar el incremento de tiempo necesario para obtener un producto adicional en un determinado umbral de output. En otras palabras, asumiendo una actividad de caza, el incremento de una décima parte del tiempo de caza por presa cuando se incrementan las capturas en una unidad (sea la unidad un espécimen individual o una manada). Esta dinámica caracteriza las producciones alimenticias cazadoras-recolectoras, donde fundamentalmente las poblaciones animales pueden ser explotadas a un ritmo superior a su tasa natural de reposición con el consiguiente "encarecimiento" de las capturas a largo plazo.

En ambas situaciones la producción se efectúa mediante la movilización de fuerza de trabajo y medios de producción. En el primer caso, que sintetiza una tendencia más propia del Paleolítico superior, éstos últimos están formados únicamente por MTC por un valor de 40 unidades. Para simplificar el análisis, asumo que estas 40 unidades de valor-trabajo se traspasan al producto en un único ciclo productivo. Al inicio de la producción se requiere una cantidad de 20 unidades de trabajo aportado por la fuerza de trabajo, que en cada ciclo productivo adicional deberá incrementarse en un 10% para mantener la cantidad de producto. De esta forma, en el 20º ciclo productivo la fuerza de trabajo necesaria supondría más de 122 unidades de valor-trabajo. La Figura 1a ilustra este hecho que, por otra parte, no es más que el resultado de la ley de rendimientos decrecientes que asumimos de forma unánime como características de las economías este tipo de sociedades en ausencia de otros cambios en la organización de la producción.

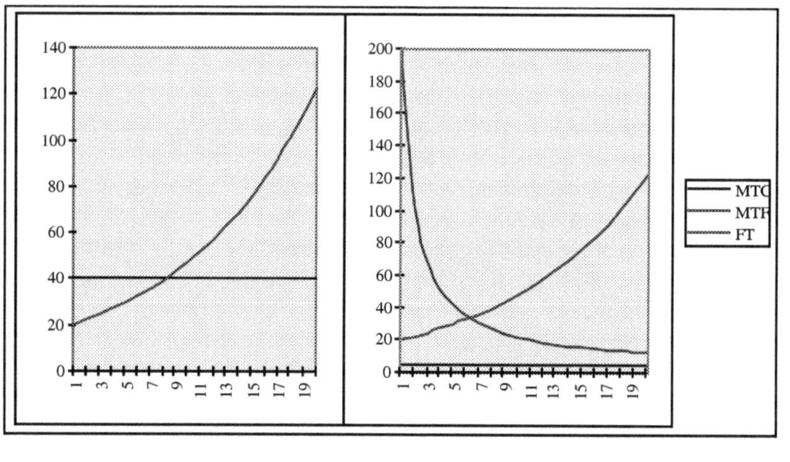

Figura 1: Evolución del valor que transmiten los factores implicados en sucesivos ciclos productivos. A la derecha la Figura 1a y a la izquierda la Figura 1b. El eje de abscisas muestra el valor de cada ciclo productivo en cada escala de la producción, representada sobre el eje de ordenadas

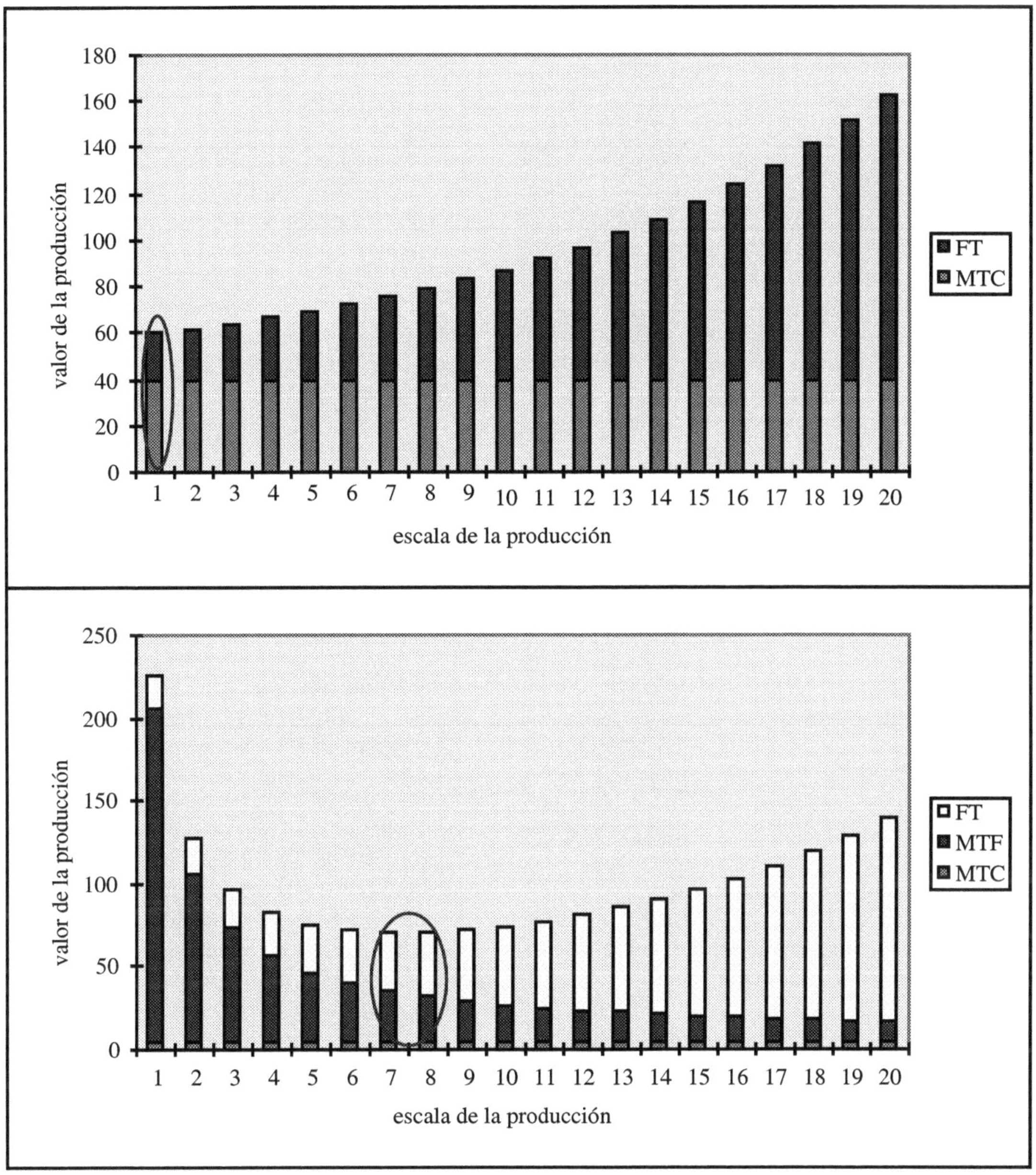

Figura 2: Relación entre el valor y la escala de la producción en función de la modalidad de circulación de los medios de producción. Arriba la Figura 2a y abajo la 2b. En ambas el círculo rojo indica el nivel de output en que se da el mayor nivel de productividad (en que cada captura supone una menor cantidad de valor).

El segundo caso constituye una situación próxima al Mesolítico tal y como se ha caracterizado más arriba. En ella, se activa una fuerza de trabajo con idéntico valor y con una misma progresión en relación con cada aumento de la magnitud de la producción. Igualmente se utilizan MTC que se renuevan en cada ciclo, aunque en esta ocasión su valor se reduce a 5 unidades. Sin embargo, aquí se emplean MTF que aportan 200 unidades de valor-trabajo[4]. La viabilidad de su utilización debe entenderse en relación con su ritmo de amortización. He introducido también como variable el consumo objetivo que los MTF movilizan a lo largo de su vida útil, mediante reparaciones y tareas de mantenimiento necesarias para mantener sus aptitudes. He establecido de forma arbitraria esta revalorización como correspondiente al 1% de su valor total en cada nuevo proceso productivo. Este porcentaje es acumulativo, con lo cual para llegar al 20º de producción habrá sido necesario renovar un 20,8% del valor de los MTF mediante actividades de mantenimiento y reparación. En el modelo se considera también que la totalidad del valor de los MTF se transmite en el número de procesos productivos considerado en cada caso: en un

[4] He exagerado su valor para diferenciar más las dos situaciones. De hecho, podrían corresponder a canoas, trampas o redes. Reducir su valor acercándolo al de los MTC del primer caso, por ejemplo pensando en proyectiles sobre armaturas compuestas, revertiría en el modelo al disminuir el valor del producto. No obstante, las formas de las curvas del valor en relación con el aumento o reducción de la producción

(Figura 2) seguirían manteniéndose en esencia. A este último aspecto habrá que prestar una mayor atención.

único ciclo en el primer proceso y a lo largo de 19 ciclos y culminado en el ciclo 20º. La figura 1b ilustra la transmisión de valor-trabajo de los diferentes factores que intervienen en la producción.

A pesar de su mayor costo de producción, los MTF transmiten este elevado valor-trabajo a través de un mayor número de ciclos de producción. El reconocimiento de este hecho resta, entonces, significación a la discusión de si los proyectiles elaborados mediante varios microlitos armados en un soporte de madera son, globalmente, más o menos "baratos" que las azagayas y arpones del Paleolítico superior. En cambio traslada la atención a su proceso de amortización. La Figura 2 muestra las repercusiones de este hecho en relación con la escala de la producción de alimentos. En ella se representa el valor de una unidad de producto en cada nivel de output de 1 a 20 (de 1 ciclo a 20 ciclos productivos) distinguiendo su procedencia (FT, MTC y MTF).

La Figura 2a nos muestra como, por ejemplo, bajo un régimen de rendimientos decrecientes en la caza, el valor de la producción aumenta progresivamente siguiendo una curva exponencial. En una producción donde los medios de producción mantienen un carácter fundamentalmente circulante, las variaciones en la productividad de la fuerza de trabajo (mayor o menor tiempo necesario para encontrar una presa) revierten directamente en un mayor o menor valor del total de la producción. Bajo esta dinámica, un incremento en el volumen de la producción actúa en contra del nivel de vida de la fuerza de trabajo por la sencilla razón de que necesitará ampliar su tiempo de trabajo para obtener el mismo output.

En la situación más próxima a las realidades productivas del Mesolítico en gran parte de Europa, el elevado valor de una parte de los medios de producción así como su proceso de amortización diferido en el tiempo condicionan las repercusiones en el valor unitario del producto de un aumento o reducción del volumen de la producción. En una primera fase, la amortización de la inversión laboral en los MTF y las características de su vida útil compensa con creces los rendimientos decrecientes de la fuerza de trabajo considerada de forma aislada. De esta forma, y hasta cierto nivel de output, el incremento en la escala de la producción revierte en un "abaratamiento" en la producción de cada unidad de producto. El descenso del valor que transmiten los MTF sigue una progresión logarítmica. A medida que la producción aumenta, esta disminución es contrarrestada por la caída de la productividad de la fuerza de trabajo y conllevan un descenso a partir de cierto umbral en la productividad global de la producción. Mientras en el primer caso el "óptimo" productivo se situaría en el nivel de output 1, ahora se localiza entre los niveles 7 y 8. Incluso por encima de éstos, el descenso de global de la productividad acontece a un ritmo más lento que en la situación anterior.

Conclusión

El análisis funcional, como método arqueológico, no se centra únicamente en la caracterización formal de las huellas de uso de los objetos arqueológicos. Si bien esta tarea es un paso necesario para definir la funcionalidad en un sentido más amplio, su verdadero objeto radica en el análisis económico de las sociedades pretéritas. El consumo de los productos sociales es la causa de las huellas definidas como trazas de uso en los materiales arqueológicos. La definición e interpretación de éstas últimas facilita, entonces, el análisis del consumo que, como he justificado, es una instancia más de la producción social. En consecuencia, la complementariedad entre la teoría económica como ámbito ontológico y el análisis funcional como método arqueológico debe entenderse como una potente herramienta de estudio de la vida social a lo largo de los diferentes períodos prehistóricos e históricos.

En este trabajo espero haber ilustrado este punto. Desde la teoría económica he marcado la necesidad de entender la producción social también desde la perspectiva de uso de los productos que, en definitiva, remite a los procesos en que se culmina el proceso de trabajo implicado en su elaboración. En consecuencia, ello me ha llevado a distinguir no únicamente las actividades técnicas en que cada producto es amortizado, sino también la temporalidad en que éstas son llevadas a cabo. El fundamento de esta diferenciación procede de la misma materialidad de la producción social, que se da en un tiempo y bajo la movilización de unos recursos sociales concretos. La caracterización de los medios de producción en base al tiempo que dura su amortización remite tanto a las cualidades particulares de su uso, como a la forma en que se insertan en los diferentes ciclos productivos que constituyen la vida social. En definitiva, el análisis funcional representa una vía de estudio del trabajo en el tiempo en un sentido dual. Por una parte, como ya se ha apuntado en multitud de lugares, al caracterizar técnicamente como se define un proceso de trabajo. Es decir, la descripción concreta de las tareas implicadas en él o, en otras palabras, el estudio de su cinemática. Por otra parte, al mostrar cómo se dan los procesos de transmisión de valor implicados en la amortización de los medios de producción, el análisis funcional facilita datos sobre cómo el trabajo pasa a formar parte de nuevos productos.

Partiendo de estas consideraciones, el análisis de los cambios tecnológicos del final del Paleolítico superior y Mesolítico en el norte de la Península Ibérica adquiere una nueva dimensión explicativa. Más allá, o de forma complementaria, a las alteraciones de los territorios económicos al principio del Holoceno, las modificaciones de las industrias líticas deben entenderse también dentro de un proceso amplio y profundo de cambio productivo. La aparición de medios de trabajo con un creciente carácter fijo incidió en el comportamiento de los rendimientos de amplios segmentos de la producción.

Una consecuencia directa de ello fue que, al modificarse la forma y los ritmos de la transmisión del valor de los medios de producción, varió también la forma cómo la productividad respondía a la magnitud de la producción en un momento dado. En otras palabras, se trata de un freno en la aparición de rendimientos decrecientes correlacionado con un probable aumento de la escala de la producción en su conjunto, de su productividad, o de ambos fenómenos a la vez. Esta nueva realidad, descrita aquí únicamente en lo concerniente a los medios e instrumentos de trabajo, se extiende también a las modificaciones experimentadas por los objetos de trabajo (incremento de las especies faunísticas capturadas, de la recolección de vegetales, etc.) y probablemente en paulatinos aumentos demográficos.

Bibliografía

ARIAS, P. (1991), *De Cazadores a Campesinos. La transición al neolítico en la región cantábrica*, Universidad de Cantabria, Santander

ARIAS, P. (1992), "Estrategias económicas de las poblaciones del Epipaleolítico avanzado y el Neolítico en la región Cantábrica", en Moure, A. (ed.), *Elefantes, Ciervos y Ovicápridos*, Universidad de Cantabria, Santander 1992, pp. 163-184.

BARTON, C. M. y CLARK, G. A. (eds) (1997), *Rediscovering Darwin: Evolutionary Theory and Archaeological Explanation*, Archaeological Papers of the American Anthropological Association, 7, Arlington, pp. 3-15.

BETTINGER, R. L. (1991), *Hunter-Gatherers. Archaeological and Evolutionary Theory*, Plenum Press, New York.

BETTINGER, R. L., MALHI, R. y McCARTHY, H. (1997), "Central Place Models of Acorn and Mussel processing", *Journal of Archaeological Science*, 24, pp. 887-889.

BLEED, P. (1986), "The optimal design of hunting weapons: maintainability or reliability", *American Antiquity*, 51, pp. 737-747.

CASTRO, P. V., GILI, S., LULL, V. MICÓ, R., RIHUETE, C., RISCH, R. y SANAHUJA, Mª. E. (1998), "Teoría de la producción de la vida social. mecanismos de explotación en el sudeste ibérico", *Boletín de Antropología Americana*, 33, pp. 25-7.

CLARK, G. A. (1976), *El Asturiense Cantábrico*, Biblioteca de Prehistoria Hispana, Instituto Español de Prehistoria, Madrid.

CLEMENTE, I. (1997), *Los instrumentos líticos de Túnel VII: una aproximación etnoarqueológica*, Treballs d'Etnoarqueologia, 2, UAB-CSIC, Madrid.

CLEMENTE, I. y GIBAJA, J. F. 1998. "Working processes on cereals: an approach though microwear analysis", *Journal of Archaeological Science* 25, pp. 457-468.

ESTÉVEZ, J., VILA, A., TERRADAS, X., PIQUÉ, R., TAULÉ, M., GIBAJA, J. y RUÍZ, G. (1998), "Cazar o no cazar, ¿es ésta la cuestión?", *Boletín de Antropología Americana*, 33, pp. 5-24.

FERNÁNDEZ-TRESGUERRES, J. A. (1980), *El Aziliense en las provincias de Asturias y Santander*. Monografías del Centro de Investigación y Museo de Altamira, nº 2, Santander.

GASSIOT, E. (2000), *Anàlisi arqueològica del canvi cap a l'explotació del litoral*, Tesis doctoral, Universitat Autònoma de Barcelona, Bellaterra.

GASSIOT, E. (2001), "Adaptación ecológica y formaciones cazadoras recolectoras del paleolítico superior final y mesolítico en la Península Ibérica. Revisión crítica", *Revista Atlántica-Mediterránea de Prehistoria y Arqueología Social*, IV, en prensa.

GIBAJA, J. F., CLEMENTE, I y VILA, A. (1997), "Una aproximación a través del Análisis Funcional a sociedades neolíticas del noreste Peninsular", en Balbín, P. y Bueno, P. (eds), *Actas del II Congreso de Arqueología Peninsular. Tomo II: Neolítico, Calcolítico y Bronce*, Fundación Rey Afonso Henriques, Zamora, pp. 124-136.

GONZÁLEZ, J. E. E IBÁÑEZ, J. J. (1999), "Fabrication et utilisation de l'outillage à dos à la fin du Paléolithique au Pays Basque", en Thévenin, A. (ed.), *L'Europe des derniers chasseurs: Épipaléolithique et Mésolithique*. Actes du 5e colloque international UISPP, comission XII, Grenoble, 18-23 septembre 1995, Édicions du CTHS, Paris, pp. 109-113.

GONZÁLEZ MORALES, M. R. (1982), *El Asturiense y otras culturas locales. La explotación de las áreas litorales de la Región Cantábrica en los tiempos epipaleolíticos*, Ministerio de Cultura, Santander. González Sáinz, C. (1989), *El Magdaleniense Superior-Final de la región cantábrica*, Universidad de Cantabria, Santander.

GRACE, R. (1989), Interpreting the Function of Stone Tools. The quantification and computerisation of microwear analysis, BAR International Series 474, Oxford, pp. 9-16.

IBÁÑEZ, J. J. y GONZÁLEZ, J. E. (1998), "The Production and Use of Lithic Tools at the End of the Upper Palaeolithic in the Basque Country", en Milliken, S. (ed.), *The Organization of Lithic Technology in Late Glacial and Early Postglacial Europe*, BAR International Series 700, Oxford, pp. 17-37.

HAWKES, K. (1993), "Why Hunter-Gatherers Work. An Ancient Version of the Problem of Public Goods", *Current Anthropology*, 34, pp. 341-351.

LAPLACE, G. y MERINO, J. M. (1979), "Application de la Typologie analytique et structurale à l'étude du "Processus d'Azilianisation": la serie phylétique de la grotte d'Urtiaga en Pays basque", *Le fin des temps glaciaires en Europe II.* Colleques internationaux C.N.R.S., París, pp. 693-711

LEE, R. L. (1981[1966]), "La subsistencia de los bosquimanos !Kung: un análisis de input-output", en Llobera, J. R. (comp.), *Antropología Económica. Estudios etnográficos*, Ed. Anagrama, Barcelona, pp. 35-63.

MARX, K. (1986a[1867]), *El Capital*. Tomo I, Editorial de Ciencias Sociales, La Habana.

MARX, K. (1986b[1885]), *El Capital*. Tomo II, Editorial de Ciencias Sociales, La Habana.

MINNEGAL, K (1997), "Consumption and Prodution. Sharing and the Social Construction of Use-Value", *Current Anthropology*, 38, pp. 25-48.

MUÑOZ, F. J. (1999), "Algunas consideraciones sobre el inicio de la arquería prehistórica", *Trabajos de Prehistoria*, 56(1), pp. 27-40.

MYERS, A. (1989), "Reliable and maintainable technological strategies in Mesolithic of mainland Britain", en Torrence, R. (ed.), *Time, energy and stone tools*, Cambridge University Press, Cambridge, pp. 78-91.

PETERSON, J. D. (1990), "Assessing Variability in Late Mesolithic Assemblages in Ireland", en Vermeesch, P. M. y Van Peer, Ph. (eds.), *Contributions to the Mesolithic in Europe*, Leuven University Press, Leuven , pp. 369-376.

TERRADAS, X. (1996), *La gestió dels Recursos Minerals entre les Comunitats Caçadores-Recol.lectores vers una representació de les estratègies de proveïment de matèries primeres*, Tesis doctoral, Universitat Autònoma de Barcelona, Bellaterra.

TORRENCE, R. (1989), "Tools as optimal solutions", en Torrence, R. (ed.), *Time, energy and stone tools*, Cambridge University Press, Cambridge, pp. 1-7.

VILA, A. (1986), *Introducció a l'estudi de les eines lítiques prehistòriques*, Universitat Autònoma de Barcelona, Bellaterra, doc. ined.

VIERRA, B. J. (1995), *Subsistence and stone tool technology: an Orld World perspective*, Anthropological Research Papers, 47, Arizona State Univerity, Tempe.

WINTERHALDER, B. (1997), "Gifts Given, Gifts Taken: The Behavioral Ecology of Nonmarket, Intragroup Exchange", *Journal of Archaeological Research*, 5, pp. 121-168.

WINTERHALDER, B. y SMITH, E. A. (eds.) (1981), *Hunter-Gatherer Foraging Strategies. Ethnographic and Archaeological Analyses*, University of Chicago Press, Chicago.

5. Producción y consumo

Ivan Briz i Godino

Abstract

This paper proposes opening up a reflection on and discussion about the theoretical and methodological understandings of economic cycles in Marxist archaeology today. Productive processes, the basic element in proposals made from the perspective of historical materialism, have been understood traditionally from two different points of view. On one hand they have been developed mechanically, and on the other they have been isolated from the economic (and consequently the social) contexts from which they are taken, being considered as representing the nuclear and basic element of the economic cycle.

In opposition to this proposal, which is more extended and contextualized in the framework of present day archaeology and lithic analysis, a new understanding is proposed: the understanding of productive processes as an element closely related to consumption processes, as it is not possible to study them independently. So it becomes necessary to carry out an integral study. The Consumption Mode (MC) has been one of the least developed of Marxist categories in socio-economic analysis. By means of this proposal we aim to recover this category in order to complete our interpretations to their full potential. A Production Mode cannot be understood without an analysis of the Consumption Mode and vice-versa. The dual dynamics formed by them will be a basic tool for the creation of an archaeological economic theory. The concrete application of this theoretical and methodological proposal can only be reached by means of functional analysis methodology. In this sense, form-function relation analysis allows us to establish criteria for the recognition of relations of social production and relations of social consumption. The generation of methodological categories is then the starting point for our research.

Introducción.

Todo acto de la vida humana está, inevitablemente, ligado a un proceso social de producción. Pese a nuestro reconocimiento que lo social supera el ámbito de lo estrictamente económico (Risch 1995), no podemos dejar de lado que todo aspecto no económico de una sociedad humana se desarrolla sobre una materialidad (de hecho, *es* una materialidad) económicamente generada. Esto es, que existe en tanto que producto de una dinámica económica cuyo elemento básico es un proceso social de producción.

Consecuentemente, la comprensión de la producción se convierte en uno de los instrumentos clave para la explicación de cualquier dinámica social y, obviamente, también de sus dinámicas de desarrollo histórico.

La producción ha sido el primer objetivo de las investigaciones materialistas históricas en ciencias sociales, incluida la Arqueología. Pero ya incluso en las obras consideradas clásicas (*Grundrisse*, El Capital, la Contribución, Formaciones Económicas pre-capitalistas, éste último edición de Hobsbawm[1]) esta atención concentrada en la producción no ha sido entendida en las lecturas posteriores como un elemento meramente priorizado en el estudio de la relación dialéctica entre producción y consumo. La producción se ha convertido en el elemento central de la atención de nuestros estudios, primándola sobre otros aspectos reconocidos en términos secundarios (por ejemplo, la distribución) y obviando la necesidad de entender cada elemento dentro de una dinámica real basada en la relación entre producción y consumo.

Es un error entender una ausencia de reconocimiento del aspecto del consumo de los procesos económicos por parte de las propuestas clásicas del materialismo histórico. La esfera del consumo siempre ha estado presente en las propuestas marxistas; y muestra evidente de ello será, sobre todo, la obra *Contribución a la Crítica de la Economía Política* (Marx 1978). Pero las aproximaciones externas al materialismo histórico concentraron su atención en los estudios sobre la producción, obviando el resto de la propuesta en donde se planteaba su interacción con el consumo. Muchos trabajos posteriores dentro de la misma corriente materialista dirigieron también sus esfuerzos al desarrollo de instrumentos analíticos concentrados en la producción, dejando de lado una correcta valoración del papel del consumo y, consecuentemente, una comprensión completa de la dinámica existente.

[1] Marx 1977, 1992, 1978 y 1964, respectivamente.

En lo que concierne al desarrollo e historia de la Arqueología, y en el marco geográfico-académico que aquí nos concentra (la Península Ibérica), las influencias de la teoría o la arqueología marxista han sido de escasa incidencia: los parámetros hegemónicos (y especialmente para los momentos más antiguos de la Prehistoria) fueron y son claramente fijados por las propuestas histórico-culturales (Estévez y Vila, 1999). Así, los planteamientos de investigación distaron mucho de potenciar una comprensión global y dinámica de la producción y, aún mucho menos, del consumo y, evidentemente, de la relación entre ambas esferas. Los planteamientos de la Escuela Histórico-Cultural han ido modificándose a lo largo del tiempo pero no sus objetivos últimos. Y las caracterizaciones de tipos, grupos, sociedades u horizontes no se han realizado con atención a la dinámica producción-consumo; desde el fósil director hasta los conjuntos significativos (Briz *et al.* e.p.).

Si nos concentramos en el estudio concreto del tipo de registro en el que más se ha desarrollado el análisis funcional como elemento de comprensión del consumo (el lítico tallado), las aportaciones realizadas desde la Etnología Prehistórica Francesa (Leroi-Gourhan 1965 y 1988) modificaron substancialmente las metodologías implementadas. La incorporación desde la década de 1960 de la teoría de las "*chaînes opératoires*" enriqueció el panorama del análisis lítico al incorporar el reconocimiento del desarrollo del proceso de talla, pero al mismo tiempo mantenía múltiples elementos analíticos básicos de los paradigmas histórico-culturales, así como muchas veces, coincidencia de objetivos finales. Actualmente, continúan utilizando las categorías interpretativas de las listas tipológicas clásicas, así como los constructos socio-culturales que de ellas surgieron, pese a que, supuestamente, se trata de corrientes teóricas diferentes. Mantenidos los elementos básicos, las conclusiones difícilmente podían ser diferentes. Además, múltiples elementos de su aplicación procedían de analogías etnográficas directas, haciendo dudosa su aplicabilidad a la prehistoria (Briz *et al.* e.p.). Finalmente, destacar que la identificación de los procesos sociales de producción en tanto que elementos de la economía no era el objetivo último de la propuesta (Leroi-Gourhan 1965).

Actualmente, esta corriente ha recogido diversas técnicas y tendencias realizando un ejercicio ecléctico pero sin dejar de conseguir resultados muy similares a los ofertados por las propuestas histórico-culturales que se iniciaban ya en el siglo diecinueve. Pese a ello, hay que reconocer que existen diversas corrientes, a veces contrapuestas, dentro de las aplicaciones actuales de la Etnología Prehistórica Francesa (Pie y Vila 1992).

Coherente con la teoría sustantiva que lo generó (el materialismo histórico), el análisis funcional ha sido una de las aplicaciones de mayor capacidad explicativa para las dinámicas de la producción y el consumo. Pero entendido no como técnica aislada destinada al incremento positivista del volumen de datos, sino como elemento vertebrador (esto es, como aplicación concreta generada a partir de una teoría sustantiva) de una metodología para la comprensión de los aportes de trabajo a la producción de las sociedades prehistóricas (Semenov 1971 y 1981, Korobkova 1983).

El desarrollo del análisis funcional en estos 70 años de historia (si fijamos como inicio del método la década de 1930 y de la mano de Semenov (1981) se encuentra en estos momentos en una situación caracterizada por una autolimitación al análisis del registro lítico (que lentamente empieza a ser eliminada) y por una división de los estudios en dos ámbitos de comprensión del método: por una parte, las investigaciones que han incorporado el análisis funcional única y exclusivamente como técnica (generando el desarrollo de éste como Traceología) sin acoger la teoría que generó la propuesta. Muchas de estas aportaciones se han caracterizado por la inclusión del análisis funcional como un complemento a las viejas propuestas de clasificación tipológica. En la mayor parte de las ocasiones, los resultados se limitan al reconocimiento de las materias trabajadas y las cinemáticas utilizadas en un anexo al final de la monografía correspondiente a un yacimiento o campaña de excavación (Vila en este volumen).

Por otra parte, podemos encontrar las líneas de investigación que acogieron el conjunto de la propuesta de la arqueología realizada por Semenov (con mayor o menor número de modificaciones), pero sin entenderla como una norma cerrada, sino como un instrumento teórico-metodológico a partir del cual enriquecer sus trabajos, a la vez que desarrollaban, modificándola, esta misma propuesta.

En primer lugar, destacar la necesaria superación del ámbito de estudio del funcional, dirigiendo su atención a otros ítems del registro. El planteamiento de Semenov no está destinado única y exclusivamente al análisis del lítico, puesto que la propuesta, como veíamos, es teórico-metodológica y no tan sólo técnica. En segundo lugar, remarcar la factibilidad de vertebrar una teoría y método destinada a reconocer las dinámicas sociales de aportación de valor mediante el trabajo a los valores de uso a consumir, para una comprensión global del ciclo económico. Esa es, bajo mi perspectiva, la más importante aportación de Semenov.

Actualmente existe un importante movimiento para vertebrar intentos de articulación de los diferentes métodos y técnicas de análisis del consumo pero planteados desde las especificidades de cada uno de ellos. Se da, en consecuencia, la paradoja de existir un destacado interés por el estudio del ámbito del consumo, pero que no va acompañado por la creación de un instrumento de caracterización de éste en tanto que realidad social. Las aproximaciones se realizan desde el consumo hacia el consumo; pero por ahora, aún no se ha conseguido proponer una visión de éste como elemento de un fenómeno más general. Del mismo modo, y como acabamos de ver, no ha sido desde el ámbito del análisis de la producción desde donde se ha intentado avanzar en esta dirección.

Intentando ser coherente con esta observación, intentaré explicitar aquí algunas categorías y relaciones básicas de la dialéctica entre producción y consumo; destacables, sobre todo, porque son elementos operativos para el análisis arqueológico. La importancia de éstas quizás es mínima pero pueden ser los elementos básicos, en tanto que sencillos, a partir de los cuales articular propuestas de mayor capacidad.

Producción y Consumo.

Desde una línea de trabajo materialista histórica, la separación dentro del ciclo económico entre la fase productiva y la fase de consumo es inviable para una correcta comprensión de cualquier dinámica económica y, en consecuencia, social[2]. Esta separación entre producción y consumo hemos de entenderla, única y exclusivamente, en tanto que creación de nuestro análisis de la realidad. Pero en todo momento debemos ser conscientes de la artificialidad de la división.

No podemos entender ninguna producción sin el consumo y al revés. Ambos son una unidad de contrarios según dialéctica materialista, abandonando cualquier interpretación mecanicista. Su caracterización nos ha de permitir disponer de una categoría básica para la comprensión de las dinámicas sociales: el ciclo productor integrado. Cabe destacar que si la economía participa, indefectiblemente, en todos y cada uno de los ámbitos de lo social, necesitamos conocer qué elementos participan del ciclo económico y, más importante aún, cuáles son las dinámicas que estos elementos desarrollan y cuáles son las interacciones en las que participan. Como instrumento de comprensión de toda dinámica social.

Dos categorías analíticas son básicas para esta propuesta: los modos de producción y de consumo. La unidad de ambas, interrelacionadas, conforma el núcleo de la comprensión de la dinámica histórica del ciclo económico. No expondré aquí el modo de producción. Es una categoría ampliamente conocida, a la vez que explicada y expuesta en las obras clásicas y modernas del materialismo histórico. Pero sí debemos recordar su posición dentro del paradigma materialista en tanto que instrumento analítico de la forma *general* de organización de la producción; es decir, desde la perspectiva de su desarrollo histórico. No es, en consecuencia, la categoría de análisis concreto, pero sí el marco instrumental en donde realizar nuestros análisis de realidades materiales concretas: los procesos sociales de producción y, en el caso de la Arqueología, el registro material representativo de los mencionados procesos sociales de producción.

[2] De hecho, no sólo desde una propuesta Materialista Histórica, sino desde cualquier teoría general que pretenda reconocer la dinámica económica.

Así como poseemos el Modo de Producción como instrumento analítico, nuestro interés se concentra ahora en el Modo de Consumo (Marx 1978). Modo de Consumo como vertebración de la fase de reincorporación de todo producto a la producción mediante su materialización como valor de uso (Marx 1992, Gassiot 2000 y en este volumen).

Tanto el Modo de Producción como el Modo de Consumo son categorías analíticas referidas a la organización social de la Producción y el Consumo. Para poder reconocer el Modo de Consumo y su dinámica propia (a la vez que relacionada con el resto de las esferas de la economía) necesitamos conocer el proceso de consumo en el marco de sus movimientos internos y de relación. Necesitamos, en consecuencia, intentar fijar algunas de las categorías más básicas del consumo de cara a poseer un instrumento analítico que nos permita reconocer los modos que en la materialización de éste se desarrollan. Todo acto de consumo, todo acto de producción, se da dentro de una proceso social de consumo: individual o comunitariamente desarrollado y socialmente mediado.

Consecuentemente, toda producción es, en tanto que generadora de valores para el consumo (mediado o no mediante el intercambio, el comercio o bajo la forma de capital, indistintamente del modo de producción que hayamos decidido analizar), un consumo de trabajo y naturaleza apropiada. La interacción existente entre producción y consumo (mediada por el procedimiento, siempre existente, de la distribución) es una unidad coherente en su dialéctica y con una finalidad clara: la supervivencia del grupo humano mediante su reproducción física y social.

De la misma manera, todo proceso de consumo implica la finalidad última de la producción: sea de valores de uso, sea de la misma supervivencia (no podemos considerar la supervivencia biológica como una acto alejado de toda actividad donde participe el trabajo, sea directo, compartido o apropiado). La supervivencia biológica y social no puede ser considerada como un simple "estar" átono y estático.

El Modo de Consumo es el análisis estructurado de los modos de accesibilidad social a los productos y las formas sociales de transformación de éstos en valores de uso. El consumo, al igual que la producción, es un acto socialmente mediado, incluso para las ingestas más individuales y básicas. Con ello no se cuestiona la dicotomía de los planteamientos clásicos marxistas, según la cual, la producción es social mientras que el consumo es individual. La afirmación es pobre pero no equivocada. La producción es social en tanto que las Relaciones Sociales de Producción (RSC) vertebran y formatizan nuestra aportación de fuerza de trabajo a los procesos productivos. No sólo si realizaremos la aportación o no (sociedades clasistas) sino bajo qué condiciones: tecnología, morfología, instrumentos, etc. Así, podemos proponer que la producción es social, mientras que la aportación de fuerza de trabajo es, necesariamente, Individual. En lo que atañe al momento (al aspecto) del consumo, la correlación es, prácticamente, idéntica todo consumo es individual pero se encuentra determinado por lo que denominaremos Relaciones Sociales de Consumo (RSC). De la misma manera que existe una mediación de nuestra aportación individual de fuerza de trabajo, esta mediación está presente en el consumo de los valores de uso que nuestra economía social ha decidido producir y facilitarnos el acceso.

Si recordamos las características básicas del planteamiento del Modo de Producción, observaremos como la intencionalidad del análisis es la de reflejar cómo se realiza la vertebración del proceso de producción, sus agentes destacados en tanto que elementos dinámicos de la principal contradicción interna del Modo y, en consecuencia, su desarrollo histórico. Cada uno de los Modos de Producción fijados hasta el momento nos permite identificar la forma en que el grupo humano ha vertebrado, de forma general, su producción.

De forma análoga, la pretensión de la determinación del Modo de Consumo es la de la identificación de las formas de estructurar el consumo de los diferentes valores de uso en un grupo social. Pero no para la generación de un símil en el contexto del consumo: no se trata de crear una categorización de sociedades paralela para el ámbito del consumo. Se trata de completar la identificación de los elementos que conforman el ciclo productivo y económico, entendiéndolo en su totalidad. Reconocer la existencia del Modo de Consumo ha de ser un instrumento para completar nuestro objetivo: reconocer y comprender las dinámicas dialécticas que participan en el proceso productivo, pero globalmente entendido.

El reconocimiento de estas dinámicas, dialécticas, es imposible sin una correcta asunción de la necesidad de identificar la unidad existente entre producción y consumo. Y generando una teoría destinada a delimitar y comprender la esfera económica del grupo humano en toda su complejidad. Éste ha de ser, necesariamente, el primer paso a dar para poder generar una teoría económica operativa en Arqueología. Dada la complejidad de los restos materiales que son objeto de nuestro estudio, necesitamos, al generar el registro arqueológico, ser capaces de identificar la globalidad de los ciclos a través de la fragmentación y complejidad de la información que podemos reconocer. Y ésto tan sólo será posible desde una propuesta que asuma la necesidad de identificar las interrelaciones existentes en el ciclo, así como todos y cada uno de sus aspectos, independientemente de su presencia última en el registro de nuestro caso arqueológico concreto.

El Modo de Consumo vertebra socialmente las dinámicas de acceso y amortización de los valores de uso. Esta accesibilidad no debe ser entendida únicamente en tanto que la distribución, ya que ésta es uno más de los elementos que generan el Modo de Consumo. Más concretamente: es uno de los aspectos que toman las Relaciones Sociales de Consumo al formatizar el proceso social de consumo.

El Proceso Social de Consumo.

El elemento básico de todo Modo de Consumo será, necesariamente, el Proceso Social de Consumo. Todo consumo es en tanto que relación de dos realidades materiales: el Objeto de Consumo (OC) y el Sujeto de Consumo (SC). Las Relaciones Sociales de Consumo son las generadoras de la dinámica del proceso en su forma concreta, así como las Relaciones Sociales de Producción (RSP) son las generadoras de la dinámica productiva concreta. En ambos casos, el elemento generador de dinámica será, necesariamente, el sujeto (productor o consumidor), pero concretizado históricamente por sus relaciones sociales. Estas Relaciones Sociales de Consumo son las vertebradoras de la forma de accesibilidad al objeto de consumo. Así, la distribución es parte de estas relaciones, determinando quién tiene acceso a los productos, bien para su consumo (su materialización como valores de uso) bien para su intercambio, entrega, etc...

Al mismo tiempo, la dinámica dialéctica del consumo también hace que, por parte del objeto de consumo, se fijen una serie de delimitaciones en relación a cómo éste es consumido. Esta característica es de especial valor, puesto que su materialización es generadora de elementos identificables en el registro arqueológico, especialmente por el análisis funcional: son los Procedimientos de Consumo (PC).
Si toda esta relación deseáramos expresarla de una forma gráfica, resultaría la fórmula:

$$OC \Leftrightarrow SC \Leftrightarrow PC \Leftrightarrow \Pi$$

(En la que el símbolo Π se refiere al Proceso Social de Producción General y el símbolo <=> nos estaría indicando una relación dialéctica).

Todo consumo está destinado a la incorporación del valor de uso consumido a la producción; bien sea como fuerza de trabajo (Ruiz y Briz 1998), bien como cualquiera de los elementos restantes que participan en un proceso de producción.

Es necesario definir, sin embargo, el concepto de amortización del valor de uso en el acto del consumo que otros autores han desarrollado (destacamos: Gassiot 2000 y en este volumen). Por amortización entenderemos la transferencia del valor del objeto de consumo (valor como volumen de trabajo en él acumulado, directamente y mediante la amortización de procesos productivos anteriores) al producto final obtenido. Esto es, en tanto que reincorporación del valor de uso al proceso productivo general. Esta recuperación del valor se realiza mediante la transferencia del valor de uso contenido, al producto generado en el proceso en el que participa. Esa es la única medida de valoración que puede ser considerada como efectiva para reconocer el volumen de valor encerrado en un objeto.

Así, la misma realidad material poseerá una doble naturaleza producto de su socialización: como objeto de consumo y como valor de uso materializado.

Si deseásemos representar, como esquema clarificador, el ciclo de producción y consumo en todo su desarrollo, obtendríamos la siguiente fórmula

OT(MP)<=>FT<=>IP<=>(MA)<=>P/(VC)/OC/VU<=>P
C<=>SC<=> Π =.........n

(Donde: OT sería Objeto de Trabajo o Materia Prima (MP) en su caso; FT la Fuerza de Trabajo; IP los Instrumentos de Producción; MA: Materias Auxiliares; P el Producto cuya múltiple identidad, en base a la socialización, podemos observar por su reflejo también como Valor de Cambio (VC), Objeto de Consumo (OC) y Valor de Uso).

Vemos claramente la complejidad del paso de aspecto productivo al del consumo en el "nudo" de nuestro esquema: producto en tanto que realidad generada por el trabajo humano; valor de uso en tanto que producto destinado a satisfacer una necesidad; valor de cambio en el caso que nuestro grupo social haya decidido materializar relaciones de intercambio o comerciales extra o intragrupales; objeto de consumo en tanto que objeto pasivo de la distribución, presente en cualquier acto de traslación de la producción al consumo, incluso los más individuales, puesto que es la materialización de las Relaciones Sociales de Consumo que vertebran nuestro acceso y forma de acceso a cualquier producto; y estrechamente relacionadora con el acto físico de su incorporación a un nuevo proceso productivo por parte del sujeto social de consumo[3].

La incorporación del objeto de consumo (valor de uso) será, evidentemente, pasiva; la cual cosa no quiere decir que sea, necesariamente, estática. Pero si en el caso de la producción, los planteamientos de la corriente fisiocrática (Napoleoni 1981) no nos son válidos, difícilmente podemos aceptarlos para lo que es, tan sólo, un aspecto diferente del mismo proceso. Es necesaria la participación del sujeto de consumo para que pueda llevarse a cabo la amortización. De la misma manera que la incorporación de la fuerza de trabajo, bajo las formatización de las Relaciones Sociales de Producción, al proceso de producción es la única fuente de dinámica en ese proceso. Una acumulación de bienes de consumo, si no son, finalmente, incorporados a la producción mediante el consumo social, es, tan sólo, una acumulación de productos que no habrán materializado su valor de uso. Y será, siempre, el sujeto social de consumo el que genere la dinámica de todo proceso.

Las Relaciones Sociales de Producción y las Relaciones Sociales de Consumo.

Acabamos de identificar los diferentes elementos que participan en el ciclo económico. Nuestro objetivo ha de ser los tipos de relaciones sociales que articulan los diferentes elementos de la producción y el consumo. A diferencia de la propuesta clásica, en la que la complementariedad entre los diferentes elementos se inscribe dentro de una superposición acumulativa (o el símbolo utilizado así lo hace entender: +) (Marx 1992) debemos entender estas relaciones como de mayor complejidad. Estas relaciones son las que modelizan la participación de la Fuerza de Trabajo (el sujeto social productor) con el resto de los elementos presentes en la producción. Presentes, en tanto que la fuerza de trabajo los ha aportado o creado. Además, la Fuerza de Trabajo es la única que puede impeler dinámica de movimiento al ciclo productivo, generando producción (trabajo). Estas relaciones son las Relaciones Sociales de Producción .

Modelizan el papel a desarrollar por las mujeres y hombres dentro del marco de la producción; tanto por lo que respecta al objeto de trabajo, como al resto de los Medios de Producción y el producto final. Concretan la accesibilidad a determinados objetos de trabajo, así como a instrumentos de producción y diferentes técnicas que posibilitan formalizar diferentes modos de desarrollo del ciclo productivo, así como las morfologías y cantidades que aportará la fuerza de trabajo al ciclo. Qué producimos y cómo lo producimos. Inevitablemente, estas mismas relaciones sociales de producción concretan el tipo de relación de la trabajadora o trabajador con el producto que acaba de crear. En el caso del aspecto del consumo, la interacción dialéctica vuelve a ser la misma. Nuestro acceso a los diferentes elementos del consumo vuelve a estar mediado socialmente: tanto el acceso al objeto de consumo como la implementación, junto con el objeto de consumo, de los procedimientos de consumo. En definitiva, Relaciones Sociales de Consumo. Nuestras posibilidades de consumir qué y cómo están socialmente mediadas. Nuestras posibilidades de influir en qué y cómo producimos, también. Las Relaciones Sociales de Producción y Relaciones Sociales de Consumo (y la

[3] La presencia de los Procedimientos de Consumo como elemento diferenciado en la formulación se debe a que éstos son producto, por una parte, de las condiciones necesarias para el desarrollo del consumo: condiciones inherentes al Objeto de Consumo; y, en segundo lugar, a que estos procedimientos de consumo son generados por el sujeto social desde las Relaciones Sociales de Consumo. Toda materialidad que partícipe en un proceso de producción o de consumo es una materialidad de las relaciones sociales bien de producción, bien de consumo que la generaron. Así que fácilmente podemos acabar considerando todo elemento como relación social de producción o de consumo, sin aportar ninguna categoría de análisis que nos permita avanzar en nuestro conocimiento. Pese a que la relación social de consumo entre sujeto y objeto de consumo es dialéctica y, en consecuencia, está generada por ambos, los modelos expuestos en los procedimientos de consumo están necesariamente presentes en *todo* acto de consumir, independientemente de las formas o modos sociales de consumo. Y no se dan sin la materialización de la amortización del valor de uso.

socialización de productos) son aspectos diferentes de una misma realidad: la vertebración social del trabajo.

Concreciones del Proceso de Consumo: los Procedimientos de Consumo

Al proponer la necesidad de reconocer una realidad mediante la categoría de los Procedimientos de Consumo, reconocemos que existen una serie de constantes en la forma de organizar el consumo de determinados productos, transformándolos en valores de uso. Constantes relevantes, además, en tanto que identificables arqueológicamente. Tres son los procedimientos que destacaré aquí como categorías de análisis destinadas a fijar concreciones destinadas a facilitar una comprensión del ciclo de relación entre producción y consumo como lo acabamos de entender. Han de ser entendidos más como ejemplos concretos del análisis que como elementos directrices de aplicación mecánica. La lista no está, bajo ningún concepto, completada. Y, aquí, tan sólo pretende ser un apunte de los aspectos implicados en el consumo que, arqueológicamente, pueden ser reconocidos en el ámbito concreto de análisis arqueológico que ha generado la propuesta: el lítico tallado. Tres son las propuestas:

-El Procedimiento de Movimiento. El consumo del objeto se realiza mediante presencia o ausencia de movimiento aportado por la fuerza de trabajo; en definitiva, podemos hablar de un consumo dinámico (esto es, mediante la incorporación de fuerza de trabajo a lo largo de todo el proceso mediante el cual el objeto de consumo se supera y se convierte en valor de uso) o bien de un consumo estático (mediante un aporte inicial de fuerza de trabajo que deja el objeto de consumo en una situación en que éste, sin necesidad de mayor aportación de fuerza de trabajo, continúa generando una amortización mediante su transformación en valor de uso). Un ejemplo de consumo dinámico puede ser cualquier instrumento lítico bajo la perspectiva clásica: un instrumento para raspar madera, por ejemplo. El consumo estático quedaría reflejado, por ejemplo en los elementos constructivos de un hábitat.

-El Procedimiento Relacional. La relación de consumo entre el valor de uso concreto y el resto de materialidades partícipes en el proceso de consumo (que no afecta, única y exclusivamente, a la relación con el sujeto de consumo: ya hemos visto que ese segundo tipo de relación es realizado por las Relaciones Sociales de Consumo). La relación será directa para aquellos valores de uso consumidos directamente por el sujeto de consumo o bien mediada, cuando se dé el caso de la participación de otras materialidades en el proceso. Al asumir esta categoría, podemos conseguir un efectivo instrumento de análisis a la hora de comprender la complejidad de los instrumentos compuestos, el análisis de los cuales tanto debate ha generado en las reuniones sobre funcional. Así, a nivel de ejemplo, un instrumento de corte de materias blandas compuesto por una lasca de sílex y un mango de asta, más los elementos de enlace o unión (¿resinas, tendones?). El consumo de dicho instrumento materialmente incluido en el registro en tanto que pieza de soporte lítico fue realizado con la inclusión de su valor en combinación con otros productos: el asta, la resina... Si nuestro objetivo es reconocer las dinámicas económicas que se dieron, necesitamos ser capaces de implementar análisis de reconocimiento del conjunto de realidades que participaron en el proceso productivo en su globalidad, siempre, claro está, a partir del registro material.

Un elemento a destacar en este punto es la necesidad de, como veíamos más arriba, poder llevar más allá los estudios funcionales mediante una ampliación tanto del registro a analizar como de las técnicas a emplear. El análisis de residuos en tanto que instrumento dirigido al reconocimiento de elementos que hayan participado en los procesos de producción y/o consumo que no pueden ser determinados por las técnicas actuales de traceología. Análisis de residuos minerales, análisis de restos orgánicos o de fitolitos pasan a ser líneas imprescindibles en el desarrollo actual de los análisis funcionales y para ofertar una identificación plena y rica de los procedimientos relacionales.

-El Procedimiento de Ciclo de Amortización. Un tercer aspecto a tener en cuenta en los procedimientos de consumo es el de transferencia del valor de uso contenido por el producto: el ciclo de amortización. Mediante esta categoría pretendemos reconocer los diferentes tipos de ciclo de consumo que un valor de uso puede experimentar, segun la configuración de su propio valor dentro del proceso de consumo en el que su valor de uso es materializado. Básicamente podemos hablar de Procedimientos de Consumo de Ciclo Immediato y Procedimientos de Consumo de Ciclo Reiterado. El primer caso pretende reconocer los procesos y objetos de consumo que consiguen materializar su amortización en un único ciclo de consumo-producción. Ejemplos evidentes serían desde el consumo de una pieza de caza en alimentación, hasta el instrumento cortante empleado sobre la misma carne que acabamos de mencionar que, embotado el filo, es abandonado tras un breve período de uso de no más de unos minutos. El segundo caso pretende reconocer aquellos objetos de consumo que realizan su amortización a lo largo de varios y diferentes ciclos de consumo incorporando su valor en diferentes momentos o diferentes procesos.

Según Gassiot (2000), la distinción entre ambos tipos de valores de uso (circulantes, los primeros y fijos los segundos) radica en su transferencia del propio valor en el proceso productivo: el primero transfiere todo su valor en un único ciclo, mientras que el segundo tipo realiza una participación reiterada en el proceso productivo para transferir su valor. Así, los valores de uso fijos no consiguen realizar la amortización de su propio valor en el resto de procesos productivos hasta el fin de lo que podríamos llamar "vida útil". Esta vida útil no está, evidentemente, prefijada más que en una previsión de uso. En consecuencia, el valor transferido por el objeto de consumo durante su proceso de consumo sería fraccionado: en cada participación del instrumento en un proceso de producción, transferiría parte de su valor; el conjunto de su valor de uso sería transmitido al final de su "vida útil". Es la acumulación de transferencias parciales desde su fabricación hasta su abandono como desecho (Briz *et al.* 2001) que representaría la amortización del total de su valor. Esta propuesta es completamente coherente con los planteamientos de Marx respecto al capital constante y el capital variable, en donde reconoce al trabajo como única fuente generadora de nuevo valor y cómo todo medio de producción no puede transferir mayor cantidad de valor de uso que aquella que posee; en breve: tan sólo el trabajo humano es generador de nuevo valor.

Existe una interesante cuestión en relación a este tema que hará que me extienda sobre él. La propuesta de reconocimiento de los medios de producción realizada por Gassiot (Gassiot 2000) es una de las líneas de trabajo en las que tiene que avanzar la Arqueología si desea superar el impasse en que se encuentra en este momento, carentes de una teoría económica arqueológica (Risch 1995) que nos permita reconocer, en base a nuestro registro, los procesos socio-económicos generados. Y en base a esta propuesta podemos ir un poco más allá.

Si consideramos la interpretación conforme el valor de los medios de producción fijos se realiza totalmente al final de todos los procesos que estos medios han llevado a cabo, realizamos una comprensión incompleta del proceso de producción (Castro *et al.* 1998, Marx 1992: 150-157, Ruiz y Briz 1998) entendiéndolo tan sólo como proceso de valorización. Y un proceso de producción es también un proceso de trabajo que va más allá del acto de la generación de valor (Engels 1979). Necesariamente, todo elemento que participa en un proceso productivo como medio de producción, transfiere la globalidad de su valor al producto resultante, en tanto que su presencia en el proceso es plena y efectiva: prueba de ello es el producto final. Pese a que el proceso productivo se desarrolle en un ciclo repetible.

Observémoslo bajo la perspectiva del ejemplo planteado de una canoa en un grupo cazador-recolector concreto: el *Yámana* de Tierra del Fuego (Gassiot 2000). La participación como medio de producción en el proceso productivo de la caza implica la plena transferencia del valor de ésta al valor final del producto resultante. La vida media de una canoa es de unos seis meses, pese a que algunos autores han llegado a indicar que las canoas pueden llegar a un año de existencia útil (Orquera y Piana 1999: 262-263). Pero la participación de la canoa en el proceso productivo se realiza en su condición de producto acabado con un determinado volumen de valor amortizado acumulado en su seno. En consecuencia, no podemos considerar participaciones parciales de los medios de producción en un proceso productivo[4], si queremos entenderlo en su conjunto: como proceso de trabajo y proceso de valorización.

La aparente contradicción que se produce respecto a los planeamientos del materialismo histórico no es tal. Siguiendo la propuesta de Gassiot, reconocemos cómo la suma del valor de uso total de un medio de producción se materializa en su vida total. Así, y utilizando una terminología "clásica", si nuestra canoa del ejemplo posee una vida de seis meses, en cada mes transfiere 1/6 parte de su valor de uso a los productos resultantes. Pero bajo la perspectiva del consumo de dicha canoa como medio de producción en un proceso productivo, participa globalmente (con todo su valor de uso). Es decir, la distribución del valor de uso total del medio de producción no pasa por una fragmentación de dicho valor, sino por una reiteración de su consumo en múltiples procesos productivos. Resolvamos brevemente la confusión.

En primer lugar, el propio Marx indica en las mismas páginas la distinción de la participación del instrumento de producción (en el ejemplo por él propuesto se refiere a una máquina) en el proceso de trabajo y en el proceso de valorización (Marx 1992: 152). Y nuestro interés se centra en el proceso de producción en su totalidad (esto es, bajo ambos aspectos). Necesitamos, pues, generar categorías explicativas de la articulación entre ambos aspectos de la producción. Es interesante plantear que el tipo de procedimiento de ciclo de consumo puede ser un punto a partir del cual ampliar y mejorar nuestras propuestas para entender la producción y el consumo.

En segundo lugar, y derivado de lo anterior, la doble naturaleza de la materialidad: cuantitativa y cualitativa. Marx también tiene en cuenta este elemento al recordar que la incorporación cuantitativa de trabajo añade nuevo valor, mientras que la incorporación cualitativa del mismo trabajo conserva en el producto resultante los valores que ya poseían los medios de producción (Marx 1992: 151). La transferencia de valor realizado por un medio de producción, evidentemente, no puede sobrepasar el propio valor contenido. En consecuencia, la aportación cuantitativa del medio de producción se verá transferida a lo largo de su vida útil. Pero en tanto que elemento partícipe del proceso productivo generado en el ámbito del desarrollo histórico de las fuerzas productivas, posee, también, una participación cualitativa. Todo medio de producción con un ciclo reiterado de consumo transfiere el conjunto de su valor de uso, desde su faceta cualitativa, al producto resultante. Puede que nuestra canoa del ejemplo transfiera tan sólo 1/6 parte de su valor de uso en cada mes de su vida media cuantitativamente,

---

[4] Marx, en *El Capital*, ataca intensamente a un autor que, criticando a Ricardo, realiza una argumentación similar en relación a la necesidad de poseer globalmente un medio de producción para poder incorporarlo a nuestros procesos productivos y, en consecuencia, cómo el conjunto de su valor se encuentra transferido en cualquiera de las unidades producidas, sin llegar al agotamiento de la vida útil del medio de producción (Marx 1992: 154).

pero su valor de uso cualitativamente consumido en el acto del trabajo, se transfiere globalmente, conservado.

Conclusiones.
Formaciones socio-económicas.

Ya hemos indicado cómo el Modo de Consumo es la forma en que, socialmente, se vertebran los procesos de consumo. Se trata de una esfera diferenciada, del mismo grado analítico, del Modo de Producción, a la vez que ambos tan sólo pueden ser entendidos completamente, en su dinámica, al conformar una unidad.

De la misma manera en que las relaciones sociales de producción son el elemento vertebrador del Modo de Producción, las relaciones sociales de consumo lo son en el aspecto del consumo. El Modo de Consumo es indicativo de la forma en que las relaciones sociales que lo implican determinan qué objetos van a ser consumidos, cómo y por quién.

No trazaremos aquí una clasificación de los Modos de Consumo de forma similar a la realizada para el Modo de Producción. No es necesaria. La escala de trabajo de nuestras investigaciones arqueológicas hace que, a menudo, la categorización del modo social, por genérica, no sea operativa, pese a su corrección, para nuestros trabajos. Las delimitaciones de los diferentes modos no son elemento de debate general en la Arqueología. El problema radica en la necesidad de reconocer realidades sociales que se encuentran materializadas en registros concretos; y la necesidad de categorías analíticas para los conjuntos de registros con los que trabajamos. Precisamente, de forma consciente o inconsciente, el uso de la categoría del Modo es la que utilizamos desde el primer momento en nuestras investigaciones[5].

Por contra, necesitamos categorías de rango más específico, que nos permitan identificar en nuestra escala de trabajo: la de conjunto de yacimientos o dentro de un mismo yacimiento.

Quizá en otro momento necesitemos la determinación clasificatoria e interpretativa, pero ésta debe surgir, evidentemente, de nuestro estudio sobre lo concreto.

Y la concreción de nuestro registro nos hace necesitar categorías que abarquen las formas específicas, históricamente determinadas (en algunas ocasiones, con materializaciones en pocas décadas o incluso menos) que necesitamos reconocer para poder entender las dinámicas de cambio histórico que se desarrollan en nuestros objetos de estudio.

Si una categoría recupera toda su capacidad en este punto es la de las Formaciones Socio-económicas (Marx y Hobsbawm 1964) como elemento definidor e identificador de todas las relaciones históricas específicas entre los dos aspectos de la economía (producción y consumo) que hemos visto. Categoría de formaciones económicas que no debe ser asimilada al concepto de "cultura" ni sociedad ni, mucho menos, Modo de Vida (Vargas 1990). Confiriéndole, en nuestra propuesta, una escala de interpretación más concreta y, creo que a la vez, más operativa: desde la vertebración de una relación entre producción y consumo para un instrumento (el nivel de concreción de la cual se recogería bajo la categoría de "forma económica", analizable por ejemplo, desde la perspectiva de las relaciones de forma-función, entre otras), hasta la de un yacimiento o conjunto de yacimientos de un mismo grupo social identificado ("formación económica").

La categoría (con sus diferencias de escala) no pretende aprehender un estado, sino la relación, dialéctica, entre producción y consumo, formatizada por las Relaciones Sociales de Consumo y/o Producción.

Mediante estas ideas se ha intentado poner énfasis en la necesidad de poseer una estructuración coherente para el conjunto de los procedimientos que desarrollamos en nuestras investigaciones arqueológicas: desde la generación del registro hasta la teoría social substantiva. Una coherencia, ante todo, en relación al tipo de conocimiento que desarrollamos y sus bases. La aceptación ecléctica de teorías, métodos o técnicas sin la articulación de unas teorías vertebradoras que permitan un desarrollo coherente de la investigación no podrá proponer nunca líneas de trabajo coherentes y estructuradas. Obviamente, una técnica puede ser igual de válida para diferentes corrientes de interpretación, pero no el uso, real, que de ella se haga dentro de una propuesta metodológica concreta. Y una técnica siempre habrá sido generada dentro de una metodología concreta teóricamente apoyada.

Si algo podemos considerar seguro es que no todas las técnicas pueden ser generadas por todas las teorías, dado que las primeras son producto de la coherencia de las metodologías desarrolladas por las segundas.

Bibliografía.

BRIZ, I., CLEMENTE I., PIJOAN J., TERRADAS, X. y VILA, A. (en prensa), "Contextes etnoarqueològics i l'anàlisi de conjunts lítics", *Cota Zero.*

CASTRO, P., GILI, S., LULL, V., MICÓ, R., RIHUETE, C., RISCH, R. y SANAHUJA, M. (1998), "Teoría de la producción de la vida social. Mecanismos de explotación en el sudeste ibérico", *Boletín de Antropología Americana*, 33, pp. 25-77.

ENGELS, F. (1979 [1896]), *El Papel del Trabajo en la Transformación del Mono en Hombre*, Ed. Progreso, Moscú.

ESTÉVEZ, J. y VILA, A. (1999), *Piedra a piedra. Historia de la construcción del Paleolítico en la*

[5] Al realizar, por ejemplo, una prospección centrada en el Paleolítico Medio.

Península Ibérica, BAR International Series, 805, Oxford.

GASSIOT, E. (2000), *Anàlisi Arqueològica del canvi cap a l'explotació del Litoral*, Tesis Doctoral, Universitat Autònoma de Barcelona.

KOROBKOVA, G.F. (1983), "Development of the Productive forces and of working tools as a prerequisite of the evolutions of new types of economy", *Journal of Central Asia*, V. VI, n 1, pp. 73-80.

MARX, K. (1992 [1867]), *El Capital. Crítica de la economía política*, FCE, México, 2 (24 reimp.).

MARX, K. (1977 [1939], Redacción: 1857-58), *Líneas Fundamentales de la Crítica de la Economía Política (Grundrisse)*, 2t., Crítica, Barcelona.

MARX, K. (1978 [1859]), *Contribución a la Crítica de la Economía Política*, Comunicación, Madrid, 2.

MARX, K. y HOBSBAWM, E. (ed.) (1964), *Formaciones Económicas Precapitalistas*, Editorial Crítica, Barcelona, 2.

NAPOLEÓNI, C. (1981), *Fisiocracia, Smith, Ricardo, Marx*, Libros de economía Oikos, Oikos-tau, Barcelona, 2ª.

ORQUERA, L. y PIANA, E. (1999), *La vida material y social de los Yámana,* Eudeba-Instituto Fueguino de Investigaciones Científicas-IFIC, Buenos Aires.

PIE, J. y VILA, A. (1992), "Relaciones entre objetivos y métodos en el estudio de la Indústria Lítica", en R. Mora, X. Terradas, A. Parpal y F. Plana (eds.), *Tecnología y Cadenas Operativas Líticas. Reunión internacional, 15-18 enero de 1991*, Treballs d'Arqueologia, UAB, Barcelona, pp. 271-278.

RISCH, R. (1995), *Recursos naturales y Sistemas de Producción en el Sudeste de la Península Ibérica entre 3.000 y 1.000 ANE,* Tesis doctoral, Universitat Autònoma de Barcelona.

RUIZ, G. y BRIZ, I. (1998), "Re-pensando la re-producción", *Boletín de Antropología Americana*, 33, pp. 79-90.

SEMENOV, S. A. (1971), "Fonctionologie du Paléolithique", *VII Congrès International des Sciences Préhistoriques et Protohistoriques (Belgrade, 1971). Les rapports et les communications de la Délégation des archéologues de l'URSS*, Moscú, separata.

SEMENOV, S. A. (1981), *Tecnología prehistórica. Estudio de las Herramientas y Objetos antiguos a través de las Huellas de Uso*, Akal, Madrid.

VARGAS, I. (1990), *Arqueología, Ciencia y Sociedad*, Abre Brecha, Caracas.

SECCIÓN III

METODOLOGÍA Y NUEVAS PERSPECTIVAS

6. Variabilidad estadística en imágenes digitalizadas de rastros de uso: resultados preliminaries

Jordi Pijoan López, Joan Anton Barceló Álvarez,
Ignacio Clemente Conte y Assumpció Vila i Mitjà

Abstract

Work, as physical action, modifies matter. This is the basic principle of use-wear analysis. Changes on matter by work give society those products needed for social reproduction: consumption goods. Lithic tools are part of these. We can identify the tools through use-wear analysis, in order to infer the social action.

Moreover, we should think about how to observe change of states in matter. We think we can solve it using images. We define the image as a representation arising from Reality. In this way, any image is a model of reality.

We recognise objects through images and, in this process, we define those aspects of the same objects which we consider relevant. This is a good tool for our work, but there are still some problems arising from aspects related to the inherent subjectivity of the observation process. Digital images are a possible solution, because their characteristics allow us to quantify them. We can develop a more complex quantification from the numeric values of pixels, in order to be able to analyse statistically differences between image textures.

We have quantified the description of use-wear features in order to develop knowledge that allows us to classify use alterations and determine the original use of the tool. This process is composed of several parts:

- *Selection of the areas modified by use in all images, that is the selection of pixels, which have grey values related to the use alteration. Those areas are called texels.*
- *We select some features to describe the texels that we will quantify. The selection of features is made from our previous knowledge of use wear analysis. An objective characterisation of texels is generated using geometric variables, which will allow discriminatory measures between different use-related textures.*
- *Finally, a statistical analysis is used to classify the set of images into their corresponding uses.*

In this paper we explain the development of this methodology using a small sample of images with alterations caused by two working matters –dry wood and dry fur– and two movements –cutting and scraping. Interconnecting both factors gives us four uses. We also explain the preliminary statistical results that we have obtained so far.

Las imágenes como instrumento para reconocer los cambios en la Realidad.

Los análisis de rastros de uso parten del principio que el trabajo –como acto social y a la vez como fenómeno físico– modifica la materia. El/la agente social modifica mediante el trabajo las materias primas de las que se abastece, preparándolas y adecuándolas para así elaborar bienes de consumo. Sobra apuntar por otra parte la necesidad de esta acción para la supervivencia de la Sociedad en si misma. En esto se basa el acto productivo, el cual implica un consumo y un gasto de energía, que se refleja también en los propios instrumentos, los cuales se utilizan en el proceso productivo. Sin estas premisas no podrían existir los análisis de huellas de uso.

La modificación de la materia implica siempre un cambio de estados: el original de antes de la acción y el alterado posterior a la acción. En análisis funcional se afirma que dependiendo de los agentes que implementen este proceso esta alteración de la materia tomará una forma concreta –más o menos dentro de unos intervalos estrechos. Más allá de toda la terminología que empleemos para describir las trazas de uso observadas, el principio básico e incuestionable gira en torno al hecho del cambio de estados como resultado del trabajo. A pesar de este consenso, se plantea el problema gnoseológico de cómo llegar a aprehender y reconocer a los objetos y sus características diferenciales.

En la observación por microscopio óptico de luz reflejada captamos imágenes, asociándolas con un uso conocido – en el caso que observemos una colección experimental– o tomándolas como material de trabajo a partir del cual determinaremos qué uso tuvo el instrumento –en el caso

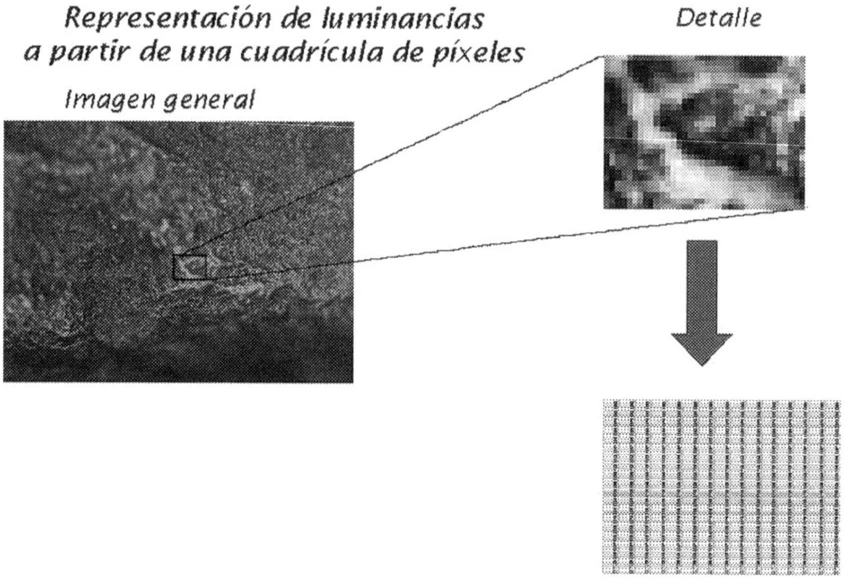

Figura 1: Las imágenes digitales permiten describir a partir de parámetros cuantitativos: cada píxel puede ser representado de forma numérica en una escala de grises de 256 valores -entre el blanco (0) y el negro (255) como extremos- teniendo una localización espacial dada: La cuadrícula de píxeles da como resultado la definición de la textura.

de trabajar con piezas arqueológicas. Para hacer posible el desarrollo de nuestro trabajo asumimos el principio que las imágenes como objeto que percibimos tienen un correlato con la realidad del objeto observado. En la mayoría de los casos esta asunción se lleva a cabo de forma demasiado automática, obviando que el paralelismo entre lo observado y lo real debe pasar un filtro de verosimilitud y gnoseológico más o menos amplio dependiendo de los casos. Asumimos con demasiada facilidad la verosimilitud de la información visual que recibimos. Nuestro instrumento de trabajo –el microscopio óptico– emite una cantidad de luz que, reflejada sobre la superficie del objeto observado, excede la normalmente natural. El resultado de esto es una imagen anormal que precisa una descripción muy específica y para la cual no podemos recurrir a analogías extraídas de nuestras observaciones cotidianas.

Toda esta problemática se ha solucionado en los análisis de rastros de uso mediante la reiteración de programas experimentales y sus observaciones consecuentes, así como con la acumulación de experiencia de cada especialista para con el objeto de observación. Es cierto que esta solución ha sido efectiva, aunque también un lastre para el desarrollo de la disciplina. Sin embargo, no debemos caer en el exceso de creer que ya que sabemos distinguir de forma clara las trazas de uso –siendo ya parte de nuestra vida cotidiana– éstas son mucho más reales que las que observamos cuando éramos principiantes. Simplemente hemos desarrollado mecanismos de descripción para observaciones que ya nos resultan familiares.

Los mecanismos de descripción en una imagen siempre se basan en la percepción y posterior reconocimiento de características en los objetos observados a partir de la evaluación de los parámetros de forma, magnitud, locakización y composición de la *textura*. Podemos definir *textura* como la distribución de la luminiscencia en una imagen visual –en nuestro caso concreto imagen digitalizada. En la determinación del uso a partir del reconocimiento de trazas de uso con microscopio óptico trabajamos con información extraída a partir de imágenes, a las cuales agrupamos bajo unos patrones a los cuales asignamos un uso determinado. En definitiva, nosotros determinamos usos –materia trabajada y cinemática– a partir del reconocimiento de diferentes patrones en las texturas.

En imágenes digitales la textura vendrá dada por las discontinuidades presentes en la agrupación de píxeles que la conforman. Los píxeles (*picture elements*) son la unidad mínima de una imagen, un punto dentro de la imagen con un valor de luminiscencia y una localización dadas en relación a los otros píxeles. Todos los píxeles agregados y el resultado gráfico consecuente resultará ser la textura en un imagen digital (fig. 1).

Partiendo de que el sistema trabaja a partir de la textura –la dispersión de los valores de luminosidad– y que los cambios en la textura –por extensión en la dispersión de la luminosidad– se pueden deber a cambios:

- en la intensidad de la luz reflejada, dependiendo del objeto emisor;
- en el ángulo de reflexión de la luz sobre el objeto, el cual se vuelve más variable dependiendo de la rugosidad de la superficie reflectante y el ángulo en el cual se encuentre la superficie general del objeto;
- en el ángulo de llegada de la luz reflejada al instrumento de captación, en relación a los factores

anteriores y a lo que se suma una deformación de la imagen por sus extremos –bien deformación ortogonal en el caso de toma de imágenes digitales rectangulares o deformación circular por la entrada del diafragma del microscopio. Estas deformaciones consisten en una exageración del tamaño cuando más vayamos hacia los extremos de la imagen, efecto del aguzamiento de los ángulos de llegada de la luz al instrumento de captación;

- en la variabilidad de la reflectividad de la materia sobre la cual refleja, dependiendo de la heterogeneidad de la materia del objeto que observamos;
- en cambios de profundidad bruscos en el entorno o dentro del objeto que pretendemos captar, en función de su rugosidad. Este hecho se traduciría, en observación con microscopio óptico, en desenfoques de la imagen y en áreas extra-filo –las cuales enfocan al vacío y aparecen totalmente negras por lo general;
- en cambios debidos a la proyección de sombras en la superficie del objeto, asociados en buena parte a la rugosidad de la superficie del objeto que se capta.

A esto también se deberían añadir las características del propio sistema que capta la imagen y el lenguaje de codificación digital que emplee. Estos factores, al ser fácil mantener su estabilidad, no han de causar problemas de muestreo como los anteriores. Entre estos últimos, aquel que podría causarnos más problemas sería el de los mecanismos de regulación de la saturación y contraste del instrumento de captación –la cámara digital[1]–, los cuales en cuanto estabilizan la entrada de luz dentro del sistema dan un input ya transformado que no responde exactamente a las intensidades de luz reales.

En general, la solución de todos los problemas pasa por intentar mantener constantes todos los parámetros enumerados, lo que a efectos reales y en diferente medida es dificultoso y en algunos de los casos un cierto margen de error es ineludible. Debemos mantener estos factores lo más estables posibles para que los objetos de la muestra sean comparables y reducir el "ruido". Se denomina "ruido" en una imagen a toda aquella información equívoca y superflua que dificulta al sistema de análisis reconocer y dar un diagnóstico de un objeto observado. Hay más fuentes de ruido que ya iremos viendo con la presentación de los atributos descriptivos que hemos tenido en cuenta en nuestro caso particular. Con todo veremos a continuación que las clasificaciones que podamos llevar a cabo son aproximativas en la mayoría de las variables y atributos que pretendamos aprehender.

[1] Estos mecanismos también existen en el caso de la observación humana, que regula –mediante la dilatación o estrechamiento de la retina– la entrada de luz en ojo, evitando ceguera por exceso o por falta de intensidad fotónica. También utilizamos mecanismos de contraste, los cuales nos ayudan a definir los objetos en su entorno, siendo estos una función más cerebral que óptica. En definitiva, que las imágenes que nosotros observamos también tienen un tratamiento previo, necesario absolutamente para poder hacerlas legibles.

La representación digital de las alteraciones por uso en extensión en la superficie de los instrumentos líticos. Parámetros básicos a emplear en nuestro estudio

Los conocimientos previos acumulados en análisis de trazas de uso nos han ayudado a definir el objeto de observación de este trabajo; aquello que en la extensa bibliografía se ha llamado frecuentemente "micropulido". Bajo este concepto se suelen entender áreas de la superficie de la materia prima en que está elaborado el útil que se han alterado por la acción física del trabajo[2]. Por lo general en las rocas silíceas se afirma que éstos destacan del entorno no alterado por ser más brillantes globalmente y presentar un micro-relieve diferenciado. Estas dos características y su aparición diferencial ayudan a delimitar la materia trabajada por el instrumento. A grandes rasgos y simplificando mucho el proceso de inferencia estos son los principios básicos.

Partiendo de definir el "micropulido" como áreas contrastadamente más brillantes que las de su entorno menos brillante –el natural de la materia prima no alterada–, podemos en principio caracterizar sin mucha dificultad este fenómeno en una imagen digital. Esto se lleva a cabo mediante la determinación del intervalo de luz que corresponde con el de las áreas más brillantes, es decir las que incluyen aquello que se entiende como micropulido. Si añadimos que el "micropulido" posee una microtopografía que provoca una dispersión de las intensidades de luz particular, deberíamos obtener información válida analizando los valores de esta dispersión –es decir, de la textura de la imagen.

En el presente trabajo pretendemos en un principio cómo representar en una imagen digital aquello que entendemos como micropulido, partiendo del principio definidor de "área más brillante". En una imagen digital esto se traduciría como aquellas áreas de la textura general que se representan bajo unos intervalos de luz concretos. Llevando la concreción al extremo sería todo el conjunto de píxeles que entran dentro del intervalo dicho, conformando una textura determinada.

En nuestro caso particular, trabajamos con imágenes en escala de grises con un intervalo de valores que oscila en una gradación entre 0 –blanco– y 255 –negro–. En este intervalo global hemos observado que aquello que se puede definir como micropulido se define dentro de un intervalo de luminiscencia entre 0 –luz blanca- y 120 –tono gris por encima de la mediana de la escala. Este intervalo definirá áreas en extensión dentro de cada una de las imágenes, que serán nuestros elementos de textura y sobre los cuales pretenderemos llevar a cabo una caracterización

Una vez determinado el intervalo de luminiscencia que pretendemos discriminar en la imagen digital, veremos

[2] Recordemos que también hay pulidos debidos a procesos postdepositacionales, pero en principio no son objeto de nuestro estudio.

que se concretizan unas áreas. Estas áreas serán las agrupaciones de los píxeles que se encuadran dentro del intervalo de valores de luminiscencia que nosotros hayamos creído conveniente –entre 0 y 120 en nuestro caso (fig. 2).

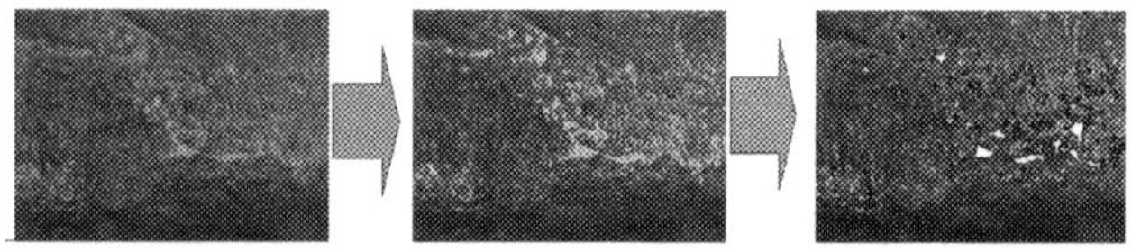

Figura 2: En la primera imagen observamos la imagen original, la segunda corresponde a la imagen con los píxeles que están dentro del intervalo entre 0 y 120 seleccionados y la tercera corresponde a los elementos de textura discriminados a partir de los píxeles seleccionados en la segunda imagen.

Estas áreas son aquello que denominamos *texels* (*texture elements*) (Sonka et al. 1994, Barceló et al. 2001: 71) o elementos de textura. Este nombre viene dado ya que a diferencia del píxel que es intrínsecamente homogéneo por definición, los *texels* por ser una agregación de píxeles con diferentes valores de luminiscencia y localización espacial modelan una textura. Es esta textura la que será nuestro objeto de observación.

Por otra parte, estos *texels* –al estar determinados por el intervalo de aquello que entendemos como micropulido– han de ser representación verosímil de éste. Así, debería haber correlaciones entre las características de estas áreas dentro de la misma imagen; igualmente las correlaciones entre las características de diferentes áreas de diversas imágenes deberían responder a instrumentos con un mismo uso. Consecuentemente, las diferencias entre las características de las áreas deberían responder a un uso diferencial. En definitiva, y de manera muy similar al punto de partida para los análisis de trazas de uso convencionales, partimos de la hipótesis que las diferencias descriptivas que definen los *texels* deben tener unas características concretas dependiendo del uso al que representan.

A fin de cuentas, pretendemos describir las características de los elementos de textura. Como decíamos anteriormente, para describir objetos siempre debemos utilizar los parámetros de forma, magnitud, localización y composición, definitorios todos ellos de la *textura*. Más concretamente para nuestro caso, las características descriptivas de los elementos de textura que hemos considerado significativas son las siguientes:

- Área del elemento de textura en píxeles, encuadrando tanto los que entran dentro del intervalo de grises entre 0 y 120 como los que con el proceso de discriminación han quedado rodeados por píxeles seleccionados;
- Media de la intensidad de luz de los píxeles componentes del elemento de textura que entran dentro del intervalo de grises entre 0 y 120;
- Desviación estándar de la intensidad de luz de los píxeles componentes del elemento de textura respecto a la media de la intensidad de luz de los píxeles componentes del elemento de textura;
- Moda de la intensidad de luz de los píxeles componentes del elemento de textura;
- Perímetro del elemento de textura en píxeles;
- Eje mayor del elemento de textura en píxeles;
- Eje mayor perpendicular al eje mayor absoluto del elemento de textura en píxeles;
- Ángulo del eje mayor del elemento de textura respecto al eje X del marco de la imagen expresado en grados;
- Intensidad de luz más cercana al 0 –luz blanca– dentro del elemento de textura;
- Elongación del elemento de textura. E/e; E = Eje mayor, e = eje mayor perpendicular a E;
- Circularidad del elemento de textura. $(4*\pi*a)/(p^2)$; a = área del texel, p = perímetro del texel;
- Cuadratura del elemento de textura. $(p)/(4*a^{1/2})$.

Como se puede intuir por las denominaciones mismas de los atributos enumerados, la geometría de los elementos de textura tiene mucho que ver –atributos de forma como elongación, circularidad y cuadratura– extraídos a partir de cómputos realizados desde los atributos de magnitud –área, perímetro, eje mayor y eje mayor perpendicular a este–, así como también diversos atributos referentes a los valores de la luminosidad intrínseca –incluidos estos dentro del parámetro de composición. El ángulo del eje mayor del elemento de textura es un atributo que se refiere al parámetro de localización, y tomaría su sentido en relación a la variable de cinemática del trabajo.

La muestra con la cual hemos trabajado ha sido elaborada a partir de 5 experimentos para las categorías de CMS –Cortar Madera Seca–, RMS –Raspar Madera Seca–, CPS –Cortar Piel Seca–, RPiS –Raspar Piel Seca–; con esto pretendemos representar 2 materias trabajadas, así como dos cinemáticas inversas. A partir de estos experimentos hemos extraído 3 imágenes digitales a 200 aumentos a escala de grises –con 256 valores del negro al blanco, con resolución de 640X480– para cada caso, con lo cual extraemos 15 imágenes para cada categoría. De estas imágenes originales recortamos el cuarto de la imagen más contrastado y nítido. Recordaremos por otra parte que la toma de estas imágenes ha sido llevada a cabo manteniendo siempre estables –en la medida de lo posible– los factores de captación mencionados anteriormente; luz, ensanchamiento de los diafragmas del sistema de captación, configuración del instrumento de captación, etc. Una vez acabada la colección de imágenes, pasamos a la elaboración de las primeras bases de datos cuantitativas, en las cuales se describirán las alteraciones de uso enmarcadas en los *texels* aparecidos por la selección del intervalo de luminiscencia entre 0 y 120.

La dispersión de la textura en la diversidad de las trazas de uso.

Mediante software adecuado especializado (NIH 1.6; *freeware* disponible en http://rsb.info.nih.gov/nih-image/) llevamos a cabo la selección de *texels* y la asignación de los valores de cada uno de los atributos para cada uno de ellos. El resultado es una base de datos compatible con Excel del aspecto de la tabla 1.

Cada columna corresponde a cada uno de los atributos seleccionados y cada fila a un elemento de textura. Sobre estas hojas aplicamos procesamientos estadísticos descriptivos mediante SPSS 10. El resultado es una hoja de resultados del tipo de la tabla 2, correspondiente a estadísticas sobre los valores de los atributos de todos los *texels* de una imagen. Obtenemos una hoja de resultados de este tipo para todas y cada una de las imágenes de la muestra.

Desde estas hojas de resultados, anotando los valores de media y desviación típica de cada uno de los atributos de los *texels* para cada imagen, así como el número de *texels* que aparecen en cada una de ellas, obtenemos una base de datos del tipo de la tabla 3, sobre la que posteriormente desarrollaremos un procesamiento estadístico. En este artículo presentamos los resultados preliminares de estadísticas descriptivas sobre esta base de datos.

El análisis de los cambios en los valores de los píxeles –refiriéndonos al valor lumínico de estos– y en la estructura inter-relacional que presentan –refiriéndonos a las variaciones relativas de los valores entre píxeles general dentro de los *texels*- nos ha de proporcionar información directa de la textura, es decir de la dispersión particular de la luminiscencia. Los resultados preliminares nos indican que el principal instrumento de que disponemos para medirla son los índices que se refieren a la media de la intensidad de la luz y la desviación estándar de la misma. Se registran diferencias significativas (Probabilidad de la t Student = 0.040 y 0.012 respectivamente) en la desviación típica de la media de la intensidad de la luz (DTMEAN) y en la desviación típica de la desviación típica de la intensidad de la luz (DTSD) (ver tabla 4). De las diferencias en la media de la intensidad de la luz, se deduce que las piezas que sirvieron para cortar tienen una mayor variación en la luminancia que las que sirvieron para raspar, siendo su luminancia mucho más matizadas. Esto nos indicaría una menor homogeneidad de la textura en las imágenes procedentes de las piezas que sirvieron para cortar; hecho que a la vez nos debería indicar una mayor irregularidad de la superficie en las alteraciones de uso producidas por corte.

Partimos de la hipótesis que el análisis de la forma de los elementos de textura nos debería indicar sus diferencias formales en relación del uso de los instrumentos de donde proceden las imágenes que los incluyen. Sería de suponer que esta forma debería estar más vinculada con la materia trabajada que con el movimiento de uso, pero la realidad ha sido otra y nos ha indicado que la manera de usar el instrumento también determina la forma final que toma el téxel. Así en definitiva vemos que los *texels* de las piezas que sirvieron para cortar son menos elongados, con menor tendencia a la cuadratura y, por el contrario mayor tendencia a la circularidad que los *texels* que definen las piezas usadas para raspar (ver tablas 5 y 6).

También encontramos diferencias de forma relacionadas con la materia trabajada. Las diferencias entre madera y piel –las dos materias trabajadas recogidas en la muestra– se basan en que los *texels* procedentes de los instrumentos que sirvieron para trabajar madera son más elongados (media de 0.85 frente a 0.70) y con mayor tendencia a la circularidad (media de 0.37 frente a 0.34), mientras que los *texels* de las imágenes de los instrumentos que sirvieron para trabajar piel tienen una mayor tendencia a la cuadratura (1.77 frente a 1.69). La probabilidad de las diferencias es significativamente próxima a cero: elongación 0.003, circularidad 0.057, cuadratura 0.04 (ver tabla 7).

Ident	Area	Mean	SD	X	Y	Mode	Length	Major	Minor	Angle	Elongació	Circularitat	Quadratura
1	35	169,9	7,35	33,6	78,09	169	27,21	7,93	5,62	173,62	1,411032	0,594048	1,149832
2	29	173,9	8,6	59,41	77,86	171	39,46	10,35	3,57	32,5	2,89916	0,234042	1,831885
3	319	180,6	10,9	92,97	73,31	176	162,55	30,25	15,32	172,16	1,974543	0,151715	2,275263
4	12	173,8	7,57	70,75	73,42	179	19,56	5,44	2,81	7,2	1,935943	0,394144	1,411621
5	21	174,2	10,3	46	68,91	176	38,53	6,29	4,46	126,17	1,410314	0,177759	2,101984
6	56	174,8	11	42,41	54,47	165	87,88	16,94	4,36	131,14	3,885321	0,091121	2,935865
7	64	177,7	11,7	78,24	53,31	163	84,71	16,36	5,45	88,22	3,001835	0,112078	2,647188
8	14	173,4	9,1	103,9	58,29	161	16,49	6,7	2,66	166,45	2,518797	0,64699	1,101784
9	12	172,3	9,31	26,08	64,46	165	18,49	6,95	2,38	85,25	2,920168	0,441081	1,334401
10	17	177	10,8	54,44	50,83	181	25,8	6,28	3,65	60,94	1,720548	0,320937	1,564355
11	360	177,4	10,2	31,71	23,57	177	241,85	42,54	12,12	101,94	3,509901	0,077343	3,186654
12	11	175,6	7,72	3,91	47,36	171	20,14	4,72	2,97	76,84	1,589226	0,340788	1,51811
13	89	176	10,2	85,39	40,72	173	101,78	14,7	7,97	46,9	1,844417	0,107963	2,697165
14	42	178,1	10,4	42,19	43,23	174	60,43	9,65	5,68	175,87	1,698944	0,144529	2,331138

Tabla 1: Base de datos con los valores cuantitativos de los atributos de los *texels* de una imagen.

Estadísticos

		AREA	MEAN	SD	MODE	LENGTH	MAJOR	MINOR	ANGLE	MIN	ELONGACI	CIRCULAR	QUADRATU
N	Válidos	122	122	122	122	122	122	122	122	122	122	122	122
	Perdidos	0	0	0	0	0	0	0	0	0	0	0	0
Media		40,51	103,86	11,3506	101,17	37,9962	8,476	4,550	46,8214	80,14	1,9913	,4625	1,5198
Error típ. de la media		8,09	,55	,3818	1,32	4,8802	,509	,301	2,2296	1,46	6,281E-02	2,361E-02	5,188E-02
Mediana		18,00	103,78	11,4550	105,00	22,1400	6,935	3,645	48,8000	80,50	1,8380	,4489	1,3227
Moda		11	100[a]	3,58[a]	117	20,97	4,4[a]	2,0[a]	1,10[a]	80[a]	1,04[a]	,25[a]	,94[a]
Desv. típ.		89,36	6,11	4,2167	14,53	53,9032	5,625	3,329	24,6266	16,07	,6937	,2608	,5731
Varianza		7984,68	37,31	17,7805	210,99	2905,5515	31,639	11,080	606,4689	258,22	,4813	6,799E-02	,3284
Asimetría		6,307	-,153	,363	-1,044	5,778	3,678	4,329	-,083	-,887	,791	,461	1,763
Error típ. de asimetría		,219	,219	,219	,219	,219	,219	,219	,219	,219	,219	,219	,219
Curtosis		43,317	-,266	,251	,951	38,632	17,792	23,946	-1,034	2,962	,044	-,747	5,351
Error típ. de curtosis		,435	,435	,435	,435	,435	,435	,435	,435	,435	,435	,435	,435
Rango		713	29	22,10	70	440,34	41,1	26,0	88,73	108	3,21	1,10	3,66
Mínimo		10	88	2,67	50	10,49	3,7	2,0	1,10	5	1,04	,04	,83
Máximo		723	117	24,77	120	450,83	44,9	27,9	89,83	113	4,25	1,14	4,49
Suma		4942	12671	1384,77	12343	4635,54	1034,1	555,1	5712,21	9777	242,94	56,43	185,42
Percentiles	25	13,00	99,80	7,9650	91,00	18,1400	5,598	2,968	26,5650	70,75	1,4219	,2270	1,0893
	33,33333333	15,00	100,95	9,2000	98,00	19,5600	6,130	3,130	34,5900	75,00	1,5122	,2785	1,1914
	50	18,00	103,78	11,4550	105,00	22,1400	6,935	3,645	48,8000	80,50	1,8380	,4489	1,3227
	66,66666667	26,00	106,75	13,2400	111,00	29,2100	7,990	4,350	60,7600	88,00	2,2809	,5533	1,6794
	75	32,00	108,44	14,2425	112,25	37,2225	9,005	4,775	66,1000	91,25	2,4280	,6619	1,8603

a. Existen varias modas. Se mostrará el menor de los valores.

Tabla 2: Cuadro con los resultados estadísticos extraídos a partir del procesamiento de la base de datos de la tabla 1. Tenemos una hoja de resultados de este tipo para cada una de las imágenes.

primat	cas	imatge	cinemat	mattre	interval	numtex	mitar	dtar	maxar	mitmean	dtmean	mitsd	dtsd	mitmod	dtmod	mitang	dtang	mitminlu	dtminlu	mitelo	dtelo	mitcir	dtcir	mitqua	dtqua
db5	18	Ia-a	trans	fust	0-120	8	332	736	2202	100	7,95	14,2	4,64	97,38	15,08	57,24	6,43	60,25	27,93	2,3	0,87	0,32	0,15	1,82	0,94
db5	18	IIa-a	trans	fust	0-120	4	969	1866	3768	96,72	11,15	18	6,54	105	22,24	46,89	34,66	44	40,81	1,82	0,48	0,38	0,22	1,9	1,27
db5	18	III-a	trans	fust	0-120	9	651	1806	5467	85,46	10,74	24,8	5,57	79,89	32,66	70,21	17,27	19,56	13,77	2,33	0,79	0,29	0,2	1,86	0,53
db5	18	IV-a	trans	fust	0-120	12	372	811	2900	95,89	7,59	17,4	2,49	95,83	17,86	37	23,6	39,25	25,27	2,39	1,02	0,26	0,15	2,02	0,77
db5	18	Va(a)-a	trans	fust	0-120	10	404	1075	3460	93,7	8,29	19	6,38	94,3	13,12	55,03	20,58	41,4	25,2	2,28	0,77	0,3	0,18	1,89	0,75
db5	18	Ia-a	trans	fust	0-80	12	25,1	26,1	101	66,77	4,09	11,2	3,52	69,33	11,11	49,18	19,16	39,5	14,68	3,41	2,23	0,26	0,16	1,92	0,58
db5	18	IIa-a	trans	fust	0-80	15	85,3	124	351	60,01	5,64	15	2,68	61,27	13,72	43,44	20,54	21,8	12,22	2,83	2,02	0,29	0,19	1,89	0,65
db5	18	III-a	trans	fust	0-80	17	71,1	110	455	60,9	6,33	15,4	4,16	55,76	24,28	52,43	22,49	23,18	15,14	3,22	1,81	0,28	0,21	2	0,77
db5	18	IV-a	trans	fust	0-80	19	42,6	35,7	120	67,46	3,35	10,3	3,18	71,58	6,61	52,9	23,71	38,26	14,38	2,98	2,31	0,33	0,19	1,69	0,41
db5	18	Va(a)-a	trans	fust	0-80	15	66,6	83,7	305	65,96	5,53	10,8	4,16	66,53	14,21	61,01	23,36	36,07	17,22	2,62	1,35	0,28	0,13	1,78	0,44
db5	18	Ia-a	trans	fust	160-200	12	145	404	1423	177,89	3,98	11,6	1,13	169,58	10,84	47,38	25,3	,	,	2,39	1,12	0,28	0,17	2,03	0,99
db5	18	IIa-a	trans	fust	160-200	15	80,1	104	334	179,9	3,94	11,5	1,58	179,07	13,39	48,42	25,73	,	,	2,81	1,38	0,24	0,16	2,15	0,91
db5	18	III-a	trans	fust	160-200	10	86	145	478	173,87	3,97	9,25	2,38	172,2	12,8	50,32	24,46	,	,	2,38	1,33	0,29	0,15	1,79	0,5
db5	18	IV-a	trans	fust	160-200	13	72,5	112	420	175,01	4,77	10,1	1,6	170,31	7,92	37,92	24,9	,	,	2,9	1,1	0,25	0,1	1,89	0,51
db5	18	Va(a)-a	trans	fust	160-200	27	58,8	90,3	391	177,73	3,79	11	1,72	173,93	11,27	51,34	21,7	,	,	2,3	0,97	0,31	0,17	1,78	0,35
db5	13	I-a	trans	pell	0-120	50	27,9	25,2	161	75,07	8,86	29,7	4,59	63,86	32,47	46,42	25	18,26	14,41	2,11	0,75	0,31	0,16	1,73	0,47
db5	13	II-a	trans	pell	0-120	32	66,6	101	378	73,91	7,92	31,9	3,68	61,34	33,58	53,04	26,6	12,41	11,69	2,07	0,8	0,3	0,18	1,92	0,8
...	...	...	...	...	...	...	...	...	...	...	...	...	...	...	...	...	...	...	...	...	...	...	...	...	...

Tabla 3: Base de datos donde se recogen con los identificadores de la imagen, el número de téxeles, téxel con área mayor en la imagen y las medias y desviaciones típicas de los atributos de todos los téxeles de cada una de las imágenes. A partir de esta hoja se lleva a cabo un procesamiento estadístico donde la imagen es la unidad de estudio.

Hasta aquí hemos desarrollado estadísticas descriptivas bidimensionales. Estas nos permiten un control individualizado de las diferentes variables, lo cual nos ayuda a conseguir una localización más escueta de la variabilidad producida por cada variable. Podemos ver que por si solas ya pueden dar índices de discriminación lo suficientemente significativos, pero partimos de que una integración de los poderes de discriminación de las diferentes variables nos ha de llevar a una clasificación discriminante más estricta.

Un Análisis de Componentes Principales nos indica una relación positiva entre el ángulo del eje mayor y la elongación, frente a la relación negativa entre la elongación y la circularidad. El ACP se ha hecho sobre seis variables: ángulo del eje mayor, circularidad y elongación (media y desviación típica). El eje 1 explica el 42% de la varianza y opone elongacion/ángulo eje mayor frente a circularidad. El eje 2 explica el 23% de la varianza y discrimina las piezas según el ángulo del eje mayor (ver tabla 8).

Podemos observar en este análisis como la discriminación más estricta se realiza más en función de una distinta materia trabajada que no por un distinto uso, con lo cual debemos concluir que la materia trabajada es la que determina en mayor medida la conformación de la textura de la alteración de uso que representan los *texels* –sin dejar de tener en cuenta que en razón del movimiento del instrumento también encontrábamos diferencias significativas en la textura.

Como conclusiones generales para todo el conjunto de cálculos estadísticos queremos dar significado real a nuestros resultados y explicar sus implicaciones. Podemos decir que las texturas de las piezas sometidas a un movimiento longitudinal (cortar) pueden ser más diversas, con texels de formas e intensidades de luz diferentes, mientras que el movimiento transversal (raspar) genera patrones de textura mucho más homogéneos, en donde los texels tienen formas más semejantes entre sí y unos intervalos de luz mucho más restringidos. Debemos relacionar esta mayor/menor homogeneidad de la luminancia con una mayor/menor homogeneidad de la superficie de la alteración de uso que representan los texels, dado que ya sabemos que la luminancia final que nosotros recogemos y estudiamos es resultado consecuente de esta reflexión.

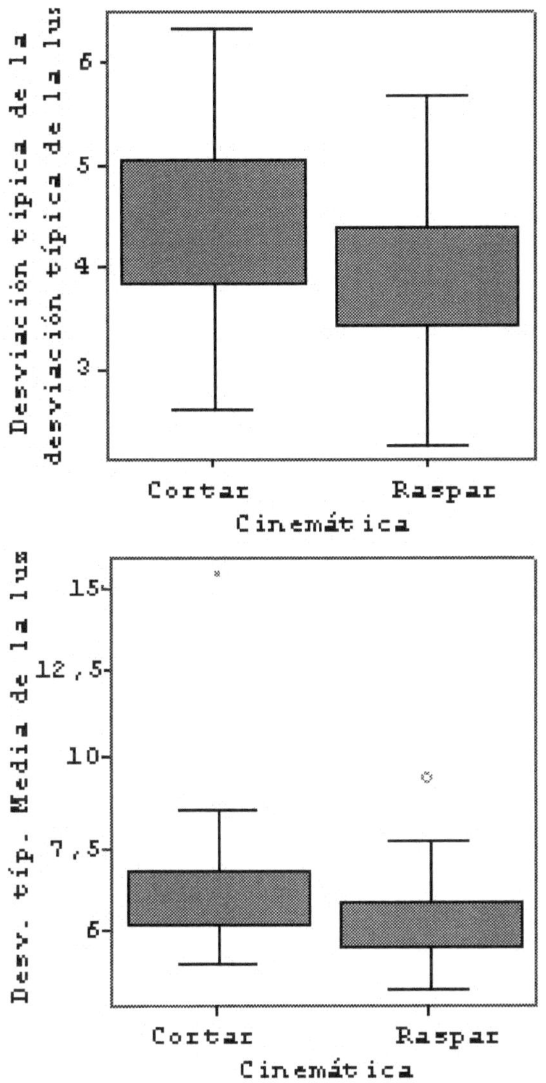

Tabla 4: Medias de las desviaciones típicas, cortar=6.31, raspar=5.42, desviaciones medias: cortar=4.41, raspar=3.87.

Por otro lado, observamos que el movimiento longitudinal favorece la aparición de texels elongados y paralelos al eje principal –a lo largo del filo–, mientras que el movimiento transversal suele producir texels menos elongados, y orientados de manera más irregular. Esta observación es tanto más evidente cuanto más elongado es el texel, lo cual no aparece en todas las piezas sometidas a movimiento longitudinal. En nuestras hipótesis previas la elongación y la orientación de los texels –que vendría dada por el ángulo del eje mayor del texel– serían consecuencia de la dirección de la cinemática del trabajo; así con ambas variables debíamos poder describir la estriación-orientación de los texels en cuanto a esta. También partíamos de la idea que los texels con un índice de elongación alto por encima de lo normal de forma significativa y con una orientación del ángulo coherente al uso debían poder identificarse como estrías y así habían de llegar a tratarse de muy buenos indicadores de la cinemática de trabajo.

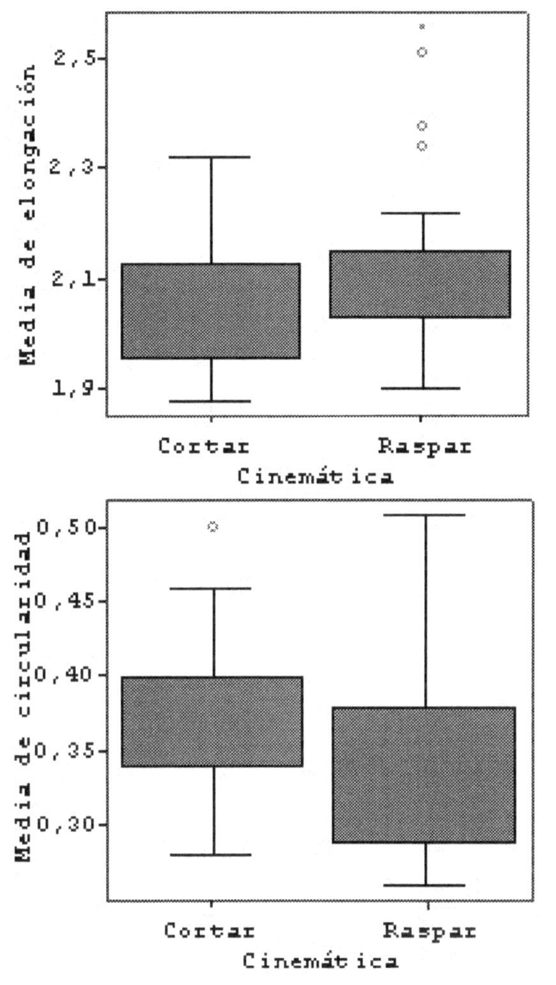

Tabla 5: Diferencias significativas en elongación (Prob. 0.029). Medias de elongación cortar=2.04, raspar=2.12. Diferencias significativas en circularidad (Prob. 0.016). Medias de circularidad cortar=0.37, raspar =0.34.

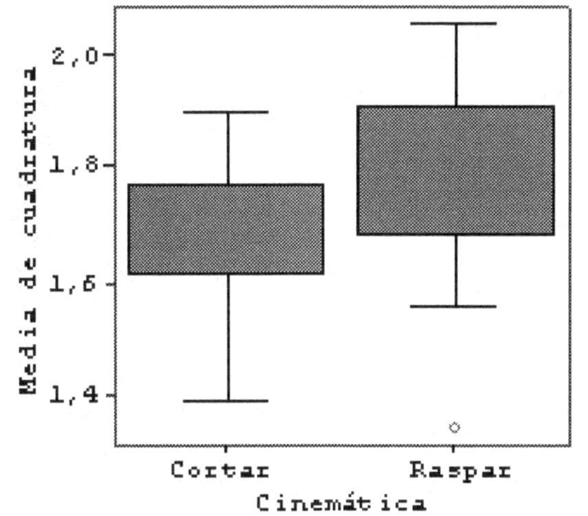

Tabla 6: Diferencias significativas en cuadratura (Prob. 0.003). Medias de cuadratura cortar=0.67, raspar=0.75.

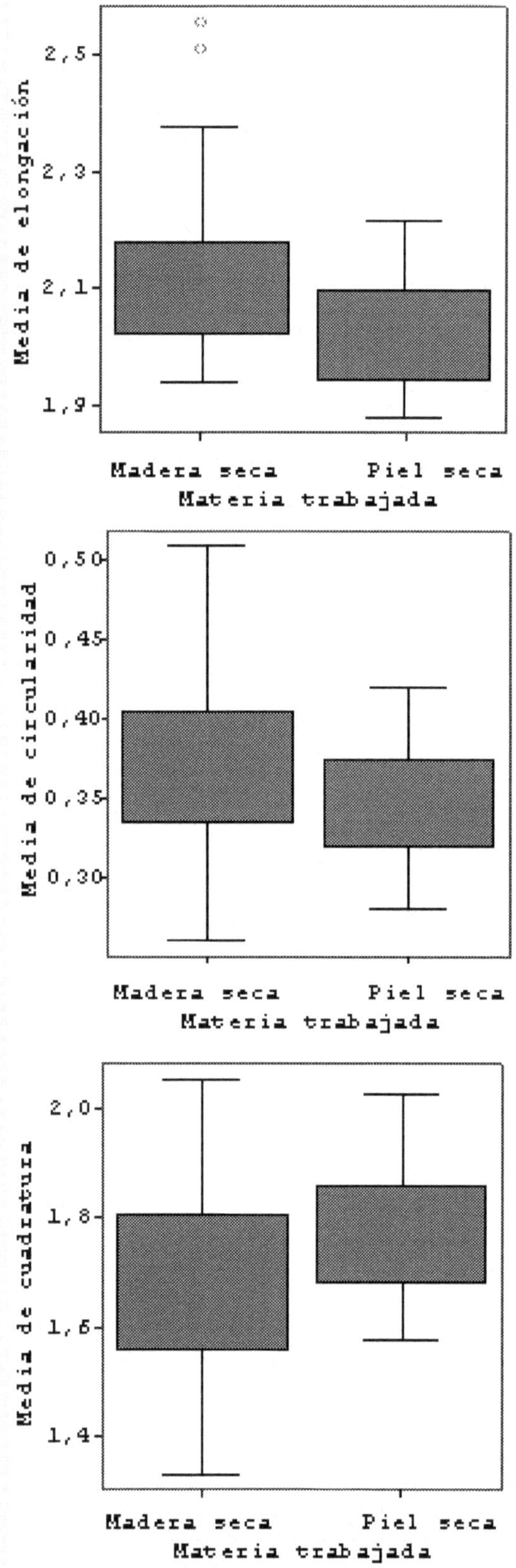

Tabla 7: Diferencias de forma en cuanto a la materia trabajada.

Estos resultados concretos confirman buena parte de las hipótesis de partida. Vemos por otra parte, como era de esperar, que ya que los movimientos longitudinales (cortar) son más homogéneos, dirigidos y más guiados en cuanto al filo activo, la disposición de los ejes más elongados de los texels será más paralelamente dispuesta al propio filo en uso –dando como resultado concreto ángulos cerrados cercanos a cero. Por otra parte sabemos que los movimientos de trabajo transversal (raspar) son más variables, dado que dependen más de la estrategia de trabajo del usuario que es quien determina la forma en que el filo se enfrentará a la materia trabajada. En este tipo de acción el filo, por su disposición en la acción de trabajo no sujeta a la materia trabajada, no desarrolla un ángulo de ataque tan homogéneo. Todo esto, en última instancia, provocaría que los ángulos de los ejes mayores de los texels producidos por trabajo transversal deben tener una dispersión entorno a la perpendicularidad –45 grados– más alta que no aquella observada en el caso de los ejes mayores de los texels producidos por trabajo longitudinal entorno a la paralelidad –0 grados.

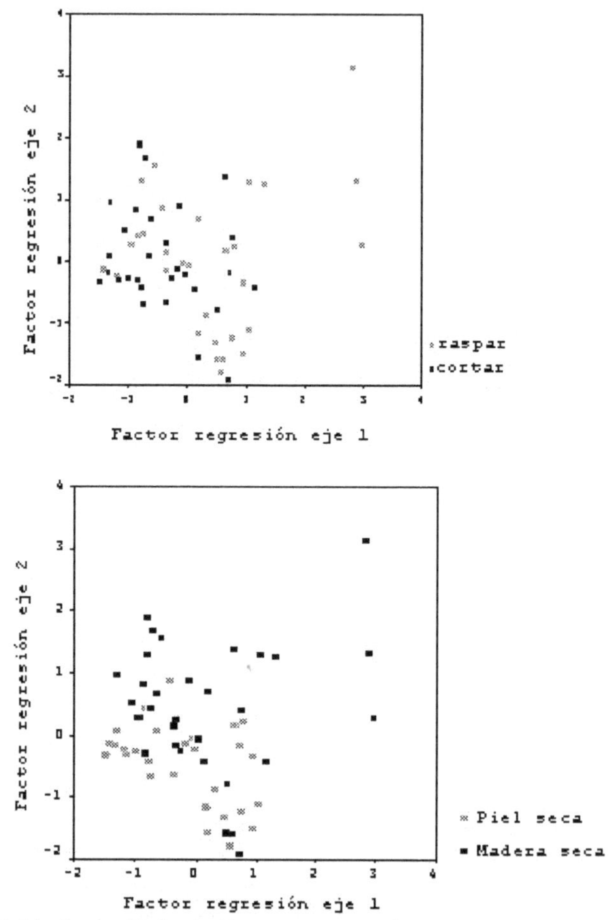

Tabla 8: Análisis de Componentes Principales, la primera es la tabla de distribución de casos en cuanto a cinemática y la segunda en cuanto a materia trabajada.

La cantidad de texels muy elongados constituye un rasgo a tener en cuenta a la hora de buscar principios discriminantes operativos. Así, hemos podido determinar que la textura de las superficies de las piezas que sirvieron para trabajar madera muestran más texels elongados –con los índices extremos más altos– si lo comparamos con las piezas con las que se trabajó la piel. Esto lo atribuimos al tipo de agresión diferencial de las materias trabajadas contra la superficie lítica del útil. Las materias más duras –madera frente a piel por ejemplo–

producen una agresión mayor que se traduce en provocar alteraciones de uso más nítidas y perfiladas, cosa que implica una expresión de la cinemática del uso más clara a partir del estriamiento de los texels.

Conclusiones

Sabemos por nuestro conocimiento a priori que el proceso de análisis de las trazas de uso implica la evaluación de sus diversos atributos. Podemos comparar este proceso convencional a un procesamiento estadístico dentro del cual tengamos en cuenta las aportaciones discriminantes de diversos atributos, las cuales se agregan dando como resultado una optimización del poder discriminante global.

Aun sabiendo que es necesaria una perspectiva holística de los atributos que implican a las trazas de uso, es previamente necesario un acercamiento atributo por atributo para definir su poder discriminante individual y su mayor o menor protagonismo. Aun así sabemos por las leyes dialécticas que el comportamiento de las variables de un proceso es difícilmente aislable de las demás variables del mismo proceso; no debemos pensar que el análisis global es simplemente un sumatorio simple de los diversos poderes discriminantes de los atributos por separado.

Se nos confirma esto en cuanto hemos comprobado que, por lo general, los niveles de discriminación obtenidos teniendo en cuenta un solo atributo no son nítidos, o no lo nítidos que sería deseable; aparecen gran número de "outliers" que dan dispersiones muy altas y patrones difícilmente encuadrables. Si queremos llevar a cabo diagnósticos correctos debemos recurrir a valoraciones de las imágenes y de sus *texels* mediante diversos índices que nos irán sumando información complementaria. Cada uno de los test nos puede dar una probabilidad de la correspondencia de la imagen con un uso determinado que por si sola sería insuficiente para una determinación segura, pero sí que es muy posible que si sabemos recurrir a los tests y procesamientos adecuados y mediante la agregación de discriminaciones probabilísticas que sean complementarias entre sí, lleguemos a diagnósticos más exactos.

Necesitamos, para hacer esto posible, seleccionar cuales son los atributos de la textura que son discriminantes: es decir aquellos que nos permitan discriminar en coherencia al uso que representan las texturas de las imágenes con que trabajamos. Dicho de otra manera debemos eliminar aquellos atributos que aún siendo discriminantes no nos den una información complementaria significativa y necesaria para una mejor discriminación del uso. En última instancia de esta forma podríamos llevar a cabo diagnósticos de uso a partir de un número reducido de variables de análisis –atributos de las trazas de uso- y superar la subjetividad de las descripciones tradicionales. Con esto cumpliríamos los objetivos generales de este trabajo que son agilizar el análisis de trazas de uso creando clasificaciones de las trazas de uso lejos de atribuciones subjetivas intuitivas. Y para esto previamente debemos crear conocimiento sobre cual es la forma de agregación a la que podemos llegar para las alteraciones de uso mediante la única fuente de información que tenemos para analizarlas: las imágenes.

Bibliografía

BARCELÓ, J.A., VILA, A. y GIBAJA, J. (2000), "An application of Neural Network to use-wear analysis", en K. Lockyear, T.J.T- Sly y V. Mihăilescu-Bîrliba (eds.), *CAA'96 Computer Applications and Quantitative Methods in Archeology,* BAR – International Series 845, Archaeopress, Oxford, pp. 63-69.

BARCELO, J.A., PIJOAN, J. y VICENTE, O. (2001), "Image quantification as archaeological description", en Z. Stančič y T. Veljanovski (eds.), *CAA'2000 Computing Archaeology for understanding the past,* BAR - International Series 931, Archaeopress, Oxford, pp. 69-77.

GOSE, E., JOHNSONBAUGH, R. y JOST, S. (1996), *Pattern Recognition and Image Analysis,* Prentice Hall, Upper Sadler River – NJ.

GRACE, R. (1989), *Interpreting the Function of Stone Tools. The quantification and computerisation of microwear analysis*; BAR - International Series 474, Oxford.

IBAÑEZ, J.J. y GONZALEZ, J.E. (en prensa), "The quantification of use-wear polish using image analysis. First results", en *International conference dedicated to the 100th anniversary of Sergey Aristarkavich Semenov* (manuscrito cedido por los autores).

NEWCOMER, M.H., GRACE, R. y UNGER-HAMILTON, R. (1987), "Microwear polishes, blind tests, and texture analysis", en G. de G. Sieveking y M.H. Newcomer (eds.), *The human uses of flint and chert,* Cambrigde University Press, Cambridge, pp. 253-263.

PIJOAN LÓPEZ, J. (2000), "Patrons de traces d'ús en imatges digitalizades" en L. Mameli, J. Pijoan López y Ramu-Comunicat (eds.), *Reunión de Experimentación en Arqueología,* Treballs d'Arqueologia, nº Especial, UAB, Bellaterra (edición en CD-rom).

PIJOAN, J. (2001), *Tècniques de visualització assistida per ordinador per a l'análisi de traces d'ús en instruments lítics*; trabajo de investigación de 3er ciclo, programa de doctorado de Arqueología Prehistórica, Universitat Autònoma de Barcelona.

PIJOAN, J., BARCELO, J.A., BRIZ, I. y VILA, A. (en prensa), "Image quantification in use-wear analysis", en *CAA'99 Making the connection to the past,* BAR International Series.

PIJOAN LÓPEZ, J., BARCELÓ ALVAREZ, J.A., BRIZ I GODINO, I., CLEMENTE CONTE, I. y VILA I MITJÀ, A. (en prensa), "Quantification et Reseaux de Neurones en l'Analyse de Traces d'Usure", en

International conference dedicated to the 100th anniversary of Sergey Aristarkavich Semenov.
SONKA, M., HLAVAC, V. y BOYLE, R. (1994), *Image processing, Analysis and Machine Vision*, Chapman and Hall, London.
VAN DEN DRIES, M. H. (1998), *Archaeology and the application of Artificial Intelligence. Case-studies on use-wear analysis of prehistoric flint tools*, Archaeological Studies Leiden University, 1, Faculty of Archaeology - Leiden University, Leiden.
VILA I MITJÀ, A. y GALLART, F. (1991), "Aplicación del análisis digital de imágenes en Arqueología: el caso de los micropulidos de uso", en A. Vila Mitjà (coord.), *Arqueología-CSIC*, CSIC, Madrid, pp. 131-139.
VILA I MITJÀ, A. y GALLART, F. (1993), "Caracterización de los micropulidos de uso: ejemplo de aplicación del análisis de imágenes digitalizadas", en P.C. Anderson *et al.* (dirs.), *Traces et fonction: les gestes retrouvés.* ERAUL, 50 (II), pp. 459-465., Université de Liège.
VV. AA. (1998), *Image Processing and Pattern Recognition*, C.T. Leondes (eds.), Academic Press, San Diego.

7. La descripción de las trazas de uso en materias primas volcánicas: resultados preliminares de un análisis estadístico descriptivo

Andrea Toselli, Jordi Pijoan López y Joan Anton Barceló Álvarez

Abstract

Most studies of use-wear analysis are explanations of alterations due to use observed on siliceous rocks of sedimentary origin –principally flint. Studies of other raw materials have been left aside. Therefore, most explanations of use wear are based on a single source of data, as if all rocks behave exactly in the same way. Studying obsidian, metamorphic rocks, quartzite, basalt, etc. we have found a lack of any references to explain use wear on these raw materials.

This problem is more relevant when using digital image processing techniques to study alterations by use. This method is based on the analysis of luminance values among image pixels, which describe the surface textures. We should find the way of representing alterations by use and their features through a language based on pixel values.

We propose the analysis and evaluation of several intervals of light spectrums. Alterations by use on flint surfaces (what are usually called micropolished areas) appear in an image on the highest brightness of the luminance interval. On volcanic rock surfaces, alterations from use appear at different light intervals. The dark band of the spectrum should be taken into account when studying non-flint raw materials.

We have developed an experimental program using three varieties of andesite and one of obsidian. With tools made of these raw materials, we have reproduced three different tasks: cutting shell, scraping wood and scraping dry fur. In each case, we have obtained five digital images which showed alterations due to use. Each image was segmented using different light intervals through a density slice (0-80, 0-120 and 160-200 from the standard grey scale of 0-255). The segmentation process generates restricted areas, which are used as the basic elements of use-wear description. These are the texture elements (or texels), which are statistically processed to calculate differences and recurrences between them.

We characterise use-wear image features using the same methodology applied in the chapter 6 of this volume. Both papers share the same goal: a quantified description of lithic use wear for developing knowledge that allows us to classify the features of the alterations by use according to their discriminating power. In the present paper, we also try the application of the same methodology to a more complex problem, which is a different phenomenological development of the alterations by use.

Las trazas de uso más allá del sílex: un campo extenso a desarrollar.

Los análisis de trazas de uso –mediante microscopio óptico de luz reflejada– han desarrollado un corpus epistemológico estricto y muy explícito en lo que respecta a la interpretación del uso de los instrumentos líticos arqueológicos. Esto ha comportado la creación de una nomenclatura, obviamente como en toda disciplina científica, la cual ha sido necesaria para poder llevar a cabo descripciones que permitan interpretaciones de aquello observado. Sin embargo, pese a que dicha nomenclatura ha sido asumida por la mayoría de los investigadores, pensamos que no está adecuada a todo el abanico de estudios factibles en los análisis de trazas de uso.

Creemos que existe un problema en que el desarrollo de la traceología haya estado tan ligado al estudio del sílex. Consecuentemente esto ha provocado que los principios teóricos generales y de concepción de la fenomenología de las trazas de uso estuvieran y estén elaborados con respecto a esta roca. Entre los estudios dedicados a analizar trazas de uso sobre materias primas líticas más allá del sílex, se destacan los realizados sobre cuarzo (Broadbent y Knutsson 1975, Knutsson *et al.* 1988), obsidianas (Hurcombe 1992), basaltos (Richards 1988, Rodríguez 1993), rocas metamórficas (Mansur 1983, Clemente 1995 y 1997). En buena parte de los casos se trata de trabajos restringidos al análisis de la materia prima más usual de los yacimientos arqueológicos bajo estudio y el área geográfica colindante. El problema de estos trabajos es que la difusión de sus aportaciones teóricas, epistemológicas y de concepción general de las trazas de uso no ha sido tan amplia como sería deseable.

El caso del concepto de "micropulido" refleja en gran medida este "silicocentrismo". Bajo este concepto se definen alteraciones de la superficie natural del sílice, por lo general de aspecto más brillante y liso –en el sílex al menos–. Desde nuestro punto de vista, usar este término implica asumir toda una serie de presunciones respecto al origen del fenómeno de esta alteración de uso. Según la manera como pensemos que se produce la génesis y formación del "micropulido" -considerando por ejemplo las hipótesis de la abrasión por una parte y de la disolución del gel de sílice por otra– habría que replantear cuáles son los términos o conceptos que consecuentemente deberíamos emplear para definir la alteración en cuestión. Cuando nosotros utilizamos el término "micro-pulido" estamos asumiendo que se ha producido un desgaste, un alisamiento –es decir una abrasión–, por el contacto dinámico entre dos superficies –la de la roca y la del material trabajado–. En consecuencia, si nos decantamos por una hipótesis diferente a la de la abrasión no podemos continuar utilizando el concepto de "micropulido", por todo lo que implica. Sin extendernos en el tema, podemos afirmar que algo parecido ocurre con las denominadas "estrías" en lo referente a las pretensiones ontológicas de las/os analistas de trazas de uso.

Por nuestra parte, no deseamos entrar en el debate sobre la génesis de las trazas de uso y por lo tanto, nos parece más adecuado hablar de "alteraciones de uso" mientras se mantenga la incertidumbre acerca de su origen. También consideramos que el término "alteraciones" es más adecuado por ser mucho más flexible y aplicable a los estudios de análisis de trazas de uso en general, permitiendo la articulación de conceptos más acordes al conocimiento que hemos alcanzado. Cuando observamos alteraciones de la superficie por el uso en otras materias primas que no son sílex, notamos el alto nivel de restricción interpretativa al forzarnos a observarlas y localizarlas bajo los conceptos estrictos de micropulido y estría[1]. Ante esta situación, se ha tendido a construir nuevos conceptos interpretativos de las trazas de uso para cada materia prima en concreto, manteniendo en la medida de lo posible los conceptos antiguos. Así por ejemplo podemos ver que en diversos estudios sobre obsidianas o cuarcitas se habla de "micropulido" y por otra parte de "abrasión", de "corrosión", diferencias hechas a modo intuitivo de un fenómeno que a ciencia cierta no sabemos a qué responde.

Alteraciones de uso como discontinuidades.

Por nuestra parte, optamos por utilizar una serie de conceptos generales que nos sirven para describir las características de las alteraciones de uso producidas en diferentes tipos de materias primas líticas, sin entrar en el campo de la especulación respecto a las implicaciones ontológicas de la definición. Son dos los hechos que nos han llevado a este replanteamiento. Por un lado, estos conceptos se desprenden de una reflexión surgida a partir de la observación contrastada en trazas de uso registradas en sílice, obsidiana y andesitas. Por otro, en nuestro intento de aplicar una metodología de análisis digital de imágenes, debemos pensar bajo conceptos que nos sean idóneos y operativos para lo que finalmente estaremos describiendo y analizando. Para esto, intentamos evitar guiarnos con conceptos que han sido elaborados para la observación convencional de trazas de uso mediante microscopio óptico, los cuales ya hemos comprobado no se adaptan –incluso son equívocos– al análisis de imágenes digitalizadas. Cuando observamos imágenes digitalizadas de trazas de uso podemos hablar de "alteraciones" –es decir de cambios de estado como resultado de una acción–, pero nunca de micropulido, estrías, abrasiones, etc., ya que los mecanismos de análisis computerizados que poseemos no los pueden distinguir ni discriminar estrictamente. Nuestras observaciones de las alteraciones de uso sobre las materias primas en cuestión nos han llevado a la conclusión de que más allá de observar abrasiones, micropulidos y estrías, lo único que podemos diferenciar sin lugar a dudas es un cambio de comportamiento en la reflexión de la luz sobre la superficie de la materia prima como resultado de un proceso de agresión física sobre ésta.

En definitiva, estos conceptos están construidos desde la perspectiva de lo que observamos en la Realidad –es decir, a partir de cómo representamos nosotros la Realidad– y no desde la perspectiva de lo que es la Realidad –que sería a partir de la dimensión esencial del fenómeno–. Consideraremos entonces las alteraciones de uso bajo la forma de:

- Discontinuidades en extensión –representadas por una reflexión diferencial de forma cualitativa y cuantitativa de la luz proyectada por el microscopio óptico sobre la superficie de la materia prima lítica.
- Discontinuidades lineales –a partir del trazado de ejes de orientación de las discontinuidades en extensión.

Bajo estos dos criterios podemos definir la textura de las imágenes y de los elementos que la conforman; *elementos de textura* –"texture elements" o *texels*– (Barceló, Pijoan y Vicente 2001: 71). Podemos entender la textura de una imagen como la dispersión particular de luminiscencia

[1] También es el caso de las "melladuras", cuyo origen es claro, aunque no así su descripción. Solo debemos recordar en la bibliografía sobre el tema las decenas de descripciones cualitativas de las fracturas del filo por el uso; refiriéndose normalmente a las formas percibidas particularmente desde diversos ángulos y perfiles de orientación –algunos bien difíciles de situar–. Cuando pasamos a la Realidad vemos que esta acaba siendo mucho más compleja. No queriendo tratar este concepto en este artículo lo dejamos a modo de anotación.

que presenta y los *elementos de textura* como los objetos con textura significativamente diferenciada de su entorno y así discriminables. Podemos describir los elementos de textura bajo los criterios de forma, magnitud, composición y localización. Obviamente, estos criterios han de ser integrados en una perspectiva de observación holística. También a partir de dichos criterios podemos determinar los atributos pertinentes que describirán a los elementos de textura para las imágenes del presente trabajo.

La descripción de las alteraciones de uso mediante imágenes digitales.[2]

En nuestro caso particular, hemos seleccionado una muestra experimental de réplicas de instrumentos líticos en obsidiana (Ob) y tres tipos diferentes de andesitas (Db1, Db2 y Db5), todas ellas diferenciables tanto en muestra de mano, como al microscopio petrográfico. La obsidiana presenta una textura holohialina (constituida por vidrio en más de un 95%), mientras que las otras rocas mencionadas son andesitas hipersténicas, de textura porfídica, con una pasta hialopilítica e intersertal –vidrio entre tablillas esqueléticas de plagioclasas– en Db1 y Db5, y hialocristalina microlítica fluidal –plagioclasas con "cola de golondrina", oxihornblendas y opacos– en Db2 (Toselli 1998: apéndice). Es importante tener en cuenta la textura petrográfica de estas rocas porque la misma interviene en la rapidez con que se forman las alteraciones por uso en su superficie y en la "visibilidad" de éstas en un estadio temprano de su desarrollo (ver fig. 1). Asimismo, esta textura influye también en la formación de trazas tecnológicas a las que se superpondrán en varios casos las provocadas por el uso (para el caso de la obsidiana, ver por ej. Hurcombe 1992: 24,72-73). Esta textura petrográfica también condiciona la manera en que la luz se comporta al reflejarse de manera distinta en la superficie fresca y sin uso de estas rocas: en el caso de la obsidiana observamos unas superficies muy lisas y brillantes, mientras que en las andesitas, observamos superficies más irregulares que provocan que unas zonas se vean muy brillantes y otras, muy oscuras (ver fig. 1). Las cuatro rocas son de origen volcánico y proceden de Antofagasta de la Sierra, Pcia. de Catamarca (Argentina), en la región de la Puna. El interés de experimentar con estas materias primas es la creación de una colección de referencia para el estudio posterior de los restos líticos arqueológicos que aparecen en distintos yacimientos arqueológicos de la zona citada.
Nuestro objetivo particular para este trabajo es realizar una prueba clasificatoria mediante imágenes digitales y estadística descriptiva y multivariante sobre alteraciones de uso en materias primas volcánicas. Este trabajo se complementa con el artículo "Variabilidad estadística en imágenes digitalizadas de rastros de uso: resultados preliminares", presente en este mismo volumen, el cual es una aplicación similar pero sobre alteraciones de uso sobre sílex. Pretendemos ver así el campo de aplicación que puede cubrir la metodología propuesta en cuanto a la descripción de diferentes fenomenologías de las trazas de uso. Por otra parte, los objetivos son también compartidos: encontrar las variables descriptivas más potentes para la determinación de las alteraciones de uso mediante su objetivación y cuantificación.

En definitiva, hemos extraído una muestra parcial desde la colección de referencia combinando las variables *materia trabajada* con *cinemática*, implementando así las siguientes categorías de uso:

-Transversal (raspar) Piel Seca
-Transversal (raspar) Madera Dura Fresca
-Longitudinal (cortar) Valva Remojada

A partir de la muestra experimental hemos extraído una serie de imágenes digitales mediante una cámara digital (modelo Olympus Camedia C-3030) y microscopio óptico de luz reflejada a 400X (modelo Olympus BH2-UMA). De las imágenes originales hemos seleccionado 5 áreas más reducidas (1/36) totalmente enfocadas, donde no aparecen áreas extra-filo y que presentaban rasgos de alteración por uso en la superficie de la materia prima.

A partir de estas imágenes y mediante software adaptado para el trabajo con imágenes digitales (NIH 1.6; *freeware* disponible en http://rsb.info.nih.gov/nih-image/), hemos llevado a cabo la selección de tres intervalos de luz concretos –en una escala de grises de 256 intensidades entre el blanco (0) y el negro (255) como extremos– dentro de todas y cada una de las imágenes. Al tener en cuenta dichos intervalos, podemos estudiar el comportamiento diferencial de la luz a diversos niveles.

Estos intervalos son:

- Entre 0 y 120
- Entre 0 y 80
- Entre 160 y 200

Cada uno de estos intervalos, al ser seleccionado, perfila una serie de áreas –elementos de textura– en la imagen, discriminadas de su entorno al estar formadas por píxeles con valores dentro de ese intervalo de luminiscencia.
Los dos primeros intervalos corresponden a la banda clara de la escala de luminiscencia, siendo el primero más oscuro que el segundo al integrar 40 tonos más de gris por la zona alta de la escala. El tercer intervalo es significativamente distinto a los otros dos –que se superponen parcialmente– y corresponde a la banda oscura de la escala de luminiscencia, que selecciona un área de la imagen totalmente distinta. Con todo pretendemos estudiar el comportamiento diferencial de la luz a diversos niveles.

[2] Por cuestiones de espacio y para no ser repetitivos, preferiríamos remitir para cuestiones generales que implican a cuestiones técnicas de la imágenes digitales al apartado correspondiente a las mismas en el capítulo 6.

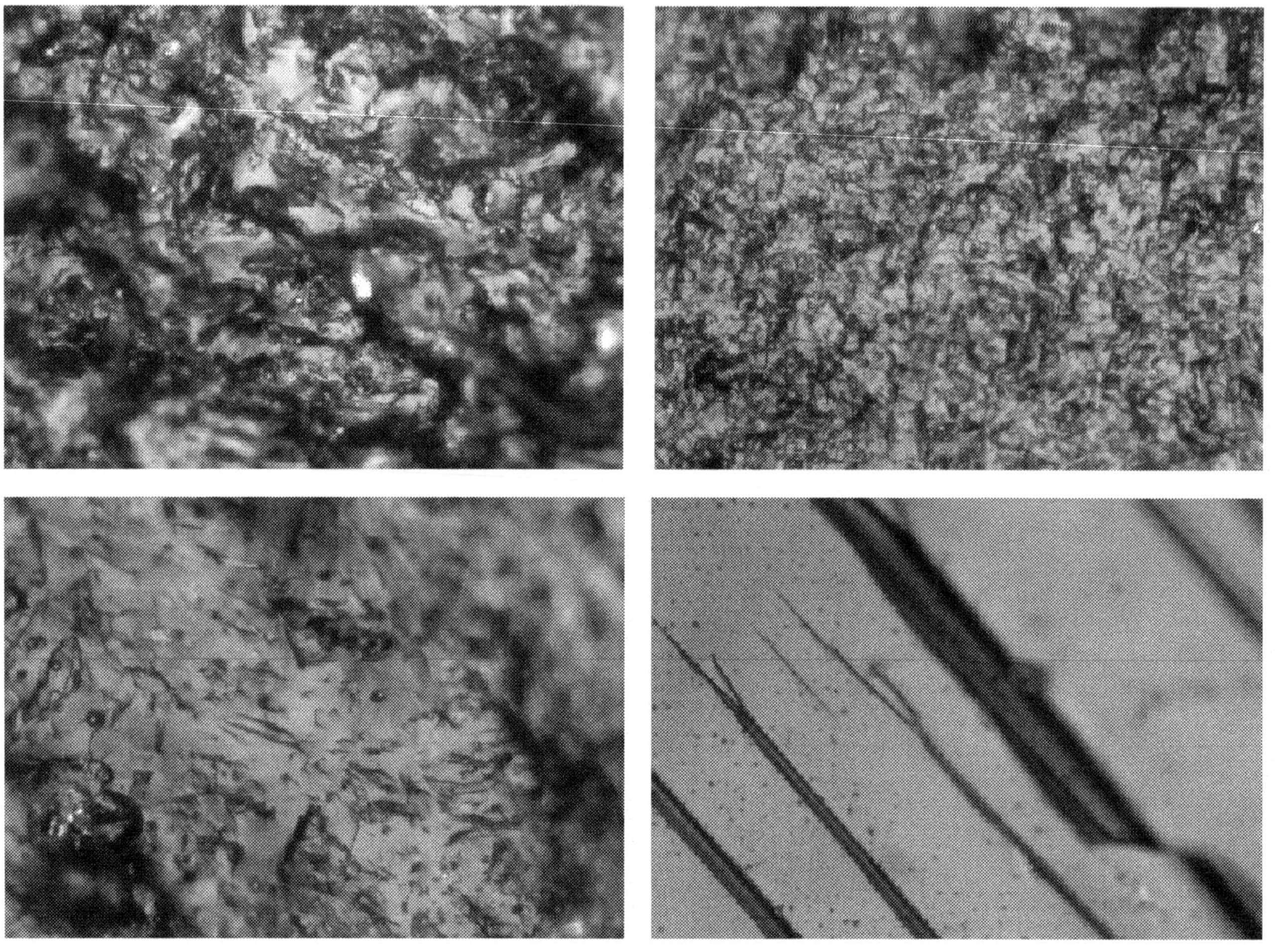

Figura 1: Superficies naturales de las cuatro materias primas de la muestra. De izda. A dcha. y de arriba a abajo andesita variedad 1, andesita variedad 2, andesita variedad 5 y obsidiana.

El criterio básico para esta selección es que, en nuestras observaciones previas sobre las imágenes, llegamos a observar que unas características concretas de las alteraciones de uso quedaban mejor descritas en unos intervalos que en otros, por lo que creímos que un análisis y descripción completos de las imágenes debía tener en cuenta estos diversos niveles de observación, los cuales son los diferentes intervalos de luz finalmente seleccionados. Por otra parte, también en nuestras observaciones preliminares sobre las imágenes, observamos que en los intervalos finalmente seleccionados era donde la luz variaba más su comportamiento de reflexión sobre las diferentes superficies alteradas por uso, por lo cual eran los intervalos que mejor nos podían ayudar a diferenciar y discriminar las imágenes en función del uso.

Partimos de la hipótesis de que las características formales –es decir forma, magnitud, composición y posición– de las áreas discriminadas en cada intervalo –elementos de textura– deben ser variables en cada uno de estos intervalos y en cada una de las imágenes. Esto daría patrones de textura diferentes para cada caso y que serían coherentes con el trabajo que las provocó. En última instancia, pretendemos encontrar regularidades dentro del conjunto de imágenes que estén en función del uso que representa cada una de ellas. Esto, como veremos, lo hemos llevado a término a través de la aplicación de procesamientos estadísticos.

Las características formales, que denominaremos a partir de ahora atributos, con las que describimos los elementos de textura para nuestro caso concreto son:

- Área del elemento de textura en píxeles;
- Media de la intensidad de luz de los píxeles componentes del elemento de textura;
- Desviación estándar de la intensidad de luz de los píxeles componentes del elemento de textura respecto a la media de la intensidad de luz de los píxeles componentes del elemento de textura;
- Moda de la intensidad de luz de los píxeles componentes del elemento de textura;
- Perímetro del elemento de textura en píxeles;
- Eje mayor del elemento de textura en píxeles;
- Eje mayor perpendicular al eje mayor absoluto del elemento de textura en píxeles;

Ident	Area	Mean	SD	X	Y	Mode	Length	Major	Minor	Angle	Elongació	Circularitat	Quadratura
1	35	169,9	7,35	33,6	78,09	169	27,21	7,93	5,62	173,62	1,411032	0,594048	1,149832
2	29	173,9	8,6	59,41	77,86	171	39,46	10,35	3,57	32,5	2,899916	0,234042	1,831885
3	319	180,6	10,9	92,97	73,31	176	162,55	30,25	15,32	172,16	1,974543	0,151715	2,275263
4	12	173,8	7,57	70,75	73,42	179	19,56	5,44	2,81	7,2	1,935943	0,394144	1,411621
5	21	174,2	10,3	46	68,91	176	38,53	6,29	4,46	126,17	1,410314	0,177759	2,101984
6	56	174,8	11	42,41	54,47	165	87,88	16,94	4,36	131,14	3,885321	0,091121	2,935865
7	64	177,7	11,7	78,24	53,31	163	84,71	16,36	5,45	88,22	3,001835	0,112078	2,647188
8	14	173,4	9,1	103,9	58,29	161	16,49	6,7	2,66	166,45	2,518797	0,64699	1,101784
9	12	172,3	9,31	26,08	54,46	165	18,49	6,95	2,38	85,25	2,920168	0,441081	1,334401
10	17	177	10,8	64,44	50,83	181	25,8	6,28	3,65	60,94	1,720548	0,320937	1,564355
11	360	177,4	10,2	31,71	23,57	177	241,85	42,54	12,12	101,94	3,509901	0,077343	3,186654
12	11	175,6	7,72	3,91	47,36	171	20,14	4,72	2,97	76,84	1,589226	0,340788	1,51811
13	89	176	10,2	85,39	40,72	173	101,78	14,7	7,97	46,9	1,844417	0,107963	2,697165
14	42	178,1	10,4	42,19	43,23	174	60,43	9,65	5,68	175,87	1,698944	0,144529	2,331138

Tabla 1: Base de datos con los valores cuantitativos de los atributos de los elementos de textura de una imagen.

- Ángulo del eje mayor del elemento de textura respecto al eje X del marco de la imagen expresado en grados;
- Para los intervalos de 0 a 120 y de 0 a 80 intensidad de luz más cercana al 0 –luz blanca– dentro del elemento de textura;
- Elongación del elemento de textura. E/e; E = Eje mayor, e = eje mayor perpendicular a E;
- Circularidad del elemento de textura. $(4*\pi*a)/(p^2)$; a = área del elemento de textura, p = perímetro del elemento de textura;
- Cuadratura del elemento de textura. $(p)/(4*a^{1/2})$.

Mediante el software anteriormente mencionado, hemos llevado a cabo la selección de elementos de textura y la asignación para cada uno de ellos de los valores de los atributos enumerados. El resultado ha sido un conjunto de bases de datos, compatibles con Excel, del aspecto de la tabla 1. Cada columna corresponde a cada uno de los atributos y cada fila a un elemento de textura. Sobre estas hojas aplicamos procesamientos estadísticos descriptivos mediante SPSS 10. Obtenemos tres hojas de cálculo para cada una de las imágenes que corresponden a cada uno de los intervalos de luminiscencia seleccionados.

Con las bases de datos Excel se nos presentan dos posibles planos de observación, de cálculo y de análisis. Estos son la imagen –donde todos los elementos de textura son entendidos en conjunto– y los elementos de textura entendidos independientemente –siendo analizados por sí mismos y no importando la imagen original de donde proceden, aunque sí el uso que representan– (ver fig. 2).

Partir de la existencia de estos dos planos de observación implica hablar de la dicotomía entre la variabilidad intra-imagen y la variabilidad inter-imagen. Definimos la variabilidad intra-imagen como la variabilidad que existe entre los elementos de textura –obviamente del mismo uso– que aparecen dentro de la misma imagen. Por su parte, la variabilidad inter-imagen sería la existente entre imágenes, obviamente surgida desde los elementos de textura que la conforman, pero ahora entendidos en conjunto, como un todo.

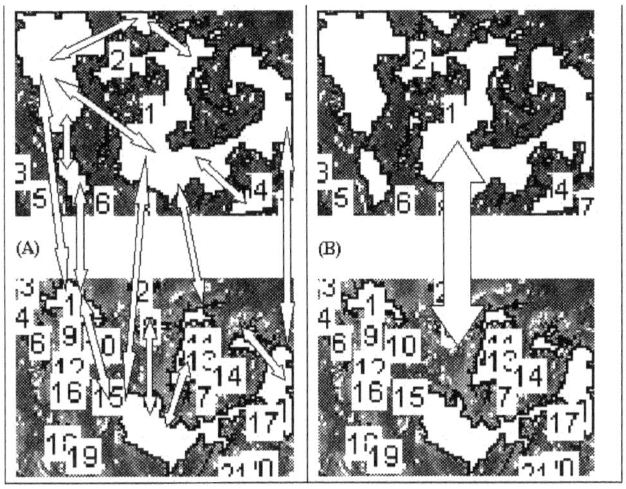

Figura 2: Las imágenes son analizables desde dos planos o dimensiones diferenciados; (A) a partir de la comparación entre los atributos de los elementos de textura de todas las imágenes y (B) entre las imágenes mismas entendidas globalmente a partir de medias y desviaciones estándar de todos los valores de los atributos de todos los elementos de textura que aparecen en ella. Tenemos así dos unidades mínimas de análisis: (A) el elemento de textura y (B) la imagen.

Cuando estamos en el plano de análisis y observación de los elementos de textura, ignoramos tanto la variabilidad intra como la inter-imagen y buscamos encontrar aquel/los elemento/s de textura/s que simplemente es/son más usual/es para un uso concreto, sin importar de que imagen proviene/n. Por el contrario, cuando estamos en el plano de análisis y observación de las imágenes, hemos de tener en cuenta la aparición de ambas variabilidades, lo cual complejiza sumamente la localización concreta del origen de la variabilidad –dada por las diferencias de valor de los índices estadísticos– (ver fig. 2).

Para poder llevar a cabo el análisis a partir de estos dos planos podemos desarrollar:

- Estadísticas sobre las imágenes. El proceso se basa en la obtención, desde la base de datos de elementos de textura (tipo tabla 1), de una hoja de resultados desde SPSS 10, del tipo de la tabla 2, para cada imagen.

Estadísticos

		AREA	MEAN	SD	MODE	LENGTH	MAJOR	MINOR	ANGLE	MIN	ELONGACI	CIRCULAR	QUADRATU
N	Válidos	122	122	122	122	122	122	122	122	122	122	122	122
	Perdidos	0	0	0	0	0	0	0	0	0	0	0	0
Media		40,51	103,86	11,3506	101,17	37,9962	8,476	4,550	46,8214	80,14	1,9913	,4625	1,5198
Error típ. de la media		8,09	,55	,3818	1,32	4,8802	,509	,301	2,2296	1,45	6,281E-02	2,361E-02	5,188E-02
Mediana		18,00	103,78	11,4550	105,00	22,1400	6,935	3,645	48,8000	80,50	1,8380	,4489	1,3227
Moda		11	100[a]	3,58[a]	117	20,97	4,4[a]	2,0[a]	1,10[a]	80[a]	1,04[a]	,25[a]	,94[a]
Desv. típ.		89,36	6,11	4,2167	14,53	53,9032	5,625	3,329	24,6266	16,07	,6937	,2608	,5731
Varianza		7984,68	37,31	17,7805	210,99	2905,5515	31,639	11,080	606,4689	258,22	,4813	6,799E-02	,3284
Asimetría		6,307	-,153	,363	-1,044	5,778	3,678	4,329	-,083	-,887	,791	,461	1,763
Error típ. de asimetría		,219	,219	,219	,219	,219	,219	,219	,219	,219	,219	,219	,219
Curtosis		43,317	-,266	,251	,951	38,632	17,792	23,946	-1,034	2,962	,044	-,747	5,351
Error típ. de curtosis		,435	,435	,435	,435	,435	,435	,435	,435	,435	,435	,435	,435
Rango		713	29	22,10	70	440,34	41,1	26,0	88,73	108	3,21	1,10	3,66
Mínimo		10	88	2,67	50	10,49	3,7	2,0	1,10	5	1,04	,04	,83
Máximo		723	117	24,77	120	450,83	44,9	27,9	89,83	113	4,25	1,14	4,49
Suma		4942	12671	1384,77	12343	4635,54	1034,1	555,1	5712,21	9777	242,94	56,43	185,42
Percentiles	25	13,00	99,80	7,9650	91,00	18,1400	5,598	2,968	26,5650	70,75	1,4219	,2270	1,0893
	33,33333333	15,00	100,95	9,2000	98,00	19,5600	6,130	3,130	34,5900	75,00	1,5122	,2785	1,1914
	50	18,00	103,78	11,4550	105,00	22,1400	6,935	3,645	48,8000	80,50	1,8380	,4489	1,3227
	66,66666667	26,00	106,75	13,2400	111,00	29,2100	7,990	4,350	60,7600	88,00	2,2809	,5533	1,6794
	75	32,00	108,44	14,2425	112,25	37,2225	9,005	4,775	66,1000	91,25	2,4280	,6619	1,8603

a. Existen varias modas. Se mostrará el menor de los valores.

Tabla 2: Cuadro con los resultados estadísticos extraídos a partir del procesamiento de la base de datos de la tabla 1. Tenemos una hoja de resultados de este tipo para cada una de las imágenes.

En esta última se recogen los resultados de las medias y desviaciones típicas de los atributos de los elementos de textura –enumerados en la lista anterior–, así como también sobre el número total de elementos de textura y sobre el área del elemento de textura mayor, de todas las imágenes. Con estos resultados elaboramos una nueva base de datos, del tipo de la tabla 3, que es la que finalmente procesamos a la búsqueda de regularidades que estén en función del uso;

- Estadísticas sobre los elementos de textura. En estas se toman los valores de los atributos de los elementos de textura de todas las imágenes. Estas son desarrolladas simplemente sobre una base de datos de elementos de textura del tipo de la tabla 1, pero donde están recogidos también los identificadores de materia prima, experimento, imagen, cinemática y materia trabajada. El objetivo es encontrar regularidades en los elementos de textura en relación al uso.

Los campos descriptivos que implican cada una de las estadísticas responden a planos diferentes. La descripción de los elementos de textura remite a la textura de la imagen. Ya que éstos tienen una composición, extensión, forma y localización concretas e independientes en la imagen, son la base que explica toda la variabilidad posterior de los cálculos que realizamos.

Aún dándose la posibilidad de que todos los elementos de textura contengan información significativa –es decir que ayude a distinguir entre diferentes usos– puede que ésta remita a unos aspectos y que descuide otros. En otras palabras, podemos encontrar elementos de textura en los cuales la *elongación* y el *ángulo del eje mayor* describan de forma muy clara la cinemática de trabajo y en cambio podemos encontrar otros elementos de textura donde la *media de la intensidad de la luz* no dé información discriminante de ningún tipo. Obviamente, por extensión de este razonamiento, podemos encontrar elementos de textura que nos den la información discriminante inversamente. Este hecho, como veremos, ha sido ya comprobado en los estudios preliminares estadísticos que aquí presentamos.

Comparando entre sí los dos tipos de análisis implementados desde los dos planos de observación, el procesamiento estadístico de los elementos de textura se dirige a la raíz de la descripción y de la explicación de la variabilidad entre las imágenes. Permite también una ubicación del ruido y una selección de los elementos de textura según su valor discriminante. Dicho de otra forma, nos permite jerarquizarlos según sus tamaños, las dispersiones que presentan la magnitud de sus valores, etc. Por el contrario, el procesamiento estadístico de las imágenes se dirige directamente a llevar a cabo una clasificación, obviando un análisis en profundidad de los elementos de textura.

En los procesamientos de datos de las imágenes se pierde la precisión de análisis y el control sobre los valores de los elementos de textura –valores básicos de donde surge la variabilidad. Aun así tienen la ventaja de simplificar mucho el procesamiento estadístico. De hecho, en este trabajo hemos comprobado que, en ciertos aspectos, los resultados obtenidos nos han dado buenos niveles de discriminación por usos.

Resumiendo diremos que si desarrollamos estadísticas sobre la imagen, tendremos una síntesis de los valores de todos los elementos de textura que la conforman. La comparación pertinente debe ser con otras imágenes. Si por el contrario desarrollamos estadísticas en las que tenemos en cuenta los elementos de textura, estamos afirmando que estos son elementos descriptivos definitorios por sí mismos. La comparación entre elementos de textura nos informa si hay algunos que son más usuales –en su forma, tamaño, etc.– para un uso concreto y nos permite llevar a cabo una jerarquización –teniendo en cuenta aquellos que son más discriminantes y descriptivos. Concluimos que los procesamientos

primat	cas	imatge	cinemat	mattre	interval	numtex	mitar	dtar	maxar	mitmean	dtmean	mitsd	dtsd	mitmod	dtmod	mitang	dtang	mitminlu	dtminlu	mitelo	dtelo	mitcir	dtcir	mitqua	dtqua
db5	18	Ia-a	trans	fust	0-120	8	332	736	2202	100	7,95	14,2	4,64	97,38	15,08	57,24	6,43	60,25	27,93	2,3	0,87	0,32	0,15	1,82	0,94
db5	18	IIa-a	trans	fust	0-120	4	969	1866	3768	96,72	11,15	18	6,54	105	22,24	46,89	34,66	44	40,81	1,82	0,48	0,38	0,22	1,9	1,27
db5	18	III-a	trans	fust	0-120	9	651	1806	5467	85,46	10,74	24,8	5,57	79,89	32,66	70,21	17,27	19,56	13,77	2,33	0,79	0,29	0,2	1,86	0,53
db5	18	IV-a	trans	fust	0-120	12	372	811	2900	95,89	7,59	17,4	2,49	95,83	17,86	37	23,6	39,25	25,27	2,39	1,02	0,26	0,15	2,02	0,77
db5	18	Va(a)-a	trans	fust	0-120	10	404	1075	3460	93,7	8,29	19	6,38	94,3	13,12	55,03	20,58	41,4	25,2	2,28	0,77	0,3	0,18	1,89	0,75
db5	18	Ia-a	trans	fust	0-80	12	25,1	26,1	101	66,77	4,09	11,2	3,52	69,33	11,11	49,18	19,16	39,5	14,68	3,41	2,23	0,26	0,16	1,92	0,58
db5	18	IIa-a	trans	fust	0-80	15	85,3	124	351	60,01	5,64	15	2,68	61,27	13,72	43,44	20,54	21,8	12,22	2,83	2,02	0,29	0,19	1,89	0,65
db5	18	III-a	trans	fust	0-80	17	71,1	110	455	60,9	6,33	15,4	4,16	55,76	24,28	52,43	22,49	23,18	15,14	3,22	1,81	0,28	0,21	2	0,77
db5	18	IV-a	trans	fust	0-80	19	42,6	35,7	120	67,46	3,35	10,3	3,18	71,58	6,61	52,9	23,71	38,26	14,38	2,98	2,31	0,33	0,19	1,69	0,41
db5	18	Va(a)-a	trans	fust	0-80	15	66,6	83,7	305	65,96	5,53	10,8	4,16	66,53	14,21	61,01	23,36	36,07	17,22	2,62	1,35	0,28	0,13	1,78	0,44
db5	18	Ia-a	trans	fust	160-200	12	145	404	1423	177,89	3,98	11,6	1,13	169,58	10,84	47,38	25,3	,	,	2,39	1,12	0,28	0,17	2,03	0,99
db5	18	IIa-a	trans	fust	160-200	15	80,1	104	334	179,9	3,94	11,5	1,58	179,07	13,39	48,42	25,73	,	,	2,81	1,38	0,24	0,16	2,15	0,91
db5	18	III-a	trans	fust	160-200	10	86	145	478	173,87	3,97	9,25	2,38	172,2	12,8	50,32	24,46	,	,	2,38	1,33	0,29	0,15	1,79	0,5
db5	18	IV-a	trans	fust	160-200	13	72,5	112	420	175,01	4,77	10,1	1,6	170,31	7,92	37,92	24,9	,	,	2,9	1,1	0,25	0,1	1,89	0,51
db5	18	Va(a)-a	trans	fust	160-200	27	58,8	90,3	391	177,73	3,79	11	1,72	173,93	11,27	51,34	21,7	,	,	2,3	0,97	0,31	0,17	1,78	0,35
db5	13	I-a	trans	pell	0-120	50	27,9	25,2	161	75,07	8,86	29,7	4,59	63,86	32,47	46,42	25	18,26	14,41	2,11	0,75	0,31	0,16	1,73	0,47
db5	13	II-a	trans	pell	0-120	32	66,6	101	378	73,91	7,92	31,9	3,68	61,34	33,58	53,04	26,6	12,41	11,69	2,07	0,8	0,3	0,18	1,92	0,8
...	...	...	...	...	...	...	...	...	...	...	...	...	...	...	...	...	...	...	...	...	...	...	...	...	...

Tabla 3: Base de datos donde se recogen con los identificadores de la imagen, el número de elementos de textura, elemento de textura con área mayor en la imagen y las medias y desviaciones típicas de los atributos de todos los elementos de textura de cada una de las imágenes. A partir de esta hoja se lleva a cabo un procesamiento estadístico donde la imagen es la unidad de estudio.

estadísticos se han de llevar a cabo tanto sobre la base de datos de las imágenes como sobre la base de datos de los elementos de textura, dado que las informaciones que nos aportan son complementarias para la discriminación del uso.

Pasaremos ahora a comentar los resultados preliminares. Entre los sub-objetivos que nos habíamos planteado para el procesamiento estadístico estaba el de diferenciar entre las dos cinemáticas de trabajo recogidas en la muestra –longitudinal y transversal– y entre las tres materias trabajadas –valva, piel seca y madera–, aunque en nuestras hipótesis previas planteábamos que para discriminar entre ambos aspectos del uso debíamos recurrir a diferentes atributos en cada caso. De hecho vemos que este ha sido el caso.

Reconocimiento de regularidades estadísticas en las imágenes en cuanto al uso.

Por razones de espacio y de agilidad del texto, presentaremos solamente aquellos resultados sobre los cuales habíamos explicitado unas hipótesis respecto a qué significarían sus valores potenciales, así como también aquellos resultados sobre los cuales se confirmó que existía una discriminación positiva.

Hemos trabajado primero con las bases de datos tipo la tabla 3 para los intervalos de luminiscencia dentro de los valores de 0/120 y 160/200. Valorando los resultados obtenidos por el análisis de ambos intervalos pretendemos obtener una visión más completa de la distribución de la luz en la imagen y así, por extensión, poder dar una buena descripción de la alteración de uso en ella representada.

Para el primer atributo *número de elementos de textura* –el número de elementos de textura surgidos en la imagen al seleccionar dicho intervalo de luminiscencia– encontramos una discriminación positiva por materias trabajadas. La distribución obtenida muestra diferencias significativas (prueba de Kruskal Wallis). Esto concretamente significaría –como de hecho era nuestra hipótesis– que dentro del intervalo de luminiscencia 0/120 la piel tendría una tendencia a mostrar mayor número de elementos de textura, en frente de valva y madera –esta última con clara tendencia a presentar un menor número de elementos de textura y con un margen de dispersión mucho menor– (ver tabla 4, arriba). Esto haría esperar por otra parte, que los elementos de textura de la piel, en general, tengan un tamaño menor.

Efectivamente esta hipótesis también se verifica positivamente para el atributo *elemento de textura con área mayor* para materia trabajada. Las diferencias son significativas según Kruskal-Wallis y Test de Medianas. La prueba HSD de Tuckey, muestra que las diferencias no son significativas entre madera y valva (prob. 0.200). Vemos así que las materias más duras presentan tendencia a presentar imágenes con un elemento de textura mayor más grande (ver tabla 4, abajo) y, añadiendo lo dicho anteriormente, a que la dispersión del número de elementos de textura sea menor. Obviamente esto daría para la piel una tendencia a que los elementos de textura estén más dispersos, además de ser más pequeños. Para el atributo *número de elementos de textura* para el intervalo 160/200, encontramos que solo la piel es significativamente distinta a las demás según las pruebas no paramétricas, así como también para las paramétricas de Tuckey y Scheffe. Se reafirman en este intervalo las diferencias vistas en el intervalo 0/120 entre la piel y las otras dos materias trabajadas, pero las diferencias entre estas dos últimas –madera y valva– desaparecen (ver tabla 5, arriba).

Para el atributo *media del área* para el intervalo 160/200, solo la piel tiene diferencias significativas en el caso de las pruebas no paramétricas, indicador esto de lo irregular de las distribuciones, con valores extremos muy altos (ver tabla 5, abajo). Si estos valores extremos fueran eliminados, encontraríamos que las diferencias resultarían ser significativas. Recordemos que para este atributo no encontrábamos diferencias significativas en el intervalo 0/120.

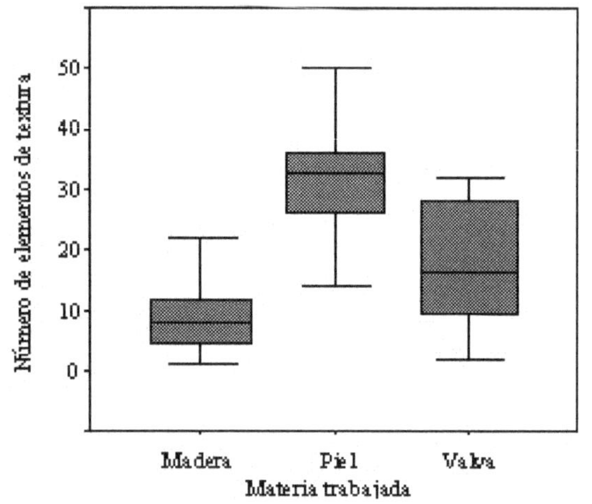

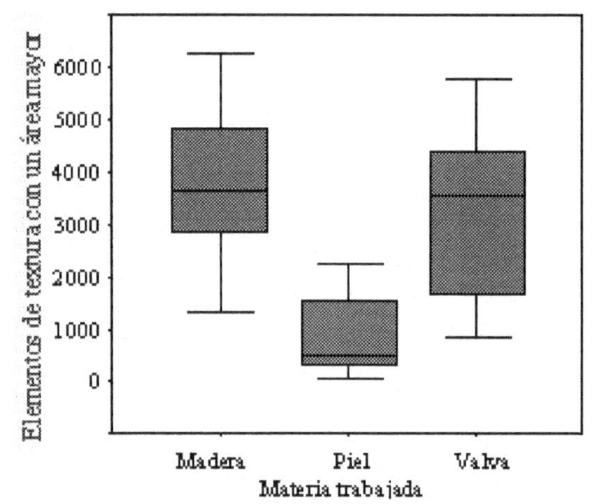

Tabla 4: Diagramas de caja donde aparece la distribución obtenida cruzando *número de elementos de textura* con *materia trabajada* (arriba) y cruzando *elemento de textura con área mayor* también con *materia trabajada* (abajo) para el intervalo 0/120.

Si tomamos los resultados para estos dos últimos atributos en el intervalo 160/200, así como las distribuciones resultantes de los casos (ver tabla 5), observamos que hay una relación positiva entre el número de elementos de textura y su tamaño medio. Más concretamente, tenemos que cuanto mayor número de elementos de textura aparecen en una imagen, menor es el tamaño medio del área, lo cual implica que la dispersión de elementos de textura para la piel es mucho mayor en este intervalo de luminiscencia, tal como ocurría en el intervalo 0/120. Esto daría como resultado una alteración de uso con un aspecto general muy heterogéneo, en cuanto la dispersión de la luminiscencia en la imagen es muy alta en sus valores y en el espacio. Esto se corresponde con lo que serían nuestras observaciones convencionales.

Para poder reafirmar esto último, debemos valorar consecuentemente aquellos atributos que hacen referencia a los valores de luminiscencia de los elementos de textura. Encontramos así que para el atributo *media de la media de la luminosidad* en el intervalo 0/120 no obtenemos una discriminación completa. Las diferencias son significativas según los tests no paramétricos usuales, lo cual implicaría que la dispersión de los valores ha tomado mucho relieve en la discriminación. Los tests paramétricos de Tuckey y Scheffe muestran que sólo son diferentes significativamente madera y piel, siendo la valva similar a ambos. Esto implicaría, analizando más profundamente la distribución de valores de luminiscencia para cada materia trabajada (ver tabla 6, arriba), que la piel sería más brillante *en el intervalo de luminiscencia seleccionado* –0/120–. Esto no implica que toda la alteración de uso, resultado de la piel, que aparece en la imagen sea más brillante. Para hacer una valoración de este tipo necesitamos tener los resultados del análisis estadístico del intervalo de luminiscencia oscuro –entre 160 y 200–, donde describimos aquella alteración que se conforma como "oscura" y que en el caso de la piel cubre amplias áreas y resulta ser bien discriminante contra las otras dos materias trabajadas.

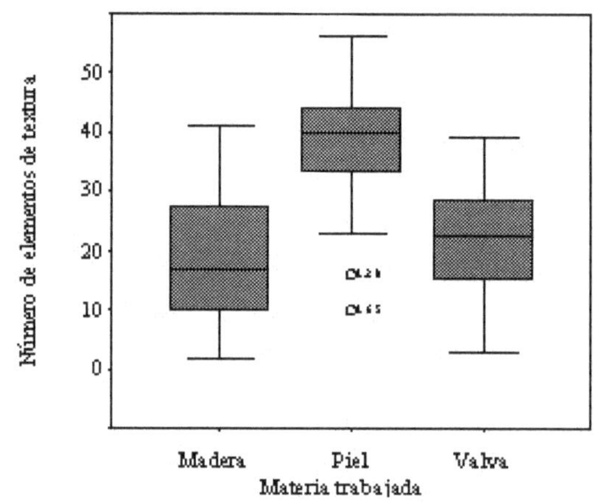

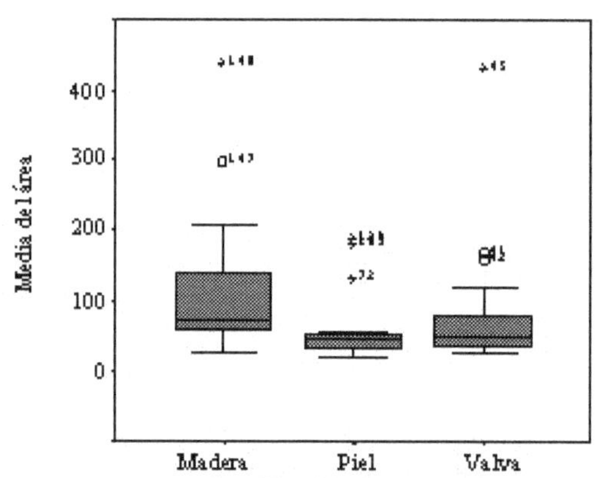

Tabla 5: Diagramas de caja para número de elementos de textura (arriba) y media del área (abajo) cruzados con la variable materia trabajada para el intervalo 160/200.

Así tenemos que para el atributo *media de la media de la luminosidad* para el intervalo 160/200 piel es significativamente distinta de madera y valva, mientras que no hay diferencias entre estas dos últimas materias trabajadas. La discriminación obtenida para piel es ahora más clara y evidente que en el caso del intervalo 0/120, donde no hemos podido distinguir entre piel y valva., aunque sigue sin poderse distinguir entre esta última y madera. Esto nos lleva a las conclusiones generales de que podemos distinguir entre la piel y las materias más duras, aunque no entre estas últimas teniendo en cuenta este atributo, siendo esto bastante coherente con nuestros conocimientos a priori. Por otra parte, podemos describir la piel dentro de unos intervalos de luminiscencia amplios, con extremos que se sitúan tanto por la banda más oscura como por la banda más brillante del espectro de luz (ver tabla 6), o sea, es más heterogénea como hemos observado anteriormente. En cambio, madera y valva se situarían por lo general bajo texturas más brillantes y homogéneas, pero sin valores tan extremos hacia el blanco como en el caso de la piel (ver tabla 6).

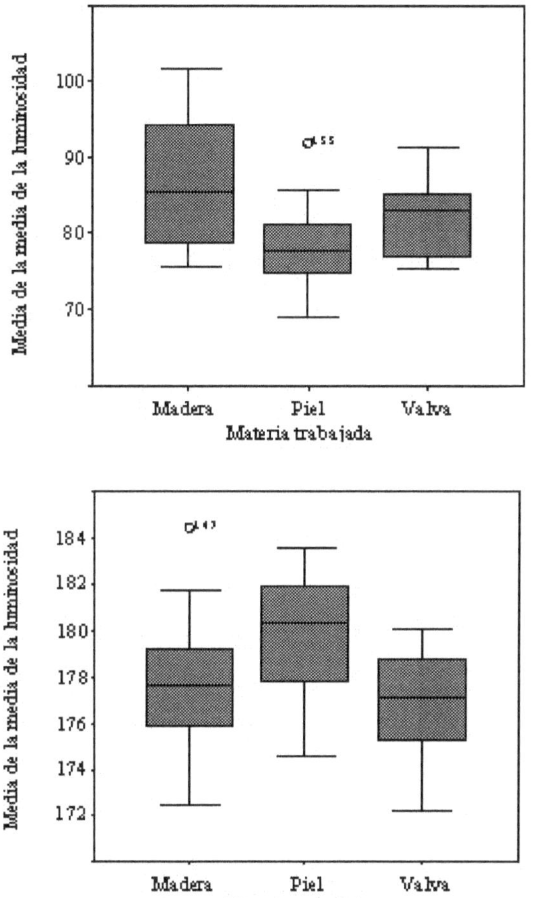

Tabla 6: Diagramas de caja para el atributo media de la media de la luminosidad para los intervalos 0/120 (arriba) y 160/200 (abajo).

Es de destacar que el intervalo 160/200 en general ha sido muy útil para describir diferencias de la piel respecto a las otras dos materias. Junto a los índices obtenidos para el intervalo 0/120, tenemos una descripción bastante completa para este material. De todas maneras, era esperable que la piel haya sido discriminada de forma más estricta de las otras dos materias de naturaleza más similar en cuanto a dureza.

El otro aspecto del uso que pretendemos determinar, más allá de la materia trabajada, es la cinemática. Creímos que el atributo correspondiente para lograr su descripción era el *ángulo del eje mayor del elemento de textura*, recordando que este ángulo se mide en relación al filo en uso. En la muestra el trabajo longitudinal –corte– está representado por la valva y el trabajo transversal –raspado– por madera y piel. Para el intervalo 0/120, existen diferencias significativas según la prueba de Mann-Whitney. En el diagrama de barras (ver tabla 7, arriba) observamos que la partes medias de ambas distribuciones –casos encuadrados dentro de la caja que representan la mitad de los casos para esa variable– se distinguen bien, aunque también cabe reconocer que las colas incluyen una gran parte de los casos, sobre todo para la distribución de los casos en el trabajo transversal, mucho menos definido en coherencia a lo que debía ser. Recordemos que el valor que mostraría idealmente un trabajo longitudinal sería 0 grados y el valor que mostraría idealmente un trabajo transversal 90 grados; teniendo esto en cuenta las distribuciones obtenidas son bien dispares.

Los resultados obtenidos para el mismo atributo en el intervalo 160/200 no nos ayudan mucho más en nuestro problema (ver tabla 7, abajo). Como en el intervalo 0/120 las diferencias son significativas, según la misma prueba Mann Whitney. La distribución que ahora hemos obtenido para los casos con cinemática transversal es la más coherente con los valores que idealmente deberían darse –aunque con valores extremos que contrarían esta afirmación (ver tabla 7, abajo)– y la obtenida para los casos con cinemática longitudinal es la más dispar, aunque no tanto como lo era la distribución para los casos con cinemática transversal para el intervalo 0/120.

En definitiva, concluimos que para este atributo no es operativo utilizar las bases de datos que integran medias de las imágenes. Esto se debería a que no todos los elementos de textura son buenos indicadores de la dirección del movimiento, siendo los que definen bien este aspecto un número mucho más reducido de éstos. El problema radica en que cuando integramos en un mismo cálculo los elementos de textura que son buenos indicadores con los que no lo son y que solo causan ruido, el resultado final contiene un alto porcentaje de error. Esto nos ha llevado a plantear que debemos filtrar todo este ruido recurriendo a algún otro tipo de procesamiento que se fije únicamente en aquellos elementos de textura que son discriminantes de la cinemática. Debemos entonces hacer un análisis de los elementos de textura y no de las imágenes en su totalidad y globalidad.

Para empezar, debemos especificar los criterios de selección que usamos para determinar cuáles son los elementos de textura que describen óptimamente el movimiento del útil. Para esto recurrimos a nuestro conocimiento a priori en análisis de trazas de uso y a la teoría elaborada para este trabajo. Entre nuestras hipótesis de partida planteamos que la elongación está relacionada con la cinemática, partiendo de la idea que la forma del elemento de textura en una proporción de longitud/anchura está en función del movimiento que lo modela.

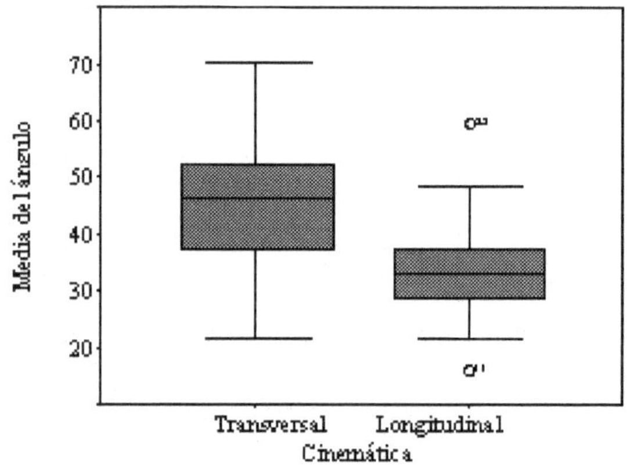

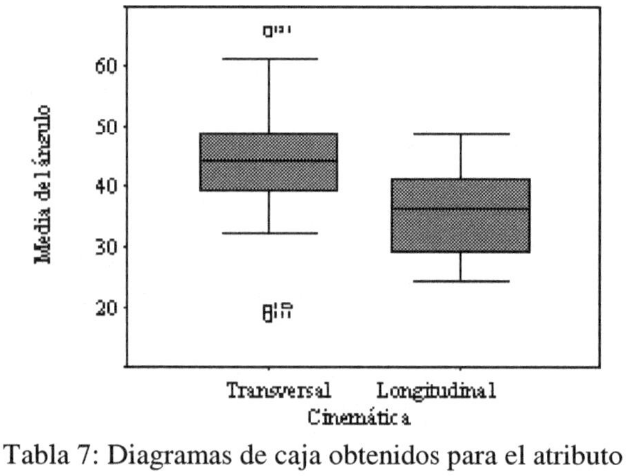

Tabla 7: Diagramas de caja obtenidos para el atributo *ángulo del eje mayor del elemento de textura* para la variable *cinemática*, a arriba para el intervalo 0/120 y a abajo para el intervalo 160/200.

Fundamentándonos en estos criterios, hemos desarrollado un procesamiento estadístico sobre la base de datos de elementos de textura del intervalo 0/80. Debemos determinar cual es la relación que existe entre los dos atributos a los cuales asignamos una relación con el movimiento de trabajo. En la tabla 8 observamos la distribución que se da por el cruce de estos atributos. Como podemos observar la distribución es confusa, aunque sí se puede percibir una relación entre una mayor elongación y ángulo, así como una cierta coherencia del ángulo con la cinemática. Son así los elementos de textura más elongados aquellos que describen con más exactitud el movimiento de trabajo.

Si seleccionamos sólo los elementos de textura más elongados (valor de zelong>2, zelong = elongación normalizada), el poder discriminante del ángulo es mucho mayor (tabla 9, arriba) Con todos los elementos de textura, las diferencias de cinemática son mucho menores (tabla 9, abajo).

Desarrollamos a continuación un análisis factorial de los elementos de textura más elongados. Se han utilizado las variables: *media* y *moda* de la intensidad de la luz, *circularidad*, *área* y *ángulo*. El eje 1 explica el 33% de la varianza y asocia *media* y *moda* de la intensidad de la luz, distinguiéndola de circularidad. En un extremo se sitúan los elementos de textura con valores altos de *media* y *moda* de la intensidad de la luz, y bajos en *circularidad* y *área*. El eje 2 explica el 30% de la varianza y opone *área* a *circularidad*. El eje 3, explica el 15% de la varianza y opone *ángulo* a *área* (ver tabla 10).

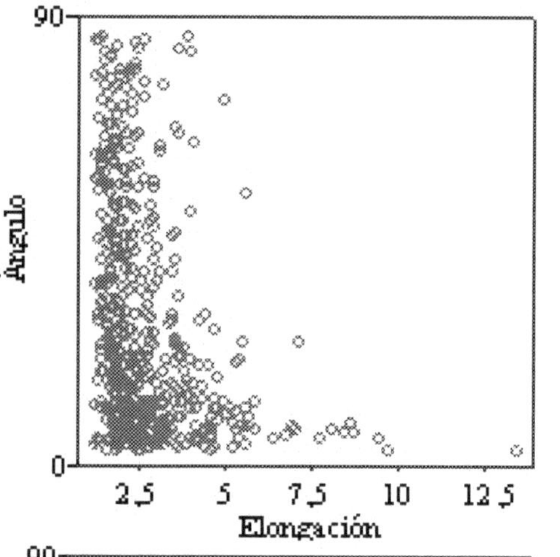

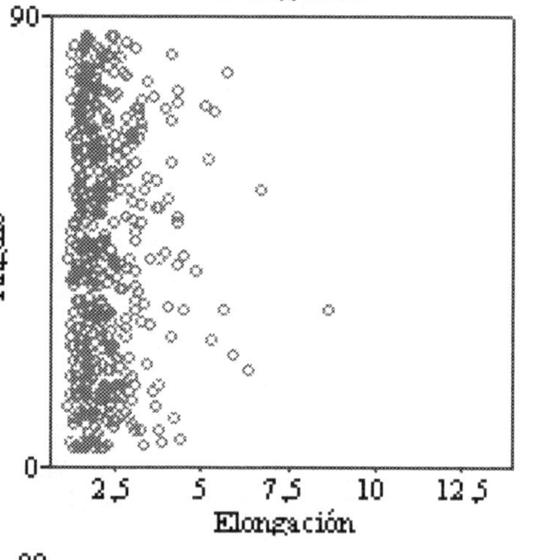

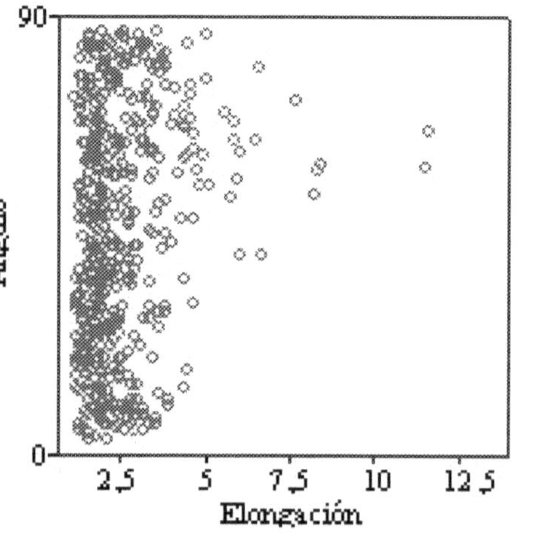

Tabla 8: Diagramas con la relación entre *ángulo del eje mayor* con la *elongación* para todos los elementos de textura para diferentes materias (De arriba a abajo: valva, piel y madera).

Hasta este momento hemos desarrollado un análisis con los índices de los atributos por separado. De esta forma intentamos llevar a cabo un control que nos ayude a determinar el potencial de discriminación que presentan por separado. Con esto queremos saber cuáles son aquellos atributos que nos pueden ayudar a una clasificación del uso y cuáles son completamente desechables. Por otra parte, es fácil comprobar y entender que ninguno de los atributos usados hasta el momento, por sí solo, ha mostrado ser un determinante de uso seguro al cien por cien. Vemos que ciertos atributos distinguen más a unas materias que a otras y de diferente forma en cada caso, así como también unos atributos responden a determinar la materia trabajada y otros la cinemática. Nuestro reto ahora es intentar integrar los poderes discriminantes de todos los atributos para ver si así encontramos una clasificación más exacta.

El primer mecanismo al que hemos recurrido es al de procesamientos estadísticos de carácter multivariante. Así desarrollamos análisis factoriales con las bases de datos tipo la tabla 3 intentando agrupar las imágenes en coherencia al uso.

Los resultados para el intervalo 0/120 nos dan un buen nivel de discriminación con los atributos *número de elementos de textura*, *área mayor*, *media de la media de la intensidad de la luz* y *media del ángulo del eje mayor*.

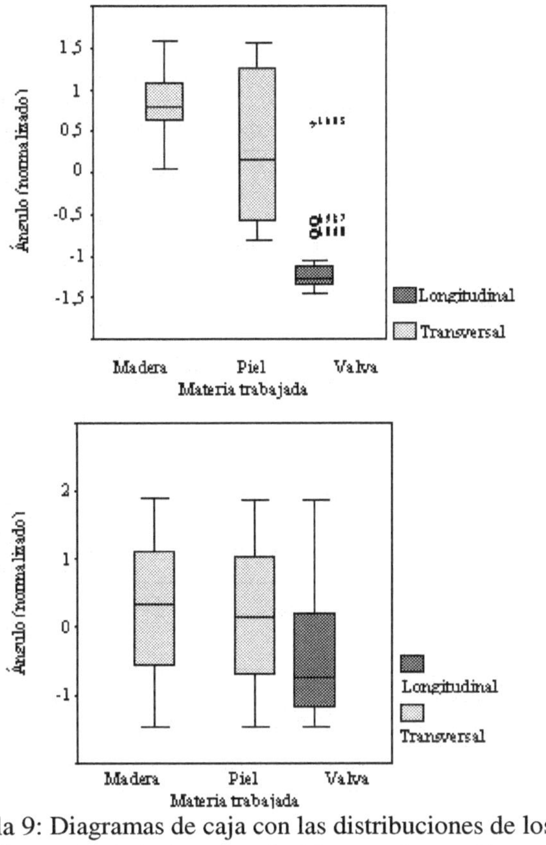

Tabla 9: Diagramas de caja con las distribuciones de los elementos de textura en relación a su elongación.

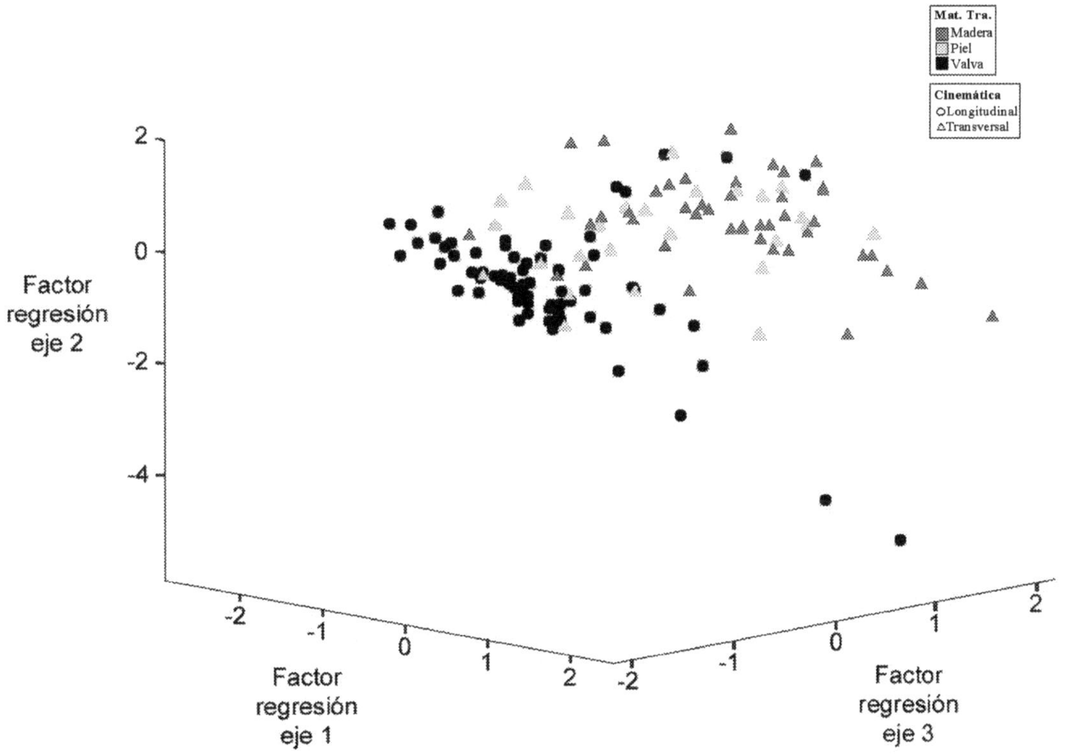

Tabla 10: Gráfico que muestra la distribución dada por el análisis factorial de los elementos de textura del intervalo 0/80.

Tanto la solución en tres dimensiones (ver tabla 11, arriba) como la de en dos dimensiones (ver tabla 11, abajo) nos dan buenos niveles de discriminación. Con esta última obtenemos más del 75 % de la varianza acumulada.

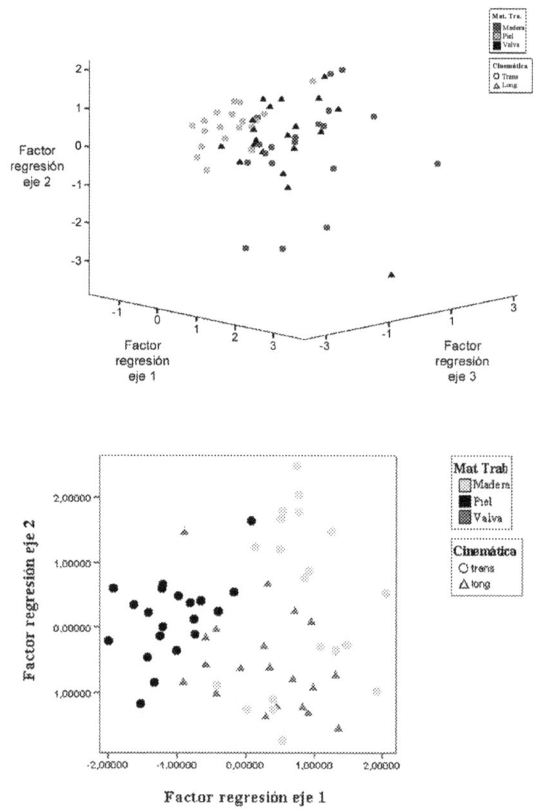

Tabla 11: Resultados del análisis factorial, arriba en 3 dimensiones y abajo en 2, para el intervalo 0/120.

Los resultados para el intervalo 160/200 no nos dan una discriminación tan clara, aunque creemos que vale la pena comentarlos. Si seleccionamos las variables *número de elementos de textura*, *media de la media de la luminosidad*, *media del área*, *media de la elongación* y *media del ángulo del eje mayor*, obtenemos una solución en 3D que explica el 83% de la varianza total (ver tabla 12). El resultado con todo no es capaz de discriminar ni cinemática ni materias trabajadas. En el caso que nos atengamos a los atributos usados para la solución en el intervalo 0/120 –*número de elementos de textura*, *área mayor*, *media de la media de la intensidad de la luz* y *media del ángulo del eje mayor*– una solución en 2 dimensiones nos explica el 73% de la varianza (ver tabla 12). Obtenemos un nivel de discriminación que no es desdeñable, hecho que no deja de ser extraño teniendo en cuenta que estos atributos no son los que en este intervalo nos daban buenos niveles de discriminación por separado.

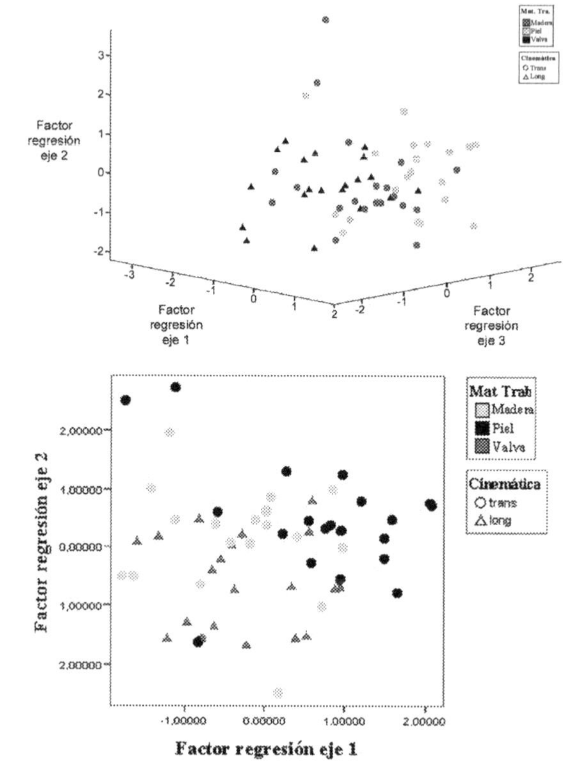

Tabla 12: Resultados del análisis factorial, arriba en 3 dimensiones y abajo en 2, para el intervalo 160/200. Las variables usadas para el primer caso han sido número de elementos de textura, media de la media de la luminosidad, media del área, media de la elongación y media del ángulo del eje mayor y para el segundo número de elementos de textura, área mayor, media de la media de la intensidad de la luz y media del ángulo del eje mayor.

Conclusiones

Por el momento no hemos podido valorar en profundidad los resultados presentados. Nos quedan por desarrollar otros cálculos para tener una visión más completa y una clasificación segura de los rastros de uso que recoja una muestra amplia. Así también debemos localizar las causas del ruido y del error consecuente. En otras palabras, debemos analizar las razones del por qué unas imágenes son buenos descriptores del uso y otras no. Debemos llevar a cabo, en consecuencia, un control de la base de datos de imágenes y hacer hipótesis sobre por qué ciertas imágenes se distinguen demasiado de la distribución media correspondiente a su uso. Esto es un trabajo de estructura sencilla, pero que requiere un tiempo para llevar a buen término y de forma correcta. Con el mismo argumento y bajo los mismos términos, también debemos determinar cuáles son los elementos de textura más descriptivos de cada uno de los usos. Este es el trabajo que aún nos queda por desarrollar.

Como conclusiones más generales, además de remitir a las conclusiones redactadas en el artículo "Variabilidad estadística en imágenes digitalizadas de rastros de uso:

resultados preliminares" en este mismo volumen, queremos añadir los aspectos que implican los aspectos más particulares en este trabajo.

Un hecho satisfactorio es comprobar la posibilidad de llevar a cabo una cuantificación y discriminación de las trazas de uso en diversas materias primas, más allá del sílex –que era el primer intento en que habíamos trabajado–. Insistimos en este aspecto que puede parecer trivial, incluso obvio para alguien, dado que la adaptación de la técnica que hemos llevado a cabo es extremadamente compleja. Mientras que para las alteraciones de usos en sílex nos era suficiente fijarnos en un intervalo de luminiscencia –entre 0/120– en el cual se adscribían más o menos estrictamente, para las alteraciones en materias primas volcánicas esto se complejizaba, tanto por la naturaleza reflectante particular de éstas como por el aspecto de sus alteraciones de uso. Hemos comprobado que teniendo en cuenta un análisis del espectro de luz más extenso resolvíamos la complejidad del asunto.

Otro aspecto que hemos comprobado es que las diferencias que presentan las superficies naturales de las diversas materias primas –que son bastante claras (ver fig. 1)– no influyen en el aspecto de las alteraciones de uso desarrolladas sobre ellas. Como se desprende del procesamiento estadístico, por materias primas nunca se han registrado diferencias estadísticas de ningún tipo. La varianza resultante del uso siempre se ha superpuesto a la varianza de la superficie natural de las diversas materias primas, "borrando" las diferencias entre ellas y pasando a regir la discriminación. Este argumento necesita aun una cierta corroboración, dado que no hemos comprobado hasta qué punto las diferencias en la materia prima hayan podido influir en los márgenes de error resultantes en la clasificación por uso. Aún así, esto último queda en el campo de la hipótesis.

Agradecimientos

A la Dra. Juana N. Rossi, de la Fac. de Ciencias Naturales e Inst. M. Lillo (Universidad Nacional de Tucumán), por su guía en los análisis de cortes delgados sobre las materias primas líticas utilizadas en este trabajo.

Bibliografía

BARCELÓ, J.A., VILA, A. y GIBAJA, J. (2000), "An application of Neural Network to use-wear analysis", en K. Lockyear, T.J.T- Sly y V. Mihăilescu-Bîrliba (eds.), *CAA'96 Computer Applications and Quantitative Methods in Archeology,* BAR – International Series 845, Archaeopress, Oxford, pp. 63-69.

BARCELO, J.A., PIJOAN, J. y VICENTE, O. (2001), "Image quantification as archaeological description", en Z. Stančič y T. Veljanovski (eds.), *CAA'2000 Computing Archaeology for understanding the past,* BAR - International Series 931, Archaeopress, Oxford, pp. 69-77.

BROADBENT, N. y KNUTSSON, K. (1975), "An experimental analysis of quartz scrapers. Results and applications", *Fornvännen*, 70, pp. 113-128.

CLEMENTE CONTE, I. (1995), *Instrumentos de trabajo líticos de los yámanas (canoeros- nómadas de la Tierra del Fuego): una perspectiva desde el análisis funcional,* Tesis Doctoral, Universitat Autònoma de Barcelona.

CLEMENTE CONTE, I. (1997), *Los instrumentos líticos de Túnel VII: una aproximación etnoarqueológica*; Col. Treballs d'Etnoarqueologia, 2, UAB - CSIC, Madrid.

GOSE, E., JOHNSONBAUGH, R. y JOST, S. (1996), *Pattern Recognition and Image Analysis*, Prentice Hall, Upper Sadler River – NJ.

GRACE, R. (1989), *Interpreting the Function of Stone Tools. The quantification and computerisation of microwear analysis*; BAR - International Series 474, Oxford.

HURCOMBE, L.M. (1992), *Use Wear Analysis and Obsidian: Theory, Experiments and Results*, Sheffield Archaeological Monographs, 4, J.R. Collis Publications, Dep. of Archaeology and Prehistory, University of Sheffield, Sheffield.

IBAÑEZ, J.J. y GONZALEZ, J.E. (en prensa), "The quantification of use-wear polish using image analysis. First results", en *International conference dedicated to the 100th anniversary of Sergey Aristarkavich Semenov* (manuscrito cedido por los autores).

KNUTSSON, K., DAHLQUIST, B. y KNUTSSON, H. (1988), "The microwear analyisis of the quartz and flint assemblage from the Bjurselet site, Vorsterbotten, Northern Sweden", en S. Beyries (ed.), *Industries lithiques. Tracéologie et technologie*; BAR International Series 411(1), pp. 253-294, Ed. , Oxford.

MANSUR, M.E. (1983), *Traces d'utilisation et technologie lithique: exemples de la Patagonie*, Tesis Doctoral, Université de Bordeaux I.

NEWCOMER, M.H., GRACE, R. y UNGER-HAMILTON, R. (1987), "Microwear polishes, blind tests, and texture analysis", en G. de G. Sieveking y M.H. Newcomer (eds.), *The human uses of flint and chert*, Cambrigde University Press, Cambridge, pp. 253-263.

PIJOAN LÓPEZ, J. (2000), "Patrons de traces d'ús en imatges digitalizades" en L. Mameli, J. Pijoan López y Ramu-Comunicat (eds.), *Reunión de Experimentación en Arqueología*, Treballs d'Arqueologia, nº Especial, UAB, Bellaterra (edición en CD-rom).

PIJOAN, J. (2001), *Tècniques de visualització assistida per ordinador per a l'anàlisi de traces d'ús en instruments lítics*; trabajo de investigación de 3er ciclo, programa de doctorado de Arqueología Prehistórica, Universitat Autònoma de Barcelona.

PIJOAN, J., BARCELO, J.A., BRIZ, I. y VILA, A. (en prensa), "Image quantification in use-wear analysis", en *CAA'99 Making the connection to the pas.*

PIJOAN LÓPEZ, J., BARCELÓ ALVAREZ, J.A., BRIZ I GODINO, I., CLEMENTE CONTE, I. y VILA I MITJÀ, A. (en prensa), "Quantification et Reseaux de Neurones en l'Analyse de Traces d'Usure", en *International conference dedicated to the 100th anniversary of Sergey Aristarkavich Semenov*.RICHARDS, T.H. (1988) *Microwear patterns on experimental basalt tools*, BAR International Series – 460, Oxford.

RODRIGUEZ RODRIGUEZ, A. (1993), "Analyse fonctionelle d'outils lithiques en basalte de l'ile de la Palma (iles Canaries): premiers resultats", P.C. Anderson *et al.* (coords.), *Traces et fonction: les gestes retrouvés. Actes du Colloque International de Liège,8-9-10 décembre 1990*, ERAUL, 50 (II), pp. 295-301, Université de Liège.

TOSELLI, A. (1998), *Selección de materias primas líticas y organización tecnológica en el sitio Punta de la Peña 4 (PP4), Dpto. Antofagasta de la Sierra, Prov. de Catamarca*, Trabajo Final de la Carrera de Arqueología presentado en la Facultad de Ciencias Naturales e Inst. M. Lillo. Universidad Nacional de Tucumán (Argentina).

VAN DEN DRIES, M. H. (1998), *Archaeology and the application of Artificial Intelligence. Case-studies on use-wear analysis of prehistoric flint tools*, Archaeological Studies Leiden University – 1, Faculty of Archaeology - Leiden University, Leiden.

VILA I MITJÀ, A. y GALLART, F. (1991), "Aplicación del análisis digital de imágenes en Arqueología: el caso de los micropulidos de uso", en A. Vila Mitjà (coord.), *Arqueología-CSIC*, CSIC, Madrid, pp. 131-139.

VILA I MITJÀ, A. y GALLART, F. (1993), "Caracterización de los micropulidos de uso: ejemplo de aplicación del análisis de imágenes digitalizadas", en P.C. Anderson *et al.* (dirs.), *Traces et fonction: les gestes retrouvés.* ERAUL, 50 (II), pp. 459-465., Université de Liège.

VV.AA. (1998), *Image Processing and Pattern Recognition*, C.T. Leondes (eds.), Academic Press, San Diego.

8. Análisis funcional en instrumentos de cuarcita: el yacimiento del paleolítico superior de la Cueva de la Fuente del Trucho (Colungo, Huesca)

Juan Francisco Gibaja, Ignacio Clemente y Ana Mir

Résumé.

Tout comme les autres lithologies telles que le quartz, le quartzite a été très peu utilisé lors de programmes expérimentaux menés par des chercheurs en tracéologie. Dans les analyses fonctionnelles, c'est le silex qui a presque toujours été l'objet d'étude, ce qui explique le nombre réduit des gisements où ont été étudiés les outils en quartzite. En ce qui nous concerne, après avoir évalué les caractéristiques pétrologiques du quartzite et après la réalisation d'une première analyse du matériel archéologique que nous allions étudier, nous sommes arrivés à la conclusion que nous ne pouvions pas faire correspondre exactement les traces que l'on retrouve sur la superficie du silex avec celles qui se forment sur le quartzite. C'est la raison pour laquelle nous avons élaboré une étude expérimentale, afin de caractériser, tout d'abord, les traces laissées sur le quartzite en travaillant différents matériaux d'origine animale, végétale ou minérale. Lors de la seconde étape, nous avons abordé l'étude de l'outillage de la Grotte de la Fuente del Trucho (Paléolithique Supérieur), dans lequel une grande partie du registre lithique est composé d'instruments élaborés sur cette roche. Malheureusement, les dégradations de ces instruments lithiques ne nous a permis que l'utilisation d'un pourcentage très réduit d'instruments. Il nous a donc été impossible de savoir quel type d'outils était sélectionné pour les diverses tâches réalisées dans le site, l'importance de certaines activités, la fonction du site, etc. .

Introducción

Tal como se constata a nivel arqueológico, la cuarcita es una materia prima muy utilizada en todos los momentos de la Prehistoria. Aunque suelen tener una representatividad significativa entre las diferentes litologías halladas en algunos yacimientos, no suele recibir la misma atención que otras rocas como el sílex o la obsidiana.

Al igual que en la Cueva de la Fuente del Trucho, en otros asentamientos paleolíticos del nordeste de la Península Ibérica como, por ejemplo, la Roca dels Bous o la Cova de l'Estret de Tragó, ambos en Lleida, el registro lítico está compuesto en gran parte por útiles de cuarcita (Mir 1987, Mora *et al.* 1992, Martínez *et al.* 1994). Es por ello que para caracterizar los instrumentos de tales yacimientos, tanto desde su perspectiva tecnológica, morfológica y funcional, es necesario valorar los productos de todas las materias primas explotadas.

Los trabajos centrados en la determinación funcional de útiles de cuarcita no sólo han sido escasos, sino que habitualmente han sido tratados de manera superficial (Beyries 1982, Plisson 1985, 1986, Alonso y Mansur 1990, Lass 1990, Pereira 1993, Philibert 1994). Es más, normalmente lo que se ha hecho es trasladar a la cuarcita el modelo de huellas conocido experimentalmente en sílex. Nuestra experimentación nos hace rechazar en su totalidad tal paralelismo, ya que las peculiaridades litológicas de las distintas cuarcitas sobre las que hemos trabajado, influyen significativamente en las características morfológicas de los rastros de uso.

Protocolo Experimental

La cuarcita es una roca metamórfica regional cuyo origen suele estar en rocas sedimentarias arenáceas. Su componente esencial es el cuarzo, pudiendo presentar como minerales accesorios distintos tipos de mica, feldespatos y minerales pesados de origen detrítico. Su color depende precisamente de tales minerales, que le otorgan una gran variabilidad cromática. La textura puede ser masiva, laminada o esquistosa.

Para llevar a cabo el análisis funcional hemos tenido en cuenta las modificaciones que se producen tanto en la matriz como en los cristales de cuarzo. Hemos utilizado experimentalmente dos tipos de cuarcitas que se diferencian por su coloración, composición y compactación:

- Cuarcita de la Sierra de Guara (Huesca): De grano medio-grueso y bien compactada, procede de conglomerados cercanos al yacimiento de la Fuente del Trucho. Se caracteriza por su alto contenido en cuarzo e inclusiones de clorita e illita.

- Cuarcita de la costa asturiana: Se trata de una cuarcita con un alto contenido de cuarzo, de grano fino-medio, bien cimentada y con un alto porcentaje en plagioclasas, illita y clorita.

Por su parte, hemos trabajado sobre diversas materias de origen animal, vegetal y mineral. Así, hemos empleado instrumentos de cuarcita sobre (Tabla 1):

- Materias animales: hueso en estado fresco, seco y remojado (buey, guanaco y oveja), asta de ciervo en estado seco y remojado, pieles en estado fresco, seco, humedecido (jabalí, rebeco y castor), carne -descuartizado- de varios animales: rebeco, cabra montés, conejo y caballo, y conchas de mejillones tanto en estado seco como remojado.

- Materias vegetales: madera en estado fresco, seco y remojado (boj, pino y avellano) y plantas no leñosas (juncos, cebada y trébol).

- Materias minerales: se ha raspado o hecho incisiones en cantos de arenisca, así como en bloques de ocre.

	CORTAR	RASPAR	INCISIONES	**TOTAL**
CARNE	20	-	-	**20**
PIEL	3	9	-	**12**
HUESO	2	9	1	**12**
ASTA	2	7	2	**11**
VALVA	2	3	1	**6**
MADERA	9	18	1	**28**
PLANTAS	10	-	-	**10**
ARENISCA	-	3	4	**7**
OCRE	-	3	-	**3**
TOTAL	**48**	**52**	**9**	**109**

Tabla 1: Acciones y materiales trabajados con réplicas experimentales:

Resultados de los Experimentos

Somos conscientes de la subjetividad que tienen las descripciones de rastros de uso. No obstante, usamos conceptos y términos ampliamente utilizados y conocidos por especialistas en esta disciplina.

3.1.- El Trabajo de Materias Animales

La Carne (Descuartizado)

Los filos de los instrumentos que entran en contacto con hueso en las tareas de descarnado, sufren algunas pequeñas melladuras en media luna y un ligero redondeamiento que sólo afecta a las zonas más sobresalientes. En cambio, aquellos útiles en los que prácticamente el contacto con el hueso u otras partes duras como tendones es esporádico, no apreciamos ningún tipo de alteración macroscópica más allá de un ligero redondeamiento del filo.

Por su parte, a altos aumentos vemos un micropulido poco desarrollado, de trama abierta, brillo mate y aspecto "graso" en las zonas elevadas y sobresalientes de la matriz, donde el redondeamiento del filo es más patente. Los cristales se modifican de acuerdo con el tipo de materias con las que entran en contacto (carne, huesos, dientes, tendones o piel). Con todo, generalmente aparecen numerosos cristales en cuyo interior se observan pequeñas extracciones de bordes mas bien regulares, así como ocasionalmente algunas finas y cortas estrías superficiales. A diferencia de otras materias, la escasa dureza de la materia trabajada hace que los cristales no pierdan todos sus estigmas tecnológicos. Únicamente las zonas más sobresalientes sufren un ligero redondeamiento y pulimento, así como escasas melladuras de pequeño tamaño (fig. 1: 1).

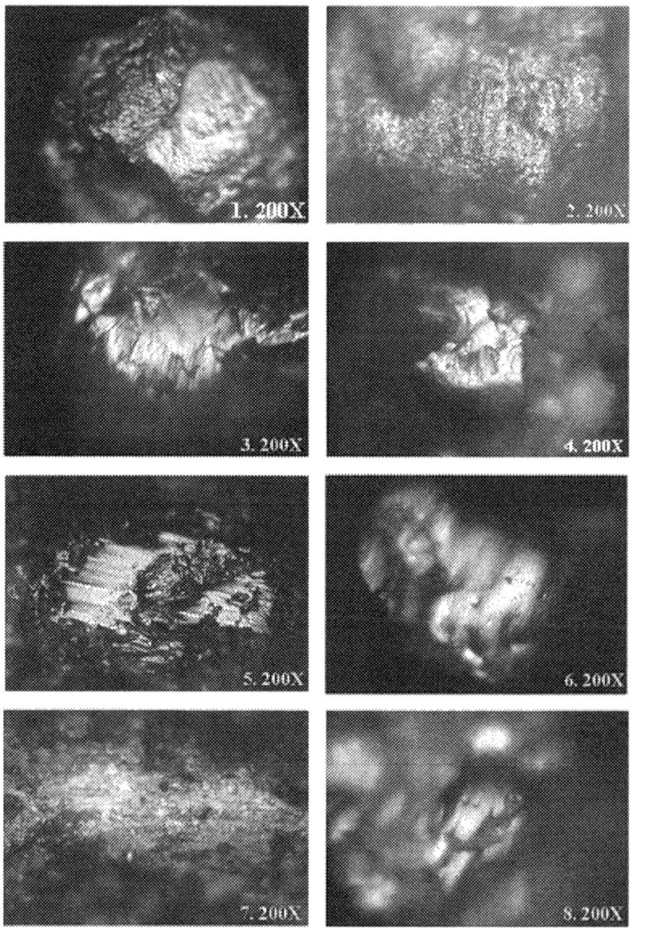

Figura 1: Micropulidos de uso en instrumentos experimentales: 1) corte de carne, 2) raspado de piel , 3) raspado de hueso, 4) raspado de asta, 5) raspado de concha, 6) raspado de madera, 7) incisiones sobre arenisca y 9) raspado de ocre.

La Piel

El raspado y corte de piel fresca o humedecida provoca un escaso redondeamiento del filo. El micropulido se desarrolla muy lentamente sin pasar de un estadio inicial o indiferenciado, al igual que ocurre con las piezas utilizadas para cortar carne. Dicho micropulido, que se localiza en las zonas elevadas de la microtopografía, es de trama abierta, brillo poco intenso y aspecto "graso". Los cristales apenas pierden sus marcas tecnológicas, presentando únicamente algunas pequeñas melladuras.

En cuanto a las pieles secas, la observación macroscópica revela un acusado redondeamiento de los filos y ciertas extracciones irregulares producto de la disgregación de los granos de cuarzo. La piel, que es una materia relativamente blanda pero fuertemente abrasiva, hace que los cristales de cuarzo se vayan rompiendo y disolviendo hasta casi su total desaparición.

El micropulido se desarrolla inicialmente en las zonas elevadas, donde el contacto con la piel es mayor. De trama abierta-semicerrada, ocupa tanto las zonas sobresalientes como deprimidas. Junto al micropulido, los filos adquieren un redeondeamiento muy intenso que va acompañado de estrías profundas orientadas de acuerdo con el movimiento efectuado (fig. 1: 2).

En el caso de la piel seca, los cristales pierden las marcas tecnológicas, alisándose y sufriendo un fuerte proceso de corrosión que lleva consigo, inicialmente, la extracción de parte de los cristales, y finalmente, su desaparición. También se aprecian en estos cristales pequeñas melladuras de diversa morfología.

El Hueso

La dureza de esta materia ha influido de manera determinante en las modificaciones de la superficie de los instrumentos. En este sentido, a los pocos minutos de trabajo los filos sufren un intenso redondeamiento acompañado de melladuras y extracciones irregulares.

En las partes exteriores de los cristales aparecen numerosas melladuras, de tamaños y formas diversas, siendo habituales las escaleriformes. En el interior de algunos de estos cristales se aprecian tanto microagujeros de pequeño tamaño, como grandes extracciones irregulares propias del trabajo de materias duras. Sobre los cristales se han formado también estrías de morfología diversa, destacando las cortas, anchas o estrechas y no muy profundas. Asimismo, son patentes pequeños surcos de contorno irregular que K. Knutsson (1988:71) definió como *"Deep irregular striations with irregular outline. Around the striations are numerous impact pits"*.

A los cinco minutos de trabajo se puede observar un micropulido totalmente desarrollado que se caracteriza por ser de trama compacta, brillo intenso y morfología abombada. En el interior de dicho micropulido se observan normalmente estrías profundas de contorno irregular, así como las típicas resquebrajaduras que en el sílex también se asocian con el trabajo de materias óseas (Moss 1983, Knutsson 1988, Sussman 1988). Estas resquebrajaduras suelen estar orientadas de forma perpendicular al movimiento de uso, siendo anchas, profundas y sin colmatar, o finas y de fondo brillante como resultado de su colmatación o de la poca profundidad de las mismas (fig. 1: 3).

El Asta

El trabajo sobre asta se ha realizado principalmente en estado húmedo, ya que remojándola las actividades de raspado y corte resultan más fáciles. Al igual que en el caso del hueso, todos los instrumentos utilizados sufren a los pocos minutos una constante fracturación del filo acompañado de un acusado redondeamiento.

El micropulido que se forma es de trama compacta, brillante y morfología abombada. Sin embargo a diferencia del hueso, se aprecia un mayor número de zonas intersticiales en forma de depresiones irregulares sin colmatar, microagujeros pequeños y circulares, estrías colmatadas, abrasiones irregulares y en alguna ocasión resquebrajaduras cortas y poco profundas. Todo ello le confiere al micropulido un aspecto más bien rugoso, de menor volumen que el generado al trabajar hueso (fig. 1: 4).

En la periferia de los cristales aparecen numerosas melladuras que suelen ser básicamente escaleriformes y de terminación abrupta. Las aristas de estos cristales, así como las melladuras que se producen, se redondean y pulen adquiriendo un brillo intenso. Al contacto con la materia trabajada los caracteres tecnológicos de los cristales desaparecen con rapidez, alisándose unos y apareciendo en otros un picoteo formado por depresiones de pequeño tamaño. Sobre los cristales se observan también estrías de diferente morfología, entre las que destacan unas anchas, profundas y colmatadas, semejantes a las que aparecen en las zonas de micropulido bien desarrollado, y otras finas, poco profundas y largas (Knutsson 1988).

La Concha

De la misma manera que en las anteriores materias duras, hueso y asta, una de las características más sobresalientes a los pocos minutos de trabajar concha es la disgregación y el redondeamiento del filo. El micropulido que se desarrolla es, en líneas generales, de trama compacta, muy brillante y de morfología plana. En su interior aparecen numerosas estrías de diferente tamaño y morfología, entre las que destacan las profundas y anchas, así como las que se conocen por su forma de cometa. Conjuntamente, en la superficie que ocupa el micropulido se aprecian numerosas resquebrajaduras, muy semejantes a las observadas en el trabajo de hueso (fig. 1: 5).

Los cristales, por su parte, se alisan perdiendo toda marca tecnológica. Asimismo, se producen abundantes melladuras especialmente superpuestas y de terminación abrupta o reflejada. Además en el interior se suele apreciar un escaso picoteo irregular.

3.2.- El Trabajo de Materias Vegetales

La Madera

A nivel macroscópico los filos de los útiles usados sobre maderas blandas, verdes o humedecidas suelen redondearse ligeramente a los pocos minutos (20 aproximadamente), haciéndose progresivamente más acusado a medida que aumenta el tiempo de trabajo. En el caso de maderas tan duras como el boj, dicho redondeamiento es visible a los primeros minutos de trabajo. No se generan melladuras claras, ya que en estas cuarcitas difícilmente se producen fracturas concoidales. Lo habitual es que los filos sufran una constante disgregación de los granos de cuarzo (Odell 1983:21). Sólo cuando la madera trabajada es dura o seca, y el ángulo del filo es agudo, se producen algunas melladuras poco profundas, simples o abruptas. El continuo trabajo da como resultado una considerable pérdida de materia del filo y, por consiguiente, un fuerte embotamiento que hace que los instrumentos sean ineficaces al poco tiempo de trabajo.

Además, se desarrolla un micropulido muy brillante, de trama cerrada-semicerrada y morfología abombada. En las zonas pulidas más compactas se aprecian grandes depresiones intersticiales no colmatadas, así como pequeños microagujeros de bordes irregulares. También es habitual observar estrías de diversa morfología, entre las que sobresalen las depresiones intermitentes alineadas que C. Sussman (1988:13) denomina como *"linear grooves"* (fig. 1: 6).

Cuando los cristales de cuarzo entran en contacto con la materia trabajada, se van puliendo y pierden los estigmas tecnológicos que se formaron durante la talla. Dichos cristales adquieren no sólo un aspecto más brillante, sino que además se redondean paulatinamente en dirección a la cinemática de utilización. En las zonas periféricas se producen numerosas melladuras, acusados redondeamientos y fuertes abrasiones que a la larga llevan consigo la desaparición del cristal. Si bien la localización de las melladuras es un buen indicativo del movimiento empleado con el instrumento, el mejor son las estrías que se forman tanto en el micropulido como en los cristales.

Las Plantas no Leñosas

Bajo la lupa binocular observamos que los filos no sufren modificaciones tan intensas como con la madera. De hecho sólo apreciamos un ligero redondeamiento, especialmente en las zonas más sobresalientes del filo, que va acompañado de escasas melladuras en media luna localizadas intermitentemente a lo largo de toda la zona activa.

A nivel microscópico, la primera observación es que los micropulidos generados por el corte de las distintas plantas no leñosas sobre las que hemos experimentado, se han desarrollado de manera lenta. Esta circunstancia hace que los micropulidos sean diagnósticos como mínimo a partir de la media hora de trabajo. Se trata de un micropulido de trama semicerrada, abombado y brillante, que se adentra bastante en el interior del útil. Cuando el micropulido llega a adquirir una trama más compacta, se observan una serie de estrías en forma de surcos anchos, cortos y superficiales.

Los cristales se alisan y adquieren un brillo intenso. Las partes periféricas también se redondean en dirección a la cinemática del movimiento empleado. A menudo hay cristales que sufren un proceso corrosivo en forma de pequeñas extracciones irregulares. Asimismo, también hemos registrado esporádicamente estrías que suelen ser cortas, estrechas y superficiales, así como las ya citadas *"linear grooves"*. En las zonas periféricas de tales cristales se observan puntualmente algunas melladuras de morfología simple y terminación afinada.

3.3.- El Trabajo de Materias Minerales

La Arenisca

Como sucede con el sílex, el trabajo sobre este tipo de rocas provoca un intenso redondeamiento del filo. Si bien en los filos no se producen melladuras concoidales, sí que se genera una continua pérdida de material en forma de extracciones irregulares.

El micropulido se desarrolla, especialmente, en las áreas de mayor contacto, donde el redondeamiento es más acusado. Aunque en ciertos puntos es de trama compacta, habitualmente suele mostrar una trama semicerrada o cerrada. Las zonas elevadas de la microtopografía, por su parte, van paulatinamente uniéndose sin llegar a colmatar las zonas más deprimidas. Ello le confiere al micropulido una morfología más bien plana, un aspecto poco voluminoso y un brillo poco intenso. El grado de abrasión que genera la arenisca conlleva que las áreas pulidas y redondeadas queden también muy estriadas. Tales estrías presentan morfologías y tamaños muy variables, desde anchas, largas, profundas y sin colmatar, a otras más finas y poco profundas (fig. 1: 7).

Con respecto a los cristales que llegan a conservarse en el filo, podemos encontrarnos con algunos que han llegado a alisarse y otros que han perdido gran parte de su superficie debido al continuo proceso de corrosión que han sufrido.

El Ocre

Los tres instrumentos que hemos utilizado han servido para conseguir polvo de ocre que posteriormente hemos empleado como abrasivo para trabajar pieles frescas y húmedas. El primer elemento a destacar es que los filos se redondean considerablemente debido a la acción abrasiva del ocre. Ello hace que las fracturas y escasas melladuras que se forman se redondeen a los pocos minutos.

El micropulido se desarrolla con rapidez. De trama compacta, brillo intenso y morfología abombada, adquiere un aspecto tan voluminoso como el que podemos apreciar al trabajar hueso. En el interior de dicho micropulido aparecen múltiples microagujeros, así como estrías profundas que en ocasiones no llegan a colmatarse. Por su parte, los cristales no sólo se redondean completamente, desapareciendo los estigmas tecnológicos, sino que sobre ellos se desarrolla un escaso y pequeño picoteo, acompañado de melladuras en los laterales y estrías de diversa morfología (fig. 1: 8).

El Yacimiento Paleolítico de la Cueva de la Fuente del Trucho

La Cueva de la Fuente del Trucho está situada en el municipio de Colungo, en la provincia de Huesca (fig. 2). Los trabajos de excavación llevados a cabo sobre una superficie de 9 m^2 han incidido en tres unidades arqueológicas. Las dataciones realizadas mediante ^{14}C acelerado (AMS) en las unidades UA1 (19060± 80 BP) y UA3 (22460±150 BP) sitúan al yacimiento en el Paleolítico superior (Mir 1987, Mir *et al.* en prensa).

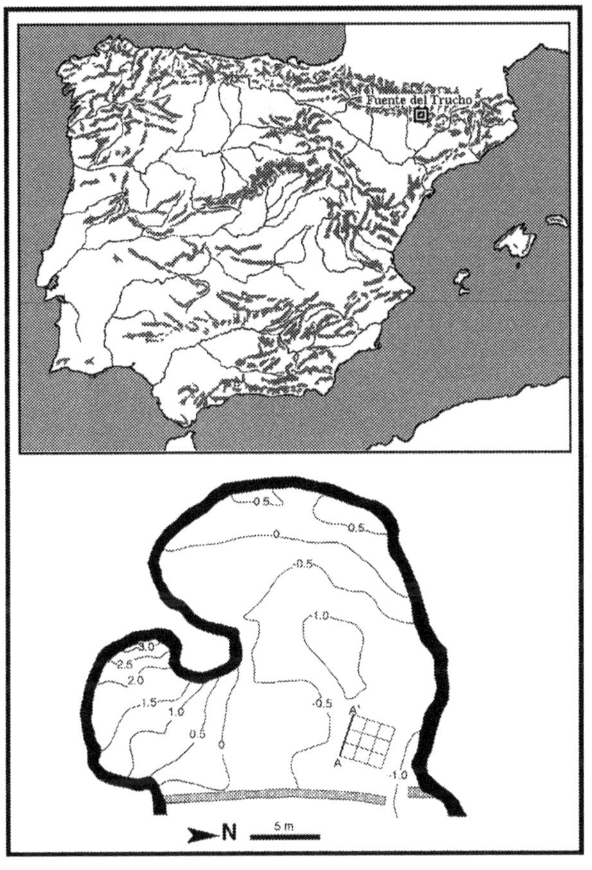

Figura 2: Localización de la Cueva de la Fuente del Trucho (Huesca) y planta del yacimiento.

El registro lítico de la Cueva de la Fuente del Trucho está compuesto especialmente por soportes de cuarcita y sílex, y en menor medida, de lidita, cuarzo y caliza. Se trata de un utillaje atípico si tenemos en cuenta la tecnología y los morfotipos característicos habitualmente del Paleolítico superior (Gravetiense final-Solutrense). Y es que en este caso no estamos ante un instrumental confeccionado sobre soportes laminares, sino sobre lascas. Por esta razón, este tipo de utillaje ha sido catalogado como "arcaizante" (Mir *et al.* en prensa).

En las tres unidades arqueológicas los sistemas técnicos de explotación son similares, independientemente de la materia prima. La talla de los núcleos se realiza por percusión directa mediante percutor duro, con la finalidad de extraer lascas. A este respecto, frente al escaso porcentaje que representan los núcleos, los soportes más numerosos son las lascas sin retocar y los fragmentos. Por su parte, las piezas retocadas muestran valores distintos según los niveles. Así, mientras en la unidad arqueológica 1 llegan a suponer el 20,3%, en las otras dos alcanzan el 7-8%. En todo caso, tanto en la cuarcita como en el sílex, los valores porcentuales de efectivos retocados son similares (Tabla 2).

	UA1	UA2	UA3	TOTAL
Núcleos	34 (2,2%)	63 (2,8%)	43 (2,0%)	140 (2,4%)
Lascas	629 (41,6%)	858 (38,8%)	643 (29,6%)	2130 (36,1%)
Retocados	307 (20,3%)	182 (8,2%)	169 (7,8%)	658 (11,1%)
Fragmentos	543 (35,9%)	1111 (50,2%)	1318 (60,7%)	2972 (50,4%)
TOTAL	1513 (100%)	2214 (100%)	2173 (100%)	5900 (100%)

Tabla 2: El registro lítico de la Cueva de la Fuente del Trucho (Mir *et al.* en prensa).

Por nuestra parte, hemos analizado piezas de sílex, cuarcita y lidita de los tres niveles. Si bien el estudio funcional del registro lítico tenía por objetivo constituir una vía de aproximación a las actividades que se efectuaban en este asentamiento, las fuertes alteraciones que han sufrido las piezas nos han impedido plantear hipótesis al respecto. El fuerte lustre de suelo, la presencia de pátina y/o el lustre térmico en la superficie de la mayor parte de los útiles, han imposibilitado la observación de huellas de uso, en especial aquellas generadas por el trabajo de materias de dureza blanda o media como la carne, la piel fresca, las plantas no leñosas, la madera, etc. No obstante, desconocemos si las alteraciones han afectado únicamente al utillaje de esta zona del yacimiento o al material de todo el asentamiento.

Un total de 491 piezas (128 de sílex, 343 de cuarcita y 20 de lidita) han sido analizadas: 168 del nivel UA1, 257 del UA2 y 66 del UA3. De este conjunto de efectivos, únicamente el 15,3% muestran posibles huellas de uso. Las alteraciones citadas y el escaso grado de desarrollo que presentan los rastros de utilización dan respuesta al por qué de los numerosos útiles de uso indeterminado. El porcentaje de piezas usadas es más elevado en el nivel UA2 (20,2%) que en el UA1 (10,1%) y el UA3 (9,01%). Tal vez ello se deba al mejor estado de conservación de las huellas y quizás a la mayor intensidad de utilización (Tabla 3).

Especialmente en las unidades arqueológicas UA1 y UA2 (en la UA3 hay escasas piezas usadas) los instrumentos de

	UA1			UA2			UA3			
	SX	CU	LI	SX	CU	LI	SX	CU	LI	**TOTAL**
Carne	2			2	1					**5 (6,7%)**
Piel					1					**1 (1,3%)**
Madera	3	2		3	18	1	1	1		**29 (38,7%)**
Plantas				1						**1 (1,3%)**
Indet. BL	1	1	1	1	7					**11 (14,7%)**
Indet. ME	1	1		1	2			1		**6 (8%)**
Indet. BL/ME		1						1		**2 (2,7%)**
Indet. ME/DU		2		2	12			1		**17 (22,6%)**
Indet.	1	1						1		**3 (4%)**
TOTAL	**8**	**8**	**1**	**10**	**41**	**1**	**1**	**5**	**0**	**75 (100%)**

Tabla 3: Instrumentos de sílex (SX), cuarcita (CU) y lidita (LI) usados en los tres niveles arqueológicos. Hay piezas en las que si bien no hemos podido determinar la materia trabajada (indet), en ocasiones nos hemos aproximado a la dureza: blanda (BL), media (ME), blanda o media (BL/ME) y media o dura (ME/DU).

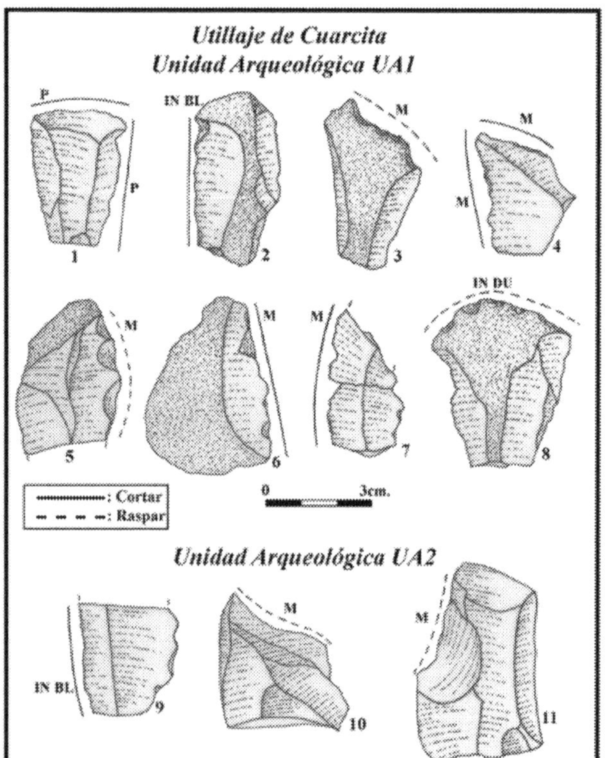

Figura 3: Instrumentos de cuarcita (P= Piel, M= Madera, IN BL= Materia indeterminada dureza blanda, IN DU= Materia indeterminada dura).

cuarcita y sílex muestran huellas de uso posiblemente producidas por el trabajo de la madera. Las actividades asociadas al trabajo de la carne, la piel o las plantas no leñosas están representadas muy puntualmente. Asimismo, sobresalen aquellos útiles que presentan rastros indeterminados producidos por el contacto con materias de dureza media o blanda. Por otra parte, no hemos determinado con seguridad ninguna pieza empleada sobre materias duras óseas o minerales (fig. 3 y 4).

Con respecto a los útiles usados sobre madera, nos parece interesante el hecho de que a menudo las zonas activas sean de un longitud considerable (>30-40 mm.) y que se utilicen aquellas partes del filo con una cierta concavidad y un ángulo relativamente alto (+30º). Ello nos hace pensar en trabajos no tanto de finalización sino de configuración de objetos, para los que se buscan filos que se adapten a la forma de la superficie de la materia trabajada y que no se fracturen fácilmente con la presión ejercida. Por su parte, los filos agudos se seleccionan para las tareas de descarnado, en especial en el caso de los útiles de sílex.

A menudo los instrumentos de cuarcita usados muestran zonas corticales. Ello nos da a entender, por un lado, que no se desechan aquellas lascas extraídas en los procesos de decorticado, y por otro, que quizás hay una preferencia por ese tipo de productos, ya que las partes con córtex facilitan asirlas cuando son utilizadas con las manos desnudas.

También nos parece que los instrumentos de cuarcita no se utilizan tan intensamente como los de sílex. Ello posiblemente se deba, como hemos observado experimentalmente, a que los filos de los instrumentos de cuarcita se embotan con rapidez, perdiendo su efectividad a los pocos minutos de trabajo. No obstante, también debemos considerar el hecho de que la cuarcita es una roca local muy abundante, por lo que los instrumentos podían ser fácilmente remplazados cuando perdían eficacia. El resultado, por tanto, es que estamos ante útiles poco usados, con huellas escasamente desarrolladas.

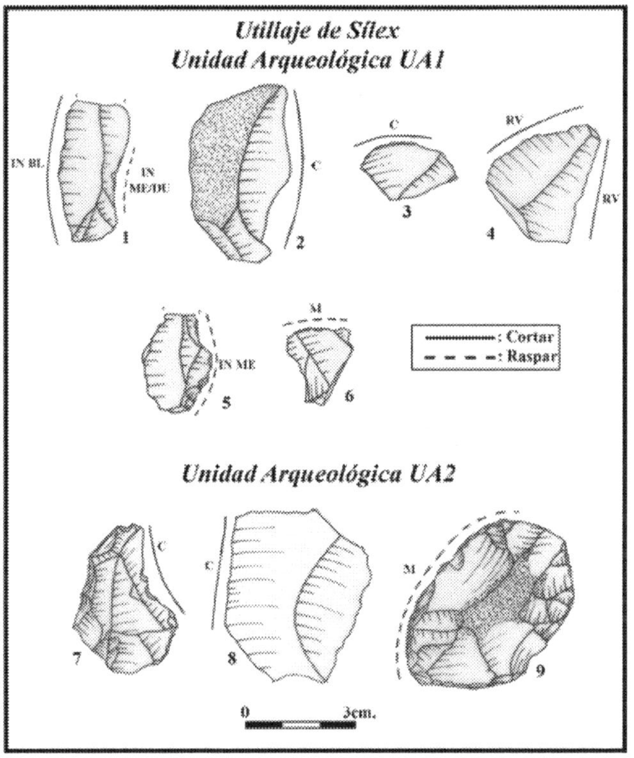

Figura 4: Instrumentos de sílex (C=Carne, P=Piel, RV=Plantas no leñosas, M=Madera, IN BL=Materia indeterminada dureza blanda, IN ME=Materia indeterminada dureza media, IN ME/DU=Materia indeterminada de dureza medio/dura).

Conclusiones

Para llevar a cabo el análisis funcional sobre cuarcita hemos visto que hay que tener en cuenta la reacción que tienen tanto los cristales de cuarzo, como las zonas de cimentación. Los experimentos que hemos realizado nos demuestran que los filos de los instrumentos de cuarcita se redondean y embotan con gran rapidez, en general al trabajar cualquier materia, y en especial al ser usados sobre las que tienen una cierta dureza (madera, materias óseas, piedra) o son muy abrasivas (piel seca). Con todo, el grado de redondeamiento depende también del estado de la materia trabajada, del tiempo de utilización, de la presión ejercida durante el uso y del tipo de trabajo realizado con el instrumento.

A diferencia de lo que ocurre en materias primas de fractura concoidal como el sílex o la obsidiana, en la cuarcita es difícil observar melladuras. Su formación depende de su estructura y composición. Así, por ejemplo, en cuarcitas bien compactadas de grano fino la formación de melladuras es más frecuente y discernible que en las de grano grueso o en las poco compactadas. Precisamente, en muchos de los útiles experimentales no hemos observado melladuras claras por la mala fractura concoidal que tienen las cuarcitas con las que hemos trabajado.

A nivel microscópico, en cambio, las melladuras sí que están presentes en los cristales de cuarzo. Estas se producen en la periferia de los cristales, siendo más abundantes y de mayor tamaño cuanto más duro es el material trabajado. Normalmente se disponen de acuerdo al movimiento realizado; es decir, mientras en las acciones transversales ocupan las zonas proximales y se disponen perpendicular u oblicuamente al filo, en las acciones longitudinales se sitúan en los laterales del cristal, paralelas al filo.

Por otra parte, al trabajar materias fuertemente abrasivas como la piel seca, la arenisca o el ocre, los cristales de cuarzo parecen sufrir una especie de "corrosión". Aunque inicialmente dicha corrosión se refleja en pequeños desprendimientos del interior y de las zonas periféricas de los cristales de cuarzo, su intensidad puede llegar a provocar su total desaparición.

Los micropulidos que se forman en las zonas de cimentación pueden ser relativamente comparables a los que se generan en el sílex. Sin embargo, su aspecto no sólo es algo diferente, sino que además se desarrolla mucho más lento. Ello posiblemente se deba a distintos factores: la composición mineralógica de la cuarcita, el grado de compactación de la misma, una microtopografía más irregular, etc. Asimismo, las estrías sólo las observamos en los cristales de cuarzo y en el interior del micropulido cuando éste está muy desarrollado.

Finalmente, los experimentos que hemos llevado a cabo tenían como finalidad constituir un marco comparativo con el que abordar el análisis de los instrumentos de cuarcita de la Cueva de la Fuente del Trucho. Si bien las intensas alteraciones han afectado significativamente al utillaje lítico, entre las pocas piezas usadas la mayor parte se han empleado sobre madera.

Bibliografía

ALONSO, M. y MANSUR, M.E. (1990), "Estudo traceológico em quartzo e quartzito de Santana do Riacho (MG)", *Arq. Mus. Hist. Nat. UFMG. Belo Horizonte* V/11, pp. 173-190.

BEYRIES, S. (1982), "Comparaison de traces d'utilisation sur différentes roches siliceuses", *Studia Praehistorica Belgica* 2, pp. 235-40.

KNUTSSON, K. (1988), *Patterns of tool use: Scanning electron microscopy of experimental quartz tools*, Societas Archaeologica Upsaliensis, Aun 10, Uppsala.

LASS, G. (1990), "Gebrauchsspuren an groben Steinmaterialien. Ein Beitrag Aussehen und Entstehung von "Microwear", *Germania*, Jahrgang 68/1, pp. 1-18.

MARTINEZ, J., TERRADAS, X. y MORA, R. (1994). "El jaciment del Paleolític Mitjà de la Roca dels Bous", *Tribuna d'Arqueologia*, 1992-1993, pp. 7-13.

MIR, A. (1987), "Memoria de la quinta campaña de excavaciones en el yacimiento de la cueva de la Fuente del Trucho, Asque, Colungo", Huesca, *Arqueología Aragonesa* 85, pp. 19-21.

MIR, A., SALAS, R. y BALDELLOU, V. (en prensa), "La Cueva de la Fuente del Trucho y su industria arcaizante del pleniglacial superior (Colungo, Huesca)", *2º Congreso de Historia de los Pirineos*, 1998. Publicación en CD.

MORA, R., TERRADAS, X., MARTINEZ, J., PARDOS, E. y PALLARES, M. (1992), "Primera aproximación al estudio de las ocupaciones humanas de la cueva de l'Estret de Tragó (Os de Balaguer, Lérida)", *Aragón/Litoral Mediterráneo: intercambios culturales durante la prehistoria*, Institución Fernando el Católico, pp. 97-105.

MOSS, E.H. (1983). *The functional analysis of flint implements. Pincevent and Pont d'Ambon: Two case studies from the French Final Palaeolithic*, BAR Intermational Series, 177, Oxford.

ODELL, G.H. (1983), "Problemes dans l'étude des traces d'utilisation", *Traces d'utilisation sur les outils néolithiques du Proche Orient*, Travaux de la maison de l'orient 5, pp. 17-24.

PEREIRA, J.P. (1993), "A análise dos vestígios de uso em quartzito", *Trabalhos de Antropologia e etnologia. Sociedade Portuguesa de Antropologia e Etnologia*, 33/1, pp. 51-68.

PHILIBERT, S. (1994), "Approche techno-fonctionnelle et territoriale de la Balma Margineda, en Andorre, durant l'occupation du mésolithique ancien", *Cultures i Medi de la prehistoria a l'Edat Mitjana. Xè Col.loqui International d'Arqueologia de Puigcerdà*, pp. 113-118.

PLISSON, H. (1985), *Etude fonctionelle des outillages lithiques préhistoriques par l'analyse des micro-usures: recherche méthodologique et archéologique*, Thèse de Doctorat présentée à l'Université Paris I.

PLISSON, H. (1986), "Analyse des polis d'utilisation sur le quarzite", *Early Man News* 9/10/11, pp. 47-49.

SUSSMAN, C. (1988), *A microscopic analysis of use-wear and polish formation on experimental quartz tools,* BAR International Series 395, Oxford.

9. Complementariedad entre análisis de residuos y trazas de uso para la determinación funcional de los instrumentos macrolíticos: su aplicación a un ejemplo etnográfico del país Dogón (Mali)

Ignacio Clemente, Roberto Risch y Débora Zurro

Abstract

This paper aims to offer an alternative approach to conventional (and often even non-existent) studies of macrolithic or ground stone tools found in archaeological contexts. The analysis of a unique artefact, a "mano", from an ethnographic context (Dogon country, Mali), is used to develop a methodological model for the daily archaeological research of this type of material.

From the standpoint that labour processes (which are mat mainly as tools and finished products) are the key elements in the understanding of prehistoric societies, we propose a methodology which integrates use-wear analysis (addressing the participation of the tool in the productive cycle) and residue analysis (allowing an understanding of the processed good). The combination of both techniques should allow us to make evident a series of materials and working processes that have hardly been documented in the archaeological record until now, or even remain unknown[1].

Introducción.

Los instrumentos macrolíticos, entre ellos los dedicados a la molienda, son un material frecuente y bien conservado en el registro arqueológico. Sin embargo, en la práctica parece que estos restos constituyen una categoría "maldita" a la que, en el mejor de los casos, se dedican menciones superficiales en los informes científicos, pero que rara vez merece un estudio petrográfico, morfométrico o tecnológico detallado. La documentación sistemática llevada a cabo en algunas excavaciones recientes (p.e. Zimmermann 1988, Risch 1995, Böhner 1997, Stranini y Voytek 1997, Castro *et al.* 1999) hace sospechar que miles de estos instrumentos van a parar a las terreras o, en ocasiones, a los depósitos de los museos arqueológicos[2]. Esta "estrategia de muestreo" contrasta, al menos en lo que concierne a los yacimientos de la prehistoria reciente del Mediterráneo occidental, con el registro exhaustivo de los materiales de cerámica, hueso o metal, o de los instrumentos líticos tallados, a pesar de que éstos tienden a aparecer en cantidades menores y de que son más vulnerables a los efectos de los procesos tafonómicos como la fragmentación o la degradación, lo que limita su potencial heurístico.

La atención marginal prestada hasta el momento a los artefactos macrolíticos resulta aún más sorprendente a la luz del papel decisivo que desempeñaron estos instrumentos de trabajo en la realización de múltiples actividades, tanto en tiempos prehistóricos como históricos. Entre sus funciones se cuentan moler, triturar, pulir, bruñir, martillar, cortar o fundir. Así pues, el procesado de cereal u otros recursos vegetales, el trabajo de la piel o la madera, la alfarería, la minería o la metalurgia son algunos de los procesos de producción que dependieron en mayor o menor medida del uso de herramientas de piedra. Muchas de estas actividades únicamente se pueden detectar en el registro arqueológico por medio de los instrumentos líticos empleados en ellas. Por otra parte, puesto que los productos finales obtenidos se dedican al consumo, estos útiles constituyen también un medio importante para cuantificar el volumen de producción. Por todo esto hay que hacer hincapié en que cualquier aproximación arqueológica que pretenda determinar cómo, qué, cuándo y cuánto produjo una sociedad, deberá definir necesariamente los medios técnicos de producción implementados, entre los que los artefactos líticos ocupan un lugar preeminente hasta los tiempos históricos.

En las últimas décadas se ha reclamado de forma reiterada la realización de análisis más rigurosos de los conjuntos macrolíticos (p.e. Kraybill 1977, Wright 1992). Y aunque se han producido ciertos avances metodológicos y

[1] The results of this paper have also been published in an English version (Zurro *et al.* e.p.).

[2] Simplemente para ofrecer un valor aproximado del volumen de instrumentos líticos que pueden ser documentados en los asentamientos prehistóricos del Mediterráneo occidental: en el yacimiento de la Edad del Bronce de Gatas (Almería), excavado sistemáticamente y en el que todo el sedimento fue cribado, se identificaron 345 instrumentos en tan sólo 60 m^2.

empíricos, en general tanto los estudios como las publicaciones de estos materiales siguen siendo insuficientes. En consecuencia, aspectos cruciales para la comprensión del desarrollo de las fuerzas productivas en diferentes sociedades, como pueden ser los cambios morfotecnológicos de los instrumentos o su distribución espacial a lo largo de la Prehistoria, siguen siendo desconocidos.

Estas carencias de la investigación parecen responder a distintas causas. Por una parte, el peso de los materiales macrolíticos dificulta tanto su transporte como su almacenamiento. Por otra, muchos tipos se consideran insignificantes debido a su aspecto burdo y, en palabras de Binford (1973), a su "*expedient character*", es decir, a un supuesto uso oportunista o de conveniencia. Razones similares hacen que difícilmente se puedan utilizar en los estudios cronotipológicos que siguen desempeñando un papel importante en la arqueología europea. Por último, su variabilidad geológica, morfométrica y funcional requiere la combinación de diferentes aproximaciones analíticas (geología, petrografía, comportamiento material, tipología, análisis funcional).

Sin embargo, en nuestra opinión el principal obstáculo sigue siendo el insuficiente desarrollo metodológico, que dificulta la comprensión y explicación de estos artefactos en cuanto a los procesos productivos y a las estructuras económicas de los que forman parte. En este sentido, es imprescindible disponer de modelos interpretativos que den significado a los recursos naturales utilizados, y a las variables morfométricas y a las huellas de producción y uso observadas.

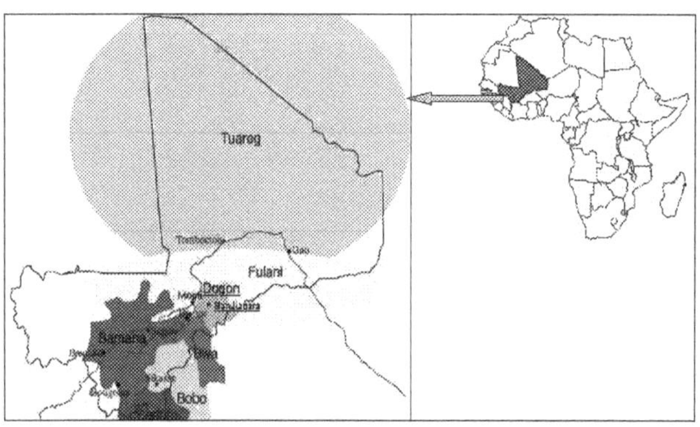

Figura 1: Localización de la falla de Bandiagara (sudeste de Mali).

Una posible vía de conocimiento de los parámetros naturales, formales y técnicos que intervienen en la formación de los útiles macrolíticos es el estudio de los contextos sociales y económicos en los que se siguen utilizando estas herramientas (p.e. Horsfall 1987, Baune 1989, Gronenborn 1994). Una aproximación de este tipo ofrece la posibilidad de poner a prueba y de mejorar la metodología de los estudios macrolíticos, así como de registrar patrones de referencia para las observaciones arqueológicas. El presente estudio aplica una serie de análisis funcionales a un instrumento recuperado en la falla de Bandiágara, al sudeste de Mali, durante el verano de 2000 (fig.1). Según la información directa proporcionada por vecinos del lugar, dicho artefacto era utilizado por mujeres dogón para la producción de harina de mijo en un área de molienda localizada sobre una roca sedimentaria de grano medio y grueso (fig. 2).

Figura 2: Área de molienda en la falla de Bandiágara y ubicación original de la mano analizada.

Se trata de un canto rodado de cuarcita procedente de un curso fluvial. Aparentemente, no requirió ningún proceso específico de adaptación morfológica, sino que las alteraciones de la práctica totalidad de sus caras son resultado de los procesos de trabajo en los que intervino. Macroscópicamente se observan superficies pulimentadas tanto en el anverso como en el reverso de la pieza, mientras que las partes superior, izquierda y derecha presentan un aspecto rugoso (fig. 3). Sus dimensiones son de 10, 9, y 3.9 cm de longitud, anchura y grosor respectivamente. En comparación con instrumentos registrados en contextos indígenas americanos, estas medidas resultan pequeñas para un útil de molienda manejado con ambas manos.

A lo largo de los numerosos poblados que componen el País Dogón, y que se distribuyen tanto por el altiplano como por las paredes de la falla de Bandiágara, y por la llanura que une ésta con Burkina Faso, se puede observar la utilización de morteros de madera y de molinos de piedra para la producción de harinas, especialmente de mijo, y/o de aceite de cacahuete (fig. 4). La economía de estos pueblos es básicamente agrícola y, en menor medida, ganadera. Predomina el cultivo del mijo, junto al que, en algún área de la falla, se observan pequeños embalses para regadío y cultivos de arroz, cebollas y otros productos agrícolas.

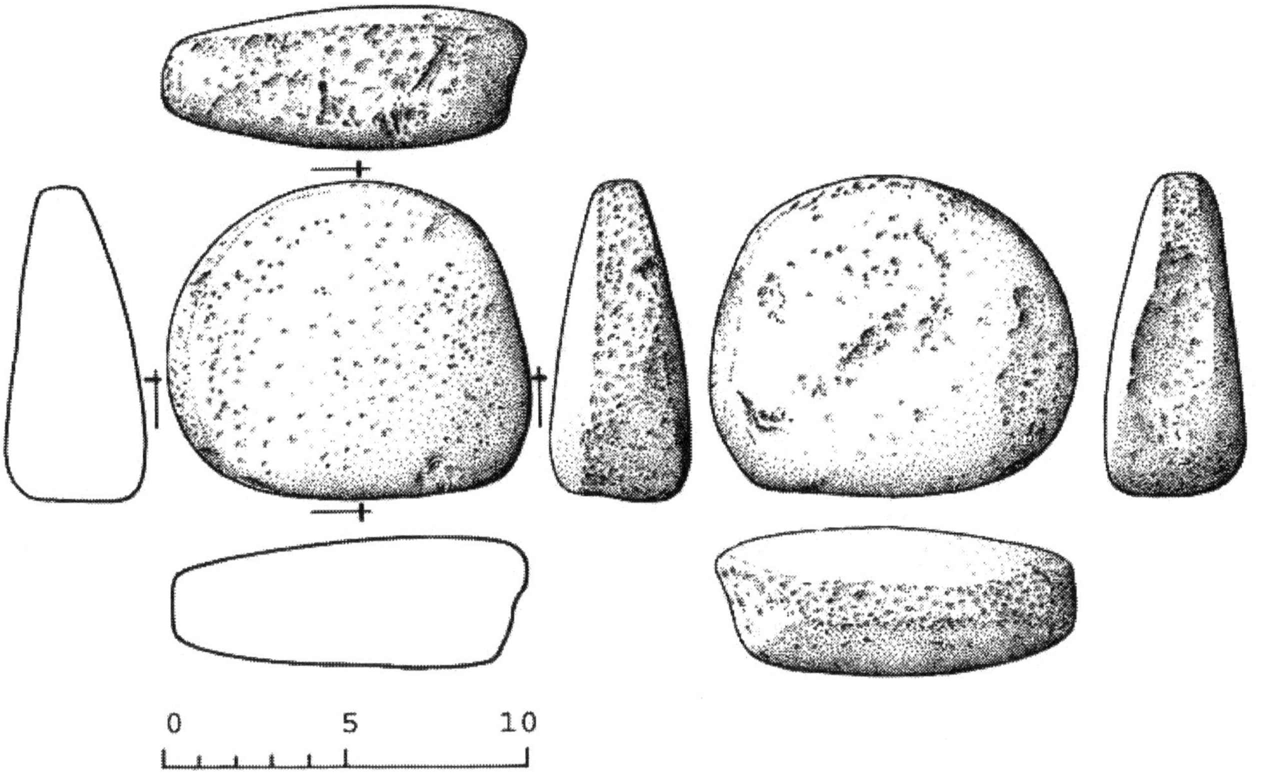

Figura 3: El instrumento de molienda de la falla de Bandiagara. Ilustración de Ramón Álvarez.

Figura 4: Utilización de distintos morteros de madera y molinos de piedra para la producción de harinas y/o aceite de cacahuete.

Llama la atención el esmero con que los dogones construyen los graneros para el almacenamiento y conservación del grano y la harina. Los edificios se levantan sobre una plataforma que los aísla de las lluvias y se techan con paja. Tan sólo una pequeña abertura en forma de ventana/puerta permite el acceso al producto almacenado (fig.5). Por cada núcleo familiar se contabilizan varias de estas construcciones. Entre ellas se distinguen las que pertenecen a las mujeres, divididas en cuatro compartimentos para guardar distintos granos o especies, de la de los hombres, con un solo compartimento en el que se almacena el mijo en espigas. La mujer abastece de alimento a la familia durante todo el año, y cuando su granero se agota, es el marido el que le suministra el grano para la alimentación diaria, mostrando así su control sobre este medio de subsistencia básica.

Al margen de los molinos portátiles, presentes en contextos domésticos, también existen áreas de molienda en los alrededores de los poblados. El área a la que pertenece la mano estudiada se localiza en la parte superior de la falla de Bandiágara, junto a los campos de mijo y aproximadamente a 1 km de distancia de los dos poblados más próximos. La plataforma presenta varias cavidades o cubetas de molienda. En torno a ellas se hallaron seis manos, distribuidas según un patrón irregular (3, 2, 1 y 0 manos por cada cavidad). Este complejo para el procesado del mijo no se utilizaba a diario, sino de forma ocasional, aparentemente cuando se realizaban otras actividades en la misma zona.

Para analizar los residuos presentes en las superficies activas de la "mano" se procedió a un simple cepillado que produjo la muestra mínima para su observación microscópica. A continuación, y a fin de documentar de forma óptima los rastros de uso, fue necesario extraer una cantidad mayor. Así pues, el instrumento se dispuso en el baño de ultrasonidos durante unos 20 minutos, pero se comprobó que incluso tras este tratamiento numerosos granos de almidón permanecían adheridos a la superficie. Se procedió así a un nuevo baño, usando en este caso HCl (10%) para permitir una limpieza más eficaz. Tras este proceso, en determinados puntos permanecía una capa fina de partículas blancas y negras, muestra de la resistencia de este tipo de residuo (fig. 6).

Figura 5: Vista de Indelou en la falla de Bandiágara. Los techos de paja corresponden a graneros.

Análisis macroscópico.

Cuando Semenov (1981) introdujo el método traceológico en arqueología ya consideró el estudio de los instrumentos macrolíticos, como son las hachas, los morteros, los pulidores o los llamados "enderezadores de astiles de flechas". Sin embargo, a diferencia de lo que ha sucedido desde entonces con las industrias líticas talladas, el desarrollo del análisis funcional aplicado a otros artefactos de piedra ha sido muy limitado (ver, principalmente, Hayden 1979 y 1987, Adams 1989 y 1993, Risch 1995 y 2002, Beaune 2000). Al tratar este tipo de útiles, tanto en los trabajos de Semenov como en otros más recientes se ha tendido a realizar aproximaciones mesoscópicas. Una de las razones es que, a fin de identificar el tipo de alteración producida en las superficies de los granos que componen la roca, el campo de observación suele ser más importante que los aumentos. Además, el tamaño de las muestras ha supuesto siempre un impedimento al uso del microscopio metalográfico, lo que obligaba a extraer moldes para su observación.

Basándonos en nuestras propias experiencias en el análisis funcional de instrumentos tanto experimentales como arqueológicos, hemos considerado relevantes las siguientes trazas de uso en una aproximación mesoscópica:

1. huellas lineares (Semenov 1981). Distinguimos entre estrías (anchura < 0.5 mm) y rascadas (anchura >0.5 mm);
2. pulido o lustre (Semenov 1981);
3. placa (Hayden 1987: 87-88);
4. redondeamiento del grano (Hayden 1979: 18-19, Adams 1989);
5. nivelado del grano (Adams 1989);
6. desprendimiento o extracción de grano (Hayden 1987: 86, Adams 1993);
7. aspecto escarchado (Hayden 1979, Adams 1989);
8. fosillas (Hayden 1987: 86-87, Adams 1989, 1993);
9. *checks* (Hayden 1987: 85-86);
10. fracturas, que pueden ser escalonadas o concoidales (Hayden 1979: 19, 1987: 91);
11. desintegración del grano (Sussman 1988: 17, Hayden 1979: 19, 1987: 89-91).

Un aspecto importante en los estudios de artefactos abrasivos es la descripción de la topografía de las superficies y el grado de invasión o penetración de los rastros de uso (Adams 1993). En términos cualitativos, durante la observación microscópica es útil diferenciar entre microtopografía alta, media y baja.

Uno de los principales factores que afectan a la apariencia de las trazas es la composición mineralógica, el tamaño del grano y la textura de la roca usada como instrumento. La misma actividad puede producir diferentes tipos de patrones de uso dependiendo del tipo de materia prima. Así pues, es importante llevar a cabo una detallada descripción petrográfica y especificar las trazas de uso visibles en cada tipo de mineral o grano presente en el artefacto.

Figura 6: Superficie anversa del artefacto con trazas de uso abrasivas y residuos vegetales.

El útil procedente de la falla de Bandiágara es un canto rodado de cuarcita de grano fino (c. 0.1-0.3 mm) con una estructura de grano muy homogénea. Los análisis previos realizados sobre instrumentos experimentales han demostrado que los instrumentos de cuarzo y cuarcita desarrollan trazas de uso por abrasión diferentes al basalto, la diabasa o el gabro. Mientras que en estas rocas son características las estrías macro y microscópicas, tales huellas resultan menos evidentes en el cuarzo (Broadent

1979, Risch 1995). Prácticamente todas las caras del canto presentan alteraciones de la superficie natural. Tan sólo la parte inferior no parece haber sido utilizada de forma activa (fig. 3). En los lados anverso y reverso se observa una superficie alisada, al contrario que las caras superior, izquierda y derecha, que presentan un aspecto rugoso (fig. 6, 7 y 8).

Caras anversa y reversa

El rasgo dominante en la observación macroscópica (45X) es una intensa nivelación de los granos de cuarzo (fig. 6 y 7). Las superficies no son completamente lisas o llanas, y muestran una ligera aspereza. Este factor parece limitar el desarrollo del pulido o brillo. Los márgenes del grano pueden presentar microfracturas. Los intersticios superficiales entre los granos de cuarzo parecen estar ligeramente alterados, lo que indica un desgaste adhesivo (Adams 1993). Otro estigma importante del uso es la extracción o pérdida de grano. En las zonas deprimidas de los huecos que se forman al desprenderse esos granos, no se observan rastros de uso.

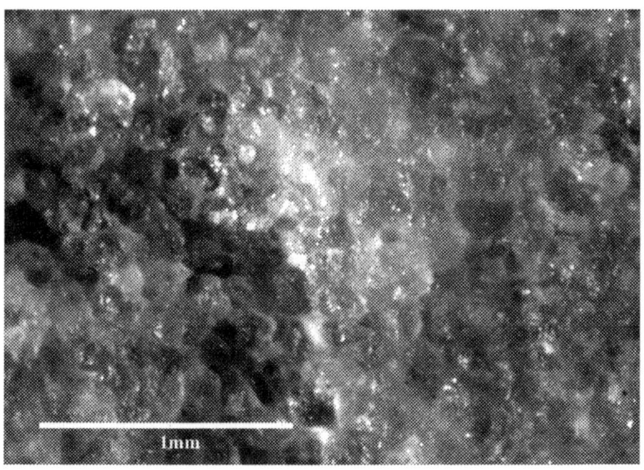

Figura 7: Faceta inferior de la superficie anversa del artefacto con trazas de uso abrasivas.

Estas características de los rastros de uso se corresponden en gran medida con los observados en instrumentos, tanto experimentales como arqueológicos, utilizados para el procesado de cereal y manufacturados a partir de diversas materias prima como la arenisca, el basalto vesicular y los esquistos psamíticos. Los patrones de huellas atribuidos normalmente al contacto de piedra contra piedra con materia vegetal entre ambas son la nivelación de las superficies granulosas, las fracturas de los bordes de los granos, los agujeros o depresiones consecuencia de la pérdida de granos o componentes de los mismos, las estrías y/o rascadas en las zonas elevadas de la topografía y, en caso del triturado de sustancias aceitosas, el lustre de la superficie. Las superficies niveladas no presentan un aspecto completamente liso, como es el caso, por ejemplo, del producido tras el contacto de piedra con madera (Adams 1989 y 1993, Risch 1995 y 2002).

Figura 8: Superficie superior del instrumento con trazas de uso de percusión.

Es interesante destacar que las superficies activas de este instrumento se extienden ligeramente desde las caras anversa y reversa hacia la parte inferior. Es más: las superficies activas de ambos lados están divididas entre las caras superior e inferior por una ligera banda donde la abrasión es menos intensa. Esto es resultado de la forma en que el instrumento fue utilizado durante el proceso de molienda, y confirma el modelo propuesto por Adams para instrumentos experimentales (Adams 1999: 482, fig. 4). Las manos con caras activas de doble faceta son indicativas de un trabajo con movimientos de vaivén sobre molinos cóncavos, como efectivamente es el caso en el sudeste de Mali (fig.2). La presión producida por el movimiento de ida se prolonga al elevar ligeramente la parte frontal de la mano, permitiendo así el uso activo de los márgenes de la parte inferior del artefacto, lo cual provoca la mencionada expansión de la superficie de fricción hacia la cara inferior.

Las únicas diferencias entre las superficies activas anversa y reversa son la intensidad de las trazas de abrasión y los residuos adheridos. Las trazas de uso en la primera presentaban una apariencia más "fresca", y, antes de su limpieza, su superficie estaba cubierta por las adherencias de harina descritas. El reverso de la pieza presenta sobre todo residuos oscuros, que se encuentran también en la parte superior, izquierda y derecha. El aspecto de ambas partículas (blancas y negras) es prácticamente el mismo, y a pesar del intenso tratamiento, parte de estos residuos permanecieron adheridos como una fina película a los intersticios de la superficie de la pieza (fig.6). En ambos casos parecía tratarse de restos de harina que fueron presionados contra la superficie a lo largo del proceso de molienda. Las diferencias de color se pueden deber a una alteración de los residuos tras cierto tiempo de exposición del instrumento al aire libre. Tras cada sesión de trabajo las manos de cuarcita se debían dejar junto a las cubetas de molienda. Mientras que las adherencias blancas se habían formado durante las actividades que acababan de tener lugar cuando la mano fue recogida, los residuos negros podrían corresponder a una sesión previa. Desafortunadamente, no se pudo confirmar la periodicidad de estas actividades de procesado del grano, aunque es probable que tengan lugar en un ciclo anual.

Es interesante señalar que este tipo de finas adherencias en forma de residuos negros se han observado ocasionalmente en los intersticios de los granos de las superficies de instrumentos líticos prehistóricos de molienda del sureste de España, los cuales sin duda se utilizaron para el procesado de grano. Por el momento no se han realizado más análisis en esta dirección, pero la alta resistencia de estos residuos frente a los procesos de degradación podría suponer que disponemos de algo más que un indicador funcional para este tipo de actividades.

Caras superior, izquierda y derecha

Las tres caras muestran una superficie con un piqueteado continuo e irregular (fig. 8). Esta intensa extracción de materia es debida a impactos que desprenden o pulverizan los granos. Otro rastro que se observa es el redondeamiento de las zonas elevadas y los vértices de los cristales de cuarzo, mientras que los granos de las zonas deprimidas siguen conservando sus bordes naturales, ya que los rastros no ocupan las zonas intersticiales, tal y como ocurre en acciones de percusión sobre materias duras, especialmente en rocas. Las grandes fracturas concoidales son muy ocasionales, y se reflejan en los márgenes de las superficies piqueteadas, llegando a invadir la cara anversa y/o reversa (fig. 3). Teniendo en cuenta la dureza de la cuarcita y de acuerdo con el modelo de los rastros de uso experimentales, todas estas trazas se deben considerar consecuencia de una intensa o prolongada percusión sobre la superficie de otra roca (Risch 2002: 128-131).

Huellas de uso semejante se han observado en las hachas embotadas de Guatemala (Hayden 1987: 96-101, que también se (re-)utilizan en la actualidad para el reavivado de los molinos de piedra. En este caso la materia prima empleada es mayoritariamente una roca verde con un tamaño medio del grano de 0.01-0.5 mm. El rastro más distintivo observado en estos instrumentos es una topografía irregular debida a un pronunciado piqueteado. También en estos casos las fracturas macroscópicas en los laterales se dan en un número limitado (0-4). Hayden no observa el redondeamiento de los cristales, posiblemente debido a los bajos aumentos que utiliza (12X). Sin embargo, en las microfotografías que presenta se observan los rastros abrasivos (Hayden 1987: 98).

Todas estas superficies piqueteadas de la mano de molienda de Mali tienen una coloración oscura debido al mismo tipo de residuo que se observa en el reverso del artefacto. A este respecto se pueden hacer dos observaciones. En primer lugar, que las caras superior, izquierda y derecha del instrumento también estuvieron en contacto con el grano o la harina procesados; y en segundo, que, al igual que el reverso, se utilizaron en una sesión previa de molienda y no en la más reciente, ya que no presentan residuos blanquecinos de harina. En conclusión, parece que esta parte del útil se utilizó para golpear sobre la superficie de la roca cubierta por residuos de harina. Dado que no tenemos indicios de que el mijo se procesase por percusión en las cubetas de molienda y que las huellas de tal actividad serían diferentes a las observadas, las caras laterales del instrumento sólo pudieron servir para el reavivado de las cubetas cuando éstas se alisaban y perdían su eficacia abrasiva. El hecho de que la harina de mijo cubra todo el área de actividad y no se limpie sistemáticamente (fig. 2) explicaría la presencia de residuos adheridos a las superficies de percusión. La actividad de reavivado es ocasional[3] , y puede que no se llevara a cabo en todas las cubetas en cada sesión de molienda.

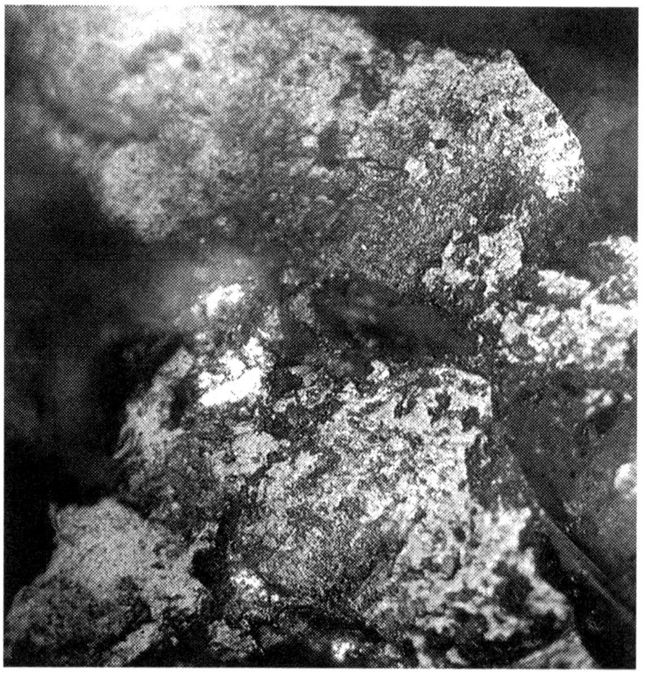

Figura 9: Trazas microscópicas en la superficie anversa del instrumento (200X).

Análisis Microscópico.

Los rastros microscópicos que presenta esta mano de molino analizada se han observado tanto en el anverso como en el reverso, siendo más desarrollados en una de las dos caras. Se distribuyen significativamente en los

[3] En función de determinados factores como el tipo de roca, la intensidad del uso o la morfología del instrumento, la frecuencia de los procesos de reformatización puede variar de una vez cada 5 días a una vez al año (Horsfall 1987: 341). La frecuencia media del reavivado de las superficies activas documentada en el caso de los metates de Mesoamérica, fabricados en basalto vesicular, es de 3 meses (d.s. = 1.8) (Hayden 1987: 96).

extremos que más contacto y presión han sufrido con la cubeta de la parte del molino pasiva (cf. *supra*). Estas áreas, que se distinguen por presentar un brillo específico a nivel macroscópico, indican la cinemática que ha tenido el instrumento. A través del microscopio metalográfico se observa como un pulido de trama cerrada y compacta en las zonas más elevadas, brillante, plano y de aspecto entre liso y rugoso[4] (fig. 9). En general, recuerda a los producidos experimentalmente al entrar en contacto dos materias líticas (la fricción entre piedra y piedra); sin embargo, en algunos puntos parece ser más voluminoso y de aspecto más liso, probablemente debido al contacto con los vegetales molidos.

Análisis de Residuos.

La mayoría de productos perecederos, y particularmente los materiales de origen vegetal, aparecen tan sólo ocasionalmente y bajo condiciones de preservación excepcionales en los yacimientos arqueológicos. Más frecuentemente se identifican residuos vegetales como fitolitos, esqueletos silíceos o granos de almidón. Estos residuos presentan una alta perdurabilidad y resistencia a la disolución, así como a la percolación (Therin 1994). El almidón, una sustancia de reserva que se encuentra principalmente localizadas en ciertas partes de la planta (semillas, tubérculos, raíces y frutos), es el componente básico de las harinas vegetales. Así pues, es especialmente importante en el estudio de los instrumentos de molienda, ya que permite confirmar su función en aquellos casos ambiguos al mismo tiempo que puede permitir una determinación de las especies procesadas. El análisis de almidones se inició en el siglo XIX (Nägeli, Mayer), pero no fue adoptado como técnica arqueológica hasta fecha reciente (Loy 1994, Piperno *et al.* 2000, Therin *et al.* 1999), siendo aplicado principalmente en ciertas áreas geográficas (Mesoamérica y Australia).

En el caso del instrumento de Mali, tras la extracción de los residuos, éstos fueron lavados y centrifugados con agua destilada a 2000 r.p.m. durante 3 minutos (repitiéndose esta operación tres veces consecutivas). Finalmente fueron dispuestos, en paralelo, en láminas con agua destilada y con una resina sintética (Eukitt) para su observación al microscopio óptico (Olympus BX-51 a 400x). La identificación de los granos de almidón puede ser llevada a cabo mediante diferentes métodos (Loy 1994), aunque el más común y sencillo es la verificación de la presencia de la cruz de extinción o hilo, que puede ser visualizado en el microscopio óptico bajo luz polarizada. El hilo se produce como consecuencia de la estructura molecular de los granos (Esau 1969) y produce birrefrigencia y anisotropía óptica. Su variación morfológica puede ser usada como criterio para la identificación taxonómica, comparando las muestras etnoarqueológicas con materiales actuales de referencia. Las variables usualmente empleadas son la forma y composición del grano (simple o compuesto), así como la forma de la cruz de extinción (Loy 1994). En su nivel actual de desarrollo, este método no nos permite realizar identificaciones muy precisas a nivel taxonómico. Al margen de los primeros trabajos (ejemplares raros que no han sido reeditados), llevados a cabo a mediados del s. XIX, contamos con una clasificación parcial realizada por Czaja (1978) que nos permite por el momento distinguir entre varias familias.

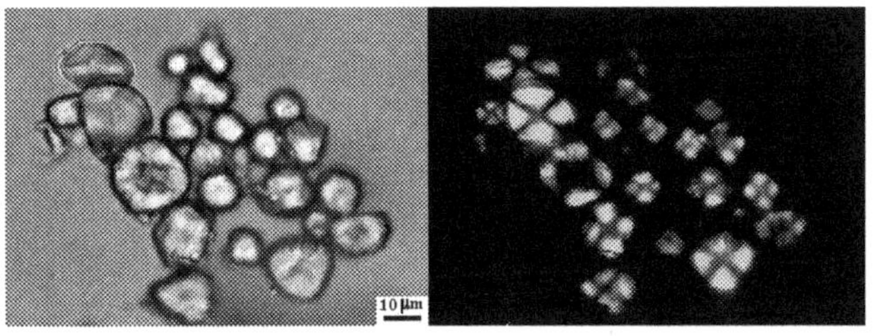

Figura 10: Residuos de mijo procedentes de la superficie del instrumento.

En este caso, y ya que el instrumento procede de un contexto etnográfico y sabíamos que la especie procesada era mijo (*Panicum milliaceum* L.) el análisis del residuo se realizó a fin de probar el método y verificar el material procesado. En primer lugar, unos cuantos granos de mijo común (aproximadamente 20-30 gramos) fueron molidos con un molinillo de uso doméstico, tamizando la harina resultante con una malla de 0.100 mm. El residuo obtenido fue almacenado y se montaron láminas para microscopía con agua destilada y, de nuevo, con Eukitt. Paralelamente, una pequeña colección de referencia fue llevada a cabo con algunas de las especies que se cultivan en Mali (*Sorghum, Oryza sativa L.* y *Zea mays*). Determinadas particularidades morfológicas (granos simples y poliédricos con un hilo central) así como el tamaño coinciden claramente con los del mijo común (fig. 10), mientras que el caso del maíz presenta ciertas similitudes y el arroz y el sorgo son absolutamente dispares. Este resultado confirma el potencial del análisis de residuos en la identificación de la especie procesada mediante el uso de instrumentos líticos, siempre y cuando se disponga de una buena colección de referencia.

Conclusiones

El objetivo del presente estudio ha sido el de mostrar el potencial del análisis de los instrumento macrolíticos, y presentar algunos patrones de referencia para el análisis funcional de artefactos arqueológicos. El instrumento de molienda y percusión analizado de Mali confirma en gran medida el tipo de trazas de uso observadas en instrumentos similares de Norteamérica, así como en instrumentos experimentales para el procesado de cereales y reavivado del molino. Es también evidente que un volumen mayor de datos de procedencia tanto etnoarqueológica como experimental sería muy deseable, a fin de refinar los resultados presentes y estudiar los patrones de trazas de

[4] Para la descripción de las características del micropulido seguimos las definiciones de los trabajos de González e Ibáñez (1994) y Clemente (1997).

uso en otros tipos de rocas y artefactos. Finalmente, sería interesante prestar una mayor atención al contexto social en que estos instrumentos son utilizados, considerando el hecho de que en los contextos etnográficos son usualmente tan sólo las mujeres quienes los usan. Ya que la mayoría de los procesos de trabajo relacionados con el procesado de vegetales están tradicionalmente relacionados con el trabajo de las mujeres el estudio tanto de los instrumentos como de los residuos vegetales es una de las por ahora escasas vías con que contamos para hacer que estas actividades sean visibles en el registro arqueológico. Es de destacar que muchos de estos instrumentos de trabajo son básicos en las sociedades agrícolas, en las que participan de largas jornadas de trabajo. A parte de residuos vegetales, los residuos pueden darse también a partir del procesado de ocre u otros colorantes, minerales, aceites, etc. Los instrumentos macrolíticos son esenciales para la reconstrucción de estos procesos productivos y de la vida social en general. Su estudio sistemático nos brindaría la posibilidad de analizar las formas de la organización social de la producción, la productividad y amortización alcanzadas a través de los medio técnicos de producción, y la importancia de las diferentes actividades económicas dentro del ciclo general de producción de una sociedad.

Bibliografía

ADAMS, J.L. (1988), "Use-wear analyses on Manos and Hide-processing Stones", *Journal of Field Archaeology*, 15, pp. 307-315.

ADAMS, J.L. (1989), "Methods for improving ground stone artifacts analysis: experiments in mano wear patterns", en D.S. Amick y R.P. Mauldin (eds), *Experiments in Lithic Technology*, B.A.R., Int. Ser., 528, pp. 259-281, Oxford.

ADAMS, J.L. (1993), "Mechanisms of wear of ground stone surfaces", *Pacific Coast Archaeological Society Journal*, Quarterly, 29(4), pp. 60-73.

ADAMS, J.L. (1999), "Refocusing the role of food-grinding tools as correlates for subsistence strategies in the U.S. Southwest", *American Antiquity*, 64(3), pp. 475-498.

ATCHINSON J. y FULLAGAR R. (1998), "Starch residues on pounding elements from Jinmium rock-shelter" en R. Fullagar (ed.), *A closer look: recent Australian studies of stone tools*, Sydney University Archaeological Methods Series n. 6, pp. 109-125.

BARTON H., TORRENCE R. y FULLAGAR R. (1998), "Clues to stone tool function re-examined: comparing starch grain frequencies on used and unused obsidian artefacts", *Journal of Archaeological Science*, 25, pp. 1231-1238.

BEAUNE, S.A. de (1989), "Exemple ethnographique de l'usage plurifonctionel d'un galet de quartz", *Bull.Soc.Pré.Fran,* 86(2), pp. 61-65.

BEAUNE, S.A. de (2000), *Pour une Archéologie du geste*, CNRS Editions, Paris.

BINFORD, L.R. (1973), "Interassemblage variability - the Mousterian andthe functional argument", en C. Renfrew (ed.), *The explanation of culture change: models in Prehistory*, Duckworth, London, pp. 227-54.

BÖHNER, U. (1997), *Die Felssteingeräte der endneolithischen Siedlung von Dietfurt a. d. Altm³hl, Lkr. Neumarkt i. d. Opf*, Archõologie am Main-Donau Kanal, 10, Marie Leidorf, Espelkamp.

BROADBENT, N.D. (1979), *Coastal resources and settlement stability: a critical study of a Mesolithic Site Complex in northern Sweden*, Uppsala University, Uppsala.

CASTRO, P., CHAPMAN, R., GILI, S., LULL, V., MICÓ, R., RIHUETE, C., RISCH, R. y SANAHUJA, M.E. (1999), *Proyecto Gatas 2. La dinámica arqueoecológica de la ocupación prehistórica*, Junta de Andalucía, Consejería de Cultura, Sevilla.

CLEMENTE CONTE, I. (1997), *Los instrumentos líticos de Túnel VII: una aproximación etnoarqueológica*, Treballs d'Etnoarqueologia 2, CSIC-UAB. Madrid.

CZAJA A.TH. (1978), "Structure of starch grains and the classification of vascular plant families", *Taxon* 27(5/6), pp. 463-470.

ESAU K. (1978), *Anatomía vegetal*, 3ªed. Revisada, Ed. Omega, Barcelona.

GONZÁLEZ URQUIJO, J.E. e IBÁÑEZ ESTÉVEZ, J.J. (1994), *Metodología del análisis funcional de instrumentos tallados en sílex*. Cuadernos de Arqueología 14. Universidad de Deusto, Bilbao.

GRONENBORN, D. (1994), "Ethnoarchäologische Untersuchungen zur rezenten Herstellung und Nutzung von Mahlsteinen in Nordost-Nigeria", *Experimentelle Archäologie* Bilanz 1994, pp. 45-55, Isensee, Oldenburg.

HAYDEN, B. (1979), *Palaeolithic reflections: lithic technology and ethnographic excavations among Australian Aborigines*, Australian Institute of Aboriginal Studies, New Jersey.

HAYDEN, B. (ed.) (1987), *Lithic studies among the contemporary Highland Maya*, The University of Arizona Press, Tucson.

HORSFALL, G.A. (1987), "Design Theory and grinding stones", en B. Hayden (ed.), *Lithic studies among the contemporary Highland Maya*, pp. 323-77, University of Arizona Press, Arizona.

KRAYBILL, N. (1977), "Pre-agricultural tools for the preparation of foods in the Old World", en I. Reed (ed.), *Origins of agriculture*, pp. 485-521, Mouton, The Hague.

LOY T. (1994), "Methods in the analysis of starch residues on prehistoric stone tools", en J.G. Hather, *Tropical archaeobotany: applications and new developments.* One World Archaeology n.12, pp. 86-114, Ed. Routledge, London.

PIPERNO D., RANERE A., HOLST I. y HANSELL P. (2000), "Starch grains reveal early root crop horticulture in the Panamanian tropical forest", *Nature*, 407, pp. 894-895.

RISCH, R. (1995), *Recursos naturales y sistemas de producción en el Sudeste de la Península Ibérica entre*

3000 y 1000 ANE, Tesis Doctoral de la Universidad Autónoma de Barcelona, Ed. Microfotográfica, Bellaterra.

RISCH, R. (2002), *Recursos naturales, medios de producción y explotación social. Un análisis económico de la industria lítica de Fuente Alamo (Almería), 2250-1400 ANE*, P. von Zabern, Mainz.

SEMENOV, S.A. (1981), *Tecnología prehistórica. Estudio de las herramientas y objetos antiguos a través de las huellas de uso*, Akal, Madrid.

SOBOLIK K.D.(1996), "Lithic organic residue analysis: an example from the southwestern archaic", *Journal of Field Archaeology*, 23, pp. 461-469.

STARNINI, E. y VOYTEK, B. (1997), "New lights on old stones: the ground stone assemblage from the Bernabó Brea excavation at Arene Candide", *Memorie dell'Istituto Italiano di Paleontologia Umana*, V, pp. 427-511.

SUSSMAN, C. (1988), *A microscopic analysis of use-wear and polish formation on experimental quartz tools*, B.A.R. Int.Ser., 395, Oxford.

THERIN M. (1998), "The movement of starch grains in sediments" en R. Fullagar (ed.), *A closer look: recent Australian studies on stone tools*, Sydney University Archaeological Methods Series, nº6, pp. 61-72.

THERIN M., FULLAGAR R. y TORRENCE R. (1999), "Starch in sediments: a new approach to the study of subsistence and land use in New Guinea" en CH. Gosden y J. Hather, *The prehistory of food. Appetites for change,* One World Archaeology n.32, pp. 438-462, Routledge, London.

WRIGHT, K. (1992), "A classification system for ground stone tools from the prehistoric Levant", *Paléorient*, 18/2, pp. 53-81.

ZIMMERMANN, A. (1988), "Steine", en U. Boelicke *et al., Der bandkeramische Siedlungsplatz Langweiler 8, Gemeinde Aldenhoven, Kr. Düren*, Rhein.Ausgrab. 28, Bonn.

ZURRO, D., RISCH, R. y CLEMENTE, I. (en prensa), "Analysis of an ethnological mill: what to do with archaeological Items", *Actas XIVe Congrès de l'U.I.S.P.P.*, BAR International Series, Oxford.

10. Indicadores de actividad física y cargas laborales en el esqueleto humano. Posibilidades y limitaciones para el estudio del trabajo y su organización social en sociedades extintas

Paz Balaguer Nadal, Mª Inés Fregeiro Morador, Camila Oliart Caravatti, Cristina Rihuete Herrada y Elena Sintes Olives

Abstract

Analysis of human skeletal remains provides a useful tool for investigating workload in societies of the past. This paper reviews different markers of occupational stress as a means for exploring activity levels aimed at inferring specific daily jobs and their social organization. Evidence of degenerative joint disease, squatting facets, stress fractures, enthesopaties and structural long bone remodelling needs to be evaluated against demographic, nutritional, environmental and socio-economic data from the population being studied. Osteological evidence might prove its usefulness when multiple indicators are considered and evaluated against independent archaeological data.

Introducción

La tradición arqueológica europea, a diferencia de la americana, ha vivido divorciada del estudio de los seres humanos como entidades biológicas capaces de aportar información de primer orden, directa, sobre las organizaciones sociales del pasado. El mundo de los *objetos*, de los artefactos, es el que ha dominado la disciplina. El análisis del soporte físico de los materiales objeto de estudio ha exigido a la arqueología excursiones cada vez más largas al mundo de las ciencias naturales para desentrañar cuestiones cruciales en la comprensión de la organización social. Explotación del medio, selección y lugar de procedencia de materias primas son algunos de los temas que han ido proliferando al calor de la aplicación de métodos y principios físicos, químicos y biológicos. Sin embargo, el análisis de los abundantes restos de seres humanos, los esqueletos recuperados en los yacimientos funerarios, ha quedado marginado de este campo de indagación y especialización por parte de la arqueología. En el estado español su estudio sigue dependiendo de otras ciencias, la biología y la medicina, cuyos hallazgos y propuestas sobre temas como la salud, la nutrición o el parentesco suelen quedar al margen de las publicaciones arqueológicas. Así lo expresaba el editorial de la popular *Revista de Arqueología* en su reciente número 230 de 2001: "Aqueología y Paleopatología, ciencias que viven de espaldas".

Esta afirmación pone de relieve la ausencia de una perspectiva multidisciplinar generalizada en el estudio de las poblaciones humanas extintas. Como es obvio, el interés de la arqueología no radica en el análisis de la fisiología del individuo, ya sea desde una perspectiva meramente biológica o teraupéutica, sino en el de las sociedades definidas en términos históricos. Este nuevo enfoque, que fuera de nuestras fronteras se ha ido perfillando desde hace un par de decadas bajo diversos nombres, ya sea biología social, biología cultural o el más reciente de bio-arqueología (véase por ejemplo Buikstra y Cook 1980, Buikstra y Mielke 1985, Ubelaker 1989, Bush 1991, Larsen 1997), entiende las poblaciones humanas como resultado de la interacción entre la organización socio-económica (término preferible al de "cultura"), el medio ambiente (características del entorno físico) y la biología (los seres vivos en tanto que entidades biológicamente condicionadas y con capacidad de adaptación).

En los huesos y dientes de los seres humanos están impresas lo que podríamos denominar "huellas de producción y uso" del organismo a lo largo del ciclo vital. Los esqueletos configuran, por tanto, un historial de vida donde se acumulan diferentes episodios que tienen que ver con la alimentación, la actividad física, la mobilidad, la descendencia e inclusive la propia causa de la defunción. Por desgracia, el efecto acumulativo de todas estas variables y la propia idiosincrasia de la varibilidad humana hacen que sea muy difícil encontrar respuestas inequívocas. Sin embargo, sí es posible recabar un considerable volumen de información empírica que, interpretada a la luz de datos independientes, puede confirmar o refutar hipótesis sobre uno de los temas abordados en este congreso: la caracterización y organización del trabajo en sociedades extintas.

Antes de entrar en materia, querríamos introducir algunas reflexiones que nos parecen fundamentales. Existe una concepción profundamente arraigada de que el ser humano es, ante todo, el sujeto de la historia, y se ubica en un plano superior al de los "objetos" en tanto que éstos son resultado de la acción humana, del trabajo. A nosotras esta premisa nos plantea varios problemas que tienen que ver con nuestra posición materialista y feminista. En primer lugar, más que de seres humanos cabría hablar de hombres y de mujeres, puesto que el ser humano neutro no existe. En segundo lugar, consideramos que la relación entre los agentes sociales (mujeres y hombres) y los objetos (condiciones materiales) no es de carácter jerárquico, sino dialéctico. En tercer lugar, la propia existencia de una comunidad se debe precisamente al trabajo acumulado de mujeres y hombres y, por ello, somos producto social (Castro *et alii* 1996, 1998, 2001). Este estatus de "producto", más allá de cosificarnos, pone de relieve un hecho que, aunque evidente, no suele tenerse en cuenta en los modelos sociológicos y económicos: sin gestación y mantenimiento no habría fuerza de trabajo. Producimos, pero también somos producid@s y necesitamos un cuidado básico que, por realizarse en el seno de la unidad doméstica, suele concebirse como natural e independiente de la organización socio-económica. En arqueología, una investigación audaz y nueva, todavía por construir, debería explorar las posibilidades que ofrece el estudio de los restos humanos para redefinir el concepto de trabajo desde una perspectiva no androcéntrica, de forma que tenga en cuenta la producción de vida en todas sus facetas, desde la gestación hasta la socialización.

Principios metodológicos para el análisis funcional del esqueleto humano: indicadores óseos de actividad.

El tema que vamos a tratar es el estudio de la actividad física a partir del esqueleto humano como una más de las vías de indagación sobre el trabajo por parte de la arqueología funcional. El punto de partida en este tipo de análisis estriba en detectar una serie de anomalías óseas cuya génesis se relaciona con movimientos, posturas y esfuerzos repetitivos y prolongados en el tiempo. Dichas anomalías o "indicadores" óseos[1] tienen como factor común la circunstancia de que el esqueleto es un sistema íntimamente vinculado y muy sensible a la presión bio-mecánica que ejercen sobre él músculos y ligamentos. Por tanto, las actividades que exigen un esfuerzo muscular continuo afectarán a los tejidos correspondientes. En 1892 Julius Wolff desarrolló este principio biológico en su Ley de Transformación, por la cual todo hueso se adapta a las fuerzas mecánicas a las que es sometido y aumenta o disminuye su masa en función de dicha presión (citado en Kennedy 1989: 134). En suma, los huesos del esqueleto humano tienen capacidad para remodelar su estructura con el fin de hacer frente a las presiones bio-mecánicas derivadas del ejercicio físico, y dicha remodelación puede adoptar formas o dimensiones distintivas, observables macroscópicamente. Sin embargo, su interpretación no es en modo alguno sencilla por varios motivos.

En primer lugar, es necesario tener en cuenta que el cuerpo humano sólo es capaz de realizar un determinado número de movimientos, pero con ese limitado repertorio, hombres y mujeres pueden desarrollar un sinfín de tareas. Por consiguiente, las modificaciones óseas que estamos considerando nunca remiten de forma inequívoca a un trabajo específico. Por la misma razón, la ausencia de dichas trazas óseas no indica necesariamente inactividad, sino que puede interpretarse en función tanto del ejercicio de una amplia gama de labores cotidianas, como de ausencia de especialización intensiva en una determinada tarea. Para superar estas limitaciones interpretativas es imprescindible considerar múltiples indicadores e integrar los diferentes tipos de información obtenida en el registro arqueológico, de forma que la combinación de diversos indicadores permita comparar "niveles de esfuerzo" entre segmentos de una misma población y entre poblaciones diferentes.

En segundo lugar, hay que subrayar que en la génesis de los marcadores de actividad también intervienen otros factores de muy diferente orden que tienen que ver tanto con el metabolismo en sentido estricto, como con la nutrición, el estado de salud, el envejecimiento, el sexo, o la propia predisposición genética. Por consiguiente, para interpretarlos correctamente es necesario valorar el efecto diferencial de los diversos agentes implicados en su génesis y en la población concreta objeto de estudio. Para ilustrar la importancia de este punto comentaremos brevemente la cuestión de la edad, el sexo y la nutrición.

Consideremos, en primer lugar, la cuestión del envejecimiento. A lo largo de todo el ciclo vital los huesos se remodelan constantemente. Sin embargo, a nivel esquemático podríamos distinguir entre una primera fase de formación-desarrollo y otra posterior de deterioro-degeneración, caracterizada por un declive fisiológico y una pérdida de capacidad adaptativa. La edad del individuo cuyos huesos observamos puede ser la responsable de su "desgaste". Por la misma razón, sólo podemos valorarlo en mujeres y hombres plenamente adultos, ya que el esqueleto de un individuo joven no acusa este tipo de reacciones. De todo ello se derivan dos conclusiones: a.) para diferenciar entre el desgaste biológico universal, consecuencia del proceso de envejecimiento, del ocasionado por tareas y actividades cotidianas relacionadas con el trabajo, es necesario evaluar el perfil de edad de los casos analizados; b.) resulta imposible determinar las cargas laborales en la población infantil y juvenil.

También es imprescindible calibrar los efectos de la variable sexo en el análisis de una determinada colección esquelética. El dimorfismo sexual en la estructura ósea se expresa tanto en diferencias en el proceso de maduración y desarrollo de masa muscular, como en la composición mineral del tejido óseo a lo largo del ciclo reproductivo femenino, o en la prevalencia de ciertos cuadros patológicos en varones y hembras. Por tanto, la pertenencia a uno u otro sexo puede determinar la

[1] Referenciados en la bibliografía anglosajona como *musculoskeletal stress markers* o *skeletal markers of occupational stress* (véase por ejemplo Kennedy 1983 y 1989, Borgognini y Repetto 1986, Hawkey y Merbs 1995, Pálfi y Dutour 1996, Sperduti 1997, Steen y Lane 1998, Hawkey 1998).

aparición y frecuencia de ciertos indicadores. Más importante aún es la posibilidad de explorar las relaciones de género, ya que en este caso las diferencias biológicas (ser hombre o mujer) pueden tener un correlato en la organización social del trabajo (división técnica, especialización), con importantes repercusiones a la hora de valorar las relaciones de igualdad/explotación por razón de sexo.

Finalmente, vale la pena considerar la cuestión de la nutrición como ejemplo ilustrativo de las interrelaciones entre aspectos biológicos y sociales. El régimen alimenticio de una población está influenciado, pero no determinado, por las posibilidades del territorio donde habita. Qué se come y quiénes comen qué alimentos no depende del entorno, sino de la organización socio-económica. Por eso resulta imprescindible acudir al análisis de los restos humanos, porque son ellos los que pueden aportar evidencias directas sobre el consumo efectivo de alimentos[2], así como diferencias nutricionales intrapoblacionales, de carácter significativo y con repercusiones en el estado de salud, que pueden estar determinadas por criterios biológicos con significado social (edad, sexo), u otros plenamente económicos (de clase social), discernibles a partir de la información del contexto arqueológico.

Los indicadores de actividad pueden clasificarse en tres grandes grupos:
a.) Modificaciones de las regiones articulares; pueden ser patológicas si se relacionan con el desgaste/degeneración de las articulaciones (artrosis), o asintomáticas si se trata de alteraciones provocadas por ciertos hábitos posturales.
b.) Modificaciones no articulares; dentro de este grupo se incluyen diversas condiciones, como las remodelaciones óseas en las regiones de inserción muscular sometidas a gran presión (entesopatías), las fracturas resultado de un debilitamiento óseo (fracturas por fatiga), o las alteraciones en la morfología dental por el uso de los dientes como herramienta de trabajo[3].
c.) Modificaciones estructurales; se trata de alteraciones en la arquitectura y configuración interna de los huesos sometidos a fuerzas bio-mecánicas. A diferencia de las anteriores, su análisis no estriba en detectar anomalías morfológicas, sino métricas.

A continuación exponemos los principales indicadores óseos relacionados con el ejercicio físico y las cargas laborales y analizamos sus ventajas y limitaciones en el contexto de diferentes casos prácticos.

Artrosis

Artrosis es el término clínico habitual para designar la degeneración del cartílago articular y sus correspondientes secuelas óseas. En paleopatología artrosis es sinónimo de enfermedad degenerativa de las articulaciones y también de "osteoartritis" (Steinbock 1976, Ortner y Putschar 1985, Campillo 1993-1994 y 2001, Schwartz 1995, Roberts y Manchester 1997, Aufderheide y Rodríguez 1998). Este último término es el que ha acabado imponiéndose en la bibliografía por influencia de los textos anglosajones, y sin embargo resulta poco apropiado porque el sufijo "itis" alude a un proceso inflamatorio de las articulaciones que no es el principal atributo de esta condición, sino la degeneración. Los estigmas óseos gracias a los cuales es posible diagnosticar un cuadro de artrosis se relacionan precisamente con esa degradación del cartílago que protege y cubre las superficies articulares. La reacción ósea que se desencadena a fin de compensar la pérdida de elasticidad y amortiguación puede adoptar diversas expresiones: porosidad, cavitación subcondral, labio u osteofito, y pulido o eburnación (fig. 1).

Pese a que la artrosis puede obedecer a múltiples factores, suele admitirse con algunas excepciones que el principal detonante es la presión mecánica y la actividad física. La palabra clave es desgaste y de ahí su estrecha relación con el proceso de envejecimiento. De hecho, algunos estudios recientes han intentado mostrar la validez de los cuadros artrósicos como indicadores de la estructura demográfica de una población (véase por ejemplo Cunha 1996). No obstante, es posible detectar frecuencias de degeneración articular en individuos jóvenes, lo cual subraya la importancia del desgaste físico asociado a esta condición más allá del propio proceso de envejecimiento (Larsen 1997).

Son muchos los casos clínicos en los que los patrones degenerativos de articulaciones como la cadera, la rodilla o la muñeca corresponden a un perfil de paciente que acostumbra a acarrear pesos, a desarrollar diferentes tipos de labores manuales, o a practicar determinados deportes. Sin embargo, diferentes estudios recientes sobre poblaciones esqueléticas con historiales de vida conocidos, bien a través de registros escritos (Waldron 1994 en Larsen 1997), bien a través de inferencias arqueológicas (Knüsel *et alii* 1997), han puesto de relieve que resulta muy difícil vincular una actividad/ocupación concreta con un patrón de artrosis determinado. Por tanto, es necesario contar con indicadores independientes para refrendar cualquier interpretación.

Para calibrar el peso relativo de los diferentes agentes causales resulta útil determinar la edad del individuo analizado y valorar el cuadro de degeneración articular observable en todo el esqueleto, ya que si es generalizado difícilmente podrá atribuirse a la realización de ciertas actividades. Otra alternativa consiste en examinar las frecuencias relativas por tipo de expresión y localización

[2] Por ejemplo mediante análisis bioquímicos de isótopos estables y oligoelementos.

[3] En este trabajo sólo trataremos indicadores óseos. Los marcadores de actividad observables en piezas dentarias han sido objeto de una síntesis por parte de Larsen (1987). Véase también, en este volumen, el análisis de Delgado Darias *et alii* sobre huellas de actividad en piezas dentarias de la población prehispánica de Gran Canaria.

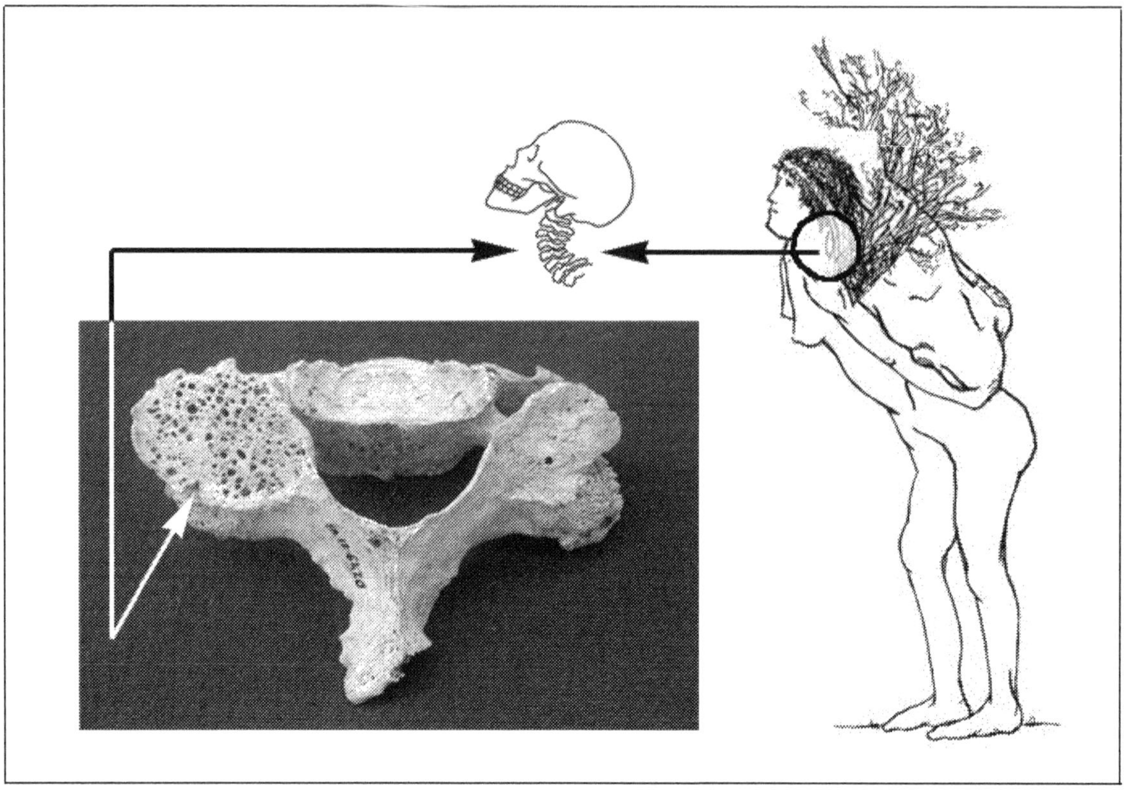

Figura 1. Vista superior de una vértebra cervical C3/C6 con lesiones artrósicas de carácter severo y unilateral (cavitación subcondral, anillo osteofítico y eburnación) y expansión articular posteroinferior. Esta lesión degenerativa puede vincularse con una hiperextensión reiterada del segmento cervical.
Dibujo basado en analogías etnográficas, realizado por Xavier Balaguer.
Fotografía: Es Forat de Ses Aritges, Ciutadella de Menorca (c 1400-1000 cal ANE), nº de inventario FA-12-6420 (actualmente en proceso de estudio por parte de las autoras).

en aquellas articulaciones que soportan el peso del cuerpo y están implicadas en la locomoción (cadera, rodilla) y compararlas respecto a la degeneración de otras que, aún siendo estables, son más susceptibles de acusar modificaciones de carácter funcional (codo, hombro, muñeca, nudillos de la mano) (Jurmain 1991). Una última estrategia de análisis que ha demostrado sus frutos es la que evalúa los efectos artrósicos, tanto disco-vertebrales como interapofisarios, en los diferentes segmentos de la columna donde el ejercicio físico o el acarreo de pesos determina una reducción o un aumento de la curvatura natural de la espina (Sofaer 2000).

El estudio de la artrosis cuenta con más de un siglo a sus espaldas y, dada su presencia en todas las poblaciones humanas conocidas, existe una voluminosa bibliografía con importantes datos en cuanto a frecuencias y prevalencia en diferentes grupos. De especial interés son los análisis sobre restos humanos que ofrecen la posibilidad de vincular lesiones degenerativas con actividades documentadas etnográficamente, como por ejemplo entre diversas poblaciones esquimales (Larsen 1997). Otro campo de investigación especialmente fructífero es el estudio comparativo de frecuencias absolutas por regiones articulares en poblaciones y/o segmentos sociales con diferentes estrategias tecnológicas y formas productivas (Czarnetzki *et alii* 1983). Así, por ejemplo, se han estudiado patrones artrósicos en el codo relacionados con el uso de diferentes armas (flechas, *atlatl*, lanza) (Bridges 1990) y con la producción de harina a través de la molienda (Bridges 1989, 1994); degeneración articular en pelvis y columna asociada con la práctica ecuestre como tecnología de caza y de guerra (Pálfi 1992); y artrosis cervical asociada al transporte de grandes pesos sobre la cabeza (Lovell 1994). Esta última interpretación puede verse reforzada si, además de existir una correlación negativa respecto a la variable edad, los estigmas óseos se asocian positivamente con especímenes que presentan una expansión de la articulación intervertebral superior en dirección posteroinferior. Esta anomalía puede entenderse en función de una presión que comprime el arco vertebral haciendo que las cervicales superiores "resbalen" sobre las inferiores, como así sucedería en el caso del acarreo de grandes pesos sobre la cabeza (Rihuete 2000).

Modificaciones articulares no patológicas

Este tipo de indicadores óseos se relaciona con la adopción habitual y prolongada de ciertas posturas durante el desarrollo de actividades/trabajos cotidianos.

Al agacharnos flexionamos las articulaciones de la cadera, la rodilla y el tobillo sometiéndolas a diferentes fuerzas de presión y tensión según la actividad que realicemos. La repetición continuada de una postura concentra la presión ejercida por el peso del cuerpo en las articulaciones afectadas. Esta presión puede provocar la extensión del cartílago cobertor para impedir el contacto entre los huesos, de forma que éstos reaccionan generando una carilla articular accesoria que amortigua el exceso de presión aplicada a la articulación. La formación de estas nuevas superficies articulares obedece, por tanto, a la adopción constante de una postura, no al desarrollo de una actividad concreta. Identificar dicha actividad exige recabar información independiente, tanto osteológica como estrictamente arqueológica.

Son muchas las remodelaciones óseas en rodillas y tobillos que se han asociado con la adopción reiterada de la postura en cuclillas o de rodillas (Czarnetzki *et alii* 1983, Kennedy 1989, Castellana y Malgosa 1991, Boulle y Kurzene 1999, Boulle 2001). Una de las mejor conocidas es la extensión proximal de la carilla articular distal de los metatarsianos producida por hiperdorsiflexión de los dedos de los pies (fig. 2), denominada *squatting facet* en la bibliografía anglosajona. Esta expansión articular fue estudiada originalmente por Ubelaker (1979) en un análisis comparativo entre poblaciones prehistóricas (Ecuador), indígenas norteamericanas (ss. XV-XVIII), y contemporáneas (colección Terry y esquimales). Las diferencias detectadas en el número y posición de articulaciones afectadas le llevó a proponer tres tipos de actividades/posturas diferentes en cada caso: molienda en posición de rodillas, escalar y descender por terrenos montañosos y trabajar en posición sentada de forma que los pies se apoyan en los dedos y no en los talones.

Otro estudio interesante sobre las carillas accesorias en la articulación metatarso-falángica es el realizado por Molleson (1989, 1994) sobre restos humanos de Tell Abu Hureyra, un yacimiento sirio de época mesolítica y neolítica. En este caso, la prevalencia de la condición en el primer metatarsiano y su asociación preferente con huesos de mujeres son las claves que utiliza la autora para inferir una especialización femenina en actividades de molienda que se realizarían, como así confirma la iconografía de la región, de rodillas.

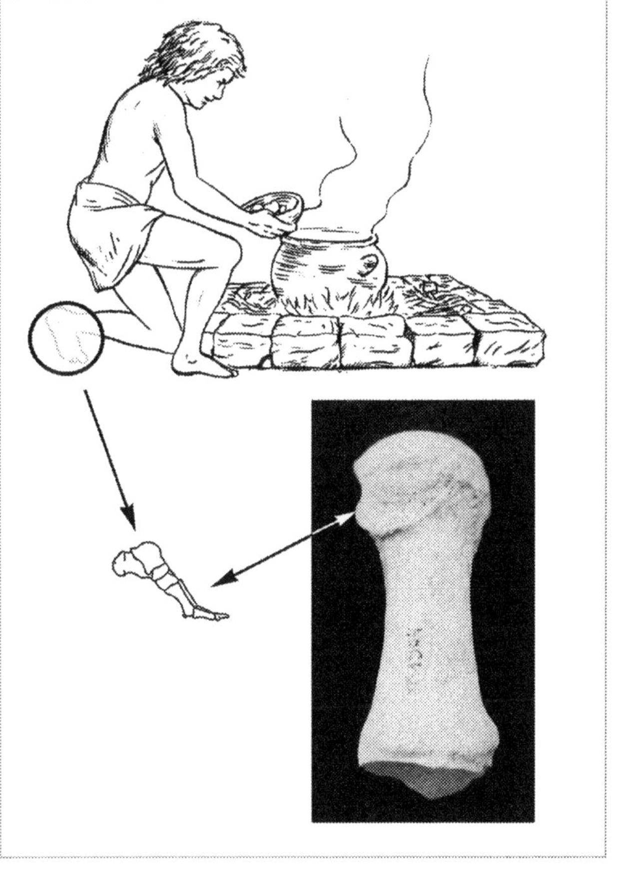

Figura 2. Desarrollo de una carilla articular accesoria por hiperdorsiflexión en la articulación metatarso-falángica de un primer metatarsiano. Dibujo: preparación del alimento en la comunidad talayótica de Son Fornés (Montuïri, Mallorca), realizado por Ricardo Egoscozábal (Vélera) para el montaje expositivo del *Museu Arqueològic de Son Fornés*. Fotografía: Cova des Càrritx, Ciutadella de Menorca (c. 1450/1400 - 850 cal ANE), nº de inventario XF-1504 (Rihuete 2000).

La misma interpretación es la propuesta por Prada y Sterpone (1999) en su estudio de la colección esquelética de Los Olmos, un asentamiento mexicano del siglo XVI correspondiente a los inicios de la colonización española. Este análisis pone nuevamente de relieve la riqueza interpretativa que aporta la integración del estudio antropológico en un análisis que tiene en cuenta las fuentes documentales de la época, el entorno ecológico y los vestigios arqueológicos recuperados en la excavación. En este caso se vuelve a constatar la asociación del rasgo con el sexo femenino, ya que ningún metatarsiano masculino está afectado. Además, en el registro arqueológico abundan los restos de malacates utilizados para hilar tanto fibras de maguey como de algodón, materias primas cuya obtención en esa época concuerda con los datos paleoambientales e históricos sobre la región. Finalmente, estos datos son coherentes con las ilustraciones de los códices de la época en los que se representan mujeres de rodillas y con los dedos de los pies flexionados mientras hilan en la rueca y tejen en el telar de cintura.

Entesopatías

Los progresos en el campo de la medicina deportiva y del trabajo, especialmente traumatología y fisiopatología de las inserciones musculares, han proporcionado a la arqueología una importante herramienta para estudiar las alteraciones óseas periarticulares en función de la prevalencia de ciertos movimientos reiterados en diversas actividades/profesiones.

Entre las lesiones más comunes destacan las entesopatías (*enthesis*= punto de inserción de un músculo –tendón- o ligamento), que pueden definirse como cambios hipertróficos de carácter inflamatorio en las inserciones musculares, provocadas por contracciones musculares repetitivas y violentas (Cañellas 1997, Campillo 2001). En el hueso seco es relativamente sencillo observar la formación de entesopatías, ya que se manifiestan en forma de rugosidades, crestas, surcos o exóstosis en las regiones de inserción muscular (Dutour 1986, Pálfi 1992, Galera y Garralda 1993, Pálfi y Dutour 1996, Hawkey y Merbs 1995, Peterson 1998, Robb 1998, Steen y Lane 1998, Wilczak 1998).

Uno de los estudios clásicos sobre entesopatías es el que afecta a la región del antebrazo, concretamente a la inserción del tríceps braquial en el olécranon del cúbito (fig. 3) y a la del bíceps braquial en la tuberosidad del radio. Ambas reacciones exostósicas han sido asimiladas con alteraciones producidas por el uso del arco (Dutour 1986) que implican una intensa contracción del bíceps mientras se sujeta el extremo posterior de la flecha, a la par que se tensa el tríceps de la extremidad opuesta que, en posición extendida, sostiene el arco. Por tanto, la incidencia de ambas lesiones debería cumplir una regla de asimetría: en personas diestras afectaría al radio derecho y al cúbito izquierdo, mientras que en las zurdas sería visible en el radio izquierdo y en el cúbito derecho. Otros estudios (Kennedy 1983, 1989) han puesto en relación la alta incidencia de entesopatías en el cúbito entre sociedades cazadoras-recolectoras con el lanzamiento de lanzas, boleadoras, *boomerangs* y *atlatls*, en tanto que dichas anomalías parecen ser recurrentes en actividades atléticas actuales como *water-polo*, lanzamiento de disco, martillo y jabalina, *baseball*, *cricket* y baloncesto. Otro tipo de entesopatías relativamente frecuentes en diferentes poblaciones esqueléticas son las localizadas en el calcáneo, concretamente en la inserción del tendón de Aquiles y en la del músculo aductor del dedo gordo del pie. Según Dutour (1986) la entesopatía del tendón de Aquiles aparece frecuentemente en atletas que corren pruebas de maratón y otras carreras de larga distancia, mientras que la lesión vinculada con la inserción del músculo aductor del dedo gordo del pie se documenta entre personas acostumbradas a largas marchas sobre terreno duro.

Diversos estudios han cuestionado este tipo de correlación directa entre entesopatía e interpretación de una actividad concreta dado que, como ya comentamos anteriormente, el rasgo óseo no es resultado del desarrollo de un trabajo específico, sino de un movimiento. Por ello, la estrategia de análisis e interpretación debe intentar dar cuenta de las diferentes variables (biológicas, ambientales y sociales) que participan en la génesis de este tipo de remodelaciones óseas. En primer lugar, hay que descartar la asociación con estigmas patológicos periféricos que puedan indicar una etiología congénita o metabólica (Dutour 1992), como por ejemplo las entesopatías del olécranon, la rótula o el tendón de Aquiles relacionadas con un aumento crónico del ácido úrico por una dieta hiperproteica, con gran incidencia a partir de la cuarta década de vida (Cañellas 1997). En segundo lugar, es necesario establecer el tipo de movimiento necesario para el desarrollo de una entesopatía concreta siguiendo los modelos establecidos por los análisis de anatomía funcional (Palastanga *et alii* 2000). Del mismo modo, también es deseable confirmar posibles diferencias en el grado de expresión inter e intrapoblacional más allá del registro cualitativo de cada rasgo (Wilczak 1998, Robb 1998). Una vez establecido el origen mecánico de la reacción ósea y el movimiento que la genera, se debe registrar las frecuencias y prevalencias de los diferentes tipos de entesopatías en el conjunto del esqueleto poscraneal a fin de averiguar diferencias significativas entre regiones anatómicas, lateralidad y sexo, que puedan interpretarse en clave de división técnica/sexual del trabajo. Otra vía de indagación complementaria radica en comparar las frecuencias de entesopatías respecto a otros indicadores de estrés ocupacional como el patrón de degeneración articular o de lesiones traumáticas, ya que es difícil que una actividad intensiva y prolongada en el tiempo deje un sólo tipo de huella osteológica (Pálfi 1992, Dutour 1992, Pálfi y Dutour 1996, Robb 1998).

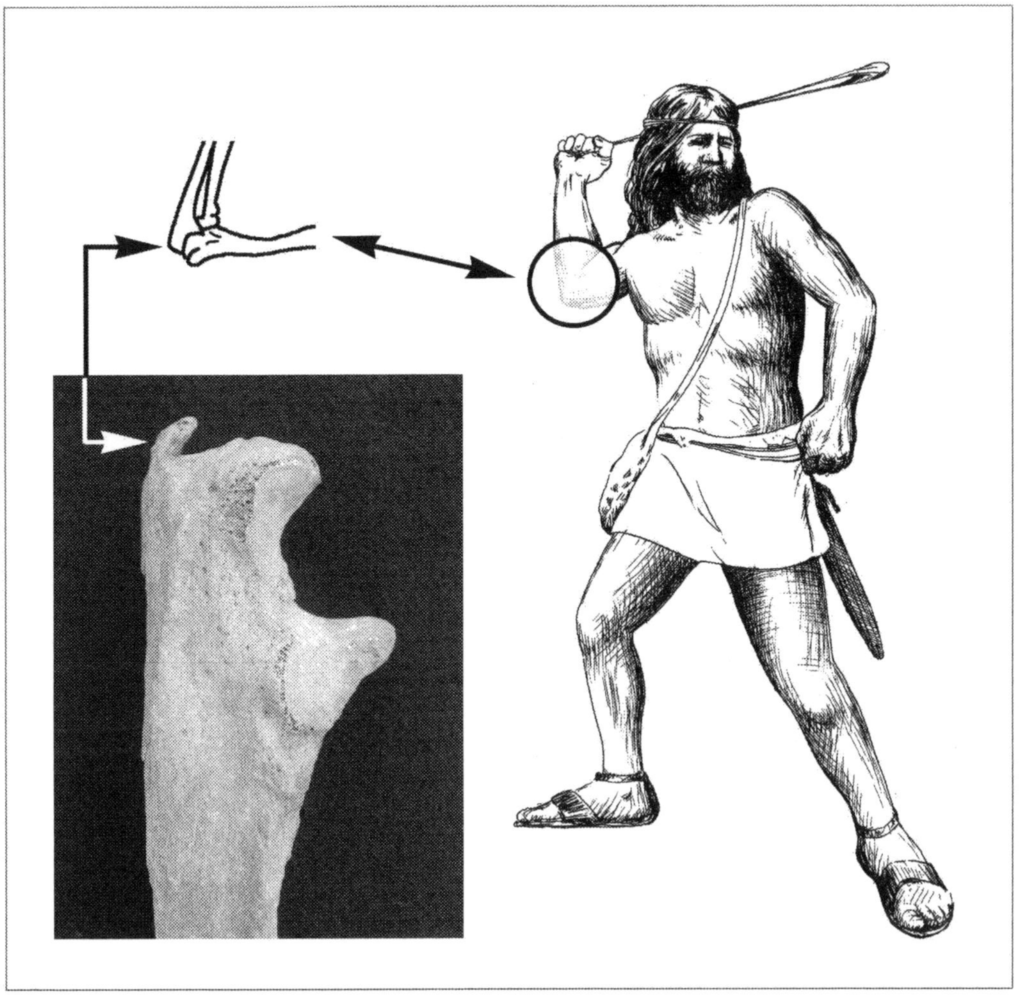

Figura. 3 Entesopatía en la inserción del tríceps (olécranon del cúbito) por hiperextensión de la articulación del codo. Dibujo: hondero balear (ss. IV-II ANE), realizado por Miguel Brieva (Vélera) para el montaje expositivo del *Museu Arqueològic de Son Fornés*.Fotografía: Es Forat de Ses Aritges, Ciutadella de Menorca (c. 1400-1000 cal ANE), nº de inventario FA-32-3419 (actualmente en proceso de estudio por parte de las autoras).

Un ejemplo práctico de este tipo de aproximaciones que combinan el análisis de múltiples indicadores de actividad lo encontramos en el estudio de una población altomedieval burgalesa (cementerio de Villanueva de Soportilla, fechado entre la segunda mitad del siglo IX y principios del XII), donde se analizan frecuencias de entesopatías, artrosis y traumas (véase *infra*) (Souich *et alii* 1996). Los resultados confirman la dureza de las condiciones de vida de una comunidad que debía trabajar y defender los territorios conquistados por Alfonso III, y que afectaba por igual tanto a hombres como a mujeres, aunque las diferencias estadísticamente significativas detectadas entre las entesopatías que afectan al uso de la extremidad superior pueden interpretarse en función de cierta división sexual del trabajo.

Otro ejemplo lo encontrarmos en el análisis de la población menorquina inhumada en la Cova des Càrritx (c. 1400-850 cal ANE), donde la integración de los datos sobre entesopatías del calcáneo, carillas articulares accesorias de la articulación metatarso-falángica (véase *supra*), deformación del cuerpo de los metatarsianos laterales y frecuencia de traumas con anquilosis en los dedos de los pies, apuntan hacia la práctica habitual de largas caminatas por un terreno agreste y accidentado, propias de tareas como la recolección y el pastoreo, que fueron especialmente significativas entre las formas productivas de dicha comunidad según datos independientes sobre paleodieta basados en análisis bioquímicos, arqueofaunísticos y de patología dental (Rihuete 2000).

Fracturas por sobrecarga

Las fracturas son una de las paleopatologías frecuentemente registradas en las colecciones esqueléticas humanas debido, en muchos casos, a la notoriedad de los callos de reparación. Los estudios clínicos y forenses han generado un importante volumen de información aprovechable en el análisis del hueso seco para interpretar el factor causal de este tipo de patologías, determinar su relación con la muerte del individuo analizado y, en caso de cicatrización, estimar el tiempo transcurrido entre el momento de la lesión y su reparación (Steinbock 1976, Ortner y Putschar 1985, Merbs 1989, Roberts y Manchester 1997, Aufderheide y Rodríguez 1998, Campillo 2001).

Es posible discriminar entre aquellas fracturas que se originan a raíz de un episodio de violencia o un accidente, de las que remiten a la acumulación de microtraumatismos por la adopción reiterada de posiciones forzadas y el desarrollo de movimientos/actividades extenuantes. Cuando se sobrepasa la capacidad de resistencia y elasticidad de una región ósea determinada, el estrés al que se somete el hueso acaba produciendo una fractura. Se trata, por tanto, de lesiones susceptibles de ser analizadas desde una perspectiva poblacional y, como tales, se conocen bajo el término de fracturas por fatiga, estrés o sobrecarga (Merbs 1989, Schwartz 1995, Ubierna *et alii* 1995, Zwart y Pradas 1997, Lovell 1997).

En la fractura de un hueso suelen intervenir diferentes tipos de fuerzas (compresión, torsión, incurvación y corte) identificables a partir del callo óseo y la deformación angular resultante del proceso de reparación (Merbs 1989, Roberts y Manchester 1997, Campillo 2001). Entre los traumas por "compresión" destacan las fracturas de los cuerpos vertebrales, producidas como consecuencia de un severo impacto con el cuerpo doblado hacia delante o por una extraordinaria flexión con presión. El registro de este tipo de traumas debe ir acompañado de una observación de frecuencias en deformaciones por rehundimiento (compresión o acuñamiento supero-inferior de los cuerpos vertebrales) susceptible de ser interpretada en función de una sobrecarga de trabajo y, de esta forma, descartar episodios traumáticos puntuales no relacionados con movimientos y posturas reiteradas.

En las vértebras también se detectan otro tipo de fracturas vinculadas con procesos de fatiga que afectan a la región del arco y reciben el nombre de espondilolisis (fig. 4). Este es el caso de las fracturas lumbares con separación del proceso articular superior e inferior (Merbs 1989), en cuya etiología parece tener menos importancia las fuerzas de compresión que los movimientos repetitivos que implican hiperextensión de la espalda (estudios experimentales de Green *et alii* 1994, citado en Merbs 1996: 209). No obstante, también hay que señalar que en la etiología de la espondilolisis puede intervenir cierta predisposición genética (Turkel 1989, Aufderheide y Rodríguez-Martín 1998), así como un estrecho vínculo con la postura erecta y locomoción bípeda exclusiva de los seres humanos (Merbs 1996, Etxeberria *et alii* 1997). Por tanto, la interpretación de frecuencias de espondilolisis en función exclusivamente de la actividad física puede resultar problemática a falta de otros indicadores que denoten una intensa actividad física.

Otros huesos implicados en el desarrollo de traumas por fatiga son los metatarsianos, el calcáneo y la tibia (Wilson y Katz 1969, citado en Lovell 1997: 144), así como los segmentos proximales de fémur y peroné y la rama descendente del pubis (Campillo 2001). En los metatarsianos este tipo de fracturas ha sido adjetivado como "fracturas de marcha" debido a que su diagnóstico suele ser habitual entre soldados en periodo de adiestramiento.

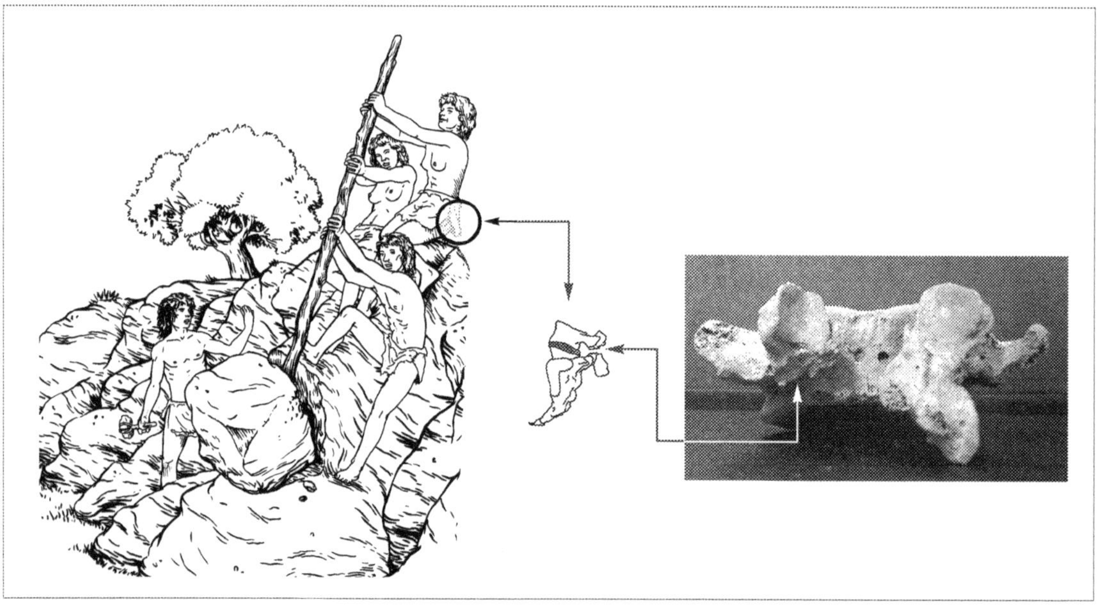

Figura.4 Espondilolisis unilateral del lado izquierdo en una quinta vértebra lumbar, vista por la cara dorsal, producida por microtraumatismos reiterados. Dibujo: trabajos de cantería en la construcción de los talayots de Son Fornés (Montuïri, Mallorca), realizado por Ricardo Egoscozábal y Miguel Brieva (Vélera) para el montaje expositivo del *Museu Arqueològic de Son Fornés*. Fotografía: Es Forat de Ses Aritges, Ciutadella de Menorca (c.1400-1000 cal ANE), nº de inventario FA-18-8590 (actualmente en proceso de estudio por parte de las autoras).

Al margen de ciertos tipos concretos de fracturas por fatiga, como los comentados hasta ahora, el análisis cualitativo (tipo y localización de la lesión) y cuantitativo (frecuencias sobre el total de casos observados) puede ofrecer información relevante sobre actividades cotidianas desarrolladas en el marco de diferentes tipos de formas productivas. Así, por ejemplo, un estudio comparativo entre comunidades urbanas y rurales británicas de época medieval (Judd y Roberts 1999) ha detectado diferencias estadísticamente significativas en la frecuencia de lesiones traumáticas, con una mayor prevalencia en los grupos dedicados a la agricultura (19,4%) que a las actividades artesanales/comerciales (4,7-5,5%), y diferencias sexuales en la concentración de fracturas que delatan una mayor especialización de las mujeres (fracturas localizadas en los antebrazos) que de los hombres (sin prevalencia de localización). No obstante, la valoración de este tipo de datos debe tener en cuenta los perfiles de edad de la población estudiada, ya que es necesario eliminar el sesgo producido por especímenes con edades avanzadas, especialmente si son mujeres, debido a la frecuencia de fracturas relacionadas con osteoporosis, sobre todo en cadera, muñeca y columna vertebral (Ubierna *et alii* 1995, Roberts y Manchester 1997, Kobyliansky *et alii* 2000).

Modificaciones estructurales

El análisis de las modificaciones estructurales en tamaño y forma de los huesos de las extremidades sometidos a estrés bio-mecánico es una de las aplicaciones directas basadas en la Ley de Transformación de Wolff (véase *supra*). Estudios experimentales con animales de laboratorio han confirmado y cuantificado la remodelación ósea de los elementos afectados por un determinado régimen de actividad física. Del mismo modo, las investigaciones en anatomía funcional han contrastado positivamente hipertrofia diafisaria en huesos del brazo dominante sometidos a un intenso ejercicio -por ejemplo, tenistas-, y disminución de masa ósea en brazos y piernas afectados por falta de movilidad -periodos prolongados de reposo en cama- (para una síntesis consúltese Larsen 1997: 195-196).

En este tipo de investigaciones el objetivo básico reside en detectar diferencias cuantitativas de carácter significativo respecto a los parámetros métricos normales de la población objeto de estudio. Para ello es necesario considerar factores íntimamente relacionados con la estructura de los huesos implicados, especialmente la nutrición, la bio-mecánica del desgaste, el envejecimiento, el sexo y la configuración genética. Este enunciado ya deja entrever los problemas que podemos encontrarnos cuando la "población" analizada consiste en una colección de huesos procedentes de un yacimiento arqueológico: esqueletos incompletos, sesgos tafonómicos y demográficos, desconocimento de la especificidad biológica del grupo humano al que representa, etc. Con todo, estos problemas son comunes a cualquier línea de investigación arqueológica. La nota de advertencia que queremos enfatizar es la cautela con la que se deben interpretar los resultados según las limitaciones impuestas por las características de la muestra analizada.

Una posible vía de análisis consiste en el cálculo y comparación de los denominados índices de robustez, que expresan la medida del diámetro de la diáfisis (grosor), en diferentes puntos normalizados, respecto a la longitud total del hueso. Estos índices pueden ser un indicador útil para explorar diferencias funcionales en el uso de las extremidades a escala inter e intrapoblacional. Sin embargo, es necesario demostrar que las diferencias detectadas no son fruto de la variabilidad que cabría detectar en cualquier población humana y proponer indicadores independientes que puedan apuntalar la interpretación de los resultados, especialmente cuando se trata de reconstruir cargas laborales relacionadas con estrategias productivas desempeñadas por diferentes colectivos sociales. En este tipo de análisis es muy útil aplicar el principio de asimetría bilateral en el predominio del uso del lado derecho que caracteriza, entre otras, a la especie humana (Borgognini y Repetto 1986, Bridges 1990 y 1994, Stirland 1993). La única diferencia por lateralidad que actualmente se considera de carácter congénito es la longitud máxima del húmero (Stirland 1993). Por tanto, en el resto de las mediciones el principio de asimetría puede resultar de gran ayuda a la hora de inferir ciertas actividades que no requieren el uso simultáneo de los dos brazos, sino sólamente de uno, y además encuentran argumentos positivos en otros indicadores (fig. 3).

El análisis métrico de las modificaciones estructurales ha desarrollado un sofisticado método basado en modelos matemáticos derivados de la física mecánica y la ingeniería conocido bajo el nombre de geometría transversa (Ruff *et alii* 1984, Bridges 1989, Ruff 1992). En este caso, los parámetros métricos incluyen, además del diámetro externo mediolateral y anteroposterior, el grosor de la pared ósea y la cortical respecto a la cavidad medular (sección transversa) en diferentes puntos de la sección de las diáfisis. Con ello se pretende obtener una medida directa de la "fuerza" (rigidez) del hueso que éste genera para resistir la presión a la cual es sometido bajo un estrés prolongado de incurvación o torsión. Un problema derivado de este tipo análisis es la destrucción de la muestra, ya que las mediciones han de efectuarse en puntos estandarizados. Por ello es preferible que las medidas se obtengan a partir de imágenes conseguidas por tomografía axial computerizada (TAC), lo cual exige infraestructura y capacitación técnica apropiadas a fin de garantizar la precisión de los resultados.

Estos análisis han gozado de una amplia aplicación en el estudio de poblaciones norteamericanas representadas por una nutrida muestra esquelética y con diferentes estrategias de subsistencia (caza-recolección *versus* agricultura), que han permitido detectar una correlación positiva entre robustez y movilidad a lo largo del *continuum* definido entre un nomadismo acusado y la sedentarización definitiva de comunidades agrícolas, así como una reducción de la asimetría bilateral y el grado de robustez en los huesos de los brazos, más significativa en las mujeres que en los hombres, que podría indicar una especialización femenina en las tareas agrícolas (para una síntesis véase Boyd 1996: 220-222).

Conclusiones

Los avances en el campo de la medicina del deporte y del trabajo, los modelos de la bio-mecánica y la anatomía funcional, la práctica clínica y forense, y la formulación de problemas bio-arqueológicos está proporcionando un material de primer orden para analizar la impronta de las cargas laborales en las abundantes colecciones esqueléticas de poblaciones pasadas. A lo largo de las páginas anteriores hemos intentado ilustrar el enorme potencial informativo que ofrece el análisis de los marcadores óseos de actividad para la investigación del trabajo en las sociedades pasadas. Los indicadores comunmente analizados son los patrones de artrosis, entesopatías, fracturas por sobrecarga, modificaciones articulares por hábitos posturales y modificaciones en la estructura y dimensiones de los huesos largos. Cada uno de ellos entraña ciertos problemas de diagnóstico que competen al análisis antropológico y requieren un conocimiento profundo de la interrelación de los factores implicados en su génesis. Este tipo de problemas, sin embargo, son de menor calado que los derivados de la interpretación a escala poblacional, que es la que nos interesa desde una perspectiva histórica. A nuestro entender, las inferencias sobre caracterización y organización social del trabajo basadas en los indicadores óseos de actividad deben tener en cuenta las siguientes premisas:

1.) En última instancia la actividad física cotidiana está determinada por la organización socio-económica. Por tanto, es imprescindible conocer en profundidad el contexto histórico del material objeto de estudio, es decir, todos y cada uno de los elementos del registro arqueológico de donde procede la muestra esquelética analizada.

2.) En la génesis de los marcadores analizados interviene un amplio elenco de variables y causas predisponentes, como el sexo, la edad, la nutrición, el entorno físico, la predisposición genética y los desórdenes metabólicos, que conviene evaluar de forma interrelacionada para proceder a una interpretación ajustada.

3.) En el estado actual de conocimientos, identificar actividades concretas en el esqueleto humano implica, necesariamente, que dichas actividades o trabajos se realizaron, bien de forma repetitiva (intensiva), bien con un esfuerzo extenuante. Por ello es necesario diferenciar entre trabajos especializados, que requieren una serie de movimientos y fuerzas para la obtención de un determinado producto, de cargas laborales inespecíficas en tanto que resultantes de múltiples tareas cotidianas. Es precisamente esta diferenciación la que puede enriquecer el análisis de la organización social del trabajo y contribuir a desvelar aquellos regímenes de actividad que no suelen tenerse en cuenta porque se consideran "naturales", o bien no requieren una especialización/dedicación intensiva.

Agradecimientos

Nuestro más sincero agradecimiento a Pedro Castro, José Ignacio y María Estela Fregeiro, Vicente Lull, Raselda Maurino, Rafael Micó, Alfred Pallás, Isabel Piña, Roberto Risch, y muy especialmente, Mª Encarna Sanahuja, por sus comentarios al manuscrito original. También estamos en deuda con Jaime Arenas por su colaboración en la obtención de fotografías digitales y con Xavier Balaguer por el tiempo dedicado al diseño del dibujo de la figura 1.

Este trabajo se enmarca en el proyecto de investigación sobre los restos humanos de la necrópolis menorquina "Es Forat de Ses Aritges", aprobado en el año 2000 por el Consell Insular de Menorca y respaldado económicamente durante el presente ejercicio por el IME (*Institut Menorquí d'Estudis*).

Bibliografía

AUFDERHEIDE, A.C. y RODRÍGUEZ, C. (1998), *The Cambridge Encyclopedia of Human Paleopathology,* Cambridge University Press, Cambridge.

BORGOGNINI, S.M. y REPETTO, E. (1986), "Skeletal indicators of subsistence patterns and activity régime in the Mesolithic sample from Grotta dell'Uzzo (Trapani, Sicily): a case study", *Human Evolution*, 1 (4), pp. 331-352.

BOULLE, E. (2001), "Evolution of two human skeletal markers of the squatting position: a diachronic study from antiquity to the modern age", *American Journal of Physical Anthropology*, 115, pp. 50-56.

BOULLE, E. y KURZENNE, J. (1999), "La facette d'"acroupissement" sur le talus foetal humain: sa formation et son maintein", *Bulletin et Mémoires de la Société d'Anthropologie de Paris*, 11(3-4) pp. 371-382.

BOYD, D.C. (1996), "Skeletal correlates of human behavior in the Americas", *Journal of Archaeological Method and Theory,* 3(3),pp.189-251

BRIDGES, P. S. (1989), "Changes in activities with the shift to agriculture in Southwestern United States", *Current Anthropology,* 30 (3)),pp. 385-394.

BRIDGES, P. S. (1990), "Osteological correlates of weapon use", en BUIKSTRA, J. E. (ed.), *A life in Science. Papers in Honor of J. Lawrence Angel,* Center for American Archaeology, Scientific Papers, 6),pp.87-96.

BRIDGES, P. S. (1994), "Vertebral arthritis and physical activities in the Prehistoric Southeastern United

States", *American Journal of Physical Anthropology*, 93),pp.83-93.

BUIKSTRA, J.E. y COOK, D. C. (1980), "Paleopathology: an American account", *Annual Review of Anthropology,* 9),pp.433-470.

BUIKSTRA, J. y MIELKE (1985), "Demography, diet and health", en GILBERT y MIELKE, eds.,*The Analysis of Prehistoric Diets,* Academic Press, Orlando),pp.360-422.

BUSH, H. (1991), "Concepts of health and stress", en BUSH, H. y ZVELEBIL, M. (eds.), *Health in Past Societies. Biocultural interpretations of human skeletal remains in archaeological contexts,* Bar International Series, 567, Oxford),pp.11-21

CAMPILLO, D. (1993-1994), *Paleopatología. Los primeros vestigios de la enfermedad,* 2 vols., Fundación Uriach 1838, Barcelona.

CAMPILLO, D. (2001), *Introducción a la paleopatología*, Edicions Bellaterra, Barcelona.

CAÑELLAS, A. (1997), "Traumatología en la extremidad superior y lesiones de aposición ósea cortical", en MACIAS, M.M. y PICAZO, J.E. (eds.), *La Enfermedad en los restos humanos arqueológicos. Actualización conceptual y metodológica*, Actas del IV Congreso Nacional de Paleopatología, Ayuntamiento de San Fernando y Universidad de Cádiz),pp.51-65.

CASTELLANA, C. y MALGOSA, A. (1991), "El complejo postural en cuclillas en los individuos de S'Illot des Porros (Mallorca, VI-II aC)", en BOTELLA, M.C, JIMÉNEZ, S., RUIZ, L. y SOUICH P. (eds.), *Nuevas Perspectivas en Atropología. VII Congreso Español de Antropología Biológica*, Granada),pp.165-178.

CASTRO, P., CHAPMAN, R., GILI, S., LULL, V., MICÓ, R., RIHUETE, C., RISCH, R. y SANAHUJA, Mª E. (1996), "Teoría de las prácticas sociales",*Complutum* , 6 (II) Extra),pp.35-48.

CASTRO, P., GILI, S., LULL, V., MICÓ, R., RIHUETE, C., RISCH, R. y SANAHUJA, Mª E (1998), "Teoría de la producción de la vida social. Mecanismos de explotación en el Sudeste ibérico", *Boletín de Antropología Americana*, 33),pp.25-77.

CASTRO, P., GILI, S., LULL, V., MICÓ, R., RIHUETE, C., RISCH, R. y SANAHUJA, Mª E (2001), "Teoría de la producción de la vida social. Un análisis de los mecanismos de explotación en el Sudeste ibérico (c. 3000-1550 cal ANE)".

CZARNETZKI, A., UHLIG, Ch. y WOLF, R. (1983), *Menschen des Frühen Mittelalters im Spiegel der Anthropologie und Medizin*, Württembergisches Landesmuseum, Stuttgart.

DUTOUR, O. (1986), "Enthesopaties (lesions of muscular insertions) as indicators of the activities of Neolithic Saharan populations", *American Journal of Physical Anthropology,* 71,pp.221-224.

DUTOUR, O. (1992), " Activités physiques et squelette humain: le difficile passage de l'actuel au fossile", *Bulletin et Mémoires de la Société d'Anthropologie de Paris*, 3-4,pp.233-241.

ETXEBERRIA,F., CAMPOS, M. y RODRIGUEZ, J.V. (1997), "Espondilolisis y espondilolistesis: inestabilidad de la transición lumbosacra. Apropósito de dos casos en la población de Soacha (Colombia)", en MACÍAS, M.M. y PICAZO, J.E. (eds.), *La enfermedad en los restos humanos arqueológicos. Actualización conceptual y metodológica*, Actas del IV Concreso Nacional de Palopatología, San Fernando,pp.249-262.

GALERA, V. y GARRALDA, M.D. (1993), "Enthesopaties in a Spanish Medieval population: anthropological, epidemiological, and ethnohistorical aspects", *International Journal of Anthropology*, 8 (4),pp.247-258.

GOODMAN, A. H., MARTIN, D. L., ARMELAGOS, G. J. y CLARK, G. (1984), " Indications of stress from bone and teeth", en COHEN, M. N. y ARMELAGOS, G. J. (eds.), *Paloepathology at the origins of agriculture,* Academic Press, Nueva York,pp.13-49.

HAWKEY, D.E. y MERBS, C.F. (1995), "Activity induced musculoskeletal stress markers (MSM) and subsistence strategy changes among Ancient Hudson Bay Eskinos", *International Journal of Osteoarchaeology*, 5,pp.324-338.

JUDD, M.A. y ROBERTS, Ch.A. (1999), "Fracture trauma in a Medieval British farming village", *American Journal of Physical Anthropology*, 109,pp.229-243.

JURMAIN, R.D. (1991), "Degenerative changes in peripheral joints as indicators of mechanical stress: opportunities and limitations", *International Journal of Osteoarchaeology*, 1,pp.247-252.

KENNEDY, K.A.R. (1983), "Mophological variations in ulnar supinator crests and fossae as identifying markers of occupational stress", *Journal of Forensic Sciences*, 28,pp.871-876.

KENNEDY, K.A.R. (1989), "Skeletal markers of occupational stress", en ISCAN, M. Y. y KENNEDY, K.A.R. (eds.), *Reconstruction of Life from the skeleton,* Wiley-Liss, Nueva York,pp.129-160.

KNÜSEL, Ch.J., GÖGGEL, S. y LUCY, D. (1997), "Comparative degenerative jont disease of the vertebral column in the Medieval Monastic Cemetery of the Gilbertine Priory of St. Andrew, Fishergate, York, England", *American Journal of Physical Anthropology*, 103,pp.481-495.

KOBYLIANSKY, E., KARASIK, D., BELKIIN, V. y LIVSHITS, G. (2000), "Bone ageing versus environment", *Annals of Human Biology*, 27(5) ,pp.433-451.

LARSEN, C.S. (1987), "Bioarchaeological intrpretations of subsistence economy and behavior from human skeletal remains", en SCHIFFER, M.B. (ed.), *Advances in Archaeological Method and Theory*, vol. 10, Academic Press, San Diego,pp.339-445.

LARSEN, C.S. (1997), *Bioarchaeology. Interpreting behavior from the human skeleton*, Cambridge University Press.

LOVELL, N. C. (1994), "Spinal arthritis and physical stress at Bronze Age Harappa", *American Journal of Physical Anthropology*, 93,pp. 149-164.

LOVELL, N. C. (1997), "Trauma analysis in paleopathology", *YPA*, 40,pp.139-170.

MERBS, C. F. (1989), "Trauma", en ISCAN, M. Y. y KENNEDY, K.A.R. (eds.), *Reconstruction of Life from the skeleton,* Wiley-Liss, Nueva York,pp.161-190.

MERBS, C. F. (1996), "Spondylolysis and Spondylolisthesis: a cost of being an erect bidep or a clever adaptation?", *American Journal of Physical Anthropology,* 39,pp.201-228.

MOLLESON, T. (1989), "Seed preparation in the Mesolithic: the osteological evidence", *Antiquity,* 63,pp.356-362.

MOLLESON, T. (1994), "La lección de los huesos de Abu Hureyra", *Investigación y Ciencia*, 217,pp.61-65.

ORTNER, D.J. y PUTSCHAR, W.G.J. (1985), *Identification of paleopathological conditions in human skeletal remains*, Smithsonian Institution, Washington.

PALASTANGA, N., FIELD, D. y SOAMES, R. (2000), *Anatomía y movimiento humnano. Estructura y funcionamiento*, Paidotribo, Barcelona.

PALFI, Gy. (1992), "Traces d'activités sur les squelettes des anciens Hongrois", *Bulletin et Mémoires de la Société d'Anthropologie de Paris*, 3-4,pp.209-231.

PÁLFI, G. y DUTOUR, O. (1996), "Activity-induced skeletal markers in Historical Anthropological material", *International Journal of Anthropology*, II(1) ,pp.41-55.

PETERSON, J. (1998), "The Natufian hunting conundrum: spears, atlatls, or bows? Musculoskeletal and armature evidence", *International Journal of Osteoarchaeology*, 8,pp.378-389.

PRADA MARCOS, M.E. y STERPONE, O. (1999), "Evidencia ósea de postura arrodillada en los metatarsianos de "Los Olmos" (Estado de Hidalgo, México)", en SANCHEZ SANCHEZ, J.A. (ed.), *Sistematización metodológica en Paleopatología*, Actas del V Congreso Nacional AEP (CD-ROM), Alcalá la Real,pp.48-53.

RIHUETE HERRADA, C. (2000), *Dimensiones bioarqueológicas de los contextos funerarios. Estudio de los restos humanos de la necrópolis prehistórica de la Cova des Càrritx (Ciutadella de Menorca)*, Tesis doctoral inédita, Universitat Autònoma de Barcelona (consulta URL http://www.tdcat.cesca.es/TDCat-0125102-111847).

ROBB, J.E. (1998), "The interpretation of skeletal muscle sites: a statistical approach", *International Journal of Osteoarchaeology*, 8,pp.363-377.

ROBERTS, Ch. y MANCHESTER, K. (1997), *The archaeology of disease*, 2ª ed., Cornell University Press, Ithaca, Nueva York.

RUFF, C., LARSEN, C.S. y W.C. HAYES (1984), "Structural changes in the femur with the transition to agriculture on the Georgia coast", *American Journal of Physical Anthropology*, 64,pp.125-136.

RUFF, C. (1992), "Biomechanical analysis of archaeological human skeletal samples", en Sh.R.Saunders y M.A.Katzenberg (eds.), *Skeletal Biology of Past Peoples: Research Methods,* Wiley-Liss Inc., Nueva York,pp.37-58.

SCHWARTZ, J.H. (1995), *Skeleton keys. An Introduction to human skeletal morphology, development and analysis*, Oxford University Press, Oxford.

SOFAER DEREVENSKI, J.R. (2000), "Sex differences in activity-related osseous change in the spine and the gendered division of labor at Ensay Wharram Percy, UK", *American Journal of Physical Anthropology*, 111,pp.333-354.

SOUICH, P., YOLDI, A. y JIMÉNEZ, S. (1996), "Marcadores de actividad en una población altomedieval castellana", en PEREZ-PEREZ, A. (ed.), *Salud, enfermedad y muerte en el pasado. Consecuencias biológicas del estrés y la paleopatología.* Actas del III Congreso Nacional de Paleopatología, Barcelona 1995, Fundación Uriach 1838,pp.143-147.

SPERDUTI, A. (1997), "Life conditions of a Roman Imperial Age population: occupational stress markers and working activities in *Lucus Feroniae* (Rome. 1st-2nd cent. AD)", *Human Evolution*, 12 (4) ,pp.253-267.

STEEN, S.K. y LANE, R.W. (1998), "Evaluation of habitual activities among two Alaskan Eskino populations based on musculoskeletal stress markers", *International Journal of Osteoarchaeology*, 8,pp.341-353.

STEINBOCK, R. T. (1976), *Paloepathological diagnosis and interpretation. Bone Diseases in ancient human populations,* Charles C. Thomas, Springfield.

STIRLAND, A. (1993), "Asymmetry and Activity-related change in the male humerus", *International Journal of Osteoarchaeology*, 3,pp.105-113.

TURKEL, S.J. (1989), "Congenital abnormalities in skeletal populations", en ISCAN, M. Y. y KENNEDY, K.A.R. (eds.), *Reconstruction of Life from the skeleton,* Wiley-Liss, Nueva York,pp.109-127.

UBELAKER, D. H. (1979), "Skeletal evidence of kneeling in prehistoric Ecuador", *American Journal of Physical Anthropology*, 51,pp.679-686.

UBELAKER, D. H. (1989), *Human skeletal remains. Excavation, analysis, interpretation,* 2ª edición, Smithsonian Institution, Washington.

UBIERNA, M.T., CÁCERES, E., IBORRA, M. y ROCA, J. (1995), "Fracturas patológicas de la columna vertebral", *Jano*, 48 (1119) ,pp.65-73

WILCZAK, C.A. (1998), "Consideration of sexual dimorphism, age, and assymetry in quantitative measurements of muscle insertion sites", *Internation Journal of Osteoarchaeology*, 8,pp.311-325.

ZWART, J.J. y PRADAS, M.A. (1997), "Fracturas por sobrecarga", *Jano,* LIII, 1227,pp.56-72.

SECCIÓN IV

ANÁLISIS FUNCIONAL Y EL ESTUDIO DE SOCIEDADES CAZADORAS-RECOLECTORAS

11. Actividades concretas y su organización espacial en el interior del yacimiento del paleolítico medio del Abric Romaní (Capellades, Barcelona): análisis funcional de objetos remontados

Kenneth Martínez Molina

Abstract

The excavation of the entire surface of the archaeological layers of Abric Romaní aims to recover all the archaeological remains and to interpret the spatial organization of the settlements. Refitting of lithic artefacts is a very useful tool for recognizing the spatial distribution of lithic reduction sequences. It allows us to relate lithic objects, their reduction sequences and the different accumulation areas to one moment of occupation. The development of activities in the shelter constituted the spatial structure of the settlements. At the same time, these activities characterize the occupations in a temporal and functional way. Thus, use-wear analysis of refitted objects is useful in the recognition of both the worked materials and the active lithic morphologies. Further, this analysis allows us to determine the intention behind the lithic production and the pattern of the spatial organization of activities. Therefore, this work is an approach to the eco-social behaviour of ancient hominids.

The archaeological sequence of the Abric Romani has been dated to between 70 and 40 Ka BP. Except for the upper level from the Upper Paleolithic (Aurignacian), the other layers correspond to the Middle Paleolithic and they have been excavated over large surfaces of more than 200 square meters. The sample selected comes from two layers: Ja and K. The first layer corresponds to the long-term occupations that affected the inner area of the shelter between the wall and the fallen roof blocks. This main occupation area is organized around hearths and the associated assemblage allows us to define them as domestic units. Refittings show the relation of the whole inner area by means of the movements of artefacts. So, the knapping of several cores was performed in different places and these refittings, that show long technical sequences, were selected for analysis. Meanwhile, layer K was formed by short-term occupations. The archaeological accumulations are isolated from each other and relations between the inner and the outer part may be identified only in the eastern part of the shelter. The sample from layer Ja corresponds to 10% of the refitted objects and to 22% for layer K. All of these objects come from knapping sequences. There are no objects from resharpening sequences, so denticulates have been selected randomly and their sample represents 12% of the whole.

Our methodological approach considers the wear traces as a process of deformation developed on the crystalline structure of the rock silica surface. These deformations include abrasion, such as striations and edge removals and plastic deformations. This study was carried out using SEM and the implements were examined under a 1000x magnification.

Flakes have to be considered as tools. Their dihedral edges were the only active lithic morphology found, and they were used in butchering activities and in wood and hide working actions. Flakes longer than 2 cm were used, as well as cortical flakes from initial phases of core reduction. Thus, flakes are very versatile items. However, flakes from layer K were only used in butchering activities and no other worked material has been identified. Compared to flakes, denticulates neither display more use-wear traces nor do they show more intensive use. The used edge corresponds to the resharpening edge, but it was used in different ways. It displays traces from whittling wood and traces from butchery.

The high percentage of interpretable wear traces among refitted items may reflect that reduction sequences faced immediate needs. Refittings from layer Ja show that both knapping sequences and work activities converge spatially. On the other hand, in layer K, several objects from knapping areas around hearths were moved to working areas placed in peripheral zones. These differences between the layers are related to the settlement model; layer Ja is considered to be a long-term camp-site and layer K the result of more sporadic occupations. The micro-wear analysis from Abric Romani seems to show a lithic technology based on versatile implements rather than on specialized tools to perform certain tasks.

Introducción

El análisis funcional que se realiza en el Abric Romaní se inscribe dentro de un programa de investigaciones más amplios y del que es subsidiario. Este tiene como objetivo reconocer la conducta ecológica y social de las comunidades de homínidos arcaicos y evaluar el grado de complejidad alcanzado por ellas.

El análisis funcional, dentro del ámbito propio de interés de la disciplina, tiene como objetivo reconocer los objetos utilizados, aquellas morfologías activas de los útiles, su relación con la morfología general del objeto, identificar las acciones realizadas e interpretar los materiales trabajados. Pero además, pretende: 1) dentro del estudio de la organización y uso de la producción lítica, valorar en qué grado la función dirige la producción lítica, a partir de conceptos como especialización, grado de estandarización o versatilidad; 2) dentro de la organización espacial de las ocupaciones, valorar si hay una selección de diferentes áreas del abrigo según actividades concretas (Cahen *et al,* 1979).

Frente a estas preguntas, el análisis funcional utiliza los objetos que forman parte de remontajes para seleccionar la muestra. Los remontajes aportan datos, por un lado, sobre la organización espacial y temporal de la producción lítica, tanto en los procesos realizados en el interior del abrigo como los realizados entre el Abric Romaní y otros lugares en el exterior. Por otro lado, aporta datos sobre la organización técnica de la explotación de los recursos líticos. Por ello, integrando la información que proporcionan los remontajes con los resultados del análisis funcional se pretende completar el estudio de las *châines opératoires*. El análisis funcional quiere completar estos estudios con datos sobre el uso de los objetos, que en definitiva es la razón de toda producción lítica: ser capaz de proporcionar útiles adecuados en el momento preciso.

Abric Romaní

El yacimiento se encuentra en la localidad barcelonesa de Capellades. Forma parte del sistema de cavidades y abrigos que se encuentran en la Cinglera del Capelló; un edificio travertínico de más de 60 m de potencia que se levanta en el margen derecho del río Anoia, cuando éste atraviesa la Cordillera Prelitoral Catalana por el Estrecho de Capellades.

El yacimiento cuenta con una potencia de más de 20 m, formada principalmente por una sucesión de plataformas travertínicas, entre las que se encuentran los diferentes niveles arqueológicos coincidiendo con momentos de estasis en la circulación hídrica por el abrigo. Se han contabilizado más de 27 niveles arqueológicos, todos ellos pertenecientes al Paleolítico Medio exceptuando el primero, nivel A, atribuido a un Auriñaciense arcaico (Carbonell *et al.* 1996). La secuencia ha sido datada por series de Uranio entre los 40 y los 70 Ka BP y los análisis palinológicos muestran importantes fluctuaciones climáticas y el desarrollo de diferentes ecosistemas durante este periodo, que van desde condiciones interglaciales a ambientes de estepa (Bischoff *et al.* 1988, Burjachs y Julià 1994).

El estudio de las cadenas operativas líticas muestra la existencia de unos patrones bien establecidos en la gestión de los recursos líticos. Así, el sílex es la materia prima utilizada preferentemente, aunque sea la menos abundante en el entorno inmediato del yacimiento, lo que indica una clara intencionalidad en su selección. La explotación de los núcleos se organiza técnicamente según métodos coincidentes con el definido como método discoidal. La explotación de los núcleos puede definirse como económica, diferida espacial y temporalmente, como demuestra la fragmentación de los procesos técnicos identificados en el interior del abrigo, que continuamente nos remiten a secuencias anteriores o posteriores realizadas en otros lugares.

El modelo casi exclusivo de objeto configurado corresponde a los denticulados. En el interior del yacimiento las secuencias técnicas que se realizan corresponden principalmente a secuencias de explotación. En pocos casos podemos identificar la configuración de objetos en el abrigo, por el contrario, son numerosos los datos que indican que estos objetos entran ya configurados del exterior, aislados de sus secuencias de producción.

Los objetos líticos que se tratan en este artículo proceden de dos niveles arqueológicos: Ja y K, datados entre 49.3±1.6 y 50.4±1.6 Ka BP y los 52.2±1.6 y 52.3±2.6 Ka BP respectivamente. El nivel Ja corresponde al nivel arqueológico con mayor densidad de material recuperado. El paleorelieve del nivel viene definido por los bloques de la caída de la cornisa que se sitúan en la parte distal del abrigo, creando un espacio interior muy resguardado. La principal zona de ocupación corresponde a esta parte interna, espacio que por la densidad de material, la cantidad de hogares y la amplitud de las secuencias de talla recuperadas, muestra ocupaciones intensas. Los remontajes indican que todo el espacio interno estuvo integrado en un mismo momento de ocupación mediante el intercambio de objetos. Destacaríamos varios ejemplos de secuencias casi completas de explotación que se desarrollaron en distintos puntos del abrigo al desplazarse el núcleo por el interior (Vaquero 1999).

El nivel K, por su parte, muestra varias zonas principales de acumulación de registro aisladas entre sí. Siempre organizadas entorno a hogares y con un registro compuesto por restos óseos de pequeñas dimensiones y objetos líticos procedentes de secuencias de explotación.

Tan solo en la parte Este del abrigo, entre el lóbulo 2 y su zona externa se ha podido interpretar una relación entre las actividades realizadas. En la zona exterior, el registro presente se ha interpretado como fruto de actividades intensas de procesamiento de carcasas animales. Por el contrario, en el interior, el registro óseo se interpreta como restos del consumo final de la fauna procesada. Los remontajes líticos directos e indirectos muestran el intercambio de objetos entre ambas zonas y el desplazamiento a la zona externa de objetos obtenidos en secuencias realizadas en el interior. Estaríamos frente a ocupaciones con una organización del espacio que selecciona áreas atendiendo a las actividades que se llevarían a cabo. Así, diferenciaríamos áreas domésticas en el interior junto a zonas de actividades intensas y especializadas en la parte externa (Vaquero *et al.* 2001) (fig.1).

Metodología

Este estudio se ha llevado a cabo utilizando un modelo teórico y metodológico que considera las deformaciones por uso como el resultado del esfuerzo de presión, fricción y aumento de temperatura al que es sometido el útil durante el trabajo (Sala *et al.* 1998, Márquez *et al.* 2001). Como consecuencia, la superficie de la roca responde fracturándose o deformándose mediante un comportamiento plástico. La primera respuesta, abrasiva y de pérdida de material, produce las estrías y los desconchados, lo que permite reconocer la cinemática de la acción. Por su parte, la deformación plástica es la variable que se considera determinante para diagnosticar los materiales trabajados. Esta afecta a la estructura cristalina, produciéndose una compactación de la misma al deformarse los cristales y eliminar los espacios intercristalinos y, en un grado mayor de esfuerzo, una redeposición del sílice de la roca sobre la superficie del objeto y que denominamos depósito

A partir de una exposición clara de los métodos y técnicas empleados, las características principales de la muestra seleccionada, las alteraciones observadas y una presentación detallada de las deformaciones arqueológicas y de los equivalentes experimentales realizamos las interpretaciones funcionales (Plisson y Van Gijn 1989). La acción y el material trabajado se deducirán de las deformaciones que identifiquemos, de sus características y de su distribución a lo largo del filo. De todas maneras, entendemos las deformaciones por uso como un proceso continuo, en el cual el comportamiento frágil o plástico de la roca puede darse indistintamente, asociarse y, si continua el esfuerzo, sufrir nuevas deformaciones que afecten a las anteriores, como la fractura de los depósitos o la formación de nuevas capas por encima (Knutsson 1988, Derndarsky y Ocklind 2001). Por tanto, la intención no es señalar tipos de deformaciones según acciones o materiales trabajados sino identificar procesos de deformación (Yamada 1993).

Para la observación microscópica de los bordes de los objetos se utiliza el Microscopio Electrónico de Barrido (JEOL JSM-6400) y la exploración se realiza a una profundidad de 1.000 aumentos. El MEB cuenta con notables ventajas frente a los aparatos de microscopía óptica. Una mejor definición de la imagen, mayor

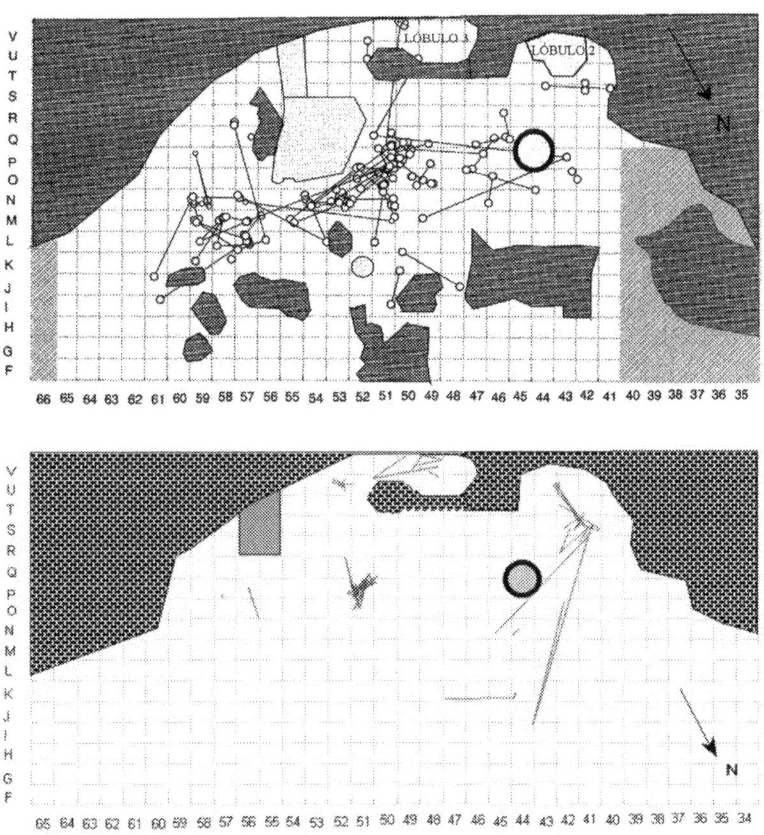

Figura:1 Plantas de remontajes. Superior, nivel Ja. Inferior, nivel K.

profundidad de campo y la capacidad de trabajar a mayores aumentos, lo que permite reconocer deformaciones por uso menos desarrolladas. A su vez, el MEB tiene incorporado un equipo de microanálisis químico (EXL II System Link Analytical Oxford) que permite caracterizar la composición química de las deformaciones. Por ejemplo, al igual que otros autores, en deformaciones experimentales causadas por materias de origen animal hemos identificado la presencia de residuos minerales que cuentan con una composición química de Ca o P (Anderson 1980, Christensen 1998). No obstante, no se ha identificado con claridad su presencia en deformaciones arqueológicas, por lo que a falta de un estudio más detallado consideramos que estos residuos no quedarían atrapados en las deformaciones que se nos conservan.

Tanto la muestra experimental como la muestra arqueológica siguió un mismo proceso de limpieza fuerte por el uso de ácidos. En él, se sumergieron los objetos en varios baños y disoluciones en una cubeta de ultrasonidos: en acetona, detergente neutro, HCL y H_2O_2.

La experimentación realizada para corroborar la viabilidad de los estudios funcionales en el Abric Romaní se dirige a solventar problemas concretos. A partir de la experimentación mecánica se pretende controlar las variables que condicionan la formación de las deformaciones por uso. Así mismo, se pretende reconocer patrones de deformaciones que puedan relacionarse con usos concretos (Gutiérrez 1996, González e Ibáñez 1994, Jardón 2000). En segundo término, la experimentación replicativa pretende comprobar la capacidad de acción de los útiles en actividades concretas y observar las deformaciones que se producen en trabajos más complejos. (fig. 2)

En concreto, debido a que los objetos seleccionados provienen de grupos de remontajes, en nuestra experimentación se ha hecho hincapié en las deformaciones que se producen por el roce entre dos objetos líticos. De manera mecánica, se han frotado distintos objetos y también se han realizado experimentos replicativos consistentes en tallar un núcleo y posteriormente, por una tercera persona ausente durante la talla, remontarlo. Los resultados indican que el roce entre dos objetos líticos produce unas deformaciones amplias y generalizadas y, que son fundamentalmente de carácter abrasivo. Consisten en amplias placas de compactación de la estructura cristalina, planas y con estrías marcadas en su interior. En algunos casos, pueden confundirse con las deformaciones que produce el hueso en acciones de descarnar. No obstante, la piedra, lógicamente por su mayor dureza, causa unas deformaciones más intensas y marcadas, con una mayor erosión de la superficie del útil que causa pérdida de materia y la fractura de los cristales.

Por el contrario, la experimentación replicativa no ha aportado resultados tan claros. En algunos casos, estas deformaciones por el roce entre objetos líticos son similares a las que produce experimentalmente un percutor duro al retocar un objeto. En esta acción se forman placas de compactación y de depósito nítidamente separadas de las zonas no alteradas, planas y con estrías marcadas. A su vez, sobre estas placas es común identificar surcos en donde se ha producido un levantamiento de material de manera discontinua transversalmente a la acción. No obstante, esta deformación causada durante la talla no se reconoce habitualmente en los objetos arqueológicos retocados, por lo que hemos de considerar que no se conserva.

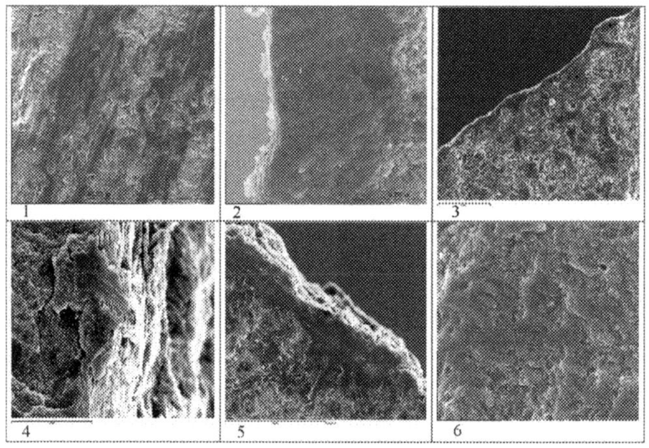

Figura 2: Deformaciones experimentales. 1. Roce con otro objeto de sílex. Deformación de carácter abrasivo con la presencia de estrías profundas, nítidamente separadas de las zonas no afectadas 2. Acción de rebajar madera. Depósitos densos y convexos, con una separación gradual con las zonas no deformadas. 3. Acción de despellejar. Compactación intercristalina que resigue el filo y afecta también a zonas internas del filo. 4. Retoque con percutor de piedra. Deformación abrasiva nítidamente separada de las zonas no alteradas y que se acompaña de estrías y surcos profundos. 5. Cortar piel fresca. Depósito plano y poco denso, con una separación marcada con las zonas no alteradas. 6. Acción de descarnar al rozar hueso. Deformación abrasiva acompañada de estrías y que se localiza en partes internas.

En cualquier caso, las deformaciones accidentales causadas por el roce de los objetos remontados están dispersas y no localizadas como las producidas por el uso, señalan direcciones opuestas entre sí y no se limitan al filo, sino que afectan también a partes internas del objeto.

La muestra arqueológica

Los remontajes seleccionados pertenecen a los niveles Ja y K. Corresponden a aquellos que muestran un mayor desarrollo espacial y temporal en las secuencias de producción o algún aspecto técnico relevante, como puede ser la configuración de objetos. El sílex utilizado por los pobladores pleistocénicos del Abric Romaní presenta colores claros: entre blancos, grises y azulados, y una textura criptocristalina con algunos crecimientos de cristales de cuarzo microcristalinos. Su composición química, además de Si, suele presentar el Ca como elemento traza. Los afloramientos de esta materia prima se localizan en formaciones evaporíticas eocénicas, formadas por margas y arcillas, y relacionadas con los procesos sedimentarios de la Depresión del Ebro.

El desarrollo de pátina es la principal alteración que sufre la superficie de los objetos. La pátina blanquecina de origen hídrico que recubre los objetos homogeneiza el relieve de la superficie, dando una apariencia lisa y no granulosa de la topografía. El 26.9 % de los objetos de sílex del nivel K presentan pátina y el 13.8 % del nivel Ja. No obstante, objetos patinados han sido analizados, ya que tan solo con grosores importantes de pátina las condiciones de observación pueden verse afectadas.

Para este artículo se han seleccionado ocho grupos de remontajes, cinco de ellos pertenecientes al nivel Ja y los tres restantes al nivel K. En el nivel Ja se recuperaron un total de 3349 objetos de sílex. De entre ellos se identificaron 75 remontajes directos que afectaban a un total de 196 piezas. 20 de estos objetos que representan el 10% del total de objetos remontados forman la muestra seleccionada para este análisis. La distancia menor que separa dos líneas de conexión de remontaje es de 1.7 cm y la mayor 1237.5 cms. Por su parte, en el nivel K se han recuperado 843 objetos en sílex, de los cuales un 43% tienen una longitud inferior a los 20 mm. Se han identificado 25 remontajes, que afectan a un total de 67 piezas, un 7.9% del total de objetos en esta materia prima. De entre ellos hemos seleccionado los remontajes más interesantes y que agrupan a 15 objetos, que representan el 22 % de estos. La distancia mayor que separa dos líneas de conexión de remontaje es de 975.1 cm y la distancia menor de tan solo 2.8 cm. El remontaje directo más amplio está formado por un total de ocho objetos, siete lascas y un núcleo, que muestra la explotación final del núcleo. En todos los casos son grupos de remontajes que muestran secuencias de explotación.

Los objetos analizados son 35, que incluyen tanto remontajes directos como indirectos. En un caso, un remontaje de explotación muestra la conexión entre una lasca y un objeto configurado, pero la ausencia de más remontajes no nos permite conocer si ambos objetos fueron introducidos o fueron obtenidos en una corta secuencia realizada en el interior y posteriormente uno de los objetos fue configurado como denticulado.

Nivel Ja.

Grupo 1

Los dos objetos seleccionados pertenecen a la última secuencia de explotación de un núcleo. Se localizan en un área externa del abrigo, con una densidad baja de material. En uno de los objetos, las alteraciones observadas se interpretan como deformaciones por uso. Corresponde a una lasca completamente cortical que, en su lateral derecho, de una longitud de 3.5 cm, en la cara ventral, se han observado deformaciones a lo largo del filo. Éstas se limitan al borde del objeto, puntualmente desarrolladas y que presentan como característica la compactación de la estructura cristalina y la formación de depósitos pocos densos, dispuestos transversalmente al filo y acompañados de estrías poco marcadas. Se interpretan como el resultado del trabajado de materia animal, que junto con la dirección del trabajo y el ángulo bajo de éste correspondería a un trabajo transversal sobre piel (fig. 3).

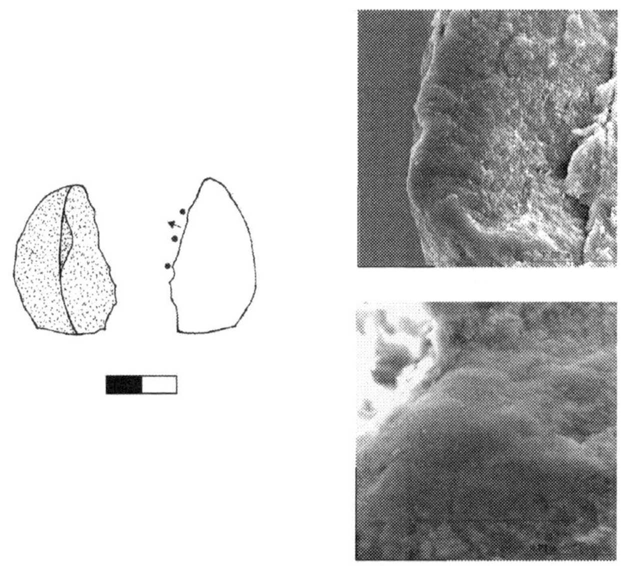

Figura 3: Deformación por uso atribuida a una acción de raspar piel. Compactación intercristalina con una disposición perpendicular. Formación de depósitos poco densos y con una separación clara con las zonas no alteradas.

Entre los objetos del grupo de remontajes indirectos se encuentra un denticulado, objeto carenado, de 3 cm de longitud, en donde el filo configurado se opone a un lateral abrupto. En la cara ventral, en la zona configurada se han reconocido deformaciones muy localizadas, dispersas y limitadas al borde. Se observa una compactación y la formación de depósitos planos, poco densos, en algún caso con estrías con una dirección oblicua y con una separación nítida con las zonas no deformadas. Estas deformaciones las interpretamos como producidas durante acciones de carnicería en donde también se rozaría hueso.

Grupo 2

El remontaje corresponde a una conexión entre un núcleo y una lasca desbordante. Se localizaron en el interior del abrigo, en el lóbulo 2, y junto a los objetos que conforman el remontaje indirecto muestran una secuencia de explotación final. El objeto analizado, en su lateral izquierdo opuesto al lateral abrupto, presenta deformaciones a lo largo de todo el filo. Estas deformaciones están puntualmente desarrolladas, muy limitadas al borde y con una disposición paralela. Una dirección de trabajo longitudinal y una materia trabajada blanda indicarían el uso de este objeto en acciones de carnicería.

Grupo 3

Corresponde al remontaje mencionado anteriormente, que une una lasca con un objeto configurado. Ambos objetos, con longitudes de 34 cm la lasca y 54 cm el denticulado, se localizaron en las dos zonas con mayores densidades de material, poniendo en relación las actividades que se realizaron en la parte central del abrigo con las realizadas en el interior del lóbulo 3.

El objeto denticulado presenta la configuración en el tercio distal del lateral izquierdo. En la cara ventral, justo en la zona cóncava de uno de los diedros del denticulado se observa la formación de un depósito desarrollado, denso y convexo, con una disposición perpendicular al filo. Esta deformación se interpreta como el resultado de un trabajo transversal sobre madera (fig. 4).

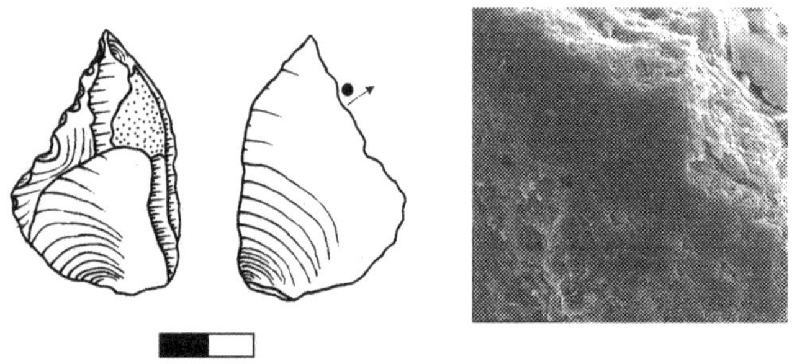

Figura 4: Deformación por uso en un objeto retocado atribuida a una acción de rebajar madera.Depósito denso y convexo, con una disposición perpendicular al filo.

Grupo 4

Este grupo de remontaje formado por ocho objetos, todos localizados en la misma zona del abrigo, muestra la explotación de una lasca para producir una corta serie de lascas de pequeñas dimensiones. Debido a las dimensiones y morfología de estos objetos, tan solo dos objetos que presentan filos potenciales se han analizado, aunque cuentan con longitudes inferiores a los 2 cm. En ambos objetos se han observado deformaciones desarrolladas consistentes en depósitos densos y convexos. En un caso mostrando una dirección longitudinal y en el otro transversal al filo. Nos es difícil interpretar el trabajo en el que pudieron participar debido a sus pequeñas dimensiones y morfología, pero las características de los depósitos los relacionan con el trabajo de vegetales.

Grupo 5

Este grupo de remontaje indirecto agrupa a un total de 17 objetos, entre los cuales se han identificado dos remontajes directos formados por dos y cuatro objetos respectivamente. Nuevamente corresponde a una secuencia de explotación de un núcleo que forma parte del remontaje directo más numeroso. La explotación de este núcleo tuvo lugar entre el interior del lóbulo 3 y la zona central del abrigo, lo que indicaría la sincronía entre ambas zonas mediante el intercambio de objetos. Las características de estas lascas también han limitado el análisis a dos de ellas. Éstas cuentan con filos inferiores a los 2.5 cm de longitud, pero a pesar de sus dimensiones y dificultades de prensión se han reconocido deformaciones por uso. En un primero caso, las deformaciones están puntualmente muy desarrolladas, mostrando amplias placas de depósito poco denso, dispuesto transversalmente, acompañado de estrías y con una clara separación con las zonas no deformadas. Las características de las deformaciones serían coincidentes con el trabajo transversal sobre piel.

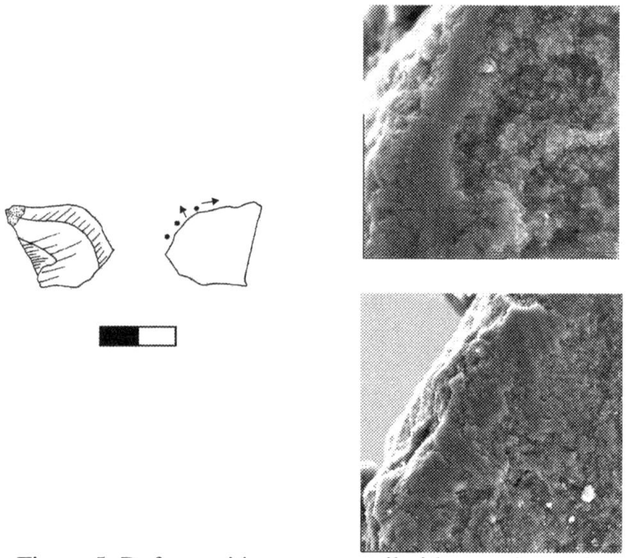

Figura 5: Deformación por uso atribuida a acciones de carnicería sobre materia animal blanda. Compactación intercristalina localizada sobre el filo y que lo resigue a lo largo de todo él

En el otro caso, las deformaciones corresponden a una compactación de la estructura cristalina y la formación de depósitos poco desarrollados. Se distribuyen a lo largo del filo, muy localizadas en el borde, de escaso desarrollo y con una disposición paralela al filo. Estas características nos remiten a deformaciones causadas en acciones de carnicería (fig. 5).

Nivel K.

Grupos 6, 7 y 8

En el lóbulo 2 y en la parte externa frente a él, gran parte del sílex recuperado presenta unas características macroscópicas similares, no obstante, no podemos determinar si todos estos objetos pertenecen a un mismo bloque de materia prima o a varios. De entre estos objetos, se han identificado tres grupos de remontajes directos. Uno de ellos, formado por ocho objetos, siete lascas y un núcleo, corresponde a una secuencia de explotación final. Los otros dos, son remontajes de explotación que muestran la conexión de dos lascas cada uno, y que por las dimensiones grandes de los objetos y la presencia cortical pertenecerían a momentos iniciales de la explotación. Estos remontajes muestran la relación espacial entre el interior del abrigo y las partes externas, y la sincronía de las actividades realizadas.

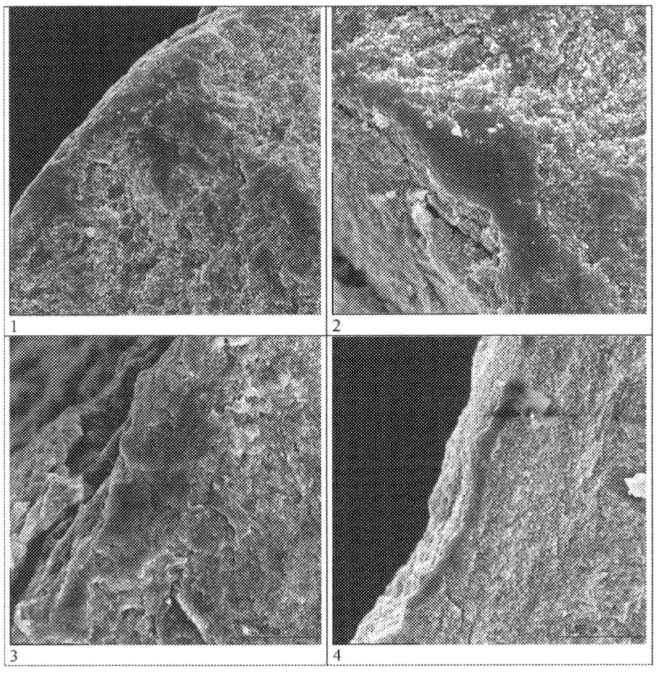

Figura 6: 1: Deformación por uso atribuida a una acción de cortar sobre materia animal blanda. Compactación intercristalina localizada en el filo y que afecta también a zonas interiores. 2. Deformación atribuida a una acción longitudinal sobre materia animal blanda, probablemente, de despellejar. Depósito convexo poco denso y nítidamente separado de las zonas no alteradas, localizado en el filo y a lo largo de todo él. 3. Deformación atribuida a una acción de cortar materia animal blanda. Compactación intercristalina limitada al filo del objeto. 4. Deformación atribuida a una acción sobre materia animal blanda, probablemente de despellejar. Depósito limitado al filo, convexo, nítidamente separado de las zonas no alteradas y dispuesto longitudinalmente.

Con un porcentaje elevado de identificación de deformaciones por uso, estos objetos presentan deformaciones poco desarrolladas, consistentes en la compactación de la estructura, con una distribución continua a lo largo del filo y con una dirección preferente paralela. En algunos casos, el componente abrasivo de estas deformaciones es dominante, con estrías y fracturas muy marcadas. En otros, destaca la formación de zonas de depósitos lisos, convexos, poco densos y muy limitados al borde. Estas deformaciones han sido relacionadas con las producidas durante acciones de carnicería, en acciones en donde también se rozarían partes duras del animal.

Junto a otros análisis, como expresión de distribución espacial del registro, análisis tafonómico de los restos óseos y análisis zooarqueológico se ha interpretado en el nivel K una ocupación que organizó el espacio entre la parte interna, en donde alrededor de hogares se realizaron actividades domésticas como la producción de útiles líticos y el consumo final de la fauna introducida, y la externa del abrigo, en donde se realizaron actividades intensas de procesamiento de las presas capturadas (Fig. 6).

Discusión

El primer resultado que se desprende de este análisis es que útiles son potencialmente todas aquellas lascas de cómo mínimo 2 cm de longitud en su filo activo. Así mismo, vemos como las morfologías activas usadas corresponden a diedros rectos y convexos de ángulos simples. Esta morfología es utilizada tanto en trabajos longitudinales como transversales y para trabajar distintos materiales como piel o madera y para acciones de carnicería. Por tanto, el carácter polifuncional definiría a las lascas (Anderson-Gerfaud 1990, Beyries 1987, Roebroeks *et al.* 1997). Los filos utilizados, en un porcentaje elevado, se oponen a laterales abruptos, ya sean bordes naturales, la plataforma talonar o superficies de levantamientos de la cara opuesta. Esta morfología general facilita la prensión del objeto y sería el único modelo de útil que reconoceríamos (Beyries y Boëda 1983, Geneste y Plisson 1996).

La utilización de objetos de todo el espectro de tamaños a partir de 2 cm y el uso de objetos totalmente corticales indicaría que la producción lítica es susceptible de ser utilizada desde el primer momento hasta el agotamiento definitivo del núcleo, sin que se observe una selección de lascas según la fase de explotación.

En el objeto configurado, por el contrario, la morfología utilizada es el diedro cóncavo de la denticulación, en una acción transversal sobre madera. Por su parte, el otro denticulado mencionado, aunque las deformaciones se localizan también en la zona configurada, éstas se relacionan con un movimiento longitudinal en acciones de carnicería. Con respecto a los denticulados, añadiremos que, en los objetos analizados del nivel Ja (N=18), un 12% del total de 148, no se observa un porcentaje mayor de identificación de deformaciones por uso o una mayor intensidad de uso en relación con las lascas. Entre los materiales trabajados se ha interpretado madera pero también, y ampliamente, el trabajo sobre materia animal en acciones de carnicería. Aunque las deformaciones por uso sí se localizan en las zonas configuradas y, por tanto, la configuración vendría motivada por una necesidad funcional, el diseño no parece que responda a una especialización para una acción concreta sobre un material determinado.

Además, en otras muestras analizadas, como los denticulados del nivel I, en algún caso la zona usada no correspondía a la zona configurada. Por tanto, la intencionalidad en la configuración de objetos sigue todavía sin una sólida interpretación (Longo *et al.* 1997) (Fig. 7).

El porcentaje elevado de identificación de deformaciones por uso entre los objetos que forman parte de remontajes directos indica que la realización de secuencias de producción en el interior del abrigo viene motivada por una necesidad inmediata. A su vez, en el nivel Ja se observa la relación espacial entre los lugares de talla y de utilización de los objetos, lo que indica que no hay una segregación espacial en la realización de estas actividades. El nivel K, por el contrario, sí que muestra el desplazamiento de objetos desde los lugares de fabricación a otras zonas para ser utilizados.

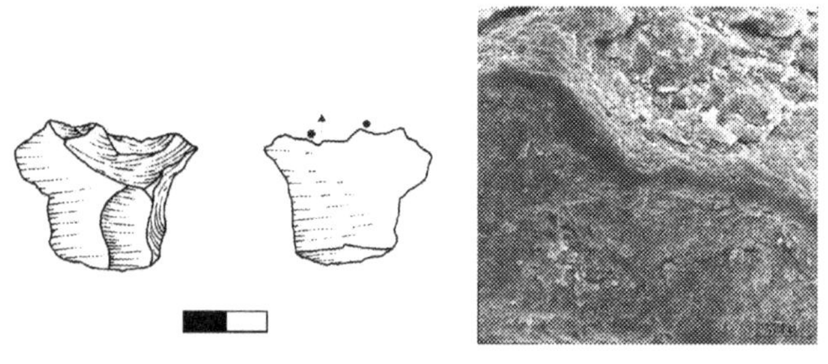

Figura 7: Deformación por uso en un objeto retocado atribuida a una acción perpendicular sobre piel. Depósito plano y poco denso, dispuesto perpendicularmente y con una separación nítida con las zonas no afectadas.

Además de esta diferencia, la diversidad de acciones y materiales reconocidos en la muestra del nivel Ja frente al nivel K, en donde tan solo se han reconocido acciones relacionadas con el procesamiento de carcasas animales, la atribuimos, apoyados en otros datos arqueológicos, a la existencia de dos modelos de ocupación. Por un lado, el nivel Ja correspondería a ocupaciones de larga duración mientras que el nivel K correspondería a ocupaciones más puntuales. Este hecho indicaría la existencia entre los neandertales de ocupaciones diferenciadas funcionalmente (Texier *et al.* 1998, Lemorini 1998, Geneste y Plisson 1996, Martínez y Rando 2001), aunque sin una diferencia remarcable en cuanto a la composición del instrumental.

Conclusiones

El análisis funcional de los objetos líticos es la única vía que disponemos para interpretar el uso de los objetos y valorar la intencionalidad de la producción lítica. Disponiendo de datos sobre el uso de los objetos, nos planteamos qué relación se establece entre funcionalidad y el sistema técnico de producción. En el Abric Romaní la producción lítica está dirigida a obtener lascas mediante métodos de explotación flexibles que no estandarizan la morfología general de las lascas. Se producen diedros rectos y convexos de ángulos simples y de delineación recta que, como ya se ha dicho, son utilizados en un amplio abanico de acciones. Durante la explotación de los núcleos no se obtienen triedros, pero tampoco se ha observado el uso de los triedros naturales que se forman en los vértices de las lascas.

Con respecto a los objetos configurados, en los que sí se observa un diseño técnico para crear un modelo de objeto, caracterizado por el tamaño grande, el grosor del objeto y la configuración denticulada opuesta a un borde abrupto, no se ha reconocido un uso igualmente dirigido. No tienen una vinculación clara con un trabajo concreto (Boëda *et al.* 1990: 60). La atribuida relación con el trabajo especializado sobre madera queda injustificada una vez que yacimientos del suroeste de Francia, interpretados como ocupaciones de caza especializada, en este caso sobre bisontes, contienen un instrumental formado exclusivamente por denticulados (Geneste y Jaubert 1999, Farizy *et al.* 1994). Por tanto, los denticulados también comparten el carácter versátil de las lascas.

La ausencia de una especialización funcional implica que la configuración denticulada y el mismo denticulado como modelo de objeto no responde tan solo a exigencias funcionales. Podemos comparar la configuración de objetos con la explotación de núcleos. Los núcleos participan en los desplazamientos del grupo, son explotados con criterios económicos y pueden considerarse como reserva de útiles, solo intervenidos cuando surge la necesidad, de ahí que su explotación se prolongue y tenga lugar en diferentes áreas del interior del abrigo o entre diferentes campamentos. Los objetos configurados, al igual que los núcleos, forman parte del utillaje que transportan los homínidos durante sus desplazamientos y, quizás, compartan ese carácter expeditivo para responder ante cualquier contingencia. En cualquier caso, quedaría por resolver por qué a lo largo de toda la secuencia del yacimiento y casi en exclusividad la configuración de objetos se limitó a los denticulados.

En definitiva, a partir de estos estudios realizados en el Abric Romaní, la organización de la explotación del entorno por parte de los homínidos arcaicos parece que se sustentaba más en disponer de suficientes útiles con los que solventar las distintas necesidades que en útiles especialmente resolutivos según necesidades.

Bibliografía

ANDERSON, P. (1980), "A testimony of prehistoric tasks: diagnostic residues on stone tool working edges", *World Archaeology* 12, pp. 181-194.

ANDERSON-GERFAUD, P. (1990), "Aspects of Behaviour in the Middle Palaeolithic: functional analysis os stone tools from Southwest France", en P. Mellars (ed.), *The Emergence of Modern Humans: an archaeological perspective*, Edinburgh University Press, Edinburgh, pp. 389-418.

BEYRIES, S. (1987), "Variabilité de l'industria lithique au moustérien. Approche fonctionnelle sur quelques gisements français", *British Archaeological Report* 328 , Oxford.

BEYRIES, S. y BOËDA, E. (1993), "Etude technologique et traces d'utilisation des "eclats débordants" de Corbehem (Pas-de-Calais), *BSPF,* 80, pp. 275-279.

BISCHOFF, J. L., JULIÀ, R. y MORA, R. (1988), "Uranium Series dating of the Mousterian occupation at Abric Romaní", *Nature,* 332, pp. 8-70.

BOËDA, E., GENESTE, J.M. y MEIGNEN, L. (1990), "Identification des Châines Opératoires Lithiques du Paleolithique Ancien et Moyen", *Paléorient,* 2, pp. 43-80.

BURJACHS, F. y JULIÀ, R. (1994), "Abrupt Climatic Changes during the Last Glaciation Based on Pollen Analysis of the Abric Romaní, Catalonia, Spain", *Quaternary Research* 42, pp. 308-315.

CAHEN, D., KEELEY, L. H. y VAN NOTEN, F. (1979), "Stone tools, toolkits and human behaviour in prehistory", *Current Anthropology,* 20, pp. 661-683.

CARBONELL, E., CEBRIÀ, A., ALLUÉ, E., CÁCERES, I., CASTRO, Z., DÍAZ, R., ESTEBAN, M., PASTÓ, I., OLLÉ, A., RODRÍGUEZ, X.P., ROSELL, J., SALA, R., VALLVERDÚ, J., VAQUERO, M. y VERGÈS, J.M. (1996), "Behavioural and organizational complexity in the Middle Palaeolithic from the Abric Romaní", en E. Carbonell y M. Vaquero (eds.), *The Last Neandertals, The First Anatomically Modern Humans; a Tale about the Human Diversity,* Universitat Rovira i Virgili, Tarragona, pp. 385-434.

CHRISTENSEN, M. (1998), "Processus de formation et caractérisation physico-chimique des polis d'utilisation des outils en silex. Application à la technologie préhistorique de l'ivoire", *BSPF,* 95, 2, pp. 183-201.

DERNDARSKY, M. y OCKLIND, G. (2001), "Some preliminary observations on subsurface damage on experimental and archaeological quartz tools using CLSM and Dye", *Journal of Archaeological Science,* 28, pp. 1149-1158.

FARIZY, C., DAVID, F. y JAUBERT, J. (dirs.) (1994), *Hommes et bisons du Paaléolithique moyen à Mauran (Haute-Garonne),* CNRS, Gallia Préhistoire, París.

GENESTE, J.M. y PLISSON, H. (1996), "Production et utilisation de l'outillage lithique dans le Moustérien du Sud-Ouest de la France: Les Tares à Sourzac, vallée de l'Isle, Dordogne", en B. Grimaldi, *Reduction processes for the European Mousterian,* Quaternaire Nova, pp. 343-367.

GENESTE, M. y JAUBERT, J. (1999), "Les sites paléolithiques à grands bovidés et les assemblages lithiques: chronologie, techno-économie et cultures", en J.Ph. Brugal, F. David, J. Enloe y J. Jaubert (dirs.), *Le Bison: gibier et moyen de subsistence des hommes du paléolithique aux paléoindiens des Grandes Plaines,* APDCA, Antibes, pp. 185-214.

GONZÁLEZ, J. E. y IBÁÑEZ, J. J. (1994), *Metodología de análisis funcional de instrumentos tallados en sílex,* Universidad de Deusto, Bilbao.

GUTIÉRREZ SÁEZ, C. (1996), *Traceología; pautas de análisis experimental,* Foro, Madrid.

JARDÓN, P. (2000), *Los raspadores en el Paleolítico Superior. Tipología, tecnología y función en la Cova del Parpalló (Gandía, España) y en la Grotte Gazel (Sallèles-Cabardès, Francia),* Diputación Provincial de Valencia, Valencia.

KNUTSSON, K. (1988), "Patterns of tool use. Scanning electron microscopy of experimental quartz tools", *AUN 10,* Uppsala.

LEMORINI, C. (1998), "Le concept de fonction au Paleolithique Moyen: l'approche des traces d'utilisation", en A. Palma di Cesnola, F. Facchini, M. Piperno, C. Peretto, *Actes du XIIIe Congrès de l'Union des Sciences Préhistoriques et Protohistoriques,* ABACO, Forli, pp. 195-202.

LONGO, L., PERETTO, C. SOZZI, M. y VANNUCCI, S. (1997), "Artefacts, outils ou supports épuisés?. Une nouvelle approche pour l'étude des industries du Paléolithique ancien: le cas d'Isernia La Pineta (Molise, Italia Centrale)", *L'Anthropologie* 101, 4, pp. 579-596.

MÁRQUEZ, B., OLLÉ, A., SALA, R. y VERGÈS, J.M. (2001), "Prespectives méthodologiques de l'analyse fonctionnelle des ensembles lithiques du Pléistocène inférieur et moyen d'Atapuerca", *L'Anthropologie* 105, 2, pp. 281-300.

MARTÍNEZ, K. y RANDO, J.M. (2001), "Organización y funcionalidad de la producción lítica en un nivel del Paleolítico Medio del Abric Romaní. Nivel Ja (Capellades, Barcelona)", *Trabajos de Prehistoria* 58,1, pp. 51-70.

PLISSON, H. y BEYRIES, S. (1998), "Pointes ou outils triangulaires? Données fonctionelles dans le moustérien levantin", *Paléorient,* 24, 1, pp. 5-24.

PLISSON, H. y VAN GIJN, A. (1989), "La Tracéologie: mode d'emploi", *L'Anthropologie,* 93, 3, pp. 631-642.

ROEBROEKS, W., KOLEN, J., VAN POECKE, M. y VAN GIJN, A. (1997), "<<Site J>>: An early weichselian (Middle Paleolithic) flint scatter at Maastricht-Belvedere, The Netherlands", *Paleo* 9, pp. 143-172.

SALA, R., GIRALT, S. OLLÉ, A. y VERGÈS, J.M. (1998), "The process of wear formation. Archaeological approach, en R. Sala y C. Gutiérrez (coords.), *Workshop, 17: Functional analysis of lithic artefacts: current state of the research,* A y A. Antoniazzi L. Longo, J.L. Arsuaga, J.M. Bermúdez de Castro, E. Carbonell, E. Cavallini, S. di Lernia, F. Fontana, C. Gutiérrez, L. Longo, G. Manzi, S. Milliken, L. Oosterbeek, V. Pavukova, M. Peresani, V. Pesce, K. Pizchelauri, L. Prati, R. Sala y C. Peretto (eds.), ABACO, Forlí, pp. 1133-1141.

TEXIER, J.P., BRUGAL, J.P., LEMORINI, C. y WILSON, L. (1998), "Fonction d'un site du paléolithique moyen en marge d'un téritoire. L'Abri de la Combette (Bonnieux, Vaucluse)", en L. Meignen, M. Patou-Mathis y J.P. Brugal, *Économie préhistorique; les comportements de subsistence au*

Paléolithique, APDCA, Sophia Antipolis, pp. 325-248.

VAQUERO, M. (1999), "Intrasite spatial organization of lithic production in the Middle Palaeolithic: the evidence of the Abric Romaní (Capellades, Barcelona)", *Antiquity* 73, pp. 493-504.

VAQUERO, M., CHACÓN, G., FERNÁNDEZ, C., MARTÍNEZ, K. y RANDO, J.M. (2001), "Intrasite spatial patterning and transport in the Abric Romani Middle Palaeolithic site (Capellades, Barcelona, Spain)", en N. J. Conard, *Settlement Dynamics of the Middle Paleolithic and Middle Stone Age*, Kerns Verlag, Tübingen, pp. 573-596.

12. Contribución del análisis funcional en la caracterización de El Salt como un centro de intervención referencial de las poblaciones neandertalianas en los valles de Alcoi (Alicante)

Amelia C. Rodríguez Rodríguez, Bertila Galván Santos y Cristo M. Hernández Gómez

Abstract

The Mousterian site of El Salt (Alcoi, Alicante) is located in the north-eastern sector of the Betic Range, on the eastern spurs of the Serra Mariola. Its study aims to analyse the historical process that Neanderthal populations experienced in Alcoi Valleys, as a manifestation of the first well-known human settlement in the area. It is characterised by its strategic location in a place of access to diverse biotopes that facilitates the capture of varied and abundant subsistence resources (hydrlogical, cinegetics, vegetable, lithic), responding in this sense to a so-called Referential Centre of Intervention (CIR) pattern of the Mousterian hunter-gatherer groups. From the structural perspective, it is defined as an open-air settlement, situated at the foot of a very large travertine overhang that has undergone profound transformations throughout the Pleistocene, consisting basically of landfalls and significant regression of the cliff face. Historically, the human settlement of the site began around 60,000 B.P. according to basal dating. The process lasts some 20,000 years, until circa 40,000 B.P. maintaining some very remarkable levels of occupation intensity. Strata XIII to IX concentrate remains of the complex development of social practices. There is clear evidence of the organization of activities around important structures of combustion that have allowed the identification of organised activity zones (ZAO), with a high grade of interference. This fact shows the development of numerous long-term occupations.

Stratum VIII shows an inflection in the archaeological record, already inside the Würm interestadial or isotopic stadium 3. Mousterian occupation is weaker, although it lasts until well into the Würm III. Indeed, in the levels of this final phase (strata VIII to V) there is a less marked spatial organisation of the activities; the combustion signs are much lighter; and the diagenetic processes are perceived with greater intensity. We maintain the hypothesis that a global process of Neanderthal demographic regression is reflected in El Salt, beginning around 40,000 B.P. and continuing until its definitive extinction within Würm III. In this sense, this area of Alicante should be added to the Neanderthal lasting phenomenon), observable in the southern part of the Iberian Peninsula, when in other geographical contexts they had already been replaced by the modern communities of Sapiens sapiens.

In this context, the functional analysis of the lithic industry is a fundamental tool for the study of the socio-economic processes implied in the historical development of this hunter- gatherer community; because: 1) it contributes to the identification and characterisation of tool production; 2) it provides data for the characterisation of the work processes. 3) it allows us to study more closely the definition of El Salt as a Centre of Intervention, emphasising its referential character in a strongly articulated territory and in a relatively extensive time lapse, explaining, finally, the way of life of this population.

In this first approach, we tried to evaluate two interrelated aspects: 1) to analyse the conservation of use-wear in the lithic industry and the incidence of the post-depositional alterations, and 2) to contribute to the functional definition of the ZAO and of the transitional spaces that have been identified along the site sequence. The chosen sample (table 1) comes from 1996 and 1997 campaigns, in sector 2. Strata VIII to V were dug extensively, while in the oldest ones only one square meter (Z5) was excavated. Level X was not detected in this sounding, but later. Non-patinated supports of all morpho-technical categories were selected by visual analysis. The results of this first examination can be observed in table 1, which reflects the absolute number of elements by level, as well as that of pieces which did not show visible alteration patterns. The more common alteration is the one derived from fire action, that can appear alone or in combination with patinas of diverse clear tones.

Table 2 shows the variety of chosen supports: side-scrapers (R21 to R31), denticulates (D21), nuclei, plein debitage levallois flakes (mainly from recurrent unipolar and recurrent centriped methods), plunging and crest flakes, naturally-backed knives, two ranges of cortical flakes, fragments, fragmented flakes, debris and pebbles. Table 3 summarises the incidence of microscopic alterations on the sample, which always reaches more than 50% of the artefacts with the exception of level XII. Table 4 shows the non-altered supports indicating if they have use-wear signs or not.

The low percentage of used pieces is striking, but it must be related, among other things, to the nature of the sample, that has integrated all kinds of categories that appear in a lithic group, even the debris. For example, among the retouched supports, of ten analysed side-scrapers only five had use-wear. It is possible that some of the rest were also employed, and both resharpening or slight use kept us from detecting wear. In order to improve knowledge about retouched tools we have added another 23 non-macroscopically altered artefacts (belonging to the 2000 campaign) to our sample. Of these, 12 non-microscopically altered pieces can be added to the former 10. This time only two of them had any use-wear, thus the percentage of used pieces from two groups reaches a significant 68%. Levallois flakes also show low percentage of use. Of the 16, only 4 have interpretable wear. The small size (less than 2 centimetres) of some of them could explain this result in some cases. Technical flakes gain high percentages of use while cortical ones show the opposite tendency. Any nucleus, fragment or fragmented flake had use-wear, while 2 debris items were used, with the possibility that both of them belong to a levallois method. We should also mention the pebbles, which did not show any use-wear either. But among this kind of artefact recovered in the 2000 campaign there are 5 with distinct signs of use.

The functional conclusions of this study will be evaluated independently of their stratigraphical situation, given their low absolute number. Later we will try to characterise some of the ZAO with the use-wear information help.

Five artefacts have provided evidence of woodworking, all of them were side-scrapers which have scraped or sawed this kind of material. The materials of animal origin are the best represented in the sample, with butchering (10 tools) being the most common. There is also one cortical flake that has scraped meat from a bone and one side-scraper which has sawed bone. On the other hand, two side-scrapers and one levallois flake scraped skin, and one side-scraper scraped and cut this type of raw material.

We want to comment on the use-wear detected in the group of five pebbles belonging to the levels IX and X (Fig.1). They present one, smooth, lightly convex surface with a series of well articulated linear accidents. In some cases the striae show a bi-directional kinematic, and frequently they overshoot the useful surface, which means that the worked material is at the same time abrasive and soft. Lacking precise mineralogical analysis, limestone seems to be the raw material of the pebbles, with the exception of one more grainy rock. Linear accidents are associated with pecking wear, which could be related to the intention of creating more abrasive surfaces. So, the most probable worked material is hide.

Finally, another 11 flaked tools have use-wear insufficiently developed to identify the worked material, although it was possible to identify their kinematics. If we try to analyse these data by levels, there are a few strata where we can find ZAO. In level XII there are 6 tools related to butchery and skin. In level VII there is a concentrated ZAO around 4 square meters, where we can observe all kinds of activities, and in level VI, with a low intensity of occupation, it is striking that the only three pieces used have worked wood.

In conclusion, the analysed lithic pieces present some very high percentages of microscopic alteration. Out of 177 previously selected pieces, some 37 were still altered. The used pieces reach only 25%, although, if we only take into account the retouched ones, this percentage increases to 68%, which is not a negligible proportion.

El Salt es un asentamiento humano del Paleolítico Medio en un ámbito de ladera, al abrigo de una gran pared travertínica, en la confluencia de los ríos Barxell y Serpis (Galván 1992). Su estudio se enmarca en un proyecto cuyo objetivo básico es el análisis del proceso histórico experimentado por las poblaciones neandertalianas en los Valles de Alcoi, como manifestación del primer poblamiento humano conocido en la zona[1]. Esta parte de la montaña alicantina muestra un intenso dinamismo histórico cuyo origen puede situarse en torno al 60.000 B.P., de acuerdo con las dataciones más antiguas obtenidas para los niveles basales del mencionado yacimiento (Galván *et al.* 2001). Los valles alcoyanos, localizados estratégicamente en la conexión entre el litoral mediterráneo y las tierras interiores de la meseta, debieron conformarse como el territorio ecosocial de comunidades cazadoras-recolectoras, que hicieron de El Salt uno de los centros de intervención referencial desde el que organizaron la explotación y aprovechamiento de su medio vital, con capacidad para garantizar la reproducción social.

Este activo proceso perdura claramente unos 20.000 años, hasta *ca.* 40.000 B.P., a lo largo de los cuales el yacimiento mantiene unos niveles de intensidad de ocupación muy notables como revelan los estratos XIII a IX, en los que se concentran numerosos indicios demostrativos del complejo desarrollo de un entramado de prácticas sociales, como principal agente de estratificación: evidencias claras de ordenación de las actividades en torno a importantes estructuras de combustión, que han

[1] Este proyecto plurianual, bajo la denominación de "Investigaciones Arqueológicas en el Salt. El primer poblamiento humano de los Valles de Alcoi", está preceptivamente autorizado y subvencionado por la Direcció General de Patrimoni Artistic de la Generalitat Valenciana.

permitido la identificación de zonas de actividad organizada (ZAO); elevado grado de interferencias entre las sucesivas ZAO reconocidas, lo que pone de manifiesto el desarrollo de numerosas ocupaciones de larga duración; fuerte aprovechamiento de las biomasas animales, de gran diversidad específica, destacándose la presencia de ciervos, caballos y cabras; así como reconocimiento de una actividad de producción lítica muy bien representada en todas las fases de la cadena operativa, etc. La interrelación de todos los factores denota la persistencia de un modelo de ocupación particular en el que se reconoce la importancia y el arraigo de una tradición en las pautas de antropización y una conducta previsora, con un fuerte grado de predeterminación de las actividades y de anticipación de las situaciones; así como un gran conocimiento de las potencialidades del medio y una concepción clara del territorio eco-social, que se presenta muy bien articulado, donde El Salt desempeña un papel básico en las funciones de organización de amplio espectro, como centro referencial.

En este desarrollo se advierte una inflexión a partir de la fecha reseñada, ya dentro del interestadial würmiense o estadio isotópico 3 (interfase E de Cova Negra y II/III de Cova Beneito) (Fumanal 1994); en la que parece debilitarse la presencia neandertaliana, aunque ésta perdura hasta bien entrado el Würm III. Efectivamente, en los niveles asignables a esta fase final de la ocupación musteriense (a partir del estrato VIII) los indicios se atenúan: no se manifiesta tan marcada la organización espacial de las actividades; los signos de combustión son mucho más leves; los procesos diagenéticos se perciben con mayor intensidad y la incidencia antrópica en la sedimentación se reduce; la población natural de lagomorfos se incrementa progresivamente; el aprovechamiento de las biomasas animales es menor y la producción lítica también disminuye. Mantenemos la hipótesis de que en El Salt se refleja un proceso global de regresión demográfica neandertaliana en los valles de Alcoi, cuyo arranque tiene lugar en torno al 40.000 B.P. y se prolonga hasta su definitiva extinción dentro del Würm III. En tal sentido, esta zona alicantina y de forma particular El Salt deben sumarse al fenómeno de perduración de los neandertales observable en el territorio sur-peninsular, cuando ya en otros contextos geográficos habían sido reemplazados por las comunidades modernas de *sapiens sapiens*.

En el presente contexto el estudio funcional de los utensilios líticos se revela como una vía fundamental para el análisis de los procesos socio-económicos implicados en el desarrollo histórico de las comunidades cazadoras-recolectoras; siendo tres las aportaciones prioritarias de la traceología en el marco de este proyecto de investigación: 1) Contribuye de manera específica a la identificación y caracterización de los instrumentos de producción. 2) Proporciona datos de primer orden para caracterizar los procesos de trabajo. 3) Permite profundizar en la definición de El Salt como Centro de Intervención, discriminando su carácter referencial en un territorio fuertemente articulado y en un lapso temporal relativamente dilatado, explicando, en último término el modo de vida de esta población.

El análisis funcional se muestra como instrumento básico en el estudio de las industrias líticas musterienses, lo que resulta particularmente imperioso en el caso de los conjuntos líticos del Levante peninsular, donde aún está por definir, sobre una sólida base empírica, el concepto de "producto/utensilio". No en vano, los primeros resultados obtenidos en este trabajo ponen en evidencia que la realidad histórica está muy alejada de la imagen "actual" que se deriva al organizar las series de acuerdo a la aplicación de las tipologías clásicas. Por otra parte, pone en evidencia la necesidad de considerar el registro artefactual potencial en un sentido amplio, ante el peligro de perder irremisiblemente información básica. Es necesario asumir que forman parte de dicho registro no sólo los elementos claramente sometidos a una transformación humana patente, sino también todas las evidencias de intervención antrópica en un espacio socializado, como queda de manifiesto en el conjunto de cantos rodados con huellas de utilización recuperados recientemente (fig. 1).

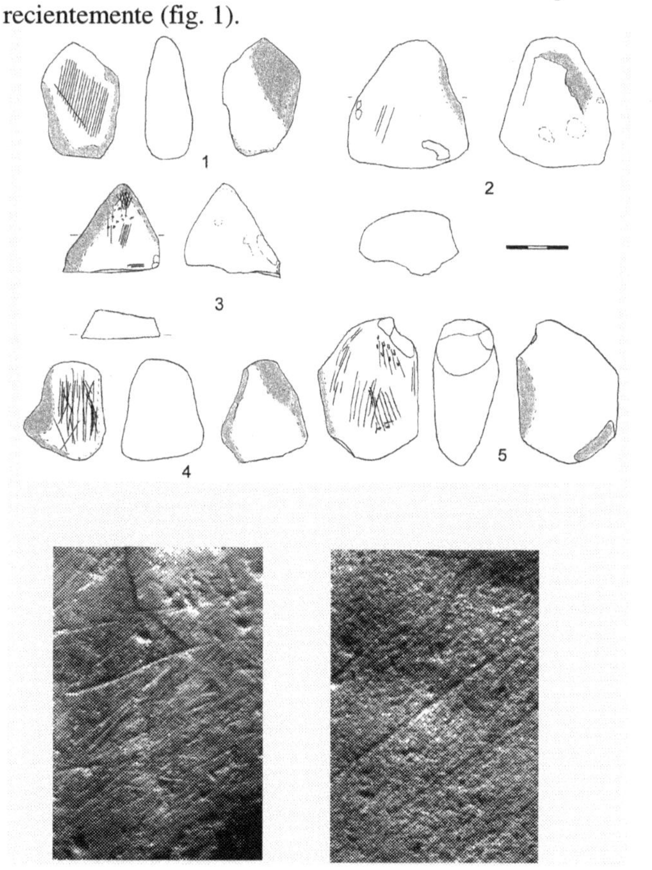

Figura 1: Cantos rodados con huellas de uso (Niveles X y IX).

En esta primera aproximación al Análisis Funcional se pretendía, evaluar las posibilidades de aplicación de la traceología a este conjunto, prestando atención a dos aspectos interrelacionados: 1) analizar la conservación de huellas de uso en la industria lítica y la incidencia de las alteraciones postdeposicionales sobre ellas y 2) contribuir a la definición funcional de las ZAO y de los espacios transicionales que se han identificado a lo largo de la secuencia de ocupación del yacimiento. La muestra escogida procede de los trabajos desarrollados en las campañas de 1996 y 1997 en el sector 2. Los estratos del V al VIII se excavaron en extensión, mientras que en los más antiguos se practicó un sondeo de un metro cuadrado (cuadrícula Z5). De esta manera ha podido examinarse material correspondiente a los estratos V, VI, VII, VIII, IX, X y XI, definidos por Mª Pilar Fumanal (1994). Se seleccionaron soportes de todas las categorías morfotécnicas que en un análisis *de visu* no estuvieran alterados por pátinas de origen químico o mecánico (lustre de suelo, desilificación, fuerte alteración térmica, etc.). Los resultados de este primer examen pueden observarse en la siguiente tabla, donde quedan reflejados el número absoluto de elementos por nivel, el de artefactos que no mostraban huellas de alteración tan desarrolladas como para impedir *a priori* un correcto análisis y su valor porcentual. El nivel X, que no se había identificado en el sondeo, constituye una fase donde predominan los fenómenos diagenéticos, sin ZAO detectadas.

El Salt: Proporción de soportes aptos para el análisis seleccionados *de visu*

Nivel	N° total	Analizables	%
V	18	10	55,6
VI	84	43	51,2
VII	144	57	39,6
VIII	78	19	24,3
IX	21	9	42,8
XI	21	11	52,4
XII	57	32	56,1
XIII	87	14	16,1
Total	510	195	38,2

En la Península Ibérica son pocos los yacimientos de este período que han sido sometidos a análisis funcional y en todos parece repetirse la importancia de las alteraciones postdeposicionales. En Cataluña se estudiaron algunos materiales del yacimiento de Mediona I, donde destaca el tratamiento térmico en este conjunto del Paleolítico Medio (Clemente 1995). Sin embargo Clemente tuvo que descartar la realización de un programa más amplio debido a la presencia de fuertes alteraciones microscópicas. Dicho traceólogo analizó asimismo materiales del Abric Romaní que también estaban demasiado alterados para hacer rentable su estudio. Posteriormente, los miembros del LAUT han retomado el análisis de este centro de intervención, cuyos resultados aún no han sido publicados en extensión. La Cueva del Trucho (Huesca) es otro yacimiento analizado por I. Clemente. En éste, de los tres niveles pertenecientes al Paleolítico Medio, sólo el inferior contenía piezas de cuarcita que hubieran conservado huellas de uso (Gibaja, Clemente y Mir en este volumen). En Andalucía, E. Mansur realizó un test preliminar sobre materiales líticos del Boquete de Zafarraya, que todavía no ha sido publicado.

El tipo de alteración más común en El Salt es la derivada de la acción del fuego, que puede aparecer sola o en conjunción con pátinas de diversos tonos claros. En este centro de intervención son numerosas las estructuras de combustión así como las áreas de combustión no estructuradas, lo que justifica la abundancia de piezas muy rubefactadas, con fracturas térmicas o francamente calcinadas. Las pátinas están originadas por la acción combinada del fuego, del sedimento y del agua, obedeciendo a complejos procesos mecánicos y químicos interrelacionados. No hay que olvidar que el yacimiento se ubica en una zona travertínica, que incluso en la actualidad se ve afectada por la acción hídrica.

El análisis visual de los soportes destaca como una forma rápida y eficaz de detectar piezas con ciertos tipos de alteraciones postdeposicionales, lo que proporciona un criterio de selección, que en principio es aleatorio, y que por ello permite obtener una muestra representativa. Tanto las alteraciones mecánicas como las químicas deben afectar al conjunto de las piezas por igual, siendo lo relevante su ubicación espacial, al determinar el grado de exposición a su influencia. En el caso que nos ocupa, la directa exposición al fuego de una gran cantidad de elementos líticos enmascara las posibles trazas que su uso pudiera haber creado. Si las estructuras de combustión constituyen uno de los principales ejes de vertebración en la organización del espacio y de las actividades asociadas a cada zona concreta, es evidente que muchos soportes quemados estuvieron directamente implicados en ellas.

El análisis *de visu* implica que pasen el filtro determinados soportes igualmente alterados, que serán detectados en una posterior observación con los aparatos ópticos. Este ha sido el caso, como veremos, de algunas de las piezas analizadas para este trabajo. Con ello, la proporción de piezas alteradas aumenta todavía más. Sin embargo, es necesario precisar que las alteraciones postdeposicionales pueden respetar determinados estigmas de uso que, por lo tanto, todavía son interpretables. De entre ellos, son las melladuras las que más probabilidades tienen de sobrevivir, aunque es necesaria una labor de discriminación para distinguirlas precisamente de las producidas por esas mismas alteraciones.

La variedad de soportes elegidos es amplia, pues intenta reflejar la composición del conjunto lítico. En realidad se trata de una representación de la totalidad del material recuperado en El Salt, el cual refleja que en este lugar también se llevaron a cabo las labores de talla. Así, se han identificado desde lascas de primera generación, casi enteramente corticales, restos de talla y núcleos, que podrían asociarse con los desechos generados, hasta lascas de *"plein debitage"*. Las lascas levallois de *plein debitage* corresponden mayoritariamente al modo de explotación centrípeto recurrente. Se trata de productos de lascado acorticales o con córtex residual, con unas medidas que oscilan entre los 2 y los 6 cm. Destaca asimismo un conjunto de lascas desbordantes que tanta importancia tienen en la configuración de los núcleos. Se han desglosado en dos categorías, a fin de individualizar los denominados cuchillos de dorso natural, que siempre han sido considerados un tipo de soporte significativo en los conjuntos líticos del Paleolítico Medio. También se han establecido otros dos grupos con las lascas corticales. Por un lado, aquéllas cuya cara dorsal es superior a las tres cuartas partes de la superficie y por otro, aquéllas donde el cortex ocupa aproximadamente la mitad de la superficie dorsal. Existe igualmente un pequeño porcentaje de lascas que, por estar fragmentadas, no pueden encuadrarse en las otras categorías.

Entre las piezas retocadas hay raederas simples, dobles, bifaciales y denticulados. Otro tipo de soporte que ha sido individualizado es el de los fragmentos informes. Éstos tienen una procedencia accidental, pero alguno de los filos producidos de manera fortuita pueden haber sido utilizados.

Clasificar una pieza lítica como resto de talla es una tarea ciertamente difícil en un conjunto como el de El Salt, caracterizado por la producción de soportes de pequeño tamaño. En este caso se han considerado como integrantes de esta categoría aquellos productos de lascado inferiores a 2,5 cm., en cuyas caras dorsales no se aprecie con total claridad que corresponden a un momento de plena explotación del núcleo.

Se ha tomado en consideración también la categoría de los núcleos, de este mismo sistema de producción. Su inclusión obedece a que en El Salt han aparecido núcleos agotados posteriormente formatizados mediante retoque con la aparente intención de ser empleados como instrumentos de trabajo. Sin embargo, entre el material que nos sirve de base para este trabajo no existen piezas de estas características, por lo que se ha optado por analizar aquellos que aunque no presentaran huellas visibles de utilización, no estuvieran muy afectados por las alteraciones.

Por último, también se ha incluido una serie de cantos rodados, no termoalterados, que aparecen en varios niveles del yacimiento, para tratar de dilucidar el por qué de su presencia.

Hay que destacar que hemos estudiado la totalidad de las piezas correspondientes a los niveles VII, VIIIA y B, y XII. El primero de ellos ha sido seleccionado por cuanto reunía, con diferencia, el mayor número de soportes, tanto si se tenía en cuenta la cantidad originaria como después de haber eliminado los materiales alterados. Aún así, hay que recordar que las 57 piezas analizadas sólo constituyen el 39,6% de esta unidad arqueosedimentaria. Por el contrario, el nivel XII ha sido elegido debido a que parecía contener el mayor porcentaje de piezas susceptibles de ser analizadas, que alcanza el 56,1%, aunque su número absoluto es de 32. En cuanto al nivel VIII, la razón de su selección fue comprobar si las 19 piezas que habían pasado el primer examen *de visu* podían efectivamente ofrecer información funcional. En el resto de los estratos el grado de la representatividad de la muestra es variable, dependiendo en la mayoría de los casos de la aleatoriedad de un primer muestreo que se había realizado con 24 piezas retocadas para comprobar el estado de las superficies del conjunto.

Con respecto a la incidencia de alteraciones postdeposicionales en el Salt, el análisis microscópico de las 154 piezas ha revelado la existencia de este tipo de accidente en un número significativo de los soportes que no parecían tenerlos a simple vista. En el siguiente cuadro aparece el número de elementos alterados, por niveles, en el conjunto observado con los aparatos ópticos, y el porcentaje que representan para cada unidad arqueosedimentaria dentro de la muestra seleccionada y en el total de las 510 que componían el conjunto inicial procedente del sondeo.

El Salt: Relación de soportes analizados por niveles arqueológicos

Tipos de Soportes	Niveles								
	V	VI	VII	VIII A,B	IX	XI	XII	XIII	Tot.
R21	1	1	5	-	-	-	1	1	9
R22	-	-	2	-	-	-	-	-	2
R23	-	2	-	-	-	-	-	-	2
R31	-	1	-	-	-	-	-	-	1
D21	-	-	-	-	-	-	1	-	1
Núcleos	-	4	5	3	1	-	1	1	15
L. levallois	2	-	8	4	-	-	8	2	24
L. desbor/sobrepasada	1	-	4	1	-	-	1	-	7
Cuchillo de dorso	-	-	2	-	-	-	1	-	3
L. con córtex = ½	-	2	8	4	1	-	1	-	16
L. con córtex > 2/3	1	2	10	1	-	-	3	-	17
Fragmentos	-	1	2	1	-	-	1	-	5
L. fragmentadas	-	-	3	2	-	-	2	-	7
Restos de talla	2	10	8	3	-	-	6	1	30
Cantos rodados	-	-	-	-	5	2	6	2	15
Total	7	23	57	19	7	2	32	7	154

El Salt: Porcentaje de alteraciones postdeposicionales por estratos

	V	VI	VII	VIII	IX	XI	XII	XIII
Alt. Microsc. Muestr	3	3	9	8	-	-	3	-
% sobre Muestra	42.8	13.1	15.8	42.1	-	-	9.4	-
% *Visu* y Microsc	13.1	53.6	66.7	85.9	57.1	47.6	49.1	83.9

Los niveles más representativos son aquellos analizados en su totalidad, es decir, el VII, VIII y XII. En ellos son evidentes los contrastes, a pesar de que destaca el alto porcentaje de alteraciones en todos. Así, mientras que el nivel XII es el que contiene los soportes menos afectados, constituyendo el único que no alcanza un 50% de elementos alterados, el VIII es el reverso de la moneda. Estos datos son muy importantes, pues en el momento de decidir sobre la posibilidad de analizar un nivel completo de El Salt, parece claro que el candidato más idóneo sería el XII.

Las alteraciones postdeposicionales, ya sean térmicas, mecánicas o químicas afectan de manera indiscriminada a cualquier tipo de soporte. Por ello, hasta ahora no se ha especificado su naturaleza. Sin embargo, está claro que la morfología de unas piezas originadas en complejos sistemas de talla condicionó sin duda el que se seleccionaran como instrumentos de trabajo. En este caso, consideramos interesante el conocer las clases de soportes que se eligieron y los que se desecharon. Por ello, una vez eliminados los elementos con alteraciones, en el siguiente cuadro se especifica el número absoluto de piezas usadas y de las que no han conservado huellas de uso, clasificadas por tipos de soporte.

Lo primero que destaca en el cuadro es la escasez de elementos que han conservado huellas de uso, así como la desigualdad en las proporciones que alcanzan en cada estrato. En el nivel V existe una pieza con huellas de uso sobre cuatro (25%); en el VI se baja a un soporte sobre veinte (5%); en el VII, que es el que tiene un mayor número de elementos analizados, se eleva el porcentaje de uso, con 16 instrumentos sobre 48 (33,3%); el nivel VIII presenta un alto porcentaje de elementos alterados, y sólo hay una pieza empleada sobre los 11 que permitieron análisis traceológico (9,1%); el nivel IX ha sido uno de los menos estudiados en este muestreo, y además no ha ofrecido ningún instrumento usado, ni entre los dos soportes tallados ni entre los cinco cantos rodados del sondeo; por lo que se refiere al nivel XII, que era el que alcanzaba el menor porcentaje de piezas alteradas, presenta seis elementos con huellas de uso sobre los 23 que hay (26,1%), ya que hemos contabilizado aparte los seis cantos rodados, que tampoco tienen ningún tipo de trazas interpretables; por último, el nivel XIII, que también ha sido poco estudiado, no tiene ningún soporte tallado con huellas de uso.

Este bajo porcentaje de piezas usadas tiene que ponerse en relación, entre otras cosas, con la naturaleza de la muestra. Hay que recordar que se ha pretendido integrar a todas las categorías que aparecen en un conjunto lítico, desde las piezas retocadas a los restos de talla. Por ello, y antes de pasar a detallar los resultados obtenidos con el análisis traceológico de los instrumentos con huellas de uso, puede ser ilustrativo comentar para cada tipo de soporte si ha sido seleccionado o no para ser empleado como útil. Este comentario se hará independientemente de la posición estratigráfica de las piezas.

En la categoría de soportes transformados por retoque tipologizante, tan sólo las raederas simples laterales y transversales no mostraban signos de alteración que impidieran cualquier tipo de diagnóstico. De diez raederas analizadas, cinco tenían huellas de uso y cinco no han conservado evidencias de que lo hayan sido. Este dato no deja de ser curioso, pues la existencia del retoque indica una selección del soporte, presumiblemente para ser empleado. Por una parte es muy posible que alguna de las raederas se hubiera usado pero no se han podido detectar las evidencias del trabajo que realizó, bien porque se efectuara en un lapso de tiempo muy breve, bien porque el material de contacto no dejara estigmas evidentes, o bien, porque un reavivado posterior del filo útil eliminara las trazas del trabajo. En un análisis realizado sobre ocho piezas retocadas del Abric Romaní cinco portaban trazas de uso, un porcentaje un poco mayor.

Como quiera que las piezas retocadas constituyen una categoría a la que se ha concedido gran importancia, por cuanto han sido objeto de una atención especial al sufrir sus filos una modificación intencional, hemos querido ahondar en su significado dentro del conjunto lítico del yacimiento. Para ello se han seleccionado otros 23 elementos retocados, sin alteraciones macroscópicas, pertenecientes a la campaña del año 2000 (niveles VI, VII, VIII A y B, IX y X del sector 2). De ellos, 11 tenían sus superficies alteradas, por lo que tan solo 12 piezas pueden sumarse a las 10 con que contábamos anteriormente.

También en este caso todos los elementos retocados pueden describirse como raederas laterales o transversales, pero esta vez sólo dos de ellas no tienen huellas de uso, con lo que el porcentaje de huellas de uso de esta categoría, considerada a priori como de útiles, alcanza un significativo 83%., si se tiene en cuenta la docena analizada en esta segunda etapa y un 68%, si unimos los resultados de los dos conjuntos. Sorprende que las lascas levallois presenten un índice de aprovechamiento bajo. De las dieciséis no alteradas sólo cuatro tienen trazas interpretables. Quizá sea conveniente recordar una de las peculiaridades de los sistemas de talla musterienses en esta zona del Mediterráneo, consistente en el pequeño tamaño que pueden alcanzar los elementos de *plein debitage*, a veces inferior a los dos centímetros de longitud máxima. Esta circunstancia justificaba un análisis pormenorizado de los soportes más pequeños, con el fin de dilucidar si eran efectivamente usados y, en caso afirmativo, para qué clase de actividades. Veremos cómo estos elementos de tendencia microlítica fueron realmente usados, pero en una proporción pequeña.

Dentro de la categoría de los elementos de técnica, se han individualizado las lascas desbordantes y sobrepasadas por una parte, y los cuchillos de dorso natural por otra, aunque respondan al mismo gesto técnico, destinado a corregir las convexidades de la superficie de explotación del núcleo.

En lo que respecta a las lascas corticales, difícilmente asignables a un sistema de explotación concreto, hay que indicar que cinco de las trece con un 50 % de cortex, y tres de las doce con mayor cantidad de reserva cortical fueron usadas. Este es un dato interesante, al manifestar que los habitantes de El Salt pudieron seleccionar soportes producidos durante las fases preliminares de la talla y usarlos de una manera relativamente frecuente.

El Salt: relación de soportes según hayan conservado o no Huellas de Uso														
	V		VI		VII		VIII A,B		IX		XII		XIII	
	HU	sin	HU	sin	HU	sin	HU	sin	HU	sin	HU	sin	HU	sin
R21	-	1	1	-	2	2	-	-	-	-	1	-	-	1
R22	-	-	-	-	1	1	-	-	-	-	-	-	-	-
Núcleos	-	-	-	4	-	5	-	3	-	1	-	1	-	1
L. Levallois	-	-	-	-	2	4	-	1	-	-	2	5	-	2
L. desbor/sobrepasad	1	-	-	-	2	2	-	-	-	-	1	-	-	-
Cuchillo de dorso	-	-	-	-	1	1	-	-	-	-	1	-	-	-
L. con córtex = 1/2	-	-	-	2	4	2	1	2	-	1	-	1	-	-
L con córtex > 2/3	-	1	-	2	2	5	-	-	-	-	1	1	-	-
Fragmentos	-	-	-	1	-	2	-	1	-	-	-	1	-	-
L. fragmentadas	-	-	-	-	-	3	-	2	-	-	-	2	-	-
Restos de talla	-	1	-	10	2	5	-	1	-	-	-	6	-	1
Cantos rodados	-	-	-	-	-	-	-	-	-	5	-	6	-	2
Total	1	3	1	19	16	32	1	10	0	7	6	23	0	7

Los núcleos de El Salt que han sido analizados son quince y ninguno de ellos presenta estigmas de utilización, todos parecen haber sido abandonados en una fase avanzada de su explotación, y no existen evidencias de su reutilización como instrumentos integrantes de otras cadenas operativas. Los fragmentos informes que no parecen evidenciar ningún tipo de intencionalidad en su origen tampoco han presentado huellas de uso. Otro tanto hay que decir de los siete fragmentos de lascas bajo análisis, lo que indicaría que se trata en su casi totalidad de soportes fracturadosproducidos durante la talla, que no fueron seleccionados posteriormente.

De los veintiséis elementos clasificados como restos de talla, tan sólo dos tienen estigmas de uso, y en ambos casos podría tratarse de soportes provenientes de un sistema de explotación *levallois*.

Queda por mencionar el grupo de pequeños cantos rodados que se recuperó en los niveles IX, XI, XII y XIII del sondeo. Entre los que no presentaban alteraciones no había ninguno con estigmas interpretables que permitieran discernir el por qué de su presencia entre los materiales líticos. Sin embargo, en la campaña del año 2000, sí que se han identificado cantos de similares dimensiones con huellas de uso, que serán comentadas a continuación.

Las piezas con huellas de uso.

Las características de los estigmas observados sobre las 35 piezas talladas que los han conservado (25 del sondeo y 10 del análisis del material tallado del año 2000), así como las conclusiones funcionales que éstos sugieren, van a ser valoradas independientemente de la adscripción arqueosedimentaria de estos soportes. Más adelante se intentará caracterizar alguna de las ZAO de este centro de intervención con la ayuda de la información traceológica.

Cinco artefactos han dado muestras de trabajar la madera. Se trata de tres raederas simples laterales y otra transversal. En general fueron sus frentes retocados los que rasparon este material, con la excepción de una de ellas, que fue utilizada para este fin por el lado opuesto al retoque, aprovechando un ángulo abrupto natural. En este último caso, el lado retocado sirvió para serrar material leñoso. La otra pieza es también una raedera simple lateral, que sirvió para serrar ese mismo material de contacto, que esta vez parece haber estado más fresco. El pulido tiene una trama media, que ocupa poco espacio de la microtopografía, confinándose a sus partes más salientes. Tiene un aspecto voluminoso y brillante y se acompaña de estrías que indican la respectiva cinemática.

El trabajo de la madera parece efectuarse con piezas retocadas, aunque la escasa representatividad de la muestra aconseja una extrema prudencia al aventurar esta conclusión. En varias de ellas hay signos evidentes de reavivado.

Sólo en Europa ya han aparecido restos de industrias lígneas que evidencian el uso de la madera para algo más que como combustible. Del periodo que analizamos los únicos vestigios europeos provienen de turberas alemanas: En Königsaue se hallaron nuevamente piezas apuntadas, y en Kerlich útiles completos enmangados. En ambos lugares, se usó la resina para unir la madera del mango a los instrumentos de piedra, documentándose por tanto la explotación de dos productos diferentes del árbol: su madera y su resina, para la fabricación de un útil (Beyries y Hayden 1993). En la Península Ibérica sólo han sido descritos por ahora para el Paleolítico Medio los restos de madera del Abric Romaní. Se trata de planchas con formas de tendencia elíptica cuya función no ha podido determinarse. Además, también hay que señalar la detección de los restos de una especie de trípode de madera que se situó sobre un hogar, al que se le ha atribuido la función de ahumadero para conservar carne o quizá para curtir pieles (Carbonell y Castro-Curell 1991 y 1992, Castro-Curell y Carbonell 1994).

Las materias animales son, con diferencia, las que ostentan una mayor representación en la muestra, siendo las labores relacionadas con el procesado de las carcasas animales las más abundantes. Es preciso aclarar que las huellas de uso producidas por el contacto con materia animal blanda son de las más difícilmente detectables, si se atiende al desarrollo de los pulidos, y sobre todo en un material como el de El Salt, donde casi todos los soportes presentan algún tipo de alteración postdeposicional. En nuestro caso se ha tenido en cuenta la combinación de estigmas macro y microscópicos que nos han permitido afirmar con un grado razonable de certeza acerca de la existencia de este tipo de actividad.

Creemos que han realizado labores de carnicería ciertos elementos que presentan una sucesión de melladuras bifaciales de diverso tamaño, con terminaciones reflejadas y afinadas. Además se puede observar sobre los filos unos accidentes lineales de desarrollo mayoritariamente longitudinal y distribución variable, visibles principalmente sobre las aristas de las melladuras, donde se detecta además, la existencia de un pulido de trama muy abierta, mate, de aspecto abrasivo pero con escasísimos microcráteres, en manchas aisladas.Tres lascas desbordantes, un cuchillo de dorso, una lasca levallois y cinco con reserva cortical pueden clasificarse en este apartado (lo que hace un total de 10 útiles). Es interesante constatar que las labores de carnicería parecen efectuarse con soportes que no han sido formatizados mediante retoque. En general, estas piezas presentan huellas de uso de escaso desarrollo, difíciles de detectar en unas superficies con ligeras trazas de alteración como las de este yacimiento. Esto puede ser la consecuencia de un uso oportunista y breve, de manera que se seleccionan soportes con filos naturales adecuados para la acción propuesta que son abandonados después de cada uso sin intentar reaprovecharlos. No se han detectado huellas relacionables con algún sistema de enmangue, pero hay que destacar la importante representatividad que tienen los soportes con secciones triangulares asimétricas, como las lascas desbordantes, o alguna de las lascas corticales. Estas peculiaridades permiten asir los instrumentos con comodidad sin correr grandes riesgos de cortes accidentales.En algún caso sólo se ha podido diagnosticar una cinemática longitudinal sobre materia no determinable, pero que no presenta rasgos de tener una gran dureza, lo que permite descartar las materias animales duras o la madera dura. Aquí se pueden encuadrar otro cuchillo de dorso, una lasca cortical y otra lasca desbordante.

Otra lasca cortical con unos ángulos de filo semiabruptos presenta estigmas de un trabajo transversal sobre una materia mixta. En ella existen huellas de raspado de una materia dura y de contacto con una materia blanda y abrasiva, por lo que podría tratase de una labor de descarnado por raspado, de manera que el útil hubiera estado en contacto intermitentemente con el hueso o los tendones durante ese tipo de trabajo.

Tan sólo una raedera lateral presenta huellas de uso de un trabajo longitudinal sobre materia dura, posiblemente de origen animal. En este caso se observan manchas aisladas de pulido reflectante con una orientación paralela sobre las aristas del retoque.

Por otra parte, dos raederas simples laterales y otra lasca levallois con un ángulo distal naturalmente semiabrupto rasparon piel fresca sin abrasivos. Una raedera laterotransversal R23 presenta en su borde lateral retocado signos de un trabajo longitudinal sobre materia blanda ligeramente abrasiva y muestra también en su filo distal signos de un trabajo transversal sobre esta misma materia, por lo que es probable que fuera empleada sobre piel fresca. En ellas se observa un desgaste moderado del filo, acompañado, en el caso de la lasca sin retocar, de melladuras bifaciales, principalmente dorsales. Además, hay escasas estrías perpendiculares al filo y un pulido de aspecto abrasivo de trama media, mate y con microcráteres. El trabajo de la piel se realiza con soportes adaptados para tal fin. En las piezas retocadas el desgaste moderado, no permite saber si el mismo obedece a un intento de formatizar un filo o a una labor de reavivado. Esta última se ha considerado como necesaria en el trabajo del cuero, pero el escaso desarrollo de los estigmas impide alcanzar tales precisiones. De todas formas, los trabajos etnoarqueológicos demuestran que la necesidad de reavivar los útiles es también un procedimiento que depende de las formaciones sociales.

Antes de abandonar este apartado del trabajo de la piel, queremos comentar las huellas de uso que hemos detectado en un conjunto de cinco cantos rodados, pertenecientes a los niveles IX y X (fig.1). Se trata de elementos detríticos de formas más o menos angulosas y tipometría discreta, que presentan en una de sus superficies, generalmente de morfología aplanada o ligeramente convexa, una serie de accidentes lineales bien articulados. Las estrías guardan aproximadamente la misma orientación, que suele seguir el eje de mayor longitud de la superficie activa. En algunos casos se entrecruzan, creando una retícula romboidal, mientras que en muchas ocasiones se observa con claridad que proceden de una cinemática bidireccional, de vaivén, pues son evidentes los puntos de inflexión del movimiento. Tienen un desarrollo longitudinal importante, mientras que su sección suele ser más o menos profunda y ancha según la naturaleza de la materia prima del canto. Y es que la granulometría de las rocas que los conforman es variada. A falta de un análisis mineralógico preciso, los cantos parecen ser mayoritariamente de caliza, uno de ellos con mayor componente silíceo y grano más fino, otro más afín a una arenisca, con los granos más destacados. Todo ello redunda en la mayor o menor densidad con que aparecen las estrías, muy escasas en el más silíceo y extremadamente abundantes en el de arenisca y los de caliza más blanda. En estos últimos aparecen asociados a las estrías pequeños hoyuelos que parecen ser el resultado del arranque de una mayor porción de la roca en la que se configura el canto rodado. También hay que señalar la presencia de hoyuelos de mayores dimensiones, que parecen ser los estigmas de un piqueteado intencional, lo que podría relacionarse con la función de conferir mayor poder abrasivo a la superficie activa. En este sentido, resulta bastante significativo que el canto más granuloso no tenga estos piqueteados. Las estrías se adaptan a la morfología de la superficie útil, sobrepasándola en ocasiones, lo que indica que la naturaleza de la materia trabajada, al tiempo que abrasiva debía tener un cierto grado de elasticidad. Las opciones más comunes para identificarla recaen sobre el trabajo de la piel, la molturación de algún tipo de mineral blando (¿ocre?), o de alguna raíz muy fibrosa. Sin embargo, no se han detectado restos de minerales extraños en los cantos, mientras que la presencia de ocre si que se ha confirmado en algunas piezas talladas procedentes de las antiguas excavaciones de los años sesenta, por lo que se hubiera conservado de ser la materia transformada. Tampoco es evidente la presencia de pulidos de tipo aditivo directamente relacionables con materias de origen vegetal. Por tanto, a nuestro juicio, la hipótesis más coherente aboga por un trabajo de la piel.

La utilización de cantos rodados de diversa granulometría en las industrias corioplásticas es bastante común en diversas regiones y formaciones sociales. En unos casos para depilar, en otros para descarnar y también para flexibilizar.

Por último, otros once elementos tallados han trabajado materias que no ha sido posible determinar con claridad, aunque sí lo fue identificar la cinemática empleada.

Una lasca parcialmente cortical y desilificada fue recuperada a posteriori y formatizada por un retoque simple que la convirtió en raedera simple lateral. En la parte que el retoque eliminó la superficie alterada por la desilificación hay huellas de uso de un trabajo transversal, pero no están lo suficientemente desarrolladas como para identificar la materia transformada. También presentan rastros de una cinemática transversal sobre materia indeterminada otras dos raederas laterales y otra transversal, dos lascas levallois, una lasca parcialmente cortical y dos elementos que habían sido clasificados como restos de talla. Por último, dos raederas transversales tienen en el filo retocado los estigmas de haber sido empleados como parte activa en una labor de hendido de una materia dura y abrasiva, pues los filos laterales poseen rastros de abrasión.

En conclusión, las piezas líticas analizadas han presentando unos porcentajes de alteración microscópica muy importantes. Así, de 177 seleccionadas unas 37 seguían teniendo sus superficies impracticables para el examen traceológico. También destaca el bajo índice de uso del conjunto del material, un 25%, aunque si nos fijamos únicamente en el retocado, este porcentaje aumenta hasta un 68% del total, lo que ya no resulta desdeñable.

Hacia la definición funcional de las ZAO y los SIA

La escasez de los instrumentos con huellas de uso hace difícil establecer valoraciones orientativas de tipo diacrónico sobre las actividades que se reflejan en cada uno de los niveles por separado. Para el sector 2 se han reconocido unas macroestructuras estratigráficas que hemos denominado Segmentos de Intervención Antrópica (SIA). En ellos se identifica una dinámica sedimentaria específica, producto de la repetición de determinadas prácticas sociales en un espacio concreto. En los SIA se manifiesta la permanencia diacrónica de un proceso concreto de antropización, de tal modo que, en un mismo espacio pueden llegar a identificarse sucesivas Zonas de Actividad Organizada.

El nivel XII sólo se ha excavado en un área de un metro cuadrado, correspondiente a la cuadrícula Z5, que se encuentra situada en una zona de máxima actividad organizada, en la que existen varias estructuras de combustión. De allí proceden seis piezas con huellas de uso, de las que tres realizaron labores de carnicería (cuchillo de dorso, lasca desbordante y lasca cortical con retoque irregular). Relacionada también con el procesado de las materias animales hay una raedera lateral que sirvió para raspar piel fresca sin abrasivos. Además una lasca levallois realizó un trabajo transversal sobre una materia que no se ha podido determinar, mientras que otra llevó a cabo esa misma cinemática entrando en contacto con una materia dura que dejó una fuerte abrasión en un segmento restringido del filo. Por lo tanto, el material refleja de forma mayoritaria un conjunto de actividades directamente relacionados con el tratamiento de las carcasas animales, ya con fines culinarios, ya con el interés de preparar la piel para poder utilizarla posteriormente. Las dos lascas con cinemáticas transversales indican la incidencia de esas labores de transformación de la materia sin aparentes intenciones bromatológicas, que abogan a favor de la interpretación de este espacio como referente para la vertebración de las actividades antrópicas.

El nivel XI, coincidente con un segmento de intervención antrópica, no ha proporcionado mucha información por el momento, ya que en el análisis preliminar del sondeo tampoco se seleccionaron muchos elementos, y de ellos ninguno portaba huellas de uso. Tampoco hay instrumentos retocados con huellas de uso correspondientes a la campaña del 2000, por lo que nada podemos apuntar para caracterizar las ZAO identificadas en su seno.

Otro tanto hay que decir del nivel X y del IX, que en el sondeo no proporcionaron piezas usadas. Entre el material del 2000, perteneciente al nivel X, existe una raedera transversal, que también podría clasificarse tipológicamente como raspador, utilizada para raspar una materia indeterminada, que poco puede contribuir a aclarar la funcionalidad de ambos segmentos cronológicos. Sin embargo, es a estos dos niveles a los que hay que adscribir el pequeño conjunto de cantos rodados con huellas de uso.

La interpretación que se ha dado a la dinámica antrópica en los niveles X y IX es muy diferente. Se ha comentado que el más antiguo es resultado, fundamentalmente, de procesos diagenéticos. Por el contrario en el nivel IX, después de una primera situación de tránsito, se vuelve a consolidar la ocupación, que se materializa en este ámbito del yacimiento por la presencia de dos estructuras de combustión, de una cubeta y de unos hoyos asociados ésta, así como en una buena representación de las cadenas operatorias líticas y un registro fáunico donde se documentan actividades culinarias, de consumo y desecho. La presencia de estos cantos relacionados con una actividad transformadora de materias primas viene a enriquecer el espectro de actividades domésticas.

Cuando pasamos a analizar la dinámica productiva en el siguiente SIA, que engloba los niveles VIII B y A, los datos vuelven a ser escasos, a pesar de que se ha trabajado en extensión. Sin embargo, ya habíamos comentado la gran relevancia que las alteraciones adquieren entre el material lítico de este segmento, lo que también ha de relacionarse con la abundancia de estructuras de combustión y otros restos de combustión no estructurados por una parte, y la relevancia de los procesos diagenéticos de circulación hídrica. Así, en el nivel VIII B sólo hemos detectado dos raederas laterales con huellas de uso, procedentes de dos cuadrículas adyacentes. Una de ellas trabajó longitudinalmente una materia dura, posiblemente de origen animal, mientras que la otra realizó un trabajo de raspado sobre una materia no determinable.

En el nivel VIII A, el análisis de la fauna ha puesto en evidencia la realización de verdaderas labores de tratamiento carnicero, es decir, un procesado de la biomasa animal que va más allá de la preparación de ciertas partes de la carcasa para su consumo. A este nivel pertenece una lasca cortical con retoque irregular que ha sido empleada en estas actividades, y a ella debemos sumarle dos raederas que han trabajado la piel, una de las cuales presenta además huellas de trabajo longitudinal sobre materia no determinable en otro de sus filos. Por último, otra raedera realizó un trabajo transversal sobre madera y otra más sirvió para hender una materia dura. Las piezas proceden de distintas cuadrículas del área excavada, por lo que no hay agrupaciones significativas.

El nivel VII sería el último gran SIA donde la antropización de este sector 2 aún reviste importancia. Ya se ha comentado que de él procede el mayor conjunto de piezas analizadas y también la mayor cantidad de las que tienen huellas de uso, localizándose todo el espectro de actividades que se han identificado en este Centro de Intervención en un espacio reducido de cuatro metros cuadrados, correspondiente a las cuadrículas Y,Z/3,4, mientras que en el resto del espacio sólo hay una pieza usada, un resto de talla de la cuadrícula Z5, que realizó un trabajo transversal sobre materia no determinable.

La labor más documentada es la de carnicería, con cinco piezas seguras y cuatro más que probablemente también se emplearon para la misma tarea, incluyéndose un instrumento que realizó un trabajo transversal sobre una materia mixta, blanda, abrasiva y dura, que hemos interpretado como un posible raspado de hueso para descarnar. La piel se trabajó con una lasca sin retocar de filo obtuso, mientras que también hay evidencias de raspado de madera con una raedera lateral. Finalmente, quedan otras cuatro piezas de distintas categorías morfotécnicas que también realizaron trabajos transversales sobre materias no determinables y una raedera que sirvió para hender.

Por último, hay que referirse al nivel VI, que, como ya hemos indicado, refleja una ocupación de baja intensidad, polarizándose ahora la vertebración de El Salt en torno al sector 1. De este nivel sólo tres piezas, correspondientes a dos cuadrículas contiguas tienen huellas de uso. Sin embargo, hay que convenir que apuntan a un mismo tipo de actividad, por otra parte no muy documentada, lo que al menos podría calificarse como curioso. En efecto, se trata de tres raederas que han trabajado la madera, además con dos cinemáticas complementarias: una ha serrado, otra ha raspado y la tercera tiene dos filos activos que han trabajado cada uno de manera diferente, con movimiento longitudinal y transversal. Quizá este hecho pueda ser la evidencia de que, efectivamente, en estos momentos el sector 2 dejó de ser un área donde se desarrollaban actividades relacionadas con la preparación de los alimentos para convertirse en una zona marginal donde podrían trabajarse eventualmente otras materias, como en este caso la madera.

El nivel V, el más reciente de la secuencia en este sector de El Salt, sólo ha librado una lasca desbordante que sirvió para tratar las carcasas animales.

Como conclusión a todo este análisis, la impresión general que nos queda incide en la importancia de las actividades de subsistencia, destacando todo lo relacionado con el procesado de los recursos cárnicos. Las tareas de transformación de materias primas, como la modificación de la piel o la madera, están poco representadas en este conjunto, pero muestran asociaciones interesantes en determinados SIA. El estudio completo del material recuperado en las campañas 2000 y 2001, y la próxima excavación del nivel XII proporcionarán datos de gran interés para caracterizar los momentos de máxima actividad en este centro de intervención referencial de la comarca alcoyana.

Bibliografía

ANDERSON-GERFAUD, P. (1981), *Contribution méthodologique à l'analyse des microtraces d'utilisation sur les outils préhistoriques*. Thése de doctorat 3 Cycle. Univ. de Bordeaux I.

BEYRIES, S. (1987), *Variabilité de l'industrie lithique au Mousterien. Approche fonctionelle sur quelques gisements français, BAR International Series*, 328, Oxford.

BEYRIES, S. y HAYDEN, B. (1993), "L'importance du travail du bois en Préhistoire". En P.C. Anderson *et al.* (dirs.), *Traces et fonction: les gestes retrouvés,*ERAUL, 50 (II), pp. 283-285.

CARBONELL, E y CASTRO-CURELL, Z. (1992), "Paleolithic wooden artefacts from the Abric Romaní (Capellades, Barcelona, Spain)", *Journal of Archaeological Science,*19, pp.707-719.

CASTRO-CURELL, Z y CARBONELL, E. (1994), "Wood pseudomorphs from level I at Abric Romaní (Capellades, Barcelona, Spain)", *Journal of Field Archaeology*, 22 (3), pp. 376-384.

CLEMENTE, I. (1995), "Sílex y lustre térmico en el Paleolítico Medio. ¿Alteración o técnica de talla?. El ejemplo de Mediona I (Alt Penedès, Barcelona)", *I Congreso de Arqueologia Peninsular. Trabalhos de Antropologia e Etnologia*, XXXV, 3, pp. 37-43.

GALVÁN, B., HERNÁNDEZ, C., ALBERTO, V., BARRO, A., FRANCISCO, Mª.I. y RODRÍGUEZ, A. (2001), "Las sociedades cazadoras-recolectoras neandertalianas en los valles de Alcoi (Alicante, España). El SALT como un Centro de Intervención referencial". Tabona X, pp. 7-33.

PLISSON, H. y BEYRIES, S. (1998), "Pointes ou outils triangulaires? Données fonctionnelles dans le Moustérien Levantin". *Paléorient*, 24, 1, pp. 5-24.

VILLAVERDE, V. (ed.) (2001), *De Neandertales a Cromañones. El inicio del poblamiento humano en las tierras valencianas*. Universitat de València.

13. La traceología como medio para determinar el sentido de ciertas conductas técnicas estandarizadas observadas en el registro lítico: el caso de las raederas del yacimiento musteriense de El Esquilleu (Cantabria)

Belén Márquez Mora y Javier Baena Preysler

Abstract

The site of Esquilleu (Castrocillórigo, Cantabria, Spain) is a cave located in the Hermida canyon. Fourteen archaeological units have been documented by now. The study of their sequence will allow us to settle the transition between the late Mousterian and the Upper Palaeolithic in this region.

We have studied a sample that belongs to levels "XI" and "XI Fauna", dated from a techno-typological perspective to the Mousterian. Ancient archaeological evidence of hafting is very rare. Almost always it is other evidence that is used to determine the presence of a haft, such as use wear or some special morphological characteristics of the tool. In this sense, thirty pieces from Esquilleu site have been chosen for traceological analysis. They are mainly quartzite scrapers, because they show what we have interpreted as thinning traces to allow a better hafting. In addition, it was interesting for us to determine how the "Quina" scrapers were used. Was the "Quina retouche" on the dorsal surface "functional" or "technological"?

A good manipulation of the tools during and after the fieldwork has allowed the preservation of "residues" on two of the pieces. They have been analysed by RX Diffraction and CG/MS (Gas Chromatography/Mass Spectrometry) to determine the presence/absence of calcite or residues (RX-D) and organic adhesives (CG/MS). CG/MS analyses are still not complete, of course, but the results of RX Diffraction show the presence of hydroxyapatite. These data, together with the small size of the pieces and some traces caused by the use of hafts found in some of them, show that at least some of the pieces were used hafted.

Introducción

Las evidencias arqueológicas de restos de mangos para la sujección de útiles líticos son muy escasas, dado el carácter perecedero de la materia orgánica, y de hecho se muestran prácticamente ausentes en el caso de yacimientos de cronologías antiguas, como los fechables en momentos tempranos paleolíticos. La evidencia más antigua de útil compuesto, aún controvertida, es la de tres fragmentos de rama de abeto del yacimiento alemán de Schöningen. Fechados aproximadamente en unos 400.000 años, dichos implementos presentan una acanaladura en su extremo, que hace pensar en la posibilidad de que ésta sirviera para insertar una pieza lítica (Thieme 1995). Otra interesante evidencia que muestra la complejidad del conjunto de herramientas de los neandertales y de los primeros sapiens es la de dos pequeños bloques de resina de abedul localizados en una mina de lignito cerca de Königsaue (Alemania). Estos restos, que fueron utilizados para fijar una pieza de sílex a un mango de madera, han sido fechados en más de 80.000 años (Koller *et al* 2001). Dichos restos son especialmente interesantes porque implican un conocimiento profundo por parte de los neandertales de la forma de tratar térmicamente la corteza de abedul para formar un adhesivo. Por último, hace unos 40.000 años, en el yacimiento musteriense de Umm el Tlel (Siria) se ha documentado la presencia de dos piezas con restos del bitumen que se utilizó para insertarlas al mango (Boëda *et al* 1996).

Salvo escasos datos como los citados, son a menudo los estudios traceológicos las únicas herramientas que nos permiten determinar si un útil fue utilizado inserto a un mango o no. Otras evidencias tecnológicas indirectas, como la presencia de levantamientos de carácter no funcional en las piezas, permiten pensar que, con cierta frecuencia, éstas eran modificadas para su inserción en el mango (Anderson-Gerfaud y Helmer 1987). El pequeño tamaño de muchas de las piezas hace pensar, así mismo, que éstas debían utilizarse enmangadas.

En este sentido, hemos emprendido un estudio sobre un pequeño conjunto de piezas procedente del yacimiento musteriense de El Esquilleu (Cantabria) que en conjunto muestra una serie de características morfológicas similares que parecen estar motivadas por la intención de adaptarlas mejor a un mango.

El Esquilleu

La Comarca de la Liébana se enclava en una importante fosa tectónica rodeada de montañas (Picos de Europa hacia Oeste, Peña Sagra y Sierra Collaín hacia el sur) entre dos contextos geológicos y litológicos bien diferenciados: el Dominio de Liébana y el Dominio de los Picos de Europa (fig. 1).

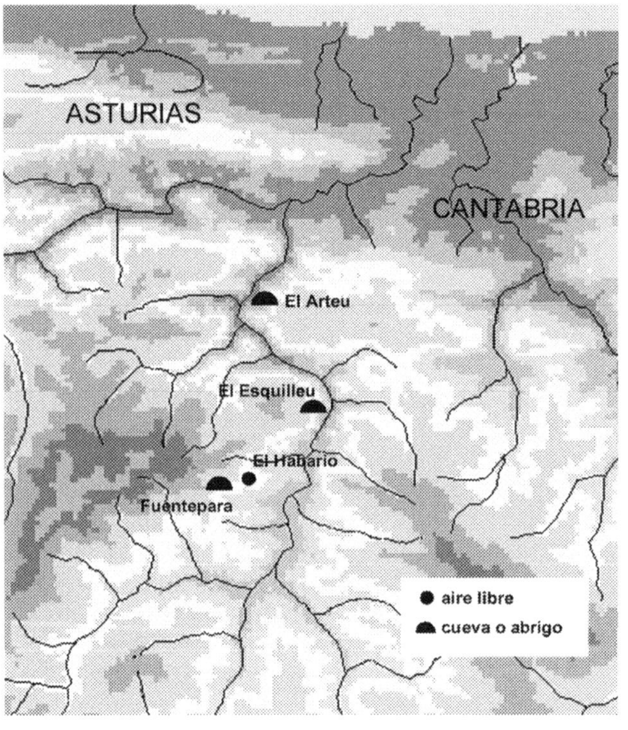

Figura 1: Mapa de situación en relación con los asentamientos cercanos de cronología similar.

Dentro de este marco, el yacimiento de la Cueva del Esquilleu se sitúa en un abrupto desfiladero calizo por el que el Río Deva se encaja en su recorrido hacia el mar, 26 km. hacia el norte por el curso fluvial (fig. 2). El roquedo domina claramente en la región, caracterizado por la abundancia de procesos kársticos que han incidido sobre un substrato dominantemente calizo. Este yacimiento, situado a unos 100 metros sobre el cauce del río, se encuentra fuertemente colmatado por una secuencia de sedimentos cuya potencia estimamos superior a los 11 metros. Su estudio permitirá en los proximos años sistematizar el Musteriense final y su transición al Paleolítico Superior a escala regional.

Las excavaciones en este yacimiento prolongadas hasta la actualidad se enmarcan dentro del proyecto de investigación *Ecología y Subsistencia de las Primeras Poblaciones Neandertales en el Centro de la Región Cantábrica,* financiado por la Diputación de Cantabria. Tanto este proyecto como otros previos (Muñoz *et al.*, 1985; Muñoz *et al.*, 1987) han puesto de manifiesto la existencia de una importante presencia musteriense en el occidente cantábrico, con ejemplos como el del yacimiento de El Habario (Carrión y Baena 1999), área de la que existían escasas referencias hasta hoy (González Echegaray 1957).

Figura 2: Vista de la Cueva del Esquilleu.

Secuencia

Hasta el presente ha sido definido un total de 20 niveles arqueológicos en los que se ponen de manifiesto importantes cambios sedimentológicos, paleoclimáticos y tecnológicos (Baena *et al.* 1999). De forma sintética, y a partir de los niveles estudiados por el momento, los cambios desde el punto de vista tecnológico podrían quedar englobados en los siguientes intervalos:

-*Niveles III a IV.* La explotación en estos niveles manifiesta un carácter altamente expeditivo con presencia de esquemas discoides y con una marcada reducción del tamaño de los productos. La materia prima, entre la que destaca la cuarcita, presenta escasa calidad, aunque se aprecia una selección sobre los depósitos fluviales, principal fuente de abastecimiento en todos los casos.

-*Niveles V a VII.* Dominio técnico de la talla discoide y discoide jerarquizada. Su explotación se orienta preferentemente a la producción de formas apuntadas. La materia prima presenta una calidad media (aunque sigue manteniéndose una acusada selección sobre el cauce), siendo la cuarcita dominante.

-Niveles *VIII a X.* Presencia más o menos dominante de esquemas *levallois*, en las modalidades recurrente unipolar y recurrente centrípeta. La materia prima presenta una mayor calidad, siendo significativa la presencia de materiales alternativos de grano fino (calizas silicificadas, fundamentalmente, junto a algunos nódulos ferruginosos).

- *Niveles XI a XIV.* El material se asocia a modos de producción Quina, con una clara búsqueda de espesor en las matrices. La selección de materia prima es alta, dirigiendose de forma preferente hacia la cuarcita de buena calidad.

Los niveles en los que vamos a centrar el presente estudio se enmarcan dentro del interglaciar Hengelo-Les Cottés con una cronología absoluta para el XIF del 36.500 BP y para el XIII de 39.000 BP (Baena *et al.* e.p).

La muestra

El conjunto estudiado consta de 30 raederas procedentes de los niveles XI (8) y XI F (22). Todas las piezas están fabricadas sobre cuarcita oscura de grano medio a fino, cuarcita en general de buena calidad, como hemos visto más arriba para estos niveles. Por otra parte, en general se muestran en buen estado de conservación al proceder de contextos muy poco desplazados, habiéndose documentado en estos niveles tanto remontajes de industria lítica como restos óseos en conexión.

18 de las piezas presentan un borde opuesto abrupto (el dorso puede ser tanto natural como configurado mediante retoque) y 12 presentan levantamientos opuestos al filo de carácter aparentemente no-funcional.

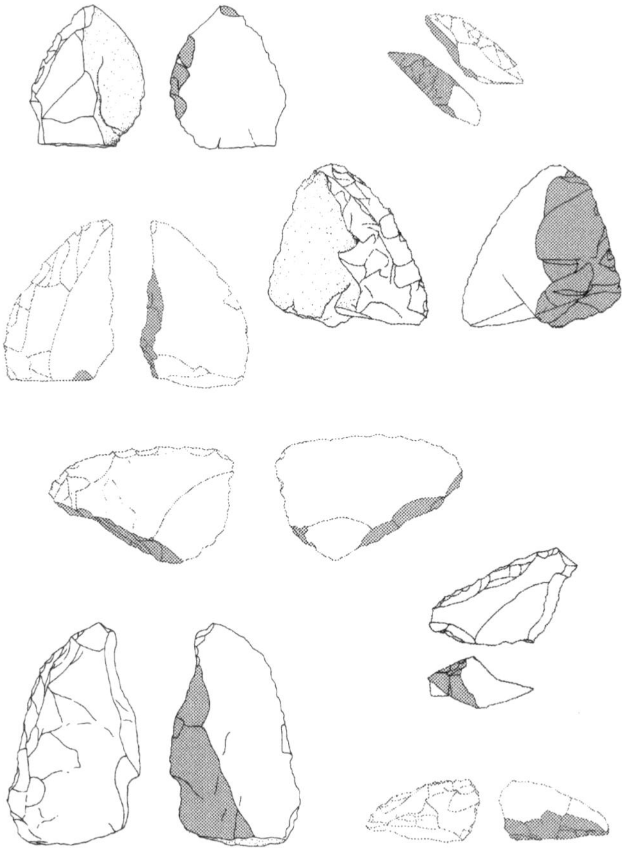

Figura 3: Piezas con levantamientos intencionados para mejorar o facilitar su adhesión al mango.

Objetivos

Una vez planteada la problemática que presenta el conjunto, se pretende realizar el estudio traceológico de las piezas escogidas con el fin de determinar la función de los levantamientos opuestos al filo activo y de las morfologías estandarizadas observadas en las piezas (bordes opuestos abruptos).

Por otra parte, el análisis de las huellas de uso estará además encaminado a conocer la forma de utilización de las piezas. En este sentido, y en relación con el retoque tipo "Quina" que presentan algunas de los útiles estudiados, nos planteábamos la posibilidad de que éste tuviera un sentido funcional. Beyries y Walter (1996) en su estudio de raederas "Quina" de Combe-Grenal, observan que uno de los modos de utilizar dichas piezas es con la cara dorsal de las piezas funcionando como cara de contacto. Los levantamientos no servirían para adelgazar o configurar el filo, sino la cara que se usa.

Por último, y como se verá, se ha llevado a cabo el análisis de los residuos observados en 2 de las piezas del conjunto. Dichos análisis han estado encaminados a determinar el origen y entidad de esos depósitos.

Programa experimental

Se ha llevado a cabo una serie de experimentos de carácter replicativo con el fin de determinar el comportamiento de la materia prima utilizada en el yacimiento. En este sentido se ha trabajado sobre madera, hueso y sobre piel. Los experimentos realizados sobre esta última materia, han sido realizados con las piezas enmangadas, 3 sobre madera con adhesivo, 2 con tendón y una última con cuero (fig. 4)

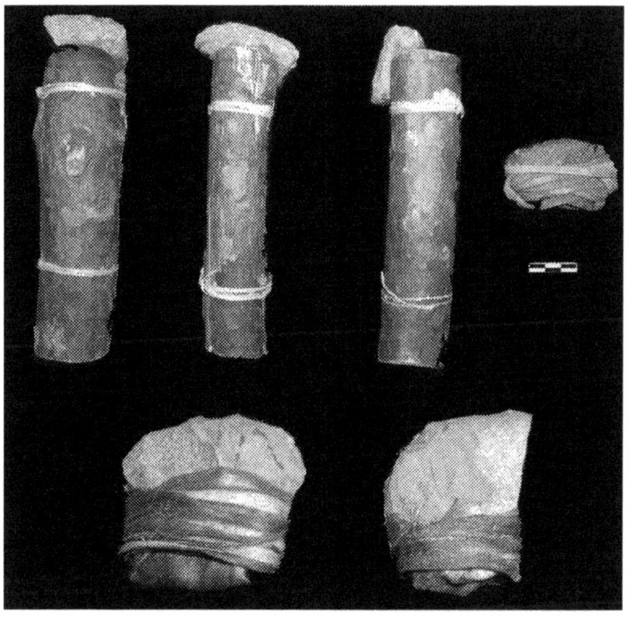

Figura 4: Piezas enmangadas experimentales.

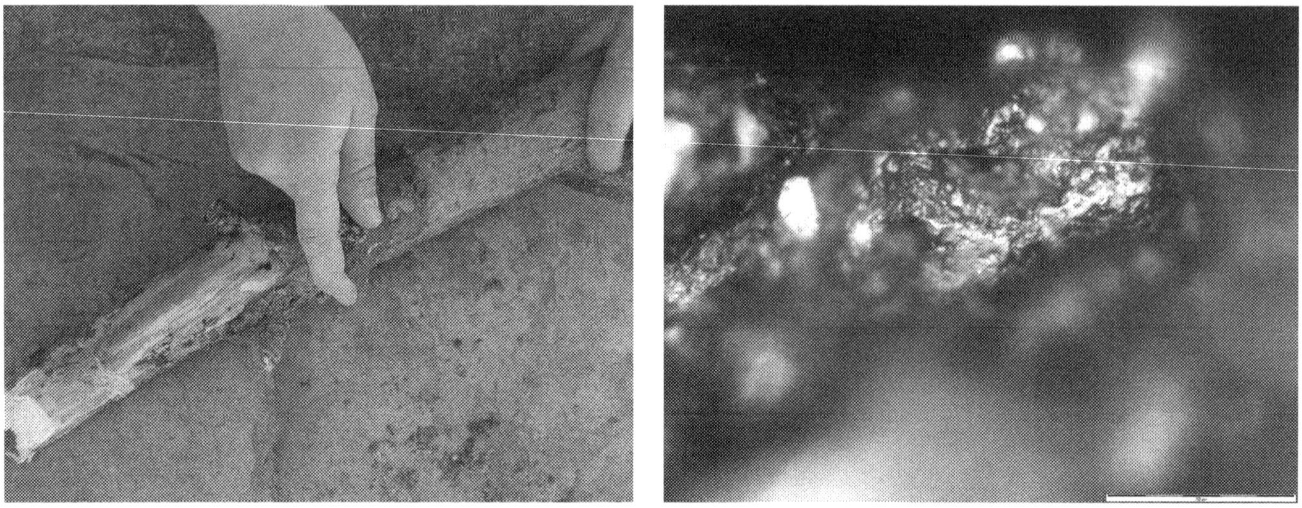

Figura 5: Experimento sobre madera de pino fresca y huellas de uso experimentales.

El resultado ha sido la formación de pulimentos bien desarrollados en el caso de las piezas que han trabajado hueso y madera (todas durante 30 minutos) (fig. 5) y de poca entidad en el caso de los trabajos sobre materias blandas (piel de ciervo remojada) y en el de los mangos de cuero en cuyo caso sólo detectamos escasas trazas de abrasión (fig. 6).

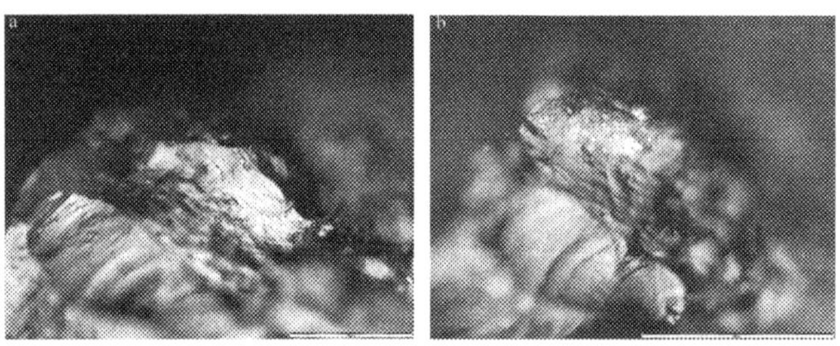

Figura 6: Punto de control en una pieza experimental enmangada con una tira de cuero: (a) pieza en fresco (b) abrasión observada en el cristal tras el experimento.

Preparación de la muestra, medios de observación y analíticas empleadas

Para la limpieza de las piezas experimentales se ha utilizado un tipo de limpieza medio (Mansur 1980; Anderson 1981), a base de ácido acético y agua oxigenada (H_2O_2), ambos al 50%.

En cuanto al material arqueológico, éste había sido lavado con los dedos bajo un chorro de agua para eliminar los restos de sedimento. A continuación se almacenaron en bolsas de plástico por separado. Alguna de las piezas había sido sin embargo siglada. Antes de proceder a un lavado más intenso, todas las piezas han sido observadas bajo lupa binocular con el fin de determinar la presencia de algún tipo de residuo. Este procedimiento nos ha permitido reconocer, como se ha comentado más arriba, la existencia de una línea de "concreción" cuyo origen nos hemos propuesto analizar.

Una vez descartada la presencia de restos de ésta índole en las piezas arqueológicas, se procede a su lavado con agua y detergente no amoniacal en la cubeta de ultrasonidos durante 10 minutos. A continuación, y para eliminar los restos de concreción, se procede a un lavado con dureza alta (Knutsson, 1988) utilizando ácido clorhídrico (CLH) y luego hidróxido de sodio (NAOH), ambos al 10 %.

En cuanto a los medios de observación, para el presente estudio hemos utilizado un microscopio óptico para luz transmitida e incidente Olympus BX51 que cuenta con un cambiador de aumentos de 100x a 500x. Su objetivo de larga distancia permite la observación de los filos de las piezas. Con él se han estudiado los pulimentos y las estrías. La lupa binocular Leica Wild MZ8, con cambiador de aumentos de 6,3x a 50x, nos ha permitido el estudio de los desconchados y el embotamiento del filo. Así mismo, permite el topografiado, con ayuda de la cámara clara, de la posición de las líneas de residuos documentadas.

Se han llevado a cabo dos tipos de analíticas para las "concreciones" observadas en las piezas Esq99/I10/B/BN/XI y Esq99/J11/D/164/XIF. En primer lugar se ha realizado un análisis de difracción de RX para determinar la presencia de CaCO3 (calcita) o residuos. A continuación se ha realizado un análisis de CG/EM (Cromatografía de Gases/Espectrometría de Masas) para determinar la presencia/ausencia de elementos bituminosos y de compuestos orgánicos.

Resultado del análisis de difracción de rayos x

Como hemos visto más arriba, el análisis con lupa binocular de las piezas del Esquilleu ha permitido documentar en 2 de ellas una fina línea blanca que en el caso de la raedera en la que se encuentra más desarrollada Esq99/J11/164/XIF (fig.7) cruza la pieza de forma longitudinal por su zona mesial (fig.8). El aspecto del depósito (fig.9) es totalmente distinto al del resto de las escasas concreciones observadas en el conjunto lítico. La línea rodea por completo la pieza pero no afecta apenas el filo activo.

El componente identificado tras la difracción de RX realizada a partir de las muestras extraidas de la pieza Esq99/J11/164/XIF es hidroxiapatito (Ca_{10} (PO_4) ($(OH)_2$). Es uno de los componentes minerales del hueso. Cuando aparece en sedimentos de cueva suele relacionarse con la presencia de murcielaguina. Sin embargo, dadas las características del nivel XIF, la presencia de este elemento se debe probablemente a la existencia de gran cantidad de restos de fauna. No se ha detectado, sin embargo, presencia de murcielaguina que, por otra parte, y debido a su acidez, es incompatible con la abundancia de restos óseos. Los análisis de difracción de RX que se han efectuado sobre sedimentos del mismo nivel también detectan la presencia de este elemento (Sanz, *com. pers.* y Hortolà, *com.pers.*).

Figura 7: Pieza Esq99/J11/D/164/XIF. Puede observarse en la parte mesial la línea de hidroxiapatito.

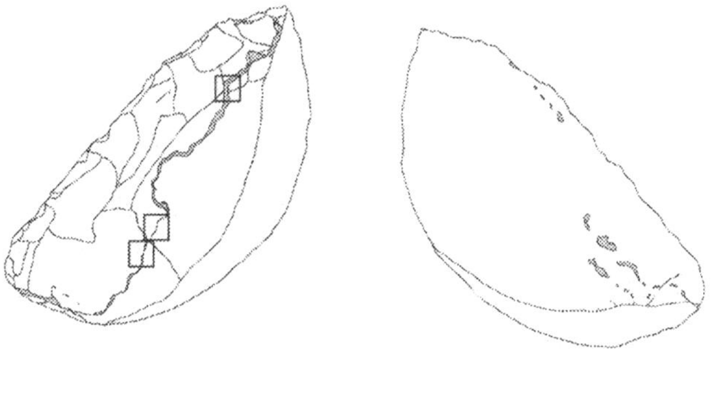

Figura 8: Situación de la deposición de hidroxiapatito. Marcados los puntos muestreados.

Algunos experimentos emprendidos por algunos autores (Jahren *et al.* 1997), así como estudios realizados sobre muestras arqueológicas (Anderson 1980) muestran que es posible la conservación de restos de materia trabajada, concretamente de hueso, sobre las piezas. Así mismo, y en ocasiones, dichas trazas pueden observarse a bajos aumentos (Jahren *et al. op. cit.*). El problema estriba en determinar el origen de esa deposición.

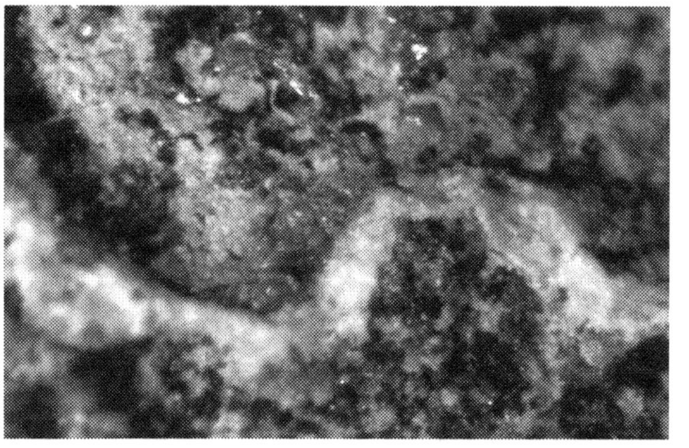

Figura 9: Detalle a 50x.

Pensamos, sin embargo, que la existencia de hidroxiapatito en esta pieza no está relacionada con la materia trabajada por la misma, sino con la abundancia de este elemento en el entorno. No olvidemos que se trata de un nivel que destaca a causa de la abundantísima presencia de restos óseos. Su aparición en el útil podría explicarse bien como el resultado de un posible proceso de lixiviación y deposición sobre la pieza del elemento procedente de un nivel superior, bien como resultado de un proceso de disolución del hidroxiapatito y posterior acumulación sobre el útil. Sin embargo, la disposición de la línea observada podría indicar la presencia de un mango o de un tope entorno al cual dicho elemento se ha depositado.

Con el fin de completar y poder determinar el origen de la deposición, las piezas, una vez analizadas, registradas y topografiados los depósitos, han sido lavadas y estudiadas con ayuda del microscopio óptico.

En el caso de la pieza Esq99/J11/164/XIF, al no haberse observado microdeformaciones atribuibles a la presencia de enmangue, no podemos afirmar ni negar la hipótesis propuesta.

Resultados del análisis de CG/EM

Los análisis sobre las dos piezas señaladas más arriba (Esq99/I10/B/BN/XI y Esq99/J11/D/164/XIF) mediante CG/EM ha ofrecido resultados negativos para ambas. Aunque en la primera de las piezas el análisis del depósito había permitido documentar la presencia de un elemento que se relaciona con bitumen (naftaleno), la prueba de control negativo, realizada sobre sedimentos del mismo nivel, ha detectado el mismo tipo de elemento, lo que obliga a considerar como *no significativa* su presencia en la pieza.

Resultados del estudio traceológico

Los resultados desde el punto de vista traceológico del resto de las piezas del conjunto son muy pobres. El grado de identificación de la materia trabajada es muy bajo, sólo en 3 piezas (10%) se ha podido determinar trabajo sobre hueso, materia dura indeterminada y posible piel, mientras que 10 más presentan pulimentos indiferenciados, un 33% del total. Las causas de tan escasa presencia de datos interpretables pueden ser variadas. En primer lugar, la velocidad de formación de huellas en cuarcita, a pesar de que en este caso, trabajamos con variedades de grano fino, es lenta. Así el desarrollo de los pulimentos suele ser menor (Alonso y Mansur, 1986), dándose un mayor número de casos de pulimentos indeferenciados. En el caso que nos ocupa, un factor muy importante es el alto porcentaje observado de reavivados, lo que motiva la frecuente desaparición de las posibles huellas de uso (fig. 10 (a y b)) y la presencia de algunas marcas tecnológicas (fig. 11 (a y b)).

Sin embargo, sí ha sido posible en un porcentaje mucho mayor (46,7%), determinar cual es el filo útil, así como la cinemática de la pieza. Este punto puede inferirse a partir de la observación tanto de rasgos lineares como de estrías (fig. 12 (a))

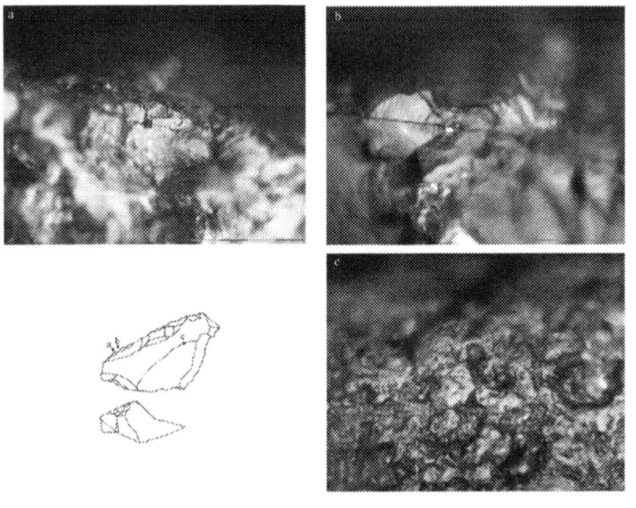

Figura 10: (a y b. Raedera del nivel XIF: (a y b) Craquelados de reavivado (c) pulimento de materia dura atribuible a la presencia de un mango.

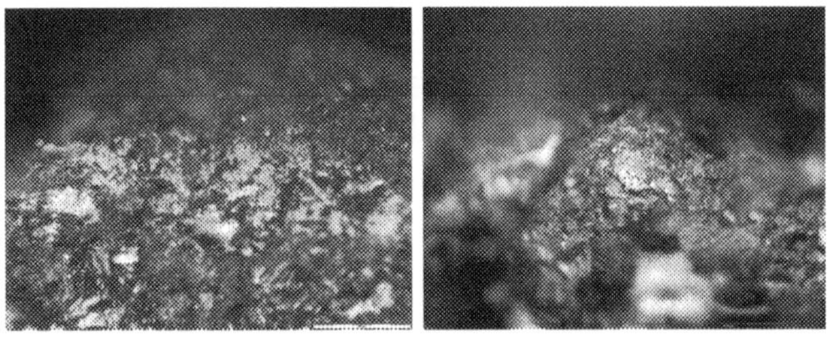

Figura 11: (a y b): huellas procedentes de la configuración o reavivado de un filo.

Éstos pueden diferenciarse con relativa facilidad de los producidos por fenómenos postdeposicionales y de los de carácter tecnológico. Además, la disposición de los desconchados y el embotamiento de la pieza son variables que permiten también determinar cual ha sido el movimiento del útil. No se ha detectado la realización de ninguna actividad con movimiento longitudinal.

Por último, y en cuanto a las trazas de enmangue, aproximadamente un tercio de las piezas muestran huellas que podrían corresponderse con las producidas por un mango posiblemente de madera (Figuras 10 (c) y 12 (b)). Aunque éstas suelen coincidir en su distribución y localización con aquellas zonas más altas de la topografía, que son las que suelen estar más expuestas a los efectos de la erosión (Plisson 1982: 283), se ha tenido en cuenta la disposición de dichas huellas en toda la pieza o solamente en parte de ella.

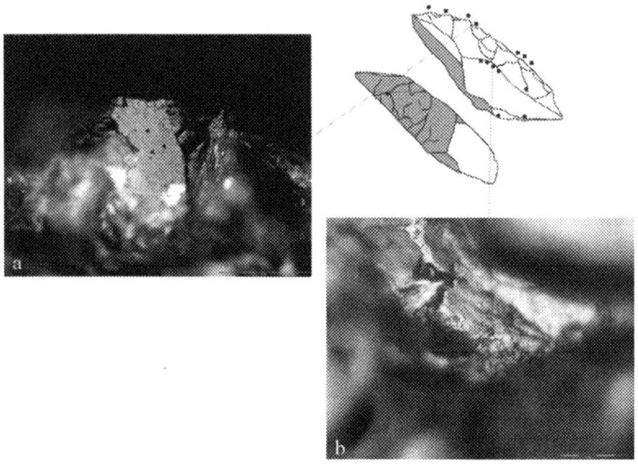

Figura 12: Raedera del nivel XI: (a) Cristal con estrías no parásitas oblicuas al filo que indican la dirección del movimiento (b) pulimento de materia dura atribuible a la presencia de un mango.

Conclusiones

La toma de conciencia de que sobre las piezas líticas pueden llevarse a cabo estudios que van más allá del reconocimiento de los usos, ha permitido que se tomen medidas a la hora de extraer las piezas del yacimiento, encaminadas a evitar pérdidas de información. Así, los estudios de huellas de uso pueden completarse con los análisis de residuos.

En este caso, las deposiciones encontradas en dos de las piezas del conjunto no parecen estar relacionadas con la materia trabajada. Se trata de materiales procedentes del entorno de la pieza. Sin embargo, la especial disposición de éstos en el útil, nos hace pensar que existió un mango.

Desde el punto de vista del análisis traceológico de los materiales, y a pesar de los condicionamientos negativos que ofrecía el registro, desde el punto de vista de la materia prima, existen indicios de que por lo menos una parte de las raederas de los niveles XI y XIF fueron enmangadas para su uso. Por otra parte, en todas aquellas piezas en las que se ha podido determinar su cinemática, se observa que la cara de contacto con la materia trabajada ha sido la cara ventral, no retocada.

Los resultados traceológicos permiten confirmar la hipótesis de que los levantamientos observados opuestos al filo activo están relacionados con los mangos. Sin embargo, existen piezas que no son configuradas de esa forma pero que también pueden haber sido enmangadas. Se trata de piezas generalmente de pequeño tamaño o muy estrechas, de difícil manipulación.

Agradecimientos

Este trabajo ha sido realizado gracias a una beca predoctoral de la Fundación Duques de Soria de la que es beneficiaria Belén Márquez. Elena Carrión, Carmen Conde e Iván Manzano (Universidad Autónoma de Madrid), miembros del equipo de excavación del Esquilleu, han colaborado permanentemente para poner a nuestra disposición todo el material existente sobre el yacimiento, desde las propias piezas arqueológicas hasta las materias primas con las que se ha realizado la experimentación. Tania Obregón realizó el grueso de los experimentos con piezas enmangadas. El Servicio de Recursos Científicos de la Universidad Rovira i Virgili (Tarragona) ha llevado a cabo la analítica sobre las piezas (Difracción de RX y CG/EM). Queremos agradecer especialmente a María Carme Crespo y Francesc Guirado del mismo Servicio y a Policarp Hortolà (URV) su interés, comentarios y rapidez en la toma de muestras y realización de dichos análisis. Enrique Sanz (Museo Nacional de Ciencias Naturales, C.S.I.C. Madrid), geólogo del equipo del Esquilleu, nos permitió el acceso al informe geológico de las muestras del corte estratigráfico del yacimiento, aún no publicado.

Bibliografía

ALONSO LIMA, M., y MANSUR, M.E. (1986/1990), "Estudio Traceologico de instrumentos em quartzo e quartzito de Santana de Riacho (MG)", *Arq.Mus.Hist.Nat.* MFMG. Belo Horizonte, U11, pp. 173-190.

ANDERSON, P. C. (1980), "A testimony of prehistoric tasks: diagnostic residues on stone tool working edges", *World Archaeology*, 12, pp. 181-194.

ANDERSON, P. C. (1981), *Contribution Métodologique à l´analyse des microtraces d´utilisation sur les outils préhistoriques*. Thèse 3ème Cycle, 1607, Université de Bordeaux I.

ANDERSON-GERFAUD, P., y HELMER, D. (1987), "L´emmanchement au Mousterian", en STORDEUR, D (ed.), *La main et l´outil, manches et emmanchements préhistoriques*, G.S. Maison de l'Orient, Lyon, pp. 37-54.

BAENA PREYSLER, J. CARRIÓN SANTAFÉ, E. REQUEJO MANZANO, I. LÓPEZ, V. CONDE RUÍZ, C. MANZANO ESPINOSA, I. y PINO URÍA, B. (1999), "Avance de los trabajos realizados en el yacimiento paleolítico de la Cueva del Esquilleu (Castrocillórigo- Cantabria)". *Actas del 3º Congreso de Arqueología Peninsular.* Vila-Real (Portugal), 21-27 Septiembre 1999.

BAENA, J., E. CARRIÓN, V. REQUEJO, I. MANZANO, R. VELÁZQUEZ, B. MÁRQUEZ, B. PINO, C. SESÉ, E. SANZ, S. SÁNCHEZ, P. UZQUIANO, y HERNÁNDEZ, F. (e.p.), "Middle Palaeolithic in western Cantabria (Spain): el Esquilleu cave". *Calpe 2001 Conference: Neanderthals and modern humans in late Pleistocene Eurasia*, Gibraltar, pp. 16-19, August 2001.

CARRIÓN SANTAFÉ, E.; BAENA PREYSLER, J. (1999), "El Habario: un yacimiento musteriense al aire libre en los Picos de Europa cántabros". *Espacio, Tiempo y Forma*, 12. pp. 81-101.

BEYRIES, S., y WALTER, P. (1996), "Racloirs et colorants a Combe-Grenal. Le probleme de la retouche Quina", *Quaternaria Nova*, VI, pp. 167-185.

BOËDA, E., CONNAN, J., DESSORT, D., MUHESEN, S., MERCIER, N., VALLADAS, H., y TISNÉRAT, N. (1996), "Bitumen as a hafting material on Middle Palaeolithic artefacts", *Nature*, 380, pp. 336-338.

GONZÁLEZ ECHEGARAY, J. (1957), "La Cueva de La Mora, un yacimiento paleolítico en la región de los Picos de Europa". *Altamira*, 1-3, pp. 3-26. Santander.

JAHREN, A. H., TOTH, N., SCHICK, K., CLARK, J. D., y AMUNDSON, R.G. (1997), "Determining stone tool use: chemical and morphological analysis of residues on experimentally manufactured stone tools", *Journal of Archaeological Science* 24, pp. 245-250.

KNUTSSON, K., (1988), "Patterns of tool use. Scanning electron microscopy of experimental quartz tools", *Aun*, 10. Uppsala.

KOLLER, J., BAUMER, U., y MANIA, D. (2001) "Pitch in the Palaeolithic investigations of middle palaeolithic "resin remains" from Königsaue", en WAGNER, A. y MANIA, D. (eds.), *Frühe Menschen in Mitteleuropa. Cronologie, Kultur, Umwelt*, pp. 99-112.

MANSUR, M. E., (1980), "Las estrías como microrrastros de utilización: clasificación y mecanismos de formación", *Antropología y Paleontología Humana*, 2, pp. 21-41.

MUÑOZ, E., *et al.* (1985), "Yacimientos arqueológicos en el valle del Deva", *Boletín Cántabro de Espeleología*, 6, pp. 67-74.

MUÑOZ, E., *et al.* (1987) *Carta Arqueológica de Cantabria.* Tantín, Cantabria.

PLISSON, H., (1982), "Analyse fonctionnelle de 95 micro-grattoirs "tourassiens", *Studia Praehistorica Belgica*, 2, pp. 267-277.

THIEME, H., (1995), "Die altpaläolithische Fundschichten Schöningen 12 (Reinsdorf-Interglazial)", en THIEME, H. y MAIER, R. (eds.), *Archäologische Ausgrabungen im Braunkohlentagebau Schöningen, Landkreis Helmstedt*, Hannover, pp. 95-106.

14. El aporte del análisis funcional para el conocimiento del yacimiento auriñaciense de Barbas III. primeros resultados

Joseba Rios Garaizar, Iluminada Ortega Cordellat, Juan José Ibáñez Estévez y Jesús Emilio González Urquijo

Abstract

In this paper we present the preliminary results of the functional analysis of the open-air aurignacian site of Barbas III. The use-wear analysis of some characteristic stone-tools such as big blades, big broken blades and endscrapers have lead us to identify a serie of activities such as hide-processing, wood-working, butchery and bone-tool production. The functional data, together with the technological and spatial ones, have lead us to understand Barbas III not only as a flint workshop but as rather complex settlement.

El yacimiento de Barbas III (Creysse, Dordogne), se sitúa en la ribera derecha de la Dordoña, a aproximadamente 50 m de altitud sobre el lecho actual del río. El yacimiento fue descubierto en 1965 durante los trabajos de construcción de una vivienda. J. Guichard (Guichard 1976) realizó una serie de campañas de excavación que duraron hasta 1968, descubriendo un yacimiento de Paleolítico Superior, atribuido al auriñaciense, denominado actualmente Barbas II, y otro del Paleolítico Inferior, denominado Barbas I. A partir de 1987 E. Boëda (Boëda. y Ortega. 1996) retomó las excavaciones, las cuales permitieron poner al descubierto en el sector Oeste de Barbas I, un nivel con una industria primitiva, un nivel Achelense meridional, dos niveles Achelenses y un nivel Auriñaciense. En el sector denominado actualmente Barbas III (situado al noroeste de Barbas II), las excavaciones, aún en curso, han puesto al descubierto una secuencia cronocultural que comprende tres niveles: Musteriense, Chatelperroniense y Auriñaciense, siendo este el único nivel excavado en extensión.

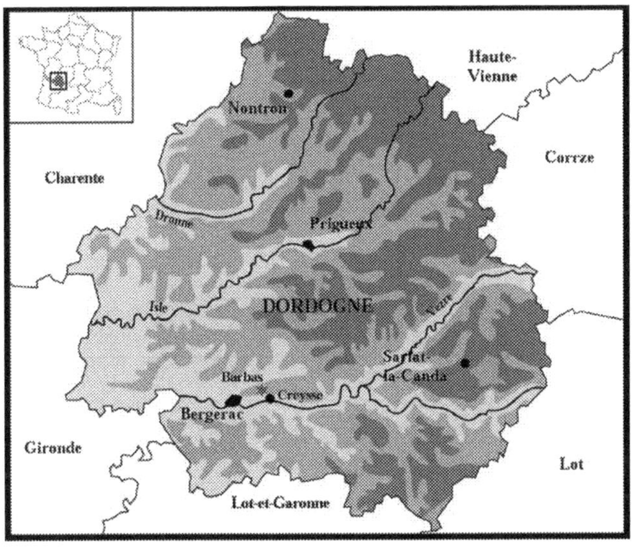

Figura. 1: Localización de Barbas III.

Características de la producción lítica.

Las materias primas presentes en el yacimiento, son de tres los tipos: rocas sedimentarias (sílex, calcedonia y esteatita), rocas cristalinas (cuarzo y cuarcita) y rocas metamórficas (dolerita y basalto). Aunque no todas estas piedras han sido talladas, su presencia en el yacimiento obedece, sin duda, a una introducción antrópica.

Dentro de las rocas sedimentarias introducidas en el yacimiento se han podido identificar tres tipos : los sílex del Bergeracois, del senoniense y la calcedonia (sílex calcedonioso), siendo los sílex de tipo bergeracois la materia prima predominante (>95%). Su lugar de aprovisionamiento es de origen local o muy cercano al yacimiento, ya que pueden encontrarse o en los alrededores (mas o menos en un radio de 15 km.), al igual que la calcedonia. Los sílex del bergeracois aparece en posición "primaria" en las alteritas de Maestriciense y en posición "secundaria" en las terrazas de la Dordoña.

Los sílex del senoniense y las rocas de origen metamórfico en el bergeracoise se encuentran unicamente en posición secundaria en las terrazas de la Dordogne. El cortex presente en algunas de las lascas permite observar las alteraciones típicas de su origen aluvial.

En terminos económicos podemos hablar de la existencia de un aprovisionamiento de origen local y regional por las materias primas siliceas. Unicamente la esteatita nos permite establecer la posibilidad de desplazamientos y/o intercambios con la zona pirenaica.

El análisis tecnológico del conjunto lítico nos ha permitido identificar la existencia de dos cadenas operatorias de producción laminar, dos esquemas operatorios de producción de laminillas y un esquema operatorio de producción de lascas. La producción laminar tiene como objetivo la obtencion de soportes de características morfométricas específicas:

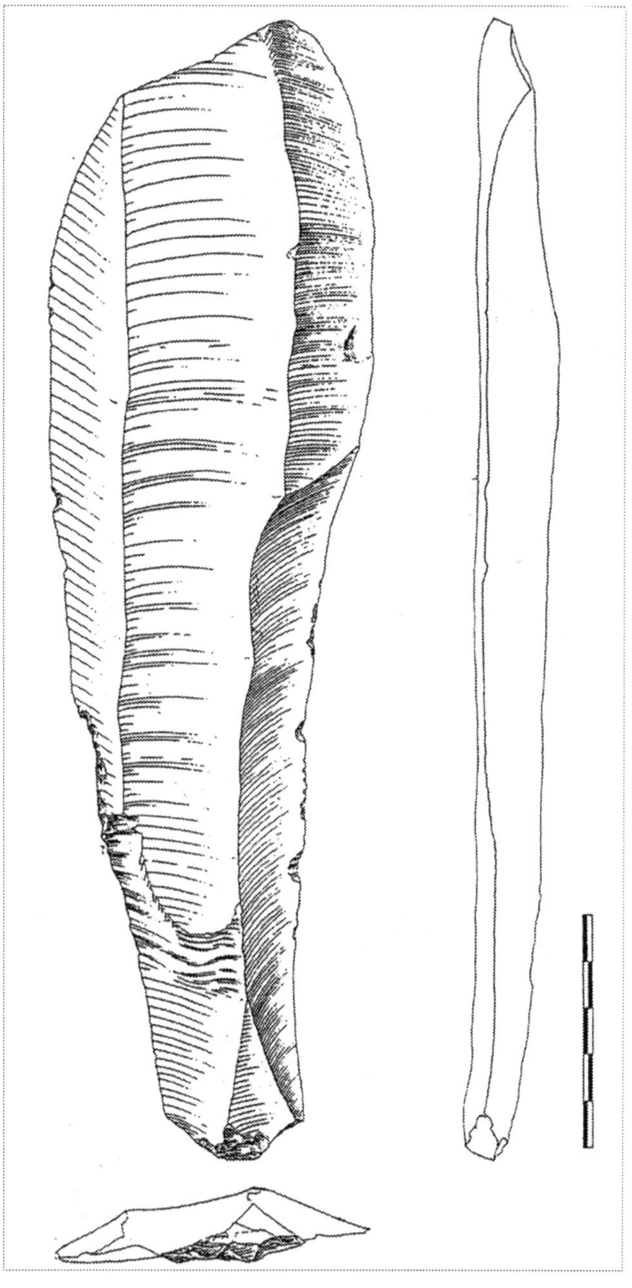

Figura 2: Lámina grande.

Producción de grandes láminas: Es el sistema más específico, esta orientado a la obtención de láminas de grandes dimensiones (entre 25 y 30 cm de longitud, 5 a 10 cm de anchura y 1,5 a 2 cm de espesor), de perfil más o menos rectilíneo y con un porcentaje elevado de talones en *éperon*. Estos soportes se obtienen unicamente a partir de grandes bloques de sílex de Bergeracois de morfologia mas o menos oblonga y aprovechando el eje de mayor longitud. En general, la preparación es somera, es decir, cuando la morfologia inicial es apropiada la inicialización se realiza gracias a una lámina de *entame* cortical. En caso contrario, se acondicionan dos crestas postero-laterales y/o una cresta anterior. El mantenimiento de las características técnicas necesarias para obtener este tipo de láminas por lo que respecta al plano de percusion, se realiza mediante la extracción de lascas de acondicionamiento y de tabletas de reavivado (parciales o totales). El mantenimiento de las convexidades de la superficie de talla se realizan abriendo un plano de percusion opuesto y/o mediante la realización de neocrestas parciales. Este tipo de láminas son mextremamente raras en el Auriñaciense. Estas láminas presentan los filos brutos en la mayor parte de su perímetro, aunque es corriente que muestren retoques continuos en zonas restringidas de alguno de sus filos, de entre 2 a 4 cms de longitud (figura 2).

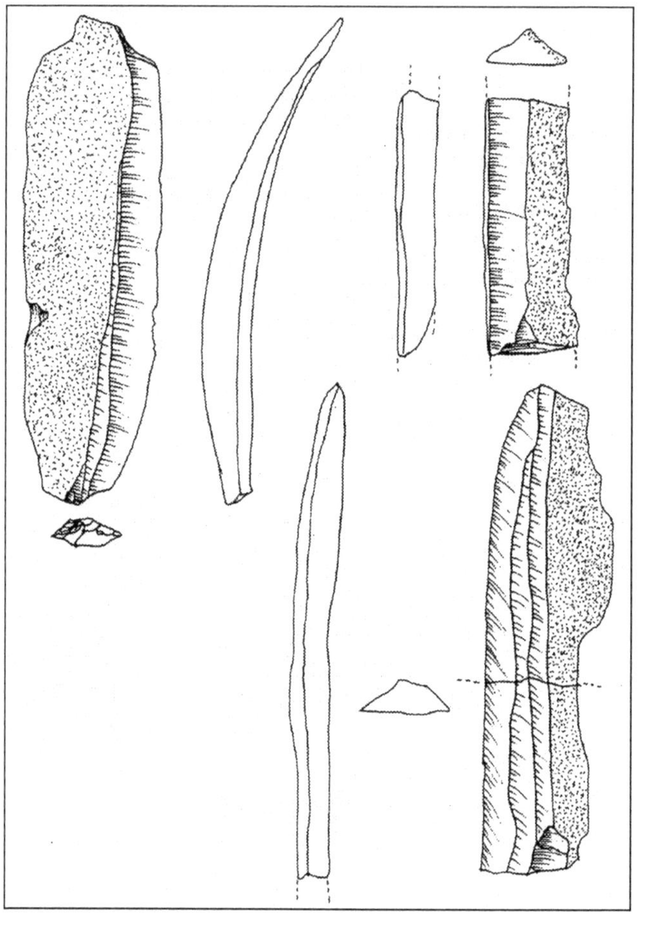

Figura 3: Láminas medianas.

Producción de láminas medianas: Los bloques elegidos para esta cadena operatoria son de tamaño más reducido (entre 10 y 25 cm), en forma de plaqueta o bien globulares. Las láminas obtenidas son de tamaño mediano (8-16 cm de largo, 2-4 cm de ancho) y de perfil mas o menos curvo (figura 3). La conformación de los bloques es somera, buscando unicamente a obtener la convexidad suficiente de la superficie de talla. La inicializacion del *debitage* se realiza, bien mediante la extracción de una lámina cortical a partir de un plano de percusion liso (cuando el bloque inicial tiene la mofologia apropiada), bien mediante la creación de una cresta parcial o total (si la convexidad natural no requiere los criterios técnicos suficientes). En los bloques de tipo plaqueta el aprovechamiento de una arista natural o la creación de una cresta parcial es suficiente para iniciar la producción. El mantenimiento de las convexidades de la superficie de talla se realiza mediante la creación de neocrestas. Los núcleos son abandonados tras la producción de dos o tres series de láminas antes de su agotamiento.

La producion de laminillas: Laminillas rectilíneas (2-5 cm de largo, 0.5 de anchura) se extraen a partir de lascas de tamaño pequeño y mediano (de 10 cm de longitud), así como de pequeños bloques de sílex (tal vez gelifractados,d e las mismas dimensiones). El otro tipo de producción de laminillas, de menos de tres centímetros de largo y de perfil curvo, se obtienen a partir de nucleos que corresponden al criterio tipológico de raspador carenado **(Figura 4)**. Solo cuatro laminillas retocadas han sido encontradas en el yacimiento.

La producion de lascas :
Existe igualmente una producción de lascas, elaboradas en cuarzo y sílex. Los nucleos son de morfologia discoïde bipiramidales en el caso del sílex y unifacail en el caso del cuarzo. De gestion centripeta, la produccion permite obtener lascas de morfologia variada.

Los productos retocados son muy escasos en el yacimiento si tenemos encuenta el conjunto lítico en su totalidad (aproximadamente 30.000 piezas), representando menos de un 3%. Analizado puede superar el 8 % en algunas areas del yacimiento. Los útiles sobre lámina son esencialmente raspadores y productos que pueden asociarse con las industrias clasicas del auriñacienses antiguo como raspadores carenados, raspadores en hocico, láminas auriñacienses y láminas estranguladas, así como útiles típicos del paleolítico medio, raederas, denticulados y muescas retocadas (generalmente sobre lascas).

Distribución espacial de los restos líticos.

La determinación de las diferentes zonas y concentraciones se ha realizado a partir de la constatación de agrupaciones de material en el suelo arqueológico, del análisis tecnológico y de los remontados. Dos tipos de agrupaciones han sido identificadas. Por un lado las "zonas", concentraciones de límites aún no definidos, y las concentraciones, entendidas como espacios definidos con una clara significación estructural. En total hasta el año 99 siete concentraciones y dos zonas han sido identificadas. Estos espacios pueden estar relacionados con la realización de diferentes actividades, bien de talla, bien "domésticas". En este sentido no se ha detectado la presencia de ningún hogar, aunque la aparición de algunos fragmentos de carbón (en C4 y C5) y de 10 sílex quemados pueden ser testigos de la presencia de tales estructuras. Tampoco se han detectado huellas de otro tipo de estructuras (cabañas, etc.), aunque ello puede deberse a las características de conservación del yacimiento (Selami 1999).

La concentración **C4** (12 m^2)está compuesta por restos asociados a actividades de talla, localizándose en esta concentración la mayor parte de restos adscritos a la producción de grandes láminas, núcleos de laminillas, así como por un buen número de útiles retocados. En los cuadros centrales aparece una concentración de núcleos de grandes láminas, agrupados después de las labores de talla.

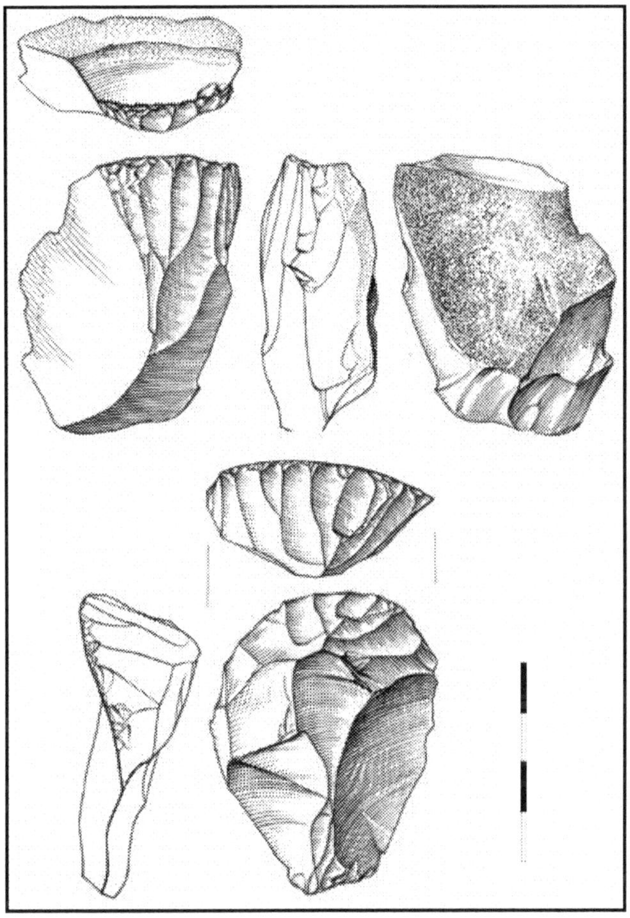

Figura 4: Núcleos de laminillas.

La concentración **C6** (2 m^2) es de dimensiones más reducidas, compuesta básicamente por restos de talla (núcleos, lascas corticales, lascas, fragmentos de láminas) un percutor, algunas láminas y algunos útiles retocados.

La concentración **C3** (45 m^2) está compuesta esencialmente por láminas medianas y por bloques en fase de preparación y núcleos, siendo escasísimas las piezas retocadas.

La concentración **C5** (6 m^2) está compuesta igualmente por desechos de la producción de láminas medianas, estando prácticamente ausentes las láminas de plena talla y los productos retocados. Esta zona parece haber sufrido una fuerte alteración térmica debida a la acción del hielo.

La concentración **C7** (4 m^2) tiene forma de arco alrededor de un espacio casi estéril, está formada por productos de conformación de núcleos así como un número importante de soportes láminares fragmentados y productos retocados (6% del total), así como un bloque de sílex con el cortex grabado. El material también presenta alteraciones debidas al hielo.

La concentración **C9** se sitúa junto a un bloque de granito con huellas de piqueteado y estriaciones. Está compuesta por un número importante de percutores de cuarzo y cantos de basalto, así como productos retocados y láminas fracturadas intencionalmente en algunos casos.

La Zona 2 es una zona de gran abundancia de material (una media de 800 piezas por m^2) de grandes dimensiones, formada por una gran capa de restos de unos 10 cm de espesor, entre los que destaca una importante cantidad de núcleos (de láminas medianas, laminillas y lascas) y abundantes productos retocados.

De la Zona norte apenas si se conoce una extensión, limitada al borde norte de la zona excavada. Este sector tiene un carácter diferente que el resto de las concentraciones, ya que está compuesta casi completamente por láminas y laminillas fracturadas, así como por un gran número de productos retocados, fragmentos de grandes láminas, de las que algunas presentan una fracturación intencional.

Objetivos del análisis funcional y muestreo.

Abordamos el estudio funcional de los útiles líticos de Barbas III con el fin de responder a una serie de cuestiones:

a. ¿Cuál es el significado técnico de la producción de grandes láminas?
b. ¿Cuál es la complementariedad entre las grandes láminas y las láminas medianas?
c. ¿Cuál es la naturaleza del lugar de ocupación? ¿Se trata de un taller o de un hábitat?
d. ¿Cómo se organizó espacialmente el lugar de ocupación?

Para responder a estas cuestiones es necesario analizar la función de una amplia muestra de útiles, trabajo que se encuentra en curso. En el presente trabajo mostramos los resultados del análisis de un conjunto reducido de útiles, tratándose, por tanto, de un estudio preliminar. Si embargo, como discutiremos más adelante, creemos que estos resultados preliminares permiten tratar las cuestiones planteadas, aportando unas líneas de explicación que habrá que profundizar en futuros estudios.

Hemos seleccionado para el estudio 5 láminas grandes enteras, que proceden del mismo bloque, ya que remontan entre si, y que se hallaron agrupadas en la concentración C4. Analizamos también 8 fragmentos de grandes láminas, que no se encontraron concentrados, sino distribuidos a lo largo de la zona excavada.

Muestreamos también un conjunto de 24 raspadores, sobre un total de 45 recuperados hasta la campaña del 99(53.3%). Los raspadores están fabricados principalmente sobre soportes marginales, flancos, fondos de núcleos, láminas cresta, o pequeños fragmentos de lámina, reaprovechados de los restos de talla de los diferentes esquemas de talla. 19 de los 24 entran dentro de esta definición, mostrando muchos de ellos (16) bordes o fondos corticales. Estas piezas presentan en general un retoque bastante somero, que apenas si acondiciona uno de lo bordes. Un raspador fabricado sobre un buril está fabricado sobre un soporte laminar fracturado, presentado también un reacondicionamiento poco intenso (fig. 5, nº 4). 4 raspadores están fabricados sobre láminas auriñacienses, retocadas casi en toda su extensión, estando todas fracturadas. Por último hay dos raspadores carenados.

Metodología.

El método de identificación de la función del utillaje se basa en el análisis de las huellas de uso presentes en los filos activos, a través de lupa binocular y microscopio metalográfico, según procedimiento estándar ampliamente conocido. Nuestra propuesta de aplicación

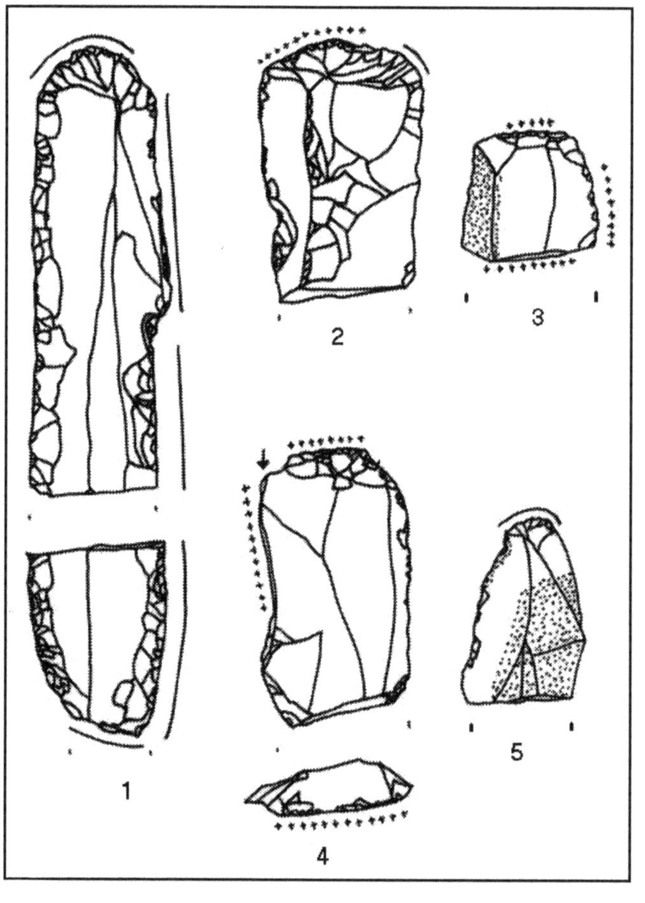

Figura 5: Raspadores. 1 Raspador sobre lámina auriñaciense, 2 Raspador sobre semi-cresta fracturada, 3-5 Raspadores sobre lámina mediana fracturada, 4 Raspador sobre buril.

del método y de los criterios de identificación funcional ha sido objeto de diversas publicaciones, por lo que remitimos a ellas al especialista interesado (González e Ibáñez 1994, Ibáñez y González 1997, González e Ibáñez en prensa).

Sin embargo, las características específicas de la industria que hemos analizado en Barbas III han aconsejado ampliar nuestro referencial experimental. En primer lugar, hemos realizado diversos experimentos con sílex de Bergerac, comprobando su comportamiento frente a las alteraciones de uso. De mayor importancia ha sido la necesidad de experimentar con un útil singular de este yacimiento, las grandes láminas, con cuyo uso no estábamos familiarizados. En efecto, el tamaño y peso de las piezas hace que se trate de unos útiles poco corrientes, con potencialidades funcionales específicas. Para el programa experimental de uso de grandes láminas pedimos la colaboración de J. Pellegrin, quien amablemente talló las láminas. Los útiles se mostraron efectivos en diversas tareas, como las de descuartizado de una cabra o trabajo de la madera. La masa del útil y la longitud de los filos hace aptos estos útiles para trabajos pesados, en las primeras fases de los procesos técnicos y para modificar materias trabajadas de tamaño considerable.
El tamaño y el peso de las grandes láminas hizo imposible el colocarlos de forma estable sobre la pletina de un microscopio óptico convencional, por lo que recurrimos al análisis de moldes de precisión de los filos activos. Para ello realizamos un negativo de los filos con silicona Provil de Bayern, y los positivos con resina sintética.

Se ha puesto asimismo especial cuidado en el reconocimiento de posibles residuos, particularmente de colorante rojo (ocre), ante la frecuente asociación de este mineral con el trabajo de la piel y la identificación a simple vista de restos de ocre en un raspador realizada por L. Astruc (Ortega 1999).

La conservación de las huellas

El yacimiento de Barbas III ha sufrido diversos procesos de alteración postdeposicional que han afectado al estado de conservación de los útiles líticos, alterando las huellas de uso presentes en ellos. El estudio micromorfológico del yacimiento (Ortega, Sellami e Ibáñez 1999) muestra que el nivel de ocupación no fue cubierto inmediatamente por sedimento, sino que, al contrario, los materiales quedaron expuestos a los agentes naturales durante un periodo de tiempo prolongado. Se generó una circulación laminar de agua en el sentido de la ligera pendiente del yacimiento. Este lavado arrastró a la fracción más fina de los restos de sílex, las pequeñas esquirlas, que quedan especialmente concentradas en algunas zonas ligeramente deprimidas. Además, el nivel estuvo sometido a procesos de contracción por congelación del sedimento y dilatación y encharcamiento en los momentos de deshielo.

Lamina 1: Lustre de suelo en arista (200x).

Estas alteraciones no modificaron la posición de los útiles y los desechos de talla, pero si generaron alteraciones en la superficie del sílex. Se observa, en primer lugar, una alteración que se ha denominado lustre de suelo (lam. 1), una abrasión que afecta a la generalidad de las piezas generada por el frotamiento con el sedimento. También son corrientes las huellas de frotamiento de sílex contra sílex, nombrados en la literatura especializada como *bright spots* (lam. 2), por constituir un pulimento de apariencia especular. Por último, las superficies de los

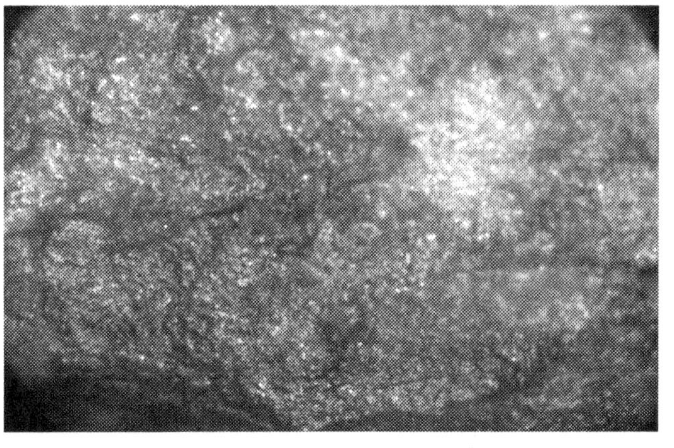

Lamina 2: *Brigth spots* y pátina blanquecina de desilificación (100x).

útiles están también afectadas por procesos de pátina blanca o desilificación (lam. 2), generalmente afectando a una de las caras, aquella que quedó situada boca arriba en el momento de deposición.

Las piezas no sufrieron importantes procesos de alteración mecánica que hubieran esquirlado los filos o redondeado filos y aristas. Se trata, más bien, de una alteración de las superficies, que ha afectado el estado de conservación de los pulidos de uso, mientras desconchamientos y redondeamientos de filo quedan, en términos globales, libres de una alteración significativa.

Con este grado de alteración de los micropulidos es posible aportar datos sobre la función de los útiles analizados, si bien es necesario señalar que existen limitaciones. Los micropulidos se ven especialmente afectados en la apariencia de su microtopografía, que se presenta más irregular de lo que debió estar en origen. Esto ha dificultado la identificación de la materia trabajada en varias zonas activas, limitándose el estudio a señalar el movimiento del útil y la dureza relativa de la materia trabajada. Además, podemos suponer que algunos de los trabajos sobre materias animales blandas, como el corte y raspado de la piel fresca o la carnicería queden infrarrepresentadas en el estudio, pues estas huellas pueden quedar enmascaradas por el lustre de suelo.

Los resultados

a. Las grandes láminas enteras

Las 5 láminas enteras analizadas fueron usadas. El estado de preservación de las huellas no ha permitido identificar en ocasiones con total precisión la materia trabajada con las zonas activas de las láminas, que fueron empleadas para el corte y raspado de materias de dureza alta y media. En las zonas activas en las que se pudo reconocer las materias trabajadas, estas fueron la madera (lam. 3) y las materias óseas. Una de las láminas se usó para percutir una materia dura .

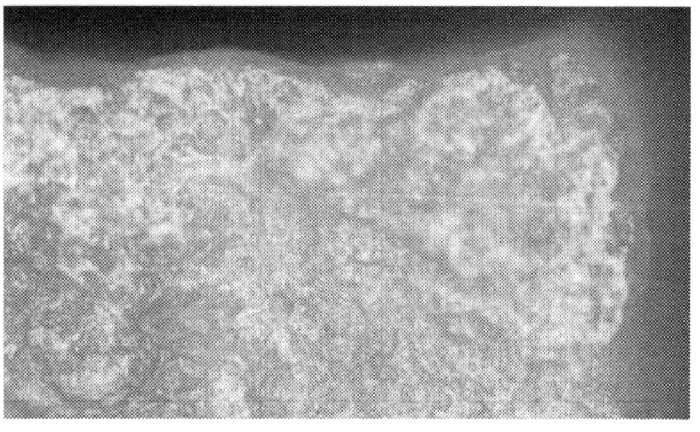

Lamina 3: Raspado de madera en lámina mediana (200x).

3 de las láminas enteras fueron retocadas en zonas restringidas de sus filos. Estas zonas, de entre 2 y 4 cm de longitud, fueron empleadas para raspar. Probablemente el retoque es resultado del reavivado del filo, ya que zonas adyacentes de los filos fueron empleadas en la misma tarea, a pesar de no presentar retoque.

El gran tamaño de los útiles y la considerable longitud de las zonas activas indica que la materia trabajada fue amplia. Se utilizaron, por tanto, en labores iniciales de desbastado de la materia trabajada, etapa de trabajo en la que útiles tan pesados se muestran eficaces.

b. Los fragmentos de grandes láminas

Las grandes láminas fracturadas presentan usos diversos, por lo general en los filos laterales, aunque, en algunos casos, las fracturas también pueden servir como zonas activas. Las tareas desarrolladas con estos útiles son diversas, raspado de piel, en un caso con adición de ocre, corte de piel fresca o desollado, descuartizado de animales, raspado de materias óseas y otra serie de labores de corte y raspado sobre materias de dureza media o alta, cuya naturaleza no puede ser identificada por el estado de conservación de las huellas.

El uso de estas piezas es bastante complejo en ocasiones con la combinación de diversas actividades en una misma piezas. Por ejemplo, en uno de los casos, se raspó ocre con uno de los filos brutos probablemente para obtener polvo fino de este mineral mientras el filo contrario, retocado, se empleó en el raspado de piel tratada con ocre. Posteriormente, se realizó una escotadura en uno de los extremos de la pieza, que fue empleada en el raspado somero de una materia ósea.

c. Los raspadores

El análisis de los raspadores nos ha permitido constatar su utilización en dos tipos de tareas diferentes: el trabajo de la piel y el de las materias óseas. En ocasiones se añadió ocre a la piel trabajada, probablemente como medio de favorecer su conservación (ver infra). Los filos laterales de las láminas sobre las que se fabricaron los raspadores usados en piel también se usaron, bien para raspar, bien para cortar esta materia. Otro conjunto de raspadores se usó para raspar materias óseas. De nuevo otras zonas de las láminas sobre las que se fabricaron los raspadores fueron empleadas, los filos laterales para corte y raspado y las fracturas para el raspado.

Las características morfológicas de los raspadores empleados en el trabajo de la piel son diferentes que las de los empleados sobre materias óseas. En el caso de las materias óseas, los raspadores empleados no muestran frentes claramente curvados, sino que se trata de frentes rectilíneos no demasiado regulares, que serían intermedios entre la definición de truncaduras y auténticos raspadores (fig. 5, nº 3 y 4). Los frentes de raspador empleados para el raspado de piel disponen de un frente más regular y curvo (fig. 5, nº 1 y 5). Esta asociación entre los frentes de raspador más rectos y el trabajo de materias óseas y los más curvos y el trabajo de la piel ya ha sido observado en otros contextos de Paleolítico Superior europeo. Otra asociación particular entre morfología y función se da en el caso del trabajo de la piel seca con ocre; los útiles empleados en estas labores son los tres raspadores sobre lámina auriñaciense (fig 5, nº 1) y otros dos raspadores fabricados sobre los soportes más regulares (fig 5, nº 5).

El tipo de trabajos que se han realizado sobre materia ósea es mayoritariamente el de raspado (13 casos de raspado frente a 2 de corte y uno de ranurado), y estos han sido en 9 casos realizados con los frentes de raspador (lam. 4). Para realizar este trabajo también se ha utilizado en algún caso fracturas (3 casos), con un ángulo del filo cercano a los 90°. Hay un caso de asociación de huellas de trabajo de piel seca y materia ósea en el mismo frente de un raspador (fig 5, nº 2). Las huellas de materias óseas ocupan la mayor parte del frente, de delineación irregular, mientras el pulido de raspado de piel seca aparece en un lateral del frente, de delineación más regular. Interpretamos que un raspador usado para raspar piel seca se reutilizó para raspar materia ósea, después de un reavivado del frente.

Lamina 4: Raspado de materia ósea en frente de raspador (200x).

En cuanto al trabajo de la piel, hay que decir que hemos reconocido trabajos de piel seca, generalmente acompañados por ocre, que provocan un redondeamiento de los filos y un pulido muy característico, siendo en algunos casos sumamente nítido (lam. 5). Son mayoritarias las labores de raspado (18) sobre las de corte (1). Algunos pulidos de raspado y corte sobre materia blanda indeterminada (3 de raspado y 2 de corte) pudieran haberse producido al trabajar la piel fresca, pero debido al deficiente estado de conservación de este tipo de pulidos, es del todo imposible una identificación más precisa.

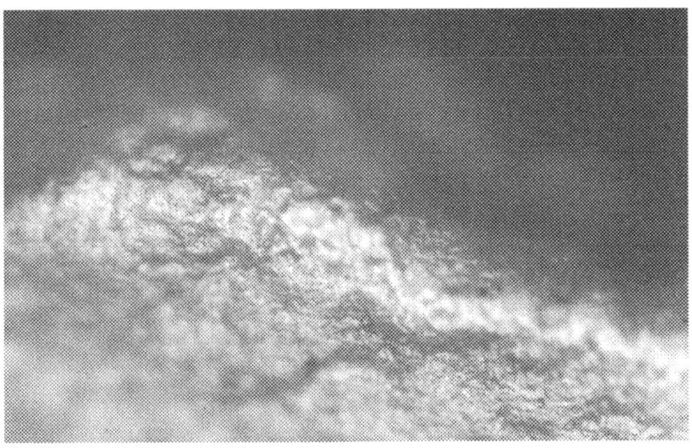

Lamina 5: Raspado de piel seca con ocre en frente de raspador (200x)

Hay ciertos instrumentos en los que se pueden observar depósitos minerales de color rojo. La relación de estos mismos con los trabajos realizados por los raspadores es complicada de establecer en la mayoría de los casos, debido a que en ocasiones estos depósitos no se sitúan en la zona activa y a que el propio sedimento del yacimiento tiene un alto contenido ferruginoso. Se han localizado fragmentos de ocre en el yacimiento, pero, por el momento, parece muy complicado determinar si estos son de origen antrópico o natural. En cualquier caso, en cinco piezas se ha podido determinar, a partir de las huellas de uso, el raspado de piel seca a la que se había añadido ocre (10 filos en total).

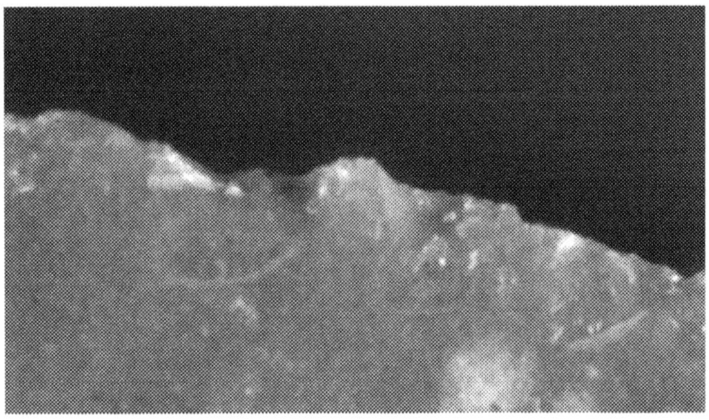

Lamina 6: Desconchados de carnicería (15x), lámina media experimental.

El filo lateral de dos raspadores fue empleado en tareas de carnicería (lams. 6 y 7), identificadas gracias a una lectura de los desconchados y a la aparición, en diversos puntos sobresalientes de estos filos, de pulidos generados por el contacto con materia ósea.

También hay que hacer mención a los dos raspadores carenados en hocico, que no muestran huellas de uso. Esta ausencia sugiere que podría tratarse de núcleos de laminillas.

En general, las zonas activas de los raspadores muestran usos poco intensos, aunque los útiles se emplean a menudo por varios filos. Esta menor intensidad es especialmente clara en los raspadores menos regulares, elaborados sobre "desechos" técnicos (flancos y fondos de núcleo, crestas, láminas fracturadas), mientras que los fabricados sobre las láminas más regulares, cuidadosamente retocados por retoque auriñaciense, presentan usos más intensos.

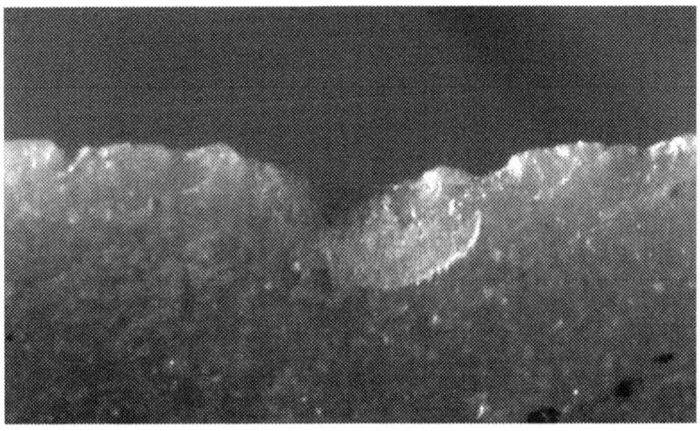

Lamina 7: Desconchados de carnicería (15x), lámina media.

Discusión.

Los datos de que disponemos sobre la función del utillaje en sílex de Barbas III son, por el momento preliminares, por la limitación de la muestra analizada. Sin embargo, el análisis funcional realizado, junto al estudio de las técnicas de talla y la distribución espacial de los restos, permiten obtener datos sobre la organización técnica del grupo humano que ocupó el asentamiento y sobre la naturaleza de la ocupación.

Destacamos, en primer lugar, el hecho de que las 5 láminas enteras, agrupadas en la concentración C4, están usadas. Esta concentración es el lugar de talla de las grandes láminas, como lo demuestra la presencia de desechos de talla de estas cadenas técnicas y la disposición de los núcleos en los límites de la concentración. Las láminas enteras agrupadas podían representar una serie de soportes seleccionados por el tallador y dispuestas para futuras necesidades. Sin embargo, el hecho de que las láminas estén usadas refleja que el comportamiento es más complejo. La concentración C4 sirvió, además de cómo zona de talla de grandes láminas, como lugar donde se concentraban estos útiles una vez usados, a la espera de futuros usos. Se trata, por tanto, de útiles almacenados después del uso. Esta valoración del útil debe ser puesta en relación con la dificultad técnica de su elaboración.

Frente a las láminas enteras, los fragmentos, que aparecen distribuidos por todo el asentamiento, fueron usados para una mayor diversidad de actividades (descuartizado, corte de piel fresca, raspado de piel seca, raspado de hueso, raspado de madera). Estos fragmentos podrían proceder bien de la fracturación intencional de láminas enteras o ser resultado del aprovechamiento de soportes fracturados accidentalmente durante la fabricación o uso. La primera posibilidad parece haberse producido en ocasiones, ya hay fragmentos donde se observa los puntos de impacto que fracturaron la pieza. De hecho, los fragmentos de grandes láminas, en Barbas III, parecen representar fases finales de uso de estos soportes. Así, en la concentración norte, junto a una alta proporción de útiles retocados, aparecen numerosas láminas medias, laminillas y diversos fragmentos de grandes láminas, en lo que parece representar un área de desecho de útiles agotados. Es de señalar, que en algunos yacimientos auriñacienses limítrofes a la zona del bergeracois se han encontrado fragmentos de grandes láminas, como en el Abri Pataud, como sucede también en el yacimiento de Corbiac, situado en plena región de Bergerac.

Todo ello parece indicar que el sentido técnico de las láminas enteras sería el de disponer de unos útiles para desarrollar tareas pesadas en el propio lugar de ocupación. Secundariamente, las láminas fracturadas, de un tamaño más adaptado a cualquier labor, se aprovecharían en diversos lugares del asentamiento o se transportarían como útiles a otros lugares de habitación. Con ello, no pretendemos explicar esta producción desde un mero punto de vista técnico-funcional (desarrollar tareas pesadas sobre madera o materias óseas en el propio asentamiento). En este sentido, cabe preguntarse si la especificidad espacial de la talla y el almacenamiento de los soportes enteros y su uso en actividades concretas, que contrasta con la dispersión espacial y mayor diversidad funcional de los fragmentos, no refleja una especialización de ciertos individuos del grupo en la elaboración y primeras fases de uso de las grandes láminas

Por otro lado las láminas medias aparecen en algunos casos retocadas, con lo que respecta a los raspadores, aprovechando generalmente los desechos técnicos de la producción de láminas medias, aunque hay algunos casos (fragmentos de mayor tamaño profusamente retocados) en los que se utilizan láminas de producción plena. Sobre los desechos técnicos no parece haber una gran selección de morfologías, sino que soportes de diversos tamaños y características se acondicionan sumariamente, buscando filos rectilíneos para el raspado de hueso y filos más convexos para el raspado de piel seca.
Los útiles más retocados muestran episodios de uso más intensos, generalmente sobre piel seca, aprovechando asimismo todos los filos que ofrece el útil. Estas diferencias pueden referirse a distintas calidades de los trabajos, a su uso en diferentes fases de los mismos, o a una mayor vida de los útiles retocados, realizados sobre productos de plena talla e intensamente reavivados, que pueden haber sido importados de fuera de Barbas III, formando parte del utillaje portado por el grupo en sus desplazamientos por el territorio, mientras que los demás raspadores serían el reflejo de un aprovechamiento "oportunista" de los desechos generados por la talla de sílex.

Otro aspecto que cabe discutir a partir de los datos de este estudio se refiere al tipo de tareas atestiguadas en Barbas III. Hemos detectado algunas actividades de descuartizado, desarrolladas tanto con grandes láminas fracturadas como con algunas láminas medianas. Dado el grado de alteración de las superficies de los útiles, es de suponer que las actividades de carnicería que no implicaron un contacto con huesos y articulaciones no hayan podido ser detectados.

El trabajo de la piel está representado por actividades de corte y raspado. Sólo hemos localizado una zona activa con huellas de corte de piel fresca o desollado, en el filo lateral de una lámina fracturada. Como sucede con el corte de carne, es seguro que esta actividad queda infrarrepresentada en nuestro estudio. El corte de la piel seca ha sido reconocido en los filos de varias láminas medianas. El raspado de la piel se llevó a cabo con los frentes de raspador y los filos laterales de láminas grandes fracturadas y láminas medianas, tanto retocadas como sin retocar.

En diversas zonas activas a la piel raspada se había añadido polvo de ocre, lo que se puede reconocer por la naturaleza abrasiva de los pulidos de uso y la presencia de residuos minerales rojos asociados a las zonas activas. La presencia de huellas de raspado de piel con y sin abrasivo refleja o bien diferentes etapas en la cadena técnica de preparación de las pieles o la existencia de diversas cadenas técnicas de preparación de pieles. La asociación del ocre con el trabajo de la piel ha sido reconocida en diversos yacimientos del Paleolítico Superior y el Neolítico. Es cierto que el ocre, óxido de hierro, no es un elemento curtiente, pues no modifica la composición química de la piel. Sin embargo, el ocre presenta propiedades antisépticas y secantes, y, por tanto, favorece la conservación de las pieles (Audouin, F. y Plisson, H. 1982). Además, el ocre es un elemento colorante, cuya utilización pudo tener un significado estético y, al menos en algunos momentos del Paleolítico Superior, también simbólico (Couraud 1988), como muestra su utilización sistemática en enterramientos gravetienses. En nuestros experimentos de raspado de pieles hemos observado que el añadido de ocre en la cara interior de la piel favorece la eliminación de la grasa subcutánea, mediante raspado con útiles de sílex o piedras abrasivas. Raspamos una mitad de una piel con añadido de ocre y la otra sin él, dejando la piel a la intemperie, aunque a cubierto para evitar que la lluvia eliminara el ocre, durante más de un año. Pudimos comprobar que la parte sin ocre sufría el ataque de hongos, cosa que no pasaba en la parte tratada con ocre. Ello muestra que, si bien el ocre no curte la piel, es un elemento que favorece su conservación.

La madera se modificó con acciones de corte y raspado. Para las materias óseas se empleó el raspado y el corte, y en un caso el ranurado. La escasez de acciones de ranurado en la muestra analizada y la escasez de buriles en el yacimiento podría indicar que no se empleó la técnica de ranurado para la obtención de varillas, en la elaboración de azagayas.

El estudio de la distribución de espacial de los restos líticos ya había dejado patente la complejidad en el uso del espacio dentro del yacimiento de Barbas III. Ello queda reforzado por los datos aportados por el análisis funcional. Por ejemplo, la concentración C4 agrupa las actividades de talla de grandes láminas, láminas medias y laminillas. Además, muestra una concentración alta de útiles retocados. Hemos visto que fue también en este sector norte donde las grades láminas enteras se almacenaron después del uso. Pues bien, la distribución de los usos de los raspadores en el espacio excavado permite proponer que en el sector norte del yacimiento se localizó un área específica de procesado de la piel (fig 6). 10 de los raspadores analizados provenientes de esta zona trabajaron la piel, de los cuales 4 rasparon una piel a la que se había añadido ocre. Es en esta zona del yacimiento donde se encontraron restos de este mineral. El fragmento de gran lámina con huellas de raspado de piel con ocre proviene también de esta área, concretamente del cuadro U68.

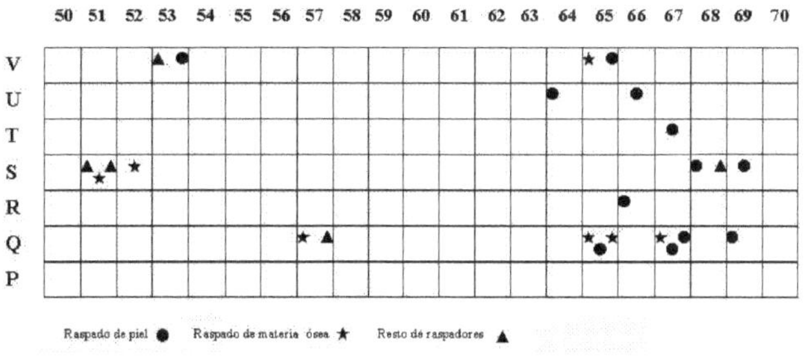

Figura 6: Distribución espacial de los raspadores.

Conclusiones.

Los estudios funcionales, que parten de la identificación de la cinemática y la materia trabajada por los útiles, permiten, a partir de estos datos, alcanzar conclusiones sustantivas sobre las formas de vida prehistóricas. Este hecho puede ejemplificarse en el caso de Barbas III en lo referente a la identificación de la naturaleza de este lugar de ocupación.

Tradicionalmente, se han interpretado yacimientos similares al de Barbas III como *talleres* de sílex. Entendiendo por talleres, a falta, en la mayor parte de los casos, de una definición explícita del término, como lugares de explotación de materias primas locales con el fin de aprovisionarse de soportes y útiles que transportar a otras lugares con vistas a cubrir necesidades futuras. Los criterios para atribución como talleres suelen ser, su situación próxima a afloramientos naturales de sílex, la gran cantidad de restos de talla, que indican la importancia de tal actividad, la ausencia de una parte sustancial de la producción, que se habría llevado al exterior y la escasez de útiles retocados. Las concentraciones de sílex se interpretan como puestos de tallador, formadas por la deposición de los restos de talla, en ausencia de indicios de otro tipo de estructuras (cabañas, estructuras de secado de carne, etc.). Probablemente, la ausencia de restos óseos favorece esta interpretación.

En el caso de Barbas III la combinación de las informaciones tecnológicas, espaciales y funcionales del utillaje de piedra proporcionan una serie de referencias sobre los comportamientos técnicos que permiten contrastar la hipótesis de que el lugar constituyó un taller de sílex. Las características más significativas para esta discusión son:

1. Evidencias de talla "in situ" ya que están representadas todas las fases de la producción.
2. Gestión diferenciada de los soportes tallados en el yacimiento; las láminas grandes se tallan y emplean en el lugar mientras una parte de la producción de láminas medianas circula en el territorio.
3. Variedad de actividades, con la producción de utillaje lítico, la fabricación de productos en

madera y materias óseas, la preparación de pieles y la carnicería.

- Se encuentran representadas varias de las fases de trabajo en estas labores; aparte de las mencionadas sobre la talla de útiles de piedra se pueden señalar los trabajos de piel, con evidencias de desollado, raspado de piel fresca y seca, o los de materias óseas, con trabajos de desbastado realizados con las láminas grandes y de conformación usando los raspadores.
- Algunas de las labores realizados implican que se abordaron fases cercanas al acabado de los productos, como el raspado de la piel seca con ocre; para estos trabajos se recurrió a un conjunto de útiles relativamente especializados.

4. Las actividades se distribuyen de forma diferencial en el espacio de la ocupación.
   - Se encuentra áreas de talla diferenciadas en las que se fabrican tipos de soportes diferentes.
   - .El utillaje se gestiona en el curso de su utilización, con el almacenamiento de útiles disponibles para el uso –como las láminas grandes.
   - Algunas de las zonas reflejan áreas tipo basurero con la acumulación de útiles agotados.
   - Las labores sobre algunas materias se organizan en espacios diferentes; los trabajos de piel seca se concentran en la parte norte del yacimiento mientras que los trabajos sobre materias óseas se sitúan sobre todo en la parte sur.

Este conjunto de características de los comportamientos técnicos de Barbas III llevan a concluir que el yacimiento no refleja un mero taller de sílex sino un tipo de ocupación más compleja. La abundancia de utillaje producido, la fabricación de útiles para usos diferidos, la jerarquización de los espacios interiores, la complejidad y multiplicidad de los procesos técnicos o la presencia de actividades domésticas sugieren una ocupación prolongada. Aunque las evidencias disponibles señalan con fuerza en este sentido es preciso recordar que el limitado número de piezas observadas y algunas dificultades en las determinaciones obligan a proponer esta interpretación con cierta prudencia.

Bibliografía

AUDOUIN, F. y PLISSON, H. (1982), "Les ocres et leurs temoins au paléolithique en France: enquete et experiences sur leur validite archeologique", *Cahiers du C.R.P. de l'Universite Paris* I, 8. pp: 33-80

BOËDA, E. y ORTEGA, I (1996), *Barbas 1996 (Creysse).*Rapport de fouille de la champagne 1996.

COURAUD, C. (1988), "Pigments utilisés en Préhistoire. Provenance, preparation, mode d'utilisation" *L'Anthropologie* 92, 1. pp:17-28

IBAÑEZ,J.J. y GONZALEZ,J.E. (1996), *From tool use to site function: use-wear analysis in some Upper Paleolithic sites in the Basque Country.* British Archaeological Report, International Series, 658.

GONZALEZ,J.E. e IBAÑEZ, JJ. (1994), *Metodología de análisis funcional de instrumentos tallados en sílex.* Universidad de Deusto, Bilbao.

GONZALEZ,J.E. e IBAÑEZ,J.J. (en prensa), "The quantification of microwear polish using image analysis". *Journal of Archaeological Science.*

ORTEGA, I., SELLAMI, F. y IBÁÑEZ, J.J. (1999),:*Barbas III.* Rapport de fouilles 1999.

15. Resultados preliminares da análise funcional das indústrias líticas de La Vigne Brun (Loire, França). Os buris da unidade habitacional OP10

Marina de Araujo Igreja

Abstract

The Upper Paleolithic site of La Vigne Brun, located in Loire (France), was discovered in the eighties during a rescue archaeological survey brought about by the construction of a dam. The presence of several fireplaces and the large assemblage of lithic items which were remarkably well preserved, confers on La Vigne Brun the status of an exceptional site and an important addition to the sparse archaeological record of the Gravettian in West Europe.

The lithic assemblage can be assigned to the Gravettian and radiocarbon dates indicate an age of between 23,000 and 24,000 B.P. The aim of this paper is to present the use-wear results made on burins from the OP 10 unit. The examination of 243 burins reveals some differences at technological and functional levels.

The study of burins from La Vigne Brun shows that burins were primarily used on the trihedral corner of the burin end, as well as along the burin facets and edges of the blank, in different ways and on several materials. Trihedral corners, facet edges and unmodified edges of the blank were used to engrave, scrape/cut bone materials, hide, wood, and mineral matter.

We believe that results presented here can provide significant insights for understanding the functional role of burins in the lithic industries of Final Upper Paleolithic and more specifically about settlement strategies and technological organization. Some burins were desired tool forms for accomplishing different activities related with animal, mineral and vegetable resources. But in some cases, burins were cores for bladelets and some of these were also used a posteriori as tools to scrape bone and dry hide.

Burins have long been considered to have served primarily as tools for engraving or grooving. Our analysis confirms a number of recent studies in suggesting that burins also served a wide variety of other functions. The results support several alternative hypotheses for the functional significance of burins but no single suggested function appears to be the primary use of these artifacts. One could conclude that the burins from the OP10 collection were multi-functional tools.

As the only open-air Gravettien site, with such well preserved materials and habitat structures, La Vigne Brun provides significant insights for understanding the Final Upper Paleolithic settlement strategies and technological organization in Western Europe.

1. Introdução

Descoberto no decurso dos trabalhos de salvamento dirigidos por J.Combier, nos anos oitenta, o sítio de ar livre de La Vigne Brun , situado na região da Loire em França revelou desde a fase incial das escavações ser uma jazida arqueológica única no contexto dos habitats do início do Paleolítico Superior.

A existência de diversos tipos de estruturas de habitat (lareiras, fundos de cabanas, zonas de actividades delimitadas...), associadas a grandes densidades de materiais líticos e de restos faunísticos, em bom estado de preservação fazem deste sítio um dos mais importantes conjuntos de habitat ao ar livre do início do Paleolítico Superior em toda Europa (podendo situação equivalente apenas ser encontrada na Europa Central e Oriental).

A estação arqueológica de La Vigne Brun, reúne assim todas as condições necessárias à realização de um estudo interdisciplinar, permitindo a interpretação de aspectos técnicos específicos, ligados à dinâmica de ocupação, à função e modo de funcionamento deste sítio na sua globalidade, objectivos que na maior parte das vezes, por razões tafonómicas não podem ser completamente apreendidos.

É nesta perspectiva de uma abordagem global e pluridisciplinar que o estudo funcional das indústrias líticas de La Vigne Brun, cujos resultados preliminares são aqui apresentados, se integra.

A análise funcional é realizada segundo os objectivos de investigação estabelecidos para o estudo pluridisciplinar de La Vigne Brun :

- função e modo de funcionamento do sítio : compreensão da dinâmica de ocupação (produção , utilização, abandono, circulação dos artefactos).
- estudo das estruturas de habitat e modo de organização das actividades : em conjunto com o estudo da repartição espacial dos vestígios materiais, o estudo funcional procura realizar uma análise funcional espacial das indústrias, abordagem necessária à integração dos utensílios no espaço doméstico e utilitário do sítio e à delimitação e organização de áreas de actividades especializadas .
- gestão das utensilagens.
- estabelecimento de relações entre a gestão das matérias – primas suporte / classes tipológicas e tecnológicas dos artefactos/ funções especificas (ou objectivos funcionais) / sequências operatórias de debitagem.
- compreender as razões da densa importação de matérias - primas de origem exógena. Existirão objectivos funcionais específicos, estarão estas matérias - primas destinadas à produção de um utensílio ou uma função especifica (s) ?

Os buris constituem uma categoria de utensílios complexa cujo significado tecnico-funcional tem sido largamente abordado por outros autores, no âmbito de estudos de tecnologia e de traceologia (Stafford 1977, Vaughan 1985, Barton 1996, Rigaud 2001).

Inicialmente considerados como utensílios destinados exclusivamente a gravar osso e haste de cervídeo (Movius 1966), hipótese fundamentada únicamente em critérios tipológicos, os estudos de traceologia realizados nas últimas décadas demonstraram além do trabalho de materiais ósseos (Symens 1986, Keeley 1988, González e Ibáñez1994, Ibáñez e González 1996, De Bie, Caspar 1997), o trabalho de outras matérias como a madeira (Moss 1983, Plisson 1985, Gurova 1998) a pele (Moss 1983, Plisson 1985, Donahue 1988, Gurova 1998, De Bie, Caspar 2000) assim como a diversidade das zonas activas utilizadas, bisel, diedros laterais e triedros (Rigaud 1972, Knecht 1988, De Bie, Caspar 1997, Gurova 1998).

Os estudos traceológicos disponíveis sobre buris arqueológicos indicam modalidades de utilização do buril diversas, ao nivel do bisel, dos diedros laterais e dos bordos do suporte em actividades ligadas à exploração de recursos animais, minerais e vegetais e atribuem a causa da variabilidade observada ao comportamento dos grupos humanos no seio de um acampamento em termos de produção, utilização, manutenção e abandono dos utensílios.

1.A estação arqueológica de La Vigne Brun

1.1 Localização geográfica e descrição do sítio (fig. 1)

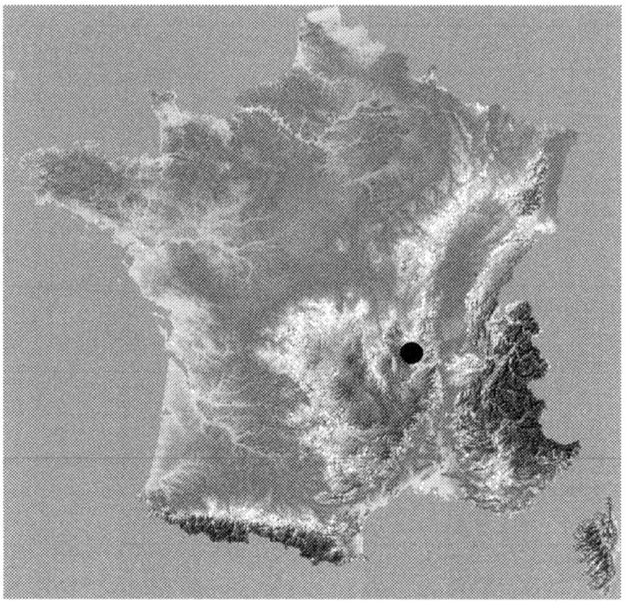

Figura 1: Localização geográfica da estação arqueológica. La Vigne Brun (Loire, França).

Ameaçada pela construção da barragem de Villerest, na região da Loire (França,) a estação arqueológica de La Vigne Brun, acampamento ao ar livre, foi objecto de escavações de salvamento realizadas entre 1977 – 1982 e em 1985, dirigidas por Jean Combier (fig.1). Os trabalhos permitiram a descoberta, em condições de recolha e processamento de dados rigorosas, de um nível arqueológico atribuido ao Gravettense, com uma grande densidade de material lítico e faunístico associados a vestígios de estruturas de habitat de diversos tipos (fundos de cabana, estruturas de combustão, fossas) em excelente estado de preservação (Combier 1982a, 1982b, 1988).

O contexto sedimentar do depósito arqueológico é de natureza aluvial, a jazida tem na sua origem a formação de uma depressão no solo pela acção da água, à qual se seguiram as ocupações pelo Homem e os processos de sedimentação. Do ponto de vista cronológico, as datações absolutas (^{14}C) efectuadas por J.Evin situam a ocupaçao desde sitio entre 23 000 - 24 000 B.P. No entanto, novas datações estão previstas, já que o estudo da indústria lítica indica contextos gravettenses mais antigos.

2.2. Materiais arqueológicos

A camada arqueológica, dividida em várias sub–unidades foi escavada numa área de 450 m2, revelando quatro zonas principais interpretadas como " fundos de cabanas ", estruturas escavadas no solo e circundadas de blocos de pedra, com traços de ocre e possuindo por vezes uma lareira. Estas estruturas de habitat, de forma circular, são as únicas estruturas gravettenses actualmente conhecidas na Europa Ocidental, com paralelos nos sítios de planície da Russia e da Ucrania (Grigoriev 1993). Os materiais recolhidos durante a escavação do sítio podem agrupar-se nas seguintes categorias: pedra lascada, restos de fauna, e placas de xisto gravadas.

Grande parte do material litico tem como matéria prima suporte sílex recolhido a mais de 100 km de distância do sítio. Do ponto de vista tipológico o utensílio comum predominante é o buril seguido das raspadeiras. Os utensílios mais característicos são as pontas gravette e microgravettes, muito abundantes, assim como as " flechettes ", e as pontas de Font – Robert, mais raras. Do ponto de vista tecnológico, não se dispõe ainda de estudos, prevendo-se a sua realização a partir de 2002, no âmbito de teses de mestrado e de doutoramento. No entanto, pode –se adiantar alguns dados obtidos por M. Digan provenientes do estudo de uma unidade habitacional no âmbito de tese de doutoramento (unidade KL19) : o seu estudo indica a importação de núcleos previamente preparados destinados ao talhe e tranformação dos suportes *in situ* mediante diferentes técnicas.

O material faunístico cujo estado de conservação é fragmentário, é essencialmente constituído por sequências dentárias e restos ósseos de equídeos (*Equus caballus*).

As escavações permitiram ainda a descoberta de placas de xisto com representações esquemáticas gravadas e um fragmento de pedra decorado com uma figuração animal.

2.3. Descrição das estruturas de habitação

As diversas estruturas revelam soluções diferentes de construção e de organização do espaço.
A construção das habitações caracteriza-se pela escavação no solo de uma depressão de forma circular, delimitada regularmente por blocos de pedra. Verifica -se a presença de estruturas de combustão e de zonas de actividade com grandes concentrações de materiais líticos e faunísticos (fig. 2 e 3).

As remontagens dos blocos de pedra provenientes de várias lareiras atestam a contemporaneidade das estruturas de uma parte do espaço de habitat.

O solo em argila destes habitats encontra-se coberto de uma camada de colorante vermelho, conservado por placas ou machas discontínuas. Esta linha de ocre, bem visível na sequência estratigráfica encontra-se por vezes associada a manchas carbonosas provenientes das lareiras e que foram dispersadas pela acção dos fenómenos pós – deposicionais.

No interior das estruturas a superficie encontra-se repleta de restos de fauna, de sílex, e essencialmente de utensílios de uso comum (elementos de dorso, buris, raspadeiras, furadores...) enquanto que na periferia se verificam em menor quantidade.

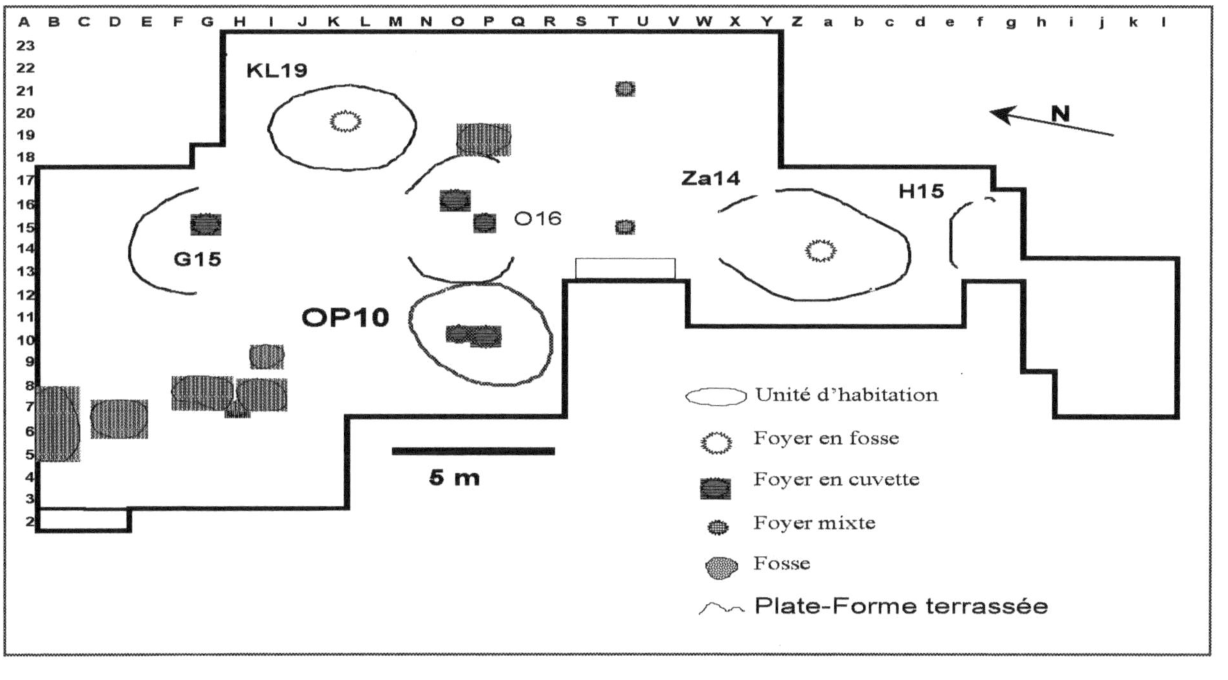

Figura 2: Plano esquemático das estruturas arqueológicas de La Vigne Brun, onde são visíveis as 5 unidades habitacionais com diferentes tipos de lareiras.

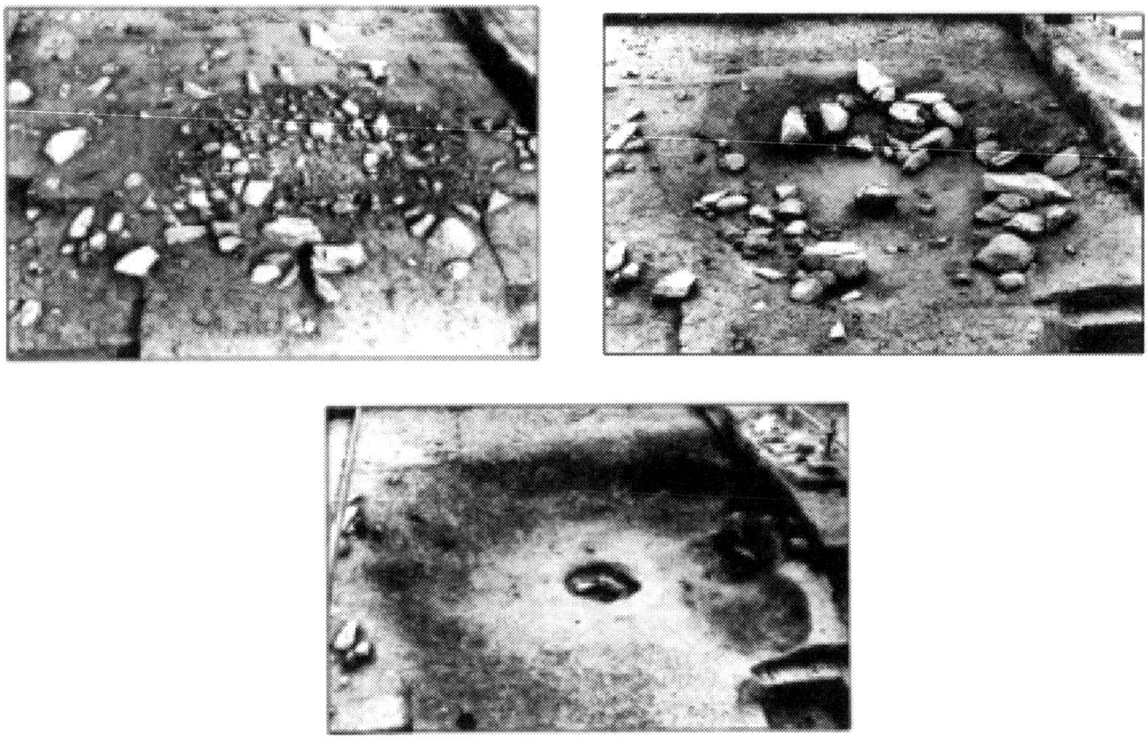

Figura 3: Várias fases da escavação de uma unidade habitacional (KL19) de La Vigne Brun.

3. Estudo funcional dos buris

3.1. Objectivos do estudo funcional

A existência de estruturas de habitat bem preservadas e a abundância dos artefactos líticos de pedra lascada, permitem a realização de um estudo pluridisciplinar incluindo a análise funcional.

O estudo funcional, cujos resultados são aqui apresentados a título preliminar, incidiu sobre os buris da unidade habitacional OP10, que compreende os quadrados de M8 / M12 a R8 / R12, prefazendo cerca de 30m^2 de escavação.

Com efeito, as principais questões que se colocam quanto à interpretação funcional dos buris, são : serão os buris utensílios, no sentido funcional do termo, e/ou um modo de transformação dos suportes líticos para obtenção de lamelas ?

Pretende-se com o estudo traceológico dos materiais líticos, e no ãmbito deste artigo, explicar a variabilidade observada nos buris, não se limitando à obtenção de uma simples tipologia descritiva mas colocar em evidência a dinãmica intríseca às diversas categorias de utensílios líticos, essencial para a compreensão global das utensilagens na sua complexidade.

3.2. Aspectos Metodológicos

A interpretação das actividades praticadas pelos utensílios líticos é feita a partir da observação de vários critérios ou vestígios de utilização : vestígios de utilização visíveis microscopicamente como os polidos e estrias ; vestígios de utilização macroscópicos, como os levantamentos, embotoamento dos bordos e fracturas de utilização. Todos estes elementos foram considerados para a interpretação funcional dos buris, isto é sobre o modo de funcionamento e as matéria (s) trabalhada (s).

O estudo do material foi efectuado segundo o protocolo de análise estabelecido por Semenov, e correntemente praticado em traceologia. Antes de proceder à análise do material ao microscópio, cada artefacto é limpo com álcool de modo a eliminar os vestígios de impressão digitais deixados pela manipulação das peças. Os artefactos são numa primeira fase observados com a lupa binocular (50x) para uma primeira apreciação do estado dos bordos e superfícies em termos de usura, sendo posteriormente as potenciais zonas activas identificadas submetidas ao microscópio óptico (200x).

4. Análise funcional

4.1. Descripção tipológica e tecnológica

Apesar de os estudos de tecnologia e da origem da matéria-prima suporte da indústria lítica se encontrarem em curso, nao se dispondo por isso de uma leitura do material completa, algumas linhas gerais podem ser adiantadas por D. Pesesse, responsável pelo estudo de tecnologia, realizado no ãmbito do diploma de " Maitrise " .

Foram observados 243 artefactos. 202/243 são artefactos classificados como buris-utensílios e 41/243 são na realidade buris-núcleos para extracção de lamelas. Os resultados funcionais são apresentados de forma independente para os buris-utensílios e para os buris-núcleos.

Em cerca de 20% do material estudado, foram observados vestígios de utilização e identificadas ao todo 78 zonas activas utilizadas (1,4 z.u. per peça).

Entre as peças, tecnico-tipologicamente definidas como buris com vestígios de utilização, foram identificados 54 buris simples e 3 buris múltiplos. Os elementos simples compreendem 23 buris de ângulo sobre truncatura, 18 buris diedros, 5 raspadeiras- buril e 11 peças de morfologia indeterminável. A média do ângulo do bisel varia entre 50° e 80°.

A transformação dos suportes pelo golpe de buril responde a normas e objectivos bem precisos, perceptíveis ao nível da selecção dos suportes. Os suportes provém de todas as fases das cadeias operatórias laminares. Os suportes caracterizam-se por alguma diversidade mas com uma preferência pelos elementos de forma alongada, sobre lâmina, cujos bordos e arestas são regulares (37/57). Encontram-se presentes igualmente buris sobre peças de produção inicial e intermediária : suportes corticais (4/57), sobre peças técnicas (6/57) e lascas irregulares (10/57). A largura média dos suportes varia entre 10 e 30mm e a espessura entre 4 e 15 mm. Quanto às materias primas, as de origem exógena são predominantes, recolhidas a cerca de 100Km da estação arqueológica.

Do ponto de vista tecnológico, os esquemas de transformação dos suportes são claramente visíveis. Estes correspodem a uma gestão standartizada do suporte lítico com modos de progressão específicos. A cada tipo de gestão corresponde um objectivo especifico, obtido segundo modalidades bem precisas e originando morfologias comuns. Os objectivos da debitagem nao são perceptíveis segundo critérios utilizados tradicionalmente, mas através dos processos técnicos de obtenção de diedros laterais e terminais. O conjunto dos diedros dos buris correspodem a ãngulos e delineações pré-definidos.

4.2. Estado de preservação

De um modo geral os bordos e superficies dos buris de La Vigne Brun apresentam ao microscópio um estado de preservação variável. Cerca de 23% (n=243) dos artefactos encontram-se bem preservados enquanto que os bordos e superficies de 65% caracterizam-se por um forte lustre sedimentar que dificulta a observação dos vestígios de utilização ao microscópio. O resto do material, 12% apresenta alguma patine branca, visível a olho nu.

4.3. Funcionalidade dos buris

4.3.1. Os buris como utensílios

O estudo funcional revela que os buris da unidade OP 10 tiveram outras funções que não a do trabalho do osso. Com efeito, ainda que os materiais ósseos sejam os mais trabalhados (56%, n=78) em actividades de gravura e circulares (perfuração), utilizando a zona activa formada pelo bisel, verifica-se que os diedros laterais e os bordos do suporte, na maior parte dos casos brutos de debitagem, serviram para raspar matéria mineral (5%), madeira (5%), pele (5%) e corte de vegetais (3%), (tab. 1; fig. 4).

Verificam-se diferentes modos de utilização dos buris utensílios :
15% (n=78) dos buris foram utilizados para gravar ao nível do bisel segundo o modo 1 ; cerca de 9% dos biseis serviram para gravar segundo o modo 2 ; alguns dos biseis apresentam vestígios de actividade circular (11,5%) ; 54% dos bordos do suporte foram utilizados para raspar e 10% serviram para executar actividades longitudinais (fig. 5).

Zona activa	**Actividade**	materiais ósseos	osso	haste de cervídeo	matérias duras	mineral	rocha macia	vegetal	madeira	pele	indeterminada	**Total Z.U.**
Bisel	gravar	6	5	-	4	4	-	-	-	-	-	**19**
	circular	7	-	-	2	-	-	-	-	-	-	**9**
	total	**13**	**5**	**-**	**6**	**4**	**-**	**-**	**-**	**-**	**-**	**28**
	% total	**48**	**15**	**0**	**22**	**15**	**0**	**0**	**0**	**0**	**0**	**100**
Outras	transversal	12	7	4	6	-	1	1	4	4	3	**42**
	longitudinal	2	-	1	2	-	-	1	-	-	2	**8**
	total	**14**	**7**	**5**	**8**	**-**	**1**	**2**	**4**	**4**	**5**	**50**
	% total	**28**	**14**	**10**	**16**	**0**	**2**	**4**	**8**	**8**	**10**	**100**
	Total	**27**	**12**	**5**	**14**	**4**	**1**	**2**	**4**	**4**	**5**	**78**
	%Total	**36**	**15**	**6**	**18**	**5**	**1**	**3**	**5**	**5**	**6**	**100**

Tabla 1: Quadro-síntese das zonas activas, actividades e materiais trabalhados pelos buris da unidade OP10 de La Vigne Brun (França).

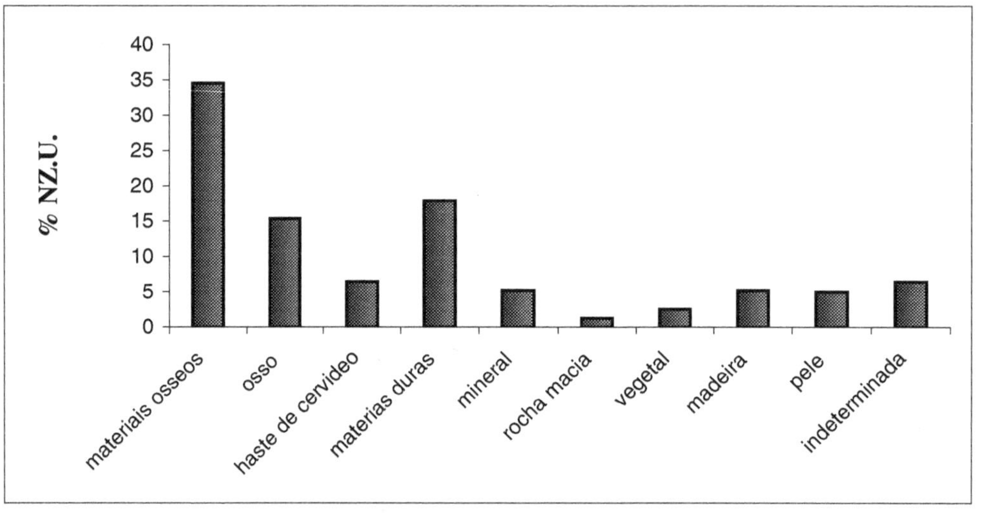

Figura 4: Percentagem das matérias trabalhadas segundo o número de zonas utilizadas (Z.U.).

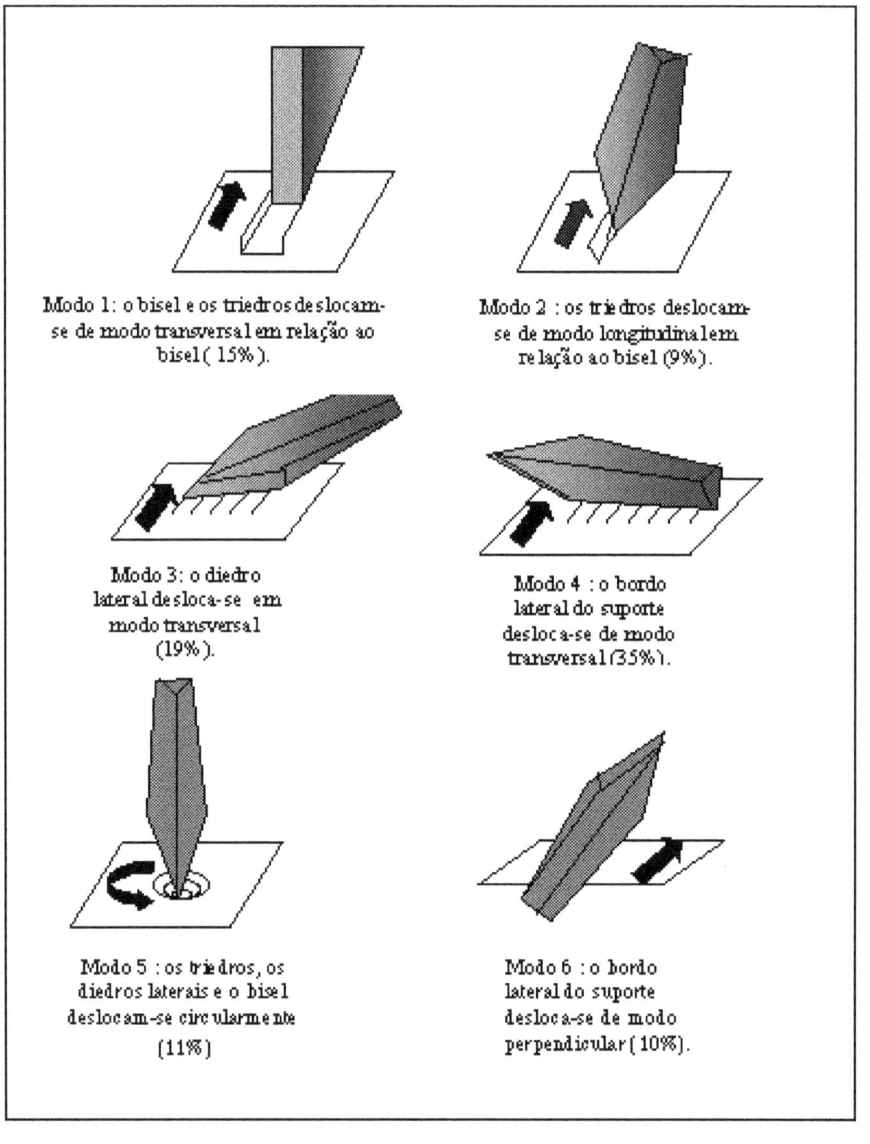

Figura 5: Representações esquemáticas das diferentes modalidades de utilização dos buris da unidade OP10 (modificado a partir de Ibáñez, González – Urquijo 1997 : 516).

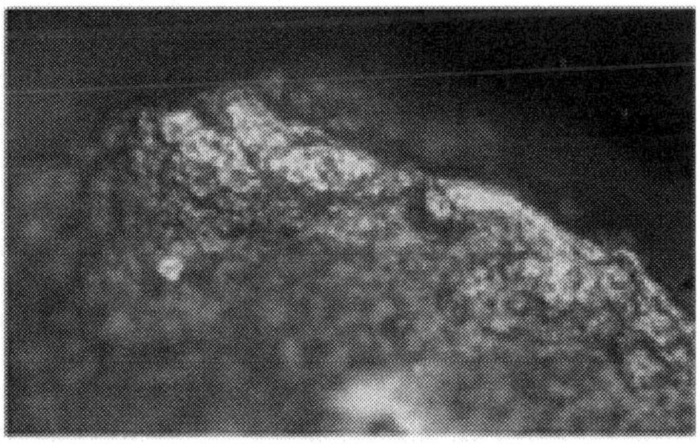

I

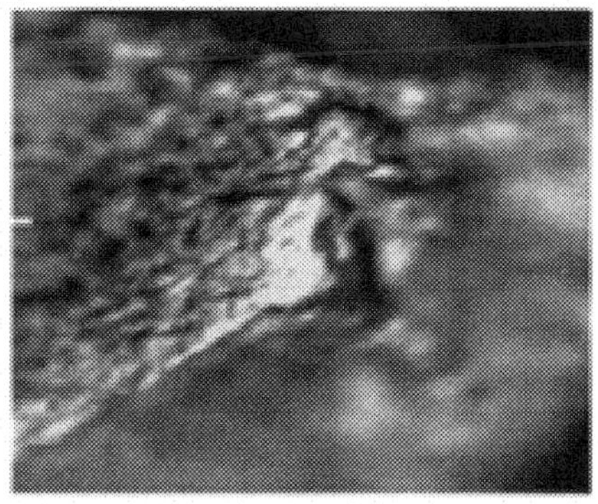

II

III

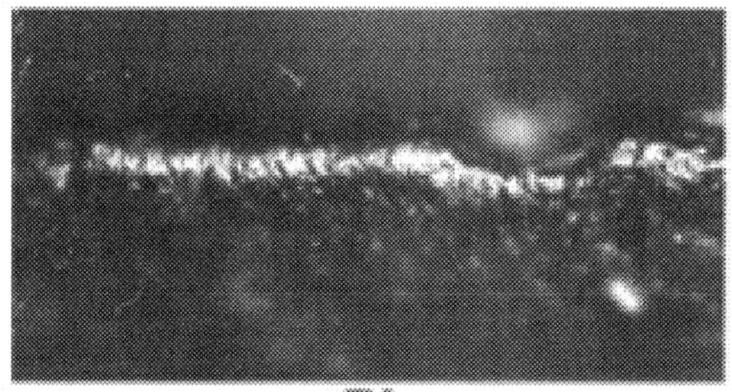

IV

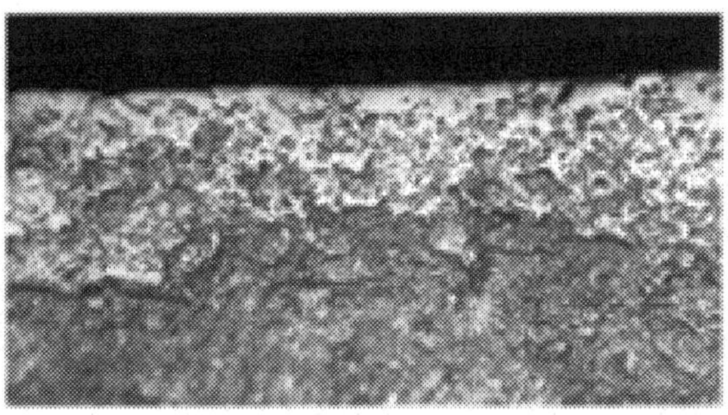

V

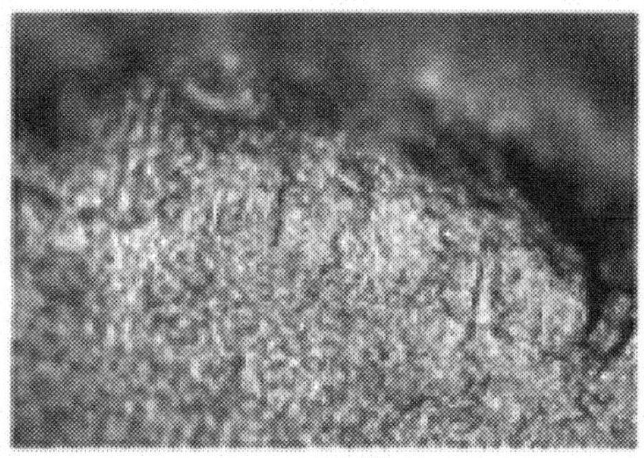

VI

VII

Figura 6: Fotografias dos vestigios de uso :
I – Polido de material ósseo sobre bisel, utilizado para gravar em modo 1 (VB O13-80), 200X.
II – Polido de material ósseo sobre bisel de buril utensilio utilizado para gravar em modo 2 (VB N12-62), 200X.
III – Polido de matéria mineral sobre diedro lateral de buril utensílio utilizado para raspar (VB N12-172), 200X.
IV – Polido de pele seca sobre bordo do suporte de um buril utensílio, utilizado para raspar (VB N11-96), 200X.
V – Polido de madeira sobre bordo lateral do suporte utilizado para raspar (VB N12-98), 200X.
VI – Polido de pele seca sobre bordo lateral do suporte utilizado para raspar (VB 13-42), 200X.
VII – Polido de haste de cervídeo sobre bordo lateral do suporte de buril núcleo utilizado para raspar (VB P9 - 395, 200X.

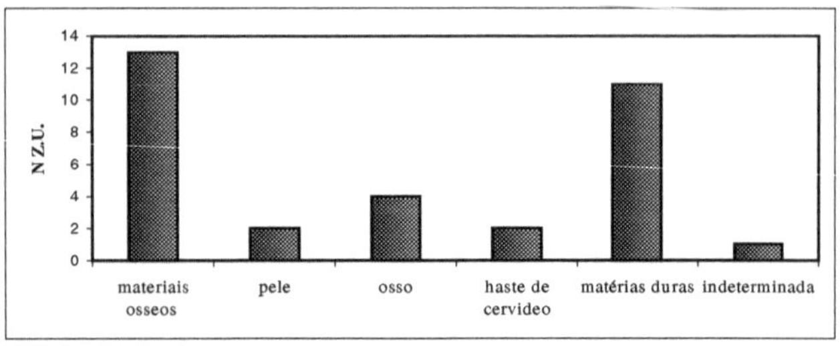

Figura. 7: Frequência das matérias trabalhadas pelos buris de tipo núcleo segundo o número de zonas utilizadas.

A análise de alguns atributos métricos como a espessura e o ângulo do bisel revelaram algumas diferenças significativas em relação ao modo de gravar. Para a execução de gravura segundo o modo 1, os artesãos de Vigne Brun parecem ter preferido a utilização de buris de ângulo sobre fractura, cuja espessura do bisel se situa à volta dos 4mm e cujo ângulo se situa entre 75° (fig. 6: I; fig. 8a). As peças utilizadas para gravar segundo o modo 2 apresentam biseis com uma espessura que varia entre os 2 - 3mm e um ângulo entre 50° e 65° (fig. 6: II; fig. 8b).

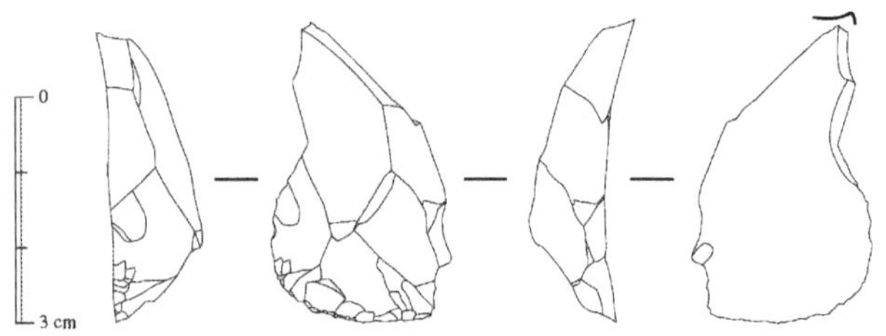

A - VB O13-80

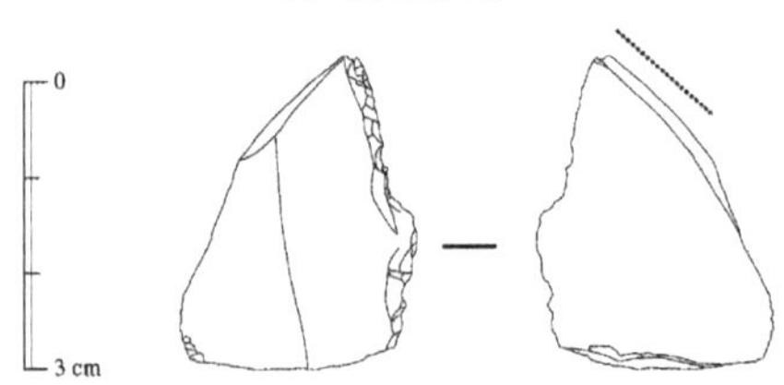

B - VB N11-96

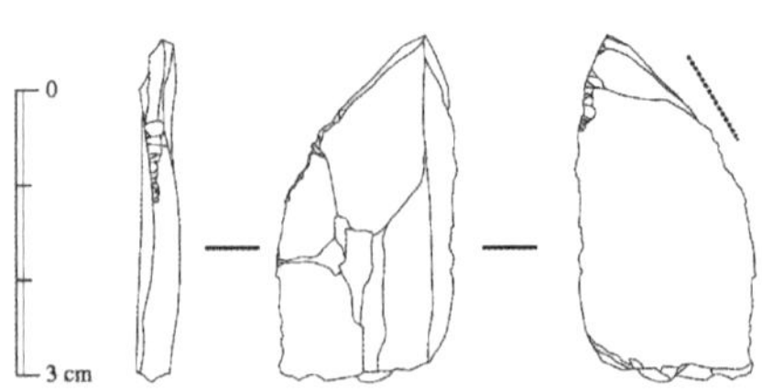

C - VB N12-98

Fig. 8a,b y c : Buris com vestigios de utilizaÁao : a - gravura de materiais osseos em modo 1 ; b - raspagem de pele seca ; c - raspagem de madeira . (desenhos S.Renault)

Os bordos laterais do suporte utilizados para raspar apresentam de um modo geral um ângulo entre 65° e 80°. Grande parte destes bordos são utilizados brutos de debitagem (fig. 6: III, IV, V; fig. 8c, d y e). Não foram identificados vestígios, microscopicos ou macroscopicos, do encabamento das peças.

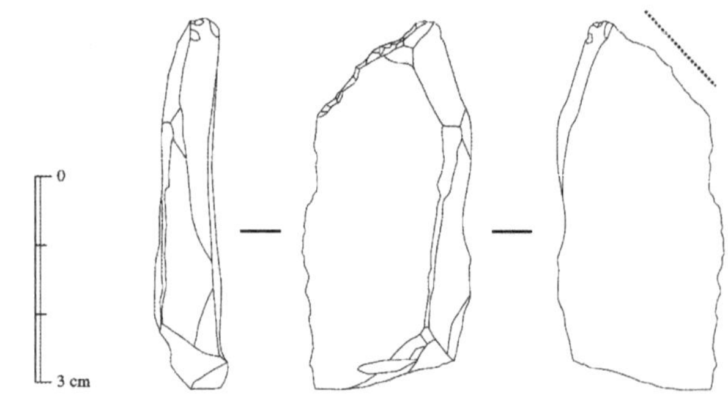

D - VB O12 - 72

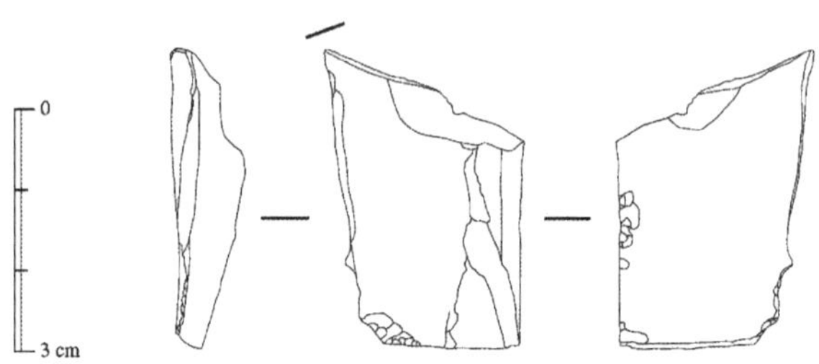

E - VB N12 - 62

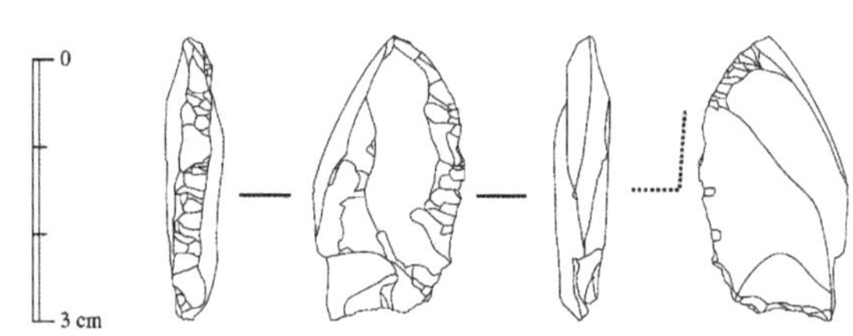

F - VB 13 -42

Fig. 8d, e y f: Buris com vestigios de utilizaÁao : d - raspagem de matÈria mineral ; e- gravura em modo 2 demateriais osseos ; f - raspagem de pele secal. (desenho, S.Renault)

Verifica-se em algumas peças a fractura do diedro terminal. Estes buris têm em comum o facto de serem buris diedros e em sílex de origem exógena. O cariz repetitivo da usura macroscopica sugere uma causa de ordem funcional. Com efeito, programas experimentais realizados associam este tipo de vestígio a actividades com uma cinemática de percussão efectuada sobre materiais duros (como a madeira por exemplo).

A análise funcional de 6 utensílios compósitos, raspadeiras-buris em sílex exógeno, atesta a utilização destas peças na raspagem de pele seca. Não foram porém, detectados qualquer tipo de vestígios, microscopicos ou macroscopicos, na zona activa formada pelo diedro do buril. Tudo leva a crer que o golpe do buril visava possivelmente a extracção de lamelas ou por outro lado de modo a facilitar o encabamento das peças.

4.2.2. Os buris como núcleos

Apesar de o estudo tecnológico das indústrias líticas estar em curso, nao se dispondo por isso de uma leitura técnica do material completa, as características técnicas, morfológicas e métricas associadas à ausência de vestígios de utilização de 41 peças apontam para que se tratem na realidade de núcleos. Isto é, nestes casos a técnica do golpe do buril serve para extrair lamelas, constituindo os resíduos de golpe de buril o objectivo final do talhe.

Evidentemente, a análise funcional das lamelas de golpe de buril, a realizar posteriormente, se se observar a sua utilização (enquanto suportes de armaduras microlíticas de dorso, entre outras funções), poderá confirmar esta hipótese.

Através da análise funcional constatou–se também, que 18 dos buris-núcleos foram reutilizados enquanto utensílios para raspar pele seca e osso, tendo sido identificadas 33 Z.U. (fig. 7).

O reaproveitamento destas peças pode eventualmente estar relacionado com as dimensões de abandono que permitiram a existência de bordos robustos e cortantes em bruto (fig. 6: VI e VII; fig. 8f y g) ou com a economia da matéria-prima. Com efeito, grande parte destes núcleos têm como matéria prima suporte um sílex de grande qualidade recolhido a mais de 100km da estação arqueologica, o que poderia igualmente explicar a necessidade de rentabilizar a matéria-prima em termos de funcionamento.

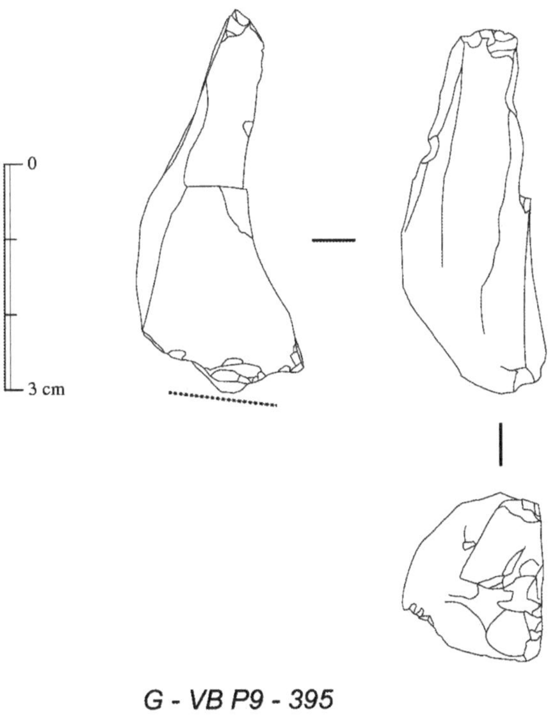

G - VB P9 - 395

Fig.8g : Raspagem de haste de cervideo. (desenho S. Renault)

5. Conclusões e perspectivas de estudo

Reconstituião das actividades practicadas

Apesar de não ser possivel confrontar os dados provenientes do estudo das remontagens, e da repartição espacial (em curso) com os resultados do estudo funcional, algumas considerações podem ser feitas sobre a dinâmica dos buris, em termos de utilização. Os restantes aspectos, como a produção, manutenção e abandono apenas poderão ser compreendidos posteriormente.

Assim, diferentes hipóteses podem ser colocadas acerca dos objectivos da aplicação da técnica do golpe do buril e do modo de funcionamento dos buris da unidade OP10 :

1) objectivo funcional -produção intencional de biseis destinados à produção de bens em osso e haste de cervídeo, na maior parte dos casos sobre suporte de fase plena; relação significativa entre a morfologia do buril e o modo de gravar, isto é, verifica-se a utilização preferencial de buris de ângulo para gravar em modo 1 cuja espessura do bisel se situa à volta dos 4mm e com um ângulo entre 75° e 90°; e utilização dos buris diedros para gravar segundo o modo 2 com uma espessura de bisel que varia entre os 2 - 3mm e com um ângulo entre 65°-75°.
2) objectivos técnicos –possivelmente para remover matéria lítica, de modo a facilitar o encabamento ou a preensão pela mão da peça.

A evidência do trabalho de haste de cervídeo num contexto arqueológico cujo conjunto faunistico nao compreende restos desta espécie, pode ser explicado seja pela conservação diferencial da fauna na jazida e pelo eventual trabalho de “ *bois de chute* ” cujas propriedades osteológicas, contrariamente às do “ *bois de massacre* ”, dificilmente permitem a sua preservação.

A identificação das actividades de gravura e raspagem em osso associadas ao aspecto pouco desenvolvido das usuras pressupõe a utilização dos buris em etapas de manutenção ou de finição (decoração) de artefactos em osso ou haste de cervídeo. A existência de diferentes operações técnicas, como a gravura e raspagem de osso e haste de cervídeo, concentradas no buril, indica uma especificidade funcional deste utensílio assim como a existência de cadeias operatórias do trabalho destes materiais.

Além da produção de artefactos em materiais ósseos, os artesãos de Vigne Brun utilizaram os buris em actividades relacionadas com a madeira, matéria mineral e a pele. A existência de vestígios de trabalho pouco intenso de pele seca sobre alguns bordos brutos do suporte permite atribuir tais vestígios a etapas finais do trabalho de peles, como a fase de “ *assouplissement* ”.

A reutilização de alguns buris-núcleos em sílex de origem exogena, no trabalho de pele e de osso, pode estar relacionada com o estado de abandono destas peças que permitiu a existência de bordos activos cortantes ou com a necessidade de rentabilizar uma matéria-prima suporte de grande qualidade.

Os resultados funcionais obtidos sobre os buris de Vigne Brun coincidem com os estudos de buris provenientes de alguns sítios do Paleolítico Superior e Epipaleolítico, como Verberie, Rascano et El Juyo (Keeley 1988, Symens 1986) Laminak II (González e Ibáñez 1994), Berniollo Santa Catalina (Ibáñez e González 1996) onde o trabalho de materiais ósseos é predominante.

Por outro lado, o estudo do conjunto dos buris da unidade OP 10 revela também a utilização destes utensílios no trabalho de outros recursos, como a pele e a matéria mineral. Com efeito, a especificidade e a versatilidade funcional encontram-se ambas representadas nos buris de Vigne Brun.

Enfim, apesar des os resultados aqui apresentados serem preliminares e inicidirem sobre uma única classe de utensílios, este trabalho evidência já a diversidade de gestos técnicos e de materiais trabalhados. Estas observações são convergentes com outros dados arqueológicos que sugerem um funcionamento do sítio complexo, provavelmente objecto de várias ocupações. A importãncia das unidades de habitação, a presença de numerosas estruturas entre os espaços domésticos (lareiras externas, fossas...) sugerem acampamentos de longa duração, possivelmente polifuncionais, não sendo por isso surpreendente encontrar nos buris diferentes modalidades de utilização.

Perspectivas

A compreensão do tipo de gestão técnica e económica dos buris de La Vigne Brun encontrar-se-á no futuro mais completa com a integração dos resultados do estudo tecnológico e espacial do material, que por agora se encontram em curso e pela extenção do estudo funcional às restantes categorias de utensílios.

Pretende-se no futuro averiguar se os buris foram objecto de uma gestão específica em termos de matéria-prima e de utilização.

Os materiais arqueológicos e as condições de preservação excepcionais deste sítio possibilitam a realização de estudos mais detalhados sobre os padrões tecnológicos e de subsistência das comunidades gravettenses na Europa Ocidental.

Agradecimentos

Gostaria de agradecer ao Doutor J.P.Bracco (UMR6636, Economies, Sociétés et Environnements Préhistoriques, MMSH, Aix-en-Provence), responsável pelo programa de investigação de La Vigne Brun, pelo seu apoio e pela confiança em mim depositada ao me confiar o estudo traceológico das indústrias líticas de La Vigne Brun.
Os meus agradecimentos ao Doutor H.Plisson (CEPAM, Sophia-Antipolis, Valbonne, França), que na qualidade de formador, tem orientado a minha investigação no domínio da Traceologia.

O meu profundo reconhecimento à Fundação para a Ciência e Tecnologia (Ministério da Ciência e Tecnologia, Lisboa, Portugal), instituição da qual sou bolseira para a realização da tese de Doutoramento n° SFRH/BD/4813, que acreditou nas possibilidades e no interesse do estudo funcional dos materiais líticos de La Vigne Brun (Loire, França).

Bibliografia

BARTON, C.M., OLSZEWSKI, D.I. e COINMAN, N.R. (1996), " Beyond the graver : Reconsidering burin function ", *Journal of Field Archaeology*, 23, pp. 111-125.

DE BIE, M. e CASPAR, J.P. (1997), " La signification des outillages lithiques dans les industries a Federmesser. Observations sur la variabilité des burins et des pièces laminaires ou lamellaires a modification latérale dans le gisement de Rekem (Belgique) ", *Bulletin de la Société Préhistorique Française*, 94, pp. 361-478.

DE BIE, M. e CASPAR, J.P. (2000), "*Rekem. A Federmesser camp on the Meuse river bank* ", Leuven University Press, pp. 325+265.

COMBIER J., AYROLLES, P., PORTE, J.L. e GELY, B. (1982a), " Etat actuel des recherches à Vigne Brun, Villerest, Loire", *in ,Les habitats au Paléolithique Supérieur. Actes du colloque international Roanne - Villerest, 22, 24 juin 1982*, pp. 274–281.

COMBIER J., AYROLES, J., PORTE, L. e GELY, B. (1982b), " Les gisements préhistoriques du Saut - du - Perron (fouilles de sauvetage 1977-1981) ", *Cahiers Archéologiques de la Loire*, 2, pp. 9-16.

COMBIER J. (1988), "L'organisation de l'espace habité des hommes au Paléolithique Supérieur en France", *Espacio, tiempo y forma, serie I - Préhistoria*, 1, pp. 111–124.

DONAHUE R. (1988), " Microwear analysis and site function pf Paglici Cave, level 4A ", *World Archaeology*, 9, pp. 357–375 .

GONZÁLEZ, J.E. e IBÁÑEZ, J.J.(1994), " Analisis funcional del utillage en sílex en el yacimiento de Laminak II ", *Kobie*, 21, pp. 111-129.

GUROVA M. (1998), " Analyse fonctionnelle des assemblages Gravettiens de Willendorf II (Autriche) ", *Archeologica Bulgarica*, II, pp. 29-53.

GRIGORIEV G.P. (1993), " The Kostenki - Avdeevo archaeological culture and the Willendorf - Pavlov - Kostenki - Avdeevo cultural unity ", in Soffer, O. (ed.), *From Kostenki to Clovis. Upper Paleolithic -*

Paleo - Indian adaptations, Plenum Press, New York and London, pp. 51-64.
IBÁÑEZ, J.J. e GONZÁLEZ, J.E., (1996), " *From tool use to site function. Use-wear analysis in some Final Upper Paleolithic sites in the Basque country* ", British Archaeological Reports, 658, 201p.
IBÁÑEZ, J.J. e GONZÁLEZ, J.E. (1997), " The use of burin apices ", in Ramos Millan, A. y Bustillo, M.A. (eds.), *Siliceous rocks and culture,* Universidad de Granada, Granada, pp. 515–524.
KEELEY, L.H. (1988), " Lithic economy, style and use : a comparison of the three late Magdalenian sites", *Lithic Technology*, 17, pp. 19-25.
KNECHT, H. (1988), " Upper Paleolithic burins. Type, form and function ", *BAR International Series*, 434, Oxford, England, pp. 10-40.
MOSS, E.H. (1983), " *The functional analysis of flint implements Pincevent and Pont d'Ambon : two case study from the french Final Paleolithic* ", BAR International Series, 177, Oxford.
MOVIUS, H.L. (1966), " L'histoire de la reconnaissance des burins en silex et la découverte de leur fonction tant qu'outils pendant le Paléolithique Supérieur ", *Bulletin de la Société Préhistorique Française*, 63, pp. 50-61.
RIGAUD, A. (1972), " La technologie du burin appliquée au matériel osseux de la Garenne (Indre) ", *Bulletin de la Société Préhistorique Française*, 69, pp.104-108.
SYMENS, N. (1986), " A functional analysis of selected stone artifacts from the Magdaleniean site at Verberie, France ", *Journal of Field Archaeology*, 13, pp. 213-222.
STAFFORD, B. (1977), " Burin manufacture and utilization : an experimental study ", *Journal of Field Archaeology*, 4, pp. 235–246.
VAUGHAN, P. (1985), " The burin-blow technique : creator or eliminator ? ", *Journal of Field Archaeology*, 12, pp. 488-496.

16. Los procesos de enmangado en los raspadores magdalenienses de la Cueva del Parco (Alós de Balaguer, La Noguera, Lleida)

Manuel Calvo Trias

Abstract

In this paper we study the high Palaeolithic end-scraper of Parco's Cave. The Cueva del Parco is a small cavity linked to a natural rock shelter, located in the municipality of Alós de Balaguer (La Noguera, Lleida). It was discovered in 1974 by Rafel Gomà, a resident of Artesa de Segre. This keen amateur, who knew the area extremely well, assisted Dr. Maluquer de Motes in his activities and, in this way, the latter came to hear about the cavity and about the existence of ceramic, lithic and bone material inside it. Excavation work began in the same year that it was discovered and it has continued up until now, with a first intermittent stage and a second more continuous phase of work. During the first phase, from 1974 to 1984, the work was led by Dr. Maluquer de Motes. From 1987, work recommenced under the joint supervision of Dr. Maluquer de Motes and Dr. Fullola i Pericot. From then on, the Cueva del Parco has undergone yearly excavation programmes. The fieldwork has been supported by ongoing laboratory analyses. Under the supervision of Dr. Fullola i Pericot, the laboratory work, carried out at Barcelona University's Seminari d'Estudis i Recerques Prehistòriques (SERP), has led to the availability of extensive information and an interdisciplinary framework, with the use of sedimentological, faunal, technological and palaeo-botanical analyses, supplies of primary materials etc. These works have led to the documentation of the site's extensive occupation, spanning rich Magdalenian levels to sporadic Visigothic habitation, passing through mid-to-late Bronze Age, Chalcolithic, Neolithic and Epi-Palaeolithic phases.

In the microscopic analysis of the Magdalenian end-scraper we were able to observe micro-use wear of handling processes in 52.38% of cases for de CL's Lithic Collection and in 56.41 % of cases for CM's Lithic Collection. To study the technical handling process better we referred to other variables, for example:

1.- end-scraper broken
2.- material worked
3.- work angle
4.- lateral retouch
5.- re-intensified retouch

The analyses have demonstrated that material worked, end-scraper broken, and work angle do not have any relation to the handling process. The other variables: lateral retouch, re-intensified retouch, have a high relation with the handling process. The end-scraper lateral retouch was a technical process to make handling easier. The re-intensified retouch illustrated a high use of the end-scraper with traces of handling.

"l' étude des ensembles lithiques de peuples chasseurs-cuilleurs actuels o subactuels montre que les manches et non les pièces lithiques sont les véritables indicateurs culturels" (Jardon y Sacchi 1994: 428)

Introducción

Resulta paradójico que uno de los elementos básicos en la compresión del útil, tanto en su tipología como en su funcionalidad, desaparezca con el paso del tiempo y que en la mayoría de casos únicamente podamos intuir su presencia a través de vestigios indirectos como las reducidas dimensiones de las piezas, la documentación de huellas microscópicas, etc. Ello dificulta y limita el conocimiento real y, sobre todo, la originaria lectura del útil, de su concepción y de su uso.

Sin lugar a dudas, la concepción de un útil parte del conocimiento de todas sus partes. Un útil es un elemento vivo, cuyas partes interactúan, condicionan y se encaminan a un uso determinado. En este sentido compartimos plenamente la anterior afirmación de Jardón y Sacchi, al entender que en muchos casos, el rasgo cultural de los instrumentos prehistóricos no radica básicamente en el elemento lítico sino en el tipo de enmangue que condiciona, no sólo la fabricación de la pieza lítica, sino también su posterior uso. Afecta, en definitiva, a la concepción mental que tienen los hombres prehistóricos del útil.

Antes de la aplicación del método traceológico, los dos únicos caminos de aproximación al tema del enmangado eran las comparaciones etnográficas y el análisis formal de la pieza lítica. Ambos caminos únicamente conducían a un abanico de posibilidades de enmangue, sin llegar a la certeza de que una pieza concreta hubiera estado enmangada o qué tipo de enmangue tenía. Con la aplicación del protocolo traceológico, la situación ha mejorado aunque no tanto como cabría esperar en un principio. Las principales dificultades radican en el hecho, demostrado experimentalmente, de que no todos los procesos de enmangado generan huellas lo suficientemente significativas para poder identificarlas. Con lo cual es muy probable que el número real de piezas enmangadas sea muy superior al número de piezas en donde se han localizado trazas de enmangue. A ello debemos añadirle un segundo problema: es muy difícil mediante el análisis de las huellas microscópicas, definir y delimitar claramente el tipo de enmangue. En muchos casos las huellas documentadas (micropulidos indiferenciados puntuales, estrías, redondeamientos) no están lo suficientemente desarrolladas y caracterizadas para poder discriminar un enmangado sobre hueso o sobre madera. El poco desarrollo de las huellas, así como su localización, en muchos casos sobre las aristas, dificultan una clara delimitación. Se intuye que el mango es de material duro pero en muchos casos no se puede determinar la naturaleza concreta del mismo. En otros casos en que las piezas líticas no han estado insertadas (sistema de enmangado por yuxtaposición con cordado de piel, o sujeción con resinas), aún disminuyen más las posibilidades de documentación e identificación de huellas microscópicas. El resultado de todas estas dificultades queda claramente resumido en una frase que utilizó Plisson (1987b) a la hora de enfrentarse al problema de los enmangados en el yacimiento de Pincevent: *"en préhistoire, la certitude d'une présence est souvent plus facile à établir que celle d'une absence"*.

El resultado de todo lo comentado quedó gráficamente plasmado en la mesa redonda del CNRS celebrada en Lyon entre el 26 y el 29 de noviembre de 1984, y publicada en los *Travaux de la Maison de l'Orient Nº5* en 1987. A pesar del tiempo transcurrido desde su celebración, muchos de los problemas y necesidades planteadas no se han solucionado. En esa mesa redonda se puso de manifiesto la importancia que el enmangado tenía en la adscripción cultural de los útiles líticos a la vez que se evidenciaron las limitaciones que el método traceológico presentaba en la búsqueda de soluciones a estos temas. Mediante los análisis realizados sobre el material lítico de la Cueva del Parco (Alós de Balaguer la Noguera Lleida), únicamente se han podido identificar huellas de enmangado en los raspadores magdalenienses. Indudablemente, muchas otras piezas estaban enmangadas, incluso parece más lógico que los raspadores epipaleolíticos, mucho más reducidos, necesitasen de un enmangado para su correcto uso. Sin embargo, y a pesar de ello, únicamente los raspadores más antiguos presentaron huellas de enmangado. En ninguna otra pieza o grupo tipológico se localizaron huellas microscópicas directas de estos procesos.

En las siguientes páginas abordaremos el tema de los raspadores enmangados desde diferentes aspectos. En primer lugar comentaremos los tipos de trazas documentadas y las compararemos con las localizadas por otros investigadores. En segundo lugar analizaremos algunos ejemplos arqueológicos y etnográficos. Por último profundizaremos en los procesos de enmangado documentados en los raspadores de la Cueva del Parco.

La *Cueva del Parco* se localiza en el término municipal de Alòs de Balaguer (La Noguera, Lleida). Geográficamente el yacimiento se enmarca en la vertiente sur del Dom de Sant Mamet de 1388 m de altitud que, junto a las sierras de Montclús (1037 m.) y de Sant Jordi (951), conforman las Sierras Marginales. Éstas se convierten en el conjunto más meridional del sistema prepirenaico del Montsec. El yacimiento se sitúa en la vertiente meridional del Dom de Sant Mamet, en el enclave denominado tradicionalmente como *"les Roques Prenyaes"*, en la ribera derecha del río Segre.

La cueva está compuesta por dos ámbitos bastante diferenciados: la cavidad propiamente dicha, estrecha (4'5 m.) y no muy profunda (10'5 m.), y en dirección oeste, un abrigo con un cercado, construido mediante la técnica de piedra en seco, que delimita un ámbito rectangular de 5'5 m. de ancho por 11 m. de longitud.

La *Cueva del Parco* fue descubierta el año 1974 por el Sr. Rafel Gomà, vecino de Artesa de Segre y popularmente conocido como *"Rafel de Cal Parco o Rafel del Parco"* (Maluquer 1988:20). Esta persona, gran aficionado y conocedor de la zona, era colaborador del Dr. Maluquer, que de esta manera tuvo conocimiento de la cavidad y de la presencia en ella de material cerámico, lítico y óseo. El mismo año de su descubrimiento se iniciaron los trabajos de excavación que, de manera intermitente en una primera fase bajo la dirección del Dr. Maluquer de Motes y continuada en un segundo momento, bajo la dirección del Dr. Fullola i Pericot desde el Seminari d'Estudis i Recerques Prehistòriques (SERP) de la Universidad de Barcelona, han venido realizándose hasta la actualidad.

El interés arqueológico de la Cueva del Parco radica, entre otras muchas razones, en su larga secuencia cronocultural, que va básicamente desde la Edad del Bronce hasta el Paleolítico Superior en su facies Magdaleniense (Fullola *et al.* 1988, 1990, 1991, 1992a y b, 1993a y b; 1994, 1995, 1996).

Especial interés tienen para este artículo los niveles magdalenienses (Niveles N.XIII-N.II) de los que se cuenta con las siguientes dataciones:

Nivel	Datación	Material datado	Nº de referencia
N. IV	12.900 ± 130. BP.	Hueso	AA-8643
N. V	13.890 ± 130 BP.	Carbón	GifA 95565
N. VI	13.950 ± 150 BP.	Hueso	AA-8644
N. VII	13.720 ± 140. BP.	Carbón	GifA 95547
N. VII	14. 040 ± 140. BP.	Carbón	GifA 95542

Los materiales provenientes de los niveles magdalenienses se reúnen en dos colecciones: la primera procedente de las excavaciones del Dr. Maluquer de Motes y que en este artículo denominaremos CM y la segunda procedente de la deplorable actuación de unos clandestinos que denominaremos CL.

Para la colección CM contamos con 39 raspadores mientras que para la CL hemos analizado un total de 21. A continuación presentamos el análisis tipológico de ambas series.

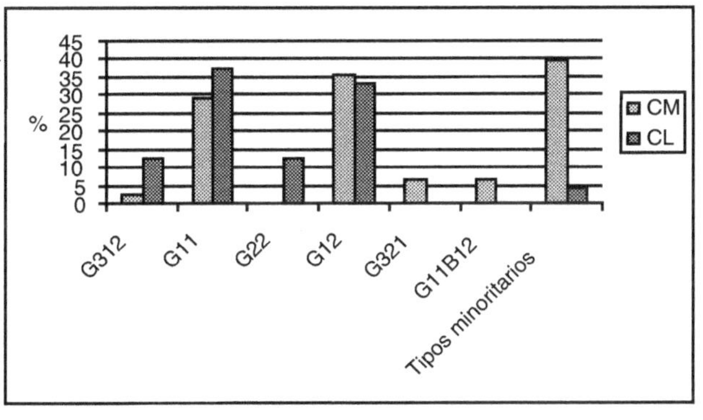

Figura 1: Análisis tipológico de los raspadores magdalenienses de la Cueva del Parco (se han considerado como grupos minoritarios aquellos cuyos valores no superan el 5%).

La documentación de trazas de enmangado.

Muchos han sido los trabajos experimentales y los análisis arqueológicos en donde se han descrito huellas que han sido interpretadas como trazas de enmangado. A pesar de ello, no se ha establecido aún un claro protocolo. En la mayoría de casos la interpretación de este tipo de huellas viene íntimamente asociada, no sólo a las características intrínsecas de las trazas, sino también a una valoración global de la pieza, con un peso importante de localización de dichas huellas respecto a la zona activa.

Diferentes autores establecieron un cierto protocolo que permitía evidenciar la existencia de procesos de enmangado[1]. En primer lugar se debe considerar que la forma del enmangado debe adaptarse a un tipo determinado de fijación que junto con el mango utilizado deben permitir cierta estandarización de los objetos líticos utilizados. En segundo lugar, las trazas macro y microscópicas observadas serán el resultado del contacto del enmangue con la pieza de sílex fruto de la transmisión de la energía que se reflejará en fracturas, erosiones, micropulidos, etc. En tercer y último lugar, el enmangado de las piezas puede producir un incremento del tiempo de utilización de la pieza, con lo que es posible observar un aumento de los reavivados y por consiguiente, una lógica disminución de la longitud del soporte y un aumento de la intensidad de las trazas funcionales documentadas.

Entre las diferentes trazas[2] que tradicionalmente se han interpretado como evidencias de procesos de enmangado, podemos destacar la localización de micropulidos puntuales (*spots*)[3] o micropulidos más desarrollados en zonas proximales, en los bulbos y talones[4], en las partes internas de las caras y, sobre todo, en las aristas dorsales y en las zonas más salientes de la pieza[5]. *"Il s'agit d'un poli tant sur les deux faces de l'instrument que sur les arêtes dorsales et plus généralement sur les points proéminents de la topographie du silex..."* (Caspar y Gysels 1984) o *"...cette zone d'enrobage dure avaient été produites par le contact de faces de l'outil avec un manche en matière dure, probablement du bois. Cette déduction a été faire à partir de l'aspect caractéristique du micropoli localisé sur des points élevés, associé quelquefois avec de traces linéaires qui forment une bande qui traverse latéralement toute un zona de la face ventrale de l'outil. Les traces de micropoli et d'abrasion se trouvent localisées sur les arêtes et points saillants de la face dorsale"* (Anderson y Helmer 1987:39).

A todo ello debemos añadir el hecho de que no siempre se generan en los procesos de enmangado, trazas lo suficientemente desarrolladas para ser interpretables como tales. Este hecho tiene una triple consecuencia, por una parte únicamente son observables en piezas arqueológicas con un alto grado de conservación y frescura de la superficie. Por otra, es posible que muchas piezas enmangadas no presenten trazas lo suficientemente identificativas para documentar la existencia de un enmangado[6]. Y por último, no todos los enmangados generan huellas. En este sentido las técnicas de inserción en soportes duros (asta, hueso, madera, etc.) generan más huellas que las técnicas de yuxtaposición con sujeción a

[1] Moss y Newcomer (1982), Keeley (1982).

[2] En todos estos casos será muy importante discriminar las trazas de un posible enmangado de trazas de origen natural relacionadas con los procesos sedimentarios que muchas veces generan abrasiones y micropulidos en las aristas de las piezas. También es probable la confusión de este tipo de huellas con los pulidos que se generan accidentadamente con los procesos de talla o de almacenaje.

[3] Plisson 1985: 187, 1987b: 80, Philibert 1993: 291, etc.

[4] Anderson y Helmer (1987)

[5] Keeley 1978, Caspar y Gysels 1984, Symens 1986, Anderson y Helmer 1987, Plisson, 1985:187; 1987b:80, Collin y Jadón 1993: 111 Philibert 1993, etc.

[6] Beyries 1987, Jardón y Sacchi 1994, etc.

base de tiras de piel o tendones[7], e incluso, algunos tipos de enmangado a base de resinas no generan trazas funcionales si no se han conservado restos de la resina (Moss 1987, Collin y Jardón 1993, Jardón y Sacchi 1994). *D'autre part il s'avère que les traces en se produisent que lorsque la pièce bouge dans son manche et que des emmanchements réalisés avec du mastic en laissent pas de traces* (Jardón y Sacchi 1994:428).

Finalmente, existe un último problema que viene relacionado con la interpretación de las huellas producidas por los procesos de enmangado. Una vez que se ha descartado una interpretación funcional, tecnológica o postsedimentaria de ciertas trazas (*spots,* micropulidos en zonas bulbares y talones, abrasiones y micropulidos en aristas dorsales, etc.) y se relaciona con procesos de enmangado, resulta muy difícil llegar a establecer una asociación entre las trazas, su localización y el tipo concreto de enmangado, entendido éste, como la suma del material utilizado, el modo de sujeción y el tipo de inserción respecto a la pieza lítica. Un ejemplo claro de esta dificultad queda expuesto en el trabajo de Collin y Jardón en donde, sobre un programa experimental de 360 raspadores enmangados no pudieron llegar a establecer una asociación clara y determinante entre las trazas documentadas y las variables de la experimentación (tipo de enmangado, morfología de la pieza, etc). *"Aucune constante absolue n'est apparue lors des essais de corrélation entre les traces enregistrées et les variables de l'expérimentation (angle d'emmanchement, angle de travail, type de manche, etc)* (Collin y Jardón 1993:108).

Todos estos elementos dificultan y en cierta manera relativizan las interpretaciones sobre procesos de enmangado en útiles prehistóricos. En aquellos conjuntos en los que el estado de conservación de las piezas es bueno es posible llegar a identificar piezas que han sido enmangadas, pero resulta mucho más difícil establecer el tipo y técnica de enmangue. Por último deberemos tener siempre muy presente que, con toda seguridad, existieron muchas más piezas enmangadas de las que nosotros hemos podido interpretar. En este sentido, nosotros tenemos el pleno convencimiento que los raspadores de los conjuntos epipaleolíticos de la Cueva del Parco estaban insertos en un enmangue y sin embargo, no hemos podido localizar ninguna huella interpretable como tal. Cambios en el tipo de inserción, en el soporte, o incluso en la misma tipología de la pieza pueden haber influido en la no documentación de huellas de enmangado en estas colecciones epipaleolíticas.

Ejemplos Arqueológicos y Etnográficos.

No es nuestra intención al redactar este apartado realizar un exhaustivo repaso de todos los yacimientos en donde se han identificado procesos de enmangado sobre raspadores ni de las abundantes referencias etnográficas existentes. Sin embargo, creemos interesante comentar algunos ejemplos arqueológicos y observar los problemas con que se han encontrado los investigadores y las interpretaciones que han realizado. A su vez nos ha parecido interesante exponer los ejemplos etnográficos más conocidos de enmangados de los raspadores. Para ello hemos realizado el siguiente cuadro sinóptico en donde en una columna hemos colocado algunos yacimientos en donde se han interpretado procesos de enmangado de raspadores, y en la otra columna las trazas a partir de las que se han interpretado dichos procesos.

Yacimiento	Tipo de trazas documentadas	Interpretación.
Pincevent (Plisson, 1987,c)	*spots* aislados sobre los filos laterales. Línea de micropulido continua sobre la arista dorsal	no establece un tipo concreto de enmangado
Gazel (Jardón y Sacchi, 1994)	*spots* aislados y micropulido continuo en aristas dorsales y en la zona bulbar	pieza inserta en la parte distal del mango.
Paglicci Cave (Donahue 1988)	no especifica el tipo de traza	no especifica el tipo de enmangado
Meer (Keeley en Van Noten, 1978)	micropulido continuo en las aristas dorsales	pieza inserta en parte distal del mango.
Andernach (Plisson, 1987)	*spots* aislados en la cara dorsal	enmangado sobre madera. Pieza inserta en la parte distal del mango.
Pont d'Ambon (Moss 1983)	*spots* en los filos laterales y línea continua de micropulido en la arista dorsal	enmangado sobre material duro (hueso o asta) o semiduro (madera). Pieza inserta y sujeta con piel.
Paglicci Cave (Donahue 1988)	no especifica	no especifica
Verberie (Symens 1986)	*spots* y micropulidos en las aristas dorsales y en los filos laterales	enmangado sobre materia dura (hueso o asta) más una sujeción de piel.
La Tourasse (Plisson 1982)	micropulidos sobre la arista dorsal y sobre los bulbos	no establece ningún tipo de enmangue.
Balma Margidena (Philibert 1995)	micropulidos sobre la arista y las zonas más salientes de la zona dorsal	pieza inserta en la parte distal del mango.
Ringkloster (Juel-Jensen 1982)	*spots,* micropulidos en aristas y en zonas bulbares	no establece ningún tipo de enmangue
Arjoune (Unger-Hamilton 1988)	retoques laterales, micropulidos en filos laterales	no especifica el tipo de enmangue

Tabla 1: Ejemplos de trazas de enmangados en raspadores.

Con el fin de tener una visión global de las evidencias etnográficas recogidas por la bibliografía respecto a los distintos grupos de enmangue utilizados, reproducimos el cuadro sinóptico propuesto por Collin y Jardón (1993:115) en donde se puede observar un dibujo esquemático del enmangue, relacionado con el grupo cultural que lo ha fabricado, la actividad a la que estaba

[7] Algunos autores (Moss y Newcomer 1982:292, Unger Hamilton *et al.* 1987: 280) sugieren que los enmangados con sujeción de tendones no generan huellas, mientras que otros como Caspar y Gysels (1984) o Syemens (1986:219) han documentado micropulidos de enmangado relacionados con sujeción de piel: *"four tools exhibited well-developed hide polish along their lateral edges and dorsal ridges. The poslish apparently resulted from contact with a dry pad".*

destinado, el estado de la piel trabajada y la presencia de aditivos.

	Grupo Cultural	Tipo de Trabajo	Estado de la piel	Presencia de aditivos
	Guraghe	afinado	Seca	Agua
	Tehuelche meridional	afinado	Seca	
	Tehuelche septentrional	afinado	Seca	
	Yamana	afinado	Seca	
	Tchouktchi	Suavizado	Seca	Agua
	Indios de América del norte	Afinado suavizado o depilado	Seca semiseca	agua cenizas

Tabla 2: Ejemplos etnográficos de raspadores enmangados (de Collin y Jardón 1993:115).

Como podemos observar existen grandes diferencias entre los distintos grupos a la hora de enmangar piezas líticas similares y ello teniendo en cuenta que, en la mayoría de los casos, la función y el material trabajado ha sido el mismo. En definitiva, las observaciones etnográficas ponen de manifiesto lo ya expuesto al inicio por Jardón y Sacchi (1994) recogiendo la idea de Mansur, intuida en sus trabajos en el sur de Argentina (Mansur 1983 y 1986) de que son los procesos de enmangado los que definen y diferencian las distintas tradiciones culturales existentes, mucho más que las propias piezas líticas que, desgraciadamente, son el único vestigio con el que contamos a la hora de interpretar su uso.

Procesos de enmangado documentados en los raspadores de la Cueva del Parco.

Las trazas interpretadas como evidencias de enmangado en los raspadores de la cueva del Parco se documentaron en las aristas centrales y en algunos filos laterales. En ellos se han localizado micropulidos de carácter lineal, con una microtopografía irregular, una trama cerrada, una reticulación de tipo medio, un brillo tipo 3 y presencia de microagujeros[8]. Aunque ha sido posible la documentación de estos micropulidos no lo ha sido su asimilación a un determinado material, aunque probablemente sean fruto del continuado contacto de la inserción de la pieza lítica con un enmangue fabricado sobre materia dura o semidura tipo hueso o madera.

Únicamente en tres de los cinco conjuntos líticos analizados de la Cueva del Parco hemos encontrado trazas de enmangado. En el nivel I hemos documentado dos piezas en las que se han observado huellas de enmangado, localizadas principalmente en la arista dorsal de la pieza. Estas dos piezas trabajaron sobre piel y presentan fracturas de lengüeta por flexión. En uno de los dos casos, el raspador presenta retoques laterales.

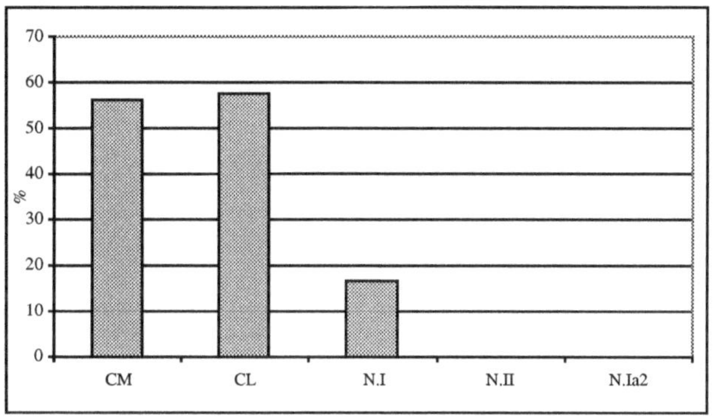

Figura 2: Presencia de enmangados. Raspadores.

Dejando de lado estos dos ejemplos, la mayor presencia de raspadores con trazas de enmangado la encontramos en los niveles más antiguos formados por las dos series magdalenienses (CL y CM). En el primer caso nos encontramos con 11 raspadores de un total de 21 raspadores, lo que supone que más de la mitad (52'38%) tienen evidencias de procesos de enmangado. Por su parte, en el conjunto CM sobre un total de 39 raspadores 22 presentan trazas, lo que supone un 56'41%. En la siguiente figura podemos observar este comportamiento diferencial entre los conjuntos magdalenienses y postmagdalenienses.

Con el fin de profundizar en la compresión de los procesos de enmangado y en su repercusión funcional, hemos cruzado esta variable con la presencia de raspadores fracturados, con el tipo de materia trabajada, el tipo de ángulo de ataque, la presencia de retoques laterales y los procesos de reavivado.

A.- Procesos de enmangado/fractura proximal.

La presencia de enmangues ha sido una de las razones aducidas a la hora de interpretar la existencia de unos índices elevados de fractura (Keeley 1980, Plisson 1985 y 1987a). En este sentido, la inserción del soporte dentro de un mango aumenta y concentra la presión en una zona próxima al punto de inserción de la pieza. La concentración de fuerzas en este determinado punto superaría el grado de resistencia del soporte dando lugar a la fractura. Por contra, la utilización de la pieza sin enmangar o con una corta distancia entre el punto de

[8] Siguiendo el protocolo de descripción de micropulidos de González e Ibáñez (1994)

inserción y la zona activa, disminuiría la concentración de fuerzas en un determinado punto, lo que permitiría la resistencia del soporte, que no se fracturaría. Paradójicamente, como afirma A. Riguad, el enmangue del raspador permite aumentar el grado de eficacia del útil, a la vez que aumenta su fragilidad, especialmente en soportes delgados. *"Quand on fixe solidement sur un manche un grattoir bien affûté, on constate rapidement que ce dernier devient trés efficace... par contre, la présence d'un manche rend particulièrement fragiles certains grattoir minces* (A. Rigaud 1977: 29).

Con el fin de comprobar si en los raspadores magdalenienses del Parco existe alguna correlación entre los procesos de enmangado y el aumento del índice de fragmentación hemos cruzado ambas variables (raspadores fracturados/raspadores con trazas de enmangado).

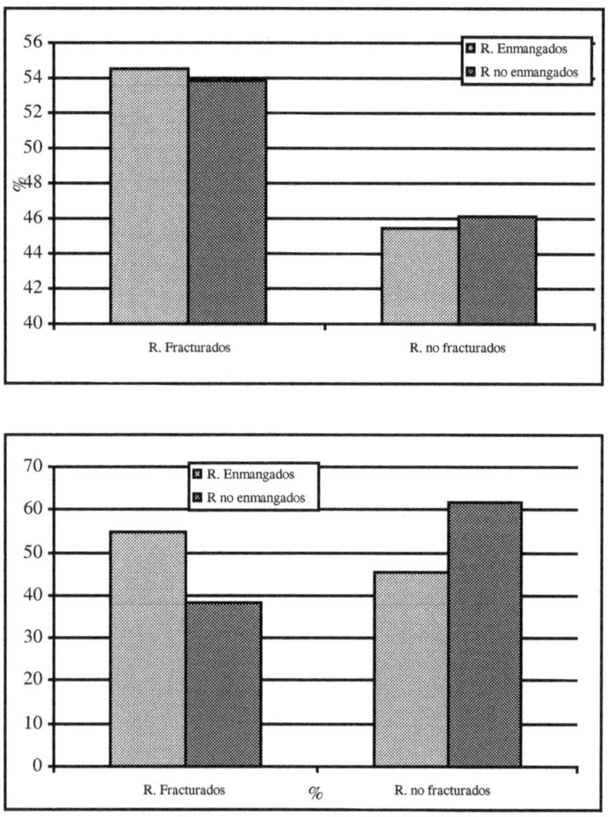

Figura 3: Procesos de enmangado/fractura proximal (CL – supra; CM – infra).

El primer problema que debemos tener en cuenta es que independientemente del tipo de enmangado (sobre madera, sobre hueso, sujetado con piel, insertado con resina, etc.) estos procesos no generan necesariamente unas trazas claramente identificativas. Como hemos observado en nuestros experimentos, y ha quedado reflejado en muchas colecciones de otros autores (Keeley 1982, Moss 1983, Mansur 1983, Plisson 1985 y 1987, Caspar y Cahen 1987, Cauvin *et al.* 1987, etc.) es muy posible que piezas que han estado enmangadas no presenten ningún tipo de traza identificable. Este hecho relativiza el estudio y el análisis cruzado, ya que muy probablemente existirán más piezas que han estado enmangadas de las que hemos podido identificar microscópicamente. En cualquier caso, los resultados obtenidos nos han permitido observar una tendencia de comportamiento clara.

Como se observa en las figuras, la presencia de procesos de enmangado no supone ningún cambio ni aumento en los índices de fractura, que se mantienen siempre muy constantes. Se tiene que descartar una influencia decisiva del enmangado de los soportes a la hora de interpretar los índices de fragmentación observados en nuestras colecciones.

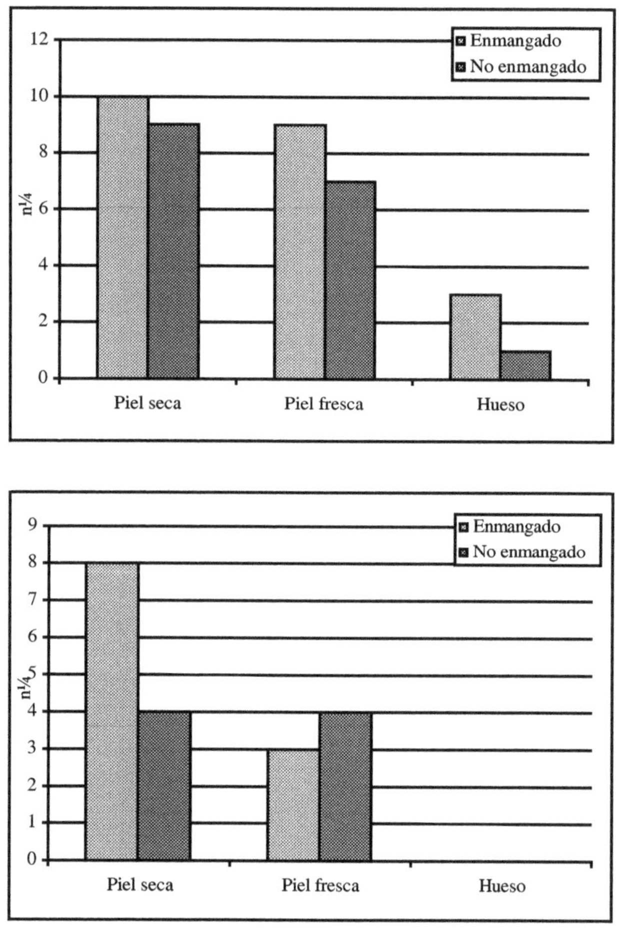

Figura 4: Materia Trabajada / Procesos de enmangado (CL – supra; CM – infra).

B.- Materia Trabajada / Procesos de enmangado.

Ante la posibilidad de que los raspadores enmangados puedan ejercer un comportamiento especializado en el procesado de las materias, cruzamos estas dos variables. En las siguiente figuras podemos observar la correlación existente entre ambas ellas.

En ninguno de los dos conjuntos analizados se ha podido observar una correlación intensa y marcada entre el enmangado de los raspadores y el procesado de alguna materia. En todos los casos observamos unos valores muy equilibrados, lo que permite descartar la influencia de los procesos de enmangado a la hora de trabajar una determinada materia o desarrollar un determinado trabajo. Únicamente en el conjunto CL se observa cierta relación entre el trabajo de la piel seca y los raspadores enmangados, mientras que los no enmangados trabajarían preferentemente la piel fresca. Esta relación no la observamos en la colección CM. De todas maneras, las diferencias porcentuales son demasiado pequeñas para poder establecer una relación estadísticamente significativa.

C.- Trazas de enmangado /Ángulo de ataque.

El tipo de enmangado puede influir en el ángulo de trabajo ya que la inserción del soporte lítico en el enmangue delimita el tipo de ataque que el raspador puede ejercer sobre la materia trabajada (Jardón y Sacchi 1994). Así por ejemplo, un tipo de inserción vertical y paralela al eje axial del enmangue permite una mayor libertad de ataque que una inserción perpendicular al eje axial.

Sin embargo, en los raspadores magdalenienses de la Cueva del Parco, no parece observarse ningún tipo de influencia entre la presencia de enmangue y el establecimiento de un determinado tipo de ángulo. La distribución de los tipos de ángulos documentados es siempre constante y ello independientemente de la presencia o ausencia de procesos de enmangado. La comparación de los ángulos de trabajo de los raspadores enmangados con los no enmangados y su correlación con los porcentajes globales muestra claramente la independencia de cada una de las variables. La siguiente figura refleja claramente este hecho para el conjunto CL.

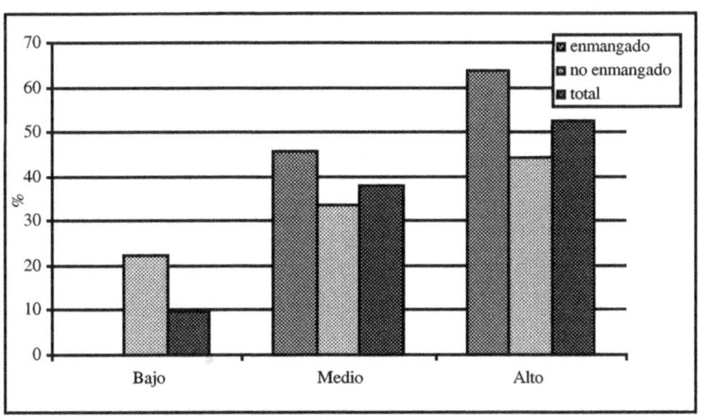

Figura 5: Ángulo de trabajo/enmandado. Raspadores.

En definitiva nos encontramos con un tipo de enmangue lo suficientemente flexible para poder adaptarse a la variedad de ángulos de trabajo documentados. En este sentido, inserciones verticales paralelas al eje axial del enmangue son las que permiten una mayor flexibilidad en cuanto al ángulo de ataque.

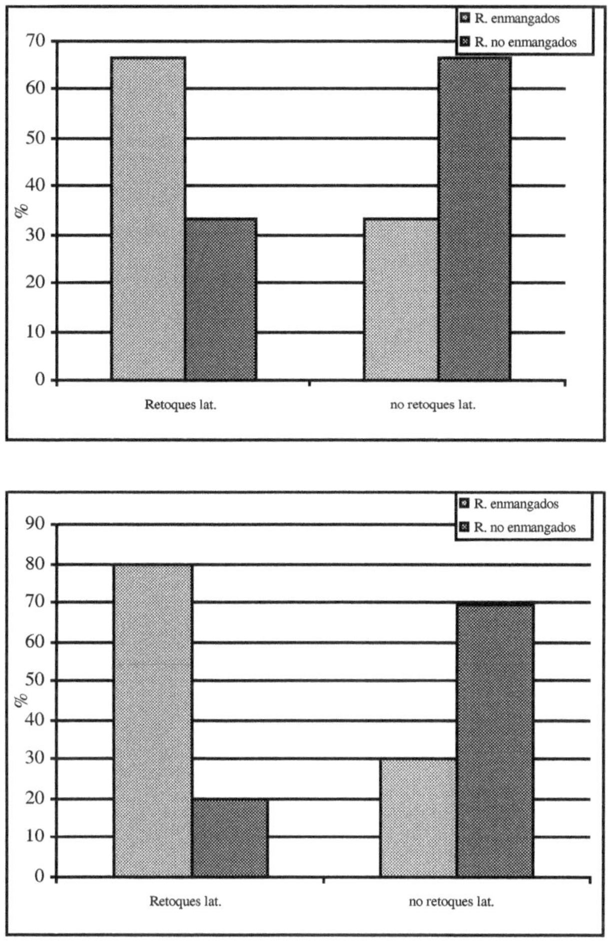

Figura 6: Trazas de enmangado/ retoques laterales (CL – supra; CM – infra).

D.- Trazas de enmangado/ retoques laterales.

En los filos laterales de muchos de los raspadores de los conjuntos CL y CM se ha documentado presencia de retoque simple continuado. En muy pocos casos, se han documentado huellas traceológicas de origen funcional.

La presencia de estos retoques en los filos laterales de los raspadores, junto con la ausencia de su uso, nos hizo pensar en la posibilidad de que este gesto técnico tuviese alguna relación con los procesos de enmangue. En este sentido, la presencia de retoques laterales pueden facilitar y mejorar la sujeción del soporte lítico una vez inserto en el enmangue, así como facilitar su sujeción si se realizan procesos de cortado.
Con el fin de comprobar la posible relación existente entre la presencia de retoques en los filos laterales y la de los procesos de enmangado, se realizó en cada uno de los conjuntos analizados un cruce de ambas variables. En las siguientes figuras reproducimos los resultados obtenidos y los comparamos con los otros conjuntos para ver si el comportamiento observado puede ser generalizable.

Como se desprende de la observación de estas dos figuras, el comportamiento de los raspadores en función del cruce de estas dos variables es totalmente opuesto. Mientras que observamos una alta correlación entre los retoques laterales y la presencia de procesos de enmangado, ésta casi desaparece cuando los raspadores no están enmangados. Este diferente comportamiento es significativo a nivel estadístico para dos grados de libertad y un nivel de significación del 0'05.

En este sentido, los retoques en los filos observados en los raspadores parecen tener una clara función tecnológica relacionada con la mejora de la inserción y sujeción del soporte dentro del enmangue.

D.- Las trazas de enmangado /procesos de reavivado

Éste ha sido el último de los cruces realizados a la hora de aproximarnos al conocimiento y función de los procesos de enmangado. Los procesos de enmangado exigen un mayor esfuerzo a la hora de configurar definitivamente el útil. En este sentido parece lógico pensar que el enmangado del soporte supone una mejora funcional con el consiguiente aumento de la efectividad del soporte lítico. Junto a ello, también parece lógico pensar que ese mayor esfuerzo en la configuración del útil debe reflejarse en una mayor rentabilidad del mismo, es decir, que se explote al máximo con el fin de validar el esfuerzo invertido en su fabricación. A nivel tecnológico-funcional este hecho debería quedar reflejado en la pieza lítica con la presencia de procesos de reavivado y un gran desarrollo de las huellas. A su vez debería ser posible correlacionar estos procesos de reavivado con los de enmangado.

Este planteamiento inicial fue el utilizado a la hora de realizar el análisis de cada uno de los conjuntos estudiados. En el conjunto CL, en 9 de los 11 raspadores enmangados se localizaban procesos de reavivado (81'82%). A su vez, en 12 de los 14 raspadores con reavivado documentados en este conjunto, se observaron trazas relacionables con los procesos de enmangados (85'71%). En el conjunto CM, en 16 de los 22 raspadores que presentaban trazas de enmangado, se localizaban procesos de reavivados (72'72%).

En el siguiente diagrama de barras podemos observar gráficamente esta alta correlación.

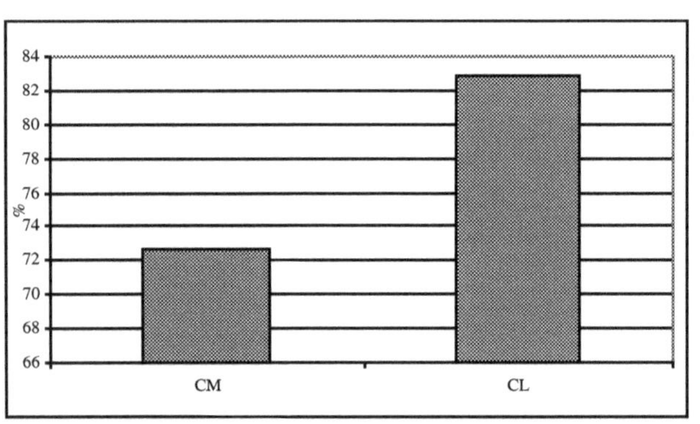

Figura 7: Enmangado/Reavivado. Raspadores.

Esta alta y significativa relación, corrobora la hipótesis de partida y permite afirmar la clara relación entre el esfuerzo dedicado a la construcción de un útil más eficaz (procesos de enmangado) y los esfuerzos destinados a alargar la vida laboral del útil (procesos de reavivado), con el mantenimiento de su eficacia funcional frente al continuado proceso de embotamiento del filo.

Conclusión.

Lo primero que debemos destacar a la hora de comentar los resultados obtenidos en el análisis de los procesos de enmangado ha sido el alto nivel de homogeneidad encontrado en todos los conjuntos analizados para cada una de las variables estudiadas.

De las cinco variables analizadas en relación a las trazas de enmangado, la presencia de fractura proximal, el ángulo de ataque y el tipo de materia trabajada no parecen tener una clara relación con la existencia de procesos de enmangado. Nos encontramos ante variables independientes sin niveles de correlación.

Por contra, las otras dos variables han presentado un alto nivel de correlación con la presencia de enmangados. Nos encontramos con variables dependientes, cuya ausencia o presencia va directamente en consonancia con los procesos de enmangados. La presencia de retoques laterales en los filos de los raspadores debe relacionarse con el proceso técnico de fabricación del útil enmangado. Se concibe el útil de una manera previa y global, y a partir de esa concepción se van ejecutando cada una de las fases y gestos técnicos que conllevarán a la fabricación del útil, entendido este como la suma del enmangue y del soporte lítico. Los retoques laterales son el puente que se establece entre la fabricación del soporte lítico y la fabricación del enmangue. Son el elemento de simbiosis, de unión entre las dos partes de una misma concepción. Mediante los retoques laterales se aumenta el nivel de inserción y ajuste de la pieza en el mango y facilita la sujeción del soporte. Es un gesto técnico cuya función es la de dar estabilidad y consistencia a la unión de los distintos elementos que configuran el útil. Por su parte, la presencia de procesos de reavivado es un claro ejemplo de rentabilidad laboral, es la consecuencia directa del esfuerzo invertido en la fabricación del útil enmangado. La fabricación del mango y el tiempo invertido en la elaboración del útil influye decisivamente en la explotación máxima del mismo. No es que exista una relación entre los procesos de enmangado y los procesos de reavivado, simplemente la relación se establece entre el esfuerzo invertido y el resultado obtenido. Debido a ello se aprovecha al máximo el raspador inserto en el enmangue, ya que volver a fabricar otro exige un gasto elevado de energía, que debe contrarrestarse por el aumento de la eficacia laboral del útil y por su explotación máxima. Se observa un claro ejemplo de rentabilización del esfuerzo realizado.

Por último nos queda destacar el hecho de que la presencia del enmangado no supone ningún cambio del ciclo laboral del raspador. Se utilizan sobre la misma materia y con la misma finalidad los raspadores enmangados que los que no presentan trazas de enmangue. Lo único que puede variar es la intensidad del uso, reflejada en los raspadores enmangados por la elevada presencia de procesos de reavivado.

Bibliografía.

ANDERSON-GERFAUD, P. y HELMER, D. (1987), "L'enmanchement au Moustérien", en D. Stordeur (ed.), *La main et l'outil. Manches et enmanchements préhistoriques.* Travaux de la Maison de l'Orient, 15. pp. 54.

BEYRIES, S. (1987), "Quelques exemples de stigmates d'enmanchements observés sur des outils du Paléolithique moyen", en D. Stordeur (ed.), *La main et l'outil. Manches et enmanchements préhistoriques.* Travaux de la Maison de l'Orient, 15. pp. 55-62.

CAHEN, D. y GYSELS (1983), "Techniques et fonction dans l'industrie lithique du groupe de Blicquy (Belgique)", en *Traces d'utilisation sur les outils néolithiques du Proche Orient. Travaux de la Maison de l'Orient*, 5. pp. 37-52.

CALVO TRIAS, M. (1999), "Reflexiones en torno al concepto de útil, forma, función y su relación con los análisis funcionales", *PYRENAE,* 30, pp. 17-38.

CALVO TRIAS, M. (2001), *Análisis funcional de la Cueva del Parco: una aproximación a través de los análisis funcionales de la industria lítica y los sistemas de información geográfica (SIG),* Tesis doctoral, Universidad de Barcelona.

CASPAR, J.P. y GYSELS, J. (1984), "Études de traces d'usure de l'industrie rubanée de la place Saint-Lambert: rapport préliminaire", en *Les fouilles de la place Saint-Lambert à Liège I,* ERAUL, 18, pp. 199-209.

CASPAR, J.P. y CAHEN, D. (1987), "Enmachement des outils danubiens de Belgique: donnés techniques et tracéologiques", en D. Stordeur (ed.), *La main et l'outil. Manches et enmanchements préhistoriques. Travaux de la Maison de l'Orient*, 15, pp. 185-195.

CAUVIN, M.C., DRAPRHAHAMIAN, G. y HELMER, D. (1987), "Grattoirs à pans coupés convergents de Mureybet (Syrie) du 8e millénaire: définition, essai de fabrication et emmachement", en D. Stordeur (ed.), *La main et l'outil. Manches et enmanchements préhistoriques.* Travaux de la Maison de l'Orient, 15, pp. 257-268.

COLLIN, F. y JARDÓN, P. (1993), "Travail de la peau avec des grattoirs emmachés. Réflexions sur des bases expérimentales et ethnographiques", en P.C. Anderson *et al.* (dirs.), *Traces et fonction: les gestes retrouvés*, ERAUL, 50 (I), pp. 106-118.

DONAHUE, R.E. (1988), "Microwear analysis and site function of Paglicci cave leve 4a", *World Archaeology*, 19, pp. 357-375.

FULLOLA, J.M., GARCÍA ARGÜELLES, P. y MILLAN, M. (1988), "Noves aportacions al coneixement de la Cova del Parco (Alòs de Balaguer, La Noguera, Lleida)", en *Actas del VII Congreso Internaciona de Arqueología de Puigcerdà. Homenaje al Dr. Maluquer de Motes.* , pp. 29-35.

FULLOLA, J.M. y BERGADÀ, M. (1990), *Memoria d'excavació de les campanyes 1987-1989 a la Cova del Parco (Alòs de Balaguer, la Noguera, Lleida).*

FULLOLA, J.M., BERGADÀ, M. y BARTROLÍ, R. (1990), *La Cova del Parco (Alòs de Balaguer, Lleida). Memoria d'excavació de les campanyes de 1987-1989.*

FULLOLA, J.M., BERGADÀ, M. y BARTROLÍ, R. (1991), "La Cova del Parco (Alòs de Balaguer, La Noguera Lleida): darreres campanyes d'excavacions", *Tribuna Arqueológica 1990-1991,* pp. 17-26.

FULLOLA, J.M., BERGADÀ, M., BARTROLÍ, R. y PETIT, M.(1992a), *Informe de la campanya 1992 a la Cova del Parco (Alòs de Balaguer, La Noguera, Lleida).*

FULLOLA, J.M., BERGADÀ, M. BARTROLÍ, R. (1992b).- *La Cova del Parco (Alòs de Balaguer, Lleida) Memoria d'excavació de les campanyes de 1990-1991.*

FULLOLA, J.M., BERGADÀ, M., BARTROLÍ, R. y PETIT, M. (1993), *Informe de la campanya 1993 a la Cova del Parco (Alòs de Balaguer, La Noguera, Lleida).*

FULLOLA, J.M., Gª-ARGUELLES, P. y BERGADÀ M.M. (1993), "Les industries du pleistocène finale et debut de l'holocene au N.E. ibérique dans son cadre paléoclimatique (15.000-5000 BP)", en *Actas del XII Congreso Internacional de la U.I.S.P.Pk vol 2 edi Insti. Archéol. De l'Acad. Slovaque de Sciences*, pp. 92-98, Bratislava.

FULLOLA, J.M., BERGADÀ, M., BARTROLÍ, R. y PETIT, M.(1994), *Informe de la campanya 1994 a la Cova del Parco (Alòs de Balaguer, La Noguera, Lleida).*

FULLOLA, J.M., Gª-ARGUELLES, SERRAT, D y BERGADÀ, M.M. (1995), "El paleolític i epipaleolític al vessant meridional dels Pirineus catalans. Vint anys de recerca a la franja pirinenca sud: interrelacions amb les àrees circumdants", en *Cultures i Mediterrani. De la prehistròria a l'edat mitja. Vint anys d'arqueologia pirinenca.* Homenaje al Prof. Guilaine, actas del Xº Coloquio Internacional de Arqueología de Puigcedrà, pp. 159-176.

FULLOLA, J.M., Gª-ARGUELLES, P y BERGADÀ M.M. (1996), "Le magdalénien dans la parite orientale des Pyrénées", en *Pyrénées préhistoriques, arts et sociétes, actas del 118é Congres National de sociétés historiques et sicentifiques,* Edit. Comité des travaux historiques et scientifiques, pp. 231-241.

GONZÁLEZ, J. e IBÁÑEZ, J. (1994), *Metodología de análisis funcional de instrumentos tallados en sílex,* Universidad de Bilbao.

JARDÓN, P. y SACCHI, D. (1994), "Traces d'usage et indices de réaffûtages et d'emmanchements sur des grattoirs magdaléniens de la Grotte Gazel à Sallèles-Cabardes (Aude. France)", *L'Anthropologie*, 98, pp. 427-446.

JUEL JENSEN, H. (1982), "A preliminary analisis of blade scrapers from Ringkloster, a danish late mesolithic site", en D. Cahen (ed.), *Tailler! Pour quoi faire,* Studia Praehistorica Bélgica, 2, pp. 323-327.

KEELEY, L. H. (1978), "Preliminary microwear analysis of the Meer assemblage", en Van Noten (ed.), *Les Chasseurs de Meer,* pp. 73-86.

KEELEY, L. H. (1980), *Experimental determination of stone tool uses: A microwear analysis,* Chicago.

KEELEY, L. H. (1982), "Hafting and retooling: effects on the archaeological records" *American Antiquity*, 47, pp. 798-809.

MALUQUER DE MOTES, J. (1988), "Mig segle de recerques prehistòriques a les valls del Noguera Pallaresa i del Segre a les vores del Montsec", en *VII Col·loqui internacional d'Arqueologia de Puigcerdà,* pp. 17-24.

MANSUR-FRANCHOMME, M.E. (1983), *"Traces d'utilisation et technologie lithique: Exemples de la Patagonie",* Thèse de 3ème. Cicle, Universite de Bordeaux I.

MANSUR-FRANCHOMME, M.E. (1986), *Microscopie du Matériel lithique préhistorique. Traces d'utilisation, alterations naturelles, accidentelles, et technologiques. Exemples de Patagonie,* Cahiers du Quaternarie, 9. Paris.

MOSS, E. H. (1983), *The Functional Analysis of Flint Implements. Pincevent and Pont d'Ambon: two cases studies from the French Final Palaeolithic,* BAR International Series 177.

MOSS, E. H. (1987),"Polish G and teh question of Hafting", en D. Stordeur (ed.), *La main et l'outil. Manches et enmanchements préhistoriques. Travaux de la Maison de l'Orient*, 15, pp. 97-101.

MOSS, E. H. y NEWCOMER, M. (1982), "Reconstruction of stone tool use at Pincevent: microwear and experiments", *Studia Praehistorica Belgica*, 2, pp. 289-312.

PHILIBERT, S. (1993), "Quelle interprétation fonctionnelle pour les grattoirs ocrés de la Balma Margineda (Andorre)", en P.C. Anderson *et al.* (dirs.), *Traces et fonction: les gestes retrouvés*, ERAUL vol 50 (I), pp. 132-137.

PLISSON, H. (1982), "Analyse fonctionnelle de 95 micrograttoirs Tourassiens", en D. Cahen (ed.), *Tailler! Pour quoi faire.* Studia Praehistorica Bélgica, 2, pp. 279-287.

PLISSON, H. (1985), *"Etude fonctionnelle d'outillages lithiques préhistoriques par l'analyse des micro-usures: Recherche méthodologique et archéologique".* Université de Paris I. Panthéon Sorbone.

PLISSON, H. (1987a), "À propos de quelques micro-grattoirs du Paléolithique final", en S. Beyries (ed.), *Industries Lithiques. Traceologie et Tchenologie,* BAR International Series, 411 (2), pp. 169-172.

PLISSON, H. (1987b), "L'emmanchement dans l'habitation n° 1 de Pincevent", en D. Stordeur (ed.), *La main et l'outil. Manches et enmanchements préhistoriques.* Travaux de la Maison de l'Orient, 15, pp. 75-88.

RIGAUD, A. (1977), "Analyse typologique et technologique des grattoirs magdaléniens de la Garenna à Saint Marcel (Indre)", *Gallia Prehistorie*, 20, pp. 1-43.

SYMENS, N (1986), "A functional analysis of selected stone artifacts form Magdalenian Site at Verberie, France", *Journal of Field Archaeology*, 13, pp. 213-222.

UNGER-HAMILTON, R. (1988), *Method in microwear analysis: Sickle Blades and other tools from Arjoune, Syria,* BAR International Series, 435.

VAN NOTEN, F., CAHEN, D., KEELEY L.H. y MOEYERSON, J. (1978), *Les chasseurs de Meer,* Dissertationes Archaeologicae Gandenses, XVIII.

17. La organización espacial de la producción y uso del utillaje de piedra en Berniollo

Juan José Ibánez Estévez y Jesús González Urquijo

Abstract

This paper addresses the spatial distribution of activities related to the elaboration and use of lithic tools in the Epi-Palaeolithic open-air site of Berniollo (Subijana-Morillas, Álava, Spain). For this purpose we use a number of methods of spatial analysis, such as k-means cluster analysis or nearest-neighbour analysis. We observe some spatial grouping of technical activities, allowing a division of the site into two main areas. In the northern area the elaboration and repair of lithic tools and the finishing of hide and antler objects took place. In contrast, the central and southern areas were related to the tasks of butcherin and, hide and wood processing. The types of technical activities which were carried out in the site, and their spatial arrangements, allow us to offer some information on the economic strategies of the human group which inhabited the site. Ethnographic parallels and comparisons with other contemporary sites suggest that Berniollo was a base-camp, where most of the group's technical activities were carried out.

1. El yacimiento

El yacimiento de Berniollo (Subijana, Álava) comprende una ocupación epipaleolítica fechada en 9940 ± 490 B.P. en la que se acumularon varios miles de restos líticos, de sílex tallado, dispersos en una superficie excavada de aproximadamente 55 metros cuadrados (Baldeón, 1985) (fig. 1). La mayor parte de la producción es laminar, representada por algo más de 50 núcleos de láminas y laminillas y más de 1000 productos laminares enteros o fracturados. Entre el utillaje retocado destacan las laminillas y puntas de dorso, que son casi la mitad de las piezas retocadas; junto a ellas se encuentran raspadores, buriles y láminas retocadas.

En este material se han realizado estudios sobre la fabricación y el uso del utillaje de piedra, publicados en otros lugares (González Urquijo e Ibáñez 1993, Ibáñez y González Urquijo 1996).

La homogeneidad, la contemporaneidad estricta de los restos y el grado de mantenimiento de la distribución espacial original son cuestiones en cierta medida abiertas a falta de estudios tafonómicos completos. De hecho, en las inmediaciones de la ocupación epipaleolítica se produjo otra más tardía, neolítica, lo que puede haber provocado una cierta mezcla de materiales de ambos periodos. Sin embargo, la distribución de los restos inequívocamente recientes, por ejemplo las cerámicas, muestra que la extensión de ambas ocupaciones apenas se solapa, ya que los restos cerámicos están confinados en el extremo sur de la parte excavada. Para limitar al máximo los riesgos de mezcla hemos excluido del análisis las piezas líticas situadas en estas áreas con cerámica, lo que supone menos del 10% de los restos recogidos en la excavación. Por otra parte, los datos estratigráficos (los restos se disponen en un nivel discreto, continuo y homogéneo; ver fig. 1, parte inferior) y los arqueológicos (ausencia de daño en los filos, buena representación de los fragmentos pequeños en lo referido al utillaje de piedra, cf. Dibble *et al.* 1997) sugiere una razonable posición "in situ" de los materiales. En cualquier caso, los métodos de análisis espacial aplicados han demostrado sobrada robustez como para permitir su aplicación en casos de alteraciones posdeposicionales poco intensas (Gregg *et al.* 1991).

2. Introducción al análisis espacial

En torno a 1970 comenzaron a desarrollarse análisis de las distribuciones espaciales de restos arqueológicos. Esto fue consecuencia sobre todo de las nuevas orientaciones que surgían en la disciplina, en las cuáles la reconstrucción de comportamientos y procesos comenzaba a tener un lugar más importante que la ordenación crono-cultural. Los trabajos anglosajones (Cowgill 1968, Hodson 1970, Whallon 1973 y 1974) o el estudio del yacimiento de Pincevent (Leroi-Gourhan y Brézillon 1966, 1972) abrieron este nuevo horizonte. Esto llevó a un mayor control en los sistemas de excavación y de registro, en los que la referencia espacial de los hallazgos se convirtió en una práctica estandarizada.

Como nueva consecuencia, la mayor precisión de los datos ha permitido aplicar sistemas de análisis cada vez más potentes y resolutivos, apoyados en la extensión de tratamientos informáticos. Los estudios etnográficos han participado de este nuevo ámbito de análisis y en varios grupos se ha estudiado la organización espacial de las actividades y estructuras de habitación (Yellen 1977,

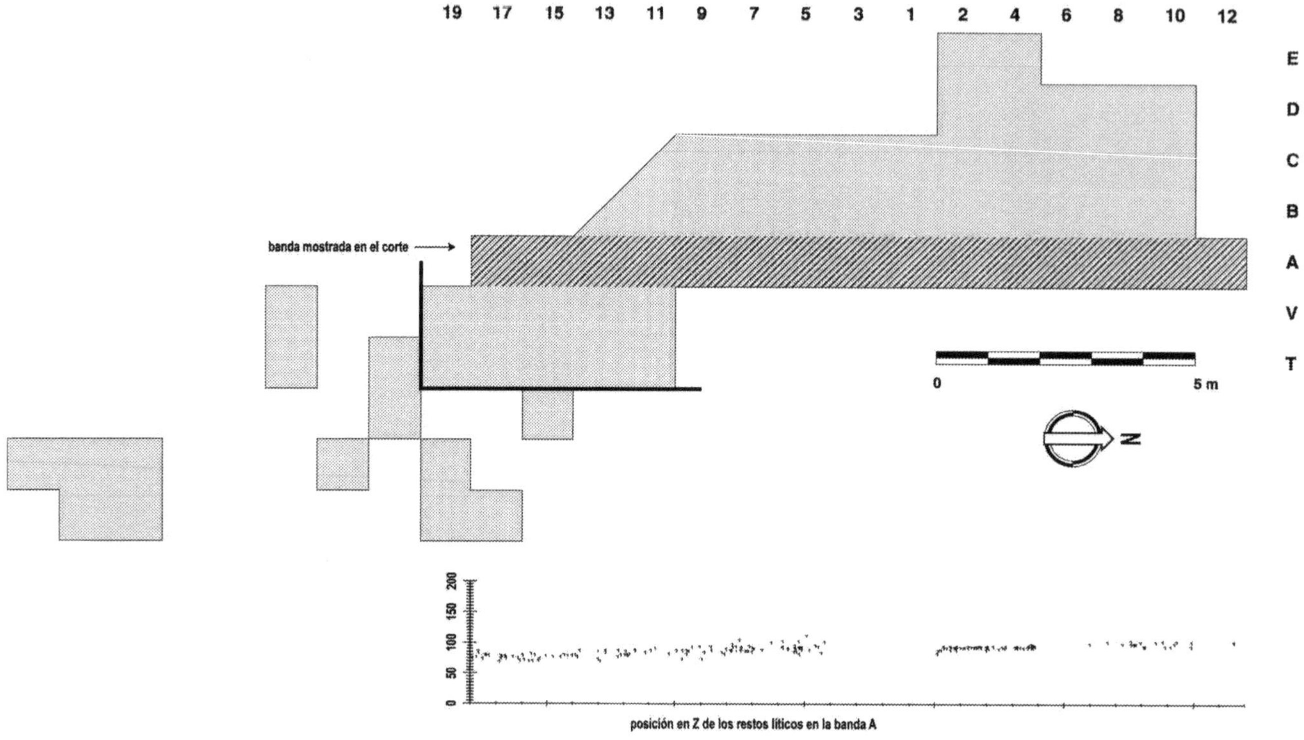

Figura 1: Plano de la excavación de Berniollo. Se han excluido del análisis los cuadros de la zona sur donde se situaban los restos neolíticos. En la parte inferior se refleja la disposición en vertical de los restos líticos a lo largo de la banda A.

Binford 1983, Gargett y Hayden 1991). Con ello se han podido depurar deficiencias en los análisis (cf. Whallon 1984 y 1987, Kintigh 1990, Gregg *et al.* 1991) y también establecer modelos de correspondencia entre la organización de las actividades y la distribución de los restos (Simek 1984).

La observación etnográfica ha mostrado que la elección de un lugar dentro del campamento para realizar una actividad no es arbitraria. Está fijada, dentro de los esquemas propios de cada grupo, por una serie de factores que examinaremos. Esto hace que la realización de un tipo de actividades en unos lugares tienda a excluir la práctica –o a implicar la cercanía- de algunas otras en el mismo lugar.

Los primeros acercamientos a la distribución espacial de las actividades emplearon modelos interpretativos que se revelaron simplistas. Buscaban reconocer el conjunto de útiles (*'tool kit'*) propio de una tarea o bien definir un área de actividad que señalara el lugar de trabajo específico de una materia.

Sin embargo, las mismas observaciones etnográficas revelan que son poco frecuentes los casos en los que un área se reserva para la realización de una labor sobre una materia precisa (sin embargo, cf. Binford 1983: 185). Son más habituales aquellos en los que las actividades se organizan en el espacio por alguna característica común.

Por otra parte, los útiles empleados o los restos producidos durante el trabajo pueden ser desplazados del lugar donde la actividad se llevó a cabo. Esto puede ser debido a la gestión del utillaje -reaprovechamiento de útiles no agotados- o a la limpieza de las áreas de actividad. Se ha señalado que el abandono de muchos útiles, especialmente de los enmangados, se produce en el lugar de reposición más que en el de uso (p.e., Van Noten *et al.* 1978: 97-98). La limpieza consiste en arrojar los desechos fuera del área de actividad a medida que se producen, recogerlos y depositarlos en otro lugar o barrer la zona de actividad, entre otras posibilidades. J. Simek (1984: 133) prefiere estudiar la distribución de los restos en relación con los comportamientos que intervienen en la deposición y no en términos de áreas de trabajo específicas.

Se han elaborado varios esquemas de distribución de restos en el espacio a partir de los comportamientos de grupos de cazadores-recolectores, observados o supuestos.

J.Yellen (1977) describió las distribuciones espaciales que se producían en los campamentos de los bosquimanos !Kung San en el Kalahari. En estos grupos, el espacio destinado a las actividades de trabajo queda jerarquizado entre dos zonas. Una, cercana al hogar, delante de la estructura de habitación, en la que se llevan a cabo las labores de manufactura del utillaje y donde también se cocina y se consume la carne. Otra, periférica, fuera del círculo de chozas, generalmente en la parte trasera de las cabañas, reservada a los trabajos que resultan más molestos o que ocupan más espacio, como por ejemplo, el tratamiento de la piel fresca. En estos grupos la caza es comunal y, por ello, las labores de primera carnicería, que suponen el reparto de la presa, se llevan a cabo en el área central del asentamiento. Los restos propios de cada actividad no quedarían muy lejos del lugar en el que se generaron. La principal dicotomía se establece entre actividades "propias de la zona del hogar" y actividades "periféricas".

L.R. Binford (1983) estudia el comportamiento de grupos de esquimales Nunamiut. En estos grupos, las labores de carnicería tienen la consideración de actividad molesta y que ocupa mucho espacio (Binford 1983: 170). Por ello, se realiza en una zona periférica, separada de la zona de residencia. Binford también observó áreas especializadas en la periferia del campamento. Los cazadores Nunamiut, sin embargo, realizan la mayor parte de los trabajos de manufactura cerca del hogar y depositan los desechos en zonas cercanas. En los campamentos especializados, generalmente de duración más corta, la división está menos clara y todas las actividades, incluso las consideradas molestas en otros lugares, se realizan en el ámbito central.

A. Leroi-Gourhan y M. Brezillon (1966 y 1972) propusieron un modelo de ocupación del espacio y de deposición de restos para una ocupación magdaleniense de Pincevent. En este modelo, el hogar situado en la puerta de la cabaña centralizaba las actividades del campamento. La deposición de restos se producía, con densidades cada vez menores, desde el hogar hacia el exterior de la cabaña.

De este conjunto de modelos se puede extraer la constante de que los hogares cercanos al lugar de habitación, como fuente de luz y calor, tienden a ser un foco de atracción para un buen número de actividades. Por el contrario, hay una serie de actividades consideradas molestas, variables en cada grupo o en cada tipo de ocupación, que se llevan a cabo separadas de este lugar de habitación.

En el caso de Berniollo, es posible tratar el nivel epipaleolítico del yacimiento como una unidad de ocupación. La distribución y asociación espacial de los restos proporciona una información valiosa para la comprensión de los procesos técnicos y de la organización económica del grupo. En este trabajo se analizan los materiales líticos. La interpretación de las características espaciales se realizará a partir de la gestión del material lítico: desechos técnicos; soportes almacenados y transportados; selección, mantenimiento, reposición y uso del utillaje.

Los elementos del análisis espacial: distribución y asociación de los restos materiales.

El análisis espacial debe resolver en principio dos tipos de cuestiones: (1) las características de la distribución de los restos materiales y (2) la asociación en el espacio de las distintas clases de materiales.

En el primer caso, en términos generales, se trata de determinar si la repartición de los objetos es agrupada, aleatoria o regular mediante los cálculos apropiados. Cuando se demuestra que los objetos están agrupados, se intenta señalar dónde se producen las agrupaciones y cuáles son sus límites y, por tanto, sus componentes.

En el segundo caso, se explora la relación espacial entre dos o más clases de objetos. Esta puede ser de coincidencia, de exclusión o de no relación. Para ello se puede estudiar la composición de los grupos que hemos determinado o comparar la posición de los objetos de cada clase a lo largo de toda la superficie de la unidad de ocupación.

Métodos para tratar las distribuciones espaciales.

En ocasiones, el examen informal de los mapas de distribuciones permite localizar las agrupaciones más evidentes. Este procedimiento es rápido y sencillo pero tiene varios inconvenientes. Las agrupaciones son arbitrarias y dependen de conceptos y de criterios que el analista a menudo no explicita. Los límites entre las agrupaciones no se pueden definir con claridad en muchos casos. A menudo se plantea un problema de escala y el observador no capta las agrupaciones de menor tamaño que quedan dentro de una mayor, o viceversa; de la misma forma, la presencia de agrupaciones muy evidentes oscurece la existencia de otras menos claras.

Los estudios con base estadística o matemática solucionan una parte de estos problemas pero incurren en otros. A grandes rasgos, una familia de estos análisis está basada en la distribución de las frecuencias de objetos en un cierto número de celdas en que se ha dividido el espacio estudiado. Sus mayores inconvenientes se centran en que la posición y la medida de las celdas pueden alterar el resultado del análisis. Asimismo, en el análisis no es posible captar unidades espaciales de tamaño menor al de la celda elegida. Estas limitaciones hacen que estos métodos sean menos usados si existe la posibilidad de aplicar los que emplean la posición exacta del objeto.

Estos últimos análisis parten de la posición de los objetos como puntos de una distribución. El más común de este tipo de análisis es el cálculo del coeficiente del vecino más cercano. Para calcular este coeficiente se divide la media de la distancia que separa a un punto de una distribución respecto al más próximo entre la media que resultaría si la distribución fuera aleatoria. Si el resultado es cercano a 1, la distribución es más o menos aleatoria; con valores menores que 1, la distribución está agrupada. Sin embargo, este análisis tiene el problema de que el cálculo está afectado por los límites del área excavada y de que no señala dónde se produce la agrupación de los objetos ni los límites de estas posibles agrupaciones.

Un método, conocido como "análisis espacial k-means", resuelve este tipo de deficiencias (Kintigh y Ammerman 1982). El resultado del análisis permite deducir (1) si los restos estudiados están agrupados, (2) cuáles son las agrupaciones más probables en la distribución, con diferentes grados de detalle, (3) la concentración del grupo

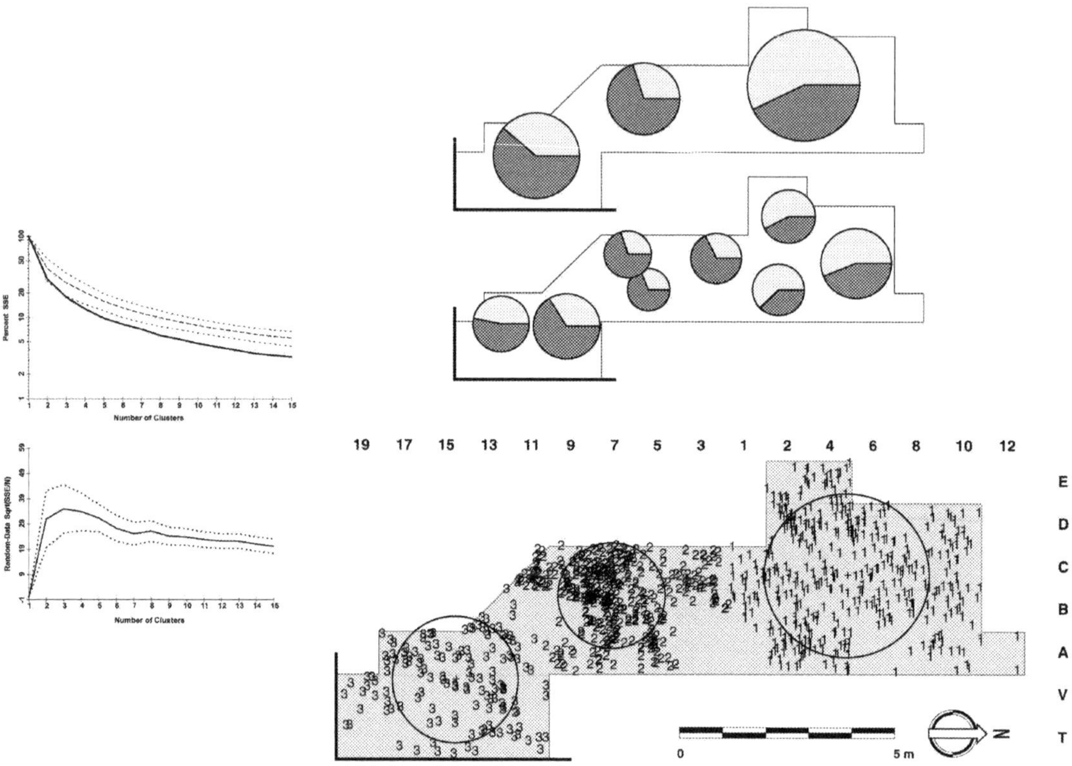

Figura 2: Distribución y composición de los grupos en los 1063 productos laminares en Berniollo. Trama oscura: láminas; trama clara: laminillas.

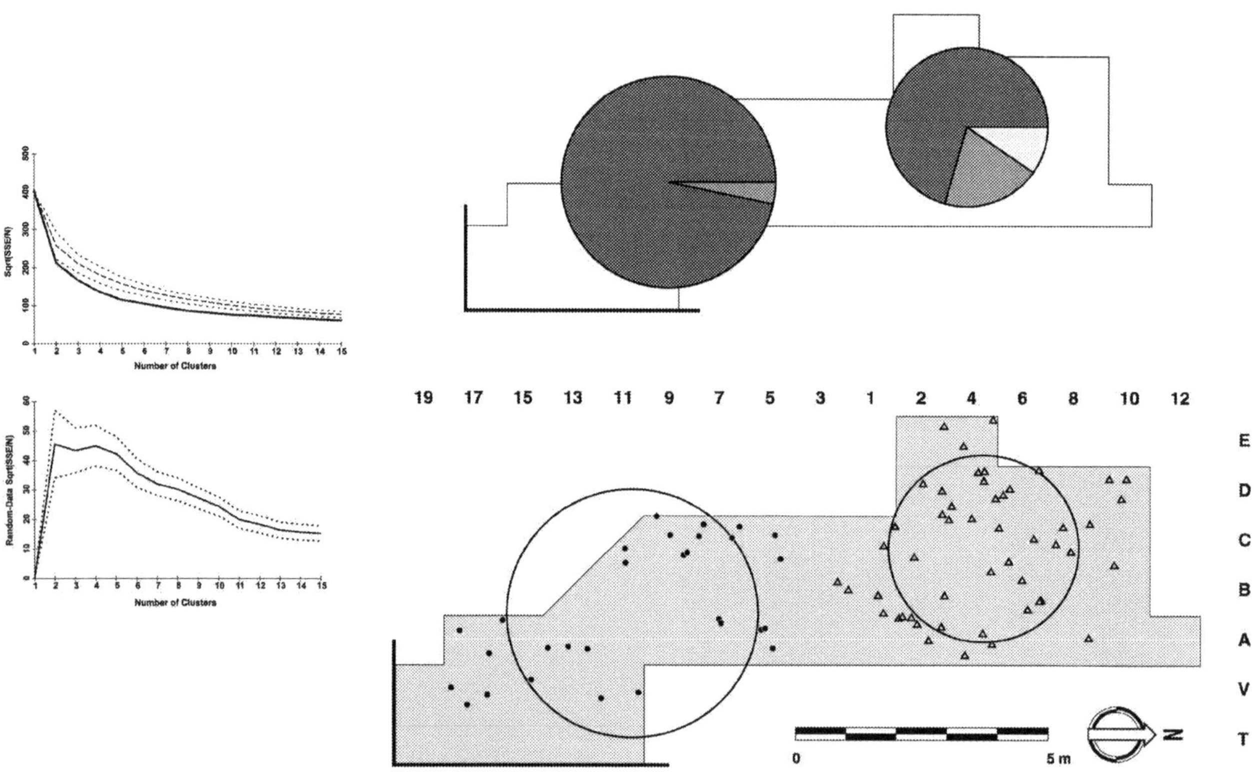

Figura 3: Distribución y composición de los grupos en las piezas con retoque de dorso según el tipo Trama oscura: laminillas de dorso; trama intermedia: puntas; trama clara: laminillas de dorso con denticulado.

y (4) el número y la identidad de los elementos de cada grupo (ver figs. 2 y 3).

La forma en que procede el método puede observarse en otros lugares (Kintigh y Ammerman 1982, Simek 1984, Kintigh 1987, 1990, 1999) y también sus aplicaciones a casos cercanos (Vaquero 1999, Martínez y Rando 2000). El método sin embargo no carece de problemas. Al basarse en la reducción al mínimo de la suma de las distancias al cuadrado tiende a formar agrupaciones circulares, u ovaladas según el tamaño de los dos ejes, si éstos se estandarizan para el cálculo. Por otra parte, al ser un método no jerárquico, no encuentra necesariamente la mejor solución en cada nivel de agrupación que calcula. Estas carencias deben tenerse en cuenta en el momento de la interpretación.

Métodos para tratar las asociaciones espaciales.

Como en el caso del reconocimiento de distribuciones, la asociación entre dos o más clases de objetos o tipos de puntos en un espacio puede ser detectada en un examen informal, intuitivo. Las ventajas e inconvenientes son similares a las que hemos visto en ese punto. La asociación entre diferentes clases de objetos en un espacio también puede tratarse a partir de diferentes cálculos de vecindad de los objetos en la toda la extensión del espacio estudiado o a partir de la composición de los grupos que se han determinado. En este análisis se ensayan las tres vías.

Entre los cálculos de vecindad optamos por el coeficiente del vecino más cercano entre clases. La elección se hace porque, a diferencia de otros coeficientes basados en la vecindad de los objetos, permite establecer relaciones de asociación o exclusión entre dos clases de objetos en los dos sentidos de la relación; es decir, proporciona coeficientes asimétricos (cf. Kintigh 1990: 175). Uno de los mayores problemas de este tipo de métodos está en que las relaciones que se producen en un espacio pequeño pueden quedar enmascaradas en el cálculo global, en el que se miden todos los puntos de la distribución. Por ello, se analizará también la composición de los grupos, detectados gracias al análisis 'k- means'.

3. La distribución espacial de los restos líticos en Berniollo

La distribución se va a analizar en diferentes clases de restos en los que, como hemos dicho, aplicaremos diversos tipos de análisis. Por problemas de espacio no incluiremos el detalle de los análisis en los que se fundan las observaciones más allá de algunos casos a título de ejemplo y solo incluiremos puntualmente algunos comentarios sobre la distribución de los restos óseos..

Lascas

Lascas brutas usadas: el análisis funcional se aplicó en una muestra de 64 lascas brutas. Hemos apreciado que una proporción pequeña de las lascas de mayor tamaño ha sido usada. Las piezas usadas son más abundantes en la zona central y S de la excavación (35 y 33% respectivamente, n=29) que en la parte norte (14%, n=35).

Lascas retocadas: en Berniollo se han retocado las lascas para fabricar raspadores, buriles, raederas (lascas con uno o dos filos retocados) y menos a menudo como truncaduras, denticulados y perforadores. Las piezas esquilladas se incluyen en este análisis a pesar de que, con toda probabilidad, su forma es resultado del uso. El cálculo del coeficiente del vecino más cercano entre clases informa que las principales relaciones de cercanía se dan entre raspadores y buriles; además también las lascas retocadas y las piezas esquilladas, respecto a sí mismas (en todos los casos con índices inferiores a 0,88). Ello indica que estos útiles no se disponen de forma aleatoria por la superficie de la ocupación sino que tienden a concentrarse en pequeños grupos –de raspadores y buriles juntos en unos casos y en otros de láminas retocadas o piezas esquilladas.

Restos de talla

Núcleos: Los núcleos agotados constituyen desechos de fabricación y no suelen integrarse en el ciclo de gestión del utillaje. En Berniollo al menos, el uso de los núcleos como instrumentos es muy bajo. Esto hace que su distribución esté más vinculada a los lugares de fabricación o a los basureros de limpieza. El análisis k-means muestra que existen claramente dos agrupaciones tanto en los núcleos de laminillas como en los de láminas. Estas dos agrupaciones coinciden a grandes rasgos, ya que los centros de los dos grupos respectivos están a muy poca distancia entre sí y el número de elementos de cada grupo también es similar. La mayor concentración, tanto en núcleos de láminas como de laminillas, se produce en la zona NW. La segunda concentración, de menor entidad, se sitúa en la zona S. Los núcleos de láminas están más representados que los de laminillas en el área central. El tipo de sílex de los núcleos, que se puede paralelizar a grandes rasgos con diferentes sistemas de producción lítica, no muestra distribuciones particulares. El cálculo Koetje (Koetje 1987) demuestra que el 84,9% en los núcleos de laminillas y el 93% en los núcleos de láminas de las distribuciones aleatorias que sirven de comparación tenían una medida de diversidad mayor.

Piezas complementarias: las tabletas de reavivado de las explotaciones de laminillas son muy escasas por lo que su distribución en grupos no ofrece mucha significación. Coinciden a menudo con las piezas de reavivado de cara de lascado que se han producido en las mismas explotaciones. Estas se concentran en 5 grupos aunque la distribución en general es dispersa. Sin embargo, el coeficiente del vecino más cercano (0,68) indica una fuerte agrupación; esto es debido al fenómeno descrito en Kintigh (1990) de que las agrupaciones que mide este coeficiente no responden al concepto intuitivo que tenemos de grupo: las piezas forman varios grupos pequeños repartidos por toda la zona excavada.

Las piezas extraídas en la producción de láminas tienen una distribución también bastante dispersa. Las tabletas son más abundantes que en la explotación de laminillas porque son un recurso técnico bastante empleado. El análisis k-means indica agrupaciones significativas en 3 grupos. Los dos más densos y numerosos se encuentran en el área central. Las piezas de reavivado están agrupadas especialmente en nueve zonas. En el área central, se extienden sobre todo por A5/A7 y por C9, las zonas donde más restos tecnológicos se encuentran. En el área norte, la mayor densidad se produce en el ángulo noroeste, en torno a D8. Estos dos grupos contienen el 60% de las piezas de reavivado. El resto se encuentran más dispersas ya que estas piezas son generalmente lascas laminares de gran tamaño, que han sido apreciadas para el uso y por ello desplazadas a menudo.

Productos laminares

a) Productos laminares, en conjunto

La distribución del conjunto de 1.063 productos laminares con coordenadas -láminas y laminillas- revela agrupaciones en el nivel de 3 y 8 grupos (fig. 2). El nivel de tres grupos separa la zona N de la excavación, la zona de la concentración en torno a B7/C7 y el extremo S. alrededor de V15.

Las agrupaciones de productos laminares muestran diferencias según el tipo de soporte, lámina o laminilla. En todos los niveles se aprecia la misma constante: las laminillas son dominantes en la mayor parte de la zona N (57%), las láminas son más abundantes en la zona central (70%) y la zona S. muestra un mayor equilibrio en las proporciones de ambos tipos de soportes (véase en la fig. 2 la parecida composición de los grupos de las distintas áreas tanto en el nivel de 3 como en el de 8 grupos).

En general, las láminas están asociadas con las láminas y las laminillas con las laminillas, como también demuestra el coeficiente del vecino más cercano (0,86 y 0,88 respectivamente), mientras láminas y laminillas entre sí son más independientes. Esto sugiere que en el yacimiento pueden darse concentraciones particulares de laminillas y de láminas. El carácter de estas concentraciones no tiene que ser necesariamente el mismo.

b) Laminillas

El examen de los productos laminares en general ha mostrado que es pertinente el análisis de laminillas y láminas por separado ya que presentan distribuciones diferentes y probablemente concentraciones en el espacio particulares.

En la excavación de Berniollo se recogieron 458 laminillas con coordenadas "x" e "y". El análisis de la distribución de estos objetos señala agrupaciones significativas en el nivel de 3, 5 y 14 grupos. Los grupos de la zona N del yacimiento contienen más restos y son más densos.

Las laminillas primeras, las que abren la explotación de la cara de lascado, han sido analizadas también por separado porque están más relacionadas con los desechos de fabricación. Estas laminillas suelen ser más irregulares y, por ello, menos seleccionadas para su transformación en útiles. El cálculo k-means señala que están distribuidas en tres grupos, uno más numeroso situado en el NW de la zona excavada y otros menores en el centro y sur. Destaca la coincidencia de la extensión del primer grupo con la distribución de las lascas más pequeñas y las de los núcleos de laminillas.

-Laminillas retocadas

Las laminillas brutas no fueron usadas en Berniollo. La única excepción la constituye una de las laminillas de mayor tamaño, que estaría en el límite del concepto de lámina pequeña. Las laminillas fueron retocadas para formar puntas de dorso y dorsos, a veces denticulados o truncados.

Hemos examinado la distribución de las laminillas retocadas por sí solas. Las agrupaciones más significativas se producen en 2 y 5 grupos (fig. 3). En la composición de los grupos se aprecia que la zona sur es más homogénea ya que la gran mayoría son laminillas de dorso; en la zona norte por el contrario, aunque dominan las laminillas de dorso, tienen una mayor representación las denticuladas y las puntas de dorso (fig. 3).

Para precisar esta tendencia hemos examinado las diferencias en la distribución según el tamaño de las piezas. A partir del análisis funcional propusimos un uso diferente para las laminillas de dorso según el tamaño: las mayores habrían participado en labores de carnicería mientras a las pequeñas las imaginamos formando parte de los proyectiles, como barbas (González Urquijo e Ibáñez 1999). En la composición en dos grupos se aprecia con claridad que los dorsos pequeños están más representados en la zona N del yacimiento, y los dorsos grandes, más en la zona centro y sur.

Sin embargo, el coeficiente del vecino más cercano entre clases no confirma la asociación que parece darse entre puntas y dorsos pequeños.

	Punt.dorso	Dors.peq.	Dors.grandes
Puntas de dorso	1,07	0,99	1,14
Dorsos pequeños	1,11	1,06	1,07
Dorsos grandes	0,93	0,77	0,99

Tabla 1: Coeficiente del vecino más cercano entre clases aplicado a los diferentes tipos de laminillas retocadas.

Esta información sugiere relaciones algo más complejas. Los dorsos pequeños no están más cerca de las puntas que los dorsos grandes aunque se encuentren en la misma zona. En realidad, las puntas y los dorsos pequeños de quien se encuentran más cercanos es de los propios dorsos grandes. Por el contrario, los dorsos grandes están más cercanos de sí mismos. Esto implica que donde hay puntas y dorsos pequeños hay también dorsos grandes pero no lo contrario: hay zonas con dorsos grandes sin dorsos pequeños ni puntas.

Para explicarlo hay dos posibilidades:

-los dorsos grandes pueden participar en útiles en asociación con puntas y dorsos pequeños -en proyectiles- y a la vez en otros útiles distintos, solos -en cuchillos de carnicería. Dependiendo del tipo de actividad, el lugar de deposición sería distinto.

-aún estando en útiles distintos, la zona norte es un área de mantenimiento donde se reparan las dos clases de utillaje, lo que explica la deposición de las tres clases de dorsos -y también los dorsos denticulados; a esto se añade que los dorsos grandes están en útiles que se emplean en el mismo asentamiento por lo que también se reponen o abandonan más cercanos a las zonas donde se emplean. La evaluación de las dos posibilidades se hará más adelante, con mayor apoyo de los datos del contexto.

El segundo objetivo es comprobar si los lugares en los que se agrupan las laminillas retocadas coinciden o son independientes de las agrupaciones de laminillas en conjunto. En el nivel de 5 grupos, los centros de los grupos de piezas de dorso, los de laminillas en general y los de las laminillas enteras están muy cercanos, separados por apenas medio metro, lo que da idea de la identidad de las distribuciones.

c) Láminas

La distribución se ha calculado para 605 láminas de Berniollo. Las agrupaciones significativas se producen en 3, 6, 9 y 14 grupos.

En el estudio de la producción laminar hemos podido apreciar que los talladores de Berniollo procuran obtener las láminas del mayor tamaño posible con los bloques a su disposición (González Urquijo e Ibáñez 1993). El tamaño de los soportes determina fuertemente en qué momento se introducen en el ciclo de gestión y uso. Hemos intentado detectar concentraciones de láminas según el tamaño del soporte, especialmente de las más grandes. Para este cálculo hemos tenido en cuenta la anchura de las piezas que permite analizar también las que están fracturadas. Tan sólo destaca la presencia de soportes más grandes en los grupos con centro en los cuadros C1/C3 y en C9.

En este punto resulta interesante conocer la distribución de las láminas primeras. Mientras en las laminillas los productos que abren la cara de lascado son desechados por su irregularidad, en las láminas son apreciados por su mayor tamaño. En las laminillas acabamos de ver que las primeras extraídas tienen en parte una distribución similar a la de sus núcleos; en el caso de las láminas, el lugar de deposición es más independiente.

-Láminas brutas usadas

En el análisis funcional se incluyeron 32 láminas no retocadas, de ellas estaban usadas el 40%. Las láminas usadas se sitúan sobre todo en la zona central del yacimiento. En este área, aproximadamente la mitad de las láminas han sido empleadas; ésta es la parte del yacimiento que cuenta con una mayor densidad de láminas brutas. Por el contrario, las láminas de las zonas S y N han sido usadas con menos frecuencia y son las áreas donde las láminas son menos abundantes y están más dispersas.

-Láminas retocadas

Las láminas han sido retocadas formando dorsos, raspadores, buriles, láminas con retoque continuo en uno o dos filos, truncaduras y otros tipos varios (perforadores, denticulados,...) en menor proporción.Llama la atención la existencia de zonas del yacimiento en las que están ausentes los útiles sobre lámina donde sí hay concentraciones de otros tipos de objetos.

Los tres grupos que aparecen en la distribución de las láminas con retoque tienen composiciones heterogéneas. En el área central del yacimiento, la mayor parte de las piezas retocadas son láminas con retoque continuo, alcanzando el 61%; en las otras dos zonas no llegan al 20%. En la zona sur la presencia más remarcable es la de los buriles y raspadores, que suponen casi el 60%. En el área norte no hay un tipo morfológico que domine sobre los demás claramente.

Los útiles retocados

En este apartado se estudiará la distribución espacial de los útiles retocados –uniendo los que se fabricaron sobre lasca y lámina- en lo que hace referencia a la materia trabajada y al tipo de soporte sobre el que están construidos. No se incluyen las laminillas y las puntas de dorso, la mayor parte fabricadas sobre el mismo soporte y sobre las que ya se ha ofrecido esta misma información en el apartado de laminillas retocadas. Lo mismo ocurre con las piezas esquilladas, en su mayor parte sobre lascas, estudiadas en el apartado de lascas retocadas.

a) Raspadores: en el área S predominan los raspadores sobre lámina y en la mayor parte del área N, sobre lasca; en la parte central y en el grupo en torno a D2/D4 hay un equilibrio en la proporción de los dos tipos de soportes.

Respecto a las materias trabajadas, no se encuentran asociaciones demasiado explícitas entre cada uno de los grupos y las materias que transforman estos útiles. La zona N. acoge raspadores que han trabajado más a menudo materias duras, destaca el trabajo de asta. Los grupos en T11 y en D2 muestran una gran variedad de materias trabajadas sin que predomine claramente ninguna; esta diversidad indica que probablemente no reflejan un área de actividad concreta. En estas dos áreas se encuentran 6 de los 9 raspadores sobre lámina que se emplearon enmangados (Ibáñez y González Urquijo 1993).

b) Buriles: la mayor concentración de buriles está en el área N. de la excavación, donde aparecen aproximadamente la mitad de todos los buriles. El tipo de soporte en el que se fabrica el buril y algunas de las características del trabajo llevado a cabo varían en los diferentes grupos. Por una parte, en el grupo de la zona N predominan los buriles sobre lasca, que se han empleado intensamente sobre asta. En el grupo de la zona S. los buriles son mayoritariamente sobre lámina y la intensidad de uso es mucho más baja; la materia trabajada es también asta, en los casos en los que se ha podido precisar.

c) Piezas con retoque continuo en uno o dos bordes: la mayor parte de las piezas con retoque continuo (29 de las 49, el 60%), se encuentran en una estrecha banda del área central, en los cuadros 5 y 7. El análisis k-means sitúa aquí tres de los 7 grupos. La composición de los grupos según el tipo de soporte revela que la zona central es muy homogénea y en los tres grupos el porcentaje de láminas supera el 75%. Sobre el tipo de actividad en el que participan las piezas incluidas en cada grupo, sólo es posible generalizar en el caso de los grupos del área central ya que en los demás la muestra es insuficiente. En esta zona, la mayor parte de las piezas han sido empleadas para trabajar sobre madera; una parte menor ha trabajado piel y hueso.

d) Truncaduras: este es uno de los tipos de útiles más dispersos a lo largo del área excavada, como demuestra el coeficiente del vecino más cercano (2,06 para las truncaduras sobre lasca; 1,17 para las truncaduras sobre lámina).. En los grupos situados más al S., el trabajo que se ha realizado con las piezas truncadas es de carnicería, sobre todo en las construidas con láminas como soporte.

Las demás piezas truncadas han realizado labores que quizá se expliquen más por el lugar donde se emplearon que por la naturaleza de la pieza. El uso de truncaduras sobre madera se detecta en el área central, donde el trabajo de madera es más frecuente. El uso sobre asta aparece en una truncadura situada en C8, en una zona donde las evidencias de trabajo de asta son más importantes.

4. Las evidencias de los procesos de trabajo sobre otras materias

Estas evidencias se han observado en el análisis de las huellas de uso del material lítico. Las piezas observadas constituyen un muestreo y no la población total de restos líticos del yacimiento. Por ello, las indicaciones sobre las distribuciones y las asociaciones dentro de los grupos son menos fiables cuando se desciende a un mayor detalle del análisis. Esta es la razón por la que tendemos a comentar las características espaciales de los trabajos sobre distintas materias en término más generales, refiriéndonos más a las áreas del yacimiento que a las zonas concretas.

a) Carnicería: los trabajos de carnicería son abundantes en el yacimiento pero en el área norte son escasas y están dispersas en un espacio relativamente amplio. En el área S. las evidencias están más concentradas pero son también escasas. De las piezas depositadas en estas dos zonas, los útiles que más a menudo han participado en labores de carnicería son los dorsos de mayor tamaño y las piezas truncadas. Por el contrario, en la zona central se encuentran reflejadas mayor número de actividades de carnicería, llevadas a cabo sobre todo con láminas brutas (60%) y con láminas retocadas (aprox. 20%). Los restos óseos conservados en el yacimiento también están situados en las áreas central y sur de la parte excavada. Las dos concentraciones en estas áreas de piezas que han participado en labores de carnicería están muy cercanas a las acumulaciones de huesos.

b) Piel: en el análisis funcional se ha intentado distinguir el estado de la piel -fresca o seca- en el momento de ser trabajada. Sin embargo, el desarrollo insuficiente de las huellas o la alteración posdeposicional han provocado que a menudo la interpretación no llegue a determinar el estado de la materia. En todo caso, las evidencias de trabajo de piel fresca en Berniollo son muy escasas.

Las piezas que han trabajado piel se distribuyen en tres zonas del yacimiento. Destaca la zona N. que ocupa una mayor extensión, en forma de arco; en ella se agrupan la mayor parte de las actividades sobre esta materia.

La composición de los grupos apenas varía en cuanto a los tipos de útiles ya que casi la totalidad se han llevado a cabo con raspadores. En lo que se refiere al tipo de actividad, se observa una mayor complejidad en la zona N. donde el corte de piel supone más del 10% de los trabajos constatados. En el área central esta actividad sólo ocupa el 5% de las zonas activas y está ausente en la zona sur, área en la que sólo se han reconocido labores de raspado.

Sin embargo, no se puede considerar la mayor presencia detectada en el área N. de labores de corte en piel como indicio seguro de fabricación elaborada. La proporción de estas labores es débil y en la mayor parte de los casos se realizan con los raspadores, los mismos útiles con los que se ha raspado. Es más probable que se deba a una conformación somera de la piel en el curso del trabajo de tratamiento.

c) Madera: las evidencias de trabajo en madera se encuentran sobre todo agrupadas en la acumulación central. En la zona norte aparecen más dispersas ocupando un espacio bastante amplio. El área sur ofrece menores muestras de labores en esta materia. Los grupos tienen diferentes características tanto en las actividades que reflejan como en los tipos de útiles. El área S., donde, por otra parte, la densidad y la cantidad de labores es menor, es algo más homogénea ya que sólo se observan trabajos de raspado; para ello se emplearon sobre todo piezas no retocadas.

En el área central las labores son más variadas, incluyendo cortar y grabar madera además del raspado. La variedad del utillaje también es mayor aunque dominan también las piezas brutas; además de éstas también se emplearon raspadores y láminas retocadas.

En la mayor parte del área norte se reúnen piezas que han actuado para raspar y perforar mientras en la zona E2/E4 han raspado y cortado. En el área norte se encuentran útiles de mayor variedad todavía. Domina el trabajo con raspadores pero también se han empleado truncaduras, lascas y láminas brutas, y existen evidencias del uso en madera de un dorso, un núcleo y una pieza esquillada.

d) Materias óseas: de forma similar a lo que ocurre en el caso de la piel, la calidad de la información funcional no siempre permite distinguir entre los distintos tipos de materias óseas, hueso y asta fundamentalmente. En Berniollo, fueron sobre asta la mayor parte de los trabajos en materias óseas en los que se pudo determinar la materia trabajada específica

Es muy similar la distribución de las piezas que trabajaron asta y la de las piezas en las que no se pudo precisar entre asta y hueso. En los dos casos, la parte más importante de este utillaje se encuentra en el área N de la excavación.

La composición de los grupos es distinta. En las piezas del área N. domina el trabajo de raspado (en torno a los dos tercios de las labores) aunque con estas piezas se realizan todo tipo de actividades: cortar, grabar y perforar. El utillaje es igualmente variado, incluyendo una mayoría de buriles, además de raspadores, truncaduras y láminas brutas. Con las piezas del centro y del S. se han realizado muchas más tareas de grabado en asta y en asta o hueso, cerca del 40% del total, aunque siguen dominando las de raspado.

5. La organización del espacio en el asentamiento.

El análisis espacial de los restos líticos resulta útil para reconstruir la estrategia de aprovechamiento del utillaje. Este análisis ha hecho evidente la existencia de zonas definidas y diferentes en cuanto a su contenido en restos materiales.

Como hemos podido apreciar, a grandes rasgos, la superficie excavada se divide en tres áreas, norte, centro y sur. La interpretación de la organización tecnológica y del uso del utillaje ha confirmado estas diferencias, que son fruto de comportamientos distintos en cada área.

En este apartado se pretende, primero, exponer cuáles son los comportamientos propios de cada área, en términos de procesos técnicos o fases de procesos.

En segundo lugar, se intenta establecer la relación entre las diferentes áreas y el sentido que tienen.

Las áreas en el yacimiento

Como decíamos, la separación en tres áreas y los límites entre ellas se derivan de los resultados del análisis espacial, que tienden a marcar las agrupaciones significativas en las distribuciones de muchas clases de objetos siguiendo estas divisiones.

Un examen de su contenido hace todavía más clara esta separación.

a) El área norte

Este área abarca las bandas de los cuadros pares del yacimiento; en ocasiones, las partes más cercanas del área central se comportan de una forma similar.

En este área contiene los restos de la mayoría de los procesos de fabricación lítica del yacimiento: los núcleos, tanto de láminas como de laminillas, las lascas pequeñas, la mayor proporción de lascas grandes no utilizadas, las tabletas y piezas de reavivado de menor tamaño, las irregulares laminillas del comienzo de la explotación que son desechadas,... Dentro del área, las distintas clases de desechos de fabricación se distribuyen de forma parecida y, en general, están más concentrados en la zona NW.

Una gran parte de la producción, sobre todo las láminas de mayor tamaño, ha sido trasladada y, probablemente, usada en otros lugares.

El estudio de la estrategia de aprovechamiento del material lítico pone de manifiesto que ésta es una zona de reposición de los elementos de proyectil, que han participado probablemente en las labores de caza. En esta zona, en un pequeño espacio, se encuentran los elementos que evidencian la producción del soporte –las laminillas-, la selección de los más adecuados, la fabricación del dorso o punta y el desecho de la pieza deteriorada. La proporción de laminillas brutas y retocadas es la más alta del yacimiento.

El análisis funcional revela que la mayor parte de las piezas que trabajaron asta y piel seca están depositadas en esta misma zona de la ocupación. Las piezas que trabajaron asta son diversas y bastante específicas, buriles y raspadores sobre todo. Los trabajos llevados a cabo con estas piezas fueron complejos, intensos y variados, del tipo de los que se realizan en las fases de fabricación de los instrumentos. En los trabajos sobre piel seca domina el raspado pero la proporción de corte es superior a la que aparece en las piezas del resto del yacimiento.

El trabajo sobre madera, que es el dominante en el asentamiento, está comparativamente menos representado. Las actividades en las que han intervenido las piezas de este área son más sencillas, asimilables a las de mantenimiento o acabado de una producción de piezas poco complejas.

Las piezas que participaron en labores de carnicería son escasas y están dispersas en toda la superficie del área.
El material lítico de la zona es un conjunto homogéneo en cuanto que representa especialmente las fases de elaboración de utillaje más complejas que se realizan en el asentamiento. Este utillaje, tanto en piedra como en asta, se relaciona sobre todo con las actividades de caza, cuya preparación tiene lugar en esta zona.

Asociaciones de piezas que reflejan el tipo de trabajos que hemos señalado en esta zona aparecen en otros yacimientos de contextos similares. Esto ocurre, por ejemplo en la concentración I del nivel tjongeriense de Meer (aprox. 8700 B.P., Van Noten 'et al.', 1978: 88-91), donde se ha interpretado la zona como la estructura principal del hábitat (Van Noten 'et al.', 1978: 101). El 'locus' 2 del yacimiento de Verberie se ha descrito como un centro de actividades en el cuál uno de sus espacios, el II- III que rodeaba el hogar, concentraba los trabajos de talla, las laminillas de dorso y las piezas que habían trabajado asta (Audouze *et al.* 1981: 142). En el campamento de Rekem también se definieron zonas relacionadas con la elaboración y mantenimiento de los elementos de proyectil (Caspar y De Bie 1996, De Bie y Caspar 1998).

b) El área central

En la zona central se han reconocido comportamientos bastante diferentes a los de la zona norte. Aunque contiene restos de la fabricación de utillaje lítico, las evidencias de talla de sílex son mucho menos numerosas.

Por el contrario, está caracterizada por la recepción de soportes ya tallados, sobre todo láminas del mayor tamaño posible, independientemente de la clase de sílex en el que se haya tallado; las laminillas son escasas comparativamente.

Una parte de estas láminas se usa y otra, conservada en depósitos más o menos definidos, se preserva. En esta zona se encuentran a la vez la mayor proporción de láminas brutas usadas y las principales evidencias de reserva de soportes laminares –a menudo completos- para labores diferidas.

Los trabajos de carnicería de las piezas del área central son bastante intensos y reflejan una acción más enérgica que los de la zona sur. Ésta es la actividad más representada. Además aquí, y también en la zona sur, se producen las mayores concentraciones de huesos. Los huesos muestran una conservación diferencial ya que dominan las partes más resistentes, como los dientes. Las labores de carnicería tienen una distribución similar a la de los restos óseos. En la Habitación 1 de Pincevent existe la misma asociación entre las piezas que han trabajado en el despiece de los animales y los desechos óseos (Plisson 1985: 223).

A diferencia de lo que ocurre en Berniollo, en el yacimiento de Andernach, H.Plisson (1985: 291-2) encuentra que están muy cercanas en el espacio las piezas que han participado en la carnicería y los elementos de proyectil. Sin embargo, los útiles de Andernach parece que han participado en la preparación de la carne para un consumo inmediato, en un hogar cercano que se ha aprovechado también para la reparación de las armas de caza. Las piezas de la zona central de Berniollo que han trabajado en carnicería lo han hecho en fases de procesado más iniciales.

Las piezas que han actuado sobre madera en esta zona central de Berniollo son más específicas, han trabajado más intensamente y en labores más variadas que las de la zona norte.

Resulta más complicado encontrar referencias sobre las manifestaciones que el trabajo de madera produce en la organización espacial de las ocupaciones. Estas actividades no son comunes en los asentamientos del final del paleolítico, los más estudiados.

En Verberie, Meer o Andernach apenas hay trabajo de madera. En la habitación 1 de Pincevent las labores sobre madera se reconocieron sólo en una pieza (Plisson 1985: 221), que fue interpretada como una preparación del vástago de los proyectiles, en parte debido a su cercanía a las laminillas de dorso (Plisson 1985: 226-8). Algunas de las piezas que trabajaron madera en la zona norte pueden tener esta explicación, pero no sirve para la mayoría de los trabajos del área central. En el yacimiento neolítico antiguo de Blicquy se relaciona el trabajo de madera con la elaboración de estructuras o instrumentos para el procesado de la piel (Cahen y Gysels 1983: 50-51), que es abundante.

La situación en Berniollo es distinta ya que el trabajo de madera no se asocia de forma destacada con ningún otro. La presencia de abundante utillaje enmangado o dispuesto en vástagos puede explicar una parte de los trabajos, aunque esta explicación es más coherente con el tipo de trabajos sobre madera y el resto de actividades que se observan en la zona norte.

c) El área sur

Las evidencias de actividades son más débiles en este área. Los restos de fabricación son muy escasos. Las lascas brutas, que son pocas, han sido usadas en mayor proporción que en el resto del yacimiento. Láminas y laminillas aparecen en un número equilibrado pero bajo. Lo más destacable en cuanto a los restos líticos es la presencia de un conjunto de piezas de calidad –raspadores y buriles sobre lámina-, probablemente enmangadas y reavivadas, que hemos interpretado como un depósito de utillaje destinado a un uso diferido (cf. Ibáñez y González Urquijo 1996).

Las labores de carnicería forman el conjunto más característico en este área. Se trata de unas actividades de procesado no muy intenso, realizado con unos útiles más específicos que los del área central, enmangados (truncaduras cóncavas y dorsos grandes). El trabajo sobre madera, sobre materias óseas e incluso sobre piel, que domina en las piezas del resto de las áreas, aquí está menos representado, con tareas de poca intensidad y que no son de las fases más complejas de la transformación de cada materia.

6. El carácter de las áreas y la relación con la organización económica del grupo.

Los comportamientos reconocidos en Berniollo son bastante característicos en los grupos de cazadores-recolectores y son también similares a los que se deducen de otros análisis espaciales (además de los citados en el apartado anterior veanse Koetje 1994, Floss 1997, Stapert y Street 1997). El área norte de la excavación es una zona donde se fabrica el utillaje de piedra y de asta, y donde se elaboran o reparan las partes activas de los proyectiles. Estos son los trabajos de manufactura más delicados, que implican la transformación de masas de material pequeñas. El trabajo sobre madera, diferente del de la zona central, revela acciones sencillas que pueden estar relacionadas con la preparación de los proyectiles. En conjunto, son actividades poco molestas, compatibles con el lugar de residencia del grupo.

En Pincevent, a partir del comportamiento de los esquimales Nunamiut, L.R. Binford (1983) interpreta el hogar III de la habitación 1 como una zona de actividades técnicas. En ella se reunían la fabricación de laminillas de dorso y las evidencias de trabajo de materias óseas cercanas.

Las evidencias de labores sobre piel pueden parecer fuera de lugar a la vista de los comportamientos etnográficos que hemos recogido. Sin embargo, el trabajo que aparece dentro de la zona es más delicado que en las otras áreas y se hace sobre piel seca. Las zonas activas tienen una media de 19 mm. de longitud, frente a 29 en la parte central y sur, lo que tiende a indicar una menor transformación de materia. A diferencia del tratamiento de la piel fresca, los trabajos más delicados sobre la piel ya seca no son incompatibles con el lugar de residencia. Los esquimales Iglulik llevan a cabo los trabajos de acabado de piel en el interior de sus residencias (Murdock 1892: 894, citado en Plisson 1985: 236). En el asentamiento epipaleolítico de Meer, las evidencias de trabajo de piel seca coinciden con las de elaboración sobre materias óseas, las de producción de laminillas y las de sustitución de dorsos, en un área que se interpretó como unidad doméstica (Van Noten *et al.* 1978: 88-101).

Es evidente que los comportamientos reflejados en los restos líticos depositados en la zona norte son paralelos a los que se han descrito en los lugares de habitación de muchos grupos de cazadores-recolectores, también prehistóricos.

Los datos que ofrece el área central presentan analogías con las de otras zonas de los campamentos de cazadores. Las labores de carnicería reflejan una fase de procesado bastante inicial, probablemente en el troceado del animal. Dado que requieren espacios amplios y que resultan molestas -atraen insectos y otros animales-, éstas actividades suelen llevarse a cabo en lugares despejados y separados del hábitat principal. La localización de las evidencias de trabajos de carnicería separados de las labores de manufactura más cuidadas es un comportamiento repetido. Esta división también se señala en Pincevent (Binford 1983). En Verberie, al menos los desechos óseos también están desplazados de la zona del hogar que agrupa las evidencias de manufactura (Audouze *et al.* 1981: 142).

En esta misma zona se encuentran las escasas evidencias del tratamiento de la piel fresca. El trabajo de la piel en otros estados, o en estado desconocido, refleja la realización de trabajos más masivos que en la zona norte. H. Plisson (1985: 474) sugiere, en Andernach, una división espacial entre las labores de piel fresca o seca, unas fuera y otras dentro de la zona de habitación.

En Berniollo una parte del utillaje que trabajó madera se encuentra en la misma área en la que se realizan las labores de carnicería. Los trabajos sobre madera no son excesivamente complejos, pero sí más que en la zona norte. Las actividades más representadas son las de raspado y corte, que se realizan a menudo con piezas brutas o con piezas de retoque continuo que quizá son reavivados de piezas usadas brutas inicialmente. La intensidad de las labores y las características de las zonas activas indican que no se trata de la transformación de grandes cantidades de materia, lo que descarta la preparación de estructuras de habitación. La abundancia relativa en el yacimiento de elementos de proyectil y de piezas enmangadas puede explicar parte de los trabajos de madera, para la preparación de vástagos y mangos.

En esta misma área se encuentra un probable depósito con las láminas de mayor tamaño. La localización del depósito junto a los restos de una actividad periférica no es habitual. Sin embargo, en esta parte del yacimiento se encuentran la mayor parte de los productos laminares de buena calidad, usados o no. G.H. Odell (discusión Cahen *et al.* 1979: 676) propone para el yacimiento de Meer la existencia de un área de abandono de piezas usadas donde fuera posible encontrar un útil en buen estado cuando fuera necesario. B. Hayden ha descrito comportamientos similares entre los aborígenes australianos. Es posible que un depósito de láminas preservadas se dispusiera cerca del conjunto de piezas laminares más aprovechables.

Los restos óseos, la abundancia de labores de carnicería y la presencia de trabajo en piel fresca y las características del de piel seca que encontramos en esta parte del yacimiento recuerdan a las zonas periféricas que se han descrito en las observaciones etnográficas. El trabajo de madera puede representar un área especializada para el trabajo de una materia que requiere más espacio o una infraestructura más estable, dispuesta por ello fuera de la zona de residencia. El carácter del área sur es más difícil de reconocer por la escasez de datos. Destacan las piezas que han trabajado en carnicería, probablemente en una fase de procesado más avanzada que las labores observadas en el área central. Esta zona puede tratarse de un apéndice del área central, destinada también a labores de carnicería.

La posición del utillaje de empleo diferido en una zona marginal no es corriente. Por la situación en la que está dentro de la excavación, es probable que esté relacionado con otra unidad no conocida.

Este conjunto de informaciones y las referencias que conocemos indican que el área norte refleja una zona de transformaciones técnicas cuidadas del tipo de las que se consideran "propias del hogar" alrededor del cuál se organiza la residencia en la mayor parte de los grupos de cazadores- recolectores. El área central contiene evidencias similares a las que se producen en las zonas de actividad periféricas. Se encuentran a la vez pruebas de labores molestas, como la carnicería, y de actividades técnicas específicas, en el trabajo de madera. Sin embargo, aunque sea lógico, no puede afirmarse con seguridad si esta zona es periférica de la primera o de otra zona de habitación que desconocemos.

Estas características de la organización espacial que hemos podido reunir permiten ciertas consideraciones sobre la organización económica del grupo.

La jerarquización del espacio como la que hemos descrito en Berniollo es propia de los asentamientos más estables. Los restos que se consideran molestos en el caso de estancias prolongadas no lo son en las ocupaciones cortas. Por ejemplo, entre los Nunamiut, las actividades de cocinado y carnicería se separan del lugar de residencia en los campamentos más estables pero se hacen en el hogar principal en los campamentos de caza (Binford 1983).

Asimismo, la concentración de actividades diversas y complejas en las zonas de habitación se relaciona también con las ocupaciones más prolongadas. Las observaciones de J. Yellen (1977) entre los bosquimanos detectaron que en los lugares donde los !Kung San permanecían más tiempo, los restos acumulados en las zonas de habitación incluían evidencias de actividades más variadas y complejas. Esto es razonable en la medida en que la prolongación de la estancia genera nuevas necesidades de creación o reposición de utillaje.

Conclusión

De forma un tanto paradójica, el análisis de la distribución y de las relaciones espaciales de los materiales líticos ha contribuido a dotar de dinamismo a los comportamientos técnicos reconocidos en los estudios tecnológicos y funcionales aplicados en el yacimiento de Berniollo. La combinación de los tres tipos de información, y algunas otras sobre el contexto, nos han permitido interrogarnos sobre la organización de las actividades llevadas a cabo en el lugar y sobre el sentido que el conjunto de los trabajos realizados o evitados tienen en el marco de las estrategias más generales de estos grupos de cazadores-recolectores.

Bibliografía

AUDOUZE, F., CAHEN, D., KEELEY, L.H. y SCHMIDER, B. (1981), "Le site magdalenien du Buisson Campin a Verberie (Oise)", *Gallia Préhistoire*, 24 (1), pp. 99-143. C.N.R.S.

BALDEON, A. (1985), "Berniollo (Morillas, Alava). II Campaña de excavaciones". *Arkeoikuska* 85, pp.56-60.

BINFORD, L.R. (1983), *In pursuit of the past.* Thames y Hudson, Londres.

CAHEN, D. y GYSELS, J. (1983), "Techniques et fonctions dans l'industrie lithique du groupe de Blicquy (Belgique)", en M.-C. Cauvin (ed.), *Traces d'utilisation sur les outils néolithiques du Proche Orient*, pp. 37-52. Maison de l'Orient.

CAHEN, D., KEELEY, L.H., KARLIN, C. y VAN NOTEN, F.L. (1980), "Méthodes d'analyse technique, spatiale et fonctionnelle d'ensembles lithiques", *Helinium*, 20, pp. 209-259.

CASPAR, J.-P. y DE BIE, M. (1996), "Preparing for the Hunt in the Late Paleolithic Camp at Rekem, Belgium", *Journal of Field Archaeology*, 23, pp. 437-460.

DE BIE, M. y CASPAR, J.-P. (1998), "Intra-site spatial patterns at the Late Palaeolithic settlement of Rekem (Belgium), en A. Palma di Cesnola (ed.), *The Upper Palaeolithic*, Section 6 of the XIII U.I.S.P.P., pp. 583-588, A.B.A.C.O Edizioni, Forli.

DIBBLE, H., CHASE, P., MCPHERRON, S. y TUFFREAU, A. (1997), "Testing the Reality of a 'Living Floor' with Archaeological Data", *American Antiquity*, 62 (4) pp. 629-651.

GARGETT, J. y HAYDEN, B. (1991), "Site Structure, Kinship, and Sharng n Aboriginal Australia: Implications for Archaeology", en E. Kroll y T.D. PRICE (eds.) *The Archaeological Interpretation of Spatial Patterns*, pp. 11-32, Plenum, New York.

FLOSS, H. (1997), "Analyse spatiale du site tardiglaciaire de Varennes-lès-Mâcon", en *Le paléolithique supérieur de l'Est de la France: De l'Aurignacien à l'Ahrensbourgien*, Actes du Colloque de Chaumont 1994, Mémoire de la Societé Archéologique Champenoise 13, supl. 2, pp. 175-184.

GONZALEZ URQUIJO, J.E. e IBAÑEZ, J.J. (1991), "La tecnología de talla laminar en la ocupación epipaleolítica de Berniollo (Subijana- Morillas, Álava)", en R. Mora, X. Terradas, A. Parpal y C. Plana (eds.), *Tecnología y cadenas operativas líticas*, Treballas d'Arqueologia, 1, pp. 201-222, Universitat Autónoma de Barcelona.

GONZÁLEZ URQUIJO, J.E. e IBÁÑEZ, J.J. (1993), "Utilización del instrumental lítico y funcionalidad del asentamiento en el yacimiento de Berniollo (Alava, España)", en P.C. Anderson, S. Beyries, M. Otte y H. Plisson (eds.), *Traces et fonction. Les gestes retrouvés,* ERAUL 50 (1), pp. 97-104.

GONZALEZ URQUIJO, J.E. e IBAÑEZ, J.J. (1999), "Fabrication et utilisation de l'outillage à dos à la fin du Paléolithique supérieur au Pays Basque", en A. Thevenin (ed.) y P. Bintz (dir.), *L'Europe des derniers chasseurs. Epipaléolithique et mésolithique*, pp. 109-114, Ed. C.H.T.S., Paris.

GREGG, S., KINTIGH, K. y WHALLON, R. (1991), "Linking ethnoarchaeological interpretation and archaeological data: the sensitivity of spatial analytical methods to post-depositional disturbance", en E.M. Kroll y T.D. Price (eds.), *The Interpretation of Archaeological Spatial Patterning*, pp. 149-196, Plenum, New York.

IBAÑEZ, J.J. y GONZÁLEZ URQUIJO, J.E. (1996), *From tool-use to site function: A new methodological strategy applied to Upper Paleolithic sites in the Basque Country,* British Archaeological Report, International Series, 658, Tempus Reparatum, Oxford.

KINTIGH, K.W. (1987), "Quantitative methods designed for archaeological problems", en M.S. Aldenderfer (ed.), *Quantitative Research in Archaeology*, pp. 126-134, Sage Publications.

KINTIGH, K.W. (1990), "Intrasite Spatial Analysis: A Commentary on Major Methods", en A. Voorrips (ed.), *Mathematics and Information Science in Archaeology: A Flexible Framework. Studies in Modern Archaeology*, 3: 165-200, HOLOS-Verlag, Bonn.

KINTIGH, K.W. (1999), *Tools for quantitative archaelogy. Programs for quantitative analysis in archaeology*, Arizona State University.

KINTIGH, K.W. y AMMERMAN, A.J. (1982), "Heuristic approaches to spatial analysis in archaeology", *American Antiquity*, 47, pp. 31-63.

KOETJE, T.A. (1987), *Spatial Patterns in Magdalenian Open Air Site from Isle Valley, Southwestern France*, BAR International Series 346, Oxford.

KOETJE, T.A. (1994), "Intrasite Spatial Structure in the European Upper Paleolithic", *Journal of Anthropological Archaeology*, 13, pp. 161-169.

LEROI-GOURHAN, A. y BREZILLON, M. (1966), "La habitation magdalenienne no.1 de Pincevent pres Montereau (Seine-et-Marne)", *Gallia Prehistoire*, 9, pp. 263-371.

LEROI-GOURHAN, A. y BREZILLON, M. (1972), *Fouilles de Pincevent. Essai d'analyse ethnographique d'un habitat magdalenien (la section 36)*, VII supplement a Gallia Préhistoire, Ed. C.N.R.S.

PLISSON, H. (1985a), *Etude fonctionnelle d'outillages lithiques préhistoriques par l'analyse des micro-usures: recherche méthodologique et archéologique*, Thèse de 3e. Cycle, Université de Paris I.

SIMEK, J.F. (1984), *A K-means Approach to the Analysis of Spatial Structure in Upper Paleolithic Habitation Sites: Le Flageolet I and Pincevent Section 36*, British Archaeological Reports, International Series, 205.

STAPERT, D. y STREET, M. (1997), "High resolution or optimum resolution? Spatial analysis of the Federmesser site at Andernach", *World Archaeology*, 29, pp. 172-194.

VAN NOTEN, F., CAHEN, D., KEELEY, L.H. y MOEYERSONS, J. (1978), *Les chasseurs de Meer. Dissertationes Archaeologicae Gandenses*, 18. 2 vols., Ed. De Tempel.

WHALLON, R. (1973), "Spatial analysis of occupation floors I: the application of dimensional analysis of variance", *American Antiquity*, 38, pp. 320-328.

WHALLON, R. (1974), "Spatial analysis of occupation floors II: the application of nearest-neighbor analysis", *American Antiquity*, 39, pp. 16-34.

WHALLON, R. 1984, "Unconstrained clustering for the analysis of spatial distributions in archaeology", en H.J. Hietala (ed.), *Intrasite Spatial Analysis*, pp. 242-277, Cambridge University Press.

YELLEN, J.E. (1977), *Archaeological approaches to the present. Models for reconstructing the past*, Academic Press.

18. Análisis de instrumentos en costilla de alce, mandíbulas de castor y caparazón de tortuga de Zamostje 2 (Rusia)

Ignacio Clemente, Evgeni Y. Gyria, Olia V. Lozovzska y Vladimir M. Lozovski

Abstract

The Zamostje 2 site is situated on the left bank of Dubna River, one of the numerous sources of the Volga River. The site is located in wet boggy conditions, which are favourable for pit formation. This environment is also favourable for good preservation of prehistoric bone, wooden and other organic remains. This fact explains the richness of the organic material collections, and their good preservation. The site is situated 110 km to the north of Moscow and 50 km to the north of Sergiev Possad.

We had to use a large experimental collection from the laboratory of use-wear analysis of the Institute of Material Culture History (St.-Petersburg, director G.F. Korobkova) with the aim of correlating the traces, which had formed on the surface of bone implements. So at our disposal we had experimental tools made from bone, which were linked with processing different materials: skins (needles, awls, scrapers, planes/spatula), wood (planes, burins, chisels), plants (sickles), pottery (planes and tools for decoration) and antlers (borers and perforators).

Besides this we completed the experimental collection with tools made from cow ribs, which were used for fish scale processing and fish preparation. In this paper we describe the use-wear traces, found on the experimental tools and also two types of tools made from elk ribs, which were defined in the archaeological material.

We analysed implements made from elk ribs found in the second Mesolithic layer (7400-7300 BP). Traditionally and accordingly to ethnographic materials these tools were known as "knives for fish processing". Our investigation aimed to check on this functional statement made without any use-wear analysis.

Also we analysed tool made from turtle shell (Emys orbicularis), which had been found in lower Mesolithic layer (7900-7800 BP), and a series of tools made from beaver mandible, which had been transformed in order to use the sharp points as burins.

Introducción

El sitio de Zamostje se localiza a 110 Km. al norte de Moscú y a 50 Km. al norte de la ciudad de Sergiev Possad, en la orilla izquierda del río Dubna, afluente del Volga (fig 1).

Los yacimientos localizados cerca de la aldea de Zamostje (distrito de Sergiev Possad) se encuentran en una misma depresión. En los años 1960 se efectuaron trabajos para regular el cauce del río Dubna y ya entonces aparecieron los primeros artefactos líticos. Sin embargo, ningún arqueólogo fue informado de ese hecho. Fue por azar, en 1987, que investigadores de la Academia de las Ciencias de Rusia se enteraron y fueron al lugar para la localización de los yacimientos arqueológicos. En una superficie de menos de 2 Km^2 se han descubierto al menos 13 yacimientos que van desde el Mesolítico hasta la Edad del Bronce. De todos ellos, el que presenta mayor número de restos arqueológicos es Zamostje 2 que además muestra unos interesantes niveles de transición

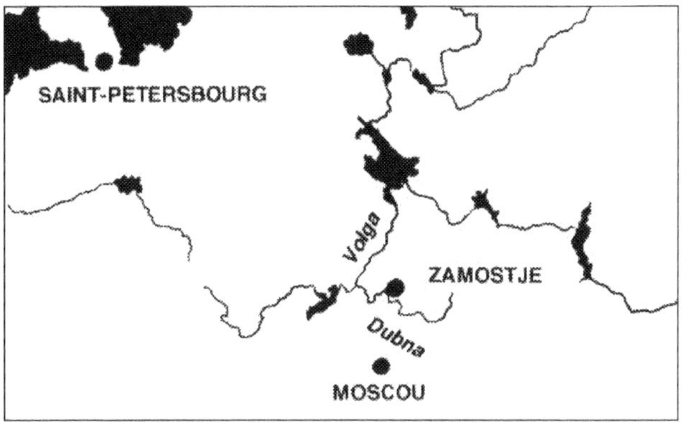

Figura 1: Localización geográfica de Zamostje (Lozovski y Ramseyer 1995).

entre el Mesolítico y el Neolítico (fig.2 y 3). Este yacimiento se descubrió en 1989, y desde entonces ha sido excavado e investigado por V.M. Lozovski.

Figura 2: Perfil sur del yacimiento.

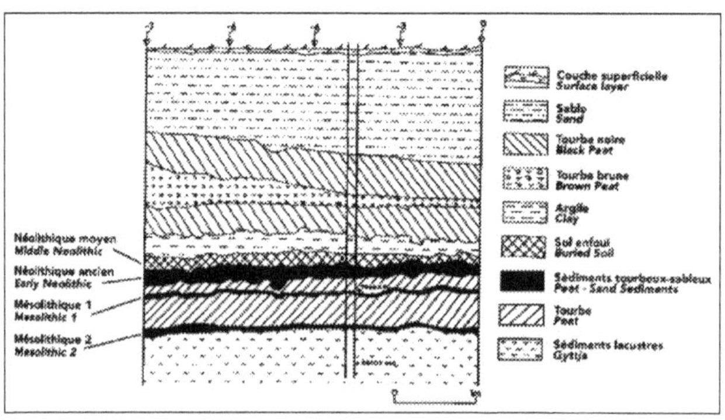

Figura 3: Esquema de la estratigrafía de Zamostje 2.

El que estos niveles de ocupación se hayan mantenido en niveles geológicos de turba, ha permitido que el grado de conservación de los materiales arqueológicos sea realmente muy bueno. De ahí la gran cantidad de restos vegetales y de maderas recuperadas, entre los que se pueden destacar: fragmentos de remos, platos y otros recipientes, nansas de pesca, enmangues para hachas, etc. (Lozovski y Ramseyer 1995 y 1998, Lozovski 1996).

En cuanto a la fauna cazada en Zamostje 2, dos especies son las que predominan claramente: el alce (*Alces alces*) y el castor (*Castor fiber*), tanto en el nivel mesolítico como en el neolítico, aunque los restos recuperados muestran una amplia variedad de especies como: la marta (*Martes martes*), el oso (*Ursus arctos*), el jabalí (*Sus scrofa*), el reno (*Rangifer tarandus*), el zorro (*Vulpes vulpes*), el tejón (*Meles meles*) y la liebre (*Lepus europaeus*). También son abundantes los restos de aves acuáticas y rapaces. Y es destacable también, tanto en el mesolítico como en el neolítico, la documentación de huesos de perro domestico (*Canis familiaris*) con numerosas trazas de descarnación (Chaix 1996).

El material óseo, muy bien conservado como ya hemos señalado, presenta una coloración que va desde el beige claro al marrón oscuro, casi negro. Estas coloraciones son típicas de haber estado un largo periodo en zonas húmedas o acuíferas. Las superficies están poco alteradas y las diversas trazas, tecnológicas, estrías de descuartizamiento, etc. se distinguen sin dificultad (Chaix 1996: 85).

Metodología.

Para poder analizar los rastros de uso que se forman sobre las superficies óseas, a modo de referencia, hemos utilizado la amplia colección experimental del Laboratorio de Traceología del Instituto de Historia de la Cultura Material (Academia de Ciencias de Rusia en San Petersburgo), realizada bajo la dirección de G.F. Korobkova. Así hemos podido contar con instrumentos experimentales en hueso que se relacionan con trabajos sobre materias diversas como: piel (agujas, punzones, raspadores, alisadores/pulidores), madera (azuelas, cinceles, formones), plantas no leñosas (hoces), cerámica (alisadores y decoradores) y hueso-asta (perforadores/taladros).

Además, nosotros mismos realizamos una serie experimental con instrumentos en costilla de vaca que utilizamos para descamar, limpiar (eviscerar) y trocear pescado (fig. 4). Con ayuda de instrumentos líticos (sílex) limpiamos los restos de carne de las costillas por medio de un raspado y aguzamos uno de los bordes para ser utilizado como filo activo en la limpieza de pescado. De los seis instrumentos preparados se utilizaron tres. Dos como cuchillos para descamar pescado (con un ángulo de contacto menor a 45°) y uno para abrir y cortar los pescados en rodajas. El tiempo total de uso fue de 50 minutos (30 y 15 minutos para los dos primeros y tan solo cinco minutos para el tercero). Este tiempo nos permitió limpiar 2 Kg. de carpas, 0,5 Kg. de gobio, una pequeña perca y 2 Kg. de sargo. Las escamas de estas especies de pescado resultaron ser de distintos tamaños y durezas. Ya que el tercer instrumento utilizado para cortar resultó ser muy poco efectivo para esa actividad y dado el poco tiempo de utilización decidimos no incluirlo en el análisis.

También hemos utilizado la bibliografía disponible sobre huellas tecnológicas y de uso en las superficies de instrumentos óseos (Korobkova y Sharovskaya 2001, LeMoine 1997, Meneses 1992, Peltier 1986, Semenov 1964, Stordeur y Anderson 1985). Es remarcable la poca documentación sobre instrumentos utilizados para descamar pescado, a excepción del trabajo de Genevieve M. LeMoine.

A fin de conocer el grado de alteración que presentaban las superficies de los instrumentos arqueológicos y discriminar las alteraciones post-depositacionales de las de uso, analizamos al microscopio otros restos faunísticos no utilizados como instrumentos y provenientes del mismo nivel arqueológico.

Para el análisis del instrumento en caparazón de tortuga y las mandíbulas de castor no hemos realizado experimentación alguna. La determinación aproximativa al uso de estos instrumentos se ha basado en la experiencia adquirida con los materiales en hueso recién enumerados, así como en experiencias con diversas materias primas líticas y en valvas de molusco (Clemente 1997, Mansur y Clemente e.p.).

Instrumentos en costilla de alce.

Los instrumentos en costilla de alce que sometimos al análisis funcional (Clemente y Gyria e.p.) provenían todos del segundo nivel mesolítico (7400-7300 B.P.). Tradicionalmente, y por analogía etnográfica con los Inuit, estos instrumentos se consideraban como "cuchillos para la limpieza de pescado" (Lozovski 1996:55). Nuestra investigación se ha dirigido a la clarificación de estas atribuciones funcionales realizadas sin ningún tipo de análisis funcional.

Observaciones de los materiales.

1. Instrumentos experimentales

1.1 Como resultado de los experimentos consideramos que las costillas aguzadas son muy efectivas para la extracción de escamas y resultan inadecuadas para la acción de corte de pescado, ya que el filo se embota rápidamente y pierde toda su efectividad.

1.2. A pesar del poco tiempo que fueron utilizados, en los filos activos se registra un marcado redondeamiento y se forman unas ligeras muescas que dan al filo un aspecto ligeramente sinuoso en el plano sagital. A través de la lupa binocular se constata un brillo (pulido) significativo en la zona redondeada del filo. Este pulido se extiende ampliamente en la toda la superficie de contacto y también se refleja ligeramente en la cara conductora o de ataque del instrumento.

1.3. A través del microscopio metalográfico, entre 50 y 100 aumentos, en las superficies pulidas se observan unas estrías finas y superficiales, aisladas y/o agrupadas y con variados grados de orientación que a veces se cruzan entre sí (fig.5b). La longitud de las estrías es diversa, llegando en algunos casos a alcanzar la longitud de toda la zona pulida. Otro tipo de rastros que se observan son pequeñas depresiones circulares alineadas y en ocasiones unidas entre sí, a modo de cadena, por un pequeño surco. Estas últimas son menos frecuentes que las primeras y su longitud mucho menor; la mayoría están orientadas perpendicularmente al filo.

1.4. Entre 100 y 200 aumentos la superficie del micropulido no es lisa, ya que a lo largo del filo, donde el micropulido está más desarrollado, se distribuyen paralelamente líneas irregulares que sobresalen y destacan a modo de resquebrajaduras-depresiones (sin embargo, no se trata de resquebrajaduras como en los pulidos de hueso, asta o valva en instrumentos de sílex. Éstas no tienen los límites bien marcados). A 200 y más aumentos tienen un aspecto escalonado (fig 5c).

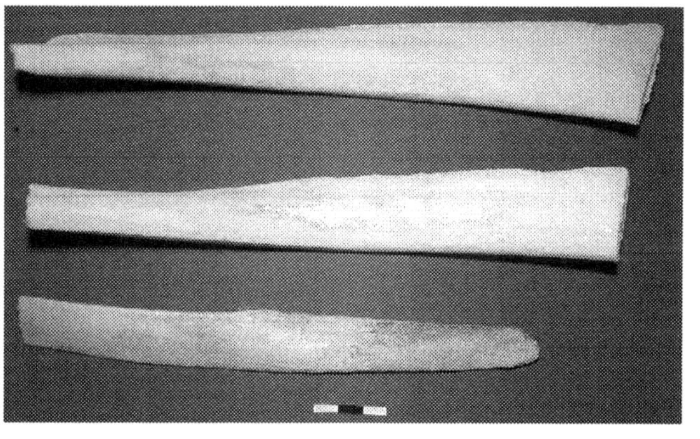

Figura 4: Instrumentos experimentales elaborados en costilla de vaca y utilizados para la descamación de pescado.

1.5. A través de la lupa binocular, este micropulido se muestra muy brillante y liso, al igual que en otros trabajos con instrumentos óseos a excepción de los usados sobre cerámica y tierra. Sin embargo, a 50-100 aumentos y a través del microscopio metalográfico se observan depresiones más oscuras y numerosas estrías, aunque sigue siendo relativamente brillante.

Materiales del nivel 7 de Zamostje 2.

2.1. En todos los ejemplares observados, incluso en fragmentos de restos faunísticos, se observaron rastros de alteraciones postdepositacionales: Se trata de un lustre (pulido) mate que sobre todo se desarrolla en las partes elevadas de la microtopografía, que es donde empieza a desarrollarse (fig.6a). En la superficie de este pulido (o lustre) se observan depresiones de formas irregulares (tendiendo a la circularidad), estrías anchas y profundas, no brillantes (de fondo oscuro), de distintas longitudes y otras estrías finas, superficiales y brillantes, que se

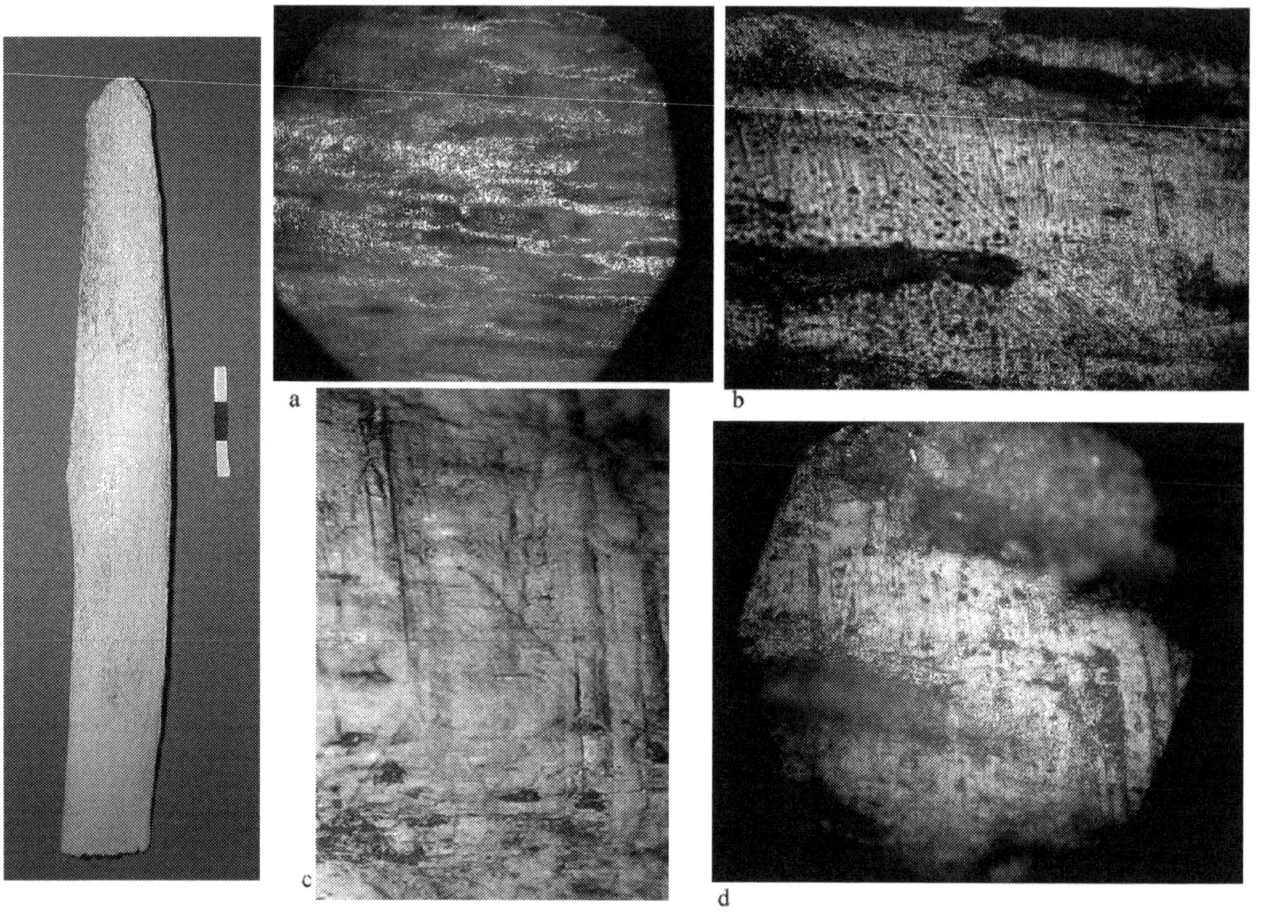

Figura 5: Rastros experimentales producidos al descamar pescado. a-50X; b- 100X; c-300X y d-200X.

presentan bien aisladamente o en grupo de tres o más estrías juntas. La orientación de todas estas estrías es aleatoria.

Vemos otro tipo de pulido brillante, compacto y voluminoso, con depresiones oscuras que contrastan en la superficie brillante con finas estrías a distintas profundidades. Se suele presentar en los bordes de las fracturas (postdepositacionales) de los huesos que, a la vez, pueden presentar un ligero redondeamiento de las zonas sobresalientes (fig.6c).

2.2. En muchos ejemplares se han observado alteraciones producidas posiblemente por los instrumentos de excavación. Se trata de bandas anchas de un pulido liso y muy brillante que pueden ser cortas y rectas o largas y sinuosas con numerosas estrías paralelas de diversas longitudes y en ocasiones con "resquebrajaduras" perpendiculares a las estrías (fig. 6d).

2.3. En todos los artefactos sobre costillas sometidos al análisis se identifican rastros del trabajo de producción o formatización del instrumento. Se trata de estrías debidas al raspado. Distinguiendo aquellas estrías finas, que sólo afectan a la primera capa del hueso, debidas probablemente a la primera acción de limpieza del hueso y otras relacionadas con el acabado del instrumento como es el aguzado de los filos o la elaboración de las puntas de determinados instrumentos.

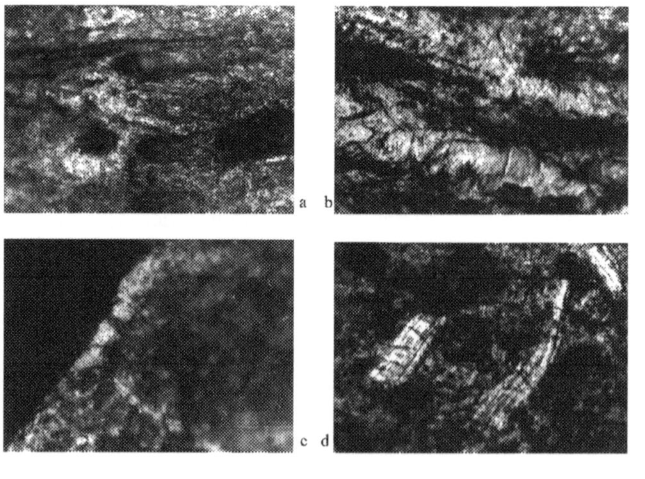

Figura 6: Alteraciones postdepositacionales observadas en las superficies de algunos restos arqueológicos (a,c y d 100X, b 200X).

2.4. Según los rastros observados en las superficies de las distintas costillas de alce pudimos identificar varias

actividades productivas y generalmente relacionadas con distintos tipos de instrumentos:
Instrumentos con rastros semejantes a los producidos por "escamado de pescado" (fig.7a).
Instrumentos para el trabajo y preparación de pieles (fig.7b).
Otros que presentaban rastros de uso complejos y de difícil atribución (posiblemente por la superposición de distintos rastros debidos al trabajo de diferentes materias).
Un grupo reducido de "no analizables" debido a que sus superficies estaban completamente cubiertas por el pegamento, utilizado para el rescate de aquellos huesos recuperados en malas condiciones de conservación.

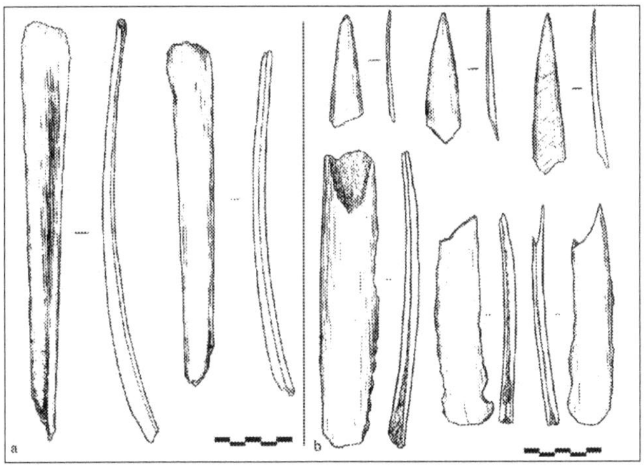

Figura 7: Instrumentos en costilla de alce usados para descamar pescado (a) y para Actividades sobre piel (despellejar) y/o desarticulación de animales (b).

2.5. Los instrumentos que presentan rastros atribuibles a la limpieza (descamado) de pescado (cf. supra) son 15[1]. A diferencia de los rastros obtenidos en nuestra experimentación, los de los instrumentos prehistóricos se muestran bastante más desarrollados (fig. 8 y 9). Además, en estos ejemplares, en las zonas utilizadas y con rastros de uso, no se observan alteraciones postdepositacionales. La mayoría de estos instrumentos son grandes fragmentos de costillas estrechas (sin epífisis ni parte distal). Los rastros se localizan recurrentemente en el tercer cuarto de la longitud del mismo, sin llegar a alcanzar la parte final del instrumento. En la mayoría de los casos los rastros se pueden observar en ambos bordes o filos del instrumento y la zona de contacto es normalmente la parte interna (cóncava) de la costilla.

2.6. Los rastros atribuibles al trabajo de piel se han documentado en 49 ejemplares, 35 de los cuales son fragmentos de puntas. Todos ellos presentan rastros de raspado/raído para la preparación de las puntas o para el aguzado de los filos[2]. 14 fragmentos de costilla (sin punta), algunos de ellos presentan la parte proximal redondeada y/o los bordes laterales formatizados con muescas[3] (fig. 7b).

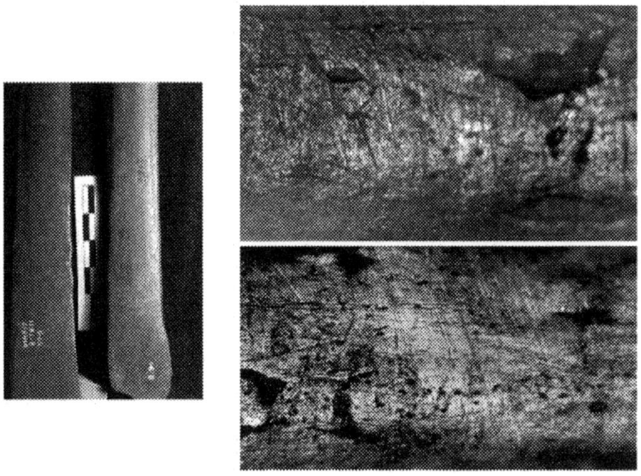

Figura 8: Rastros de uso atribuido al descamado de pescado en la superficie de instrumentos arqueológicos (100X).

2.7. A través del binocular las zonas activas relacionadas con el trabajo de la piel presentan un acentuado (macro) redondeamiento de los filos y un pulido brillante que penetra profundamente por ambas caras por igual. Las estrías discurren tanto paralelamente como en sentido oblicuo (con ángulos agudos) y en algunos casos incluso perpendiculares al filo.. Las estrías más grandes presentan los bordes redondeados (alisados).

2.8. A través del microscopio metalográfico este micopulido presenta numerosas depresiones (mayormente de forma semicircular) que le dan un aspecto más rugoso y menos brillante (más mate) que el micropulido debido a la descamación de pescado (fig. 9). En la superficie del pulido, a partir de 100 aumentos, se pueden observar numerosas estrías finas. Da la impresión de que el pulido recubre una capa de estrías y, a la vez, en esta nueva superficie pulida se forman nuevas estrías. Este efecto hace que la superficie del pulido tenga un aspecto ligeramente ondulado. La dirección que marca este "micro-oleaje" coincide con la dirección de las estrías. Las estrías más anchas y profundas cortan la superficie pulida y son oscuras.

2.9. En dos casos pudimos realizar remontajes entre fragmentos de puntas y costillas fracturadas (fig.9),

[1] De la excavación de 1996 los Números: 5,8,9,12,16 y 17
y de la excavación de 1997: 1,2,3,5,6,7,8,12,22 (el nº 1 presenta además un cuadro de rastros más complejo por la superposición de otros rastros de uso).

[2] De la excavación de 1996 los Números: 19,20,21,22,23 y 24
y de la excavación de 1997: 17,18,19,20,21,24,25,26,27,28,29,30,31,32,34,35,37,38,39,40,41,42,50, 51,52,53,54,57,y 60

[3] De la excavación de 1996: 1,2,3,4,6,7,10,11,13, y 14
De la excavación de 1997: 4,9,14 y 15 (los rastros del nº 9 tienen un carácter complejo. Los rastros corresponderían con los de raspado de piel, aunque esta costilla no presenta preparación alguna y por su forma se relacionaría con las costillas utilizadas para el descamado de pescado).

configurando así la forma total de esos instrumentos que presentan rastros de haber trabajado sobre piel[4]

2.10. Gracias a estos remontajes, así como a la identificación de idénticos rastros de uso y tecnológicos en ambos fragmentos de instrumentos, nos ha permitido relacionar estos fragmentos de puntas óseas (como partes activas de los instrumentos) con los fragmentos de costilla (que harían el papel de mango). Estos instrumentos parece ser que se manufacturaban de la siguiente forma: se eliminaba la porción distal de la costilla para luego, en cierta cantidad de casos, formatizar esta porción hasta conformar una base convexa. Las formatizadas no permiten detectar las acciones dirigidas a la eliminación de la porción distal, pero a juzgar por las bases no formatizadas habría sido sólo por fractura. Para la parte distal del instrumento se utilizaba la porción proximal de las costillas que resultan más delgadas y finas. Luego de eliminada la epífisis la porción conservada se desgastaba por raspado hasta un tercio de su eje longitudinal, eliminando la capa ósea cortical hasta dejar aflorar el cuerpo esponjoso. Después se formatizaba una punta por abrasión y/o pulimento. En algunos ejemplares uno o ambos de los filos, en la parte distal de la punta, fueron biselados.

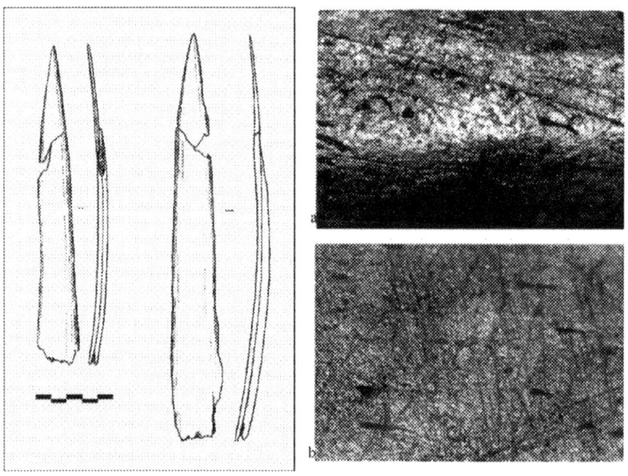

Figura 9: Izda. remontajes de los cuchillos. Drcha. Rastros de observados en la punta (a) y rastros observados en la parte utilizada como mango (b) (50X).

2.11. En las superficies planas y bordes de los fragmentos de costilla considerados como mangos, se ha podido observar un pulido plano (nada espeso), mate, con pequeñas depresiones y cruzado por numerosas estrías finas y superficiales orientadas en diversas direcciones, que nosotros relacionamos con el contacto con la mano. Este pulido recuerda ligeramente al del trabajo de la piel, pero en este caso es menos espeso (más plano) y las estrías y su ubicación son diferentes (fig. 9).

2.12. Resulta curioso observar que en aquellas superficies de los huesos donde se desarrollan los pulidos debidos al contacto con la mano, las alteraciones postdepositacionales afectan menos que en aquellas áreas donde no se registran esos rastros.

2.13. En tres ejemplares se observaron otros rastros de uso diferentes, o mezcla de rastros[5]....

2.14. Cuatro ejemplares no pudieron ser analizados por presentar pegamento en sus superficies y/o haber sufrido fuerte alteraciones postdepositacionales[6].

Instrumentos en mandíbulas de castor.

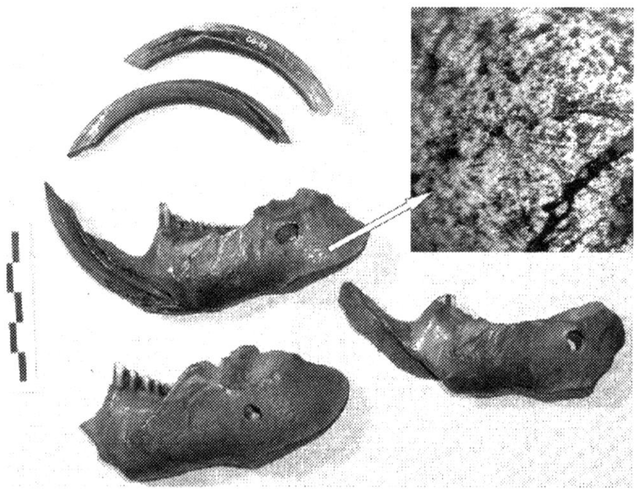

Figura 10: Mandíbulas de castor con perforación y colmillos, en la parte derecha superior lustre que presenta la mandíbula visto a 100X.

Son numerosas las mandíbulas de castor recuperadas tanto en los niveles mesolíticos como neolíticos de Zamostje 2. Muchas de estas mandíbulas inferiores presentan un fuerte lustre en su superficie, así como una perforación. La parte ósea que recubre el colmillo está fracturada, al igual que ocurre con el colmillo mismo que a base de percusión es fracturado en su eje longitudinal; toda la superficie del mismo que queda desprotegida del hueso y la rama ascendente que une las mandíbulas inferior y superior es eliminada (fig. 10). El interior de la fractura del colmillo se regulariza a base de un raspado, probablemente realizado con instrumento lítico, siguiendo el eje longitudinal del mismo (fig. 11c). El hecho de que el colmillo fuera fracturado para ser utilizado como parte activa de un instrumento de trabajo, supone una ventaja a la hora de realizar un análisis microscópico del mismo ya que se eliminó parte de la superficie brillante del esmalte así como de la zona distal que fue utilizada por el castor en vida para roer madera.

[4] Estos remontajes corresponden a las piezas nº 11 de la excavación de 1996- considerada como mango del instrumento, y la punta nº 29 perteneciente a la excavación de 1997. El otro remontaje son ambos de la excavación de 1996, el nº 10 (mango) y el 23 (punta).

[5] Nº 15 y 18 de 1996 y nº 23 de 1997.- éste último podría ser una punta de esos cuchillos utilizados para la piel que se usó para trabajar sobre otra materia (?).

[6] De las excavaciones de 1997, los nº 10, 11, 13 y 16.

Así pues, la fractura presenta una superficie fresca en la que los rastros de uso que se forman son fácilmente reconocibles y se pueden relacionar con la actividad que se realizó.

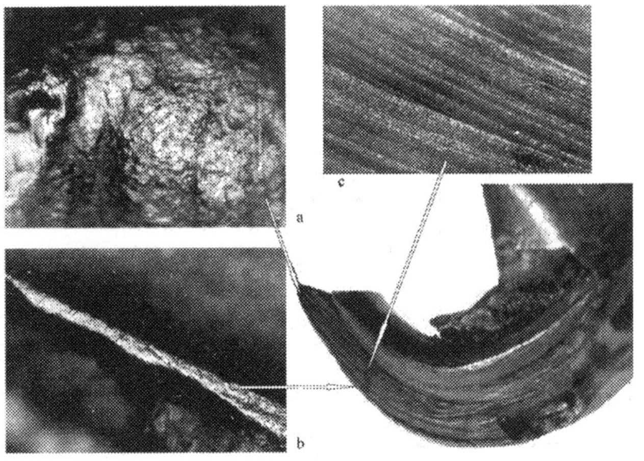

Figura 11: Rastros de uso observados en el colmillo (a- en el vértice y b- en el lateral, ambas a 100X); c- estrías tecnológicas de raspado, 50X).

Los tres ejemplares que hemos analizado presentan rastros de uso semejantes. Por una parte, observamos en el extremo del colmillo un acentuado redondeamiento, con un pulido brillante de trama cerrada y aspecto rugoso en general y compacta y más lisa en las zonas más salientes, acompañado de estrías de morfología variada: unas finas y superficiales de fondo brillante y otras anchas y profundas de fondo oscuro que indican el movimiento realizado con el instrumento (fig. 11a). Y, por otra parte, se observan rastros de uso también a lo largo del borde longitudinal del colmillo fracturado. En esta zona, el micropulido se observa en las zonas elevadas de los surcos debidos al raspado previo de la zona interna del colmillo y especialmente en el borde inferior donde el micropulido se desarrolla más ya que es la zona donde se ejerce la presión y el contacto con el material trabajado es más prolongado. El micropulido es brillante de trama cerrada-compacta, ligeramente abombado y de aspecto liso. Las estrías son escasas, cortas, de fondo brillante y orientadas perpendicularmente al eje longitudinal del colmillo (fig. 11b). Por las características que presentan los rastros, debieron trabajar sobre materias de dureza media-dura y lo hicieron utilizando dos partes activas distintas del colmillo, asiendo el instrumento por la mandíbula que hace la función de mango. El lustre macroscópico que presentan éstas (fig. 10) podría relacionarse tanto con el contacto con la mano a la hora de utilizarlo, como con el contacto de piel (humana o animal) si es que lo hubiesen guardado o transportado (o hubiese servido al mismo tiempo de ornato) pendiente del cuello con una correa, para lo que podrían haber aprovechado el agujero realizado en la mandíbula.

Existen otros yacimientos donde se han recuperado mandíbulas de castor a las que también se les ha caracterizado como instrumentos de trabajo. Por una parte, el arqueólogo ruso M.G. Zhilin (1997), analiza a través de la lupa binocular las mandíbulas de castor del yacimiento mesolítico de Verotie I y comenta que fueron utilizadas para trabajar sobre madera. También P. Pétrequin (Beugnier 1997, Pétrequin y Pétrequin 1988, Pétrequin y Rachez 1997) propone que en los yacimientos lacustres del neolítico de Chalain y Clarivaux (Jura-Francia) existen colmillos de jabalí y de castor que probablemente fueran utilizados para trabajar madera. Estas atribuciones funcionales las hacen en base a analogías etnográficas con grupos de Nueva Guinea donde utilizan los colmillos de jabalí para raspar astiles de madera (Pétrequin y Pétrequin 1988: 89); de ahí que consideren que durante el Neolítico debieron utilizar estas mismas herramientas para los trabajos finales (alisado y bruñido) de los cuencos de madera que previamente habrían sido vaciados con ayuda de hachas (Pétrequin y Pétrequin 1988: 122). Estos colmillos habrían sido utilizados bien enmangados en asta de ciervo, o bien insertados en la propia mandíbula que serviría como enmangue (Pétrequin y Rachez 1997, Beugnier 1997).

Los colmillos de castor de Zamostje 2 que hemos analizado parece ser que también podrían haberse utilizado para trabajar y manufacturar bienes de uso en madera. Éstos son muy abundantes y variados en Zamostje 2 (Lozovski y Ramseyer 1998), por lo que los colmillos de castor podrían haberse utilizado para alisar por raspado cualquiera de ellos -utilizando la fractura del frente longitudinal del colmillo; así como para vaciar recipientes o realizar ranuras (p.e. para enmangues de otros instrumentos) con la fractura del vértice distal del colmillo.

Análisis del instrumento de trabajo en caparazón de tortuga.

Entre otros materiales de Zamostje 2 hemos analizado un instrumento que consideramos especial por estar elaborado sobre la parte superior de un caparazón de tortuga (fig.12 y 13). Fue recuperado durante la excavación del año 90 y pertenece al nivel inferior, mesolítico -7840±90 (GIN-6195) BP, 7900±180 (GIN-6197) BP- y se conserva en el Museo de Sergiev Possad con el número de inventario 1044 N. Vsp.

Podemos encontrar entre la bibliografía arqueológica diversas citas que recogen la recuperación de caparazones de tortuga en registros de diversas cronologías (Jozsatski 1946, Jozsatski y Alekperov 1957, Paaver 1958, Mlynarski 1971, Saña, 1999). En estos trabajos se les considera restos de alimentación (Saña 1999), o bien se les atribuye un papel "mágico" y/o "cultural", sobre todo cuando aparecen en contextos específicos como elementos de ajuar en las tumbas (Jozsatski y Alekperov 1957). También estos restos arqueológicos se han utilizado como datos climatológicos, especialmente el hallazgo de la especie acuática *Emys Orbicularis* en yacimientos del norte europeo (Paaver 1958). Sin embargo, no hemos observado que nadie cite el uso de los caparazones de tortuga para la manufactura de algún instrumento de trabajo.

Figura 12: Caparazón de tortuga conservado en el Museo de Sergiev Possad (1044 N. Vsp.).

El ejemplar recuperado en Zamostje 2 parece pertenecer a la mitad derecha del caparazón de una tortuga acuática, posiblemente *Emys Orbicularis*. Aunque en la actualidad el límite de hábitat de esta especie está mucho más al sur, en aquella época podría haber ocupado la zona de la llanura rusa donde se encuentra el sitio. De hecho en yacimientos del neolítico del Prebáltico, situados más al norte que Zamostje, han aparecido restos de este tipo de tortuga. Esto implicaría unas condiciones climáticas que permitieran la reproducción de esos animales. Es necesario un clima con temperaturas superiores a +18ºC en el mes de junio para el desarrollo normal de los huevos, aunque en invierno puede soportar los –15ºC, gracias a que se entierran para invernar (Paaver 1958:77).

Hemos observado toda la superficie del caparazón, tanto la externa como la interna, para registrar las posibles alteraciones que presentara. En la parte interna son destacables numerosas estrías que podrían relacionarse con un raspado, con instrumento lítico, para la limpieza o extracción de la carne del animal. Estas estrías aparecen por lo general agrupadas, paralelas entre sí, largas, anchas y profundas. En las zonas elevadas de la topografía, sobre todo en la parte externa del caparazón, se observa un brillo general debido a un lustre que se acompaña de depresiones y estrías de diferentes anchuras y longitudes, aunque las más abundantes son estrías cortas, finas y superficiales. Estas alteraciones externas podrían ser debidas tanto al contacto con el sedimento como a su manipulación durante el uso, o mezcla de ambas.

El fragmento del caparazón que se ha recuperado mide 141×84×4 milímetros. El borde que presenta la denticulación conserva 36 ranuras (que conforman otros tantos dientes); éstas han sido realizadas probablemente con un instrumento lítico, presentan una sección en V y las huellas tecnológicas del corte se ven en la cara interna. Observado a través de la lupa binocular, este borde presenta un fuerte redondeamiento transversal, reflejando una superficie muy brillante y lisa (da la impresión de que estuviera mojada), con microdepresiones abundantes de forma semicircular, y en algunos dientes se ven surcos anchos, cortos y profundos.

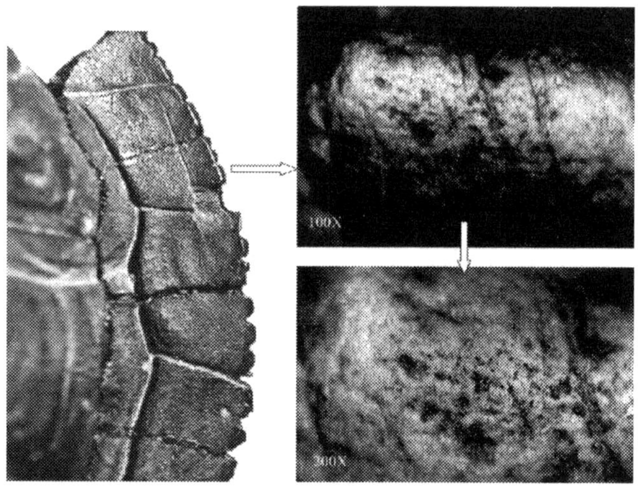

Figura 13: Rastros de uso observados en el filo activo del instrumento.

A través del microscopio metalográfico se observa un micropulido brillante de trama compacta, con muchas depresiones y estrías que le dan un aspecto rugoso (fig. 13). Las estrías se disponen en distintas direcciones, aunque predominan las orientadas perpendicularmente al filo, las hay también oblicuas en ambas direcciones y alguna que corre paralela al filo. Surcos anchos y profundos cruzan prácticamente perpendiculares al filo; éstos, al igual que los agujeros (depresiones circulares), están sin colmatar por el pulido.

A falta de experimentación con este tipo de materia prima (caparazón de tortuga), no podemos decir si se ha usado mucho tiempo o no, o cómo se van desgastando y formando los rastros de uso sobre esas superficies. La determinación se ha realizado a partir de la experiencia con otros tipos de materiales – instrumentos óseos, líticos y en valva de molusco (Clemente 1997, Clemente y Guiria e.p.). A partir de ello, se puede afirmar que fue utilizado como instrumento de trabajo y que, por el acentuado redondeamiento y las características de los micro-rastros descritos, creemos que se le podría atribuir un trabajo sobre piel. Concretando más, por los movimientos multidireccionales realizados podría haber servido para realizar una limpieza, extraer grasa y otras adherencias, de una piel fresca. Para ello, aparte de raspar es necesario realizar movimientos de corte que ayuden a extraer todas esas adherencias antes de curtir la piel.

Conclusiones.

Este trabajo es inicial y somos conscientes de la necesidad de continuar con el programa experimental con materias óseas para completar el estudio con el análisis de otros tipos de instrumentos óseos del yacimiento, así como realizar un análisis exhaustivo del resto de los instrumentos en mandíbulas de castor que incluya tanto la manufactura como su utilización.

Sin embargo, al analizar las costillas de alce hemos podido distinguir claramente dos tipos distintos de instrumentos, en cada uno de los cuales se puede constatar una fuerte correlación entre la forma del instrumento y los tipos de rastros de uso documentados. Los grandes fragmentos de costillas, prácticamente sin trabajo adicional de acondicionamiento, se utilizaron para descamar pescados. Sin embargo, hay que señalar que en dos costillas de este tipo se registraron rastros de una acción transversal sobre piel. El que formas iguales trabajen sobre materias distintas, hace que el análisis funcional resulte imprescindible para la caracterización de los instrumentos de trabajo utilizados por las distintas sociedades prehistóricas.

Los fragmentos de puntas y determinadas costillas fracturadas que presentan rastros de uso asociados a la piel suponen otro tipo distinto de instrumento. Éstos, que muestran una tecnología de manufactura específica, determinados rastros de uso con una distribución concreta e incluso remontajes, podrían haberse utilizado como cuchillos para la extracción de piel y desmembrar animales. Ésta actividad prácticamente no está documentada en el análisis traceológico de los instrumentos líticos de Zamostje 2 (Lozovska y Lozovski e,p.).

Con los resultados de este trabajo queremos dejar patente que a través del análisis funcional de los instrumentos de trabajo, sea cual sea la materia prima en la que están manufacturados, se puede obtener una valiosa información sobre las actividades de trabajo y procesos productivos realizados. Datos que consideramos imprescindibles para acercarnos al conocimiento de las sociedades prehistóricas.

Agradecimientos.

A los conservadores del Museo Sergiev Possad, por facilitarnos el acceso al material de estudio. A Igor Danilov del instituto de Zoología de la Academia de Ciencias de Rusia en San Peterburgo por la aportación bibliográfica y por su predisposición a la hora de determinar la tortuga de Zamostje 2 y a todo el Laboratorio de Traceología del Instituto de Historia de la Cultura Material de San Peterburgo por la ayuda prestada. Los análisis para este trabajo fueron realizados en otoño del 2000, gracias a una beca "Marina Bueno" de intercambio entre el CSIC (España) y la Academia de Ciencias de Rusia.

Bibliografía

BEUGNIER, V. (1997), *L'usage du silex dans l'acquisition et le traitement des matières animals dans le néolithique de Chalain et Clairvaux. La Motte-aux-Magnins et Chalain 3 (Jura, France) 3700-2980 av. J.-C.* Thèse Doctorale, Université de Paris X.

CHAIX, L. (1996), "La faune de Zamostje 2", en V.M. Lozovski, *Zamostje 2. Les derniers chasseurs-pêcheurs préhistoriques de la plaine Russe.* Treignes, Editions du CEDARC, pp. 85-89.

CLEMENTE CONTE, I. (1997), *Los instrumentos líticos del Túnel VII: una aproximación etnoarqueológica,* Treballs d'Etnoarqueologia II, CSIC-U.A.B.

CLEMENTE CONTE, I. (en prensa), " Un instrumento de trabajo inusual en caparazón de tortuga en Zamostje 2). La Edad de Piedra en la Llanura Europea). Museo Serguiev Possad (ed.).

CLEMENTE, I. y GYRIA, E.Y. (en prensa), "Análisis de los instrumentos en costillas de alce del sitio Zamostje 2 (Nivel 7, excavaciones de los años 1996-7. Archaeological News, nº 10), San Peterburgo.

JOZSATSKI, L. I (1946), "Restos de Tortuga de agua dulce *Emys Orbicularis L.*de los sedimentos cuaternarios de Crimea. *Boletín de la Comisión para el estudio del Cuaternario)*, н. 8, pp. 78-81.

JOZSATSKI, L.I. y ALEKPEROV, A.M. (1957)," (Caparazones de tortuga procedentes de excavaciones arqueológicas en Minguechau. *Notas científicas de la Universidad Estatal de Adserbaidjan- Kirov)*,. 12: 101-112.

KOROBKOVA G.F. y SHAROVSKAIA T.A. (2001). " Instrumentos prehistóricos de hueso /reconocimiento de las huellas de uso por datos arqueológicos y experimentales). *Archaeological News*, 8: 88-98. San Peterburgo).

LeMOINE, GENEVIEVE M. (1997), *Use Wear Analysis on Bone and Antler Tools of the Mackenzie Inuit*, BAR International Series 679.

LOZOVSKA, O.V. y LOZOVSKI V.M. (en prensa), "Typologie et functions des outils lithiques du site de Zamostié 2 (Mésolithique recent-néolithique ancien de la Plaine Russe), en H. Plisson *et al* (coords.), *The recent archaeological approaches to the use-wear analysis and technical process*, The first studies in Honor of S.A. Semenov, BAR International Series, Oxford.

LOZOVSKI, V.M. (1996), *Zamostje 2. Les derniers chasseurs-pêcheurs préhistoriques de la plaine russe.* Guides Archéologiques du "Malgre-Tout", Editions du CEDARC, Treignes, Belgique.

LOZOVSKI, V.M. y RAMSEYER, D. (1995), "Le Site Préhistorique de Zamostje. *Archeologia,* nº 311, pp. 34-41.

LOZOVSKI, V.M. y RAMSEYER, D. (1998), "Les objets en bois du site mésolithique de Zamostje 2 (Russie), *Archeo-Situla,* 25/1995, pp. 5-18. CEDARC, Treignes, Belgique.

MANSUR, M.E. y CLEMENTE, I. (en prensa), "¿Tecnologías invisibles?. Confección, uso y conservación de instrumentos de valva en Tierra del Fuego", *Actas del XIV Congreso Nacional de Arqueología Argentina*, Rosario.

MENESES FERNÁDEZ, M.D. (1992), "El raspado de hueso y asta. Propuesta técnica experimental", *Préhistoire Anthropologie Méditerranéennes,* Tome 1, pp. 195-207., LAMPO, Universite de Provence-CNRS.

MLYNARSKI, M. (1971), "Zólw blotny (*Emys Orbicularis /Linnaeus/*) z cmentarzyska kultury pucharów lejkowatych na stanowisku 1 w sarnowie, pow. Wloclawek – z Grobowca 8", *Prace I Materialy Muzeum Archaeologicznego I Etnograficznego w Lodzi, Seria Archeologiezna* nr 18, pp.125-129

PAAVER, K.L. (1958), " Sobre hallazgos de restos de tortuga de agua *Emys Orbicularis L* en el yacimiento del neolítico tardío de Tamula (sur de Estonia, *Boletín de la Academia de Ciencias de Estonia SSR, serie Biología),* H. 1, pp. 75-78.

PELTIER, A. (1986), "Étude expérimentale des surfaces osseuses façonnées et utilisées", *Bulletin de la Société Préhistorique Française,* Tome 83 (1), pp. 5-7.

PÉTREQUIN, A.M. y PÉTREQUIN, P. (1988), *Le néolithique des lacs, Préhistoire des lacs de Chalain et de Clairvaux (4000-2000 av. J.-C.),* Éd. Errance, Paris.

PÉTREQUIN, P. y RACHEZ, E. (1997), "Un biseau naturel: l'incisive de castor", en P. Pétrequin (ed.), *Les sites littoraux néolithiques de Clarivaux et de Chalain (Jura), III, Chalain station 3, 3200-2900 av. J.-C.,* Éd. Maison des Sciences de l'Homme, Paris, pp 523-528.

SAÑA SEGUÍ, M. (1999), *Arqueología de la domesticación animal. La gestión de los recursos animales en Tell Halula (Valle del Éufrates-Siria) del 8.800 al 7.000 BP*, Treballs d'Arqueologia del Pròxim Orient, 1. UAB, AECI, Barcelona.

STORDEUR, D. y ANDERSON-GERFAUD, P. (1985), "Les omoplates encochées néolithiques de Ganj Dareh (Iran). Étude Morphologique et fonctionnelle", *Cahiers de l'Euphrates* 4, pp. 289-309.

ZHILIN, M.G. (1997), "Instrumentos sobre mandíbulas inferiores de castor del sitio Veretie I), en C. S.V. Oshibkina: *Veretie 1. Asentamiento mesolítico al Noreste de Europa*), Moscú. Nauka, pp. 191-192.

SECCIÓN V

ANÁLISIS FUNCIONAL Y EL ESTUDIO DE SOCIEDADES AGRO-PASTORILES

19. Útiles de percusión tallados en el neolítico precerámico del valle alto del Éufrates (Siria) 10000-8700 cal. a.C.

Juan A. Sánchez Priego

Résumé

Sur les sites néolithiques de Jerf el Ahmar, Mureybet et Cheikh Hassan (Syrie), les matières premières utilisées dans les constructions sont la pierre, le bois et la terre crue. La pierre et le bois ont été de toute évidence travaillés par percussion. Plus particulièrement, des calcaires tendres présents dans des bâtiments des niveaux PPNA ont été taillés et mis en forme régulièrement (« pierre à cigares ») à l'aide d'herminettes en silex.

Les « herminettes de Mureybet », connues seulement dans la vallée du Haut Euphrate syrien, sont les outils qui ont permis aux néolithiques de traiter ces différents matériaux. Cette hypothèse a été vérifiée à l'appui d'un référentiel expérimental qui a été établi et ensuite comparé avec le matériel archéologique. L'expérimentation nous a ainsi permis de mettre en évidence un certain nombre de variables dont la plus importante s'est avérée être la résistance mécanique de chaque matière première travaillée. Le temps et l'intensité du travail sont aussi des facteurs importants. La variabilité des états macroscopiques des outils archéologiques résulte de l'application d'un mode d'action unique, la percussion directe lancée, sur des matériaux de différentes duretés comme le calcaire tendre, la pierre dure et le bois.

Les premiers résultats confirment une utilisation prépondérante, mais probablement non exclusive, des herminettes aux différentes phases de construction des bâtiments ; d'une part pour la taille des pierres des murs et d'autre part pour la coupe du bois de charpente. Ces résultats n'excluent pas la possibilité de l'emploi des herminettes dans d'autres activités comme la fabrication de récipients ou de divers objets en pierre ou en bois, ou encore, dans le travail de la terre (terrassement des terrains de construction, creusement de fosses, premiers labours agricoles).

Malgré la place importante de ces outils dans l'économie locale, ils sont amenés à disparaître pendant la phase suivante dite phase de « transition PPNA-PPNB ». Leur disparition n'est pas un phénomène isolé, elle suit un ensemble de transformations socio-économiques et culturelles qui caractérisent la zone du Levant Nord vers 8700 av.J.C. Dans le domaine technique les nucléus à lames (nucléus naviformes) de cette période annoncent l'arrivé du PPNB. Au même moment, les dernières herminettes taillées coexistent avec les premières haches et herminettes polies. S'il s'agit d'une véritable substitution, force est de constater que le très faible nombre d'outils polis retrouvés oblige à considérer ces instruments comme peu utilisés par les nouvelles sociétés qui se mettent alors en place. Il est aussi probable que d'autres outils comme des gros éclats ou encore des nucléus à lames épuisés, ont pu assurer les activités de percussion autrefois réalisées par les herminettes. Ce phénomène précèderait alors la diffusion des haches polies au PPNB du Levant Nord.

INTRODUCCIÓN

El Próximo Oriente

Utilizaremos el término *Levante* siguiendo la definición de la UNESCO. Èste designa cuatro de los países asiáticos actuales, incluídos en el Próximo Oriente y situados a orillas del Mediterráneo : Siria, el Libano, Israel y Jordania. Para la cronología, las fechas utilizadas serán siempre a.C. calibradas. Nuestra referencia será el cuadro presentado por un equipo de la *Maison de l'Orient méditerranéen* de Lyon (tabla1) (Aurenche *et al.*, 1981, Hours *et al.* 1994).

EL MEDIO NATURAL

Contexto geográfico: el valle Alto del Éufrates en Siria.

El río más importante en Siria es el Éufrates. Entre 36° et 37° de latitud norte, el Alto Éufrates sirio corresponde a una primera unidad hidrogeográfica del valle que va de Djérablous a Meskéné, con 120 km de curso (Belmont 1999:13). Nuestro estudio integra tres yacimientos neolíticos de este área geográfica: Jerf el Ahmar, Mureybet y Cheikh Hassan, (fig.1). Esta parte del valle está situada al interior del "Creciente Fértil" y corresponde, por tanto, a una de las zonas de repartición de las especies salvajes, tanto vegetales como animales, que serán domesticadas en el Próximo Oriente.

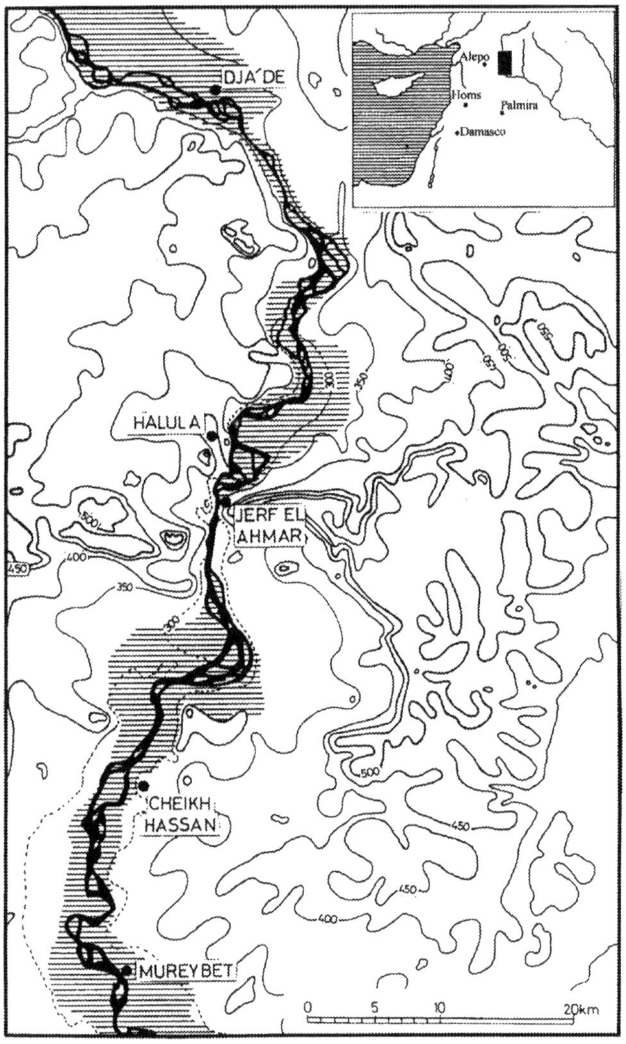

Figura 1: Situación de los yacimientos estudiados en el valle Alto del Eúfrates (Siria).

Contexto geológico: región de calizas.

El mapa geológico de Siria a escala 1:200.000 (Ponikarov 1966) muestra la importante variabilidad litológica de la zona. La facies geológica de más envergadura es la de la caliza blanda eocena (formación Pg2-3). Se trata de una caliza arcillosa blanca, muy blanda y homogénea. Sobre ésta, encontramos otros dos tipos: la caliza oligocena (Pg3), relativamente blanda, pero menos arcillosa y más amarilla que la eocena sobre la que reposa; y la caliza helvetiense (N1h), caliza organógena amarilla dura y masiva (Belmont 1999: 42).

Entre los estratos calizos descubiertos por la erosión encontramos facies cretáceas ricas en sílex de grano fino como, por ejemplo, la « formación de Maskar ». En Cheikh Hassan y Mureybet, las terrazas pleistocenas tienen una importante amplitud y son ricas en cantos silíceos. En Jerf el Ahmar, son menos frecuentes, cubiertas en parte por los depósitos aluviales holocenos. Las que están al norte del yacimiento (formaciones QIII y QIV) contienen casi todos los tipos de cantos rodados, incluyendo los de sílex, encontrados en los habitats.

Gracias a las prospecciones sabemos que estos recursos minerales han sido ampliamente explotados durante la prehistoria. En el Neolítico esta explotación estaba orientada, por un lado, hacia los diferentes tipos de caliza para la arquitectura, el utillaje de molienda (Procopiu, com.pers.) y los recipientes y, por otro, hacia los diferentes tipos de sílex y rocas duras destinadas a la fabricación de utillajes diversos.

Contexto biológico vegetal: la madera.

El alto Éufrates, con la región de Palmira y el Djèzireh, está en el interior de la parte estépica de Siria. La degradación es tal que las especies autóctonas, tanto animales como vegetales, practicamente han desaparecido. En nuestro trabajo hablaremos sólo de las principales especies vegetales leñosas explotadas en los yacimientos del valle Alto del Éufrates sirio.

En el período considerado, los estudios arqueozoológicos y arqueobotánicos indican dos ecosistemas dominantes: una fuerte ripisilva asociada al río Éufrates y una zona estépica que le rodea. Las características topográficas de estos asentamientos permiten, sobre todo, la explotación de los recursos de la llanura aluvial, pero también, el acceso hacia la zona estépica, de condiciones más secas pero de recursos naturales complementarios.

El análisis de los restos vegetales carbonizados y de los animales asociados a la ripisilva, demuestra que la vegetación de los bordes del Éufrates era bastante densa. Entre un 75 y un 90 % de las maderas leñosas provienen de esta formación, (Helmer *et al.* 1998:20). En Abu Hureyra Natufiense, la ripisilva representa el 92% de los restos con un marcado predominio del álamo (*Populus euphratica*) (Roitel 1997: 76). En Mureybet, el álamo ha sido identificado también en toda la secuencia (Willcox, en preparación). En Jerf el Ahmar PPNA las asociaciones son las mismas que en Abu Hureyra, el bosque-galeria (ripisilva) representa un 69% del total. El álamo, el tamarisco y el fresno dominan el registro.

De la ripisilva, las maderas más utilizadas son las de álamo (*Populus euphratica*), fresno (*Fraxinus* esp.), sauce (*Salix* esp.), tamarisco (*Tamarix* esp.), olmo (*Ulmus* esp.), plátano (*Platanus orientalis*). En la arquitectura, la madera más empleada es el álamo (Willcox, com. pers.). Esta elección esta en función de la disponibilidad, pues las comunidades han recogido los vegetales leñosos lo más cerca posible de sus habitats (Helmer *et al.*1998 :20).

La zona estépica era menos seca y estaba arbolada (bosque pre-estépico) en Jerf el Ahmar (Roitel, 1997: 90), situado más al norte que Cheikh Hassan y Mureybet. Esta formación, actualmente desaparecida, fue explotada para diversos fines: como combustible, para la alimentación, etc. El porcentaje es mucho más reducido con un intervalo que va del 5 al 30% del total (Helmer *et al* 1998 : 20).

Del bosque pre-estépico, las maderas más utilizadas son el terebinto (*Pistacia atlantica*), el almendro (*Amigdalus*) y el roble de hojas caducas (*Quercus*). En Jerf el Ahmar, el bosque pre-estépico representa el 30% con el almendro y el *Pistacia* atlántica como especies dominantes (Roitel 1997: 86). Al encontrarse en las inmediaciones de los hábitats, el coste energético derivado del transporte de la madera, tanto de la ripisilva como de la estepa, quedaría reducido al mínimo.

CONTEXTO CULTURAL: LA NEOLITIZACION DEL VALLE DEL EUFRATES

PERÍODOS	ETAPAS
8200-7500 a.C. cal	**PPNB medio** Grandes poblados Arquitecturas estandarizadas Plantas y animales domésticos
8700-8200 a.C. cal	**PPNB antiguo en el Éufrates** Difusión del PPNB hacia el Levante sur y Chipre Domesticación en Anatolia: cabra, oveja, cerdo Nueva finalidad de la talla bipolar Nuevo armamento
9500-8700 a.C. cal	**Fase de transición PPNA-PPNB en el Éufrates** Construcciones colectivas especializadas Grandes láminas apuntadas Nuevos tipos de cuchillos **Últimas « azuelas de Mureybet »** **PPNA del Eufrates** Paso casas redondas-casas rectangulares Construcciones colectivas polivalentes Agricultura predoméstica *« Azuelas de Mureybet y primeras hachas pulidas »*
10000-9500 a.C. cal	**Khiamiense** Casas redondas no enterradas
12000-10000 a.C. cal	**Natufiense** Primeros poblados sedentarios **Primeras "azuelas de Mureybet"**

Tabla 1: Contexto cronológico y cultural (Aurenche *et al.*, 1981, Hours *et al.* 1994).

El proceso de neolitización constituye el paso progresivo de un sistema de vida milenario basado en la caza, la pesca y la recolección, a un sistema de vida sustentado, materialmente, por dos nuevas prácticas económicas : la producción agrícola y, algo más tarde, una ganadería cada vez más intensiva. El valle Alto del Éufrates, junto al valle del Jordán en el Levante Sur, es uno de los epicentros de la famosa « Revolución Neolitica » de Childe (Childe 1964).

La secuencia cultural donde apararecen las « azuelas de Mureybet » es la siguiente (tabla 1):

-Natufiense final: Mureybet Ia.
-Khiamiense: Mureybet Ib y II.
-Mureybetiense: Mureybet III, Jerf el Ahmar, Cheikh Hassan, Tell 'Abr 3 (T. Yarta com. pers.) y Tell Qaramel (exacavación Mazurowski).
-Fase de « transición PPNA-PPNB »: Jerf el Ahmar (Stordeur et Abbès 2002).

El Natufiense final del Éufrates y la aparición de las primeras "azuelas de Mureybet".

Desde los anos 50, sobre todo por el descubrimiento del yacimiento de Mallaha, sabemos que algunos de los poblados natufienses tenían ya un modo de vida sedentario en torno al 12000 a.C, mucho antes de la invención de la agricultura. Esta civilización se extendera por todo el Próximo Oriente durante sus 2500 años de historia. En el Éufrates, las primeras instalaciones atribuibles al Natufiense se conocen en Abu Hureyra, entre 11000 y 10000 a.C, y Mureybet Ia, entre 10000-9700 a.C. En esos momentos se establecen los primeros poblados sedentarios del valle con un sistema económico de predación de « amplio espectro ». Los recursos repartidos durante el año facilitarían una ocupación estable. Este modelo parece consolidarse con las nuevas excavaciones (Cauvin J. 1997:39). La industria tallada de este período esta dominada por la producción de microlitos. En este contexto natufiense aparecen las primeras "azuelas de Mureybet" (fig.2), definidas por primera vez por Cauvin: *L'herminette de Mureybet est un outil allongé, taillé sur éclat, de section plano-convexe, dont le taillant semi-circulaire porte un chanfrein à retouches unifaces.* (Cauvin M-C.: 1978:29). Como precisa la autora, esta definición se refiere al útil acabado, no alterado por el uso ni modificado por la reparación de su parte activa. Sus principales caracteristicas tecno-morfológicas son una cara ventral plana, un pedunculo "robusto" y una parte activa convexa opuesta al mismo.

El Khiamiense.

Para J.Cauvin el Khiamiense es la primera etapa de la Neolitización, es aquí donde se gesta la "revolución de los simbolos" (Cauvin J. 1994: 41), un cambio en la concepción del mundo que precede a la aparición de la agricultura.

En lo material, este episodio parece marcar una simple transición entre el Natufiense y el PPNA. Sólo la aparición de las puntas de flecha con muescas laterales, las puntas del Khiam, que irán remplazando progresivamente a los microlitos natufienses (Cauvin J.

1997:43), ha servido para caracterizar el conjunto de yacimientos que las contienen. En la industria lítica asistimos a la adopción de un nuevo instrumento, la punta de flecha, a partir de métodos de talla laminar de tradición local (Cauvin M-C., Abbès F., y Sánchez Priego J. en preparación).

Durante el Khiamiense (Mureybet Ib y II) la relación entre el hombre y su medio natural no sufre alteraciones de consideración. En cambio en el dominio arquitectural, a diferencia de las construcciones en fosas anteriores, encontramos ahora estructuras circulares construidas en elevación. Esta técnica de construcción necesita la utilización de adobe, sea como mortero para unir las piedras, sea para constituir el muro en si mismo (Aurenche 1981). El resto sigue por lo esencial la tradición precedente, con variantes como la presencia en Mureybet de las azuelas típicas del natufiense del Éufrates.

De este sustrato natufiense y khiamiense emanaran dos culturas, una propia al Levante Sur: el Sultaniense; y la otra propia al Levante Norte: el Mureybetiense.

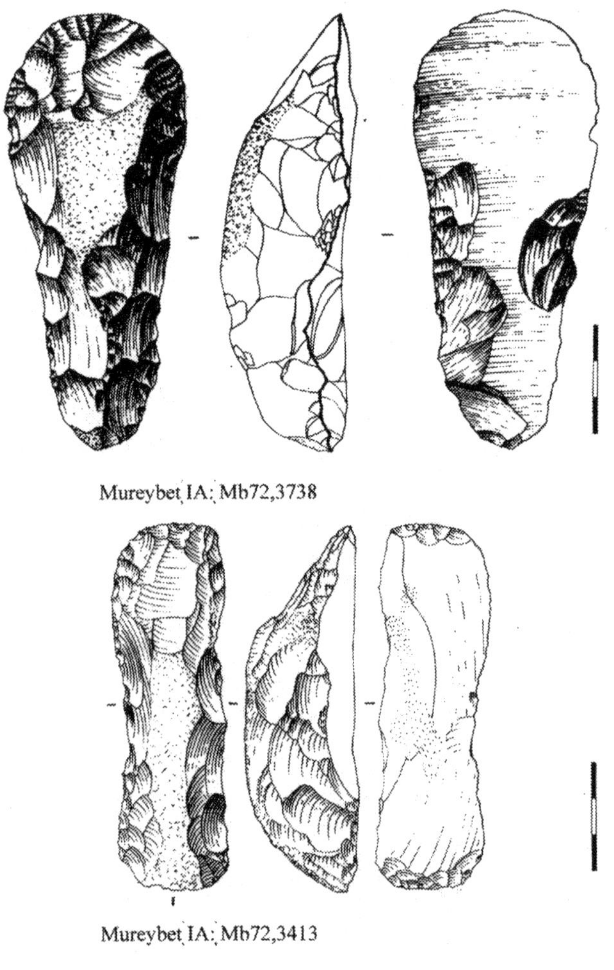

Figura.2: Primers "azuelas de Mureybet", Natufiense final.

Las dos culturas del PPNA: el Sultaniense y el Mureybetiense.

Desde 9500 a.C. asistimos a una divergencia en la evolución de las culturas de la región levantina. Así entre 9500-8700 a.C. dos culturas herederas de la tradición Natufiense y Khiamiense conviven en el Levante, al sur el Sultaniense y al norte el Mureybetiense. La llamada cultura Aswadiense, considerada hasta hace poco como PPNA, ha sido recientemente objeto de revisión. Los resultados de la campaña de excavacion de 2001, dirigida por D.Stordeur, han demostrado que el Aswadiense no pertenece al horizonte cronológico PPNA sino al PPNB (Stordeur *et al.,* e.p.).

En lo que respecta a la emergencia de la economía de producción de subsistencia, los primeros signos de agricultura se han constatado, en estos momentos, por la asociación de ciertas malas hierbas con los progenitores de los cereales y de las leguminosas, todavia morfologicamente salvajes. La agricultura precede a la aparición de los tipos domésticos al menos durante el período 9500 a 8000 a.C. (Willcox 2000:132).

Este fenómeno se desarrolla de forma independiente entre el Levante norte, con yacimientos como Jerf el Ahmar y Mureybet y el Levante sur. La recolección fue gradualmente remplazada por un cultivo cada vez más selectivo en favor de los cereales de tipo doméstico (Willcox 2000:136)

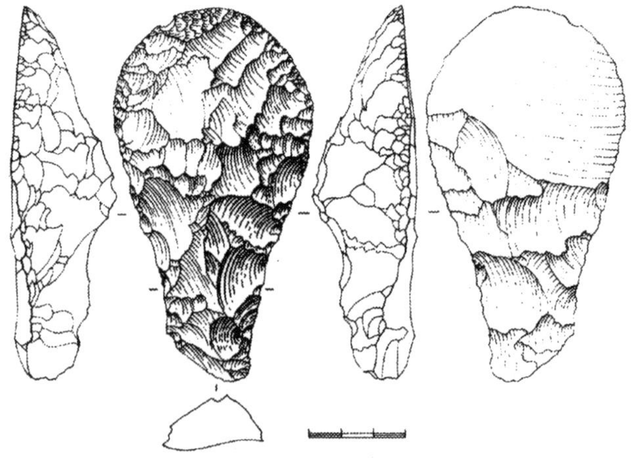

Figura 3a: Utiles de percusión del PPNA. Utiles de percusión del Mureybetiense: Levante Norte (Cauvin J. 1994:58).

Por otra parte, algunas evidencias de la organización social son comparables, especialmente, la capacidad de proyectar y realizar obras arquitecturales colectivas como la torre de Jericó en el sur y las construcciones comunitarias de Mureybet y Jerf el Ahmar en el norte. Sin embargo, el paso de las construcciones circulares a las rectangulares, algunas representaciones artísticas que sólo aparecen el Mureybetiense (Stordeur 2000: 36), la evolución de los sistemas bipolares laminares (Abbès F. en preparación) y las diferencias entre los útiles de percusión tallados (fig.3b), son elementos que marcan importantes diferencias culturales.

PROBLEMATICA Y METODOLOGIA

Las siguientes páginas estan destinadas a la problemática ligada a los útiles de percusión tallados de la cultura Mureybetiense: "las azuelas de Mureybet". Se trata de un útil que no tiene equivalente tipológico, del mismo período, fuera del valle del Éufrates (Cauvin M-C: 1978:29). En el Levante sur, contemporáneo al Mureybetiense reciente, se utilizan instrumentos de percusión diferentes, los llamados *"tranchets palestiniens"* (fig.3a), útiles tallados en sílex de la región palestina.

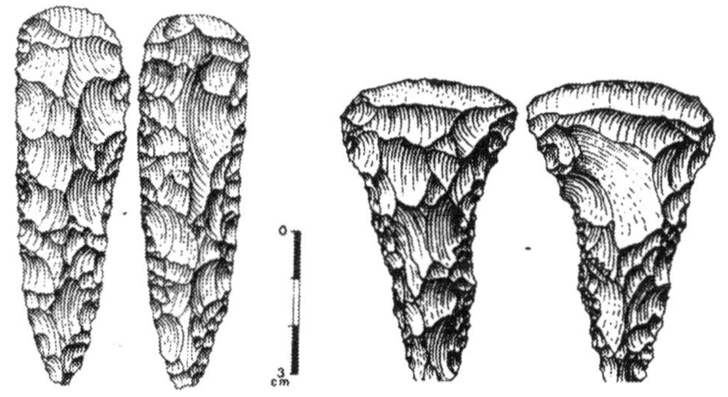

Figura 3b: Utiles de percusión del PPNA. Utiles de percusión del Sultaniense: Levante Sur (Cauvin J. 1994:58)

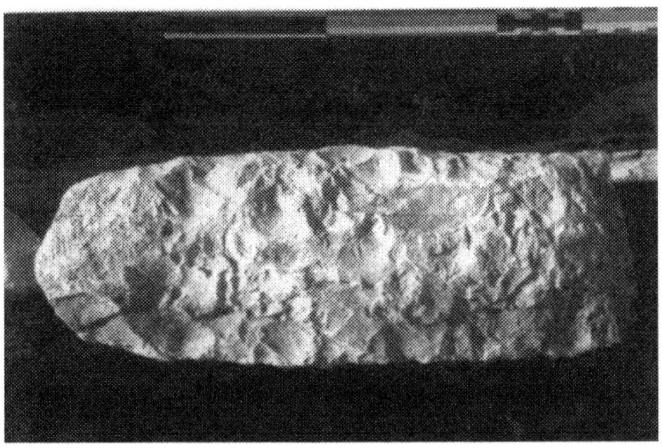

Figura 4a: La piedra y la madera en la arquitectura de Jerf el Ahmar. Detalle de piedra tallada de EA10 (foto Brenet).

Por otra parte, las primeras hachas y azuelas pulidas del valle aparecen en el Mureybetiense reciente y son contemporáneas de las ultimas azuelas talladas en Jerf el Ahmar y Cheikh Hassan. En el PPNB antiguo, esta dualidad desaparece y encontraremos sólo los utiles pulidos en D'jade (Coqueugniot, com.pers.) y en Mureybet IVA (Sánchez Priego, en preparación). ¿Se trata de un fenómeno de sustitución progresiva por las azuelas y hachas pulidas? ¿Tiene que ver con un cambio de orden cultural o económico?

Para abordar este problema histórico, más general, primero trataremos de explicar la razón de su presencia en los asentamientos estudiados. En este contexto sedentario, las principales materias primas utilizadas en las construcciones son, aunque puedan variar las técnicas, la madera, la piedra caliza y la tierra. En Mureybet, aunque se utiliza la caliza, la madera juega un papel muy importante en el armazón de los muros (Cauvin J. 1977, Aurenche 1981). Cheikh Hassan, con menos datos disponibles, es comparable a Mureybet (Cauvin J. 1977:26). En Jerf el Ahmar, el fenómeno se invierte y aunque también se emplea mucho la madera, los muros están siempre armados de piedras, casi siempre talladas (Stordeur 1997). Estas piedras talladas eran colocadas en los muros neolíticos de la misma forma que los ladrillos actuales (fig.4).

Figura 4b: La piedra y la madera en la arquitectura de Jerf el Ahmar. Las piedras talladas en los muros de EA 10.

Una capa de entre 3 y 6 cm de tierra (limos del río) con paja sirve para unir las hileras de ladrillos y el conjunto es después enlucido. Fueron observadas por primera vez en las construcciones de la fase III de Mureybet (*"bricks of loaves"* para Van Loon 1968, *"pierres de craie en forme de cigare"* para J. Cauvin 1980), y han sido documentadas en Cheikh Hassan hasta los niveles del Mureybetiense final (Stordeur 1999b). Estos autores habian sugerido la utilización de útiles de sílex para su fabricación, sin precisar cuales (Van Loon 1968, Cauvin J. 1978). Durante el desmontaje sistemático de 14 construcciones PPNA de Jerf el Ahmar se registraron 1387 elementos tallados, sólo una pequeña parte del total conservado. Esta metodología sirvió para conocer su modo de fabricación y el tipo de útiles de percusión implicados en el proceso (Brenet, Sánchez Priego e Ibáñez 2001). Como las « azuelas de Mureybet », estas « pierres à cigares » son exclusivas de los asentamientos de la cultura Mureybetiense.

En un contexto tecnológico dominado por la producción laminar, ¿qué útiles han podido transformar la madera y la piedra utilizadas en las construcciones? La hipótesis de partida es que las « azuelas de Mureybet » han podido jugar un importante papel en estos procesos de producción. Los dos ejes fundamentales de estudio son la fabricación y la utilización de estas herramientas. Con el fin de responder a estas preguntas, cruzaremos las informaciones obtenidas en estos dos análisis, con los resultados del programa experimental.

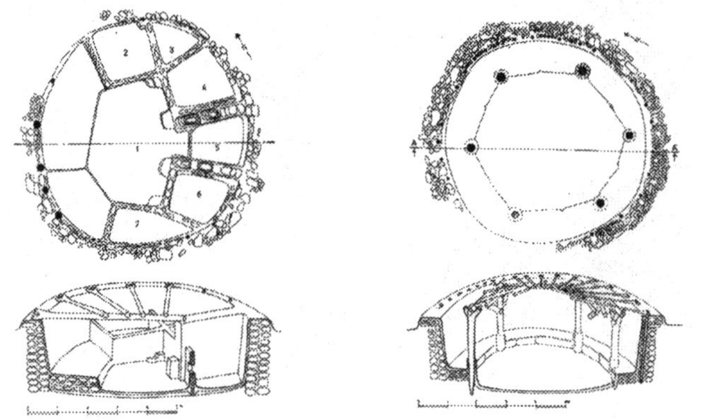

Figura 4c: La piedra y la madera en la arquitectura de Jerf el Ahmar. Plano e hipótesis de reconstrucción (G.Deraprahamian) de las construciones comunitarias enterradas del EA30 (II/W mureybetiense) y EA53 (-I/E "transicoón") (según Stordeur *el al* 2000).

El análisis tecnológico

El material analizado se compone de un total de casi 300 piezas. 150 provienen de Mureybet, 140 de Jerf el Ahmar y sólo 4 de Cheikh Hassan, muy poco escavado. En estas páginas no se hará referencia a una eventual evolución diacrónica ni a su repartición espacial en los poblados, esta parte del estudio esta todavía en preparación.

Estrategias de adquisición de materias primas.

Existe una clara selección de las materias primas utilizadas en la producción de las azuelas. Se trata de grandes cantos de sílex que provienen de las antiguas terrazas pleistocenas del Éufrates. Los cantos son seleccionados por sus volúmenes de manera que permitan la extracción de grandes soportes. La observación bajo la lupa binocular de las superficies y la comparación de la textura nos ha permitido, de forma preliminar, establecer dos grupos bien definidos. Asi, hablaremos de cantos de grano fino y los cantos de grano medio (Cautru, com.pers). Los dos subtipos del mismo sílex se han utilizado para la fabricación de las azuelas, con un claro predominio del segundo.

Pese a ser muy abundante en las inmediaciones de los yacimientos y haber servido de soporte a buena parte de la industria laminar de estos períodos, el sílex "fino" eoceno (formación de "Maskar") no ha sido, en ningún caso, utilizado en esta cadena operativa.

Producción y gestión de soportes.

Los soportes son, en su gran mayoria, grandes lascas corticales. El producto buscado es una lasca espesa con la cara ventral lo más plana posible. La técnica de talla empleada es la percusión directa con percutor duro. Algunas lascas de este tipo encontradas en Mureybet, transformadas en raederas, y los productos extraidos experimentalmente, indican que sus dimensiones son del orden de 15-20 cm. de longitud, 8-12 cm. de anchura, 3-4 cm. de espesor. Un esquema de talla frecuente es la apertura de un plano de percusión y extracción de lascas, en dirección unipolar, por percusión directa. Otra solución podría ser la fracturación de cantos sobre yunque (*cf.infra* experimentación). La cara ventral del soporte es siempre la cara inferior del útil acabado. Hay que remarcar una recurrencia. Si se trata de lascas curvadas por accidente (sobrepasadas o reflejadas), las superficies más planas de la cara ventral de la lasca son privilegiadas. Esta elección esta en relación con la concepción del útil en si mismo, de sección plano-convexa.

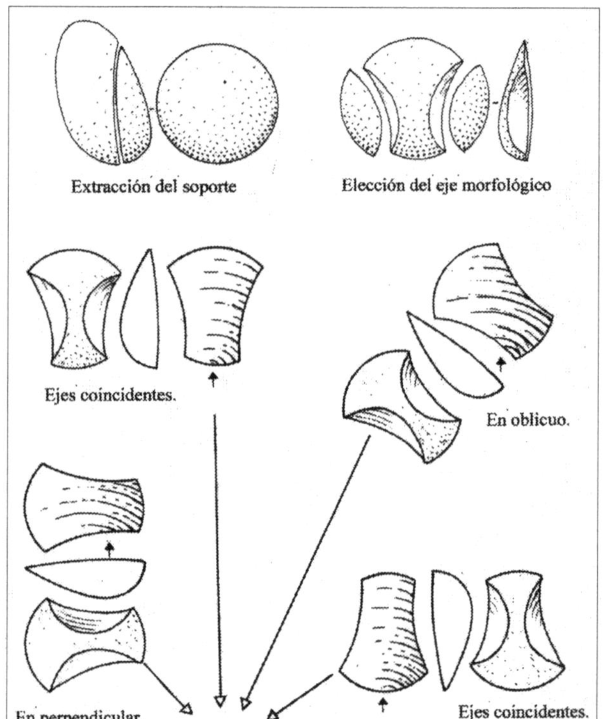

Figura 5: Gestión de los soportes: relación entre el eje de la talla y el eje morfológico del útil.

Siguiendo siempre un mismo objetivo, el tallador se adapta a las características morfológicas de cada lasca. Así, la relación entre el eje de talla de la lasca y el eje morfológico del útil acabado es variable (fig.5). En la mayoria de piezas (más del 75%) el eje morfológico de las azuelas se situa en la diagonal o en la perpendicular (lascas muy anchas) del eje longitudinal de la lasca de origen. Esta solución permite aprovechar los ángulos más agudos de la lasca como futura parte activa, eliminar las partes curvas y, al mismo tiempo, evitar la presencia de un bulbo a veces muy pronunciado.

Variabilidad del conformado.

Las superficies del volumen original del soporte, son tratadas en secuencias variables que hemos dividido en tres procedimientos técnicos diferentes. El conformado unifacial representa la mayoria de piezas. Muy pocos ejemplares son conformados en la totalidad de su volumen, este recurso se utiliza sólo cuando la lasca no es lo bastante plana. En cambio, los retoques planos inversos proximales son bastante frecuentes. El problema es saber cual es la naturaleza de este procedimiento técnico. Como hipótesis, planteamos que se trata de una solución destinada a la fijación de la pieza en su mango (*cf infra* enmangamiento). Una secuencia de talla habitual consiste en una primera etapa de grandes levantamientos que delimitan el pedúnculo y una segunda que envuelve la lasca en una sucesión de retoques centrípetos cubrientes, dotándola de un filo agudo (45°) y convexo. Al interior de este esquema diacrónico hay diferentes soluciones que pueden alterar esta codificación. Hemos podido distinguir tres esquemas generales de talla que están en relación con el tipo de soporte, sobre todo con su espesor. La técnica empleada es la percusión directa con percutor de piedra duro-blando (*cf.infra* experimentación).

Procedimiento A.

La lasca soporte es tallada en su partes proximales y mesiales ("pedunculada") con levantamientos centrípetos unifaciales y poco cubrientes, a veces escamosos-escalariformes. El filo se realiza con retoques mucho mas cubrientes y a menudo de carácter microlaminar. La pieza acabada presenta, en el eje longitudinal de su cara dorsal, una parte del cortex del canto original. (fig.6a) El espesor de la lasca se conserva siempre en la parte mesial de la pieza. El resultado final es un instrumento de sección general plano-convexa.

Procedimiento B.

La lasca es conformada con levantamientos centrípetos unifaciales. Esta etapa termina por crear una arista axial, de delineación y ángulo variable (60°-100°), en el eje longitudinal de la pieza. Esta arista es utilizada como plano de percusión con dos intenciones: reducir el espesor y equilibrar el volumen de la azuela (fig.6b). Este equilíbrio es importante para el modo de enmangamiento y la cinemática del trabajo en percusión. El resultado final es una sección poliédrica o triangular en el pedúnculo y plano-convexa en la parte activa.

Procedimiento C.

Conformado bifacial que alterna la talla en las dos superficies de la lasca. El grado de transformación del producto acabado hace difícil establecer la relación entre este método de talla y un tipo de soporte en particular aunque se trata siempre de grandes lascas, probablemente, no corticales. El resultado final es un útil de sección general biconvexa. En todos los casos, la morfologia general del producto final es respetada. Salvo los raros ejemplos del método C, los diferentes procedimientos empleados conducen a tres características fijas : una cara ventral plana, un filo convexo, y un pedúnculo "robusto" opuesto a la parte activa.

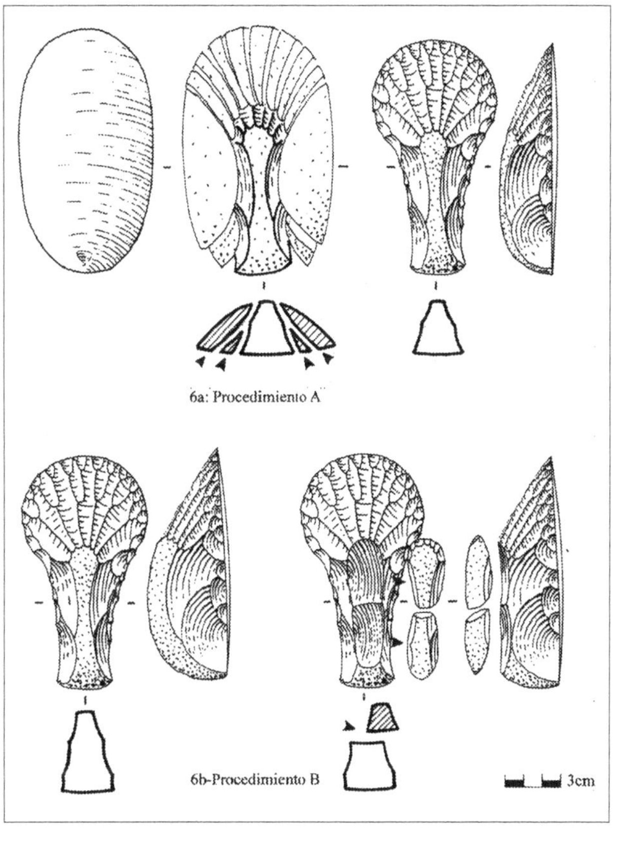

Figura 6: Principales procedimientos técnicos del conformado de las azuelas (dibujo G. Deraprahamian).

Características tecno-morfológicas

Las dos partes de las azuelas.

La parte pasiva: el pedúnculo.

Mitad proximal opuesta al filo activo. Sus bordes pueden ser paralelos, divergentes hacia el filo, o cóncavos sobre un lado, o los dos. En la mayor parte de las piezas esta parte está claramente diferenciada del filo mediante grandes levantamientos. Los ángulos que forman los bordes con la cara ventral son siempre superiores a 45°.

La parte activa: el filo.

Mitad distal. Su forma general, cuando no está alterada por el uso, es semicircular u ovoidal y es la parte que entra en contacto con la materia trabajada.

Dimensiones.

Las dimensiones dependen, en gran medida, del grado de alteracion de la pieza. Los accidentes provocados por trabajo en percusión implican, con o sin reparación, la disminución de la longitud. La longitud se situa entre 8 y 16 cm., la anchura entre 3 y 7 cm. y el espesor entre 2 y 4 cm. Lo más significativo es que, aunque pueda variar la longitud, tanto la anchura como el espesor de los pedunculos suele ser de 3 cm.

Ángulo de los filos.

Cuando ha sido posible, el cálculo de la diferencia entre a1 (ángulo de fabricación) y a2 (ángulo de abandono) muestra el aumento del ángulo de la parte activa. Su variabilidad corresponde a la utilizacion sobre diferentes materias (*cf. infra* categ. macrosc.) y también a la diferente intensidad en la utilización sobre una misma materia. El ángulo medio de fabricación (a1) es de 45°, y va de 30° a 50°. El ángulo medio de abandono (a2) es de 70° y oscila entre los 45° y los 90°. Algunas piezas tienen la parte activa redondeada (*cf. infra* categ. macr.) por lo que ha sido imposible tomar el ángulo.

Delineación de los filos.

Sea cual sea el método de fabricación, la delineación original de los filos es convexa. Su utilización ha provocado diversos tipos de alteraciones que, junto a la experimentación, sirven de base en el análisis macroscópico.

PROGRAMA EXPERIMENTAL

Este programa se inició, gracias a G. Deraprahamian, en 1997, durante la campaña de excación del yacimiento de Jerf el Ahmar, dirigido por D. Stordeur, y se ha continuado en el *Institut de Préhistoire Orientale*-CNRS de Jalès (Francia). El objetivo era doble: controlar las variables de la cadena operativa y ver si las huellas macroscópicas confirman la hipótesis de la intervención de las azuelas en el trabajo de la caliza y la madera.

Fabricación experimental de azuelas

Esta etapa ha permitido:
-Conocer directamente las cualidades fisicas de los cantos de sílex del Éufrates. Podremos hablar de un sílex de "buena" o "mala" calidad en relación a su respuesta mecánica a una técnica de percusión determinada y a un objetivo preciso. En este caso diremos que los cantos del Éufrates son de "buena" calidad para fabricar útiles que trabajan en percusión.
-Controlar las variables de la cadena operativa.

Producción de grandes lascas

Las dificultades técnicas para obtener este tipo de lascas residen en la forma redondeada, la textura y la dureza de la superficie de los cantos fluviales. Esta forma redondeada, provocada por el rodamiento, hace que, a menudo, es dificil encontrar un buen ángulo de ataque. La inmovilización del bloque en el suelo (ligeramente enterrado) y la utilización de un gran percutor duro con las dos manos, es una solución que ha resultado eficaz en la experimentación. Otra técnica experimentada, también muy satisfactoria, ha sido la fracturación sobre yunque. En este caso, el yunque era un gran canto de sílex de Normandia. Por cada bloque se han podido extraer entre 2 y 3 grandes lascas utilizables. Un total de 22 lascas provienen de cantos del Éufrates, otras 10 de diferentes sílex franceses de características comparables.

Para obtener soportes de este calibre ha sido necesario un percutor duro de gran tamano, un buen ángulo de ataque, una zona de contacto ancha entre el percutor y el canto y una gran potencia en el impacto.

El conformado de los soportes

El proceso ha sido descrito en el párrafo consagrado a las piezas arqueológicas. En la experimentación se han utilizado percurtores de caliza como los encontrados en estos yacimientos. Hemos constatado que es posible realizar todo el proceso sin necesidad de cambiar de percutor. Lo que si que varía es la velocidad y trayectoria de los gestos, mucho más rápidos y rasantes para la peparación de la parte activa. La variabilidad del conformado también está presente en nuestro referencial experimental.

Para el trabajo de la caliza se han fabricado 16 azuelas de las cuales se han enmangado y utilizado 7. Para el trabajo de la madera se han utilizado 5 azuelas enmangadas.

El enmangamiento

Hemos experimentado varias técnicas de enmangamiento para el trabajo de la piedra y de la madera. El tipo de mango propuesto, mango monóxilo en forma de codo, puede argumentarse a diferentes niveles:

En la fabricación.
-Morfología general de la pieza, con una forma general y un pedúnculo de dimensiones casi estandarizadas.
-Retoques proximales de la cara ventral del pedúnculo (fig.7a, 7b, 9a) para una mejor fijación al mango. Como es el caso, por ejemplo, de las hachas y las azuelas pulidas a base piqueteada de Bouqras PPNB (Roodenberg 1986: 100), la irregularidad de la topografia de una superficie tallada permite una adherencia más eficaz del mango e, incluso, de una eventual materia adhesiva (análisis en curso).

En la utilización
-Pulidos en el pedúnculo.
En algunos objetos, las zonas de pulido y las estrias longitudinales en la cara ventral del pedúnculo indican la fricción de la pieza con el mango (fig.7a) (Brenet,

Sánchez Priego e Ibáñez 2001:156). La pieza estaría enmangada de una forma aproximada a lo que vemos en la figura 8a.

Del mismo modo, algunas piezas con pulidos en la cara dorsal del pedúnculo podrían deberse a variantes técnicas de un mismo tipo de mango : colocar la cara ventral "al cielo" (fig.8b). Esta modalidad ha resultado mucho más eficaz para la tala de árboles. En otros casos, los pulidos aparecen asociados a las dos caras del pedúnculo (fig.7b). Estas huellas podrían corresponder a un enmangamiento utilizando el sistema de pinza (fig.8c y 8d).

-Las fracturas.
Se producen siempre en la zona de contacto entre la parte pasiva, inmovilizada dentro del mango y la parte activa, fuera del mango (fig.8). Este fenómeno es idéntico en muchas piezas arquelógicas. La posición exacta de la pieza es difícil de precisar pero el tipo de mango estaría muy cerca del modelo propuesto. La presencia, en estratigrafia, de fragmentos provocados por el uso, junto a las piezas enteras, demuestra que las azuelas se han utilizado enmangadas en el interior de los poblados.

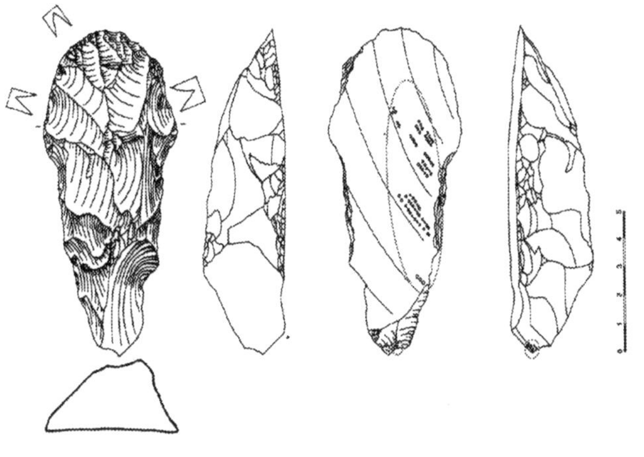

Figura 7a: Pulido de enmangamiento sobre la cara ventral del pedúnculo. Categoría macroscópica 1: JF97ZV28, 1.

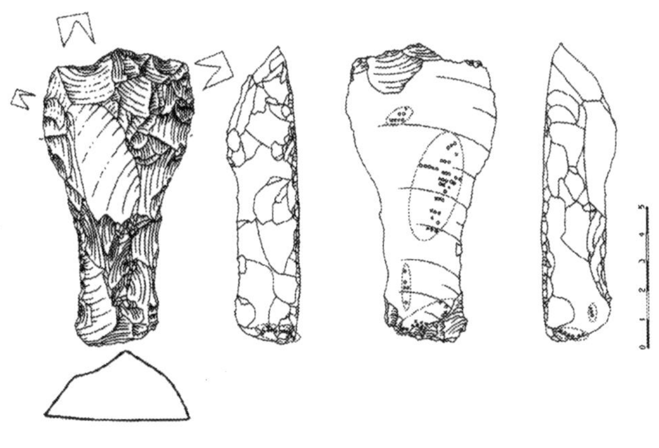

Figura 7b: Pulido de enmangamiento sobre las caras del pedúnculo. Categoría macroscópica 2: JF99PM2E, 129.

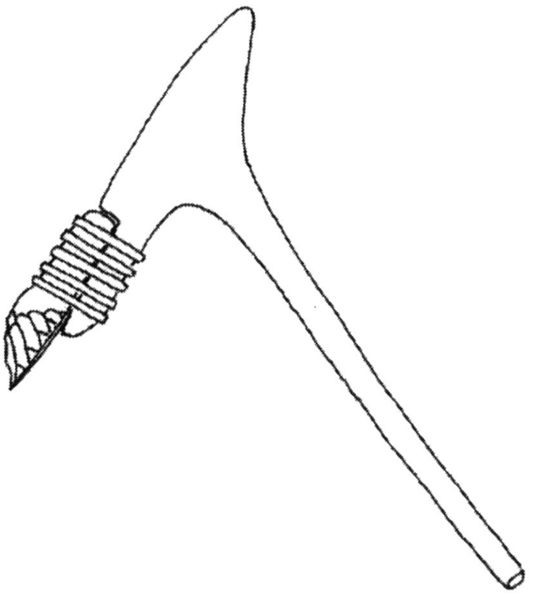

Figura 8a: Hipótesis de enmangamiento. Sobre cara ventral.

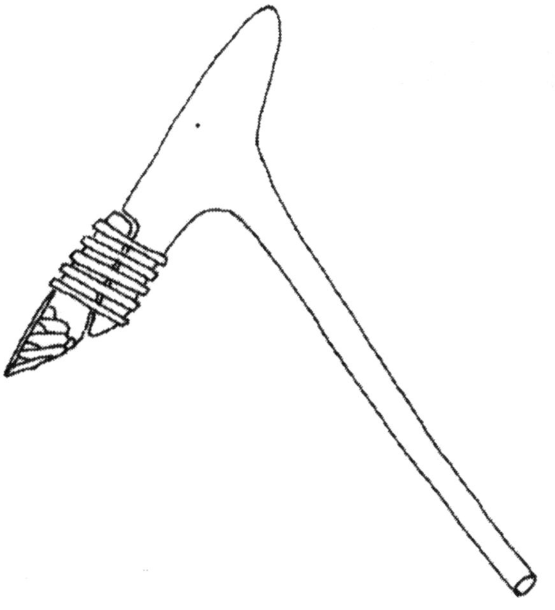

Figura 8b: Hipótesis de enmangamiento. Sobre cara dorsal.

Referencias indirectas.
También hacemos referencia al descubrimiento de la cueva calcolítica de Muraba'at en el desierto de Judea (de Vaux 1953, Cauvin J. 1968: 148), donde un mango de madera de este tipo se encontró junto a sus ligaduras de piel, así como a los numerosos ejemplos etnográficos de utilización de azuelas (Petrequin 1993).

En la experimentación, todo el proceso de talla se ha podido realizar en una hora. Los cantos estan cerca de los yacimientos y son muy abundantes por lo que el coste de desplazamiento es mínimo. La extracción de lascas puede plantear problemas técnicos pero una vez extraidas, el conformado se realiza en unos 15-20 minutos. El tiempo y trabajo dedicado al enmangue es más importante ya que hay que fabricar el mango y preparar las ligaduras. En nuestro caso, cortamos ramas de álamo con forma de codo (angulos de 60° a 90°) y dejamos una piel de cabra seca dentro del río durante 12 horas para darle mayor elasticidad. La pieza se coloca sobre el mango, se fija con tiras de piel y se deja secar durante 24 horas.

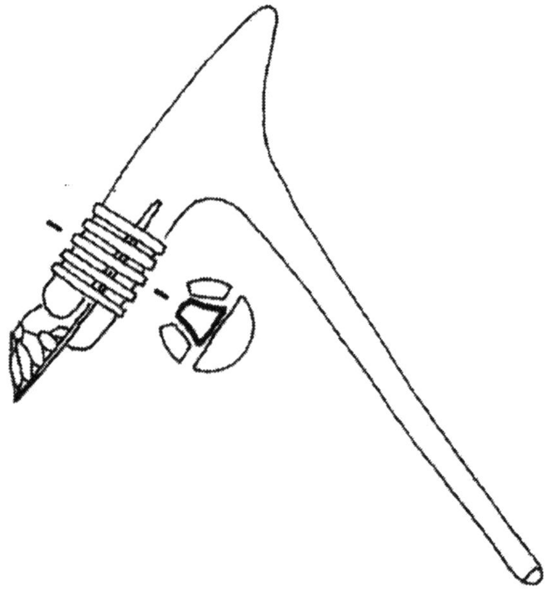

Figura 8c: Hipótesis de enmangamiento. En pinza.

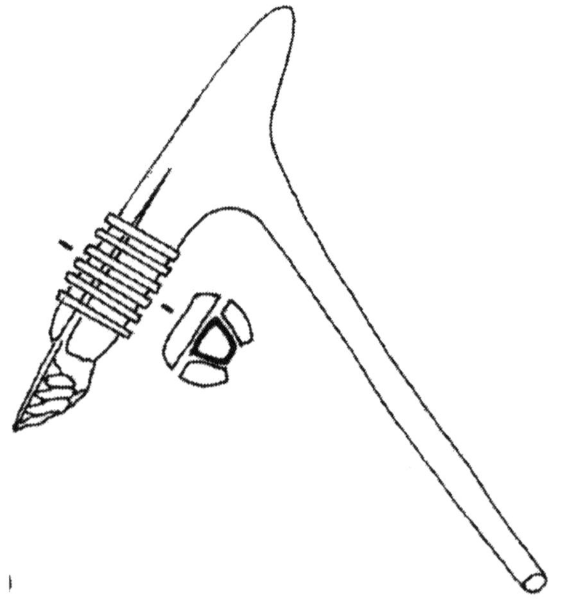

Figura 8d: Hipótesis de enmangamiento. En pinza.

El trabajo de la piedra caliza y la madera

El programa experimental realizado ha demostrado que las huellas producidas por el trabajo en percusión se distinguen claramente de otros modos de acción. Entre estas actividades de percusión, el tamaño de los desconchados, su profundidad y la morfologia de sus partes distales, permite distinguir el trabajo de materias de dureza media, como algunas maderas, del trabajo de materias duras como la piedra (González e Ibáñez 1994).

La caliza blanda.

El objetivo era el de observar las huellas sobre las azuelas y sobre los productos. El protocolo seguido fue el siguiente:

1- Se trabajó la caliza en percusión con diferentes útiles de piedra: percutor duro, percutor duro-blando, cantos retocados, grandes lascas. Esta etapa permitió conocer la respuesta mecánica de la materia prima y las huellas macroscópicas derivadas del trabajo (tanto en la caliza como en los útiles de percusión). Conclusión: su homogeneidad, textura, dureza y fractura concoidal hacen que su respuesta mecánica a la percusión sea predecible, como es el caso de muchos tipos de rocas sedimentarias. Su dureza es comparable a la de algunas maderas del registro arquelógico.

2-Se fabricaron un total de 52 piedras de construcción. Una vez elegido el bloque, cada piedra fue tallada con una sola azuela. El proceso de fabricación de cada elemento duró entre 3 y 8 minutos.

La madera.

La experimentación sobre la madera se ha realizado en Francia, con algunas de las especies documentadas en el PPNA del Éufrates, sobre todo el álamo. A modo de ejemplo, la tala de un álamo de 20cm. de diámetro ha supuesto un trabajo de 20 min. En una escala comparativa, las especies documentadas en los yacimientos se ordenan, de mayor a menor dureza, de la siguiente manera (Willcox, com.pers.):

1-Almendro y pistacho.
2-Roble, olmo y tamarisco.
3-Fresno y plátano.
4-Álamo y sauce.

En el cuadro 2, a1 es el ángulo de fabricación y a2, el ángulo después de la utilización.

Los sílex que provienen de Francia han sido elegidos por sus características fisicas comparables en textura y dureza al sílex fluvial del Éufrates. El sílex sirio eoceno, de textura fina, (ausente en la muestra arqueológica) ha sido probado para comparar su reacción mecánica en trabajos de percusión.

N°	SÍLEX	a 1	a 2	Materia prima	M. de acción	Tiempo	E. macrosc.
1	Vaucluse (Francia)	50°	50°	Álamo fresco	Percusión	240 min.	Categoría 1
2	Bergerac (Francia)	45°	60°	Álamo fresco, plátano fresco, roble fresco.	Percusión	165 min.	Categoría 2
3	Canto Eufrates	40°	40°	Álamo fresco	Percusión	60 min.	Categoría 1
4	Bergerac (Francia)	35°	35°	Álamo fresco	Percusión	60 min.	Categoría 1
5	Eoceno (Siria)	40°	40°	Álamo seco, roble fresco	Percusión	60 min.	Categoría 1
6-12	Cantos Éufrates	30-60°	40-70°	Caliza blanda local	Percusión	260 min.	Categoría 2

Tabla 2: Algunos ejemplos de la experimentación sobre piedra y madera.

Primeras conclusiones de la experimentación.

En condiciones técnicas similares (ángulo, fuerza, trayectoria, etc.) los resultados dependen, sobre todo, de la resistencia del material trabajado. La dureza de la madera depende de su estado verde o seco así como de la dureza relativa de la especie concreta.

-Algunas actividades como la percusión de la madera fresca de álamo (nivel 4), no implican, necesariamente, la creación de desconchados en el filo.
-La percusión sobre el mismo tipo de madera seca produce desconchados poco profundos.
-El trabajo sobre las maderas frescas a partir del nivel 3 produce desconchados y melladuras que aumentan proporcionalmente a la dureza y tiempo empleado.

En el trabajo de la caliza local, muy homogénea, la alteración de la parte activa depende del ángulo de ataque y del tiempo de trabajo. Se caracteriza por:

-Desconchamientos y melladuras en las dos caras del filo. En la cara ventral son más abundantes, continuas y profundas (4-24 mm.). En la cara dorsal son menos profundas (2-7 mm.) y a veces discontinuas.
-Los desconchamientos y melladuras han producido un alteración progresiva de la delineación y del ángulo del filo.
-Las partes distales de los desconchamientos son abruptas.
-Residuos de caliza en los negativos de los deconchamientos.
-Las azuelas dejan, sobre la superficie de la caliza tallada, huellas similares a las observadas en las piedras talladas arqueológicas (Brenet, Sánchez e Ibáñez 2001:139). Sobre las « piedras en forma de cigarros », predominan los negativos de lascas extraidas por percusión (fig. 4) y las huellas de raspado provocadas por un gesto rasante para regularizar el volumen. Este tipo de huellas se han observado en algunos recipientes en caliza de Mureybet y Jerf el Ahmar (Lebreton, en preparación). El trabajo en percusión para la fabricación de recipientes en caliza fue igualmente documentado por Astruc en el yacimiento neolítico precerámico de Khirokitia (Chipre). (Astruc 1994:243).

CATEGORIAS MACROSCÓPICAS DE LOS ÚTILES ARQUEOLÓGICOS

La metodología del análisis funcional esta basada en el estudio de la potencialidad ofertada por la morfología del útil, las huellas de utilización sobre el filo activo y el contexto arqueológico (González e Ibáñez 1994). Las siguientes categorías estan basadas en la comparación de las huellas macroscópicas obtenidas en el programa experimental y las observadas en las piezas arqueológicas. La percusión sobre la madera fue observada por Éric Coqueugniot en varias azuelas y raspadores de Mureybet (Coqueugniot 1981, 1983). Nuestro objetivo es relacionar la variabilidad de los estados macroscópicos con el trabajo en percusión de diferentes materias.

Categoria 1: los filos sin desconchados.

Filos que no presentan grandes alteraciones a excepción de zonas de desgaste o pulidos poco desarrollados que no han modificado ni la regularidad de la delineación, ni el ángulo de ataque (Fig.7a). Este estado macroscópico podría deberse a dos razones:
a) piezas que no se han utilizado. No se ha encontrado ninguna en la serie estudiada.

b) actividades que no implican la creación de desconchados ni el aumento del ángulo de ataque. En este caso entrarían actividades como el trabajo de algunas maderas blandas en estado verde. Ejemplo: tala de álamos, los árboles más utilizados en las construcciones de Mureybet y Jerf el Ahmar.

Categoria 2: filos con desconchados y mellados.

Presentan discontinuidades en su delineación provocadas por una acción de percusión. El grado y la forma de este tipo de alteraciones es muy variable dependiendo, en los casos de trabajo de materias de una dureza similar, del tiempo de trabajo, la energia de los impactos y el ángulo del filo. En uno de los extremos encontramos filos que, aunque pueden presentar deconchados profundos en su cara ventral, conservan una delineación bastante regular (fig.9a). En el otro, piezas fuertemente denticuladas (con grandes desconchados) en las cuales la parte activa ha perdido tanto su delineación como su ángulo de ataque original (fig.7b). En conjunto, la diferencia entre a1 y a2 es también variable a lo largo de la amplitud filo. La importancia de las alteraciones depende de la resistencia relativa que ofrece el material trabajado. En esta categoría entrarían actividades como:

-Trabajo de maderas de los niveles 1 a 3.

-Trabajo de cualquier madera en estado seco.

-Trabajo de la caliza blanda local (Brenet, Sánchez e Ibáñez 2001:161). Algunas de las piezas arqueológicas conservan, en los negativos de sus desconchados, residuos identificados como desconchados pertenecientes a este tipo de mineral.

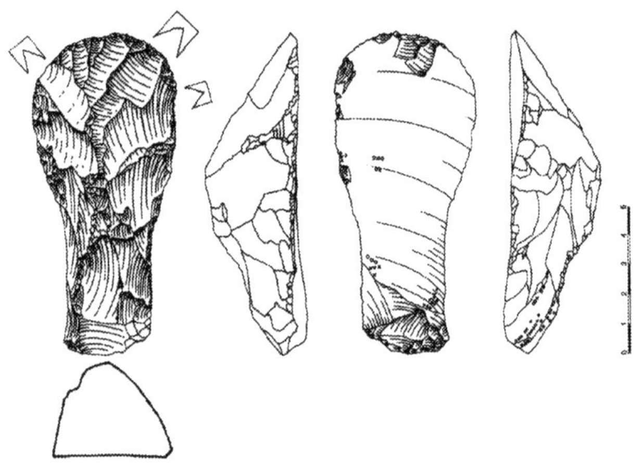

Figura 9a: Ejemplo de azuela con desconchados en el filo, categoría 2. JF97A27, 1.

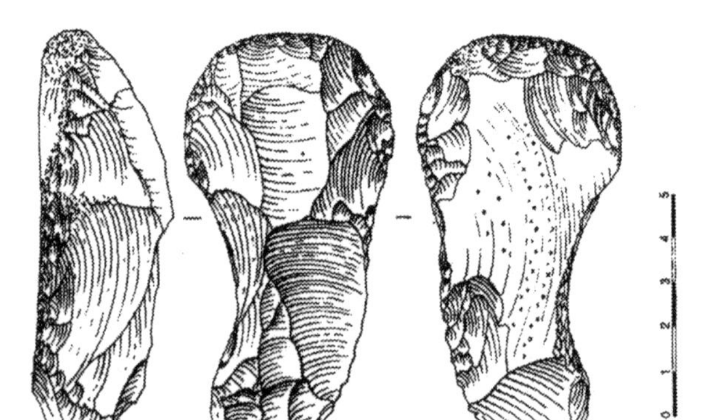

Figura 9b: Ejemplo de azuela con filo machacado, categoría 3. JF98ZW15, 23.

Categoria 3: filos machacados.

Se caracterizan por tener una parte activa masiva, de delineación regular, con mas huellas de machacado del filo que desconchamientos o melladuras (fig.9b). La actividad realizada ha supuesto el aumento del ángulo de ataque y la disminución de la longitud. Esta categoría se asocia al trabajo en percusión sobre una materia mineral dura. En algunos ejemplares, la disposición de las huellas de percusión sobre los bordes indica que la pieza se utilizó, al menos en su última etapa, sin enmangar. En el contexto de estudio, las piezas de esta categoria han podido utilizarse, por ejemplo, en la fabricación de recipientes u objetos en caliza dura helvetiense o en basalto. A la espera de ampliar el programa experimental, no excluimos la posibilidad del empleo de estas azuelas en otras actividades como podrían ser el machacado de productos consumibles sobre un soporte pasivo en roca dura o, también, en el trabajo de la tierra (aterrazamiento del terreno de construcción, excavación de fosas para las construcciones enterradas (fig.4), primeras labores agrícolas).

RESULTADOS PRELIMINARES Y DISCUSIÓN

En determinadas condiciones el pulido creado por el uso de los útiles de sílex permite la determinación de la materia trabajada (Ibáñez, com. pers.). En el caso de las actividades de percusión este grado de precisión puede resultar problemático. El gesto de percusión se produce en décimas de segundo con lo que la fricción es insuficiente para crear pulidos desarrollados. Además, los continuos desconchados eliminan los pulidos incipientes. La comparación con el referencial experimental, ha permitido establecer grandes categorías relacionadas con la resitencia mecánica de los materiales y reconocer, en muchos casos, azuelas arquelógicas que han trabajado la caliza y en otros, de forma preliminar, la madera. Se confirma, por tanto, la intervención de las "azuelas de Mureybet" en los procesos productivos ligados a las obras arquitecturales neolíticas de valle Alto del Éufrates sirio, sin excluir otras actividades (*cf. supra* categ. macrosc.)

Un programa experimental más amplio, cruzado con el resultado de un análisis microscópico, abordará el problema de otros modos de acción y de otras materias primas potencialmente explotables en el contexto estudiado: asta, hueso y carne en el despieze de grandes mamíferos, sedimento en el aterrazamiento del terreno de construcción, en la excavación de fosas para las estructuras enterradas o en las primeras labores agrícolas, etc.

En una perspectiva histórica, la razón de su invención parece responder a necesidades económicas ligadas, sobre todo, a la madera y la piedra en las nuevas construcciones a partir del Natufiense final. Al no existir un determinismo local impuesto por la materia prima, las diferencias técnicas y cuantitativas en la utilización de la madera y la piedra de construcción, entre Jerf y Mureybet, pueden explicarse, como sucede con los métodos de talla laminar (Abbès 1997), en términos de variantes locales en el seno de una misma cultura.

En el mureybetiense de Jerf el Ahmar, azuelas pulidas y talladas coexisten durante un tiempo hasta el final de la ocupación, en la fase de « transición PPNA-PPNB ». Hemos visto que se asocian unicamente a una tradición cultural nacida en el Éufrates. Dos problemas quedan por resolver:

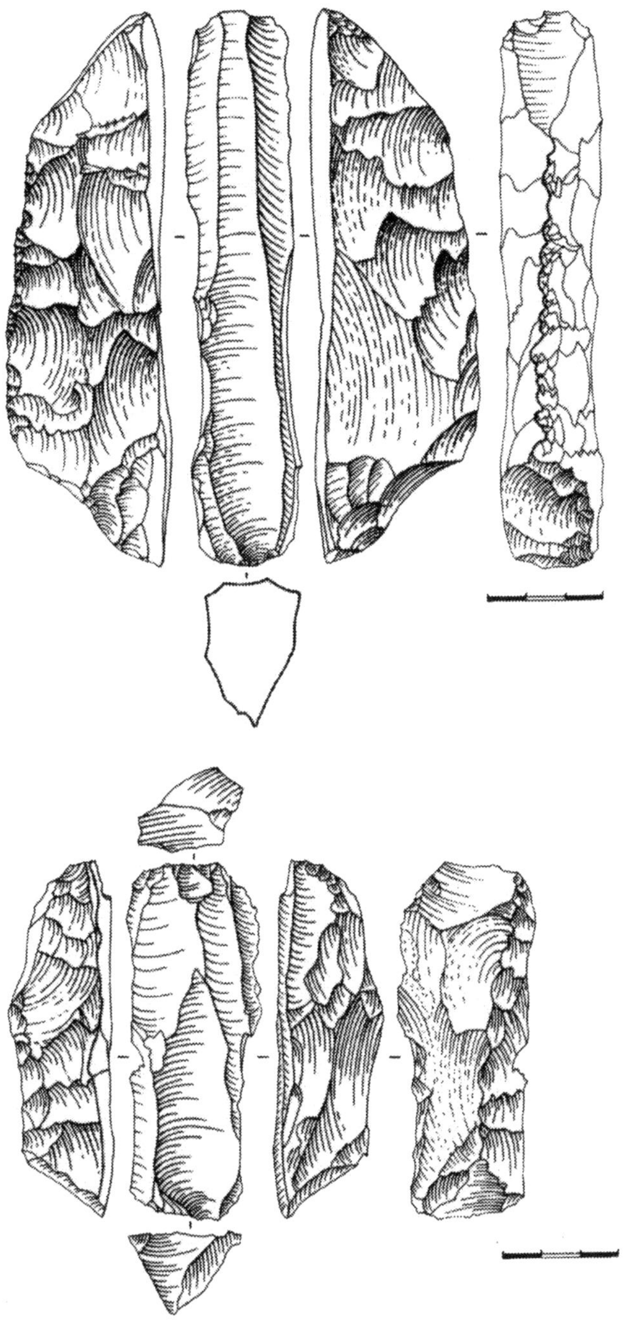

Figura 10: Ejemplo de núcleos de láminas naviformes en estado de abandono, PPNB (Siria). Este tipo de núcleos ha servido, en algunos casos, para trabajos de persusión . Dibujo: G. Deraprahamian.

¿Por qué dejan de fabricarse al final del PPNA?

Dejan de fabricarse en el mismo momento en que se acaba la cultura Mureybetiense.

Las "azuelas de Mureybet" han servido, junto con otros elementos, para caracterizar una tradición cultural propia al valle del Éufrates que se desarrolla entre el 10 000 y el 8 700 a.C. Éstas, dejan de fabricarse en un momento en el que las diferencias regionales entre el Sultaniense y el Mureybetiense se diluyen, progresivamente, con la llegada del PPNB. En un contexto agrícola y ganadero (Helmer *et al* 1998), las industrias de piedra y la arquitectura parecen seguir patrones de comportamiento, más o menos rígidos, que no dejan lugar a las marcadas diferencias culturales precedentes. Las « piedras en forma de cigarros » dejan de fabricarse en el mismo momento que la « azuelas de Mureybet ». Además, los núcleos de láminas (nucleos naviformes) de este período anuncian la llegada del PPNB (Abbès F. e.p.), en un momento en que las últimas azuelas talladas coexisten con las primeras hachas y azuelas pulidas. No se trata por tanto de un fenómeno aislado, sino mas bien de un problema ligado a una serie de transformaciones socio-económicas y culturales que afectan a toda la zona del Levante Norte. Sobre el terreno, parece quedar claro que se trata de la sustitución de un instrumento por otro, sin repercusiones económicas, pero con un carácter cultural importante. En ese caso ¿cuáles son los útiles que las remplazan en el PPNB?.

¿Qué útiles remplazan a las « azuelas de Mureybet en el PPNB ?

Si se trata de una verdadera sustitución de las « azuelas de Mureybet » por las hachas y azuelas pulidas, el escaso número de útiles pulidos encontrados, nos obliga a considerar estos instrumentos como poco utilizados por las nuevas sociedades del PPNB.

Los núcleos de láminas (nucleos naviformes) se sitúan en el centro de la producción lítica del PPNB. La casi totalidad del utillaje de este período se realiza o bien con las láminas, o bien con los productos técnicos derivados de su explotación (Abbès 1997), todo el material es aprovechado. En este contexto, las grandes lascas de descortezado y los mismos núcleos agotados (fig.10) han servido para realizar algunos de los trabajos de percusión en otro tiempo realizadas por las « azuelas de Mureybet ». Sus características tecno-morfológicas son comparables: dimensiones, sección plano-convexa o plano-poliédrica, ángulo entre 30° y 50° (cornisa) y equilibrio bilateral. La parte activa sería aquí la cornisa del núcleo.

Este recurso al reciclaje aparace ya en la fase IIIB de Mureybet (PPNA final), donde todavía hay azuelas talladas, también en el PPNB antiguo de Dja'de (Coqueugniot, com.pers.) y se ha documentado hasta el PPNB final en el yacimiento de Q'deirl (Abbès, comun.pers.).

Este fenómeno precedería a la difusión de las hachas pulidas en el PPNB; queda saber si aparece sólo en casos aislados o si por el contrario se trata de una solución adoptada en el conjunto de asentamientos del Levante Norte.

En términos económicos, la adopción definitiva de la técnica del pulido en la producción de hachas, supone tanto en la fabricación como en la reparación, un importante aumento en la inversión de trabajo con respecto a su equivalente tallado. Esto nos plantea varios problemas; por una parte podemos preguntarnos si el pulido implica el aumento de la esperanza de vida del útil con respecto a su antecesor tallado. Por otra, si en el contexto estudiado, el hacha pulida ha podido jugar un papel diferente al de un simple útil, tanto a nivel interno de un poblado, cuando aparece, junto con otros elementos, asociada a contextos rituales ; como a nivel externo, cuando fuera considerado, probablemente, objeto preciado en las redes de intercambio.

Bibliografía

ABBÈS F. (1997), *Étude des industries lithiques du Néolithique précéramique de Syrie du Xe au VIIIe millénaire B.C. Techniques de débitage et gestion des produits laminaires.* Université Lumière Lyon 2, Thèse de Doctorat.

ASTRUC L. (1994), "L'artisanat lié au travail des matières minérales à Khirokitia (Néolitique précéramique, Chipre): premiers éléments", Helinium, XXXIV/2, pp.235-247.

AURENCHE O., CAUVIN J., CAUVIN M.-C., COPELAND L., HOURS F. y SANLAVILLE P. (1981), " Chronologie et organisation de l'espace dans le Proche Orient de 12000 à 5600 av. J.-C," *en* : CAUVIN J. Y SANLAVILLE P. (eds), pp.571-602.

AURENCHE O. (1981), *La maison orientale.* 3 vol., Paris : Geuthner

BELMONT L. (1999), *Implantation géographique de trois sites néolithiques précéramiques dans la vallée du Haut Euphrate syrien : Jerf el Ahmar, Dja'de, Halula.* Univ. Lyon 2, mémoire de DEA.

BRENET M., SÁNCHEZ-PRIEGO J., IBÁÑEZ, J.J. (2001), "Les pierres de construction taillées en calcaire et les herminettes en silex du PPNA de Jerf el Ahmar (Syrie), analyses technologique et expérimentale" *en* : BOURGUIGNON L., ORTEGA I., Y FRÈRE-SAUTOT M.-C. (eds.), *Préhistoire et approche expérimentale.* Montagnac, ed. M. Mergoil, pp.121-164.

CAUVIN J. (1972), "Nouvelles fouilles à Tell Mureybet (Syrie), 1971-1972. Rapport préliminaire". AAAS, 22, pp. 85-103.

CAUVIN J. (1977), "Les fouilles de Mureybet (1971-1974) et leur signification pour les origines de la sédentarisation au Proche-Orient", *Annuals of the American School of Oriental Research* 44, pp.19-48

CAUVIN J. (1978), *Les premiers villages de Syrie-Palestine du IXe au VIIe millénaire avant Jésus-Christ.* Collection de la Maison de l'Orient n_4, Série archéologique 3, Lyon : Maison de l'Orient

CAUVIN J. (1980), "Mureybet et Cheikh Hassan", *en* MARGUERON J. (éd.), *Le Moyen Euphrate, zone de contacts et d'échanges,* Université des Sciences humaines, Strasbourg , *pp.*21-34,.

CAUVIN J. (1983), "Typologie et fonctions des outils préhistoriques : apports de la tracéologie à un vieux débat", *in* CAUVIN M.-C. (éd.), *Traces d'utilisation sur les outils néolithiques du Proche-Orient,* Travaux de la Maison de l'Orient n_5, Maison de l'Orient, Lyon, pp. 259-274,

CAUVIN J. (1994), *Naissance des divinités, Naissance de l'agriculture. La révolution des symboles au Néolithique.* Paris, CNRS Editions. (Empreintes).

CAUVIN J. (1997) Idem (nouvelle édition corrigée et augmentée).

CAUVIN M. C. (1978), "L'outillage lithique" ; en CAUVIN M. C. y STORDEUR D., *Les outillages lithiques et osseux de Mureybet, Syrie (fouilles Van Loon, 1965),* Cahiers de l'Euphrate, 1 (C. R. A., C. N. R. S.)

CAUVIN M.-C. (1979), Tello et l'origine de la houe au Proche-Orient, *Paléorient* 5, pp. 193-206.

CHILDE G. (1964), La naissance de la Civilisation. Éditions Gonthier. Londres.

COQUEUGNIOT E. (1981), *Les grattoirs et herminettes de Mureybet (Syrie) du 9ème au 7ème millénaire av. J. C. Analyse typologique et fonctionnelle,* Thèse de 3ème cycle, Université Lyon II.

COQUEUGNIOT E. (1983), "Analyse tracéologique d'une série de grattoirs et herminettes de Mureybet, Syrie (9e-7e millénaires)", *en* CAUVIN M.-C. (éd.), *Traces d'utilisation sur les outils néolithiques du Proche-Orient* ,Travaux de la Maison de l'Orient n_3, Maison de l'Orient, Lyon , pp. 139-172.

GONZÁLEZ J.E. e IBÁÑEZ-ESTEVEZ J.J. (1994), *Metodología del análisis funcional de instrumentos tallados en sílex.* Cuadernos de Arqueología de Deusto, n°14, Universidad de Deusto.

HELMER D., ROITEL V., SAÑA M. Y WILLCOX G. (1998), "Interprétations climatiques des données archéozoologiques et archéobotaniques en Syrie du nord de 16000 BP à 7000 BP, et les débuts de la domestication des plantes et des animaux". *en :* FORTIN M. Y AURENCHE O. (eds.), *Espace naturel, espace habité en Syrie du Nord (10è-2è millénaires av. J.-C.) - Actes du Colloque tenu à l'Université Laval (Québec) du 5 au 7 mai 1997,* Toronto, Canadian Society for Mesopotamian Studies (Bull. 33), Maison de l'Orient Méditerranéen (TMO 28), Lyon,.

JAMMOUS B., STORDEUR D. (1999), "Jerf el Ahmar, Mureybétien, Moyen Euphrate, Syrie, Xe millénaire avant JC" *en :* OLMO LETE G. del y MONTERO FENOLLOS J.-L. *Archaeology of The Upper Syrian Euphrates. The Tishrim Dam Area.* Proceedings if the International Symposium Barcelona, 1998, pp. 57-69.

PETREQUIN P. Y PETREQUIN A.-M. (1993), *Ecologie d'un outil : la hache de pierre en Irian Jaya (Indonésie).* Editions du CNRS, monographies du C.R.A, París.

ROITEL V. (1997), Végétation et action de l'homme du Natoufien au Néolithique Acéramique dans le Haut Euphrate syrien. Thèse en Doctorat non publiée. Université de Montpellier II.

ROODENBERG., J.J. (1986), *Le mobilier en pierre de Bouqras*. Nederlands Historischs-Archaeologisch Instituut te Istambul.

STORDEUR D., HELMER D., y WILLCOX G. (1997), Jerf el Ahmar, un nouveau site sur le moyen Euphrate, *B.S.P.F.*, 93, pp.1-4.

STORDEUR D. avec la participation de T. Margueron. (1998), "Espace naturel, espace construit à Jerf el Ahmar sur l'Euphrate". *en :* FORTIN M., AURENCHE O. (eds), *Espace naturel, espace habité en Syrie du Nord (10è-2è millénaires av. J.-C.) - Actes du Colloque tenu à l'Université Laval (Québec) du 5 au 7 mai 1997*, Toronto, Canadian Society for Mesopotamian Studies (Bull. 33), Maison de l'Orient Méditerranéen (TMO 28), Lyon, pp.93-108.

STORDEUR D. (1999a), "Organisation de l'espace construit et organisation sociale dans le Néolithique de Jerf el Ahmar (Syrie, Xe-IXe millénaire av JC)". *en* Braemer F; Cleuziou S. y Coudart A. (eds.) :*Habitat et Société , XIXe Rencontres Internationales et d'Archéologie et d'Histoire d'Antibe,*. Antibes, APDCA. , pp. 131-149.

STORDEUR D. (1999b), "Reprise des fouilles préhistoriques à Cheikh Hassan : une campagne de reconnaissance". *Annales archéologiques arabes syriennes, Actes du colloque d'Alep 1994 "Alep et la route de la soie".* , pp. 59-64.

STORDEUR D., BRENET M., DER APRAHAMIAN, G., ROUX J. (2000), "Les bâtiments communautaires de Jerf el Ahmar et Mureybet. Horizon PPNA. Syrie". *Paléorient*, 26/1, pp. 29-44.

STORDEUR D. et ABBES F. (2002), "Du PPNA au PPNB : mise en lumière d'une phase de transition à Jerf el Ahmar". *Bulletin de la Société préhistorique française. (en prensa)*

STORDEUR D., JAMMOUS B, HELMER D., ABBÈS F., WILLCOX G., ROUX J.-C., SÁNCHEZ-PRIEGO J. Sous presse (2001), Tell Aswad. La première campagne de l'équipe franco-syrienne (automne 2001) *Chroniques archéologiques syriennes* (DGAM) (en prensa)

VAN LOON M. (1968), "The Oriental Institute Excavations at Mureybit, Syria : preliminary report on the 1965 campaign", *Journal of the Near Eastern Studies* 27, pp.265-290

VAUX, R. DE. (1953), "Les grottes de Murabba'at et leurs documents". *Revue biblique*, 60, pp.255-267.

WILLCOX G., FORNITE S. (1999), "Impressions of wild cereal chaff in pisé from the 10th millenium uncal B. P. At Jerf el Ahmar and Mureybet : Northern Syria". *Vegetation History and Archaebotany* (1999) 8, pp.21-24.

WILLCOX G. (2000), "Nouvelles données sur l'origine de la domestication des plantes au Proche-Orient". *en* GUILAINE J. (eds) *Premiers paysans du monde. Naissance des agricultures. Séminaire du Collège de France.* Paris, Frrance, pp.123-139.

20. Traceologia de peças líticas do neolítico antigo do centro e sul de Portugal: primer ensaio

Juan Francisco Gibaja, António Faustino Carvalho y Mariana Diniz

Abstract

This paper presents the first results from a project on use-wear analysis of chipped stone artefacts from three Portuguese archaeological sites. The sites included in this project are one rock shelter (Abrigo da Pena d'Água) and two open-air sites (Laranjal do Cabeço das Pias and Valada do Mato). The first two are located in a mountainous limestone area in Central Portugal (Estremadura), and the third in the granitic plains of Southern Portugal (Alentejo). Their chronologies span from the second half of the 6th millennium BC to the first half of the 5th millennium BC, a period generally referred to as the Early Neolithic. Culturally, the Portuguese Early Neolithic represents the westernmost extension of the Cardial Neolithic of the West Mediterranean. It should be noted however that this particular type of pottery is very scarce in Portugal.

Due to post-depositional factors, organic remains such as seed or bone are usually absent in the Portuguese Early Neolithic. A precise reconstruction of the economic sub-system is therefore based mostly on indirect evidence. Use-wear analysis was considered as an alternative approach to these questions, especially those concerned with hunting, gathering and agricultural practices.

The sample under analysis is composed of blades and bladelets, and geometrics (segments). According to typological and technological inferences, blades and bladelets were used mostly as sickle implements; segments (the most common type of armature in the Portuguese Early Neolithic) must have been used as arrow points. Post-depositional conditions have damaged these assemblages to some degree. Burnt and soil patinated pieces are very frequent; thus, only a small number were suitable for functional analysis. The results so far obtained show, however, strong evidence for the use of geometrics as armatures, and blades and bladelets as multifunctional tools, the harvesting of cereals being just one among several documented activities. Others such as the preparation of flesh and leather, the repair of wooden artefacts or the cutting of straw-like plants are also present.

More work needs to be done in Portugal in this subject. The analysis of more artefacts of these typologies and the focus on other stone types such as quartz and quartzite, which constitute the most common chipped raw materials in Portuguese Early Neolithic, are needed in order better to understand these first results and their implications for the economy and technology of the early farmers of Western Iberia.

1. Os contextos: descrição e inserção cronológico-cultural

Os dois sítios seleccionados na Estremadura localizam-se no rebordo oriental do Maciço Calcário Estremenho, junto ao sopé da Serra d'Aire. Nesta área, o maciço calcário contacta com a bacia terciária do Tejo através de uma extensa escarpa de falha conhecida na região por Arrife. Este acidente geográfico conforma assim uma faixa de ecótone pelo contacto entre as condições ambientais da serra calcária (seca, de solos esqueléticos), por um lado, e da planície aluvial (solos arenosos densamente irrigados), por outro.

A primeira identificação de contextos do Neolítico antigo no Maciço Calcário Estremenho data dos anos 30 do século passado e foi o resultado dos trabalhos de M. Heleno no Abrigo Grande das Bocas e nas Grutas da Sra. da Luz, em Rio Maior, e de A. Paço e colaboradores na Gruta do Almonda, em Torres Novas. No entanto, foi apenas a partir de finais da década de 1980 que teve início o estudo sistemático da região, encabeçado por J. Zilhão e com a colaboração da Sociedade Torrejana de Espeleologia e Arqueologia, tendo em vista o levantamento da carta arqueológica do Parque Natural das Serras de Aire e dos Candeeiros. Esses trabalhos assentaram em acções de prospecção espeleoarqueológica e de superfície e também, numa fase subsequente, na realização de sondagens arqueológicas. O posterior desdobramento desses trabalhos em projectos distintos permitiu a consagração de uma linha de investigação especificamente dedicada ao estudo da Pré-História recente e, desse modo, à neolitização deste território.

O número de contextos do Neolítico antigo já intervencionados na região ascende hoje a onze, para além de vários sítios reconhecidos somente através de achados de superfície. Quase todos se distribuem ao longo do Arrife, denunciando uma estratégia deliberada de exploração articulada dos dois nichos ecológicos contíguos a que se fez referência. Os dois contextos escolhidos para um primeiro ensaio de análise traceológica das suas componentes líticas — o Laranjal de Cabeço das Pias e o Abrigo da Pena d'Água, ambos em Torres Novas — mereceram já estudos específicos e encontram-se, portanto, numa fase muito adiantada da sua análise (Carvalho e Zilhão 1994, Carvalho 1998a) (fig. 1: 1-2).

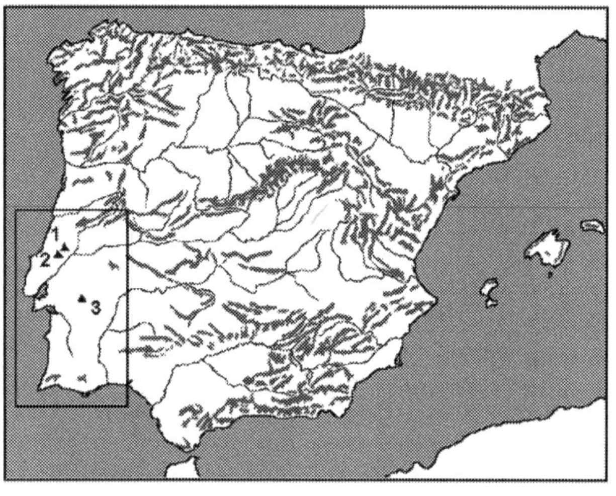

Figura 1: Localização dos sítios estudados: 1. Pena d'Água, 2. Laranjal do Cabeço das Pias e 3. Valada do Mato

O Cabeço das Pias é um pequeno habitat, com cerca de 320 m^2, estimados a partir da dispersão de materiais de superfície. Localiza-se no Vale da Serra, a uma altitude de 142 m, entre o topo do Arrife e o sopé da Serra d'Aire. Recolhas sistemáticas de superfície e a escavação de uma área total de 63,5 m^2 em 1991-92 permitiram reconhecer um único nível arqueológico embalado em areias pleistocénicas de origem fluvial. Desta forma, não foi possível datar a ocupação neolítica, e os materiais exumados resumem-se a pedra lascada, polida e cerâmica. O conjunto cerâmico, muito pouco numeroso, é composto por pequenos recipientes hemisféricos ou em calote de esfera, dos quais três quartos são decorados com impressões e incisões de tipos muito variados. O grosso da pedra lascada (mais de 70%) é composto pelo talhe de rochas disponíveis nas cascalheiras dos afluentes do Tejo (quartzo e quartzito) e foi usado de forma expedita para a produção de lascas. O sílex era empregue para a obtenção de uma gama larga de produtos (lascas, lamelas de vários módulos e lâminas) e o seu talhe passava por procedimentos técnicos mais complexos que os anteriores. Esta ocupação foi atribuída ao Neolítico antigo evoluído (que data globalmente da primeira metade do V milénio cal AC).

Considerados os vários indicadores disponíveis (extensão e estruturação interna do habitat, implantação, características das componentes artefactuais), a interpretação funcional deste habitat tem apontado para um acampamento temporário, porventura relacionado com o pastoreio e a caça na Serra d'Aire e a exploração agrícola do Vale da Serra.

O Abrigo da Pena d'Água é um depósito, com cerca de 80 m de extensão, acumulado na base do Arrife a uma altitude de 130 m. Foi frequentado desde o Epipaleolítico à época romana. Oito curtas campanhas de escavação ocorridas entre 1992 e 2000 reconheceram a presença de três principais níveis de ocupação do Neolítico antigo, nas camadas Ea e Eb. A fase mais antiga, confinada à base da camada Eb, está datada de meados do VI milénio cal AC e caracteriza-se pela presença de rara cerâmica cardial e pela exploração de ovinocaprinos em paralelo com a caça de cervídeos. Trata-se, portanto, de um contexto claramente neolítico e culturalmente filiável no Neolítico antigo do Mediterrâneo ocidental. Os dois níveis superiores, datados da primeira metade do V milénio, apresentam o padrão de talhe da pedra já enunciado a propósito do Cabeço das Pias e evidenciam uma maior variabilidade formal e estilística da cerâmica. A natureza do depósito permitiu a conservação de restos orgânicos, pelo que foi possível proceder já a uma caracterização dos carvões (Figueiral 1998), da microfauna (Póvoas 1998) e da fauna de grandes mamíferos (Valente 1998). Infelizmente, não foi possível recolher restos carpológicos, mesmo recorrendo à flutuação dos sedimentos.

Embora a sua implantação particular seja distinta do Cabeço das Pias, a Pena d'Água insere-se na mesma área de écotone, o que terá permitido aos seus ocupantes a exploração dos mesmos nichos ecológicos. Embora a natureza deste tipo de depósitos dificulte a destrinça rigorosa dos sucessivos momentos de ocupação, que se nos apresentam como complexos palimpsestos, é possível reconhecer tendências significantes. Assim, o talhe das rochas mostra o mesmo padrão do Cabeço das Pias: o predomínio das rochas localmente acessíveis (quartzo e quartzito), em desfavor do sílex. Esta última rocha é, no entanto, dominante no nível onde surge a cerâmica cardial. O tipo de exploração animal baseia-se, ao longo desta diacronia, na caça de cervídeos e no pastoreio de ovinocaprinos, enriquecida nos níveis do Neolítico antigo evoluído pelo surgimento de bovinos. Por regra, as formas cerâmicas são simples variantes da esfera (taças em calote e hemisféricos), por vezes com colo, mas sempre de pequenas volumetrias. Este factor sugere, à semelhança do Cabeço das Pias, um baixo índice de sedentarização para a generalidade das ocupações.

No caso do interior alentejano não se conheciam, até ao início dos anos 90, indicadores efectivos de uma ocupação humana integrável na primeira metade do Holoceno, anterior à emergência do fenómeno megalítico. As prospecções então realizadas por M.

Calado, na região de Évora, evidenciaram a Oeste desta cidade uma densa mancha de povoamento ao ar livre, genericamente atribuível ao Neolítico antigo, e permitiram identificar neste espaço um importante substracto populacional pré-megalítico. Podiam, agora, integrar-se num horizonte cultural bem definido antigos achados, como eram o vaso cardial da Gruta do Escoural, Montemor-o-Novo (Santos 1971), e os raros fragmentos cerâmicos recolhidos no sítio de Pipas, Reguengos de Monsaraz (Soares e Silva 1992), que isolados não sustentavam qualquer discurso acerca deste período cronológico na região.

Até ao momento, desse vasto conjunto de estações identificadas por M. Calado, apenas o sítio da Valada do Mato (fig. 1: 3), cuja área actual dispersão de materiais não ultrapassa 1 ha, foi objecto de um projecto de investigação plurianual incluindo escavações continuadas, tendo sido intervencionada uma área de 79 m^2 (Diniz 2001).

O sítio ocupa o topo e uma pequena plataforma, exposta a S-SE, de um interflúvio alongado de topo aplanado dissecado pela Ribeira de S. Matias e Ribeira de Valverde. Trata-se de uma área de rochas granitóides que deram origem a uma topografia acidentada, com relevos da ordem dos 370 m. Como em outras ocupações do Neolítico antigo no interior alentejano, o sítio desenvolve-se em redor de grandes blocos de granito, hoje parcialmente cobertos por uma vegetação arbórea e arbustiva.

A partir da caracterização tipológica do material, pode concluir-se que a ocupação registada na Valada do Mato se integra numa etapa evoluída do Neolítico antigo, o que foi recentemente confirmado pela datação absoluta de carvões recolhidos no interior de uma estrutura pétrea, a qual indicou uma data em torno do primeiro quartel do V milénio cal AC. O conjunto artefactual é constituído por uma utensilagem lítica de feição lamelar, sobre sílex, na qual os geométricos, designadamente os segmentos, assumem um peso significativo. O conjunto cerâmico, onde estão presentes vasos de distintas volumetrias, com pastas e acabamentos muito diferenciados, é dominado por recipientes decorados, estando sobretudo representada a técnica da impressão, registando-se também alguma, rara, cerâmica cardial. A pedra polida é muito escassa. Estão, no entanto, bem representados os elementos destinados a polir e/ou afiar pedra ou outras matérias.

2. Análise traceológica

2.1. Critérios de selecção das amostras

Optou-se por centrar a análise em dois conjuntos tipológicos específicos, os geométricos de tipo *segmentos de círculo* e as lâminas e lamelas classificáveis como *elementos de foice*, que se admitem estar relacionados com estratégias primárias de exploração de recursos desenvolvidas a partir dos sítios em estudo – a caça e a agricultura, respectivamente. Foi, assim, excluída toda a restante panóplia de utensílios em sílex (denticulados, lascas retocadas, furadores, etc.) e o material obtido pelo talhe de outros tipos de rocha (quartzito, quartzo, cristal de rocha). Como é óbvio, só com a análise destes produtos podia considerar-se exaustiva a documentação das actividades realizadas com instrumentos líticos.

A observação de um conjunto significativo de segmentos, tipo que aliás domina claramente o conjunto dos geométricos no Neolítico antigo português, permitirá determinar com maior certeza a sua funcionalidade no campo da utensilagem lítica. Se destinados exclusivamente a funcionar como armaduras, tal como a sua classificação tipológica habitual indica, perpetuarão o papel tradicionalmente desempenhado pelos geométricos no seio das comunidades de caçadores-recolectores; se utilizados também como componentes de foices, assumirão um papel multifuncional, traduzindo a adaptação de um utensílio pré-existente às novas práticas produtivas.

A possibilidade de se confirmar a sua utilização exclusiva como pontas de projéctil, pode constituir um indicador da real importância da actividade cinegética, cujo peso efectivo não pode ser lido directamente através dos restos faunísticos do Cabeço das Pias (onde estes não se conservaram) nem da Valada do Mato (onde se apresentam sobretudo como minúsculas esquírolas de difícil identificação).

O conjunto dos supostos elementos de foice, por seu lado, é composto por lâminas e lamelas, tanto inteiras como segmentadas. Conjuntamente, incluíram-se ainda algumas lascas cuja morfologia subrectangular permite associá-las às referidas lâminas e lamelas. Foram seleccionadas peças em bruto, peças retocadas e peças com sinais de utilização. Nesta última situação foram inventariados microesquirolamentos, estrias filiformes e, mais raramente, "lustre de cereal". Estas lâminas e lamelas, designadamente as que terão sido intencionalmente segmentadas, são classificadas como elementos de foice a partir de evidências tecnológico-tipológicas (segmentação intencional por flexão ou percussão de suportes regulares; observação a olho nu de sinais de utilização) e subsequente confirmação por comparação com estudos traceológicos realizados sobre peças similares (p.ex., Carvalho 1998b), designadamente dos ensaios efectuados por Ibañez e González (1996) e Clemente e Gibaja (1998).

O objectivo da análise deste grupo de artefactos líticos é, portanto, o de identificar as relações possivelmente estabelecidas entre produtos alongados, por definição polivalentes, e as práticas agrícolas, que em qualquer dos sítios em causa não se encontram directamente atestadas.

2.2. Tafonomia dos sítios e questões pós-deposicionais

O Neolítico antigo da Pena d'Água é, como se referiu atrás, uma amálgama de ocupações postas em sequência ao longo de três níveis de ocupação, o mais antigo dos quais inserível na tradição cardial. As camadas Ea e Eb, que contêm estes níveis arqueológicos, são formadas por sedimentos areno-argilosos com uma componente de clastos e blocos de calcário. Na sua escavação identificaram-se alguns canais erosivos provocados pela passagem de água ainda em época pré-histórica, canais que truncaram a estratigrafia original e limitaram deste modo a amostragem disponível. Contudo, as peças sujeitas a análise traceológica são provenientes de zonas onde os estratos se encontravam bem preservados.

O principal objectivo da inclusão do material do Neolítico antigo da Pena d'Água é o de observar tendências gerais no cômputo global das várias fases de ocupação registadas no que respeita à funcionalidade do abrigo durante esta época da Pré-História e correlacioná-las com outros indicadores, acima referidos. Por outro lado, o número de peças analisado não se pode ainda considerar significativo para determinar com elevado rigor o carácter funcional de cada uma das ocupações.

A Valada do Mato e o Cabeço das Pias foram objecto de uma única ocupação, de duração ainda não determinada, mas aparentemente acontecida num intervalo de tempo curto, atendendo à ausência de materiais, como sejam as cerâmicas de sulco abaixo do bordo, que parecem caracterizar a etapa final do Neolítico antigo no Centro e Sul de Portugal. Consideram-se, por isso, genericamente contemporâneos todos os materiais recolhidos em cada um dos sítios.

No Cabeço das Pias, a totalidade do material encontrava-se depositada num único horizonte arenoso, sem qualquer diferenciação estratigráfica interna, imediatamente sobrejacente ao substracto de *terra rossa*. A subdivisão do sítio em três sectores, realizada de acordo com a distribuição dos vários tipos de vestígios, permitiu esboçar uma proposta de análise interna da organização do espaço segundo a qual estaremos perante duas áreas contíguas funcionalmente distintas: uma de apoio a campos lavrados e outra um acampamento de pastores e/ou caçadores.

No caso da Valada do Mato, a ocupação assentava na rocha de base ou no areão arcóssico, arqueologicamente estéril, e materializava-se pela presença de estruturas pétreas construídas em blocos de granito de razoáveis dimensões, associadas a um paleo-solo que conservava uma espessura da ordem dos 10-15 cm.

Os episódios erosivos a que esta área esteve sujeita terão sido responsáveis pelo derrube de parte dessas estruturas, cuja exacta funcionalidade não foi ainda determinada atendendo à ausência de paralelos para as realidades identificadas e à escassez de material arqueológico associado. Pelo contrário, as unidades estratigráficas que se depositaram sobre a antiga ocupação neolítica apresentam uma grande densidade artefactual resultante do desmantelamento deste nível pré-histórico a montante da área intervencionada.

Os materiais enviados para análise provêm quer do se considera ser um paleo-solo já perturbado, e onde não foi possível reconhecer áreas funcionais específicas, quer de níveis resultantes da dinâmica própria da vertente, onde a ocupação se realizou. São por isso elementos que se consideram remobilizados a maior ou menor distância da sua posição original de abandono. Os dados obtidos a partir das análises traceológicas não permitirão, por isso, uma leitura da organização interna do espaço, mas apenas a confirmação ou infirmação do conjunto de actividades realizadas neste sítio.

2.3. Resultados da análise traceológica

Os resultados do estudo funcional efectuado nas três jazidas apresentadas são pobres. As principais causas são as diversas alterações que afectaram a superfície das peças e, por conseguinte, os traços de uso. Entre as alterações mais significativas está o "lustre de solo". O grau de intensidade apresentado pelo referido lustre é tão elevado que impede a observação segura dos micropolimentos gerados pelo trabalho de matérias animais brandas (carne ou pele fresca) ou matérias vegetais com micropolimentos em estádio inicial de formação. Se bem que o "lustre de solo" possa ter perturbado esses micropolimentos, ou mesmo destruí-los, nos instrumentos em ainda se conservam é por vezes difícil distinguir entre zona polida e não polida.

As nossas experimentações demonstraram-nos que, nestas condições, só nos utensílios em que os micropolimentos são muito extensos e de trama compacta, como os produzidos por exemplo pelo trabalho de plantas não lenhosas ou matérias ósseas, é possível o seu efectivo reconhecimento. Contudo, há outro tipo de marcas que também permitiram identificar a matéria trabalhada: são as fracturas de impacto, no caso dos projécteis, e os arredondamentos acusados dos gumes resultantes da raspagem de pele seca.

Todas estas alterações justificam a alta percentagem de efectivos que não puderam ser analisados (Quadro 1), assim como a escassez de peças empregues em matérias brandas (Quadro 2). Neste sentido, cabe dizer que apenas 26 (45,6%) peças da Pena d'Água, 12 (27,9%) do Cabeço das Pias e 55 (42,6%) da Valada do Mato apresentam marcas de uso – note-se que, destas últimas, 42 (76,3%) são geométricos cuja utilização foi determinada a partir da observação macroscópica de fracturas de projéctil. Estas marcas de uso, na maioria dos casos, estão muito pouco desenvolvidas ou apresentam-se afectadas e deterioradas pelas alterações atrás referidas.

QUADRO 1.
Resumo dos resultados funcionais

	Pena d'Água			**Cabeço das Pias**			**Valada do Mato**		
	L	LM	GEOM	L	LM	GEOM	L	LM	GEOM
Peças Usadas	7 (12,3%)	13 (22,8%)	6 (10,5%)	2 (4,6%)	8 (18,7%)	2 (4,6%)	3 (2,3%)	10 (7,7%)	42 (32,6%)
Peças Não Usadas	2 (3,5%)	2 (3,5%)		2 (4,6%)	1 (2,3%)		2 (1,6%)	1 (0,8%)	
Peças Não Analisáveis	7 (12,3%)	17 (29,8%)	3 (5,3%)	11 (25,6%)	11 (25,6%)	6 (14%)	3 (2,3%)	29 (22,5%)	39 (30,2%)
Nº Zonas Usadas	9	17	6	2	9	2	3	11	42
Peças 1ZU	5	9	6	2	7	2	3	9	42
Peças 2ZU	2	4			1			1	

Legenda: L= lascas; LM= lâminas; GEOM= micrólitos geométricos; ZU= zonas usadas.

2.3.1. O trabalho e aquisição de matérias vegetais

Para a problemática acima apresentada sobre o Neolítico português, merecem uma atenção especial os utensílios usados como foices. A este respeito, e à semelhança do que já se verificou noutras regiões da Península Ibérica como na cordilheira cantábrica (Zapata *et al.* 1997), tem-se afirmado que as populações que viveram durante o Neolítico antigo de Portugal não praticavam a agricultura. Entre outros, um dos critérios usados para sustentar tal afirmação tem sido a ausência de peças com lustre de cereal. Porém, tal afirmação não se fundamenta em estudos traceológicos, mas apenas em apreciações baseadas na simples observação das utensilagens de determinadas jazidas.

O recurso a análises carpológicas teria oferecido informação de inestimável valor sobre este tema. No entanto, a má conservação dos restos orgânicos nas jazidas em estudo impediu a realização deste tipo de análises.

QUADRO 2.
Matérias trabalhadas e cinemática de utilização dos suportes

	Pena d'Água	**Cabeço das Pias**	**Valada do Mato**
Carne LO	1	1	1
Pele LO			1
Pele TR	5	1	1
Pele RO			1
Projécteis	6	2	42
Plantas LO	4	5	4
Madeira TR	4		
Osso/Aste TR	1	1	
Indeterminados LO	2	1	2
Indeterminados TR	3	1	2
Indeterminados IN	6	1	2
Total Zonas Usadas	32	13	56

Legenda: movimento: LO= longitudinal; TR= transversal; RO= rotatório; IN= indeterminado.

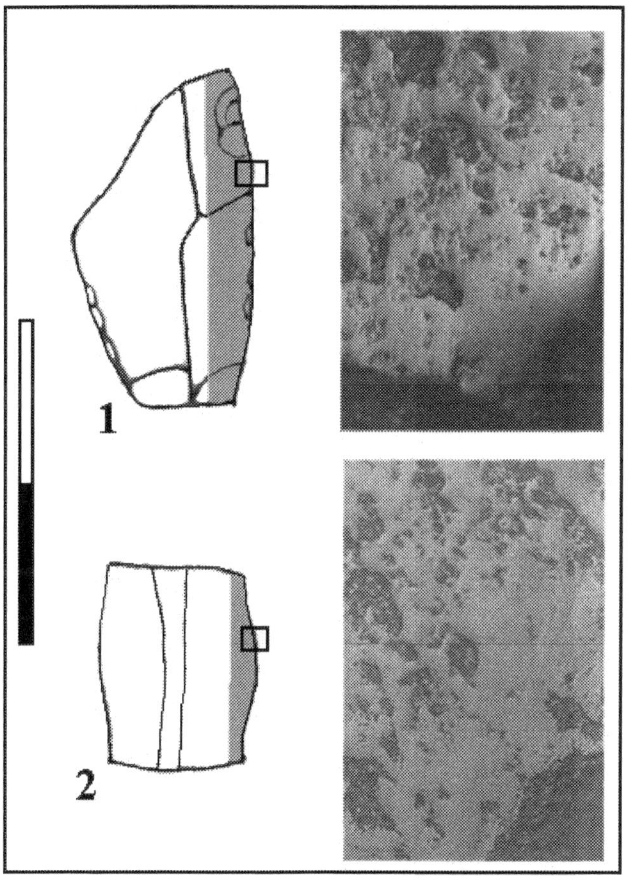

Figura 2: Peças de sílex da Valada do Mato, provavelmente utilizadas para ceifar. Micropolimento de cereal. (100X).

Foi esta limitação uma das principais razões que conduziram à análise das marcas de uso dos instrumentos líticos como meio de tentar determinar a existência ou não de possíveis utensílios usados para cortar cereais. Com este projecto pretende-se procurar uma via alternativa para a abordagem das práticas agrícolas deste período.

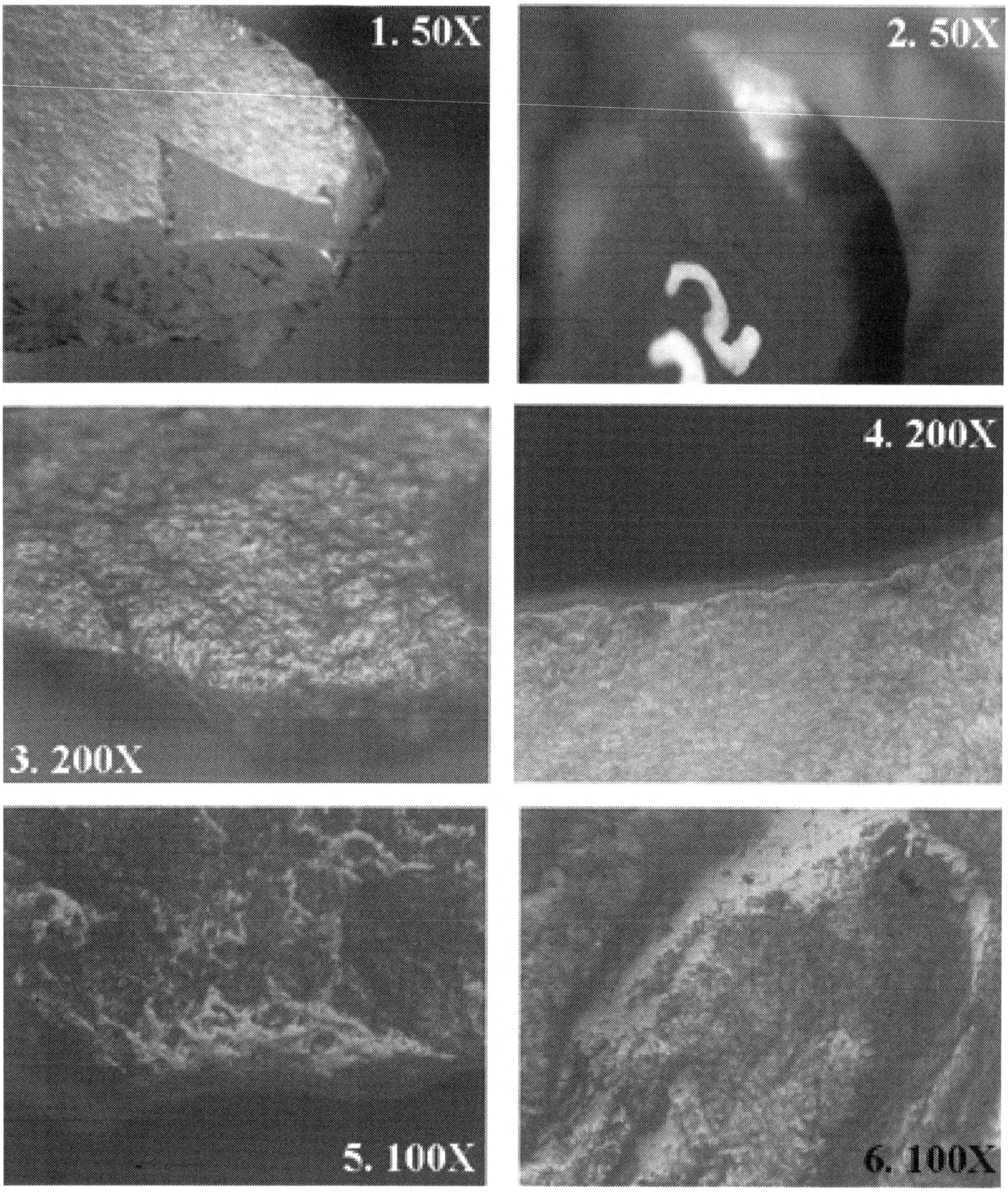

Figura 3: Instrumentos de sílex com traços de utilização: 1-2. Micrólitos geométricos da Valada do Mato com fracturas por impacto do projéctil, 3. Lâmina da Pena d'Água com traços de usos resultantes da raspagem de pele seca, 4. Lasca da Pena d'Água na qual se observa micropolido peroduzido pela raspagem de uma matéria animal dura (haste ou osso), 5. Micropolido muito alterado, provavelmente produzido pelo corte de plantas não lenhosas, identificado numa lâmina da Pena d'Água, 6. Lâmina do Cabeço das Pias que apresenta sinais aparentes de corte de plantas não lenhosas.

Somente na Valada do Mato foi possível registar peças com intensos lustres de plantas, em número de três, cujas características são muito similares às que produz a ceifa de cereais (fig. 2). Em contrapartida, na Pena d'Água e no Cabeço das Pias, as alterações pós-deposicionais sofridas pelas peças impede a determinação segura dos utensílios possivelmente usados no corte de cereais ou de qualquer tipo de plantas silvestres (fig. 3: 5-6; fig. 4: 1-3 y 15-18).

No que respeita aos instrumentos da Valada do Mato, tratam-se de pequenas lascas e fragmentos de lâminas usadas num único bordo. O micropolimento estende-se paralelamente ao gume, pelo que seguramente estamos perante peças encabadas em cabos rectos. Por outro lado, as estrias e marcas punctiformes associadas ao micropolimento são escassas, o que sugere que talvez o corte dos caules se tenha realizado muito acima do solo. Isto pode significar o não aproveitamento do máximo comprimento dos caules, por exemplo, como material de construção (cobertura das cabanas), ou matéria-prima para produção de artefactos (cestaria, etc).

Numa das peças observámos que o bordo foi retocado com a intenção de reavivamento do gume, o que está atestado pela presença de micropolimento de plantas no interior dos levantamentos. O paulatino arredondamento do gume foi solucionado através do reafiamento por retoque, o que resultou no prolongamento da vida do utensílio.

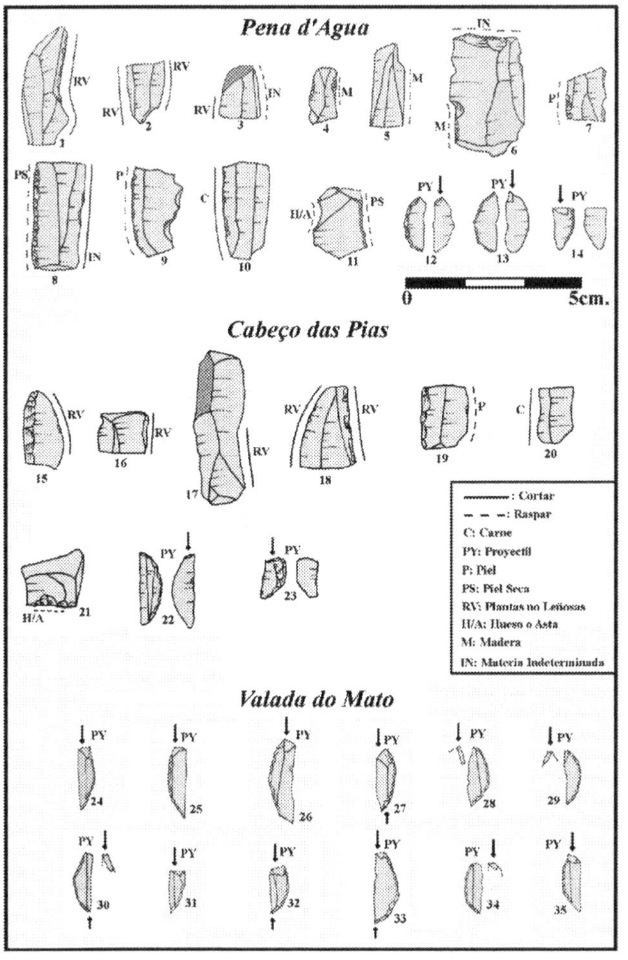

Figura 4: Alguns dos instrumentos utilizados na Pena d'Água, Cabeço das Pias e Valada do Mato

O escasso número de peças utilizadas para cortar plantas não lenhosas pode ser o resultado, como já se referiu, das fortes alterações sofridas pela utensilagem lítica. É possível também que seja o resultado do peso da agricultura na economia destas comunidades. Com efeito, se existia uma agricultura incipiente, caracterizada pelo cultivo de pequenas parcelas puramente para autoconsumo, talvez nunca tenham existido muitos utensílios destinados a essas actividades. Por último, tão-pouco devemos rejeitar a possibilidade de que a recolha do cereal se efectuasse manualmente ou com utensílios que não se conservam, como é o caso das *mesorias* (Ibáñez et al., no prelo), ou como ilustrado pela foice, composta por uma única peça em madeira, exumada no povoado do Neolítico antigo de La Draga (Bosch *et al.* 1999).

O trabalho da madeira com utensílios líticos só foi constatado na Pena d'Água (fig. 4: 4-6). As quatro peças registadas — duas lascas e duas lâminas — destinaram-se a tarefas de raspagem. O facto de tais utensílios serem de reduzido tamanho, dos gumes estarem pouco usados e de as zonas activas serem também pequenas (10-20 mm) permite concluir que estes utensílios deverão ter sido destinados ao acabamento, reafiamento ou reparação de certos objectos, como raspar ou apontar o cabo de uma flecha, retocar um encabamento, acabar ou reparar distintos objectos de pequenas dimensões, etc.

Da mesma forma, não parecem ser utensílios líticos com morfologias específicas, mas mais peças que apresentam um bom gume e que são usadas, de maneira imediata, para uma tarefa pontual durante um curto período de tempo. Além disso, muitos dos gumes não usados destes instrumentos não foram modificados por retoque para encabamento de modo a conseguir um melhor desempenho; talvez tenham sido agarrados com a mão nas suas partes corticais ou de ângulo obtuso. Nas jazidas de Place Saint-Lambert (Caspar e Gysels 1984), de Maastricht-Klinkers (Schreurs 1992) ou de Sant Pau del Camp (Gibaja 1999) também se propõe que o uso preferencial de lascas não retocadas seja devido ao facto de não se procurar um morfotipo determinado mas, simplesmente, um utensílio com um gume útil.

2.3.2. O trabalho e aquisição de matérias animais

É habitualmente referido que os micrólitos geométricos poderão ter sido projécteis ou dentes de foice.

Nos sítios aqui analisados, uma boa parte dos segmentos de círculo mostram fracturas de impacto devidas ao seu uso, precisamente, como projécteis. Os restantes segmentos estudados, ou não apresentavam fracturas, ou as rupturas que sofreram não podem ter sido produzidas por impacto. A utilização dos micrólitos como projécteis é, por outro lado, comum noutras jazidas neolíticas peninsulares ou do Sul de França: Bòbila Madurell, Camí de Can Grau, Grotte de l'Eglise (Gassin 1996, Gibaja e Clemente 1996, Gibaja 1997).

A presença das fracturas de impacto exclusivamente junto às extremidades dos segmentos e a existência por vezes de estrias paralelas ao gume bruto, demonstram que a zona activa foi sempre um dos extremos dos micrólitos (fig. 3: 1-2). Ou seja, foram empregues à maneira de pontas e não de "*flèches tranchantes*" (fig. 4: 12-14, 22-23 y 24-35).

As fracturas que normalmente se observam são as produzidas por flexão – que criam uma espécie de lingueta de extremidade afiada ou abrupta – e as que mostram uma morfologia aburilada. Além disso, em vários micrólitos registam-se rupturas praticamente a 90º que, repetimos, não se podem atribuir com segurança a fracturas de impacto. De facto, tais rupturas podem também ser geradas por razões distintas, como o pisoteamento, acidentes de talhe, etc.

As rupturas, que de um modo geral são pequenas, não deverão ter provocado a inutilização dos micrólitos, bastando o seu reavivamento para permitir a retoma da sua utilização. Isto supõe que, ainda podendo ser operativos, os geométricos eram frequentemente abandonados se sofriam alguma ruptura, por pequena que fosse.

Essas pequenas rupturas nas zonas apontadas podem indicar que as setas fracturadas eram reparadas nos locais de habitação. Enquanto que a partes apicais ficavam depositadas no interior do animal caçado, ou se perdiam nos disparos falhados, os micrólitos inteiros ou as partes mesiais eram posteriormente extraídas dos cabos onde estavam inseridos, sendo substituídos por outros e abandonados nos lugares onde se procedia à reparação dos projécteis (Plisson e Geneste 1989).

Nas três jazidas analisadas, os segmentos não só têm a mesma morfologia como também as fracturas de impacto seguem o mesmo padrão. Na Pena d'Água, 6 dos 9 micrólitos estudados mostram fracturas de impacto; no Cabeço das Pias são unicamente 2 em 8; e na Valada do Mato, de onde é proveniente a maior amostra analisada, sobre um total de 81 segmentos, 42 (51,8%) apresentam rupturas atribuíveis ao seu uso como projécteis.

Por seu lado, os três instrumentos empregues sobre carne parecem ter-se destinado a tarefas de esquartejamento e não de corte das peças de carne (fig. 4: 10 y 20). Esta conclusão está demonstrada pela presença nos gumes de levantamentos associadas a pontos de micropolimento de osso localizados intermitentemente sobretudo nas zonas salientes ou proeminentes da superfície. A este respeito, somente uma lâmina fracturada da Pena d'Água, outra lâmina do Cabeço das Pias e uma lasca da Valada do Mato podem ter sido utilizadas para descarnar.

São também escassos os utensílios usados sobre pele (9 exemplares) (fig. 4: 7-9, 11, 19). Ainda que de um modo geral os vestígios pouco desenvolvidos e a intensidade das alterações tenham impedido determinar o estado em que foi trabalhada a pele, o grau de arredondamento dos gumes e as características do micropolimento em quatro dessas peças indicam a raspagem de pele já seca (3 da Pena d'Água e 1 da Valada do Mato) e não a remoção da gordura e dos restos de carne aderidos (fig. 3: 3). Ou seja, tratam-se das tarefas posteriores de adelgaçar, amaciar e dar lustro às peles depois de secas. Isto não quer dizer que nestes sítios não se tenha trabalhado a pele em estado fresco; simplesmente, não se encontrou nenhuma peça que o demonstre, devido seguramente ao mau estado de conservação dos vestígios de uso. Além disso, por um lado, a pele fresca apenas gera levantamentos e arredondamentos nas superfícies dos artefactos, e por outro, o micropolimento que produz fica disfarçado e/ou destruído à menor alteração.

A cinemática de utilização demonstra-nos que estes instrumentos empregues sobre pele deveriam intervir em distintas tarefas. Registámos peças empregues tanto para cortar como para raspar e, inclusivamente, num caso da Valada do Mato, para perfurar. As peças utilizadas no trabalho de peles são lascas ou lâminas de gumes brutos ou retocados.

O trabalho do osso e/ou aste foi identificado em duas peças (1 da Pena d'Água e 1 do Cabeço das Pias) (fig. 4: 11 y 21). As marcas estão localizadas em pequenas partes côncavas dos gumes (8 mm), o que significa que talvez se tratem de instrumentos destinados ao acabamento e/ou ao reafiamento de algum utensílio ou objecto elaborado em matéria óssea, como pontas, cabos, etc (fig. 3: 4).

2.3.3. Instrumentos usados sobre matérias indeterminadas

Muitas são as lascas ou lâminas que apresentam gumes cujas marcas não foi possível associar ao trabalho de uma matéria em concreto: 11 na Pena d'Água, 3 no Cabeço das Pias e 6 na Valada do Mato. A maioria destas peças (18 efectivos) foram provavelmente empregues sobre matérias de dureza branda, e só duas o foram sobre uma matéria dura. O problema é que nem os levantamentos, nem o arredondamento do gume, nem os pequenos pontos de micropolimento mal conservados permitem fazer uma determinação mais aproximada.

3. Funcionalidade dos sítios deduzida a partir das utensilagens líticas

Com base no escasso número de efectivos analisados e na diminuta quantidade de peças analisadas é difícil abordar questões relacionadas com as actividades económicas levadas a cabo pelos grupos humanos que ocuparam estas três jazidas. Relembre-se que apenas uma pequena parte seleccionada das indústrias líticas foi estudada traceologicamente – lâminas, lamelas e geométricos em sílex. O papel desempenhado pelas restantes matérias-primas líticas (que são muitas vezes dominantes quantitativamente e às quais se têm atribuído utilizações expeditas ou de ocasião) permanece indeterminado. Por isso, as conclusões abaixo apresentadas devem ser lidas com a máxima precaução.

No Abrigo da Pena d'Água deve destacar-se a associação que pode ter a exploração de ovicaprinos e espécies selvagens (cervídeos) com a presença de diversos instrumentos relacionados com a aquisição e tratamento de matérias animais. Nesta jazida reconheceram-se vários segmentos empregues seguramente em actividades cinegéticas, assim como utensílios usados tanto para descarnar como para trabalhar a pele. Por seu lado, o instrumental utilizado sobre madeira parece ter-se destinado a tarefas de acabamento, regularização ou reaguçamento. As peças que mostram marcas de corte de vegetais não podem indicar se a sua obtenção era para consumo humano – no caso de se virem a confirmar no futuro que se tratariam de cereais ou plantas silvestres destinadas a alimentação – ou para outras funções – por exemplo, empregues para forragem, material de construção ou para o fabrico de artefactos como setas ou cestos.

No caso do Laranjal de Cabeço das Pias, se bem que também existam peças empregues como projécteis ou para trabalhar a pele, a carne ou o osso e/ou hastes, sobressaiem especialmente os cinco instrumentos usados para cortar plantas.

Na Valada do Mato cabe realçar a importância que têm os micrólitos usados como projécteis e, por conseguinte, o peso que a caça pode ter nas actividades económicas do grupo humano que viveu neste povoado. Estas actividades económicas terão também incluído a agricultura. A escassez de peças associáveis a esta actividade pode dever-se a vários factores:

As alterações pós-deposicionais podem ter destruído ou disfarçado as marcas existentes nalgumas peças. Embora esta hipótese seja válida para os instrumentos cujos micropolimentos não estejam demasiado desenvolvidos, dificilmente se pode sustentar para os utensílios que evidenciam a situação inversa — é o caso das três peças com marcas de ceifa identificadas nesta jazida, apesar de se apresentarem alteradas.

Tão-pouco se rejeita a possibilidade segundo a qual o padrão observado implica que os cultivos não fossem demasiado extensos. A ceifa de pequenas parcelas não teria requerido um número considerável de foices, e as mesmas podiam ser reutilizadas durante vários anos, bastando para isso o reavivamento dos gumes. É ainda provável que existissem outras formas de recolha do cereal impossíveis de detectar no registo arqueológico, tal como será o caso do arranque da espiga ou do talo com as mãos.

Em conclusão, nestas jazidas não só se constatou a utilização de utensílios líticos em diversos trabalhos, como também a complementaridade que nas actividades económicas destes grupos pôde ter a aquisição de animais selvagens através da caça e a exploração de recursos domésticos obtidos do pastoreio e da agricultura. Contudo, estas primeiras apreciações deverão ser confirmadas através do estudo de outras jazidas.

4. Contributo para a caracterização económica do Neolítico antigo do Centro e Sul de Portugal

O estado ainda incipiente do estudo do Neolítico antigo de Portugal tem permitido a coexistência de dois principais modelos interpretativos quanto à origem deste período. No âmbito deste debate, definir a natureza mais ou menos agro-pastoril destes grupos é um elemento significativo quando se encontram em confronto distintos modelos de neolitização.

Para os partidários de uma leitura essencialmente indigenista do processo, estaríamos perante um cenário de transformação gradual, caracterizado por integrações pontuais de elementos diacronicamente seleccionados pelos grupos autóctones. No contexto deste modelo, é salientado o maior peso da caça e da recolecção e a agricultura é caracterizada como muito incipiente. Esta perspectiva reúne o consenso da maioria dos investigadores portugueses desde os primeiros trabalhos de Silva e Soares (1981) no litoral do Alentejo.

A evidência directa de uma economia produtora no Neolítico antigo do actual território português, com efeito, limita-se ao achado de trigo, cevada e fava no Buraco da Pala (Sanches 1997), em Trás-os-Montes, e de restos de ovinocaprinos e bovinos domésticos na Gruta do Caldeirão (Rowley-Conwy 1992) e na Pena d'Água (Valente 1998), na Estremadura, e na Valada do Mato, no Alentejo, para além de outros conjuntos de ainda menor expressão.

Ao contrário, justificando a transformação ocorrida no registo arqueológico a partir de um modelo difusionista apoiado na deslocação efectiva de pequenos grupos, para Zilhão (1992, 1993) as práticas agrícolas deverão estar presentes desde o momento em que surgem os primeiros sítios com cerâmica e pedra polida. A corroborar esta tese, o autor argumenta que a inexistência de vestígios de agricultura se deve unicamente à sua menor visibilidade no registo arqueológico, mas que esta prática deve estar associada a os primeiros grupos portadores de cerâmica e ovinocaprinos, tal como verificado noutras regiões do Mediterrâneo ocidental.

Perante este impasse, procurou-se com este projecto de análise traceológica verificar qual o efectivo papel da agricultura, uma vez que são inexistentes os testemunhos directos desta actividade durante as etapas iniciais do Neolítico no Centro e Sul de Portugal sendo assim, difícil caracterizar o impacto que as estratégias produtivas conheceram neste período de transição. Assim, a ausência, até à data, de macro-restos vegetais ou de análises polínicas nestas regiões transforma o instrumental lítico no único elemento capaz de atestar, ainda que indirectamente, eventuais práticas agrícolas.

Na Estremadura, onde se localizam o Cabeço das Pias e a Pena d'Água, procurava-se aferir os dados paleoeconómicos já conhecidos na região que, com poucas excepções, são sobretudo indirectos. Mais especificamente, os resultados poderiam também definir melhor o sistema de povoamento do Neolítico antigo que se vem desenhando nos últimos anos na área do Arrife da Serra d'Aire.

Os dados mais seguros obtidos neste projecto de análise traceológica parecem confirmar a existência de contextos onde se destacam as actividades de caça e de pastoreio, representadas não só pelos próprios restos ósseos de ovinocaprinos e de cervídeos, como pela presença de um conjunto instrumental lítico indicador das tarefas de aquisição destes recursos (geométricos utilizados como pontas de projéctil para caça de mamíferos selvagens) e do seu processamento subsequente – esquartejamento das carcaças e tratamento das peles (produtos líticos alongados usados como facas e como raspadeiras). Estas actividades estão bem representadas na Pena d'Água.

Infelizmente, não foi possível obter dados muito mais precisos do que os anteriormente conhecidos acerca da exploração dos recursos vegetais. Com efeito, tanto na Pena d'Água como no Cabeço das Pias existem lâminas e lamelas com marcas de utilização sobre plantas não lenhosas, conclusão já avançada com base em observações de ordem tecnológica (Carvalho 1998b); porém, como se assinalou acima, não foi possível determinar se se tratavam de plantas domésticas (cereais) ou silvestres, dadas as más condições de preservação do material lítico. A confirmação ou infirmação dos modelos paleoeconómicos para o Neolítico antigo do Arrife da Serra d'Aire, e por consequência para outras áreas da Estremadura, continua portanto em suspenso.

Do mesmo modo, as estratégias de povoamento e a determinação da duração das ocupações neolíticas naquela região podem continuar a equacionar-se nos moldes anteriores: a conjugação dos vários indicadores disponíveis, a que se juntam agora os resultados da traceologia, parece indicar que os contextos do Neolítico antigo da Serra d'Aire são o reflexo de uma estratégia de mobilidade residencial no interior da faixa de ecótono definida pelo contacto entre a Serra d'Aire e a Bacia do Tejo (Carvalho no prelo). As ocupações são de duração inestimável mas, ao que tudo indica, terão sido relativamente curtas (sazonais?). Por vezes verifica-se um pendor funcional dessas ocupações no sentido de alguma actividade específica, como a caça e o pastoreio (e o consequente processamento destes recursos animais) ou a colheita de plantas. Resta comprovar de forma segura de este povoamento se justifica por si mesmo, ou se se tratarão de sítios-satélite de povoados, porventura mais extensos e sedentários, situados ao longo das margens do Tejo. A prospecção que tem sido possível realizar nesse território potencial não tem, todavia, resultado na identificação de qualquer vestígio datável do Neolítico antigo, quer pelas profundas alterações entretanto introduzidas na paisagem em épocas históricas, quer por não se ter ainda produzido um modelo tafonómico capaz de orientar as acções de prospecção arqueológica.

No caso da Valada do Mato, importava iniciar a caracterização dos sistemas de exploração do território desenvolvidos ao longo deste período, no interior alentejano, admitindo-se, à partida, que a aplicação do sistema produtor seria capaz de fornecer o complemento alimentar que torna possível a colonização permanente das terras do interior, ao mesmo tempo que dispensa a segurança estratégica conseguida pela exploração de recursos marinhos ou estuarinos (Diniz 2000).

A desertificação destes espaços ao longo do Mesolítico parece decorrer não tanto de uma falha arqueográfica, mas sobretudo do estabelecimento de um modelo de povoamento que privilegiou os ecossistemas costeiros e estuarinos (Araújo, no prelo). A introdução das novas técnicas de produção de alimentos permite ultrapassar esta estratégia de ocupação dos territórios e utilizar áreas, como o Alentejo central, anteriormente pouco apelativas para o estabelecimento de sítios de longa duração.

Colocava-se portanto a questão de saber se estaríamos, no caso da Valada do Mato, perante uma comunidade que manteve, no essencial, os esquemas tradicionais de caça e recolecção, integrando novos artefactos e novas tecnologias, ou pelo contrário a apropriação das terras de interior teria sido levada a cabo por grupos plenamente agro-pastoris, que praticavam também a exploração dos recursos silvestres?

Alguns indicadores apontam para a segunda hipótese. Apesar da não identificação de estruturas inequivocamente relacionadas com espaços habitacionais, a densidade e diversidade tipológica do material recuperado (compatível com o vasto leque de comportamentos de distintas naturezas próprias destes espaços), a descoberta de uma estrutura de combustão de planta circular constituída por blocos de granito, que continha um fragmento de calote craniana humana, a presença de restos ósseos de espécies domésticas e selvagens, são factores que conduziram à classificação da Valada do Mato como um habitat permanente ocupado por produtores de alimentos. O grupo humano que ocupou este sítio associou à estabilidade residencial alguma mobilidade logística, responsável pela introdução no sítio de matérias-primas como o sílex.

Sem optar por um dos modelos que justificam as origens do processo parece claro que a aparente colonização de territórios do interior Sul, que recua pelo menos ao primeiro quartel do V milénio cal AC, é levada a cabo por grupos de pastores-agricultores, contemporâneos das últimas ocupações mesolíticas dos concheiros do vale do Sado. O desenvolvimento próprio de uma agricultura de pequena escala pode justificar a expansão do sistema produtor para novas áreas, até então, não, ou apenas muito debilmente, ocupadas.

É, neste momento, urgente intervir em alguns dos outros sítios, da região de Évora, atribuídos, a partir da classificação tipológica dos materiais de superfície, ao Neolítico antigo. Poder-se-ia, assim, definir um cenário cultural certamente mais complexo, semelhante ao detectado em outras áreas do território português, e onde a par de sítios permanentes como o da Valada do Mato, figurassem ocupações de curta duração, eventualmente especializadas na exploração de um leque restrito de recursos, ou de algumas matérias-primas.

A presença, no interior alentejano, de comunidades agro-pastoris estabelecidas em *habitats* permanentes, no primeiro quartel do V milénio cal AC, não exclui, deste horizonte cronológico, outras estratégias de exploração de recursos e outras modalidades de assentamento, seguramente complementares, que importa documentar.

Bibliografia

ARAÚJO, A.C. (no prelo), "Long term change in Portuguese early Holocene settlement and subsistence", *6 th International Conference on the Mesolithic in Europe*, Estocolmo, Suécia.

BOSCH, À., BUXÓ, R., CHINCHILLA, J., SAÑA, M. e TARRÚS, J. (1999), "La Draga (Banyoles) et le Néolithique ancien de la Catalogne", *XXIVᵉ Congrès Préhistorique de France. Le Néolithique du Nord-Ouest Méditerranéen*, Paris: Société Préhistorique Française, pp. 195-210.

CARVALHO, A.F. (1998a), "Abrigo da Pena d'Água (Rexaldia, Torres Novas): resultados das campanhas de sondagem (1992-1997)", *Revista Portuguesa de Arqueologia*, 1 (2), pp. 39-72.

CARVALHO, A.F. (1998b), *Talhe da pedra no Neolítico antigo do Maciço Calcário das Serras d'Aire e Candeeiros (Estremadura Portuguesa). Um primeiro modelo tecnológico e tipológico*, Lisboa: Colibri.

CARVALHO, A.F. (no prelo), "O Neolítico antigo no Arrife da Serra d'Aire. Um case study da neolitização da Média e Alta Estremadura Portuguesa", en: GONÇALVES, V.S. (ed.), *2º Colóquio Internacional sobre Megalitismo. Espaços, origens e contextos do Megalitismo*, Reguengos de Monsaraz (Portugal).

CARVALHO, A.F. e ZILHÃO, J. (1994), "O povoado neolítico do Laranjal de Cabeço das Pias (Vale da Serra, Torres Novas)", *V Jornadas Arqueológicas*, 2. Lisboa: Associação dos Arqueólogos Portugueses, pp. 53-68.

CASPAR, J.-P. e GYSELS, J. (1984), "Étude des traces d'usure de l'industrie rubanée de la place Saint-Lambert: rapport préliminaire", en: OTTE, M., (ed.), *Les fouilles de la Place Saint-Lambert à Liège*, Liège, ERAUL 18, pp. 199-209.

CLEMENTE, I. e GIBAJA, J.F. (1998), "Working on cereals: an approach through microwear analysis", *Journal of Archaeological Science*, 25, pp. 457-464.

DINIZ, M. (2000), "As comunidades neolíticas no interior alentejano: uma leitura cultural e cronológica", *3º Congresso de Arqueologia Peninsular*, III. Porto: ADECAP, pp. 24-33.

DINIZ, M. (2001), "O sítio neolítico da Valada do Mato, Évora: problemas e perspectivas", *Revista Portuguesa de Arqueologia*, 4 (1), pp.45-59.

FIGUEIRAL, I. (1998), "O Abrigo da Pena d'Água (Torres Novas): a contribuição da antracologia", *Revista Portuguesa de Arqueologia*, 1 (2), pp. 73-80.

GASSIN, B. (1996), *Evolution socio-économique dans le Chasséen de la grotte de l'Eglise supérieure (Var). Apport de l'analyse fonctionelle des industries lithiques*, Paris: CNRS, Monographie du CRA 17.

GIBAJA, J.F. (1997), "Anàlisi funcional del material lític de la necròpolis del Camí de Can Grau", en: MARTÍ, M.; POU, R.; CARLÚS, X. (eds.), *Excavacions arqueològiques a la Ronda Sud de Granollers, 1994. La necròpolis del Neolític Mitjà i les restes romanes del Camí de Can Grau (La Roca del Vallès, Vallès Oriental) i els jaciments de Cal Jardiner (Granollers, Vallès Oriental)*, Barcelona, Generalitat de Catalunya, Excavacions Arqueològiques a Catalunya 14, pp. 128-141.

GIBAJA, J.F. (1999), "Análisis del utillaje lítico de la necrópolis de Sant Pau del Camp (Barcelona): estudio morfológico y funcional", *II Congrés del Neolític a la Península Ibèrica*, València: Universitat de València, Saguntum Extra 2, pp. 187-192.

GIBAJA, J.F. e CLEMENTE, I. (1996), "Análisis funcional del material lítico en las sepulturas de la Bòbila Madurell (Saint Quierze del Vallès, Barcelona)", *I Congrés del Neolític a la Península Ibèrica*, Gavà: Museo de Gavà, Rubricatum, 1, pp. 183-189.

IBAÑEZ, J.J. e GONZÁLEZ, J.E. (1996),"El uso de los utiles en silex de los niveles neolíticos de la cueva de "los Murciélagos" (Zuheros, Córdoba). Primeros resultados", *I Congrés del Neolític a la Península Ibérica*, Gavà: Museo de Gavà, Rubricatum, 1, pp. 169-176.

IBÁÑEZ, J.J., ZAPATA, L., BEUGNIER, V., PEÑA-CHOCARRO, L. e GONZÁLEZ, J.E. (no prelo), "Harvesting without sickles. Neolithic examples from mountain areas", *Vᵗʰ Annual Meeting of the European Association of Archaeologists*, Bournemouth (England).

PLISSON, H. e GENESTE, J.M. (1989), "Analyse technologique des pointes à cran solutréennes du Placard (Charente), du Fourneau du Diable, du Pech de la Boissière et de Combe Saunière (Dordogne)", *Paleo*. 1, pp. 65-106.

PÓVOAS, L. (1998), "Faunas de micromamíferos do Abrigo da Pena d'Água (Torres Novas) e seu significado paleoecológico: considerações preliminares", *Revista Portuguesa de Arqueologia*, 1 (2), pp. 81-84.

ROWLEY-CONWY, P. (1992), "The Early Neolithic bones from Gruta do Caldeirão", en: ZILHÃO, J. (ed.), *Gruta do Caldeirão. O Neolítico antigo*, Lisboa: IPPAR, Trabalhos de Arqueologia, 6, pp. 231-257.

SANCHES, M.J. (1997), *O Abrigo do Buraco da Pala (Mirandela) no contexto da Pré-História recente de Trás-os-Montes e Alto Douro*, Porto: SPAE.

SANTOS, M.F. (1971), "A cerâmica cardial da gruta do Escoural", *II Congresso Nacional de Arqueologia*, Coimbra, Ministério da Educação Nacional, pp. 93-94.

SCHREURS, J. (1992), "The Michelsberg site Maastricht-Klinkers: a functional interpretation", *Analecta Praehistorica Leidensia*, 25, pp. 129-171.

SILVA, C.T. e SOARES, J. (1981), *Pré-História da área de Sines*, Lisboa: Gabinete da Área de Sines.

SOARES, J. e SILVA, C.T. (1992), "Para o conhecimento dos povoados do megalitismo de Reguengos", *Setúbal Arqueológica*, 9/10, pp. 37-88.

VALENTE, M.J. (1998), "Análise preliminar da fauna mamalógica do Abrigo da Pena d'Água (Torres Novas). Campanhas de 1992-1994", *Revista Portuguesa de Arqueologia*, 1 (2), pp. 85-96.

ZAPATA, L., IBÁÑEZ, J.J. e GONZÁLEZ, J.E. (1997), "El yacimiento de la cueva de Kobaederra (Oma, Kortezubi, Bizkaia). Resultados preliminares de la campaña de excavación 1995-97", *Munibe*, 49, pp. 51-63.

ZILHÃO, J. (1992), *Gruta do Caldeirão. O Neolítico antigo*, Lisboa: IPPAR, Trabalhos de Arqueologia, 6.

ZILHÃO, J. (1993), "The spread of agro-pastoral economies across mediterranean Europe: a view from the Far West", *Journal of Mediterranean Archaeology*, 6 (1), pp. 5-63.

21. Procesamiento estadístico del ajuar depositado en la necrópolis neolítica de la Bòbila Madurell (Sant Quirze del Vallés, Barcelona): la función de los instrumentos líticos

Juan Francisco Gibaja y Germà Wünsch Royo

Abstract

In this paper we present the results of the use-wear analysis of the stone artefacts found in the burial-fields of Bóbila Madurell (Sant Quirze del Vallès, Barcelona). The main aim of this investigation was to understand some aspects of the socio-economic organization of the ancient people buried in these necropolis. Our task was not only to describe the archaeological material and put forward economic and chronological hypotheses, but also to attempt to define some aspects of the social structure of this group.

The main backdrop to the research was the possibility that funeral ceremony and tradition could be a reflection of the social, economic and ideological structure of the human group to which the buried individuals belonged. We believe that the funeral inventory could represent the position of man in the production process. In order to gain a better understanding of the social relations in the production and reproduction systems of these groups, we have to define the links between the significant elements on the archaeological list. We also have used information from other kinds of sources: the determination of sex and age, chemical analysis of some individuals, carpological data, fauna analysis, geological and geomorphological investigations, etc.

On the basis of the statistical tests carried out we consider that these societies were organized in such a way that, despite the fact that some activities (for example agriculture) required the participation of the whole group (male and female individuals of different ages and children), other activities (hunting, leather working, production of stone tools, etc) were carried out by a separate part of the group (depending on sex and/or age).

Introducción

A principios del IV milenio cal BC, las sociedades asentadas en el prelitoral central catalán fundamentan su economía en el aprovechamiento de los recursos obtenidos de la agricultura y la ganadería. Asimismo, durante este período también juega un papel importante la explotación y el intercambio de objetos e instrumentos elaborados en determinadas litologías de origen alóctono o que requieren un esfuerzo considerable en su obtención: el sílex melado, la obsidiana, la calaíta o la jadeita.

Además, es un momento en el que se empiezan a generalizar determinadas prácticas funerarias. Las inhumaciones, mayoritariamente individuales, realizadas en fosas o en cistas excavadas en el suelo, están acompañadas de ciertos elementos de ajuar como vasos cerámicos, instrumentos líticos, útiles óseos, ornamentos, etc.

El presente trabajo está centrado en uno de los yacimientos más representativos de este período: la Bòbila Madurell. Situado en la comarca del Vallès Occidental (Barcelona), es un asentamiento al aire libre localizado en las suaves laderas de un pequeño altiplano. Las dataciones radiométricas realizadas lo sitúan en la fase central del neolítico medio en Catalunya (4100-3200 cal BC) (fig. 1).

Entre las evidencias arqueológicas halladas en la Bòbila Madurell, sobresale especialmente la necrópolis neolítica. A lo largo de las distintas campañas de excavación llevadas a cabo desde principios del s. XX, se han llegado a registrar alrededor de 130 sepulturas. De este conjunto de enterramientos, nosotros hemos trabajado sobre el ajuar de 67. Varias han sido las razones por las cuales se han elegido estas tumbas: han sido excavadas recientemente, se han llevado a cabo estudios paleoantropológicos y el estado de conservación de los restos es óptimo.

Si bien nuestro objeto de estudio ha sido el instrumental lítico, su análisis no tiene sentido en sí mismo si no constituye un medio de interpretación histórica, para intentar aproximarnos tanto a las estrategias organizativas dirigidas a la subsistencia de la comunidades, como a las relaciones sociales de producción y de reproducción establecidas.

La función de los útiles líticos nos ha facilitado conocer sobre qué materias fueron usados, y nos ha informado sobre algunas de las actividades realizadas por este grupo. El paso siguiente es saber si ciertos instrumentos y las tareas a las que fueron destinados se asociaban a las tumbas de individuos de un sexo y una edad concretas.

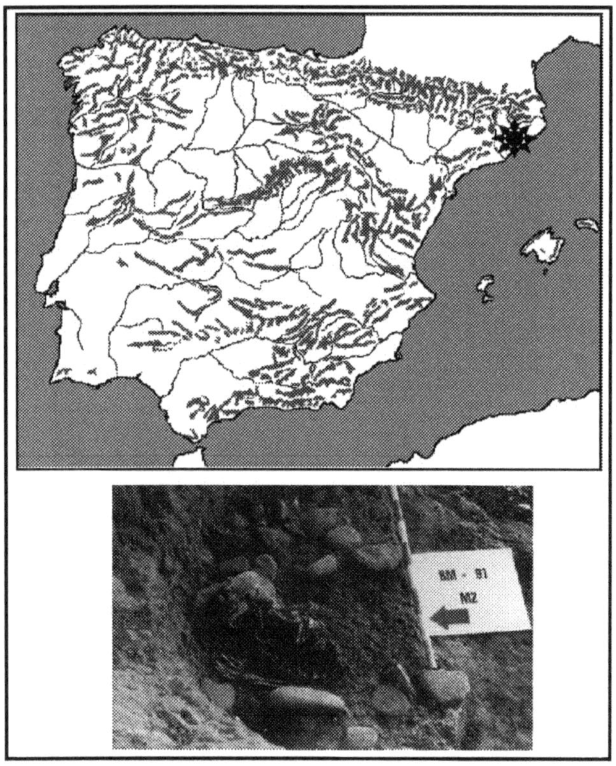

Figura 1: Localización y sepultura de la necrópolis de la Bòbila Madurell.

De la misma manera, entendemos que las diferencias en la cantidad y en la calidad del ajuar que acompaña a las inhumaciones, pueden ser reflejo de la existencia de desigualdades sociales en el seno de poblaciones neolíticas como la que vivió en la Bòbila Madurell. Aunque evidentemente estamos en contextos funerarios, con toda la carga simbólica que ello supone, consideramos que las implicaciones ideológicas que reflejan las prácticas funerarias a través de sus construcciones, ritos o ajuares, pueden estar conectadas y representar aspectos relativos a las relaciones sociales establecidas en las comunidades humanas.

El utillaje lítico analizado: resultados del análisis funcional

Con respecto al registro lítico, está compuesto mayoritariamente por soportes laminares (209=70,7%) y en menor medida por lascas (67=22,5%) y núcleos (20=6,8%). En cuanto a las materias primas empleadas, sobresalen especialmente los sílex de grano fino (78,4%), entre los que destaca sobre todo el conocido como sílex melado. Menos habituales son los sílex de grano grueso (18,9%) y otras litologías como el cuarzo (1,7%), la obsidiana (0,7%) o el jaspe (0,3%).

En cuanto a la función del utillaje lítico (fig. 2), la materia más trabajada ha sido el corte de plantas no leñosas, seguramente en muchos casos cereales. Para ello se han seleccionado sobre todo láminas que en diversas ocasiones han sido utilizadas por ambos filos. La distribución del micropulido por la superficie de estas láminas nos ha permitido saber que estaban enmangadas paralelamente a mangos rectos. Asimismo, la presencia de abundantes estrías y zonas abrasionadas en algunos instrumentos demuestra que seguramente se utilizaron para segar los tallos del cereal cerca del suelo. Ello puede estar relacionado con un aprovechamiento de los tallos para múltiples fines: techar las casas, hacer cestería, ...

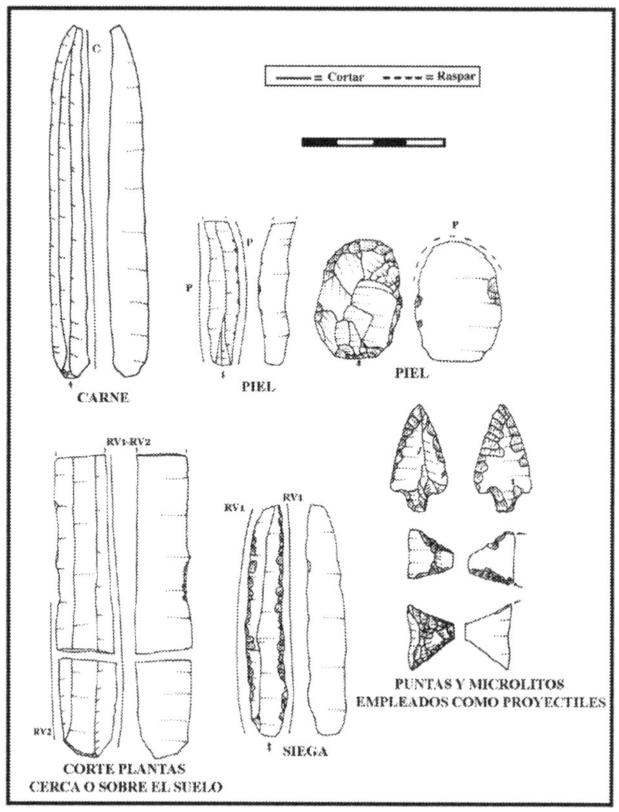

Figura 2: Algunos de los instrumentos de la Bòbila Madurell usados en distintas actividades.

Para las actividades de descarnado o el corte de piel también se han empleado básicamente láminas, a menudo de un tamaño considerable (mayores a 75 mm.). En cambio, para el raspado de la piel se ha acudido a lascas que a veces se han retocado formando raspadores.

En los enterramientos se han hallado también numerosos microlitos geométricos y algunas puntas que parecen haberse utilizado como proyectiles. La presencia de fracturas de impacto de pequeño tamaño, que normalmente no han provocado la inutilización de tales

proyectiles, nos ha llevado a pensar que estas piezas eran depositadas en buen estado junto a los inhumados.
Finalmente, ciertas materias trabajadas como el hueso o la madera están muy poco representadas. En nuestra opinión, ello puede ser debido a que para su obtención y transformación se acudía a otro tipo de instrumentos como hachas y azuelas pulidas o útiles confeccionados con rocas abrasivas. Las láminas y las lascas talladas empleadas sobre estas materias suelen presentar zonas activas de reducido tamaño, por lo que probablemente se destinaron a tareas relacionadas con la reparación, el mantenimiento, el acabado o el reafilado de objetos.

El análisis de datos: elaboración de un primer diseño del procesamiento estadístico

En el marco de cualquier investigación científica se da por sentado que el análisis de datos se apoya en la aplicación de métodos cuantitativos, generalmente a través de la utilización de técnicas estadísticas. No es el caso de la investigación arqueológica, en la cual se han producido grandes avances con respecto a la aplicación de tests estadísticos en ámbitos específicos, pero resulta todavía necesario justificar y defender dicha aplicación ante los ataques de escépticos y no iniciados. Por tanto, no debe extrañar que dediquemos nuestra atención a presentar un pequeño esfuerzo en esta línea, que supone un paso adelante en los trabajos realizados sobre el análisis funcional de contextos neolíticos.

Para llevar a cabo el procesamiento de los datos surgidos del estudio de los restos materiales encontrados en los enterramientos de la Bòbila Madurell, ha sido necesario elaborar un diseño específico, adecuado a nuestras necesidades y a las características del conjunto de datos. Recordemos que siempre hemos de entender dicho procesamiento estadístico como un instrumento destinado a objetivar la construcción de hipótesis explicativas.

Por lo que respecta al conjunto de datos, en función de los análisis realizados sobre los restos materiales, se ha efectuado una primera selección de las categorías más informativas, que se orienta en relación a las hipótesis que pretendemos evaluar pero que está mediatizada por los datos disponibles. Por ejemplo, en el caso de los restos líticos se ha podido conjuntar información morfotécnica y funcional, lo cual enriquece el acercamiento a los instrumentos y procesos de trabajo, mientras que para los restos cerámicos sólo se ha contado con categorías descriptivas y las atribuciones funcionales no siempre se han basado en análisis de laboratorio (p.e. el caso de los molinos).

El eje vertebrador que estructura el análisis que proponemos es una selección de diversos tests estadísticos en función de las hipótesis de partida, del carácter de las variables cuantitativas y cualitativas disponibles, del número de efectivos, etc. Como siempre nuestra idea básica es rechazar la sofisticación técnica innecesaria y por tanto recurrir en lo posible a técnicas más sencillas, fiables y controlables. A partir de estas nociones previas, hemos establecido un primer diseño del procesamiento estadístico, abierto a futuras modificaciones, que se basa en la complementariedad entre varios tests que nos informan de aspectos diferentes del conjunto de datos. Avanzamos en el análisis contrastando los resultados para minimizar las deficiencias específicas de cada test, eliminar la información banal y potenciar las tendencias más significativas.

Por razones de espacio, en esta ocasión no vamos a entrar en detalles técnicos sobre el funcionamiento o las características concretas de los tests estadísticos seleccionados, que son de sobras conocidos (Cibois 1983, Cuadras 1981, Djindjian 1991, Laplace 1979-80, Lesage 1990, Shennan 1992). Unicamente nos interesa esbozar el diseño utilizado y ejemplificar brevemente el procedimiento operativo mediante los resultados obtenidos en el análisis de los enterramientos de La Bòbila Madurell.

Una **primera etapa** del procesamiento se centra en evaluar las hipótesis previas mediante el estudio de las asociaciones entre variables cualitativas, tratadas a nivel de presencia/ausencia. Para ello hemos seleccionado la aplicación de los coeficientes de Jaccard y Q de Yule, en especial nos resulta operativo el de Jaccard puesto que no tiene en cuenta las ausencias mutuas. Pretendemos obtener una visión inicial de las asociaciones existentes entre el sexo y la edad de los individuos con respecto a los materiales depositados en las sepulturas. Pese a las limitaciones provocadas por la escasez de efectivos y la reducida heterogeneidad del conjunto de datos, se han obtenido asociaciones, que si bien pueden parecer débiles, en base a los dinteles de significación establecidos, son representativas de tendencias más o menos marcadas entre algunas de las categorías analizadas.

En una **segunda etapa**, hemos decidido realizar un acercamiento complementario a la asociación entre variables mediante la aplicación de la tabla de porcentajes del Lien. Este test, que trabaja a partir de una tabla de contingencia, a nivel cuantitativo, nos permite evaluar y/o reforzar las primeras impresiones obtenidas. Los resultados refuerzan algunas tendencias ya constatadas en los tests de asociación o similitud y aportan nuevas líneas de interpretación de los datos, marcando sobre todo los datos más discriminantes dentro del conjunto y los más "aberrantes" que pueden distorsionar las interpretaciones. En nuestro caso, del análisis de la tabla de contingencia podemos extraer presencias y ausencias significativas y sobre todo constatar agrupamientos entre las categorías de los depósitos y de los enterramientos. Los restos materiales más habituales nos resultan poco discriminantes, ya que no están asociados a unas tumbas en concreto, sino a todas o a la mayoría. Sin embargo, las variables menos numerosas acostumbran a ser las más informativas. Las tablas de contingencia se deben depurar al máximo para que sean en lo posible significativas y permitan la correcta aplicación del test. Así se han eliminado de las tablas las sepulturas que tenían menos de 5 efectivos y las categorías poco discriminantes que aparecen en la mayoría de enterramientos, como es el caso de los fragmentos de cerámica.

Finalmente, en la **tercera etapa** hemos intentado centrar nuestra atención en diferenciar los grupos de enterramientos en base a las variables de sexo y edad, partiendo de una combinación entre datos cualitativos y cuantitativos. Esta perspectiva implica un acercamiento a las técnicas de análisis multivariante, que sin lugar a dudas van a ser un instrumento de gran potencial informativo.

En esta ocasión hemos seleccionado el análisis factorial de correspondencias (AFC), que ya nos ha mostrado su operatividad en otras áreas de investigación, y el análisis factorial de correspondencias binarias (ACB). El primer test nos permite trabajar con tablas de frecuencias de efectivos (tablas de contingencia), mientras que con el segundo lo hacemos a nivel de presencia/ausencia. Conociendo las características del registro arqueológico, no es necesario insistir demasiado en las limitaciones surgidas del uso de variables cuantitativas y en consecuencia en la importancia de incluir en el procesamiento variables cualitativas. Su combinación supone una gran ventaja, puesto que nos evita el tener que prescindir de alguna de las sepulturas a causa del escaso número de efectivos y sobre todo nos permite incluir en una misma tabla toda la información disponible (p.e. los datos morfotécnicos y funcionales del instrumental lítico, así como el sexo y la edad de los individuos).

Sin entrar en detalles, que abordaremos en otros trabajos, ahora nos interesa concluir este esbozo del diseño del procesamiento estadístico subrayando el esfuerzo realizado para complementar las diversas técnicas seleccionadas, que nos ha permitido minimizar sus desventajas o limitaciones, enriqueciendo el análisis. Las tendencias obtenidas ofrecen un buen punto de partida para esta primera aproximación al reconocimiento de la existencia o no de diferencias en el contenido de las sepulturas, que debemos confirmar en futuros análisis de otras necrópolis. Asimismo, nos queda pendiente profundizar en el potencial de otras técnicas estadísticas multivariantes, como por ejemplo el análisis de correspondencias múltiples (ACM).

La necrópolis de la Bòbila Madurell: un ejemplo de resultados

En la **primera etapa**, hemos podido constatar que los resultados de los coeficientes de asociación o similitud confirman nuestra primera impresión, ya que reflejan una presencia diferencial de determinados objetos que están relacionados con mayor o menor intensidad con un sexo y una edad concretas (Tablas 1 y 2). Vemos que los individuos masculinos están asociados, sobre todo, con los molinos y el instrumental lítico tallado, aunque con menor intensidad destacan los instrumentos pulimentados y los núcleos. Aunque los coeficientes son relativamente bajos resulta muy significativa su presencia en algunos enterramientos masculinos, ya que además estas categorías no aparecen en los enterramientos femeninos. Asimismo, en ninguna de las sepulturas femeninas se han encontrado juntos proyectiles e instrumentos pulimentados o proyectiles y núcleos. Resalta, además, la asociación de las cuentas de collar con algunos enterramientos masculinos. Los restos cerámicos no han resultado discriminantes a nivel de sexo o edad. En el caso de los enterramientos femeninos destaca una clara vinculación con los instrumentos óseos (aunque también son habituales las láminas y las lascas), ya que su presencia significativa en buena parte de las inhumaciones femeninas contrasta con su ausencia en la mayoría de las masculinas.

En lo referente a la edad vemos que, por lo general, las diferencias entre infantiles y adultos no son tan marcadas. Ahora, vale la pena retener que:

a) las cuentas suelen estar relacionadas con alguno de los individuos infantiles.
b) si bien ambos grupos de edad se asocian a instrumentos líticos tallados, los valores más elevados pertenecen a enterramientos de adultos.
c) determinados instrumentos relacionados exclusivamente con hombres también se asocian a ciertas tumbas infantiles, como es el caso de los molinos, las puntas/microlitos geométricos o los instrumentos pulimentados.
d) las sepulturas asociadas a núcleos son casi exclusivamente de adultos masculinos.

Los resultados concernientes al uso del instrumental lítico tallado también muestran ligeras diferencias. En lo referente al sexo, la asociación más marcada es la de los individuos masculinos con los proyectiles, que queda reforzada además por la casi total ausencia en los enterramientos femeninos. Por otra parte, resultan algo más débiles las relaciones de los masculinos con los útiles usados para cortar carne, carne/piel y plantas no leñosas, así como las de los femeninos con las piezas empleadas para trabajar la piel (aunque también tiene peso el trabajo sobre plantas no leñosas). Respecto a los restos líticos no usados, los valores demuestran una aproximación a los individuos masculinos. En cuanto a la edad, los infantiles se vinculan sobre todo con el utillaje empleado sobre piel y sobre plantas no leñosas. En cambio, apenas hay infantiles relacionados con instrumentos de carne, carne/piel y proyectiles (Tablas 3 y 4).

La **segunda etapa** recoge los resultados obtenidos en la tabla de porcentajes del Lien. La necesaria depuración de las tablas de contingencia para asegurar el correcto funcionamiento del test ha provocado una pérdida de información, puesto que se han eliminado del análisis diversas sepulturas. No obstante, se han reforzado las tendencias ya observadas y han surgido nuevos matices (fig. 3). Aunque son pocos los enterramientos en los que se han hallado vasos enteros, nos parece muy significativa la vinculación positiva que tienen respecto a cinco sepulturas de individuos masculinos adultos, frente a ninguna de femeninos y sólo dos de infantiles. También resulta relevante que la casi totalidad de los enterramientos infantiles muestran una disociación con los restos de fauna. La aparente relación de los restos malacológicos con individuos masculinos debe valorarse con cuidado, ya que la depuración de la tabla supone eliminar enterramientos femeninos asociados a conchas y además existe una vinculación de dicha categoría a un grupo de sepulturas infantiles. Las cuentas, ya sean o no de calaíta, muestran una disociación en relación a varios enterramientos masculinos e infantiles. Sin embargo, dicha ausencia puede ser engañosa. Nuevamente, la presencia de numerosas cuentas en un enterramiento concreto provoca que los valores sean negativos, primero, para el resto de variables tratadas en esa tumba, y segundo, para aquellas sepulturas con pocas cuentas. Los instrumentos líticos pulimentados están nuevamente vinculados a sepulturas masculinas e infantiles.

Bòbila Madurell	Masculinos	Femeninos	Infantiles	Adultos
Vasos enteros	0.37	0.07	0.17	0.19
Fauna	NS	NS	NS	NS
Malacología	0.23	0.16	0.14	0.22
Cuentas	0.25	0.08	0.23	0.18
Molinos	0.43	0.06	0.27	0.26
Instrumentos óseos	0.20	0.41	0.24	0.25
Láminas	0.59	0.33	0.38	0.50
Lascas	0.38	0.20	0.23	0.30
Piezas no retocadas	0.63	0.31	0.41	0.50
Piezas retocadas	0.52	0.22	0.20	0.43
Instrumentos pulimentados	0.10	0	0.10	0.15
Núcleos	0.26	0	0.09	0.23
Puntas/microlitos	0.43	0.06	0.05	0.28
Pulimentados +nucleos	0.26	0	0.03	0.13
Puliment. +puntas/microlitos	0.20	0	0.03	0.13
Puntas/microlitos + nucleos	0.36	0	0	0.20
Sepulturas con piezas líticas	0.63	0.34	0.34	0.56

Tabla 1: Resultados del coeficiente de Jaccard. Objetos depositados en las tumbas. Las variables NS (no significativo) hacen referencia cuando el número de efectivos es muy escaso.

Exclusividad que también se produce con respecto a los núcleos de sílex melado hallados en unos pocos enterramientos masculinos. Nuevamente se reproduce la débil asociación entre el utillaje óseo y las sepulturas femeninas.Con respecto a los instrumentos líticos tallados, la proporción de valores positivos es bastante similar entre ambos sexos, si tenemos en cuenta el número de individuos sexados con los que hemos trabajado (12 hombres y 5 mujeres). Sin embargo, los valores de algunos enterramientos masculinos refuerzan la tendencia a una mayor presencia de láminas. A nivel de edad, surge de nuevo la presencia significativa de láminas en las sepulturas de adultos. Finalmente, hay que resaltar la vinculación recurrente de los molinos con los enterramientos masculinos adultos y los infantiles.

Bòbila Madurell	Masculinos	Femeninos	Infantiles	Adultos
Vasos enteros	+0.64	-0.64	-0.03	+0.03
Fauna	NS	NS	NS	NS
Malacología	+0.04	-0.04	-0.23	+0.23
Cuentas	+0.43	-0.43	+0.07	-0.07
Molinos	+0.71	-0.71	+0.08	-0.08
Instrumentos óseos	-0.64	+0.64	0	0
Láminas	-0.03	+0.03	-0.27	+0.27
Lascas	+0.18	-0.18	-0.14	+0.14
Piezas no retocadas	+0.33	-0.33	-0.19	+0.19
Piezas retocadas	+0.33	-0.33	-0.44	+0.44
Instrumentos pulimentados	+1	-1	-0.03	+0.03
Núcleos	+1	-1	-0.35	+0.35
Puntas/microlitos	+0.71	-0.71	-0.68	+0.68
Pulimentados+nucleos	+1	-1	-0.60	+0.60
Puliment. +puntas/microlitos	+1	-1	-0.60	+0.60
Proyectiles+ nucleos	+1	-1	-1	+1
Sepulturas con piezas líticas	+0.17	-0.17	-0.21	+0.21

Tabla 2: Resultados del coeficiente Q de Yule. Objetos depositados en las tumbas (NS= No significativo).

Bòbila Madurell	Masculino	Femeninos	Infantiles	Adultos
Carne	0.29	0.15	0.05	0.25
Piel	0.11	0.20	0.16	0.11
Carne/piel	0.29	0.15	0.08	0.24
Proyectiles	0.43	0.06	0.05	0.28
RV1	0.31	0.07	0.09	0.18
RV2	0.47	0.12	0.20	0.34
No usadas	0.47	0.23	0.30	0.34

Tabla 3: Resultados del coeficiente de Jaccard. Instrumentos usados depositados en las tumbas (RV1 hace referencia a huellas de siega, RV2 al corte de plantas, quizás cereales, sobre o muy cerca del suelo).

El procesamiento del uso de los instrumentos líticos se ve más afectado por los escasos efectivos, aunque se han podido establecer algunas tendencias. Analizando individualmente cada una de las materias trabajadas, vemos que los instrumentos empleados para cortar carne muestran una mayor relación con los individuos masculinos. Una asociación que no es exclusiva, ya que, dos enterramientos femeninos revelan también una asociación positiva. Por edades, los adultos son los que están más relacionados con estos útiles. Contrariamente, las piezas empleadas para el tratamiento de la piel predominan en las sepulturas femeninas. Es interesante la asociación de estos instrumentos con los infantiles, ya que, es la materia, junto a las plantas no leñosas, con la que están más vinculados. En cuanto a los proyectiles, nos parece muy significativo el hecho que tres individuos masculinos y dos infantiles muestren una asociación positiva, reforzada por la disociación respecto de la mayoría de sepulturas femeninas. El utillaje empleado en el corte de plantas no leñosas se vincula con ambos grupos de sexo y edad. Las otras materias trabajadas, madera y hueso/asta, no aportan información relevante.

Bòbila Madurell	Masculino	Femeninos	Infantiles	Adultos
Carne	+0.20	-0.20	-0.63	+0.63
Piel	-0.36	+0.36	+0.19	-0.19
Carne/piel	+0.20	-0.20	-0.48	+0.48
Proyectiles	+0.71	-0.71	-0.68	+0.68
RV1	+0.55	-0.55	-0.33	+0.33
RV2	+0.54	-0.54	-0.28	+0.28
No usadas	+0.20	-0.20	-0.03	+0.03

Tabla 4: Resultados del coeficiente del *Q* de Yule. Instrumentos usados depositados en las tumbas.

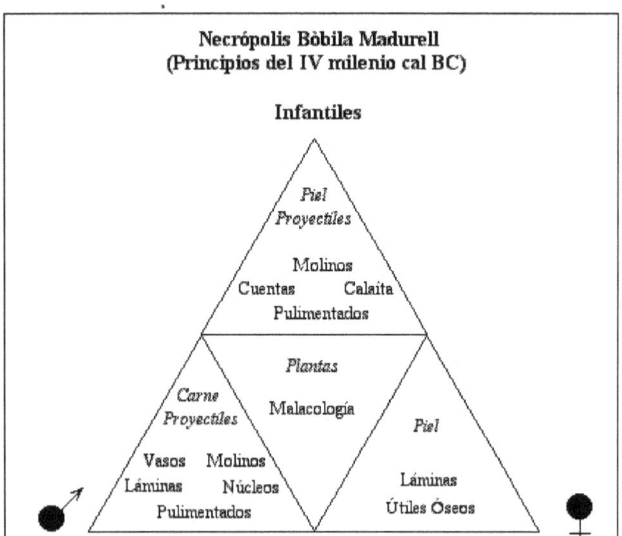

Figura 3: Representación gráfica de los resultados de la tabla de porcentajes del Lien en la necrópolis de la Bòbila Madurell.

La **tercera etapa** del procesamiento no ha aportado cambios en las tendencias ya observadas pero ha permitido visualizarlas desde otra perspectiva. Por lo que respecta a los resultados del AFC, los escasos efectivos han condicionado negativamente su potencial informativo. En realidad lo más positivo a retener es que nos ofrece una síntesis de los datos más discriminantes del conjunto analizado.

En el gráfico correspondiente a los Ejes 1 y 2 (52,95% de la información) se aprecian básicamente dos grupos: el que ocupan las sepulturas B5, H3 y G9 asociadas a las cuentas, y el correspondiente a las tumbas G17, G4, E28 y MS15 asociadas a los restos de fauna. Con respecto al sexo y la edad de los individuos, nos parece interesante la proximidad de algunas sepulturas infantiles a las cuentas (H3 y algo menos MS61), así como el agrupamiento de varios individuos adultos (MS20, G17, G4, E28) con los restos de fauna. La oposición entre ambos grupos se produce porque en aquellos enterramientos donde hay cuentas no existen restos faunísticos (fig. 4).

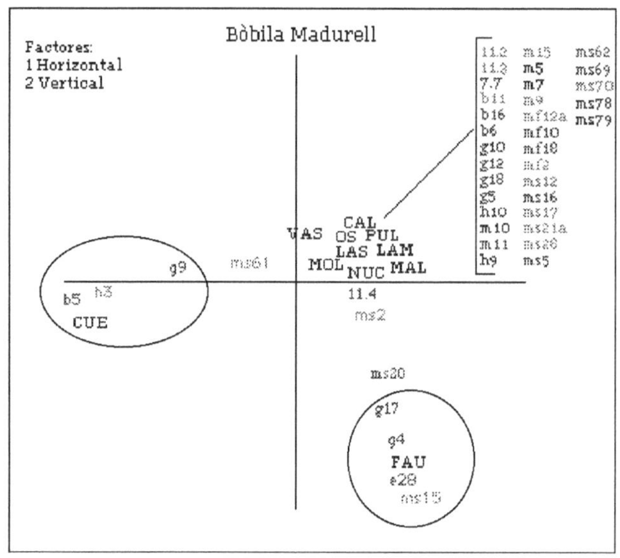

Figura 4: Representación del análisis factorial de correspondencias: ejes 1 y 2. Necrópolis de la Bòbila Madurell. VAS= Vasos cerámicos enteros, FAU= Fauna, MAL= Malacología, CAL= Calaíta, CUE= Cuentas no de calaíta, PUL= Instrumentos pulimentados, OS= Utillaje óseo, NUC= Núcleos, LAM= Láminas, LAS= Lascas y MOL= Molinos.

En la representación gráfica en los ejes 1 y 3 (47,71% de la información) vuelven a quedar patentes las relaciones anteriormente determinadas. Sin embargo, en este caso destaca la vinculación de las cuentas de calaíta con varias tumbas infantiles: M15, M9, B11 y MF12a. En conjunto, vemos que se confirman algunas tendencias, como la presencia de cuentas, especialmente de calaíta, con los infantiles o la asociación de restos de fauna con ciertos individuos masculinos e infantiles.

Los resultados del ACB también muestran valores débiles que sugieren una reducida heterogeneidad del conjunto de datos. El porcentaje de información explicada por los ejes es bajo, ya que los cuatro ejes con los que hemos trabajado suponen un 43,64% (eje 1: 15,52%, eje 2: 10,61%, eje 3: 9,8% y el eje 4: 7,71%).

En el eje 1, resalta la asociación significativa de restos de fauna con algunos infantiles (G14, MS1, MS15, MS2 y MS23). El eje 2 está caracterizado por la vinculación de varias tumbas infantiles (B11, M15, M9 y MS61) y algunas de adultos (G10 -masculina- y G9 -femenina-) con la presencia conjunta de calaíta y vasos cerámicos enteros. En el eje 3, sobresale la agrupación de numerosos enterramientos masculinos (11.4, B6, G17, MS20 y MS65) y uno infantil (MS1) con los molinos, los instrumentos líticos pulimentados y los restos de fauna. Contrapuesta a estas relaciones, en el eje 3 también constatamos la asociación de dos inhumaciones infantiles (H3, MS61), una femenina (7.7) y una de un adulto de sexo indeterminado (B5) con las cuentas. Por último, en el eje 4 la asociación redundante de ciertos infantiles o adultos con las cuentas (H3, MS61 y B5), se contrapone a la asociación de numerosas tumbas femeninas (MF10, MS16 y MS5) e infantiles (MS12, MS17, MS21a y MS70) con instrumentos líticos para el trabajo de la piel e instrumentos óseos, muy interesante puesto que sólo la habíamos apreciado en los tests de presencia/ausencia (fig. 5 y 6).

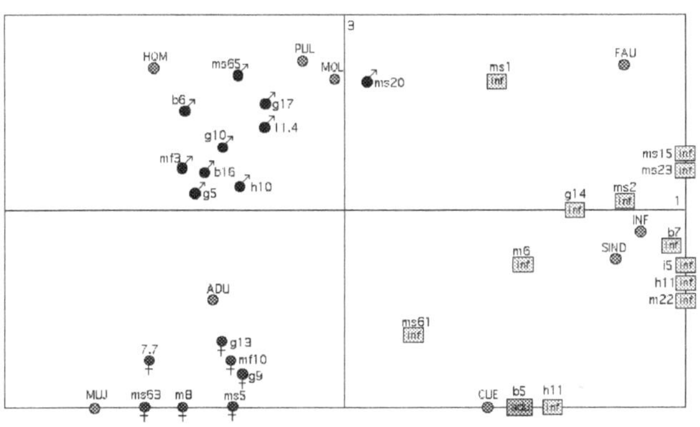

Figura 5: Representación del análisis de correspondencias binarias: ejes 1/3. Necrópolis de la Bòbila Madurell. Variables consideradas de sexo/edad (MUJ= mujer, HOM= hombre, SIND= sexo indeterminado, ADU= adulto, INF= infantil), de objetos (VAS= vasos, FAU= Fauna, MAL= Malacología, CUE= cuentas, CAL= calaíta, PUL= Instrumentos pulimentados, OS= Utillaje óseo, NUC= núcleos, MOL= molinos), de función de los instrumentos (CARN= carne, PIEL).

En conjunto, una valoración de todos los resultados nos ofrece una visión de los enterramientos de la Bòbila Madurell que refuerza la existencia de depósitos diferenciales a nivel de sexo y en menor medida de edad (Fig. 7). Observamos que lo más característico de las sepulturas femeninas son los depósitos de instrumentos óseos, de restos líticos (láminas y lascas) y, ocasionalmente, de conchas. Los individuos masculinos, por su parte, suelen estar asociados especialmente al material lítico, aunque las cuentas de piedra son un elemento ornamental asociado puntualmente a algunos adultos masculinos. En determinados enterramientos masculinos no sólo aparecen láminas y lascas, sino que además son habituales diversos artefactos que no se encuentran en los enterramientos femeninos: núcleos, instrumentos pulimentados, puntas, microlitos geométricos y molinos. Además, es significativo que algunos de estos instrumentos aparezcan asociados de manera reiterada en las mismas tumbas. Es el caso, por ejemplo, de la presencia conjunta en siete tumbas masculinas de hachas y núcleos. En cuanto a los infantiles, destaca su asociación con las cuentas y con menor peso la presencia de instrumentos líticos tallados, restos de fauna y ornamentos malacológicos.

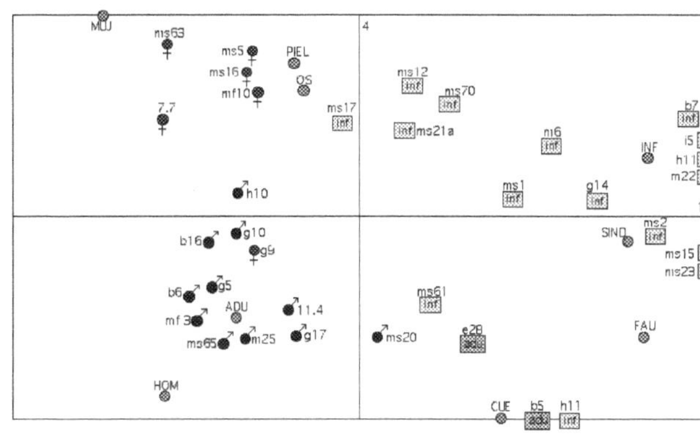

Figura 6: Representación del análisis de correspondencias binarias: ejes 1/4. Necrópolis de la Bòbila Madurell. Variables consideradas de sexo/edad (MUJ= mujer, HOM= hombre, SIND= sexo indeterminado, ADU= adulto, INF= infantil), de objetos (VAS= vasos, FAU= Fauna, MAL= Malacología, CUE= cuentas, CAL= calaíta, PUL= Instrumentos pulimentados, OS= Utillaje óseo, NUC= núcleos, MOL= molinos), de función de los instrumentos (CARN= carne, PIEL).

Con respecto a la función de los útiles líticos, hemos observado que los usados para el trabajo de la piel aparecen asociados en mayor proporción con las sepulturas femeninas. En cambio, las láminas empleadas en el descarnado de animales, así como los microlitos geométricos y las puntas utilizadas como elementos de proyectil, son características de los individuos masculinos. Si bien los instrumentos empleados en el corte de plantas no leñosas se vinculan más con los enterramientos masculinos, también son, junto a los usados para el trabajo de la piel, los más característicos de las tumbas femeninas. Con respecto a los infantiles, no sólo aparecen asociados también a las piezas utilizadas para el corte de vegetales, sino que además destaca la presencia de instrumentos destinados al procesado de la piel y con menor peso algunos proyectiles.

Conclusiones

Los resultados del análisis estadístico realizado en la Bòbila Madurell han demostrado que una parte del grupo, básicamente los hombres, está asociada a un ajuar muy abundante y variado. Además se relacionan con determinados objetos poco comunes al resto de la población, algunos de los cuales están elaborados con materias primas de origen alóctono (sílex melado).

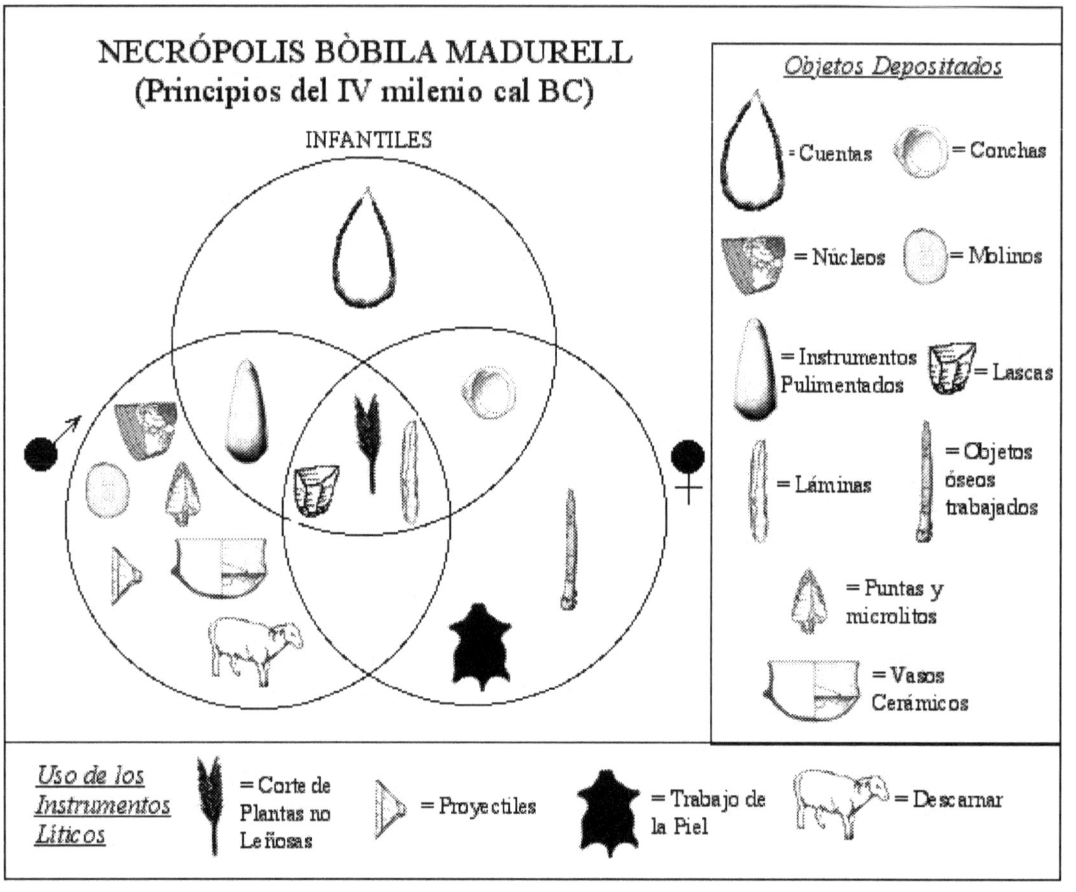

Figura 7: Representación gráfica global de los resultados estadísticos obtenidos en la necrópolis de la Bòbila Madurell.

Pero este tratamiento especial que reciben algunos hombres en relación al ajuar depositado, no es extensible a toda la población masculina enterrada en la Bòbila Madurell. Así, por ejemplo, nos encontramos con hombres que no tienen apenas ajuar, con alguna mujer que tiene más objetos que otros hombres o con varios niños que poseen un ajuar mucho más numeroso que otros infantiles y adultos.

Es por ello que debemos considerar la posibilidad que dichas desigualdades estén regidas tanto por el sexo y/o la edad, como por el grupo de parentesco al que pertenecen las personas inhumadas. Ello explicaría por qué ciertos hombres son los que suelen tener mucho ajuar, pero también por qué algunos niños y unas pocas mujeres tienen un ajuar más notable que otras personas del mismo o distinto sexo y edad.

Opinamos que la constatación de estas desigualdades, puede ser tal vez el reflejo de diferencias incipientes relacionadas no sólo con la jerarquía social, sino también con el control sobre determinados recursos que ostenta una parte de la población. Esta propuesta podría explicar por qué no se les han dejado piezas, probablemente de un considerable "valor" (como seguramente eran los núcleos de sílex melado, las láminas de obsidiana, la calaíta o ciertas hachas pulidas) a todas las personas inhumadas en la Bòbila Madurell, así como en otras necrópolis catalanas con situaciones similares (Bòbila Padró, Bòbila d'en Joca, Bòbila d'en Sallent, Sepultura de Bigues, Bòbila Negrell).

La posesión de ciertas personas sobre tales productos pudo ser un medio con el que simbolizar la posición social del individuo. Las disimilitudes sociales que están establecidas en vida, quizás eran trasladadas al ámbito de lo funerario. En este marco, el acompañamiento de un ajuar abundante y muy particular, así como, posiblemente, el conjunto de rituales efectuados, servirían para consolidar y perpetuar esas diferencias instauradas en la sociedad.

No obstante, también debemos considerar el valor simbólico que pudieron tener objetos como las hachas o los proyectiles. Hay numerosas sociedades actuales en donde este tipo de instrumentos pertenecen y son utilizados únicamente por los individuos masculinos. Más allá de su funcionalidad concreta (el trabajo de la madera o las actividades de caza y de defensa) suelen constituir un signo representativo y exclusivo del grupo de los hombres. Su simbología pudo suponer un elemento de diferenciación social con las mujeres, así como un medio para legitimar el poder y sobrevalorar la importancia del trabajo de la población masculina (Petrequin y Jeunesse 1995).

El tratamiento estadístico de los datos nos ha permitido observar, asimismo, que ciertos útiles están vinculados preferentemente al grupo de los individuos masculinos, femeninos o infantiles. En este sentido, hemos visto que entre los instrumentos más relacionados con los hombres están las puntas y los microlitos empleados como proyectiles, y en menor medida las láminas empleadas para descarnar. En cambio, las mujeres tienden a estar ligeramente relacionadas con los instrumentos utilizados sobre piel. Asimismo, en lo referente al corte de las plantas no leñosas (cereales), se trata de una actividad que no sólo suele estar representada por un número considerable de instrumentos, sino que además tales piezas aparecen asociadas con bastantes individuos, sean hombres o mujeres.

En cuanto a los infantiles, aparecen asociados habitualmente con útiles empleados en el corte de plantas no leñosas. Sin embargo, en ocasiones los ajuares incluyen proyectiles o artefactos usados sobre piel. Este hecho, nos sugiere que quizás tales instrumentos estén vinculados con niños o niñas. Así, por ejemplo, si tenemos en cuenta que los proyectiles aparecen casi exclusivamente con los masculinos, su presencia con un infantil permitiría inferir que se trata de un niño. Con la piel pasaría lo mismo, pero en ese caso se trataría de una niña. Es una sugerente hipótesis a contrastar en futuros trabajos.

Las distintas actividades realizadas con los útiles líticos no requieren, por supuesto, del mismo tiempo de trabajo. Hay tareas como elaborar un punzón de hueso o un mango de madera, que debieron ser fácil y rápidamente efectuadas por cualquier individuo. Otras actividades, en cambio, requieren la colaboración de un mayor número de personas, es el caso de la caza o de ciertas tareas agrícolas como la siega.

Precisamente, nos parece interesante que en esta necrópolis haya muchos instrumentos empleados en la recogida de plantas no leñosas (cereales), así como un número importante de inhumados asociados con este tipo de útiles. En nuestra opinión esta circunstancia puede estar vinculada con la importancia que la agricultura tenía en estos grupos y con las condiciones climáticas de la zona.

En este sentido, el clima mediterráneo de las comarcas del prelitoral central de Catalunya, debía obligar a las poblaciones del neolítico a recoger el cereal en un corto período de tiempo, pues de lo contrario éste habría madurado demasiado y se habría caído al suelo. Si ello sucediese, parte de la cosecha se habría perdido. Para evitarlo, debía ser necesario que la duración de la siega no se alargara demasiado, por lo que era imprescindible la participación de un número importante de personas (Ibáñez *et al.* en prensa). Quizás, ello explique por qué una buena parte de los individuos de esta necrópolis, sean hombres, mujeres o niños, aparecen asociados a instrumentos con huellas de corte de cereales.

En definitiva, este conjunto de datos sobre la función del utillaje lítico, nos hace suponer que en algunas sociedades neolíticas de principios del IV milenio del noreste de la Península Ibérica, ciertas actividades eran llevadas a cabo, especialmente, por los individuos de un sexo y una edad concretas.

Bibliografía

CIBOIS, Ph. (1983), *L'analyse factorielle*, PUF, Paris.

CUADRAS, C.M. (1981), *Métodos estadísticos multivariantes,* Ed. Universitaria, Barcelona.

DJINDJIAN, F. (1991), *Méthodes pour l'archéologie,* Armand Colin, Paris.

IBÁÑEZ, J.J., ZAPATA, L., BEUGNIER, V., PEÑA-CHOCARRO, L. y GONZÁLEZ, J.E. (en prensa), "Harvesting without sickles. Neolithic examples from mountain areas", *V Reunión Anual de la European Association of Archaeologists*, Bournemouth (England).

LAPLACE, G. (1979-80), "Le “lien” comme mesure de l'information dans un tableau de contingence", *Dialektikê* , 1979-80, pp. 1-15.

LESAGE, J. (1990), *Archéologie et statistique. Applications des analyses factorielles*, Archives d'Ecologie Préhistorique, 10, Ecole des Hautes Etudes en Sciences Sociales, Paris.

PETREQUIN, P. y JEUNESSE, C. (1995), *La hache de pierre. Carrières vosgiennes et échanges de lames polies pendant le Néolithique (5400-2100 av. J.-C),* Editions Errance.

SHENNAN, S. (1992), *Arqueología cuantitativa*, Ed. Crítica,Barcelona.

22. Minería y producción de adornos de calaíta durante el neolítico en Gavá (Baix Llobregat, Barcelona).

Josep Bosch y Alícia Estrada

Résumé.

Pendant le Néolithique plein, entre le 4000 et le 3000 cal. BC, Gavà avait été l'scèn d'une production de parures en callais (variscite), lequel incluait l'extraction de la première matière et l'élaboration de pièces de collier. Ici nous praticons un approche a ce procès avec les travaux de différents spécialistes sur l'étude du site, leur registre archéologique et l'expérimentation.

Le système suivi pour obtenir la première matière avait été le travail minier, dans un réseau souterrain de puits, chambres et galeries, pratiqués en ardoise, où le minéral était disposé en strates et filons. On a documenté outils en pierre, et leurs marques ont été observées sur les parois de quelques mines.

En relation a l'élaboration des pièces de collier en callais, on a constaté une confection au même site, avec toutes leurs phases représentées (dégrossissage, polissage et perforation). Ceci est bien constaté, donc on a trouvé les outiles utilisés pour ce procés (ciseaux d'os, mèche de silex pour perceuse et polissoirs d'une pierre sablonneux), et pièces de variscite en procès de fabrication. De ces outils, le perceuse est un instrument spécialisé, puisque n'est pas connu a d'autres sites.

La calaíta y el yacimiento de las minas neolíticas de Gavá.

En esta comunicación efectuaremos una síntesis de diferentes trabajos dedicados tanto al estudio del yacimiento arqueológico de las minas neolíticas de Gavá y su registro, como a la experimentación. Estos trabajos, que serán citados a lo largo de la comunicación, nos sirven para plantear una aproximación al proceso de producción de adornos de calaíta en Gavá durante el Neolítico, proceso que abarcaría desde la extracción de la materia prima hasta la elaboración final de piezas de collar, principalmente destinadas al intercambio.

El término *callais* o calaíta fue utilizado por Plinio el Viejo (año 77 dC), en su *Naturalis Historia*, para referirse a unas piedras de color verde pálido utilizadas como adorno corporal. Dicho término fue retomado a finales del siglo XIX, en referencia a piezas de collar prehistóricas de Bretaña. Posteriormente, ha sido utilizado para designar adornos de este tipo encontrados básicamente en sepulturas de época neolítica. Los análisis mineralógicos efectuados han permitido comprobar que bajo el término *callais* se incluían diferentes minerales, todos ellos de color verde, como la turquesa, la esteatita, la clorita o la variscita, entre otros (Muñoz 1965: 249, Edo, Villalba y Blasco 1992: 364). Uno de estos minerales, la variscita, se encuentra en el subsuelo de Gavá, de donde fue extraída para ser trabajada en la misma localidad durante el Neolítico.

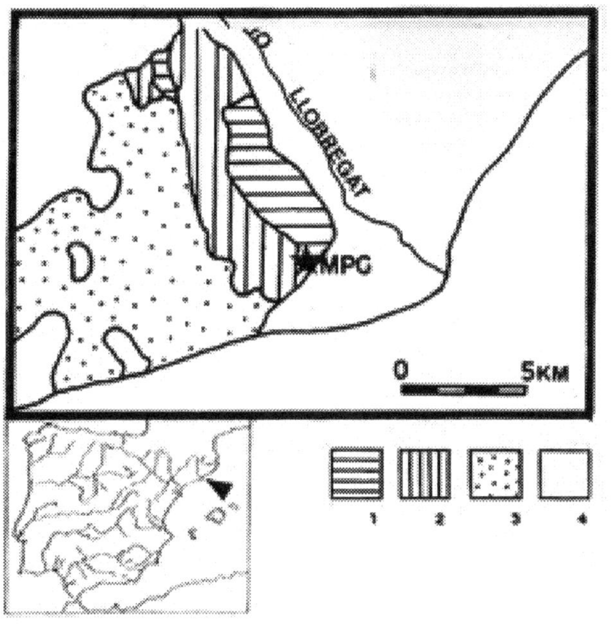

Figura 1: Localización de las Minas Prehistòriques de Gavá y geología de la zona Este del macizo del Garraf y de la desembocadura del río Llobregat (1. Paleozoico, 2.Triásico, 3. Cretácico-Jurásico, 4. Cuaternario, * Minas Prehistóricas de Gavá).

Las minas neolíticas de Gavá se encuentran en el extremo meridional del llano de Barcelona, en el centro del litoral catalán, en el margen derecho de la desembocadura del río Llobregat. Fueron abiertas al pie de la vertiente oriental del macizo montañoso de Garraf, en el contacto entre dicho macizo y el llano litoral, donde afloran las rocas del zócalo paleozoico (fig.1). Su explotación debió iniciarse hace unos 6000 años, en los momentos finales del Neolítico Antiguo Postcardial (Bosch y Estrada dir. 1994), y duró unos 800 años, continuando durante todo el Neolítico Medio, que fue la etapa de su máxima explotación (Villalba *et al.* 1986, Bosch, Estrada y Noaín 1996: 63 y ss.).

La minería.

El mineral objetivo de la minería en Gavá era la varisicita, que es un fosfato hidratado de aluminio, de color verde pálido, que aparece con diversas tonalidades y brillo vítreo (Mata, Plana y Traveria 1983, Camprubí, Costa y Melgarejo 1994: 30). En un principio se dudó que las minas de Gavá se hubieran hecho únicamente para obtener variscita, un mineral utilizado sólo con finalidades ornamentales, y se sugirió la posible obtención de otros materiales, como algún tipo de chert y/o de roca dura.

En las paredes de algunas estructuras mineras se reconoce un mineral que puede tallarse, de color gris oscuro con bandas, y que según los análisis efectuados se trata de ópalo. Pero una cartografía geológica de la zona, comparada con la de las estructuras mineras, revela que el mineral buscado no era el ópalo; por otro lado, este mineral no se encuentra entre las industrias líticas de yacimientos próximos contemporáneos de las minas de Gavá (Bosch y Estrada 1996: 268). También se sugirió la extracción de corneana, roca utilizada para fabricar buena parte de las hachas prehistóricas de Cataluña (Valdés 1981-1982, Bosch-Lloret 1984, Álvarez 1986-1989). En las proximidades del área de las minas neolíticas y en su mismo contexto geológico, el Silúrico, se observó una roca que, a simple vista, parecía corneana (Villalba *et al.* 1986: 19). Pero según el análisis de láminas delgadas efectuadas de dicho material, no se trata de corneana sino de cuarcita o de cuarcita esquistosa (Álvarez y Clop 1994: 234).

En primer lugar, durante el Paleozoico Inferior, la variscita habría formado estratos entre pizarras entonces dispuestas horizontalmente. Posteriormente sufriría movilizaciones formando filones. De esta forma, la variscita quedaría dispuesta en estratos, que seguirían las capas de pizarra, y filones, que las atravesarían perpendicularmente. También en el Paleozoico se produciría un plegamiento del subsuelo, que inclinaría las pizarras y los estratos de variscita. Ya en el Cuaternario, caliches y arcillas cubrieron las pizarras y la variscita. Éstas fueron las condiciones en las que los mineros neolíticos practicaron sus estructuras mineras. Algunas de ellas estuvieron formadas únicamente por una galería, pero la mayor parte quedaron integradas en una extensa red subterránea practicada en función de los estratos y filones de mineral, lo cual explica su disposición ortogonal. Dicha red estaba formada por accesos exteriores, salas largas y profundas que seguían los estratos de mineral, galerías más o menos largas que seguían los filones, y pozos interiores de comunicación entre los diferentes niveles de explotación (fig.2).

Figura 2: Galerías de acceso a la sala principal de la mina número 8 de Gavá (fotografía de Martín García).

La documentación arqueológica nos permite documentar un único grupo de utensilios mineros, integrado por instrumentos de piedra en general denominados picos, que aparecen frecuentemente con las excavaciones en los rellenos de las estructuras mineras (fig.3). La mayor parte de ellos fueron hechos de corneana, una roca de origen metamórfico, formada en la aureola de contacto de los macizos graníticos hercinianos, que puede ser muy dura, no esquistosa y de grano fino. En Cataluña aparece en la zona axial de los Pirineos y en las cordilleras litorales. En éstas se encuentran los afloramientos más próximos a las minas de Gavá, situados a ambos lados del río Llobregat, al norte en la vertiente sur de la sierra de Collserola y al sur en la zona de Martorell. La corneana también pudo ser recogida en forma de cantos rodados en los lechos de los ríos Segre y Ter, que tienen su origen en los Pirineos, del Llobregat, o de los torrentes que desde la citada sierra de Collserola se dirigen hacia el mar (Álvarez y Clop 1998: 149-151).

Los picos de corneana tienen generalmente forma elíptica o rectangular, sección transversal circular, aunque un análisis más profundo posiblemente permitiría distinguir una mayor variedad morfológica y quizás también funcional, la más elemental de las cuales pudo ser la de picos (con extremo activo apuntado) y mazas (con extremo activo en punta roma). A veces presentan un encaje o muesca que sugiere su enmangue. Más de la mitad de los picos encontrados están fragmentados, lo cual puede denotar un trabajo violento golpeando la roca. Pudieron ser elaborados a propósito junto a las mismas minas, picoteando con percutores esféricos de cuarcita esbozos de corneana transportados desde sus áreas fuente, como sugieren los objetos de este tipo encontrados en Gavá, aunque en algún caso se ha observado como antiguas hachas pudieron ser convertidas en picos (Donoso 1998: 141 yss.)

Figura 3: Instrumentos utilizados en el trabajo de extracción del mineral y en su transformación: pico de corneana, cincel de hueso, percutor de cuarcita y pulidor de arenisca, hallados en las Minas Prehistóricas de Gavá.

El trabajo minero debió comportar el uso, además de los picos, de otros instrumentos fabricados con materiales orgánicos, como palancas y cuñas de hueso y madera, capazos y cuerdas. En las paredes de algunas de las estructuras mineras se pueden observar las marcas dejadas sobre la roca por los instrumentos de trabajo utilizados, ya fuesen los picos o las posibles palancas y cuñas.

Elaboración de las cuentas de variscita.

El estudio de la fabricación de las cuentas de collar está aún en curso. Se hizo un primer análisis, que efectuamos nosotros mismos junto con Mª José Noaín, de la Universidad Autónoma de Madrid, sobre una muestra de 190 cuentas arqueológicas recuperadas en las excavaciones que se llevaron a cabo desde el año 1992 en el yacimiento, realizadas por el equipo de arqueólogos del Museu de Gavá. Posteriormente, este primer análisis fue ampliado y contrastado con los resultados de la experimentación arqueológica que realizó Mª José Noaín (Noaín 1996; Noaín 1999). En este apartado trataremos de sintetizar cuáles son los resultados de ambos estudios.

El proceso de elaboración de las cuentas de collar, sin lugar a dudas, se realizó en el mismo yacimiento. Por un lado contamos con el instrumental necesario para su manufactura, así como de cuentas de collar en proceso de fabricación. El análisis de las cuentas de collar arqueológicas se realizó macroscópicamente y con lupa binocular de 20X y 40X. De las 190 cuentas sólo cinco de ellas están acabadas, mientras que 185 están en proceso de elaboración. De éste último grupo, hemos distinguido entre cuentas en diferentes momentos del proceso de fabricación (140 ejemplares), de fragmentos de variscita con señales de manipulación (45 fragmentos). Los resultados de este primer análisis son:

- La elaboración se iniciaba con la separación del mineral del resto de roca caja (pizarra). El fragmento obtenido se regularizaba dando la forma deseada mediante la talla y/o el pulimento (mayoritariamente se utilizaba esta última técnica). El resultado a partir de las trazas observadas es la existencia de estrías paralelas en las caras superior e inferior de la cuenta así como en los bordes laterales.
- Un segundo paso sería la perforación. Ésta se realizaba posteriormente al diseño de la cuenta, a pesar de que era una fase mucho más difícil y delicada. La mayoría de las cuentas en proceso de elaboración están justamente abandonadas por fallos cometidos en este momento (fractura en el momento de acabar la perforación). La perforación se realizaba desde las dos caras, y es justo en el momento de unir ambas cuando la cuenta se fraccionaba (97 casos). En sólo 12 ejemplares se inició la perforación desde una sola cara. La morfología de la perforación varía según sea realizada desde las dos caras (bicónica) o desde una de ellas (cónica y/o cilíndrica). Las huellas observadas producto de la perforación son, por un lado círculos concéntricos alrededor de ésta, así como un intenso brillo. En algunos casos se han observado también finas estrías. En cuanto a las dimensiones de las perforaciones varía entre 1 y 4 mm, siendo mayoritaria <3 mm (96%).
- Probablemente la regularización final de las cuentas se realizaba mediante un sistema de "enfilado" que permitiera trabajar varios ejemplares al mismo tiempo como se ha sugerido en la elaboración de cuentas en otros materiales (Ricou y Esnard 2000: 91). Finalmente las cuentas de collar serían regularizadas y bruñidas probablemente con pieles, dando el brillo característico a toda su superficie.

A diferencia de la elaboración de cuentas de collar discoidales sobre otros soportes, como sería el caso de cuentas sobre concha de molusco marino, en las cuentas de variscita la perforación se realiza una vez configurada la forma. En el caso de la elaboración de cuentas sobre malacofauna, previa a la perforación se esboza la forma, pero sin llegar a configurarla totalmente (en el caso concreto de cuentas fabricadas sobre *Cerastoderma edule* la finalidad de este primer esbozo es únicamente eliminar las estrías de la superficie características de estas conchas). Posteriormente se efectúa la perforación y para acabar se configura la forma final de la cuenta mediante pulimento (Ricou y Esnard 2000).

En este sentido nos preguntamos el motivo por el cual se invertía tanto tiempo y esfuerzo en el pulimento de las cuentas de variscita previo a la perforación, cuando era el momento del proceso más delicado y difícil y que producía más fractura de las cuentas (así nos lo evidencia el registro arqueológico).

El instrumental relacionado con la elaboración de las cuentas de collar es variado. Hemos distinguido, según su "especialización", tres tipos de instrumentos.

- Un primer grupo en el que se incluirían aquellos instrumentos generalizados para otras actividades pero que son también utilizados en la elaboración de las cuentas. Dentro de este grupo tendríamos los percutores y los cinceles de hueso que estarían relacionados con el primer desbastado de la variscita, es decir con la separación de la variscita de la pizarra y el esbozo de la forma de la cuenta. Los cinceles de hueso están fabricados sobre metápodos de *Bos taurus* (Estrada y Nadal 1999). La mayor parte nos han llegado fragmentados de forma transversal (conservándose en algunos casos la extremidad distal y en otros la proximal). En el caso de conservarse el extremo proximal se aprecian trazas muy claras de percusión, lo cual nos indica su utilización como útil intermediario en una actividad en la que la materia a trabajar sería de dureza considerable (pizarra y variscita). En cuanto a los extremos distales conservados, hay que destacar la presencia de un intenso brillo en toda la superficie. Creemos que estas trazas serían resultado del pulimento del proceso de fabricación. Probablemente estos extremos distales no habrían sido reutilizados o bien se habrían usado en otras actividades no relacionadas con la transformación del mineral.

- Un segundo grupo de instrumentos, no exclusivos pero sí característicos y utilizados en el proceso de elaboración, lo conformarían los pulidores de arenisca. Aunque se trata de un instrumento generalizado, en el yacimiento hay ejemplares relacionados exclusivamente con la elaboración de las cuentas de collar. Los surcos que presentan son de sección en "U" que coinciden métricamente con el diámetro de las cuentas estudiadas.
- Finalmente instrumentos especializados en la elaboración de las cuentas de collar que de momento conocemos únicamente en este yacimiento, como son las brocas de sílex (10 ejemplares recuperados). Estas brocas de sílex se confeccionaban a partir de laminitas de dorso (de éstas se han conservado dos) de sección triangular-trapezoidal (fig 4). Estas laminitas se regularizaban mediante pulimento (en algunos casos presentan la superficie pulida y con finísimas estrías logitudinales). El extremo es redondeado presentado en algún caso una ligera concavidad. Las laminitas tienen un diámetro de entre 2 y 4 mm, mientras que la broca ya acabada tiene un diámetro de entre 1,5 y 2 mm. El tamaño de las brocas nos obliga a pensar en la imposibilidad de utilizarlas manualmente. Probablemente se utilizarían mediante un taladro de arco o de disco (fig 5).

A partir de los resultados obtenidos, como decíamos al principio, de la observación macroscópica y con lupa binocular de las cuentas arqueológicas, posteriormente se llevó a cabo un trabajo de experimentación arqueológica cuyo objetivo fue comprobar las hipótesis planteadas (Noaín 1998). Las conclusiones a las que se ha llegado a partir del análisis de las cuentas arqueológicas y de la experimentación posterior son las siguientes:

1- Importancia de la calidad de la materia prima utilizada. Es necesario que la variscita sea homogénea y no presente impurezas que provoquen la ruptura. En este sentido se explicaría el porqué durante la excavación del relleno de las minas se recuperan abundantísimos fragmentos de variscita rechazados probablemente por este motivo.
2- El pulimento de las cuentas previo a la perforación se realizaría con algún sistema de sujeción de la cuenta (en la experimentación se propone sujetar el fragmento de variscita a un mango de madera mediante una mezcla de manteca de cerdo, resina, colofonia y ocre) (Noaín 1999: 172) ya que el reducido tamaño dificulta sujetarlas con los dedos. Parece ser que esta solución sería idónea para agilizar y facilitar el proceso de pulido.
3- Utilización de taladros de arco y/o de disco para la manipulación de las brocas.
4- Las brocas utilizadas debían ser constantemente retocadas y pulidas ya que de esta forma se conseguían perforaciones limpias y regulares.
5- Finalmente tras la perforación, las cuentas de collar se regularizarían mediante pulimento utilizando un sistema de enfilado que permitiera trabajar varios ejemplares al mismo tiempo como se ha indicado anteriormente.
6- Las herramientas utilizadas en el proceso de elaboración de las cuentas de collar no son en absoluto especializadas si exceptuamos el caso de las brocas de sílex. Tanto los percutores, como los cinceles y los pulidores son útiles generalizados que en algún momento determinado se usan para la transformación del mineral. En el caso de los cinceles, una vez fragmentados y ser inservibles para el trabajo del mineral podrían haber sido abandonados o reutilizados en otras actividades.

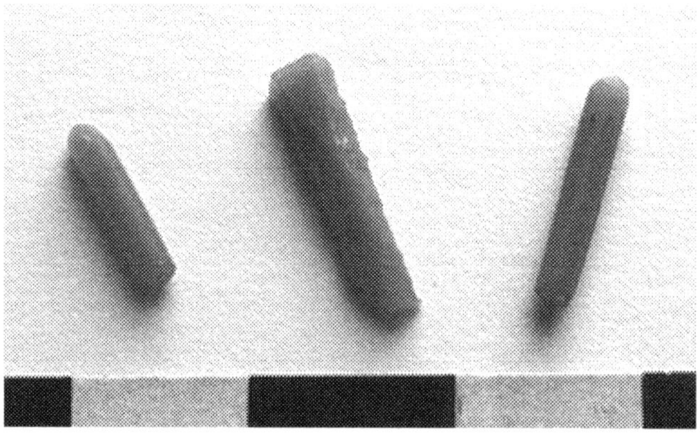

Figura 4: Laminita de dorso para la elaboración de brocas de sílex y brocas ya configuradas y utilizadas, encontradas con las excavaciones en las minas neolíticas de Gavá.

Como hemos podido ver hasta el momento tanto en la experimentación como en la mayor parte del registro arqueológico estamos tratando con cuentas de tipología discoidal. La muestra sobre cuentas de otra morfología es baja (cuentas de tonelete y/o cilíndricas) y su estudio está aun en curso.

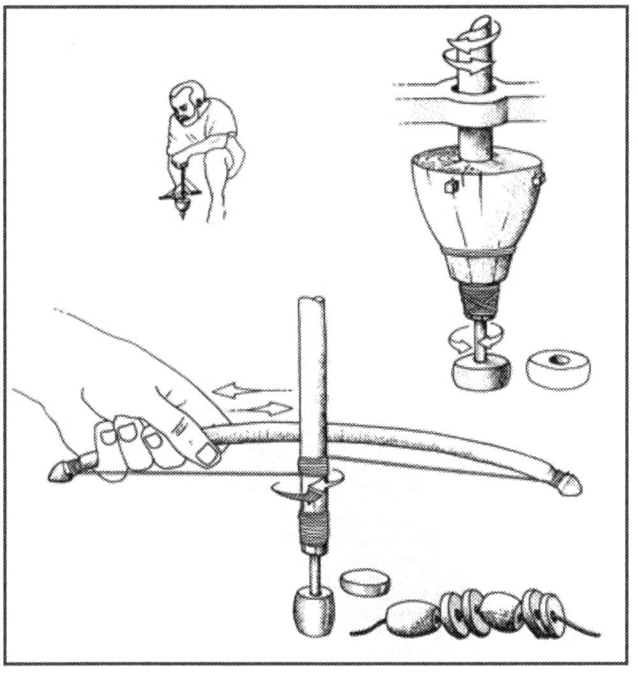

Figura 5: Propuesta de utilización de las brocas de sílex mediante taladro de arco (dibujo de Ramón Álvarez).

Bibliografía

ÁLVAREZ, A. (1986-1989), "Tipologia petrogràfica de les destrals polides de Catalunya", *Empuries*, 48-50, I, pp. 18-25.

ÁLVAREZ, A. y CLOP, X. (1994), "Estudi petrogràfic de la indústria lítica i del macroutillatge lític", en J. Bosch y A. Estrada (dirs.), *El Neolític postcardial a les Mines Prehistòriques de Gavà (Baix Llobregat)*, Rubricatum, 0, pp 231-254, Revista del Museu de Gavà.

ÁLVAREZ, A. y CLOP, X. (1998), "Determinación de la materia prima del utillaje minero de las minas neolíticas de Gavà (Barcelona)", en J. Bosch, X. Terradas y T. Orozco (eds.), *Actes de la 2ª. Reunió de Treball sobre Aprovisionament de Recursos Lítics a la Prehistòria*, Barcelona-Gavà, Rubricatum, 2, pp. 145-151, Revista del Museu de Gavà.

BOSCH, J. y ESTRADA, A. (dirs.) (1994), *El Neolític postcardial a les Mines Prehistòriques de Gavà (Baix Llobregat), Rubricatum*, Revista del Museu de Gavà, 0.

BOSCH, J. y ESTRADA, A. (1996), "La minería en Gavà (Bajo Llobregat) durante el IV milenio a. C.", *I Congrés del Neolític a la Península Ibèrica*, Gavà-Bellaterra 1995, Rubricatum, 1, pp. 265-270, Revista del Museu de Gavà.

BOSCH, J., ESTRADA, A. y NOAÍN, M.J. (1996), "Minería neolítica en Gavà (Baix Llobregat, Barcelona)", *Trabajos de Prehistoria*, 53, pp. 59-71.

BOSCH, J., TERRADAS, X. y OROZCO, T. (eds.) (1998), *Actes de la 2ª. Reunió de Treball sobre Aprovisionament de Recursos Lítics a la Prehistòria*, Barcelona-Gavà, Rubricatum, 2, Revista del Museu de Gavà.

BOSCH-LLORET, A. (1984), "Les destrals polides del nord de Catalunya: tipologia i petrologia", *Fonaments*, 4, pp. 221-245.

CAMPRUBÍ, A., COSTA, F. y MELGAREJO, J.C. (1994), "Mineralizaciones de fosfatos férrico-alumínicos de Gavà (Catalunya): tipología", *Boletín Geológico y Minero*, vol. 105-5, pp. 444-453.

DONOSO, G. (1998), "El estudio tipológico del utillaje fabricado sobre corneana en el yacimiento neolítico de las Mines Prehistòriques de Gavà –can Tintorer-", *Actes de la 2ª. Reunió de Treball sobre Aprovisionament de Recursos Lítics a la Prehistòria*, Barcelona-Gavà, Rubricatum, 2, pp. 137-144, Revista del Museu de Gavà.

EDO, M., VILLALBA, M.J. y BLASCO, A. (1992), "Can Tintorer, origen y distribución de minerales verdes en el noreste peninsular durante el Neolítico", en P. Utrilla (coord.), *Aragón/litoral mediterráneo: intercambios culturales durante la Prehistoria*, Institución Fernando el Católico, Zaragoza., pp. 361-373.

ESTRADA, A. y NADAL, J. (1999), "La industria ósea del yacimiento de las Minas Prehistóricas de Gavá, Baix Llobregat (Barcelona)", *II Congrés de Neolític a la Península Ibèrica, Saguntum* Extra-2, pp.179-185, Valencia.

MATA, J.M., PLANA, F. y TRAVERIA, A. (1983), "Estudio mineralógico del yacimiento de fosfatos de Gavà", *Boletín de la Sociedad Española de Mineralogía*, 6, pp. 257-258.

MUÑOZ, A.M. (1965), *La cultura neolítica catalana de los "Sepulcros de Fosa"*, Instituto de Arqueología y Prehistoria, Universidad de Barcelona.

NOAÍN, M.J. (1996), "Las cuentas de collar en variscita de las Minas Prehistóricas de Gavà (Can Tintorer). Bases para un estudio experimental", *Cuadernos de prehistoria y arqueología de la Universidad Autónoma de Madrid,* 23, pp.37-86.

NOAÍN, M.J. (1999), "Las cuentas de collar en variscita de las Minas Prehistóricas de Gavà (Can Tintorer). Bases para un estudio experimental", *II Congrés de Neolític a la Península Ibèrica*, Saguntum Extra-2, pp.171-178, Valencia.

RICOU, CH. y ESNARD, TH. (2000), "Étude expérimentale concernant la fabrication de perles en coquillage de deux sites artenaciens oléronais", *Bulletin de la Société Préhistorique Française*, tome 97, 1, pp. 83-93.

UTRILLA, P. (coord.) (1992), *Aragón/litoral mediterráneo: intercambios culturales durante la Prehistoria*, Institución Fernando el Católico, Zaragoza.

VALDÉS, L.G. (1981-1982), "Informe sobre talleres de útiles pulimentados en la comarca de l'Alt Urgell (Peramola)", *Pyrenae*, 17-18, pp. 83-103.

VILLALBA, M.J., BAÑOLAS, L., ARENAS, J. y ALONSO, M. (1986), Les Mines neolítiques de can Tintorer, Gavà, excavacions 1978-1980, *Departament de Cultura de la Generalitat de Catalunya..*

23. Análisis de las puntas del sepulcro calcolítico de la Costa de Can Martorell (Dosrius, Barcelona)

Antoni Palomo y Juan Francisco Gibaja

Résumé

Dans la grotte artificielle avec une entrée mégalithique de la Costa de Can Martorell (Dosrius, Barcelone) ont été découverts les restes d'environ 195 à 200 individus inhumés, ainsi qu'un ensemble de 68 pointes de flèches, quelques tessons de céramique et des éléments de faunes. L'étude que nous présentons porte, plus exactement, sur l'étude morpho-technique et fonctionnelle de ces pointes de flèche. L'analyse morpho-technique nous a permis de connaître la nature des supports recherchés, les techniques employées, les chemins empruntés pour arriver à élaborer les différentes pointes, ou leur degré de rendement par rapport à leur forme. Toutes ces questions ont été comparées avec une étude expérimental destinée à l'élaboration, et ultérieurement à l'utilisation, de pointes de flèche similaires à celles de cette sépulture collective. Ainsi, l'analyse fonctionnelle nous a permis de savoir, tout d'abord, si les pointes avaient été utilisées comme projectiles, ensuite, d'établir le pourcentage de matériels ayant des traces d'utilisation ; et enfin, le type de traces d'utilisation. Pour déterminer les traces formées en utilisant les pointes comme projectile, nous avons lancés les pointes élaborées expérimentalement sur un mouton. Et finalement avec toutes ces informations, nous avons établi une série d'hypothèses destinées à résoudre la signification de la présence de telles flèches dans un contexte funéraire si particulier : mobilier ou projectiles plantés sur les individus inhumés ?

1. Introducción

La cueva artificial con entrada megalítica de la Costa de Can Martorell, se encuentra en el término municipal de Dosrius, en la provincia de Barcelona (fig.1). Los trabajos arqueológicos efectuados con carácter de urgencia y dirigidos por Sara Aliaga, pusieron al descubierto una puerta megalítica que daba acceso, inicialmente, a una estructura excavada en la roca en forma de pasillo, y posteriormente, a una cámara semicircular.

En el interior de la sepultura se hallaron los restos humanos de entre 195-200 inhumados (Barrios *et al.* en prensa). Junto a tales individuos se encontraron 68 puntas de flecha, unos pocos fragmentos de cerámica campaniforme pirenaica, una concha perforada, un objeto de arcilla circular y algunos restos óseos de perro (*Canis familiaris*), de cerdo (*Sus domesticus*) y de aves. Las dataciones radiocarbónicas realizadas (3810±55 BP y 3795±55 BP) y el tipo de material arqueológico descubierto adscriben el yacimiento al Calcolítico.

Las puntas recuperadas en este sepulcro colectivo las podemos definir, de manera genérica, como puntas de flecha con pedúnculos y aletas (Muñoz 2000: 127-128). Este tipo de puntas está bien representado en otros yacimientos catalanes del Calcolítico y del Bronce Antiguo como, por ejemplo, la Bauma del Serrat del Pont (Alcalde *et al.* 1994).

La normalización del uso de puntas de flecha en el Calcolítico se inicia con una sensible pérdida de tradición técnica en la elaboración de los útiles líticos tallados. En

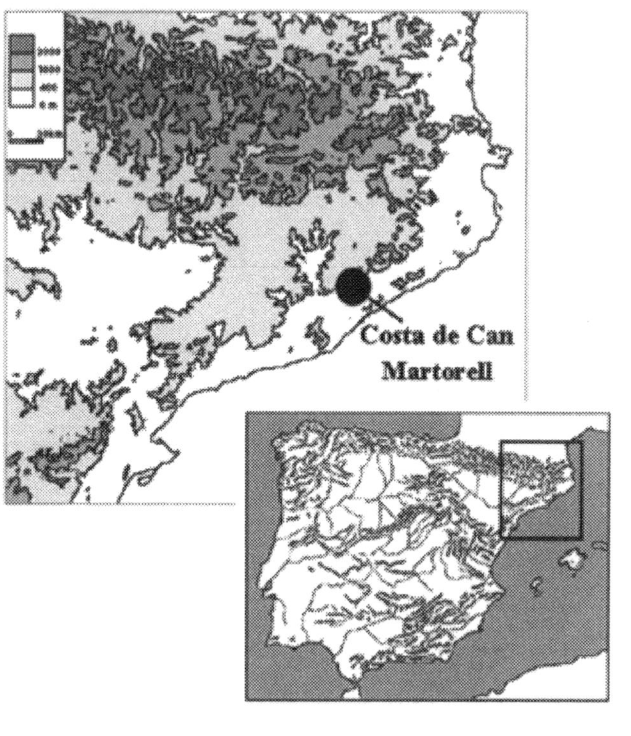

Figura 1: Localización del sepulcro megalítico de la Costa de Can Martorell (Dosrius, Barcelona).

los asentamientos no sólo los sistemas técnicos empleados son muy simples, sino que las litologías explotadas de procedencia local son a menudo de muy mala calidad. Ello contrasta, sin embargo, con la presencia en contextos funerarios de puntas de flecha y grandes láminas de sílex realizadas con rocas de origen incierto y con métodos tecnológicos muy sofisticados (Pelegrin 1988, Renault 1998).

Si bien esta pérdida de tradición técnica se ha vinculado habitualmente con la aparición de instrumentos elaborados en metal, en la actualidad queda por responder el valor simbólico que tienen, por ejemplo, las puntas de flecha y las grandes láminas depositadas en las sepulturas. Aunque a las puntas se les ha atribuido un contenido simbólico como ajuar, últimamente también se están planteado explicaciones relacionadas con actos de violencia. En este sentido, cabría valorar la posibilidad que llegaran a las tumbas alojadas en los cuerpos de los inhumados (Cordier 1990, Armendarir e Irigaray 1995, Vegas 1999, Guilaine y Zammit 2001).

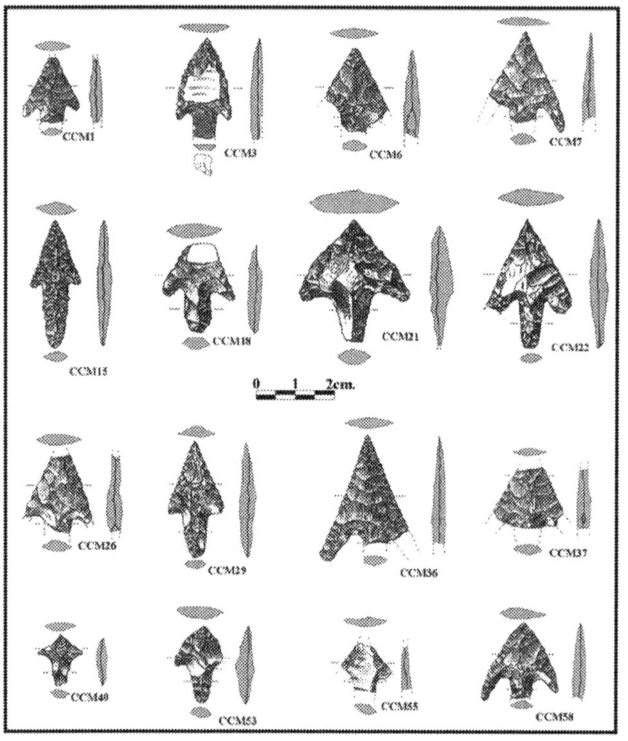

Figura 2: Algunas de las puntas de flecha del sepulcro de Costa de Can Martorell. La numeración corresponde al número de sigla. Dibujos Xavier Carlús.

2. Análisis Tecno-morfológico

La metodología de análisis se ha dirigido a determinar las características morfotécnicas y tipométricas, incidiendo en aquellos caracteres que nos proporcionan información sobre el proceso de producción y los gestos técnicos empleados. A este respecto, la reconstrucción experimental de puntas de flecha con pedúnculos y aletas ha constituido una herramienta muy eficaz para poder extraer conclusiones objetivas sobre el proceso de talla elegido y el tipo de soporte seleccionado. Todo ello además, nos ha permitido caracterizar una parte de la cadena operativa que no está representada en el registro arqueológico (lascas de preparación, errores de talla, etc.), así como valorar la dificultad técnica que conlleva la producción de tales puntas, el tiempo utilizado en su confección, el tipo de percutores que pudieron usarse, ...

Todas las puntas de la Costa de Can Martorell se han realizado con diversas clases de sílex cuya procedencia desconocemos. Diversidad que se refleja no sólo en la coloración, sino también en la granulometría. Así, aunque dominan las puntas elaboradas con sílex de grano medio y fino, algunas están confeccionadas en sílex de grano grueso de calidad mediocre.

La mayoría están realizadas a partir de lascas que generalmente presentan una buena relación de simetría transversal y longitudinal en ambas caras. La sección dominante es la biconvexa (65%) (fig. 2: 6, 7, 22, 36), mientras la plano convexa (19,6%) (fig. 2: 3, 29) y la irregular (15,1) (fig. 2: 21, 53) están menos representadas. En los trabajos de talla realizados por diversos talladores y tecnólogos se sostiene que para la producción de útiles bifaciales es más apta la utilización de lascas que de láminas, ya que las lascas suelen tener una sección biconvexa y las láminas trapezoidal o triangular (Waldorf 1993, Wittaker 1994, Inizan *et al.* 1995, Baena 1998).

El retoque aplicado se ha dirigido a extraer lascas anchas y alargadas (80,9%). No obstante, algunas puntas presentan un retoque corto que ha modificado el filo muy parcialmente (fig. 2: 15) y otras un retoque de tipo laminar (fig 2: 1, 3, 22, 36, 37). El análisis del retoque nos ha permitido definir niveles de dificultad técnica diferenciada relacionados probablemente con los conocimientos de los talladores. Así, hemos podido observar:

- Retoque corto e irregular realizado por presión (dificultad baja). Se retoca un soporte sin conformación previa, regularizando únicamente su perímetro y no su espesor.

- Retoque invasor por presión (dificultad media). Este tipo de retoque permite crear una morfología concreta de punta a partir de un soporte preparado con antelación. El objetivo es conformar la simetría transversal y longitudinal de la punta, eliminando las irregularidades mediante un retoque oportunista. La configuración del retoque en estos casos no es ordenada.

- Retoque invasor paralelo por presión (dificultad alta). Con este retoque se pretende conseguir una forma de punta mediante un soporte muy regular, con superficies suaves preparadas con antelación. Sobre esa preforma es necesario preparar una óptima plataforma de presión con la que crear la primera arista laminar. A partir de esa primera extracción laminar, el resto se conseguirán de manera ordenada y regular.

La mayor parte de las puntas se han elaborado con un retoque invasor por presión de dificultad media. Con todo, el retoque paralelo por presión también se ha aplicado a algunas de las puntas, en especial las más largas.

ZONA FRACTURADA	Total
1 aleta	8
1 aleta+pedúnculo	10
1 aleta+apical	6
1 aleta+pedúnculo+apical	7
2 aletas	2
2 aletas+pedúnculo	1
2 aletas+apical	1
2 aletas+pedúnculo+apical	10
Pedúnculo	5
Pedúnculo+apical	5
Sólo Apical	0
TOTAL	55

Tabla 1: Localización en las puntas de la zona fracturada

Con relación a la fracturación de las puntas, cabe decir que mientras el 80,8% (55) muestran algún tipo de fractura, sólo el 19,2% (13) se conservan enteras (Tabla 1). Aunque la dimensión media de estas puntas es de 27.2/17.4/4 mm., nunca superan los 52/30/7 mm. Por su parte, los pedúnculos miden de media 11/6.2/3.2 mm., no llegando a tener más de 19/9/4.8 mm. Las aletas tienen una longitud media de 2.9 mm. rebasando en algún caso los 7 mm. (fig. 2: 7, 36, 58). Finalmente, aunque el peso puede variar entre los 4.2 gr. y los 0.3 gr., la mayoría suelen pesar aproximadamente 1.1 gr.

Por otra parte, ciertas asociaciones entre variables tecnomorfológicas (forma de la punta, aletas y pedúnculos, ...) nos han permitido constatar al menos dos tipos de puntas claramente diferentes:

- *Puntas de tendencia equilátera con aletas desarrolladas y pedúnculo corto.* La morfología de estas puntas puede provocar que al ser lanzadas planeen y pierdan capacidad de precisión, pero resultan muy eficaces si llegan a alojarse en un cuerpo, ya que las aletas tan desarrolladas actúan como elemento de sujeción.

- *Puntas de tendencia isósceles con aletas poco desarrolladas y pedúnculo largo.* Este tipo de puntas, en cambio, son más precisas y rápidas, ya que al ser más estrechas planean menos y reducen su fricción con el aire. Ahora bien, al contrario del caso anterior, son más susceptibles de desprenderse del cuerpo, ya que las aletas están menos desarrolladas.

La presencia, por tanto, de distintas puntas puede sugerir un uso diferente en base a los condicionantes balísticos. Esta variabilidad morfológica no es ajena a otros contextos arqueológicos peninsulares del III milenio a.C., caso de la cueva sepulcral de Gobaederra (Apellaniz *et al.* 1967), de la Cova 120 (Agustí *et al.* 1987) o del poblado de Jovades (Benito-Pascual 1990).

Con esta información, pensamos que el esquema general de talla que se ha seguido para la confección de las puntas halladas en el sepulcro de la Costa de Can Martorell, es el siguiente:

1º. Reducción de la parte proximal de la lasca (bulbo y talón) y de la curvatura de la parte distal mediante percusión directa con percutor blando y duro, combinando asimismo la utilización de la presión.

2º. Combinación de la presión y la percusión directa con percutor blando y duro para generar una preforma general simétrica transversal y longitudinal.

3º. El retoque final invasor, subparalelo u oblicuo de la preforma se efectúa mediante presión, utilizando un presionador de asta o hueso. El análisis de huellas de uso ha descartado el uso del metal (cobre o bronce) para efectuar dicha presión.

4º. Finalmente, mediante presión se realiza el pedúnculo y las aletas. Cuando el soporte escogido es de tendencia equilátera su anchura permite elaborar unas aletas desarrolladas sin peligro que se fracture la punta, hecho que no es posible cuando es de tendencia isósceles. La explicación a esta circunstancia es únicamente técnica, ya que una preforma estrecha no tiene suficiente superficie como para destacar las aletas. Para elaborar tales aletas se realizan dos profundas muescas situando el presionador en una posición bastante perpendicular al plano que conforman las dos caras de la punta.

3. Protocolo Experimental: Producción y Utilización de Puntas de Flecha

El protocolo experimental que hemos llevado a cabo sobre puntas de flecha ha tenido por objetivo elaborar un marco comparativo con el que abordar el análisis del utillaje lítico arqueológico. Para la confección de las puntas experimentales hemos acudido a la talla de lascas de sílex de buena calidad (Gran Pressigny, Bergerac). Los percutores empleados en la preforma han sido de madera de boj y arensica de grano fino y el compresor usado para presionar ha sido de asta de ciervo (fig. 3).

Hemos reproducido 12 puntas de flecha que se han insertado en vástagos de cedro (*Cedrus sp.)* de 9 mm. realizados industrialmente y que posteriormente hemos lanzado repetidas veces sobre una oveja de unos 40 kg. de peso. Hemos empleado este tipo de madera y tamaño siguiendo los parámetros marcados por la arqueología, las referencias etnográficas y la arquería tradicional actual (Hamm 1992, Spindler 1995, Bosch *et al.* 2000). El arco que hemos utilizado es un *longbow* de 50 libras.

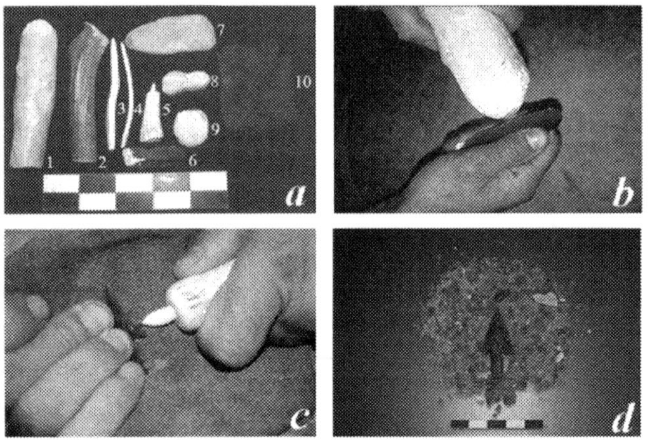

Figura 3: Proceso experimental de elaboración de las puntas: a. Percutores empleados: 1. Percutor de boj, 2. Percutor de asta de ciervo, 3/4/5. Compresor de asta, 6. Lasca de sílex, 7/8/9. Abrasionadores/percutores de arenisca y 10. Protector de piel; b. Percusión con boj; c. Retoque presionando con compresor de asta; d. Punta y residuos generados durante su confección.

Se han llegado a realizar un total de 24 lanzamientos, de los cuales no todos han tenido como resultado roturas macroscópicas. Y es que mientras algunas no se han fracturado tras haberlas arrojado varias veces, otras han perdido la zona apical, las aletas y/o el pedúnculo después del primer lanzamiento. Esta circunstancia ha sido también apuntada por otros investigadores que han efectuado experimentos similares. Sin embargo, el porcentaje de efectivos fracturados ha sido muy variable: Moss (1983) afirma que solamente el 30% de sus puntas tenían roturas, Caspar (1988) el 43,5%, Van Gijn (1989) el 41%, Fischer *et al.* (1984) el 37-56%, Beugnier (1997) el 74% y Odell y Cowan (1986) el 100%.

En nuestro caso, el 50% de las puntas han mostrado fracturas después del primer lanzamiento. No obstante, no todas éstas han quedado inservibles, sino que, muy al contrario, las pequeñas roturas que han sufrido no han afectado a su reutilización. De hecho, una de las puntas ha llegado a usarse hasta cinco veces. Aunque nosotros hemos dejado de emplear las que han perdido buena parte de la zona apical o el pedúnculo, es evidente que el reavivado y la reparación de algunas puntas habrían permitido volver a enmangarlas y usarlas.

A nivel microscópico hemos identificado también otra serie de huellas: estrías y puntos de micropulido. Precisamente las estrías, que han aparecido en especial en la mitad superior de las puntas, suelen ser de fondo liso, cortas y colmatadas. Si bien es común observar varias agrupadas, a veces hemos visto alguna aislada. En el caso del micropulido, éste se ha registrado, sobre todo, en las zonas más altas de la superficie. Es decir, en las aristas centrales de las puntas y en los vértices dejados por los negativos del retoque. Se trata, por lo general, de un micropulido de trama semicerrada, abombado y brillante que nos recuerda al producido experimentalmente por el contacto con una materia dura o semidura como la madera o el hueso. En este sentido, es probable que se hayan generado por el roce con el hueso del animal o con la madera del astil.

En definitiva, nos parece que esta primera experimentación nos permite abordar inicialmente el estudio de las puntas de la Costa de Can Martorell. No obstante, han surgido nuevas preguntas como, por ejemplo, la relación entre la morfología de las puntas y su grado de fracturación, que nos obligan a hacer en un futuro un nuevo programa experimental con el que dar respuesta a tales cuestiones.

4. Análisis Funcional

En el estudio funcional llevado a cabo hemos conjugado el uso de una lupa binocular Nikon, que abarca de 10X a 90X aumentos, con el de un microscopio metalográfico Olympus con el que llegamos a los 400X aumentos.

El estado de conservación de los diferentes tipos de sílex empleados en la confección de las puntas, es un tema importante a tratar por las repercusiones que tiene en la formación y observación de las huellas de uso. A este respecto, la alteración más frecuente apreciada en las puntas de la Costa de Can Martorell es el lustre de suelo. En aquellos casos en los que el lustre está muy desarrollado, es muy difícil observar ciertas huellas microscópicas generadas por el uso. Nos estamos refiriendo a los micropulidos poco intensos y, en ocasiones, a determinadas estrías muy superficiales.

Por otra parte, unas pocas puntas muestran también signos de patinación. En algunos casos el grado de pátina es tan importante que ha provocado el deterioro y la destrucción de parte de la superficie. Cuando ello se produce, la determinación funcional sólo se puede efectuar a partir de la presencia de claras fracturas de impacto. Y es que en las puntas patinadas es imposible registrar otro tipo de huellas como estrías, micropulidos o redondeamientos.

En el análisis traceológico efectuado hemos observado que 18 puntas (26,5%) tienen claras fracturas de impacto en la zona apical como consecuencia de su uso como proyectiles (Tabla 2). Pero además, 21 (30,9%) las definimos como de uso probable, puesto que si bien sus roturas aparecen en las aletas, en los filos laterales o en el pedúnculo, éstas se produjeron probablemente también por impacto. En los resultados experimentales hemos visto como el lanzamiento de puntas de flecha sobre un animal, no siempre tiene como consecuencia la fractura apical de todas las puntas. En ocasiones, se rompen otras zonas de menor anchura como las aletas o los pedúnculos.

uso seguro	uso probable	uso indeterminado	no analizable
18 (26,5%)	21 (30,9%)	25 (36,7%)	4 (5,9%)
Fracturas	**Ausente**	**Pequeño Tamaño**	**Gran Tamaño**
Apicales	18 (26,4%)	37 (54,4%)	13 (19,2%)
Aletas	23 (33,8%)	30 (44,1%)	15 (22,1%)
Pedúnculo	30 (44,1%)	8 (11,8%)	30 (44,1%)
Estrías	**Ausentes**	**Aisladas**	**Abundantes**
	45 (66,2%)	9 (13,2%)	14 (20,6%)
Redondeamientos Aletas	**Ausentes**	**Poco Intenso**	**Muy intenso**
	35 (51,5%)	23 (33,8%)	10 (14,7%)
Otras Huellas	**Pulido "G"**	**Micropulido**	**Redondeamiento**
	19 (28,3%)	9 (13,4%)	1 (1,5%)

Tabla 2: Resumen de los resultados funcionales.

De entre las puntas que muestran algún tipo de rotura, 16 (23,5%) no hubieran podido reutilizarse por el mal estado en el que han quedado (fig. 2: 18). Ello nos parece muy significativo, ya que hay comunidades actuales que reparan sus puntas mediante el reavivado de los filos o únicamente de la zona apical (Ellis 1997), lo que supone modificaciones paulatinas en la morfología, el tamaño y el peso. Precisamente, algunas de las pequeñas puntas analizadas, parecen haber pasado por continuos reavivados a medida que se fracturaban y se reparaban. De ahí que ciertas puntas tengan un reducido tamaño (15-25 mm.), un espesor relativamente importante en la arista central y un retoque, en ocasiones, bastante mal efectuado si lo comparamos con el que presentan otras piezas (fig. 2: 40 y 53).

Por otra parte, los resultados experimentales obtenidos, nos impiden afirmar si fueron o no usadas 25 puntas (36,7%), ya que o no muestran fracturas o sólo tienen pequeñas roturas microscópicas que no podemos definir como de impacto. Asimismo, cuatro puntas (5,9%) las hemos catalogado de no analizables, puesto que la superficie está totalmente alterada.

Las estrías son otro de los rastros que comúnmente se registran en las puntas empleadas como proyectiles. En el sepulcro de la Costa de Can Martorell, un total de 23 puntas (33,8%) (Tabla 2) muestran estrías que presentan una cierta variabilidad morfológica. Así aparecen, tanto aisladas como agrupadas, en distintas zonas presumiblemente no enmangadas por el astil (aletas y partes mediales y apicales) (fig. 4).

Un elemento muy interesante que también hemos identificado en estas piezas, es la aparición de redondeamientos (33 efectivos = 48,5%). Localizados sobre todo en el filo exterior de las aletas y, puntualmente, en ambos laterales de las puntas, suelen mostrar diversos grados de intensidad. Dichos redondeamientos están acompañados, a menudo, de algunas pequeñas estrías, así como de un micropulido de trama semicerrada. Hay investigadores que han reconocido rastros similares en puntas de: Darion -Bélgica- (Caspar 1988), Hekelingen III -Alemania- (Van Gijn 1989), Grotte de l'Eglise -Francia- (Gassin 1996) o Chalain -Francia- (Beugnier 1997). Las hipótesis que tales autores han planteado sobre su origen han sido diversas: 1) Son abrasiones intencionales realizadas para impedir que se corten las ligaduras empleadas para enmangar las puntas; 2) Se redondean las aletas para aumentar la resistencia y que éstas no se fracturen con facilidad; 3) Sirven para que el proyectil no se melle en el interior del animal; y 4) Son desgastes no intencionales generados como consecuencia del contacto con el carcaj.

Nos parece que estos redondeamientos no pueden ser el resultado de un trabajo tecnológico intencionado dirigido a realizar el retoque invasor, a evitar que las aletas se fracturen con facilidad al entrar en el animal o a impedir que se corten las ligaduras utilizadas para enmangar las puntas. Si estos hubieran sido los objetivos también se habrían abrasionado los pedúnculos, las muescas que dan forma a las aletas o los filos de las puntas. En este sentido, el hecho de que se trate de un conjunto de huellas muy similares a las que se generan al trabajar la piel seca, nos lleva a pensar que tal vez esas abrasiones se han producido por el continuo contacto con el interior del carcaj. Las aletas son las partes más sobresalientes de las puntas, por lo que habrían sido las zonas que más rozarían con el carcaj. Con todo, este es un tema que deberemos contrastar en un futuro a nivel experimental.

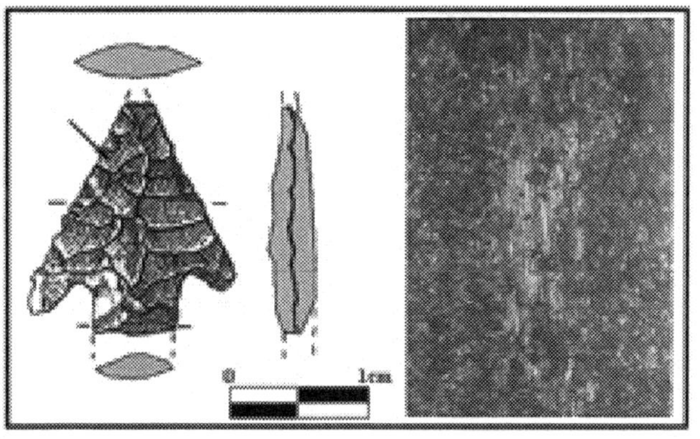

Figura 4: Estrías por impacto (100X) de proyectil en la punta CCM1 de la Costa de Can Martorell.

Por otro lado, cabe decir que en estas puntas no hemos registrado huellas generadas por su reutilización en otras materias. Teniendo como referente ejemplos actuales, hay comunidades como los !Kung del desierto del Kalahari o los Efe del Zaire, en las que los individuos después de cazar emplean las mismas puntas de flecha para descuartizar las presas (Bailey 1991, Shea 1993). De la misma manera, hay yacimientos arqueológicos en los que se ha constatado la reutilización de puntas en actividades de descarnado, así como en el raspado u horadado de diversas materias de origen animal o vegetal (Caspar 1988, Gassin 1996).

5. Conclusiones

El primer elemento significativo es que una buena parte de estas puntas se han usado como proyectiles. Las fracturas que hemos registrado se localizan tanto en las zonas apicales, como en los pedúnculos y en las aletas. Unas y otras pudieron haberse producido por el impacto de las puntas con un cuerpo o con la tierra, piedras,... en aquellos lanzamientos errados.

Aunque no desechamos que pudieran dejarse como ajuar puntas usadas, algunas de las cuales no habrían podido incluso ni ser reutilizadas, también pensamos que pudieron llegar alojadas en los cuerpos de algunos inhumados. De hecho, a diferencia de algunos contextos funerarios del neolítico medio en Catalunya (IV milenio cal BC), en donde el grado de fragmentación de las puntas depositadas como ajuar es ínfimo, pues se depositan en perfecto estado (Gibaja 1997), en determinados sepulcros colectivos del neolítico final-calcolítico sí suelen encontrase muchas piezas con fracturas de impacto o rotas por las aletas y/o el pedúnculo. Son los casos, por ejemplo, de Gobaederra -Álava- (Apellaniz *et al.* 1967), de Urtao II -Guipúzcoa- (Armendariz 1989), de Longar -Navarra- (Armendariz e Irigaray 1995), de Aizibita -Navarra- (Beguiristain 1996) o de San Juan Ante Portan Latinam -Álava- (Vegas 1999).

Hay otros aspectos que pueden apoyar la hipótesis de puntas alojadas en los cuerpos. Por un lado, muchas de estas puntas se localizaron bajo los esqueletos (Sara Aliaga, com. pers.), por lo tanto ni estaban distribuidas al azar, ni agrupadas (como sería de esperar si hubieran estado depositadas juntas en un carcaj). Por otro lado, es interesante que los largos pedúnculos y aletas fracturadas de algunas puntas no se encuentren en el sepulcro. Y es que cuando se lanza una flecha y se fractura la punta, lo que se recupera es el vástago con la parte peduncular de dicha punta, el resto queda en el animal/persona o se pierde en aquellos lanzamientos errados (Plisson y Geneste 1989). La recuperación del astil en este contexto funerario parece, por lo tanto, que fue básica. De hecho, y contrariamente a lo que se puede suponer, los astiles son mucho más valiosos que las puntas por el coste que conlleva realizarlos.

La prueba fidedigna de que ciertos inhumados habrían muerto violentamente, sería la presencia de puntas hincadas en restos óseos. Si bien ello no se ha constatado en los inhumados de este enterramiento, debemos tener en cuenta también que: a) los restos óseos están muy mal conservados, b) es difícil que una punta llegue a quedarse introducida en un hueso, y c) en otros yacimientos en los que, efectivamente, hay puntas clavadas en huesos humanos, su número en relación a las personas enterradas es ínfimo: 4 puntas de 112 (3,6%) individuos en Longar (Armendariz e Irigaray 1995), 9 de 336 (2,6%) en San Juan Ante Portam Latinam (Vegas 1999) o ninguna de 100 en Aizibitia (Beguiristain 1996). Por consiguiente, aunque no tenemos pruebas directas de la muerte de ningún inhumado por punta de flecha, su ausencia queda quizás justificada por las condiciones de conservación de los restos óseos y por la dificultad que supone que una punta quede clavada en un hueso. Con todo, el Dr. Campillo (com. pers.) sugiere la presencia en algunos huesos de roturas por golpe de parada.

Finalmente, la respuesta a las puntas que no presentan fracturas, puede ser porque, efectivamente, son parte del ajuar depositado junto a los muertos o porque son piezas que fueron usadas pero no llegaron a fracturarse. Aunque, repetimos, la experimentación realizada por nosotros ha confirmado que hay puntas que no se fracturan, también es verdad que algunas de las encontradas en la Costa de Can Martorell están en perfecto estado, elaboradas en sílex de muy buena calidad, son de un tamaño considerable y han sido confeccionadas a través de un cuidado proceso de trabajo. Este conjunto de elementos aglutinados en determinadas puntas, nos hacen sospechar que quizás algunas puntas sí pudieron dejarse como ajuar.

Bibliografía

AGUSTÍ, B., ALCALDE, G., BURJACHS, F., BUXÓ, R., JUAN-MUNS, N., OLLER, J., ROS, M.T., RUEDA, J.M. y TOLEDO, A. (1987), *Dinàmica de la utilització de la cova 120 per l´home en els darrers 6.000 anys*, Sèrie Monogràfica 7, Girona, Centre d'Investigacions Arqueològiques.

ALCALDE, G., MOLIST, M. y TOLEDO, A. (1994), *Procés d'ocupació de la Bauma del Serrat del Pont (La Garrotxa) a partir del 1450 A.C.*, Publicacions eventuals d'Arqueologia de la Garrotxa, 1, Olot.

APELLANIZ, J.M., LLANOS, A. y FARIÑA, J. (1967), "Cuevas sepulcrales de Lechón, Arralday, Calaveras y Gobaederra (Álava)", *Estudios de Arqueología Alavesa*, 2, pp. 21-48.

ARMENDARIZ, A. (1989), "Excavación de la cueva sepulcral de Urtao II (Oñati, Guipúzcoa)", *Munibe*, 41, pp. 45-86.

ARMENDARIZ, A. e IRIGARAY, S. (1995), "Violencia y muerte en la prehistoria. El hipogeo de Longar", *Revista de Arqueología*, 168, pp.16-29.

BAENA, J. (1998), *Tecnología lítica experimental. Introducción a la talla del utillaje prehistórico*, BAR International Series, 721.

BARRIOS, A; CHIMENOS, E. y MERCADAL, O. (en prensa), "Estudio paleoestomatológico de una población calcolítica hallada en Costa de Can Martorell o Vinya d´en Tit (Dosrius, el Maresme). Primeros resultados", *XII Col.loqui Internacional de Puigcerdà*, 10-12 noviembre 2000.

BAILEY, R.C. (1991), *The Behavioral ecology of Efe Pygmy men in the Ituri Forest, Zaire*, Anthropological Papers, University of Michigan, 86.

BEGUIRISTAIN, M.A. (1996), "Belicosidad en la población usuaria de los dólmenes navarros. Reflexiones y perspectivas", en: BALBÍN, R Y

BUENO, P. (eds.), *II Congreso de Arqueología Peninsular*, Zamora 1996, pp. 323-332

BENITO-PASCUAL, J. LL (1990), "El sílex", *El III milenio A.C. en el Palenciano.Los poblados de Jovades (Concentaina, Alcant) y Arenal de la Costa (Ontinyent, València)*, Universitat de València.

BEUGNIER, V. (1997), *L'usage du silex dans l'acquisition et le traitement des matières animales dans le néolithique de Chalain et Clairvaux: La Motte-aux -Magnins et Chalain 3 (Jura, France) 3700-2980 av. J.-C.*, Thèse de doctorat, Université de Paris X.

BOSCH, A, TARRÚS, J. y CHINCHILLA, J. (2000), *El poblat lacustre neolític de la Draga. Excavacions de 1990 a 1998*, Monografies del CASC 2.

CASPAR, J.P. (1988), *Contribution a la traceologie de l'industrie litique du Neolithique Ancien dans l'Europe Nord-Occidental*, Tesis presentada en la Université Catholique de Louvain.

CORDIER, G. (1990), "Blessures préhistoriques animales et humanines avez armes ou projectiles conservées", *Bulletin de la Société Préhistorique Française*, 87, pp. 462-481.

CRABTREE, D.E y DAVIS, E. (1968), "Experimental manufacture of wooden implements with tools of flaked stone", *Science*, 159, pp. 426-428.

ELLIS, C.J. (1997), "Factors influencing the use of stone projectile tips. An ethnographic perspective", *Projectile Technology*, pp. 37-74.

FISCHER, A., VEMMING HANSEN, P. y RASMUSSEN, P. (1984), "Macro and microwear traces on lithic projectile points: experimental results and prehistoric examples", *Journal of Danish Archaeology*, 3, pp. 19-46.

GASSIN, B. (1996), *Evolution socio-économique dans le Chasséen de la grotte de l'Eglise supérieure (Var): Apport de l'analyse fonctionelle des industries lithiques*, Monographie du CRA, 17, CNRS Editions, Paris.

GIBAJA, J.F. (1997), "Anàlisi funcional del material lític de la necròpolis del Camí de Can Grau", en: MARTÍ, M. POU, R. y CARLÚS, X. (eds.), *Excavacions arqueològiques a la Ronda Sud de Granollers, 1994. La necròpolis del Neolític Mitjà i les restes romanes del Camí de Can Grau (La Roca del Vallès, Vallès Oriental) i els jaciments de Cal Jardiner (Granollers, Vallès Oriental)*, Excavacions Arqueològiques a Catalunya, 14, pp. 128-141.

GIBAJA, J.F. y PALOMO, T. (en prensa), "Estudio morfo-tecnológico y funcional de las puntas halladas en el sepulcro calcolítico de la Costa de Can Martorell o Vinya D'en Tit (Dosrius, El Maresme)", *XII Col.loqui Internacional de Puigcerdà*, 10-12 novembre 2000.

GUILAINE, J. y ZAMMIT, J. (2001), *Le sentier de la guerre. Visages de la violence prehistorique*, Ed. Seuil.

HAMM, J. (1992), *L'arc indien*, Nigel Gauvin, éditeur.

INIZAN, M.L., REDURON, M., ROCHE, H. y TIXIER, J. (1995), *Technologie de la pierre taillée*, CREP, París.

MOSS, E.H. (1983), The functional analysis of flint implements. Pincevent and Pont d'Ambon: Two case studies from the French Final Palaeolithic, *BAR Intermational Series, 177.*

MUÑOZ, F.J. (2000), *Las puntas ligeras de proyectil del solutrense extracantábrico. Análisis tecnomorfológico e implicaciones funcionales*, Aula Abierta, UNED.

ODELL, G.H. y COWAN, F. (1986), "Experiments with spears and arrows on animal targets", *Journal of Field Archaeology*, 13, pp. 195-212.

PELEGRIN, J. (1988), "Débitage expérimental par pression "du plus petit au plus grand", en: TIXIER, J. (ed.), *Technologie Préhistorique*, pp. 37-53.

PLISSON, H y GENESTE, J.M. (1989), "Analyse technologique des pointes à cran solutréennes du Placard (Charente), du Fourneau du Diable, du Pech de la Boissière et de Combe Saunière (Dordogne)", *Paleo*, 1, pp. 65-106.

RENAULT, S. (1998), "Économie de la matière première. L'exemple de la production, au Néolithique final en Provence, des grandes lames en silex zoné oligocène du bassin de Forcalquier (Alpes-de-Haute-Provence)", en: ANNA, D. Y BINDER, D. (eds.), *Production et identité culturelle. Rencontres méridionales de Préhistoire récente*, Editions APDCA, pp. 111-128.

SHEA, J.J (1993), "Lithic use-wear evidence for hunting in the Levantine Middle Paleolithic", *Traces et Fonction: les gestes retrouvés*, Colloque International de Liège, ERAUL, 50, pp. 21-30.

SPINDLER, K. (1995), *El hombre de los hielos*, Círculo de Lectores, Barcelona.

Van GIJN, A. (1989), *The wear and tear of flint. Principles of functional analysis applied to Dutch Neolithic assemblages*, Analecta Praehistorica Leidensia, 22.

VEGAS, J.I. (1999), *San Juan Ante Portam Latinam*, Exposiciones del Museo de Arqueología de Álava, Diputación Foral de Álava.

WALDORF, D.C. (1993), *The art of flint knapping*, Branson (USA)

WHITTAKER, J.C. (1994), Flintknapping. *Making and understanding stone tools*, Texas.

24. Producción de cerámicas y funcionalidad durante el IIIer milenio cal a.n.e. en el noreste de la península Ibérica

Xavier Clop García

Abstract

In general, ceramological studies do not usually deal with questions concerning the possible use of ceramic artefacts produced and/or used by prehistoric communities. Very probably, this fact is closely related to the approach that tends to be adopted in the study of any collection of prehistoric ceramics, and which limits itself to the definition of the collection as morphological features, with the fundamental aim of establishing its possible chrono-cultural location. Nevertheless, before any other consideration, such ceramic artefacts were products created by their prehistoric communities to be used within the framework of the activities of biological and social production and reproduction. In this sense, the ceramic products under consideration were created in order to efficiently develop activities such as storage and transformation through the use of caloric energy in different types of biotic and abiotic products. Establishing the activities in which the ceramics products were involved, and the degree of efficiency that these products attained in carrying out such activities, should therefore be a fundamental objective of any ceramic collection study. Ceramic products are submitted to specific physical laws. The conduct of the given product in relation to these physical laws is conditioned by the type and treatment of the material used in its production. The final result is a product that responds for better or for worse to being used in a number of productive processes and/or under specific working conditions. Of the various ways that currently exist for studying the possible use of ceramic products, the characterisation of prime materials is one that is both particularly adequate and of importance in that it allows us to define the degree of adaptation for a given ceramic product in relation to a concrete use and, consequently, to define the need that this product's specific creation must have been filling. In addition to the theoretical-methodological approaches on which our research is based, this work will also present the general results obtained with respect to the possible use of a wide selection of ceramic product samples from sites in the northeast of the Iberian Peninsula, with a chronology that ranges from 3100 to 1500 cal BC.

Los productos cerámicos constituyen, por su abundancia relativa y por sus habitualmente buenas condiciones de conservación, una parte importante de los testimonios materiales que se suelen encontrar en los lugares ocupados por las comunidades humanas a partir de la implantación y consolidación del modo de vida campesino. De hecho, los trabajos dedicados al estudio de estas comunidades suelen destinar un importante espacio a tratar los productos cerámicos, centrándose habitualmente en la determinación y definición de sus rasgos morfo-tipológicos con el objetivo fundamental de definir su posible ubicación crono-cultural.

La cerámica es, sin embargo, un elemento básicamente utilitario, fabricado con el objetivo de constituir un medio de trabajo específico para participar en una amplia variedad de procesos de trabajo en el marco de las diferentes actividades de producción y reproducción realizadas por las comunidades que la fabrican y/o utilizan. Por lo tanto, el estudio de la cerámica utilizada por cualquier comunidad del pasado debería acercarnos al conocimiento de las actividades y procesos de trabajo en los que ésta participó. Sin embargo, para que esto sea posible es imprescindible plantear estrategias de investigación adecuadas para poder profundizar en este tipo de cuestiones.

1. La cerámica como producto.

La revisión de las propuestas realizadas acerca del papel y el significado que se ha otorgado a los artefactos en la investigación arqueológica nos permite constatar una cierta trayectoria teórica que ha llevado a considerar el artefacto (objeto) arqueológico desde su supuesta excepcionalidad, en función del valor atribuido a la materia prima o a su nivel estético, a utilizarlo como el referente final de análisis sistemáticos de tipo técnico, simbólico, económico y, en última instancia, histórico (Ruiz *et al.* 1986). De esta manera, el artefacto ha pasado de ser valorado primordialmente a partir de su supuesto valor estético a convertirse en un elemento de una clase significativa de productos de conducta, más tarde en una clase de objetos de un sistema cultural (Chang 1983) y, finalmente, a ser considerado como el resultado de la gestión social de la materia en un determinado contexto socio-económico.

Resulta evidente la importancia que tiene el papel y el significado que se asigna al artefacto en el proceso de investigación arqueológica, pues en este papel y en este significado se apoyan las inferencias que se realizan y que sirven, en última instancia, para justificar e ilustrar en la esfera de lo fáctico las representaciones que se proponen para las comunidades del pasado que se investigan.

Desde nuestra perspectiva, el estudio de los artefactos arqueológicos tiene que permitir, finalmente, generar conocimiento social en tanto que se trata de elementos manufacturados por hombres y mujeres concretos con el objetivo de utilizarlos en las diferentes actividades desarrolladas en sus comunidades. En este sentido, la categoría-clave para organizar y desarrollar el estudio del papel y el significado de los artefactos que nos han llegado como testimonio de los procesos sociales desarrollados por las comunidades humanas que los fabricaron y/o utilizaron es la categoría de producto (Faura *et al.* 1998).

Cualquier producto es el resultado de la utilización de los diferentes elementos y fuerzas que se pueden encontrar en la naturaleza para satisfacer las necesidades de los agentes sociales. Estas necesidades pueden ser:

a) naturales: relacionadas con la supervivencia individual y colectiva de los miembros de una determinada comunidad. Se trata de necesidades que, como la subsistencia diaria y la reproducción biológica, son objetivas y universales, pues afectan a todos los individuos de la especie humana;

b) sociales: elementos, prácticas, actividades, costumbres, etc. que la comunidad considera socialmente aceptables o recomendables, bien por que forman parte de la tradición de la comunidad misma, bien por que se trata de novedades finalmente aceptadas y incorparadas a la misma. Las necesidades sociales incluyen todas aquellas acciones que no se limitan a la simple y sencilla satisfacción de una necesidad biológica sino que son acciones que ya están codificadas, pautadas y sofisticadas por las convenciones o normativizaciones del grupo. Se trata de necesidades específicas de cada grupo, definidas y satisfechas a partir de las propias condiciones socio-económicas. Los productos son, en este caso, la expresión material de las necesidades sociales, que son subjetivas y que, por tanto, responden en cada caso a las características específicas de las relaciones sociales, económicas e ideológicas de la comunidad que los ha producido y/o utiliza.

Cada producto es el resultado de un proceso de trabajo concreto que lo dota de los requisitos cuantitativos y cualitativos, objetivos y subjetivos necesarios para que sea considerado como aceptable para la satisfacción de una determinada necesidad por parte de la comunidad que lo ha producido y/o lo utiliza. De esta manera, los productos reunen ciertas características que responden a las exigencias definidas por los diferentes tipos de requisitos técnicos, funcionales, estéticos, simbólicos, ... que demanda el grupo.

La utilización de la categoría de "producto" permite, sin duda, que el conocimiento de los artefactos deje de ser, como ha sido y todavía parece que es demasiado a menudo, un fín en si mismo para convertirse en una vía de conocimiento de diferentes aspectos de las prácticas sociales de las comunidades humanas que se han desarrollado en algún momento en el pasado.

La aparición y el desarrollo de los productos cerámicos suele estar relacionada, en diversas zonas del planeta, con el proceso de implantación y desarrollo de la economía de producción de la subsistencia. Los productos cerámicos son el resultado final de un complejo proceso de producción en el que, básicamente, un objeto hecho de arcilla se somete a un proceso de deshidratación mediante su cocción. A partir de este proceso de trabajo se pueden obtener una gran diversidad de artefactos aptos para ser utilizados en una amplia variedad de funciones. En el campo de las investigaciones ceramológicas se ha propuesto, en los últimos años, diferenciar claramente los conceptos de "función" y "uso" de las cerámicas. Así, los productos cerámicos pueden tener la función de contenedores (para almacenar, transportar o procesar materiales bióticos o abióticos), materiales constructivos (p. e. ladrillos), etc. El uso, en cambio, hace referencia a la forma específica en que unos productos cerámicos concretos son utilizados para satisfacer algun propósito determinado (cocinar, almacenar líquidos, almacenar sólidos, ...) (Henrickson 1990, Rice 1990 y 1996a). En general, la mayor parte de los productos cerámicos elaborados y utilizados por las comunidades prehistóricas del Viejo Mundo fueron vasos utilizados como contenedores (función) en diferentes procesos de trabajo relacionados con el transporte, almacenamiento y procesado de diversos tipos de materiales y de energía (usos).

2. El estudio de la función y el uso de los productos cerámicos.

Los contenedores cerámicos han estado ampliamente utilizados para transportar líquidos, almacenar diferentes tipos de sustancias o para calentarlas mediante su exposición a una fuente de calor. Cada uno de estos usos comporta determinadas condiciones de trabajo que hace necesario que los contenedores cerámicos utilizados reunan ciertas características, específicas en cada caso, que permitan una adecuada y eficiente realización de aquellas labores. Estas características las adquiere cada producto cerámico durante su proceso de elaboración, desde la selección de la materia prima hasta la última etapa de su manufacturación, de tal manera que sus características morfotecnológicas (atributos de forma y tecnología) estan directamente relacionadas con la actividad concreta en la que tendrá que participar ese contenedor.

Los productos cerámicos son, tanto por su forma como por el material con que estan fabricados, elementos sometidos a leyes físicas específicas. Es por esta razón ccque productos cerámicos con una determinada forma y fabricados con unos materiales concretos pueden servir para determinadas funciones y en cambio no son aptos, o son menos eficientes, en relación a otros productos cerámicos producidos específicamente para cubrir otras funciones (Juhl 1995). Estas leyes físicas fueron determinadas por los/as artesanos/as de forma empírica en procesos de ensayo y error durante la elaboración y el uso de los productos cerámicos, lo que permitió una mejora progresiva en la eficiencia de los mismos para usos cada vez más específicos y en función del desarrollo de nuevas necesidades por parte de aquellas comunidades. No hay que olvidar, sin embargo, que los contenedores cerámicos pueden ser más o menos multifuncionales, de tal manera que un producto cerámico también puede ser utilizado para realizar ciertas funciones para las que no había sido fabricado.

En todo caso, y de forma general, existen determinados rasgos que responden directamente a la intención, y por tanto con la forma de cubrir una determinada necesidad, que tenía el artesano/ana al elaborar un determinado producto cerámico. Así, por ejemplo, el tamaño del contenedor está directamente relacionado con el uso primario para el cual habría sido fabricado. Debería ser, por tanto, un aspecto fundamental de cualquier estudio ceramológico la determinación del mayor o menor grado de ajuste del producto cerámico en relación a unos u otros procesos de trabajo, y de forma independiente a la constatación efectiva de su uso en una u otra tarea, pues así podremos conocer el grado de ajuste del producto original a una determinada función y, en consecuencia, acercarnos al grado de especialización de los procesos productivos desarrollados para conseguir un producto tan específico como son los contenedores cerámicos.

En relación al uso específico de los contenedores cerámicos y desde el punto de vista de la evidencia arqueológica tenemos que fijarnos, antes que nada, en la primera evidencia de que disponemos, es decir, en determinar el último uso o contexto de uso donde se localiza un determinado producto cerámico. Este último uso, sin embargo, no tiene por qué ser el único uso que haya tenido dicho producto. El cuidadoso estudio de las evidencias ha de permitirnos poder plantear, al final del proceso de investigación, hipótesis en torno a cual habría sido el primer uso del contenedor (es decir, la necesidad a satisfacer para el que fue específicamente producido) o, en todo caso, su mayor o menor aptitud para ser utilizado en uno u otro uso.

La investigación sobre las propiedades inherentes de los productos cerámicos es uno de los requisitos fundamentales para entender el uso de las cerámicas y, por tanto, para profundizar en el conocimiento de su uso social (Juhl 1995). La fabricación de productos cerámicos constituye un complejo proceso productivo en el que intervienen un gran número de factores. El producto final es el resultado de un conjunto de operaciones técnicas que conforman el proceso de trabajo específico de cadaproducto cerámico. En la producción de cerámicas y al igual que sucede con el resto de manufacturas que produce una determinada comunidad, se reunen un conjunto concreto de características o particularidades técnicas, funcionales, estéticas, etc, que son consecuencia de las necesidades que se tienen que cubrir y de los conocimientos técnicos del artesano/ana, que siempre son el resultado de aprendizajes reglados socialmente y, por tanto, son realizaciones que reflejan las necesidades, condiciones y características específicas del grupo que las ha elaborado. En este sentido, y tal y como han señalado diferentes autores, es importante tener en cuenta la importancia que tiene la tradición en relación al desarrollo tecnológico de cada sociedad. En definitiva, y al igual que para el resto de manufacturas, los productos cerámicos y las técnicas aplicadas en su fabricación se tienen que entender como objetos conformados y definidos por una realidad social particular (Bronitsky 1986, Colomer 1995).

El estudio del uso de los productos cerámicos, tanto del uso primario para el que fueron fabricados como de su uso final, pueden abordarse desde diferentes perspectivas. No cabe la menor duda de que la determinación de los parámetros formales puede constituir una de las vías fundamentales para determinar aspectos relevantes de su posible funcionalidad. La utilización de parámetros como el volumen, el perfil del contenedor, la presencia y tipos de elementos de prensión, el diámetro de la obertura, ... nos pueden permitir plantear hipótesis en torno al uso primario de los contenedores (p. e. Henrickson y McDonald 1983, Juhl 1995) y constituye, de hecho, una de las vías más utilizadas por los/las arqueólogos/as para profundizar en este tipo de cuestiones. Esta forma de aproximación, sin embargo, cuando se realiza de forma simplista puede llevar a cometer importantes errores de apreciación, pues se corre el riesgo de caer en la realización de simples analogías formales con morfotipos actuales. Y la similitud de formas actuales con formas prehistóricas no garantiza, necesariamente, un uso similar. Es por esta razón que numerosos investigadores han realizado propuestas que pretenden objetivar los atributos formales de los conjuntos cerámicos a partir del establecimiento de índices de relación entre los diferentes parámetros a utilizar para definir tipos concretos, como "plato", "vaso", "bol", "jarra", ... (p.e. Colomer 1995, Dedet y Py 1975, Gardin 1976, Rice 1987, Shepard 1965, etc). Conocer los atributos formales permite conocer ciertas características de gran importancia en el uso de los contenedores cerámicos, como su capacidad, estabilidad, accesibilidad y facilidad de transporte (Rice 1987). Sin embargo, una clara limitación de la aproximación morfológica es la necesidad de contar con formas enteras o, al menos, reconstruibles, hecho que podemos considerar como relativamente excepcional en muchas zonas donde los conjuntos cerámicos prehistóricos presentan, como uno de sus rasgos más relevantes y reiterativos, un elevado grado de fragmentación. Además, la determinación de la forma tampoco nos permite profundizar en el grado de eficiencia real del producto cerámico en relación a uno u otro uso y, por tanto, en relación al grado de especialización de su proceso de elaboración.

La aproximación morfológica al posible uso de las cerámicas, es decir, la correlación forma-función representa tan solo una de las posibles vías de investigación en torno a los contenedores cerámicos y a los procesos de trabajo específicos en los que estos estuvieron implicados. Otra posible vía de aproximación es la determinación de los cambios que sufre el contenedor por su uso repetitivo en una actividad determinada. Estos cambios pueden ser de diferente tipo, como por ejemplo erosiones en las superficies, cambios en la coloración de la superficie exterior por una exposición reiterada al fuego o, en el caso de la superficie interior, por el teñido de la sustancia que podía haber contenido. Todas estas alteraciones pueden ser fácilmente identificadas sin una formación especializada previa.

Otra posible vía de información sobre el uso de los productos cerámicos se basa en la determinación de las sustancias que pudieran haber contenido mediante la utilización de técnicas analíticas específicas (cromatografía de gases, espectrometría de masas, etc.) que permiten identificar las trazas de los elementos orgánicos (fosfatos, grasas, ...) absorbidos en les paredes del contenedor o, también, el estudio de los "caramelos" formados por las sustancias contenidas y que pueden encontrarse adheridas en el fondo de los contenedores cerámicos (Cañabate y Sánchez 1995, Patrick *et al.* 1985, Skibo 1992). En función del tipo, cantidad y proporción de los elementos identificados se pueden plantear hipótesis sobre las sustancias que pudo haber contenido un determinado producto cerámico. Estos estudios, sin embargo, han de tomarse con una cierta precaución dado que las sustancias analizadas pueden haber sufrido contaminaciones, por procesos postdeposicionales, que alteren las características de las sustancias originales, emmascarándolas. Además, la determinación que se realiza corresponde a las últimas sustancias contenidas, por lo que, de momento, el uso de estos métodos de análisis no permite precisar si los contenedores fueron utilizados en usos diversos o para contener sustancias diferentes y, en todo caso, no informan directamente sobre la intención original que determinó la fabricación del contenedor. Hay que resaltar, sin embargo, que la utilización de estos métodos de análisis ha permitido progresar en la discriminación entre usos potenciales y usos reales y, por tanto, avanzar en el conocimiento de la utilización de los productos cerámicos como artefactos sociales.

Aparte del estudio de la forma y del volumen de los contenedores o de la determinación de la composición de los restos de las sustancias orgánicas que pudieron contener en un determinado momento, la otra vía posible de estudio es la determinación de las características específicas del comportamiento del material con que fueron elaborados estos productos cerámicos. La ciencia que estudia el comportamiento de los materiales tiene como objetivo general la generación y aplicación de conocimiento en relación a la composición, estructura y procesamiento de los materiales a partir de sus propiedades y usos (Bronitsky 1986). En el caso específico de los productos cerámicos, y desde esta perspectiva, el estudio se orienta al conocimiento de los criterios y formas de selección y tratamiento de la materia prima utilizada en su elaboración, es decir, en la forma específica de gestión de la materia prima selecionada para elaborar dichos productos cerámicos.

Hay muchos/as investigadores/ras más o menos familiarizados con un aspecto específico de la aproximación que se puede hacer desde las ciencias que estudian el comportamiento de los materiales. Este aspecto específico es el de los denominados estudios de procedencia, es decir, de la determinación geológica de los materiales utilizados en la elaboración de los productos cerámicos y la proposición de hipótesis referentes a la posible ubicación de los depósitos de tierras de donde procederían los mismos. Este tipo de estudios, sin embargo, tan solo constituye una parte de lo que se denomina estudios de caracterización, que se definen como el estudio comparativo y de diferenciación entre los productos cerámicos y los posibles depósitos de tierra de origen en relación a su preparación y uso (Bronitsky 1986). Los estudios de caracterización de los productos cerámicos tienen como objeto de estudio general la determinación de las características químicas, mineralógicas, granulométricas y la cantidad relativa de arcilla y de elementos no-plásticos (desengrasantes) presentes en los mismos y que constituyen la base de la variabilidad de las propiedades físicas y, por tanto, de las propiedades funcionales de cada producto cerámico concreto (Braun 1983, Bronitsky 1986, Clop 2001, Rice 1987).

Las propiedades físicas pueden ser modificadas durante el proceso de producción en función de las necesidades específicas que tiene que cubrir el contenedor cerámico, del grado de especialización de los procesos de trabajo desarrollados por la comunidad y de la habilidad del/la artesano/ana en las diferentes fases del proceso de producción. Así, el tratamiento de la materia prima va definiendo, en cada paso del proceso productivo, las propiedades que tendrá efectivamente el producto final. De manera específica, el tratamiento de la materia prima se realiza desde el mismo momento en que se seleccionan las tierras y hasta que se da por acabado el producto, pasando por la preparación de las tierras, la manufacturación del producto cerámico, su secado, cocción y posibles tratamientos ante o post-cocción (decoraciones, aplicación de resinas o grasas, ...).

El conocimiento del comportamiento específico de los productos cerámicos se tiene que plantear a partir de la definición de los rasgos formales y del grado de variación de un cierto número de propiedades físicas especialmente relevantes para el uso de los productos cerámicos como son las propiedades mecánicas, las propiedades térmicas y las propiedades de impermeabilidad que presente finalmente el producto cerámico. Son estas propiedades las que condicionaran aspectos tan determinantes en el uso específico de cualquier producto cerámico como la resistencia mecánica, la resistencia al choque térmico, la porosidad, etc (fig. 1).

Los trabajos realizados desde mediados de los años 80 por diversos investigadores anglosajones, han puesto claramente de manifiesto que puede haber, en el marco de las comunidades prehistóricas, una gran relación entre la selección y tratamiento de la materia prima y el uso de los productos cerámicos. Así, por ejemplo, un estudio sobre las cerámicas Woodland (sudoeste de los EE.UU.) puso de relieve la importancia de la selección y utilización de tierras con desengrasantes de mayor o menor tamaño, al detectar en el contexto de estas comunidades un proceso de progresiva reducción del tamaño de los desengrasantes presentes en sus productos cerámicos. Esta tendencia a la reducción en el tamaño de los desengrasantes se ha explicado por un incremento de la necesidad de utilizar productos cerámicos más aptos para hacer frente a las tensiones térmicas, lo cual estaría relacionado con la introducción de cambios en las pautas alimenticias y, más específicamente, con un aumento del consumo de alimentos transformados mediante cocción. Esta demanda también provocó, por las mismas razones, una disminución progresiva del grueso de las paredes de los contenedores cerámicos (Braun 1983).

El adecuado conocimiento de las propiedes físicas que tuvieron los productos cerámicos utilizados en cada momento histórico nos ha de permitir ampliar la perspectiva de lo que nos pueden aportar las evidencias cerámicas de las comunidades del pasado, al permitirnos situar los cambios y las permanencias en los procesos de su producción y uso en relación a los procesos de cambios sociales y económicos que se pudieron producir en una determinada zona durante la Prehistoria.

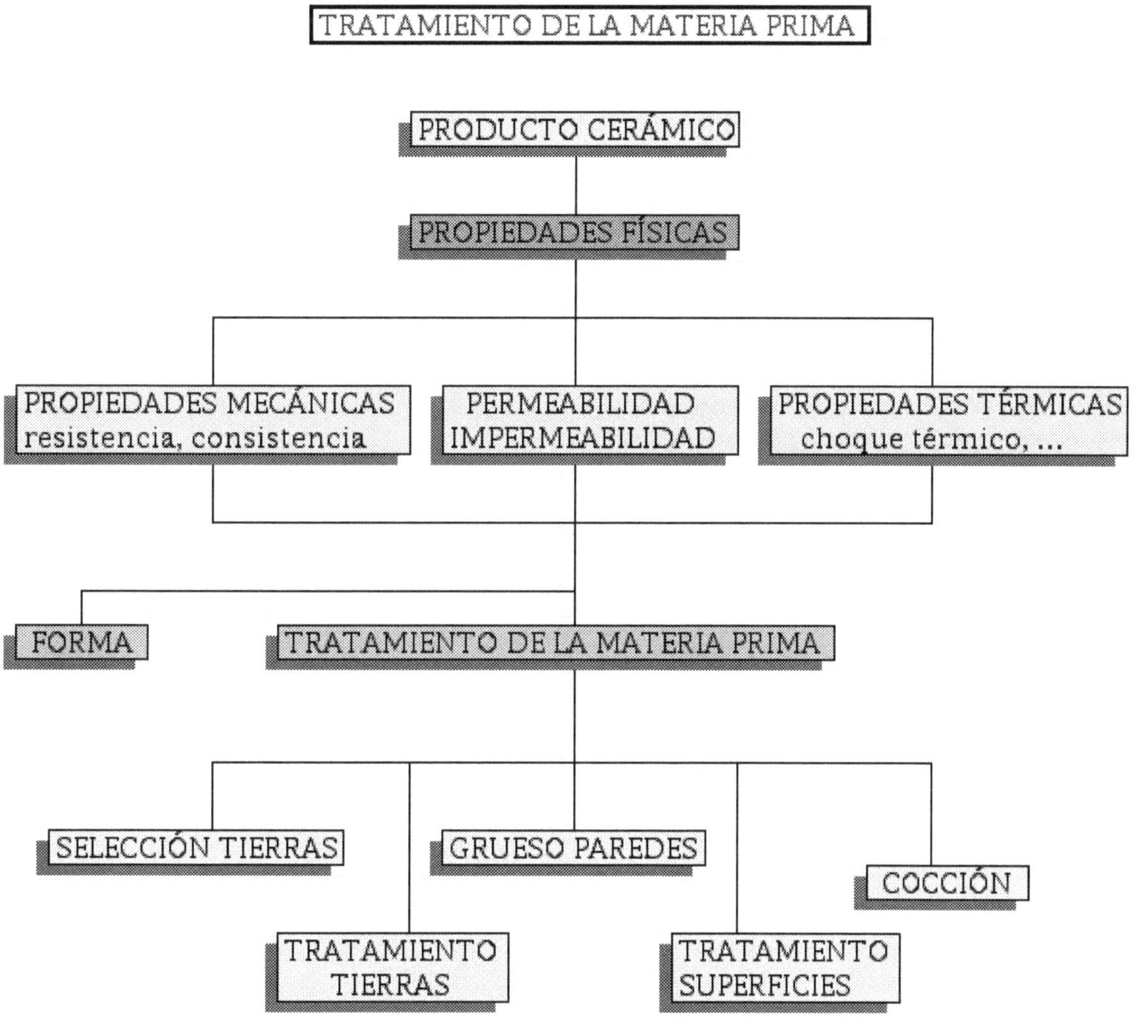

Figura 1: Relación entre propiedades físicas y características formales y de composición de los productos cerámicos.

En definitiva, y desde nuestra perspectiva, la determinación de la función y del uso de los productos cerámicos constituye uno de los problemas fundamentales que tienen que plantearse en estos momentos al abordar el estudio de cualquier conjunto cerámico prehistórico, en tanto que esto constituye una vía para conocer y profundizar en diversos aspectos sobre el tipo, características, volumen y grado de especialización de muchas de las actividades desarrolladas por aquellas comunidades. En este sentido, los estudios de caracterización de la materia prima utilizada en la elaboración de los productos cerámicos se plantea como una vía de estudio especialmente relevante para poder profundizar en este tipo de cuestiones.

3. Estudio de la funcionalidad de las producciones cerámicas del 3100 al 1500 cal ane del noreste de la península Ibérica.

En el marco de un estudio más amplio, planteado con el objetivo de estudiar las características específicas de la gestión de los recursos minerales utilizados en producción de cerámica del 3100 al 1500 cal ANE en el noreste de la Península Ibérica (Clop 2001), nos planteamos abordar la determinación del uso para el qué habrían sido fabricados los contenedores cerámicos estudiados o, en todo caso, su mayor o menor aptitud para ser utilizado en uno u otro uso.

Nuestro estudio se ha basado en la determinación de las características que presenta la materia prima utilizada en la elaboracón de 264 muestras de productos cerámicos procedentes de 12 yacimientos del noreste de la Península Ibérica (fig.2). En el estudio se incluyen tanto muestras de los diferentes tipos de producciones cerámicas del neolítico final, calcolítico y bronce inicial que han sido definidos hasta el momento en esta zona (producciones tipo "veraza", tipo "treilles", campaniforme internacional, campaniforme regional, producciones epicampaniformes, ...) como producciones que pertencen a estos horizontes cronológicos pero que no se consideran particularmente significativas.

En nuestro trabajo hemos partido de las propuestas realizadas por un amplio número de investigadores anglosajones (Braun, Bronitsky, Juhl, Rice, Schiffer, Shepard, Young, Stone, etc.) para definir un conjunto de hipótesis de trabajo en relación a las características que, a partir del tratamiento de la materia prima, deben tener los productos cerámicos para ser más o menos aptos para uno u otro uso (fig.3).

Para estudiar las características de la materia prima de las muestras estudiadas, planteamos un protocolo de trabajo destinado a obtener los datos necesarios para conocer la variedad de aspectos que comprende la gestión de la materia prima para elaborar productos cerámicos. Este protocolo incluye los siguientes aspectos:

A.- CARATERES MICROSCÓPICOS
a) Estudio petrográfico mediante lámina delgada y su estudio al microscopio de luz polarizada;
b) Estudio mineralógico a partir de la realización de difracciones de rayos X;
c) Estudio de la porosidad relativa mediante immersión en un medio líquido;

B.- CARACTERES MACROSCÓPICOS
d) Morfología de los fragmentos (clasificación Dedet/Py);
e) Grueso de las muestras;
f) Tratamiento de las superficies mediante observación con lupa binocular;
g) Determinación de la atmósfera de cocción;
h) Determinación macroscópica del tamaño y de la cantidad del desengrasante.

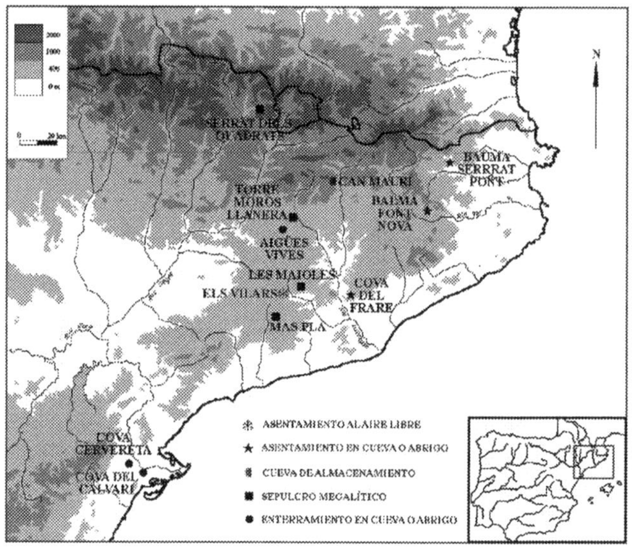

Figura 2: Situación de los yacimientos incluidos en este estudio.

Los datos obtenidos fueron tratados con técnicas estadísticas. Fundamentalmente, se ha utilizado el análisis de conglomerados mediante la utilización del índice de porcentaje con el objetivo de establecer el grado de similitud entre las muestras de un mismo yacimiento o entre muestras de diferentes yacimientos, lo que nos ha permitido detectar la existencia de grupos de producciones cerámicas con características similares que las hacen aptas para usos similares. El análisis de conglomerados a partir de la agrupación jerarquizada de los casos se expresa gráficamente mediante la realización de dendogramas.

El protocolo de estudio utilizado nos ha permitido plantear hipótesis en torno a la posible aptitud de los contenedores para ser utilizados en uno u otro uso, habiendo obtenido los siguientes resultados generales:
* 150 muestras (58%) proceden de contenedores aptos para ser utilizados para cocinar o como vajilla de sevicio (fig. 4). 52 de estos contenedores presentan unas características que los hacen aptos para ser utilizados en procesos de transfomación de alimentos mediante su

cocción, 12 de los cuales tienen unas condiciones específicas (porosidad relativa baja) que nos indican que se trata de contenedores especialmente aptos para hervir alimentos. 66 corresponden a vajilla de servicio en sentido genérico y 9 servirían específicamente para ser usados en el consumo de líquidos. En 32 casos, las características de la materia prima no permite proponer su mayor aptitud para cocinar o como elementos de servicio;
* 102 muestras (40%) corresponden a contenedores aptos para ser utilizados en el transporte y/o almacenamiento de diferentes tipos de productos (fig. 5). En 57 casos se trata de contenedores aptos para ser usados en el almacenamiento de productos sólidos y, de estos, 27 lo son para almacenar durante cortos períodos de tiempo y 15 para almacenamiento de larga duración. El almacenamiento de líquidos es el uso más apto de 13 contenedores, de los cuales 3 serían para el almacenamiento de corta duración de líquidos. En el caso de las otras 26 muestras agrupadas en esta categoría no se ha podido precisar una u otra aptitud para el uso.

A parte del estudio global, hemos analizado la relación que pudiera existir entre la aptitud para determinados usos y el tipo de yacimiento. Nuestro estudio incluye cuatro yacimientos que corresponden a lugares de habitación, siete a lugares de uso exclusivamente funerario y uno a un lugar de almacenamiento (fig.2).

En los yacimientos que corresponden a lugares de habitación, se constata en las muestras seleccionadas una presencia muy equilibrada de las dos categorías principales definidas, con un 54% de contenedores aptos para ser usados como cocina/vajilla de servicio y un 46% de contenedores más aptos para el almacenamiento/transporte de diversos tipos de productos. Además, en los yacimientos estudiados, y únicamente con la salvedad de Cova del Frare, se han detectado contenedores aptos para realizar hervidos. Se ha determinado, por tanto, la presencia de contenedores aptos para desarrollar las distintas labores cotidianas que aseguren la supervivencia del grupo, así como la existencia en este periodo cronológico de contenedores cerámicos capaces de realizar un tratamiento específico de los alimentos como es el hervido.

CONTENEDORES APTOS PARA SER EXPUESTOS HABITUALMENTE AL FUEGO	Paredes delgadas; abundante desengrasante mineral de tamaño pequeño; buen tratamiento de las superficies, sobre todo de la interior; porosidad relativa media/alta, excepto en los contenedores para hervir
CONTENEDORES APTOS PARA TRANSFORMAR ALIMENTOS SIN FUEGO	Necesitan de una buena resistencia frente a las tensiones mecánicas, que se consigue, por ejemplo, mediante el uso de abundante desengrasante de tamaño pequeño
VAJILLA PARA SERVIR	Paredes no demasiado gruesas; desengrasante de tamaño pequeño; buen tratamiento de las superficies, a veces con decoración
ALMACENAMIENTO DE LARGA DURACIÓN DE PRODUCTOS SÓLIDOS	Paredes gruesas; desengrasante mineral de tamaño grande; porosidad relativa baja; pueden presentar un buen tratamiento de la superficie exterior
ALMACENAMIENTO DE CORTA DURACIÓN DE PRODUCTOS SÓLIDOS	Paredes gruesas; desengrasante mineral de tamaño grande; mayor porosidad relativa que en el caso anterior
TRANSPORTE DE LÍQUIDOS	Paredes delgadas; buen tratamiento de la superficie interior, buscando una buena impermeabilidad; porosidad baja
ALMACENAMIENTO DE LÍQUIDOS	Paredes gruesas; buen tratamiento de la superficie exterior; porosidad relativa inversamente proporcional a la duración deseada para el almacenamiento

Figura 3: Hipótesis de trabajo en relación a la aptitud para el uso de los productos cerámicos.

COCINAR/ VAJILLA DE SERVICIO	
COCINAR	40
HERVIR	12
COCINAR/SERVICIO	32
SERVICIO	57
CONSUMO DE LÍQUIDOS	9
TOTAL	150

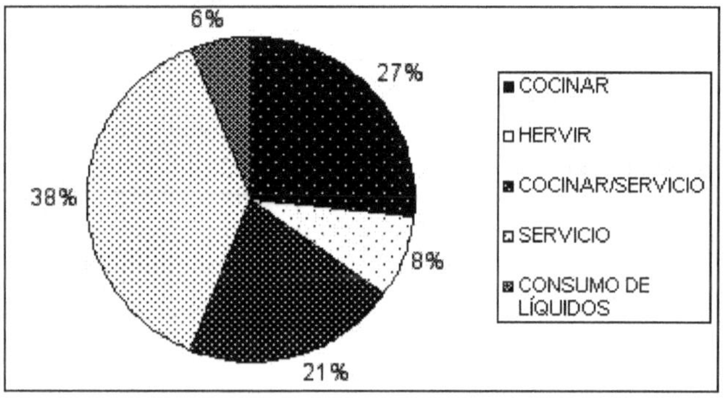

Figura 4.- Contenedores aptos para cocinar y servicio: resultados globales.

ALMACENAMIENTO/TRANSPORTE	
ALMACENAMIENTO SÓLIDOS	15
ALMACENAMIENTO SÓLIDOS CORTO PLAZO	27
ALMACENAMIENTO SÓLIDOS LARGO PLAZO	15
TRANSPORTE /ALMACENAMIENTO LÍQUIDOS	26
ALMACENAMIENTO LÍQUIDOS	10
ALMACENAMIENTO LÍQUIDOS CORTO PLAZO	3
ALMACENAMIENTO (SIN ESPECIFICAR)	6
TOTAL	102

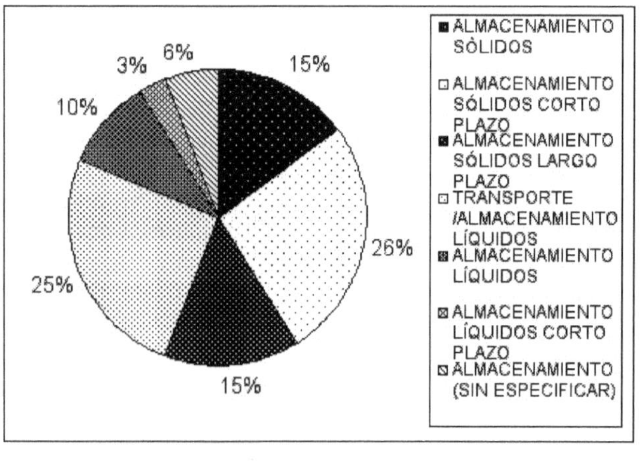

Figura 5.- Contenedores aptos para el almacenamiento de líquidos y sólidos: resultados globales.

En el caso de los siete yacimientos funerarios existe una gran diferencia cuantitativa entre las dos categorías principales. Así, un 75% de las muestras corresponden a contenedores para cocina/servicio y tan solo un 25% para transporte/almacenamiento. El grupo más numeroso de muestras está formado por contenedores de cocina o vajilla de servicio, sin que con los datos disponible se pueda precisar más en uno u otro sentido. El segundo grupo más numeroso es, precisamente, el de contenedores especialmente aptos para servir, mientras que son escasas las muestras aptas para ser utilizadas en la cocción de alimentos.

Los datos obtenidos, por tanto, apuntan que los productos cerámicos seleccionados para ser depositados en lugares de enterramiento, independientemente de que se trate de cuevas, abrigos o sepulcros megalíticos, serían sobre todo productos relacionados con actividades cotidianas determinadas, como el servicio y, en mucha menor medida, con la cocción de alimentos.

4. **Conclusiones.**

Las características de la materia prima utilizada en la elaboración de contenedores cerámicos están relacionadas con el uso al que estan destinados estos contenedores. Globalmente, y en el caso de las producciones analizadas para la zona y periodo cronológico definido, se aprecia un tratamiento homogéneo de ciertos aspectos, como la selección de las tierras, el proceso de cocción o el tratamiento de las superficies, mientras que el grueso o la porosidad suelen adaptarse a los requerimientos de uno u otro uso deseado. Vemos, por tanto, que los productos cerámicos se realizan de forma similar en ciertos aspectos fundamentales, sin que se realice ninguna distinción en función de que se trate de contenedores destinados a ser utilizados en contacto con el fuego o no, tal y como se ha propuesto que sucede en producciones especializadas.

Aunque se trate de producciones no especializadas, los artesanos y artesanas de esta época tendrían ya un dominio suficiente del proceso de fabricación de los productos cerámicos como para saber dar a la materia prima ciertos atributos que mejorasen su rendimiento en relación a un determinado uso, aunque esto no se hizo sistemáticamente dado que los procesos de trabajo desarrollados ya asegurarían el grado mínimo de eficiencia requerido por aquellas comunidades para este tipo de productos.

Profundizar en el conocimiento de las primeras sociedades campesinas pasa, necesariamente, por mejorar el conocimiento de las actividades que desarrollaron. Y esto solo será posible en la medida que mejoremos nuestro conocimiento sobre las formas de uso de los distintos elementos que, como la cerámica, produjeron y utilizaron. En todo caso, la determinación de la mayor o menor aptitud para un uso determinado constituye una vía de investigación esencial para avanzar en el conocimiento concreto del uso social de los productos cerámicos en el contexto de las primeras sociedades campesinas. Esperamos que los estudios que se desarrollen en el futuro permitan avanzar y superar, con esta y con otras formas de aproximación al registro cerámico, las limitaciones impuestas hasta el momento por unos planteamientos excesivamente estrechos.

Bibliografia

BALFET, H., FAUVET, M. F. y MONZON, S. (1989), *Lexique et typologie des poteries*, Presses du CNRS, 1ª ed., París.

BRAUN, D. P. (1983), "Pots as tools", en J.A. Moore y A.S. Keene (eds.) *Archaeological hammers and theories*, Academic Press, 1ª ed., New York., pp 107-134.

BRONITSKY, G. (1986), "The Use of Materials Science Techniques in the Study of Pottery Construction and Use", en M. B. Schiffer (ed.) *Advances in Archaeological Method and Theory*, vol 9, Academic Press, Orlando, pp 209-276.

CAÑABATE, M. L. y SÁNCHEZ, A. (1995), "Análisis de indicadores bioquímicos del contenido de recipientes arqueológicos", *Complutum, 6*, pp 281-291.

CHANG, K. C. (1983), *Nuevas perspectivas en arqueología*, Alianza Editorial, 2ª ed., Madrid.

CLOP, X. (2001), *Matèria primera i produció de ceràmiques. La gestió dels recursos minerals per a la manufacturació de ceràmiques del 3100 al 1500 cal a.n.e. al nordest de la Península Ibèrica*, edición microfotográfica, Publicaciones de la Universidad Autónoma de Barcelona.

COLOMER, E. (1995), *Pràctiques socials de manufactura ceràmica. Anàlisis morfomètriques i tecnològiques al sud-est de la Península ibèrica, 2200-1500 cal ANE*, Tesi Doctoral, Universitat Autònoma de Barcelona, inèdita.

COLOMER, L. (1996), "Contenidors ceràmics i processament d'aliments a la prehistòria", *Cota Zero*, 12, pp 47-60, Vic.

DEDET, B. y PY, M. (1975), *Classification de la céramique non tournée protohistorique du Languedoc méditerranéen. Revue Archéologique de Narbonnaise*, Supplément 4, París.

FAURA, J.-M., CLOP, X., CAMPO, M., FERRER, A. y MEDINA, E. (1998), "Rapports entre architecture mégalithique et groupes culturels: les cas de 'petites allées' en Catalogne", en A. D'Anna y D. Binder (dirs.) *Rencontres Méridionales de Préhistoire Récente. Production et identité culturelle. Actualité de la Recherche. Actes de la deuxième session, Arles (Bouches-du-Rhone), 8 et 9 novembre 1996* , Editions APDCA, Antibes, pp 55-64.

GARDIN, J. C. (1976), *Code pour l'analyse des formes des poteries*, CNRS, 1ª ed., París.

HENRICKSON, E. F. (1990), "Investigating ancient ceramic form and use: Progress report ans case study", en W. D. Kingery (ed.), *The changing Roles of Ceramics in Society: 26.000 B.P. to the Present*, American Cramic Society, Westerville, pp 83-117.

HENRICKSON, E. F. y McDONALD, M. M. A. (1983), "Ceramic Form and Function: An Ethnographic Serch and a Archaeological Application", *American Anthropologist*, 85 (3), pp 630-643.

JUHL, K. (1995), *The Relation between Vessel Form and Vessel Function. A methodological Study*, AmS-Skrifter 14, Arkeologisk museum i Stavanger.

KINGERY, W. D. (ed.) (1990), *The changing Roles of Ceramics in Society: 26.000 B.P. to the Present.* American Cramic Society, Westerville.

PATRICK, M. A., KONING, A. J. y SMITH, A. B. (1985), "Gas-liquid chromatographic analysis of acid in food residues from ceramics found in the southwestern", *Archaeometry, 27(2)*, pp 231-236.

RICE, P. (1987), *Pottery Analysis. A sourcebook*, The Universityof Chicago Press, 1ª ed., Chicago y Londres.

RICE, P. (1990), "Functions and uses of archaeological ceramics", en W. D Kingery. (ed.), *The changing Roles of Ceramics in Society: 26.000 B.P. to the Present*, American Cramic Society, Westerville, pp 1-10.

RICE, P. (1996a), "Recent Ceramic Analysis: 1. Function, Style and Origins", *Journal of Archaeological Research*, vol 4, nº 2, pp 133-163.

RICE, P. (1996b), "Recent Ceramic Analysis: 2. Composition, Production and Theory", *Journal of Archaeological Research*, vol 4, nº 3, pp 165-202.

RUIZ, A., MOLINOS, M., NOCETE, F. y CASTRO, M. (1986), "Concepto de producto en Arqueología", *Arqueología Espacial - Coloquio sobre el Microespacio - 1*, vol 7,Teruel, pp 63-80.

SHEPARD, A. O. (1980), *Ceramics for the Archaeologist*, Carnegie Institution of Washington, 11ª ed., Washington.

SKIBO, J. M. (1992), *Potter Function. A Use-alteration Perspective*, Plenum Press; 1ª ed.; New York

25. Traceología aplicada al material metálico: limites y posibilidades

Carmen Gutiérrez Sáez

Abstract

The main goals of use-wear analyses on prehistoric metals are focused on the possibility of distinguishing wear produced by use from that provoked by other causes. These last include metal oxidation processes that necessitate the use of aggressive cleaning procedures. Both oxidation and cleaning introduce interference in the interpretation of wear. Systematic use-wear experiments on metal implements must be developed in order to obtain reliable interpretations.

Introducción[1]

El objeto de este trabajo es presentar un repertorio de huellas observadas con lupa binocular de un lote de materiales del Bronce final-Hierro 1 de la provincia de Guadalajara[2] cómo elemento de reflexión para delimitar las posibilidades de aplicación de la Traceología al material metálico prehistórico.

El material arqueológico observado constituye un conjunto relativamente heterogéneo en morfología y funciones, si bien escasean las herramientas de trabajo, que aparecen representadas apenas por un punzón. Aparecen así brazaletes con decoración incisa o bien con gallones, fragmentos de fíbula, elementos de asadores, un punzón, un lingote y una punta de espada o puñal en lengua de carpa. Se añade un puñal de lengüeta procedente de Torrecuadrada (Guadalajara) de cronología anterior.

El estudio traceológico sobre metales apenas ha recibido atención desde la Traceología debido a que se trata de una producción instrumental muy específica de la que su funcionalidad se ha considerado a priori bien conocida. Por otra parte este tipo de investigación presenta dificultades difíciles de solventar. En relación a la experimentación, en primer lugar la falta de una base experimental de referencia con hipótesis contrastadas que permitan refrendar los datos y, más importante aún, la complejidad de los diversos procesos metalúrgicos, a los que se une el empleo de una infraestructura experimental costosa que requiere unos conocimientos y habilidades específicos. El segundo grupo de problemas se centra en la posibilidad de delimitar las huellas de uso de aquellas otras tecnológicas y postdeposicionales. En este sentido las alteraciones presentes en las piezas metálicas suponen una barrera a la observación microscópica, agravada por la necesidad de empleo de medios mecánicos agresivos de limpieza, que introducen, a su vez, un fuerte ruido de fondo en el conjunto de huellas.

Estudio

Los materiales arqueológicos observados han sido recogidos en la provincia de Guadalajara, bien en prospecciones en superficie o integrando depósitos metálicos tan comunes durante el Bronce final. En conjunto, son los siguientes

- **Brazaletes (11)**. De ellos, siete ofrecen decoración geométrica incisa propia desde el Bronce final II y pertenecen a los depósitos de Alarilla (1), Miedes de Atienza (4) y yacimiento del Castellar (2). De este último yacimiento mas que brazaletes en sí cabe hablar de dos fragmentos de barra sobre brazalete, uno de los cuales presenta restos bastante borrados de decoración incisa, pudiera tratarse de piezas amortizadas quizá en espera de refundición. Cuatro brazaletes más aparecen con gallones y una sencilla decoración incisa sobre los mismos, este lote formaba parte también del depósito de Miedes de Atienza y por sus características hay que ubicarlo a partir del Bronce final III.
- **Fíbulas (4 fragmentos)**. Un fragmento de fíbula de dos bucles del yacimiento de Locón II (Balbacil) recogido en prospección, con cronología en torno al s. VIII. Del yacimiento de la Torre (Codes) proceden un muelle de fíbula -s. VI- y un fragmento de fíbula de un bucle con decoración –s. VIII-. Finalmente una aguja de fíbula de dos piezas del yacimiento de Fuente de la Estaca –s. IX/VIII-.
- **Espadas/puñales (2).** Punta en lengua de carpa de espada o puñal protoceltibérica, probablemente para refundición, del yacimiento del Puntal de las Colmenas (Megina). Puñal de lengüeta propio del mundo campaniforme (Torrecuadrada)

[1] Agradezco a J. Arenas la posibilidad de haber podido estudiar las piezas objeto de este trabajo. Igualmente a S. Rovira, C. Blasco e I. Montero sus precisiones en torno a las huellas sobre metal y los procesos de la metalurgia más antigua.

[2] Un estudio más amplio de estos depósitos está actualmente en elavoración por C. Blasco, R.Lucas, S. Rovira y C.Gutierrez.

- **Asadores (6 fragmentos)**. Diversos fragmentos de asador entre ellos mango, cuerpo central, dos extremos distales y un extremo meso-distal, todos ellos del yacimiento de Cerrada de los Santos. (Aragoncillo), s. VII/VI. Además un fragmento de varilla de asador del depósito de Miedes de Atienza.
- **Punzones (1)**. Punzón del yacimiento de Fuente de la Estaca (Embid de Molina). S. IX/VIII
- **Lingotes (1)**. Fragmento de lingote plano-convexo, recogido en superficie en el yacimiento del Castellar (Castellar de la Muela)

Durante la observación del lote metálico citado se ha detectado un variado conjunto de huellas susceptibles de ser entrevistas con bajos aumentos[2], y de forma más puntual dos brazaletes fueron examinados a un rango mayor[3]. El presente trabajo es mas un intento de ordenar estas huellas que una sistematización rigurosa en si, en ella apunto algunas causas probables de una huella específica a partir, sobre todo, de la observación de la pieza concreta donde ha sido detectada pudiendo variar su interpretación en otras circunstancias. Debe entenderse que se trata de una propuesta muy inicial puesto que el repertorio de huellas procede únicamente de la observación de material arqueológico, debiendo de ser completado y contrastado con la experimentación. En este sentido he tratado de definir los tipos de huellas a partir de su morfología y no de una causa probable, no obstante hay algunos criterios generales derivados de la Traceología aplicada al material lítico que se pueden anticipar a este respecto. Es bastante común que las huellas procedan de alteraciones postdeposicionales o de causas accidentales en aquellos casos en que aparecen de forma aislada, por ejemplo una muesca, una depresión o una estría. Pero también sucede, debidos a estas mismas causas, que algunas huellas aparezcan agrupadas, por ejemplo varias estrías en un área reducida que muestran direcciones caóticas entre si, hecho este relativamente frecuente en los materiales arqueológicos. De todas formas es preciso insistir en que una sólida interpretación de las causas que generan las huellas solo podrá establecerse a partir de un buen protocolo experimental.

Deformaciones mecánicas

1. Depresión de carácter masivo

Se trata de rehundimientos sobre la superficie metálica que pueden aparecer de forma aislada o agrupando varios de ellos. Dada su irregularidad morfológica los he caracterizado provisionalmente en:

Repiqueteado: depresiones en grupo, generalmente de pequeño diámetro y morfología subcircular. Las he encontrado sobre algunos gallones de los brazaletes del depósito de Miedes y pudieron haberse producido por martilleado durante el acabado de la pieza una vez salida del molde (Lám.1).

Depresiones: presentan una morfología diversa y quizá sus causas son variadas. En algunas ocasiones aparecen varias conjuntas con formas geométricas, por ejemplo subromboidales, lo que pudiera indicar la impresión de un yunque (Lám.1), en otros casos son depresiones aisladas e irregulares, a menudo simples abolladuras, provocadas por el choque accidental con un material duro, bien durante su uso o transporte, bien por causas postdeposicionales.

2. Depresión de carácter lineal. Aislada o en grupos

Esta categoría se refiere a surcos sobre la superficie metálica que pueden ser macroscópicos o detectables a simple vista (incisiones) y microscópicos (estrías y fisuras). Estas últimas, a su vez, se diferencian por la regularidad de su trazado, siendo regulares las estrías e irregulares las fisuras.

Incisiones: entiendo por incisiones aquellos rasgos lineales muy anchos y profundos, generalmente largos y visibles a simple vista que pueden oscilar respecto a la regularidad del trazado, el fondo plano o curvo y la simetría de sus márgenes. En esta categoría se incluyen las depresiones lineares producidas intencionalmente por el artesano bien en el proceso de decoración, bien por otras causas tecnológicas. Cuando tienen por objeto la decoración es común encontrar dentro de un mismo diseño distintas anchuras y profundidades en los trazos, usándose generalmente los más anchos en las líneas principales y otros más estrechos y superficiales como elementos de relleno (Lám. 2). Para la ejecución de estos trazos pudieron emplearse bien sólo punzones o también pequeñas limas. La alternancia de márgenes simétricos y asimétricos en una misma incisión indica el empleo del punzón que mantiene una variación del ángulo de trabajo a lo largo del recorrido. Por el contrario, la nitidez y precisión de las incisiones grabadas o incluso la homogeneidad con que algunas de relleno sobrepasan el trazo de enmarque sugiere la ejecución del dibujo con una lima[4], quizá a través de un surco previo abierto por un punzón.. En otros casos la irregularidad del trazado puede evidenciar el empleo único del punzón y/o una menor habilidad artesanal (Lám.6).

Un segundo grupo de incisiones intencionales se ubicaba sobre la cara ventral del cuerpo central del asador, justamente entre el arranque de un lateral y la parte central más ancha (Lám.2). Se trata de una serie de surcos no demasiado profundos, con márgenes irregulares y trazado poco nítido. Parecen haberse producido intentando cortar o fragmentar dicha pieza pero no mediante una sierra, que hubiera provocado un trazo más regular, sino quizá con la ayuda de un punzón,

[2] Lupa binocular Leica tipo Wild M3C, utilizándose un rango de 5 a 30X.

[3] Microscopio de luz reflejada Leica modelo Leitz DMRX, se han empleado los objetivos de 50 y 100X

[4] S. Rovira, comunicación personal

CATEGORÍA	DESCRIPCIÓN	TIPOS DE HUELLAS	CAUSAS
Deformaciones mecánicas	**Depresión de carácter masivo** **Aislada o en grupo**	**Repiqueteado**: pequeño diámetro y morfología subcircular. **Depresiones**: morfología variada	Procesos tecnológicos Uso/enmangue Alteración postdeposicional
	Depresión de carácter lineal **Aislada o en grupo**	**Incisiones**: largas, anchas y profundas **Estrías**: trazado regular estrecho y superficial **Fisuras**: trazado irregular estrecho	Proceso tecnológico/decoración Uso / enmangue Alteración postdeposicional Limpieza mecánica
	Redondeamiento	**Embotamiento**: en la superficie, en el filo, en aristas de trazos grabados	Proceso tecnológico (limado) Uso /enmangue Alteración postdeposicional Limpieza mecánica
	Deformación del filo	**Muescas:** deformación sin pérdida de materia **Roturas**: deformación con pérdida de materia **Asimetría del filo:** referida al ángulo del filo activo **Asimetría morfológica:** referida a los filos de una misma pieza	Uso/Enmangue/Reavivado Limpieza mecánica Alteración postdeposicional
Deformaciones físico-químicas	**Alteración físico-química de la superficie**	**Corrosiones** **Pulimento**	Proceso tecnológico Uso / enmangue Alteración postdeposicional Limpieza mecánica
Elementos añadidos	**Materias adheridas**	**Residuos**	Uso / enmangue Alteración postdeposicional

probablemente como paso previo al empleo de una herramienta cortante. Son igualmente parte del proceso tecnológico aunque no de la fase de conformación de la pieza sino de amortización.

Estrías: Son más finas y superficiales que las anteriores con trazado regular estrecho aunque la anchura es variable y su fondo generalmente en U. Pueden estar provocadas por varias causas. Tecnológicas: durante el proceso de limado y regularización de la pieza, funcionales: bien debidas al uso o al enmangue y postdeposicionales: sobre todo con tratamientos de limpieza más o menos agresivos como fibra de vidrio..., ante la falta de un corpus experimental amplio es difícil atribuir los distintos tipos de estrías a una causa concreta.

Los atributos para clasificar las estrías son la anchura, profundidad, longitud, forma del fondo y regularidad de los márgenes. Conjugando estos atributos entre estrías de una amplia muestra experimental puede obtenerse una clasificación donde determinados tipos sean atribuidos a una causa concreta. Aunque este trabajo no permite llegar a una clasificación sí se puede ir diferenciando algún tipo concreto y aventurando su origen.

- Estrías finas y superficiales con longitud corta-media. Pueden aparecer agrupadas formando bandas más o menos anchas (Lám. 3 sup. e inf.), entre las causas el limado con instrumento de grano fino durante el acabado de la pieza o el empleo de fibra de vidrio en el proceso de limpieza.
- Estrías profundas y estrechas de longitud variable. Cuando aparecen distribuidas en direcciones diversas probablemente son debidas a causas accidentales (Lám. 4 inf). Bajo el microscopio metalográfico a 50 y 100X se pueden detectar en gran abundancia estas estrías, generalmente cortas, con direcciones caóticas.
- Estrías profundas y anchas, de longitud variable (Lám. 4 sup.). Pueden proceder de labores de manufactura, por ejemplo delimitando dos áreas o bien debido a causas accidentales durante el uso o la sedimentación, una tercera causa sería el empleo de bisturí en la limpieza de la pieza.

Fisuras: se presentan como una serie de surcos irregulares de profundidad y anchura variables, son semejantes a las estrías pero su trazado es menos neto y su fondo en V. Las observadas parecen deberse todas a la fase tecnológica y ser una deformación plástica como respuesta a la tensión sostenida para doblar la pieza (Lám. 5 sup. Lám. 7 inf.), en otros casos se trata de corrosión bajo tensión (Lám. 5 inf.). La diferencia entre fisuras y estrías no reside únicamente en la nitidez y regularidad del trazo sino principalmente en el hecho de que las fisuras pueden llegar a suponer una rotura de la materia.

3. Redondeamiento de zonas salientes.

Embotamiento o redondeamiento que puede afectar al filo (Lám 6 sup.) de las piezas y también a las propias aristas de los trazos decorativos. Sobre la superficie es bastante difícil de delimitar de la propia curvatura de las piezas. Puede deberse a causas funcionales por uso o enmangue pero también haber sido provocado durante el acabado de la pieza, por ejemplo, por limado, y, quizá, en alteraciones postdeposicionales. En el caso de los brazaletes el fuerte redondeamiento de las aristas de los trazos decorativos, llegando incluso a eliminar parte de la decoración (Lám. 6 inf.), puede proceder del roce continuado con tejidos u otros elementos, mientras que el roce directo sobre la piel o con algún tejido superpuesto embota las aristas laterales y la zona ventral.

En el caso del brazalete de la Lám. 6 sup. se observa una de estas aristas ligeramente redondeada en la que sobresale el núcleo dorado original de la pieza, en este circunstancia al desgaste por roce con la piel o tejido pudiera añadirse un proceso de limpieza tan escrupuloso que ha levantado la capa de tenorita hasta llegar a la superficie original.

4. Deformación del filo.

Sólo he encontrado una pieza que presente éste tipo de huellas, deformaciones y roturas, y eran bastante homogéneas; la experimentación podría delimitar de forma más específica las causas atendiendo al tamaño, morfología, número y distribución de muescas y deformaciones sobre los filos de las piezas metálicas.

Muescas: deformación del filo sin pérdida de materia.

Roturas: con pérdida de materia.

Las deformaciones pueden deberse al uso por resistencia ante la materia trabajada, pero también en la zona superior al enmangue. Igualmente podrían propiciarse por causas accidentales pre o postdeposicionales, así, por ejemplo en el caso analizado, las muescas y roturas en los filos del puñal de lengüeta proceden de un intento de desdoblamiento actual de la pieza[5], hallada originalmente en forma curvada (Lám. 7 inf.).

Pueden considerarse otras dos huellas que amplían el repertorio expuesto aunque no las he observado dentro del conjunto analizado. En ambos casos pueden proceder de un uso preferencial seguido de reafilado bien de un lateral del borde activo, caso de la asimetría del filo, bien de un único filo de la pieza en la asimetría morfológica.

Asimetría del filo: descrita por Kienlyn y Ottaway[6] sobre los bordes de las hachas experimentales y arqueológicas analizadas e igualmente detectada por Vivet[7] sobre un conjunto de hachas de cubo de la Edad del Bronce. La asimetría parece proceder del reafilado de una sola cara del filo activo para mantener en uso el instrumento. No he encontrado dicha huella en el lote analizado, ya que éste se constituía de elementos diversos entre lo que abundan los de adorno personal pero con una única herramienta, el punzón.

Asimetría morfológica: esta huella ha sido reseñada sobre dos puntas de las cuevas Mussol y Càrritx en Menorca. Cada una de las puntas estaba formada por dos filos convergentes asimétricos, ofreciendo, además, uno de ellos otras huellas como estrías[8], hecho que indicaría el uso preferente de un solo borde del objeto.

Deformaciones físico-químicas y elementos añadidos

Existen otros conjuntos de huellas que se pueden detectar sobre las superficies metálicas pero cuyo análisis no ha formado parte de este estudio por lo que me limitaré a citarlas. Se trata de lo que he denominado alteraciones físico-químicas de la superficie y residuos.

5. Alteración físico-química de la superficie.

Corrosiones. Los elementos metálicos de base cobre presentan una amplia serie de procesos de corrosión entre los que podemos distinguir aquellos que ofrecen tonos azules como la azurita (hidroxicarbonato), verdes: malaquita (hidroxicarbonato), atacamita (cloruro cúprico hidratado), rojo anaranjado: cuprita (óxido cuproso), gris oscuro: tenorita (óxido cúprico) y blanco ceroso: nantokita (cloruro cuproso).

En el caso de las alteraciones es obvio que suponen un fuerte reto en el estudio de las huellas sobre el metal. No existe prácticamente pieza arqueológica que no ofrezca sobre su superficie un nutrido conjunto de alteraciones debido a la rapidez de los procesos de corrosión de los metales, agravados por algunos medios sedimentarios.

Pulimento. A estas huellas he añadido la posibilidad de existencia del pulimento debido a causas funcionales u otras, la experimentación sobre metal fresco podrá determinar sus características y posibilidades de interpretación. Referida a la industria lítica, el pulimento es una alteración que se define por atributos como una reflexión de la luz de forma diferente a la superficie no pulida así como por la compacidad, trama, microtopografía y presencia de accidentes específicos entre otros. Es la huella más diagnóstica de la materia trabajada pero está por determinar sobre material metálico experimental, a esto se añade la posibilidad de discriminarla debido a los procesos de corrosión. Puede

[5] S. Rovira comunicación personal. Se trata de un puñal procedente de una colección particular y dichas huellas pudieron haberse producido recientemente.

[6] Kienlin y Ottaway (1998: 275).

[7] Vivet (1998: 175).

[8] Lull, Micó, Rihuete Herrada y Risch (1999: 119-120 y 221-222).

ser generada durante el proceso tecnológico, uso y enmangue, alteración postdeposicional y limpieza mecánica, además puede ser enmascarada y/o confundida por la presencia de productos de consolidación.

Sobre dos de los brazaletes con decoración incisa, observados bajo microscopio metalógráfico a 50 y 100X, aparecía una capa blanquecina muy alterada semejante al pulimento de la industria lítica. Estas piezas habían sido tratadas con productos consolidantes para facilitar su conservación, por lo que, es probable, que la capa observada fuese cera microcristalina o resina acrílica que son los productos más empleados.

6. Materias adheridas.

Residuos. Depósitos de la materia trabajada o de enmangue. Aunque no es frecuente la conservación de residuos, al menos de aquellos detectables a simple vista, en algunos ejemplares el límite entre la zona enmangada aparece señalado por diferencias de corrosión.

Los residuos son susceptibles de ser encontrados bajo condiciones excepcionales de conservación, como ha sucedido, por ejemplo, en zonas de enmangue de cuchillos-puñales[9] de la Edad del Bronce, pudiéndose en algunos casos llegar a identificar la materia. En todo caso su detección se vería facilitada si una vez extraída la pieza del ámbito sedimentario se lleva a cabo una detenida observación con lupa binocular, previamente a cualquier limpieza. Las posibilidades que ofrece la analítica actual aportarían una importante información de cara a la reconstrucción morfológica y funcional de la pieza.

Traceología sobre metal, ¿para qué?, ¿cómo?

La Traceología es una técnica joven que se ha aplicado básicamente al estudio de material lítico tallado, aunque existen algunas investigaciones muy puntuales dedicadas a la piedra pulida, la industria de hueso y la cerámica. Esta técnica apenas ha incidido sobre los objetos metálicos y lo ha hecho tan recientemente que apenas hay trabajos editados. Entre ellos el de Kienlyn y Ottaway[10] quienes conjugan experimentación y observación de un conjunto de hachas de reborde de museos alemanes y suizos; por su parte Vivet[11] detecta huellas similares a las descritas por Kienlyn y Ottaway en un lote de hachas de cubo, procedentes del depósito de Tréboul (Francia).

Puede discutirse la necesidad de aplicación de la Traceología sobre este tipo de material. En principio las piezas metálicas no precisarían tanto como la industria lítica una identificación funcional dado que ésta se presume mayormente a partir de su morfología. Muchas de ellas, sean armas, adornos o herramientas de trabajo han seguido produciéndose en períodos históricos e incluso hasta nuestros días con pequeñas variaciones de forma, hecho que parece asegurar la continuidad funcional. Este presupuesto está asentado hasta tal punto en la investigación que Fernández-Manzano y Montero Ruiz[12] en una reciente propuesta de investigación arqueometalúrgica hacen caer todo el peso de lo funcional sobre la Tipología, en la misma medida que derivan el estudio tecnológico únicamente de los análisis físico-químicos y metalográficos. A esta aseveración cabe oponer una cuestión básica de método y es que del análisis tipológico se desprenden hipótesis de carácter funcional pero no su contrastación.

Otro aspecto poco claro es que muchos de los tipos metálicos no están definidos de forma precisa, prestándose a ambigüedades cuando no a error. Los ejemplos que cito a continuación ilustran algunos de los problemas derivados de esta falta de precisión tipológica. Términos tan genéricos ya cristalizados en la bibliografía como punzones, cinceles o puñales pueden esconder una diversidad funcional que escapa a su denominación, bien porque se trate de herramientas que por sus características morfológicas son susceptibles de adaptarse a usos diversos, es decir son polifuncionales, bien porque su diversidad de atributos no ha sido debidamente jerarquizada, en cuyo caso un tipo engloba diversas herramientas más o menos especializadas.

Un puñal, una espada corta, una punta larga ¿sirven sólo como armas –penetrar, tajar a un adversario- o fueron empleadas también en acciones propias de otro tipo de actividades, es decir a modo de cuchillos para desollar y descarnar ganado o caza, cortar/adobar pieles, entre otros casos?. La problemática distinción como utensilio o arma entre los denominados puñales ya fue argumentada por Lull[13] en su estudio sobre el Argar a partir de un tratamiento estadístico de atributos morfológicos y tipométricos de espadas y cuchillos-puñales. Simón García[14] ha retomado mas recientemente este tema y, en un trabajo sobre la metalurgia prehistórica valenciana, define categorías como puñal y cuchillo foliforme o puñal y cuchillo de remaches apurando dicha distinción a partir de criterios semejantes a los propuestos por Lull. La confirmación de estos tipos como cuchillos llenaría un vacío significativo dentro de la restringida horquilla funcional de las herramientas metálicas más antiguas derivada de tipologías tradicionales, cuyo principal esfuerzo se ha dedicado al armamento.

Otro problema que esconden las denominaciones genéricas se puede deducir de la razonada propuesta tipológica del mismo Simón García[15], quien diversifica herramientas comunes como hachas y cinceles. Dentro del análisis de las hachas planas selecciona dos

[9] Simón García (1998: 275).

[10] Kienlin y Ottaway (1998).

[11] Vivet (1998).

[12] Fernández-Manzano y Montero Ruiz (2001: 48). Sin embargo Montero Ruiz (1999) introduce la experimentación como aproximación al estudio tecnológico metalúrgico. El recurso al campo experimental es mas reciente a pesar de las fechas de publicación de ambos trabajos, dado que el primero ha tenido una gran demora en prensa.

[13] Lull (1983: 155 y ss.).

[14] Simón García (1998: 244-255).

[15] Simón García (1998: 241, 284-286).

ejemplares por sus variaciones tipométricas del conjunto y, en uno de los casos, anota la reducción del talón respecto al filo, hecho que facilitaría su uso a modo de tranchet. En otro caso, para diferenciar cinceles de escoplos, acude a la morfología del borde activo caracterizando a los primeros por su terminación en doble bisel frente a un único bisel de los escoplos.

Abundando en este argumento hay otro ejemplo muy significativo sobre un tipo en apariencia tan específico funcionalmente como las puntas, incluidas en la categoría de armamento. Los estudios recientes, ya citados, de dos puntas metálicas de las cuevas de Mussol y Càrritx en Menorca indican su empleo como herramienta de trabajo a modo de cuchillas, hecho inferido tanto por la asimetría de sus laterales como por las huellas sobre uno de sus filos[16]. Para la punta de Mussol el desequilibrio de huellas entre ambos filos induce a los autores a sostener que "en contra de las apariencias, el objeto fue utilizado básicamente cómo cuchilla y no como punta propiamente dicha". En este caso concreto caben dos opciones, bien se trata de la reutilización de un arma concebida inicialmente para una función que no llegó a realizar, o por el contrario es una pieza cuya morfología específica hace difícil concebir su aspecto como herramienta enmangada, tal y como apuntan los investigadores. Cuidadosos estudios sobre una mayor colección de material metálico seguramente arrojarán nuevos casos en los que únicamente la morfología no presupone la función real.

Cómo ya propugnaba Lull[17] en la definición de tipos metálicos argáricos, la Traceología aplicada a amplias muestras de material podría ayudar a confirmar las suposiciones funcionales que se derivan de la Tipología. Son varias las respuestas que cabe esperar, bien confirmar la presunción inicial o, por el contrario, demostrar su diversa funcionalidad, precisando en que proporciones son polifuncionales o especializadas, en que circunstancias –sobre material nuevo o amortizado- y en que tipos preferentes. Un buen estudio tipológico de base analítica y con los atributos debidamente jerarquizados puede aportar propuestas funcionales convincentes pero éstas sólo quedarán contrastadas mediante un análisis de las huellas presentes en las piezas.

Sin embargo la capacidad de ampliar la investigación sobre los elementos metálicos no queda restringida a contrastar la Tipología, sobre todo teniendo en cuenta que esta no es el fin último de la investigación. Aspectos de carácter tecnológico, económico y social podrían ser reinterpretados a la luz de los datos traceológicos. Entre ellos, el empleo real del armamento como elemento bélico o únicamente como símbolo social, las denominadas armas de parada, argumento que aflora puntualmente en las investigaciones. Por otra parte, la interpretación económica y social de ítems arqueológicos como los elementos de ajuar o los componentes de depósitos metálicos puede variar en función de sí se trata de piezas nuevas sin evidencias de uso, o por el contrario son piezas con huellas pero en buen estado o finalmente si debido a su empleo han quedado inutilizables[18]. Enfocar la investigación hacia estos aspectos, entre otros, lleva a determinar el impacto real de armas o herramientas con relación a su efectividad y su coste económico, tanto en la producción como en el uso y mantenimiento. De esta forma, la evaluación tecnofuncional a través del uso experimental permitiría calcular el peso productivo de determinados elementos y posibilitaría una lectura socioeconómica más completa de la realidad prehistórica en diversos momentos como, entre otros, los períodos antiguos de la metalurgia donde conviven instrumentos líticos y metálicos o durante el Bronce final, donde la adicción de plomo a las aleaciones cobre-estaño procura piezas en principio menos efectivas.

Finalmente, y no por ello de menor importancia el análisis de los propios aspectos derivados de la tecnología y su capacidad de producción. El hecho de que junto a las huellas de uso puedan encontrarse otras derivadas de procesos de elaboración o amortización de las piezas permitirían, junto a los análisis físico-químicos y metalográficos, una mejor precisión del proceso tecnológico metalúrgico.

Y ahora ¿cómo?

La Traceología sobre industria lítica tallada ya tiene marcado su propio camino[19] y de él se pueden obtener pautas para su aplicación a otro material. El procedimiento es aprender a identificar las huellas y sus causas sobre piezas experimentales para poder reconocer las arqueológicas. La base metodológica fundamental aúna experimentación seguida de observación sobre material arqueológico. Otros procedimientos como hacer inferencias funcionales de efectividad únicamente a partir de pequeños experimentos o, por el contrario, una interpretación de huellas sobre piezas arqueológicas sin experimentación son acercamientos iniciales que van abriendo el camino pero, como única vía han mostrado su falta de futuro, tal y como se ha probado en la industria lítica.

El primer paso es la experimentación y a ella es preciso aplicar un esfuerzo ingente. No se parte de cero, las amplias experimentaciones en el campo de la lítica han establecido ya algunas relaciones importantes en el comportamiento de las herramientas ante determinados esfuerzos. Especialmente relevante ha sido la determinación de la cinemática del instrumento mediante el equilibrio de las diferentes huellas y su distribución en el borde. Una buena parte de este corpus de datos puede ser aplicado al material metálico. Así por ejemplo es factible identificar el desplazamiento y tipo de dirección –longitudinal, transversal, giratorio- a partir de la

[16] Lull, Micó, Rihuete Herrada, y Risch, 1999: 119-120 y 221-222
[17] Lull, 1983

[18] Por ejemplo en el depósito de Tréboul (Vivet, 1998)
[19] Keeley (1980), González Urquijo e Ibáñez Estévez (1994), Gutiérrez Sáez (1996).

posición de las estrías, o el ángulo de trabajo en función del equilibrio de huellas sobre ambas caras del borde activo[20]. Otros datos como la capacidad de deformación del filo ante los esfuerzos y el mantenimiento del borde activo deberían ser reevaluados.

¿Qué protocolo experimental es preciso emprender para este fin? He abogado para la lítica por un procedimiento ordenado en el que una amplia experimentación de base analítica de paso posteriormente a otra de tipo replicativo. La primera permite establecer cuadros generales de causa efecto en relación al comportamiento mecánico, mientras que la segunda ayuda a ajustar, en un ámbito arqueológico concreto, las variables independientes o condiciones de la experimentación, es decir las materias primas, las materias trabajadas, el tiempo o las distintas acciones. No es mi objetivo diseñar aquí un protocolo completo aplicable al material metálico, sino más bien esbozar los condicionantes principales a tener en cuenta para evaluar los límites del método.

La efectividad de la pieza metálica viene determinada por la materia prima y el proceso metalúrgico o en palabras de Fernández-Manzano y Montero Ruiz[21] "La forma y sus cualidades mecánicas finales dependen principalmente de las técnicas aplicadas en la fase de producción". La respuesta de las materias primas al uso ha sido estudiada para la industria lítica no tanto en relación a su efectividad como herramientas sino testando al desarrollo de las diversas huellas sobre materias diferentes en las mismas condiciones de trabajo. En el caso de la metalurgia no se cuenta sólo con distintas materias primas de entrada como tipos de cobres con más o menos impurezas y diversos porcentajes de aleación, sino que a ello hay que añadir variables como la velocidad de enfriamiento del metal o aquellas que introducen las actividades propias de la fase de producción: forja en frío, en caliente y recocido, procedimientos todos ellos que aplicados individualmente o combinados –por ejemplo forja en frío y recocido- determinan el grado de dureza y fragilidad de la pieza metálica[22]. Si todo este amplio conjunto de variables y subvariables determina las cualidades mecánicas de la pieza metálica deberá ser tenido en cuenta de forma lo más precisa posible.

Los análisis físico-químicos y metalográficos previos son ahora una preciosa ayuda para identificar estas variables y poder así diseñar los experimentos. Cada conjunto específico de condiciones de producción debe, además, generar una serie relativamente amplia de piezas idénticas para poder modificar, a su vez sistemáticamente, otras variables de la experimentación funcional como las materias trabajadas, la cinemática del instrumento o los tipos de enmangue. La necesidad de esta variación sistemática ha empezado a ser constatada en los experimentos de Kienlyn y Ottaway[23] quienes obtuvieron una diferencia notable de la eficacia del instrumento con cada uno de los dos tipos de enmangue empleados para las hachas. Por el contrario, en estos mismos experimentos no se trabajó mas que con madera de haya y roble, hecho que puede limitar la aplicación de los resultados experimentales al registro arqueológico. La experimentación debe de ser amplia y estructurada para obtener un muestrario de huellas tecnológicas y de uso donde las relaciones causa-efecto estén establecidas lo más sólidamente posible. Un hecho fundamental sería, además, realizar análisis metalográficos después de cada experimento.

Este tipo de experimentación es complejo, caro y lento, requiere además el concurso de diversos especialistas para poder llevarlo correctamente a su fin, por ello es esencial definir de forma muy precisa las cuestiones a resolver, el material original a replicar y observar posteriormente así como las variables independientes a controlar. Es quizá por estas dificultades que la Traceología sobre metales no ha tenido un peso relevante en la investigación. Pero la experimentación en si no es totalmente nueva en este campo y ha empezado a ser considerada uno de los pilares fundamentales en la investigación de la metalurgia antigua[24]. Ya hay experimentos sobre los procesos metalúrgicos, por ejemplo, las actividades que el Arqueódromo de la Borgoña lleva tiempo realizando o los trabajos pioneros de Sarabia, Rovira y Hunt Ortiz et al.[25] en nuestro país. Respecto a la Traceología sobre metal apenas hay mas experimentos que los ya citados de Kienlyn y Ottaway, aunque si algunos más puntuales sobre la eficacia de determinadas piezas[26].

Otro condicionante fuerte y quizá más difícil de esquivar es la rápida degradación del material metálico que tiene, a su vez, como consecuencia la necesidad de procedimientos agresivos de limpieza y estabilización. Estos dos factores inciden de forma diversa en el análisis traceológicos bien añadiendo huellas parásitas bien ocultando las de uso y las tecnológicas. En la segunda circunstancia los diversos tipos de corrosión según el metal y el medio sedimentario se superponen a las huellas previas –funcionales y tecnológicas- pudiendo llegar a enmascararlas completamente. Con la limpieza pueden suceder el fenómeno contrario, el uso del bisturí o la fibra de vidrio puede añadir huellas como estrías difíciles a menudo de distinguir de las prehistóricas. Sería preciso un trabajo de restauración cuidadoso que fuera documentando a la vez las evidencias originales y aquellas otras generadas por la limpieza de forma que el analista pudiera descartar de entrada estas últimas.

20 Gutiérrez Sáez (1993).
21 Fernández-Manzano y Montero Ruiz (2001: 37).
22 Fernández Miranda y Montero (1995: 236-239).
23 Kienlyn y Ottaway 1998: 273 y 279
24 Así lo considera I. Montero recientemente (1999), ver nota 11.
25 VV.AA. (1991). Happ, J.; Ambert, P.; Bourhis, J.R.; Briard, J. (1994). Sarabia, F.J. (1992). Rovira, S. (1999). Hunt Ortiz, M.; Hurtado Pérez, V.; Gallardo Fuentes, J.Mª.; Polvorinos del Río, A. (2001)
26 Carrión y Baena, Liesau, en este mismo volumen

Conclusiones.

El estudio traceológico de base experimental, ayudado de análisis metalográficos y físico-químicos, puede mostrarse especialmente útil para documentar la funcionalidad y tecnología del material metálico arqueológico. La identificación de las huellas aporta datos para comprender el uso de los instrumentos y precisar el proceso técnico, ilustrando tanto la sucesión de gestos ejecutados como los diversos instrumentos empleados. Una correcta identificación de las huellas es el paso previo para una interpretación funcional que junto con la relación con otros ítems arqueológicos y el contexto permitan comprender aspectos tecnológicos, económicos o sociales de mayor alcance.

La investigación es lenta y compleja por la falta de datos previos y la necesidad de una infraestructura costosa. Un segundo inconveniente es que la contrastación entre las piezas experimentales y las arqueológicas se ve empañada por la presencia de numerosas huellas parásitas -postdeposicionales y de limpieza- en estas últimas. No obstante la Traceología es el único procedimiento, ya probado en la industria lítica, que permite aportar datos rigurosos para llegar a una comprensión más profunda de la funcionalidad de la metalurgia prehistórica.

Bibliografía

FERNÁNDEZ-MANZANO, J. y MONTERO RUIZ, I. (2001), "El estudio de la metalurgia: una historia de frustraciones y aciertos", en Ruiz-Gálvez Priego, M. (coord.), *La Edad del Bronce, ¿Primera Edad de Oro de España?*, pp. 31-54. Crítica.

FERNANDEZ MIRANDA, M. y MONTERO RUIZ, I. (1995), "Metalurgia", en J. González Echegaray (dir), *10 palabras clave en Prehistoria*, pp.217-246, Ed. Verbo Divino.

GONZÁLEZ URQUIJO, J.E. e IBÁÑEZ ESTÉVEZ, J.J. (1994), *Metodología del análisis funcional de instrumentos tallados en sílex*. Universidad de Deusto.

GUTIÉRREZ SÁEZ, C. (1993), "L'identification des activités à travers la Tracéologie", *Traces et fonction: Les gestes retrouvés*, ERAUL, vol 50, pp: 477-487.

GUTIÉRREZ SÁEZ, C. (1996), *Traceología. Pautas de análisis experimental.* Ed. Foro. Madrid.

GUTIÉRREZ SÁEZ, C. (e.p.), "Aproximación al estudio traceológico de un conjunto de piezas metálicas del Bronce final de Guadalajara", *El Bronce final en la Meseta*, II Encuentros de Arqueología en Molina de Aragón.

HAPP, J., AMBERT, P., BOURHIS, J.R. y BRIARD, J. (1994), "Premiers essais de métallurgie expérimentale à l'Archéodrome de Beaune à partir des minerais chalcolitiques de Cabrières", *Bull. De la Société Préhistorique Française*, 91 (9), pp. 429-434.

HUNT ORTIZ, M., HURTADO PÉREZ, V., GALLARDO FUENTES, J.Mª. y POLVORINOS DEL RÍO, A. (2001), "El valor de los ensayos experimentales para la interpretación de los restos arqueometalúrgicos prehistóricos", en Gómez Tubío *et a.*i (eds), *III Congreso Nacional de Arqueometría*, pp. 533-541. Universidad de Sevilla, Fundación El Monte.

KEELEY, L. (1980), *Experimental determination of stone tool uses. A microwear analysis.* The University of Chicago Press.

KIENLIN, T.L. y OTTAWAY, B. (1999), "Flanged Axes of the North-Alpine Region: an Assessment of the Possibilities of Use Wear Analysis on Metal Artifacts", en Mordant, C., Pernot, M. y Rychner, V. (eds), *L'Atelier du bronzier en Europe du XXe au VIIIe siècle avant notre ère*, tome II, pp: 271-286. CTHS, Paris.

LULL, V. (1983), *La "cultura" de El Argar.* Akal Universitaria. Madrid.

LULL, V.; MICÓ, R., RIHUETE HERRADA, C. y RISCH, R. (1999), *La Cova des Càrritx y la Cova des Mussol. Ideología y sociedad en la Prehistoria de Menorca.* Consell Insular de Menorca, Ajuntament de Ciutadella, Fundació Rubio Tuduri Andrómaco, Govern Balear, Univ. Autónoma de Barcelona.

MONTERO RUIZ, I. (1999), "L'archéométallurgie", en Orejas, A. (dir), *Atlas historique des zones minières d'Europe*, Comission européenne. Action COST G2 "Paysages anciens et structures rurales".

ROVIRA, S. (1999), "Una propuesta metodológica para el estudio de la metalurgia prehistórica: el caso de Gorny en la región de Kargaly (Orenburg, Rusia)", *Trabajos de Prehistoria*, 56 (2), pp. 85-113.

SARABIA, F.J. (1992), "Arqueología experimental. La fundición de bronce en la Prehistoria reciente", *Revista de Arqueología*, 130, pp. 12-22.

SIMON GARCIA, J.L. (1998), *La metalurgia prehistórica valenciana*, SIP Trabajos varios 93, Valencia.

VIVET, J.-B. (1999), "Un exemple d'analyse tracéologique sur bronzes: les haches du dêpot de Tréboul (29). Éléments d'interpretation", en Frère-Sautot, M-Ch. (dir), *Paléométallurgie des cuivres*, Monographies Instrumentum, 5, pp. 173-178.

VV.AA. (1991), *Archéologie expérimentale.* Tome 1-III, Technologie et utilisation du mètal. Actes du Coll. International "Experimentation en Archéologie: bilan et perspectives". Coll. Archéologie Aujourd'hui. Société des Autoroutes Paris-Rhin-Rhône.

Depresiones masivas

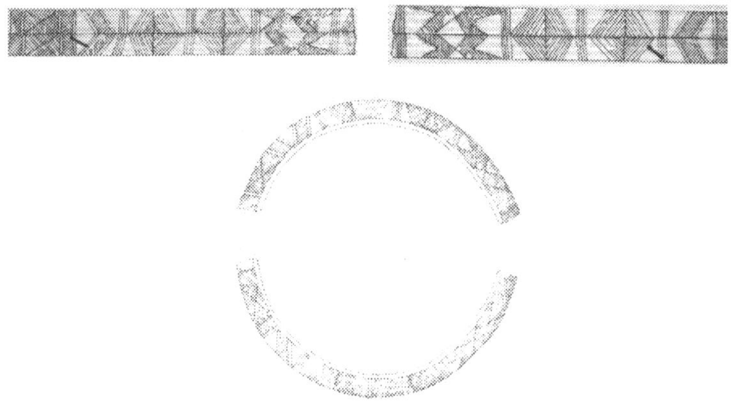

Depresiones

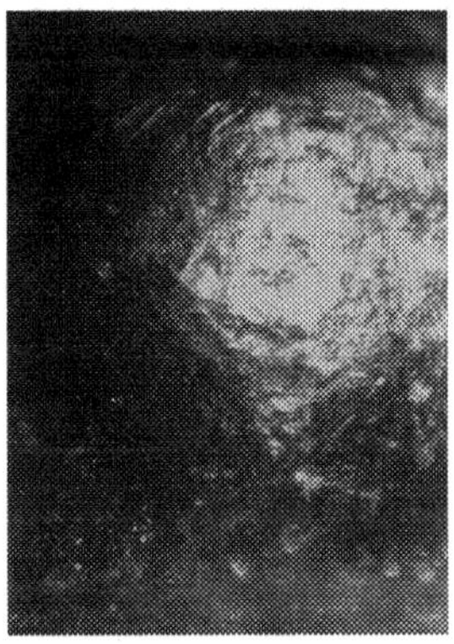

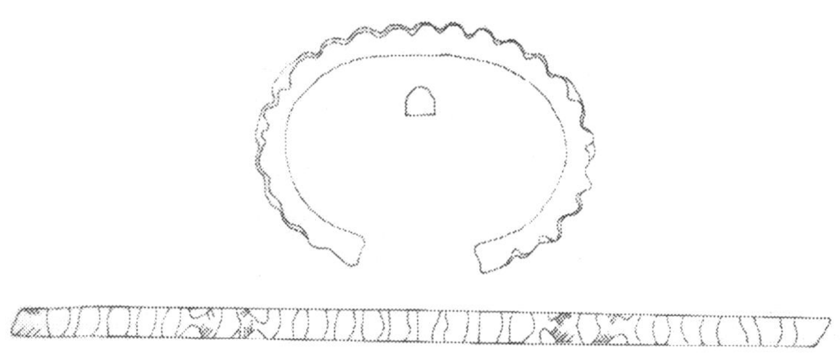

Repiqueteado

Lámina 1

Incisiones

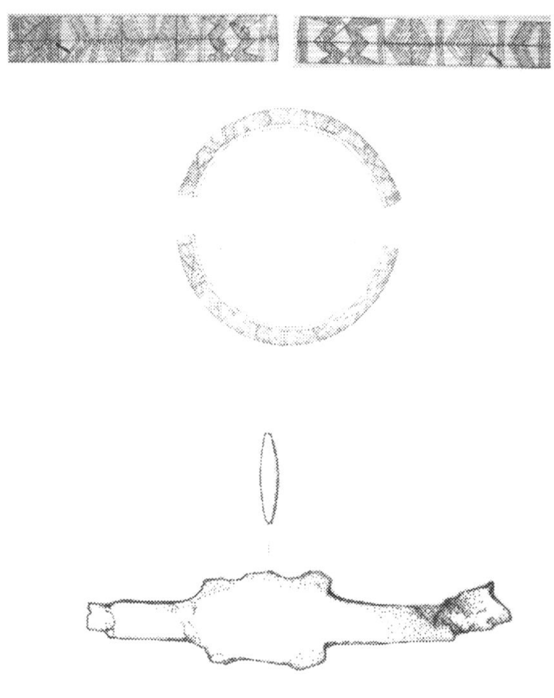

Decorativas

Tecnológicas

Lámina 2

Estrías

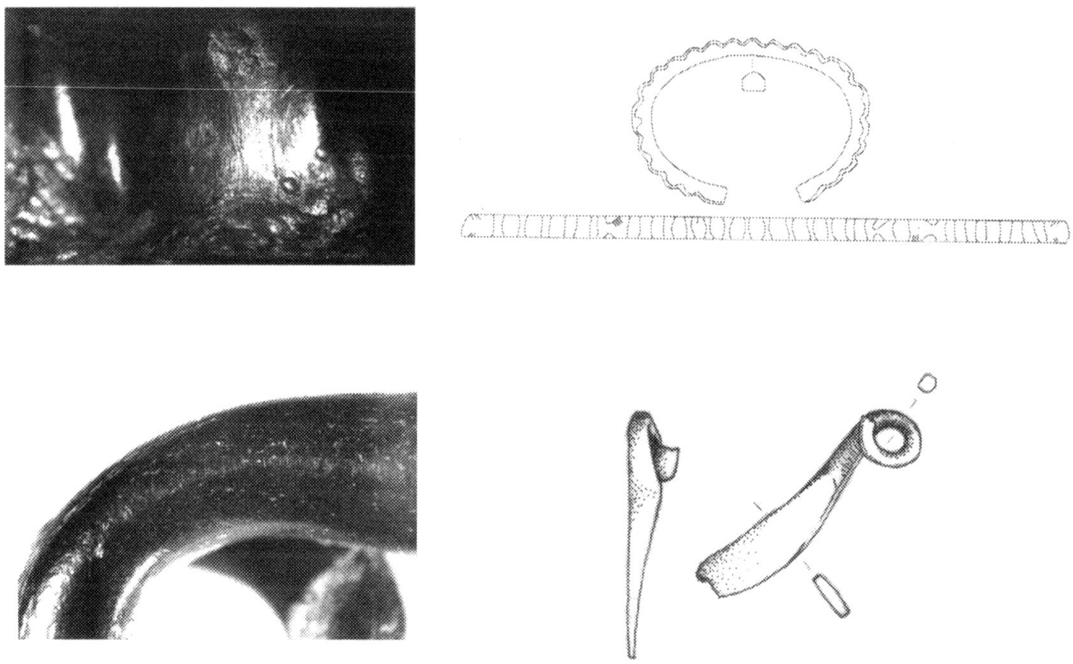

Lámina 3

Estrías

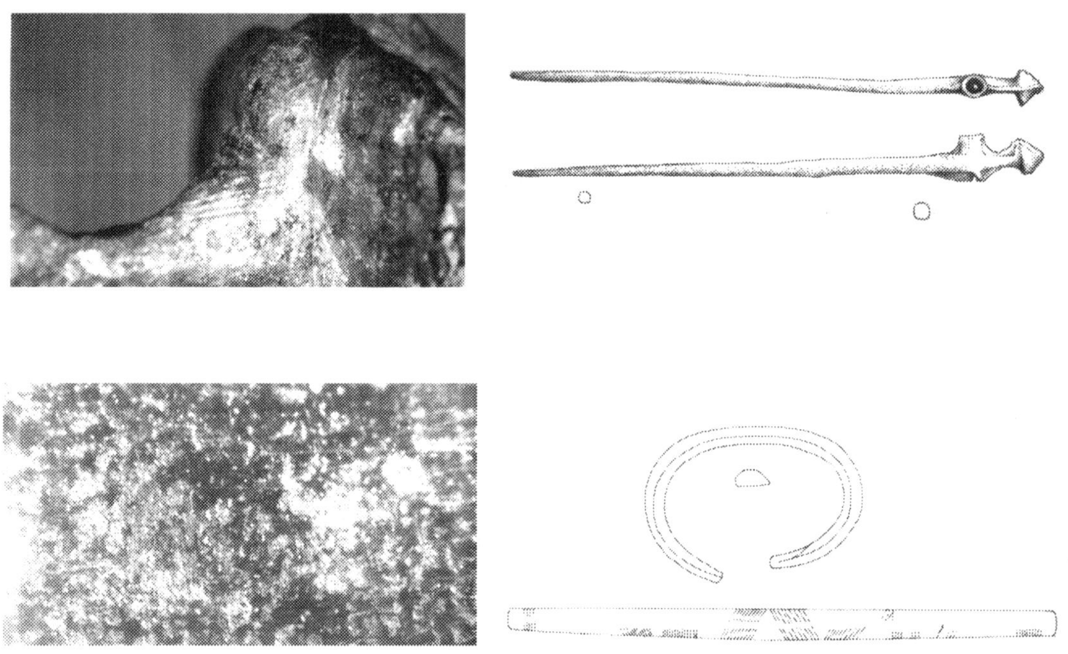

Lámina 4

Fisuras

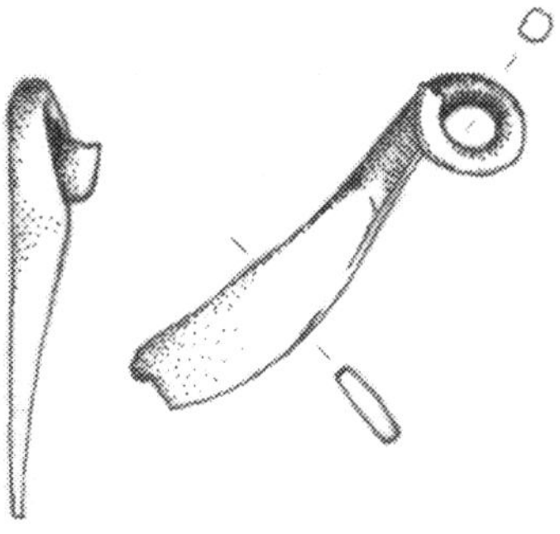

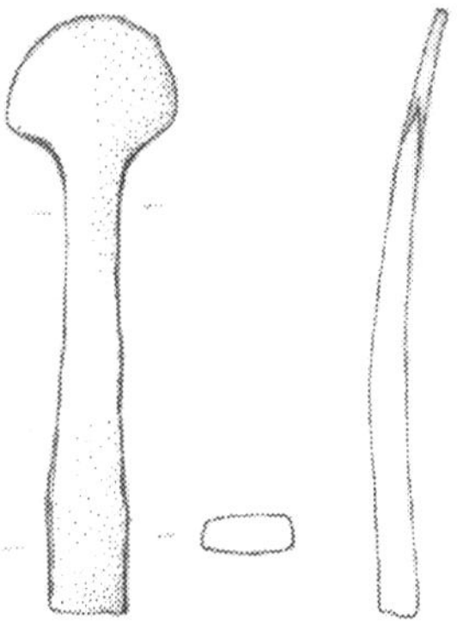

Lámina 5

Embotamiento

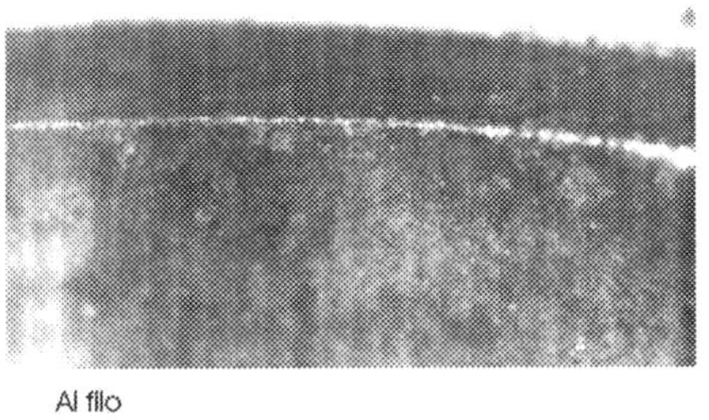

Al filo

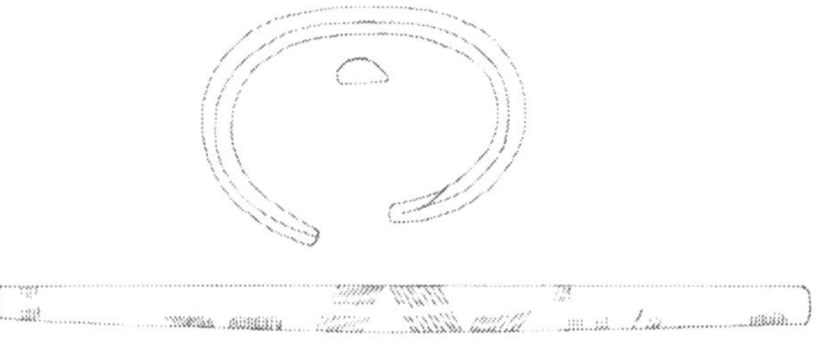

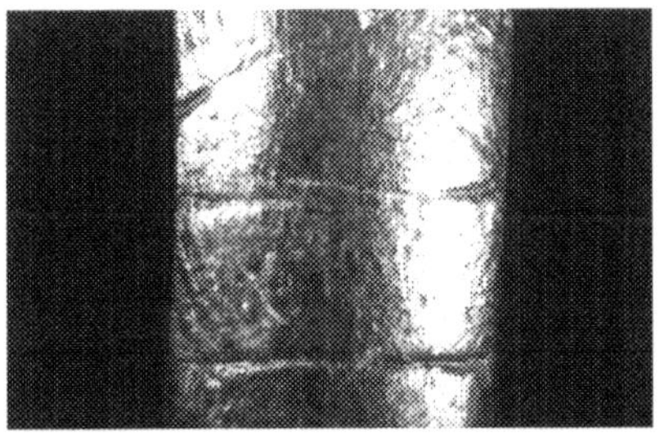

En las aristas de los trazos

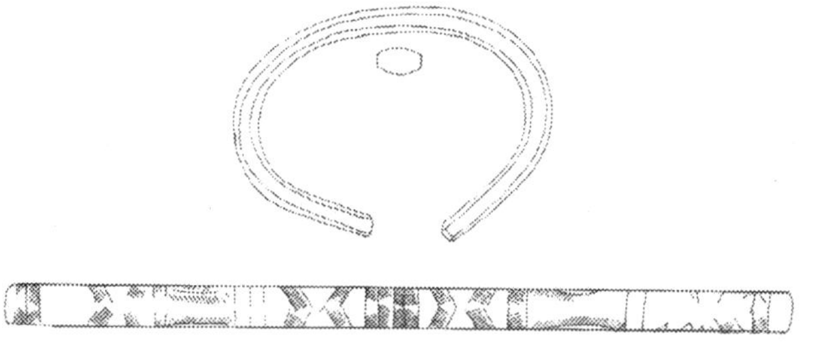

Lámina 6

Corrosiones

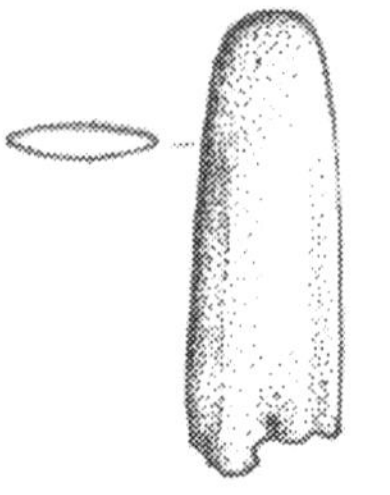

Muescas y roturas

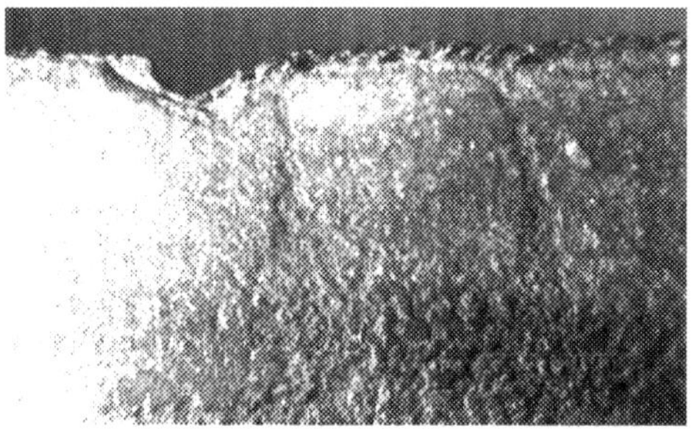

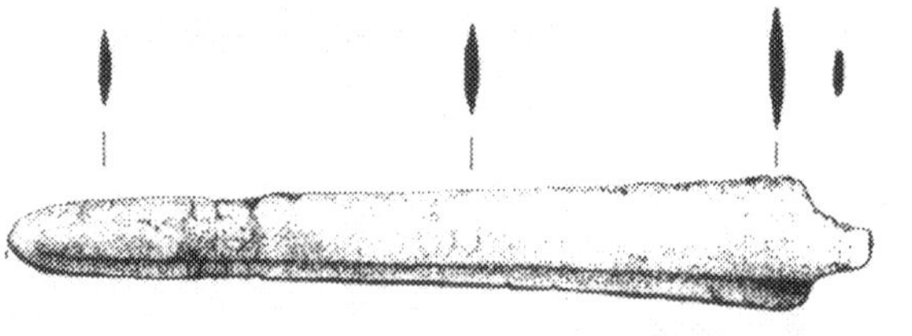

Lámina 7

26. Eficacia e ineficacia de las sierras metálicas: ¿sólo sirven las de bronce?

Corina Liesau von Lettow-Vorbeck

Abstract

This paper is a preliminary notification of an experimental program concerning works performed on miscellaneous raw materials with various types of saws. Despite the performance limitations that this type of testing convey in the control of certain variables, we have tried from an experimental perspective to tackle a series of classical clichés, frequently quoted in bibliographies, in which, among others, the functional nature of some tools made of almost pure copper or with arsenic impurities is questioned. As a result of which it has been proposed that artefacts made out of bronze are much more "functiona"l and "resistant" than those made out of other materials.

In order to test some of the previously mentioned arguments we have considered it convenient to experiment with non-compact and fragile tools such as saws. Three medium size saws were manufactured according to morphological criteria of Argaric pieces. In terms of metallurgical composition, the first one was made out of a hundred per cent pure copper plate, the second was made out of arsenical copper (As-2%), and finally the third one out of bronze (Sn-10%). The raw materials used for this experimental program were green olive tree wood, a soaked red deer antler and a fresh bovine femur. The saw process was performed in a stepped shape, and the profiles were registered respectively at intervals of one, five, and ten minutes.

The results achieved with the copper saw were surprising not only because of its capacity to saw hard raw materials, but also for its strength. It was used for a period of almost an hour and its original morphology was hardly altered. However, when the results of this saw were compared to those of the other two saws a lesser "efficiency" was detected when it was used to saw the antler or the bone. It was quite evident that under the same pressure and time requirements its effect on the raw material was very limited (Figures 4-6). When the experiment was concluded, the copper saw only showed that the cutting edge laterals were slightly more polished, and its tooth had a minor abrasion, while the arsenic copper and the bronze saws presented very few macroscopic traces. Another interesting result that came out of the trial was the slim difference between the sawing capability of the arsenical copper saw and the bronze one. The results obtained with the former presented a wider spectrum depending on the raw material employed: less depth in the wood and a more in the other two raw materials, but in both cases there were no relevant differences. With the appropriate precautions, due to the fact that not all the variables were tackled, the "efficiency" and "resistance" results obtained with the arsenical saw were more similar to the ones of the bronze saw than those of the copper saw. Thanks to the forging process of the arsenic copper saw, the degree of hardness reached goes beyond that of the cast bronze, but those results will be the subject of future trials.

Introducción

Láminas de sílex con filos dentados son hallazgos frecuentes en los registros prehistóricos. No sólo parecen haber sido las precursoras de útiles óseos como las gradinas o sierras, sobre todo cuando sus proporciones de longitud, anchura y espesor coinciden (Rodanés 1987: 124), sino también pudieron haber servido de prototipo a las sierras metálicas más antiguas del Calcolítico. Este es un hecho muy característico en los comienzos de la producción metalúrgica cuando la sustitución de una materia prima por otra implica la elaboración de artefactos con idéntica funcionalidad (Spindler 1981: 105). Incluso para períodos posteriores como la Edad del Bronce no se descarta que algunas sierras metálicas como las en forma de "D" deriven de denticulados líticos (Lull 1983: 219).

Aunque las sierras metálicas de la Edad del Cobre y del Bronce no suelen ser hallazgos muy frecuentes, en modo alguno se pueden considerar excepcionales, apareciendo tanto en poblados como en las necrópolis. Sin embargo, en otras áreas de Europa occidental y central aparecen tardíamente, generalizándose a partir del Bronce Final (Fernández Manzano 1986: 44). En la Península Ibérica las sierras se localizan durante el Calcolítico también como ajuar funerario, desapareciendo de ese registro durante la Edad del Bronce. La explicación a este hecho se debe a que durante el Calcolítico se incluyen en las tumbas por su valor como objeto metálico, no por su funcionalidad (Montero 1992: 382).

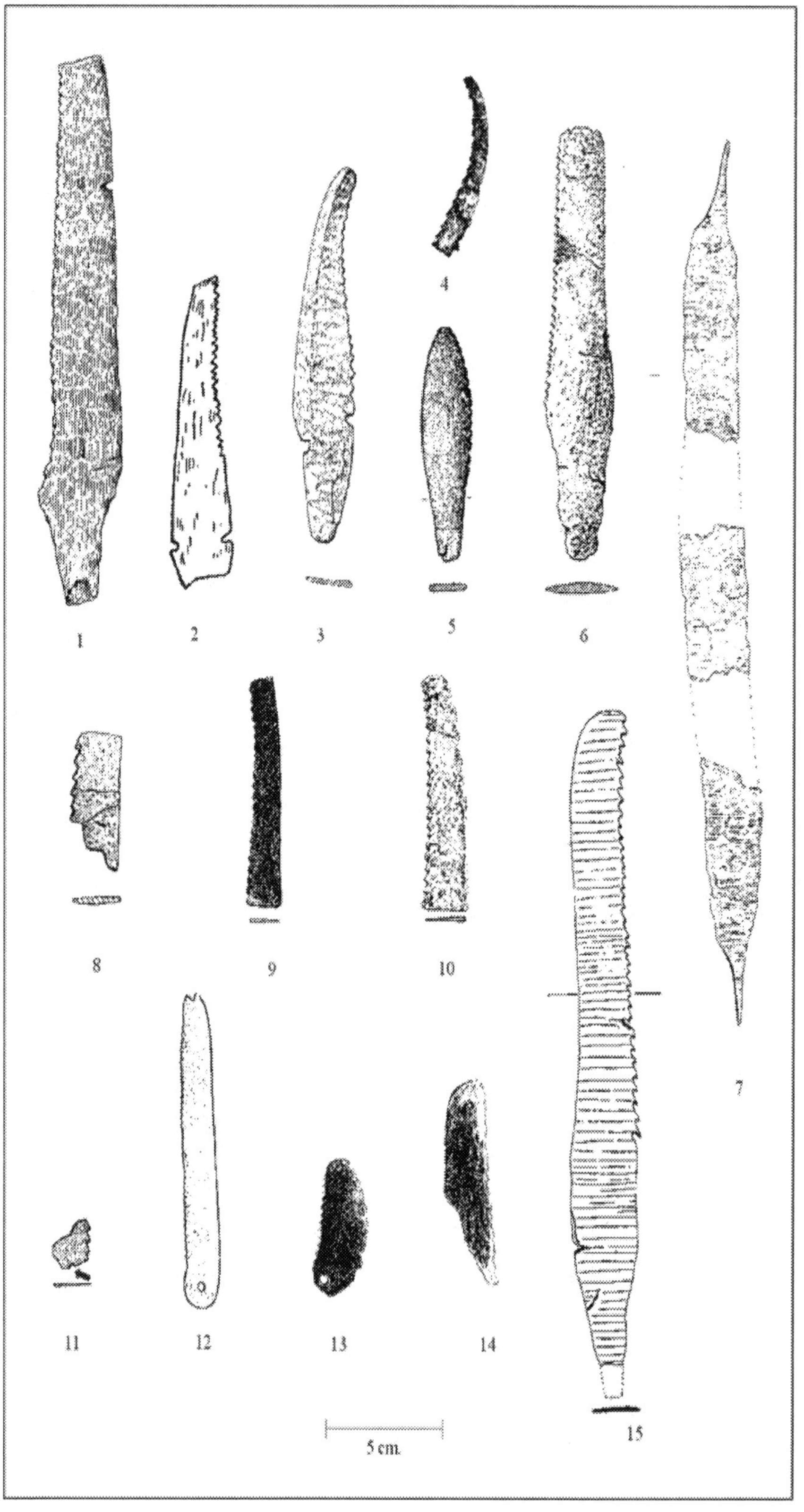

Figura 1: Selección de sierras peninsulares de la Edad del Cobre y del Bronce: 1- Los Millares (Leisner 1943: Figura 20:2,4), 2- Rotura (Marqués da Costa 1908: Figura 397), 3- Pragança (Spindler 1981: Figura 42.4), 4- El Malagón (Arribas *et al.* 1978: Figura 16 e), 5- Covacha de la Presa (Carrasco *et al.* 1977: Figura 18.64), 6- Finca La Paloma (De Álvaro 1987: Lám. XVI), 7- Alcala III (Estacio da Veiga 1889: Figura IX, C´), 8- Illeta dels Banyets (Simón 1998: Figura 32), 9- El Oficio (Siret 1890: Lám.62, 48), 10- El Acequión (Fernández Miranda *et al.* 1988: 299), 11- Mas de Menente (Simón 1998: Figura 5.5), 12- Valdevimbre (Fernández Manzano 1986: Figura 1.3), 13- Ifre (Siret 1890: Lám.18,L), 14- El Argar (Siret 1890: Lám.26, 67), 15- Niebla (Harrison y Craddock 1981: Figura 19, 94).

Generalmente, el estado de conservación de las sierras de la Edad del Cobre y del Bronce es tan fragmentario que, en la mayoría de los casos, desconocemos aspectos concretos acerca de sus dimensiones, morfología y forma de enmangue. Sin ánimo de exponer a continuación un catálogo de los hallazgos peninsulares y siguiendo criterios de longitud creados por Ayala (1991: 32), la mayoría de nuestras sierras se encuadran dentro de la categoría de *sierras cortas* (hasta 6,9 cm. de longitud) y *medianas* (de 7-14 cm. de longitud), siendo bastante excepcionales las *sierras largas* (14,1-21 cm. de longitud). De estas últimas se conocen escasos ejemplos como los de Alcalá III (Estacio da Veiga 1898, Lám.IX c y c´) (fig. 1.7), Finca de la Paloma (Harrison 1974, De Álvaro 1987: Lám. XVI) (fig. 1.6), Niebla (Harrison y Craddock 1981: fig.19,94) (fig.1.15) o la Pijotilla (Hurtado y Hunt 1999: figura 5:11). Sin embargo, estas últimas son más frecuentes en yacimientos del Mediterráneo Oriental y Central, donde generalmente han sido clasificadas como sierras de carpintería presentando además una gran variedad formal (Blegen 1937, Deshayes 1960, Branigan 1974, Lilliu 1988).

Atendiendo a criterios de morfología, Lull (1983: 219) distingue para la cultura de El Argar entre láminas rectangulares alargadas y las sierras con forma en "D" (fig.1.13) Asimismo, Fernández Manzano diferencia entre piezas más antiguas, los *serruchos* de tipos, generalmente posteriores, como las *sierras de cinta* fijadas con monturas como las sierras de arco (Fernández Manzano 1986: 44) (fig. 1.12).

Ante el estado tan fragmentario de la mayoría de las piezas arqueológicas, uno de los aspectos más complejos es el estudio del tipo de enmangue. Parece que los ejemplares calcolíticos y de la Edad del Bronce presentan fundamentalmente cuatro modalidades de fijación:

- La forma de lengüeta suele ser la más frecuente pero no exclusiva del Calcolítico (fig. 1.15). Aparece en numerosos yacimientos, caso de Los Millares o El Malagón (Leisner 1943: figura 20:2,4 (fig.1.1) y 20:3,2), De la Torre *et al.* 1984: figura 4f, respectivamente). En algunos ejemplos las lengüetas presentan una o varias escotaduras que pueden aparecer pareadas en ambos bordes como la de Rotura (fig.1.2) o disponerse de forma alterna, caso de la sierra de Pragança (fig.1.3). En otros hallazgos se aprecian pequeños tramos de la lengüeta con perfiles aserrados como en la sierra de la Finca de la Paloma (fig.1.6) y otra sierra de El Malagón presenta un espolón o diente aislado que probablemente sirve como tope para inmovilizar el enmangue (fig. 1.4).

- En forma de pedúnculo, tipo que parece más bien excepcional como excepcional es una sierra de carpintería en forma de cinta hallada en Alcalá III (fig.1.7). Un ejemplar levantino de la Illeta dels Banyets presenta una variante de pedúnculo, de tipo escalonado angular (fig. 1.8).

- Con remaches que parecen más propios de la Edad del Bronce, aunque esta modalidad no es frecuente en el registro arqueológico, por encontrarse las sierras aún mas fragmentadas que las del Calcolítico, limitándose la mayoría de los hallazgos a pequeños fragmentos de láminas. Sin embargo, en algunos casos se han conservado remaches como en la sierra de La Alquería (Ayala *et al.* 1990) y también en la de Mas de Menente se aprecia una perforación parcialmente conservada que probablemente indique una fijación del enmangue de forma similar a la de los puñales de remache (Simón 1998: 288) (fig. 1.11).
- Perforaciones o escotaduras terminales parecen implicar una sujeción similar a las de las sierras de arco. Según Fernández Manzano (1986: 44) las sierras de Valdevimbre e Ifre corresponden a este tipo (fig. 1.12, 1.13).

Generalmente, se asume que las sierras metálicas presentan filos más agudos que sus antecesores líticos, lo que permite una fijación del enmangue en prolongación del eje del útil. En cambio, los denticulados líticos requieren de una mayor presión sobre el filo por lo que los enmangues se localizan en el propio dorso de las piezas (Ebert 1927/28: 182). Sin embargo, en algunas sierras metálicas no deberíamos descartar también un enmangue en el dorso -especialmente en piezas amortizadas- puñales, puntas de dardo, *cuchillos-sierras* - en los que vestigios de los enmangues originales pueden causar confusión en su interpretación. Tal vez en esta categoría se pueden incluir sierras como la de Ifre (fig. 1.13) que presenta una perforación tan cercana al borde y un arranque del filo dentado tan contiguo a la misma que difícilmente garantiza una fijación lateral estable. Parece tratarse más bien de una pieza amortizada y reconvertida en sierra, siendo más plausible que presente el enmangue en el dorso.

Por último, referente a la composición de las piezas se han documentado sierras en cobre y, sobre todo, en cobre arsenicado. Aunque no disponemos de numerosos análisis para las sierras calcolíticas, la mayoría de ellas se pueden clasificar como cobres arsenicados, registrándose contenidos medios de arsénico que superan el 2% (Montero, 1994: 248), valores que incluso en un mismo yacimiento como el de Los Millares son bastante variables (del 1-4%; Hook *et al.* 1987; Rovira *et al.* 1997). Sin embargo, excepto en algunos casos como los de Niebla y del Acequión, las tasas de arsénico en las sierras de la Edad del Bronce parecen ser más bajas algo que habría que confirmar con futuros análisis (Niebla (1, 8%), Acequión (1,9%), Tariego (0,8%), Loma de la Terrera (0,3%), Mas de Menente (0,3%) o Cap Prim (0,3%), (Harrison y Craddock 1981, Rovira *et al.* 1997, Simón 1998: 289). Los contenidos en estaño también parecen ser excepcionales y no intencionados (Sierra de Murviedro (Sn-1,6%), Ayala 1991).

II. Material y métodos

II.1. Las variables independientes

II.1.1. El utillaje empleado

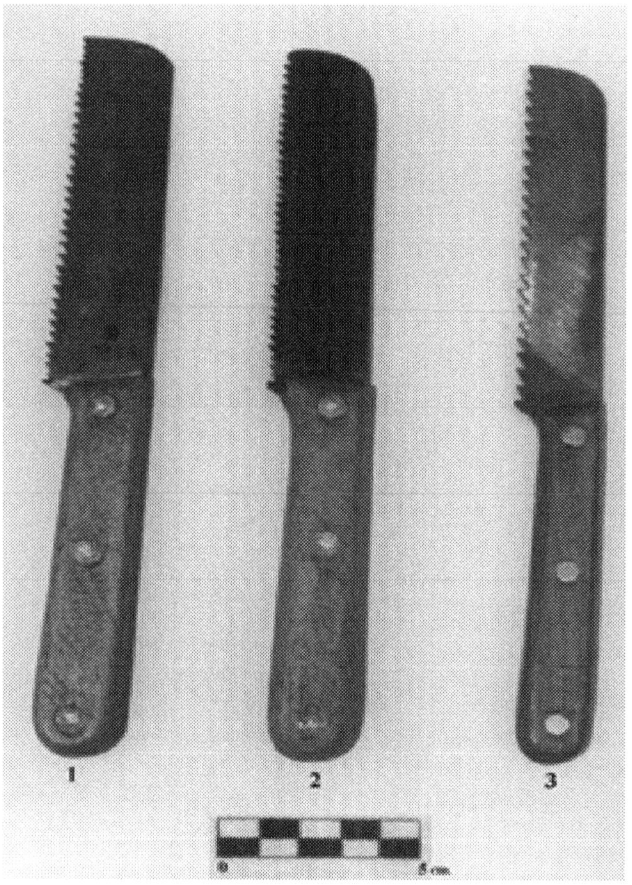

Figura 2: Sierras empleadas para la experimentación.1-Sierra de cobre, 2-Sierra de cobre arsenicado, 3- Sierra de bronce

Siguiendo modelos argáricos se han elaborado tres sierras de dimensiones medianas (fig.2). La composición metálica de las piezas abarca desde una realizada en cobre puro a otra en cobre arsenicado (2% de arsénico) y por último, otra pieza en bronce (90% de cobre y 10% de estaño) (fig.2.1). Evidentemente el caso ideal hubiera sido que las tres piezas se hubiesen elaborado en unas condiciones estandarizadas. Pero al tratarse de un avance de un programa experimental más amplio, en el que de antemano podían surgir una serie de problemas, como la escasa licuabilidad de la colada en sus diferentes composiciones, se optó por elaborar cada una de las sierras de la siguiente forma: la sierra de cobre ha sido realizada a partir de una plancha estandarizada (laminada) de cobre puro. Para la sierra de cobre arsenicado se ha fundido una plancha en una coquilla de acero que ha sido forjada en frío, reduciendo su espesor en un 50% y posteriormente limada para evitar irregularidades en el filo (fig. 2.2). La sierra de bronce se ha fundido en un molde de arena y la hoja también ha sido limada para rebajar su grosor (fig. 2.3). El filo dentado de las primeras dos piezas se ha obtenido mediante una lima triangular. En relación con la morfología ha servido de modelo una pieza rectangular de punta redondeada recuperada de El Argar (fig. 1.14). El espesor de cada una de ellas es algo más variable, de 1mm. para la de cobre y para otras dos piezas, 1,5 mm. en el dorso y 1,6 mm. en el filo, característica que queda atestiguada en un ejemplar recuperado de El Oficio (fig. 1.9). La trayectoria del filo dentado se ha dirigido hacia la punta de los útiles. También se ha intentado elaborar unos enmangues óptimos que permitan ejercer una correcta presión y un movimiento uniforme sobre la materia a trabajar. Son de madera de haya y presentan tres remaches.

Una vez concluida la experimentación, las piezas han sido sometidas a unos análisis de dureza que nos informan acerca de las propiedades mecánicas de los metales. Los tests se han realizado en el CENIM mediante el método de Rockwell F, con una bola de 1/16" y 60 Kg. de carga. Se ha intentado buscar equivalencias en las normas de ASTM (1995) para expresar los resultados obtenidos en dureza de Vickers (VH), pero no ha sido posible para las sierras de cobre y de bronce, debido a que se trata de unos valores muy bajos. Evidentemente, la investigación metalúrgica actual trabaja con unos parámetros de dureza que nada tiene que ver con los que se pueden obtener en un registro experimental o arqueológico.

II.1.2. Las materias trabajadas

Tres materias primas diferentes son las que han sido sometidas a las acciones experimentales. En primer lugar, y- ante el temor de la escasa resistencia de la sierra de cobre- se ha elegido una materia blanda como es la madera fresca, en este caso una rama de olivo de unos 35 mm de diámetro (fig.3.A). En segundo lugar, asta principal de ciervo de unos 30-35 mm de diámetro, remojada previamente unas 12 horas (fig.3.C). Por último, hemos experimentado con hueso fresco. Se trata de un fémur de vacuno de una edad aproximada de unos 12-14 meses. La experimentación se ha realizado sobre la cara craneal de la diáfisis de la pieza (fig 3.B).

II.1.3. Las acciones

La acción se ha limitado a serrar, es decir presionar desplazando longitudinalmente en sentido de ida y vuelta el filo de la sierra, manteniendo un ángulo recto del filo con relación a la superficie trabajada (Gutiérrez Sáez 1996).

II.1.4. El tiempo de trabajo

En trabajos experimentales anteriores, se ha observado la gran eficacia que presenta este tipo de útil a la hora de seccionar materias, por lo que los tiempos elegidos han sido relativamente cortos (Liesau 1994, 1998). Las acciones fueron realizadas de forma escalonada lo que permite registrar con mayor detalle la evolución de los perfiles durante cada tiempo de acción: 1, 5 y 10 minutos, respectivamente.

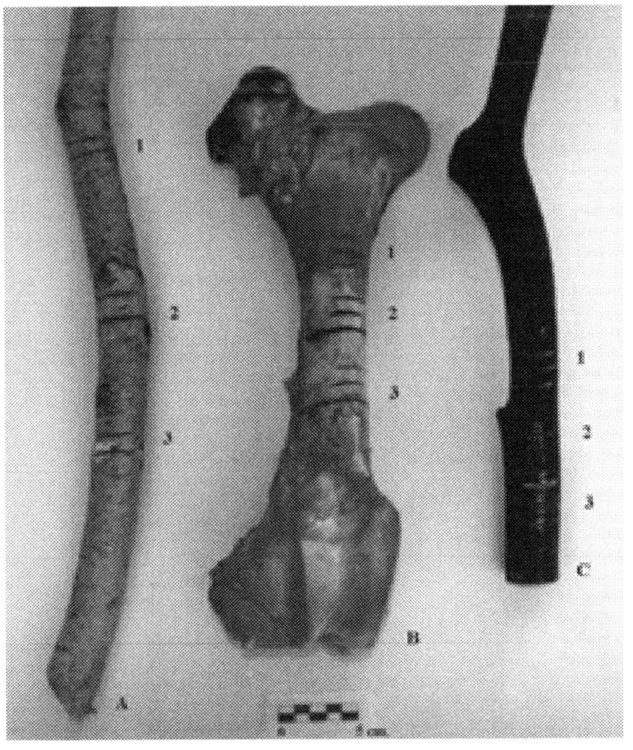

Figura 3: Materias primas sobre las que se ha realizado el aserrado. A-madera fresca de Olivo (*Olea europea*, L.), B- Fémur fresco de vacuno (*Bos taurus*, L.), C-Asta remojada de ciervo (*Cervus elaphus*, L.). Los números 1, 2 y 3 se refieren a las huellas de aserrado de la sierra de cobre, cobre arsenicado y bronce, respectivamente.

Por último, en cuanto a la terminología empleada para el registro arqueológico, se siguen los criterios del trabajo de Delibes *et al.* (1991: 309): en el que se define como *cobres arsenicados* contenidos involuntarios de arsénico, mientras que el término de *cobre arsenical* se refiere a las aleaciones deliberadas de cobre con arsénico. Conscientes también de lo subjetivo que siempre puede parecer una experimentación y la dificultad que surge a la hora de controlar las diferentes variables se empleará el término de *eficacia* como la capacidad de los útiles en seccionar una materia prima en las mismas condiciones de trabajo (presión del aserrado y tiempos).

II.2 Observación de las variables dependientes: registro y análisis de las huellas

Para el registro y posterior dibujo de los perfiles obtenidos durante las acciones de aserrado he recurrido a una silicona hidrófila como la empleada por los dentistas: vinyl polysiloxano (puttyset) de *Express 3M*. Los perfiles de los moldes cortados transversalmente han sido dibujados con una lupa binocular Wild M3C con cámara clara e iluminación exterior con fibra de vidrio ubicado en el laboratorio del Dpto. de Prehistoria y Arqueología de la U.A.M. Los dibujos de los perfiles no siempre han sido registrados en su totalidad debido a que las sierras han profundizado muy rápido en la materia originando perfiles tan estrechos y profundos en los que la silicona no ha podido penetrar hasta el fondo. En tal caso se ha medido la profundidad total con un calibre reconstruyendo en líneas discontinuas la sección completa de cada una de las acciones (fig. 4-6).

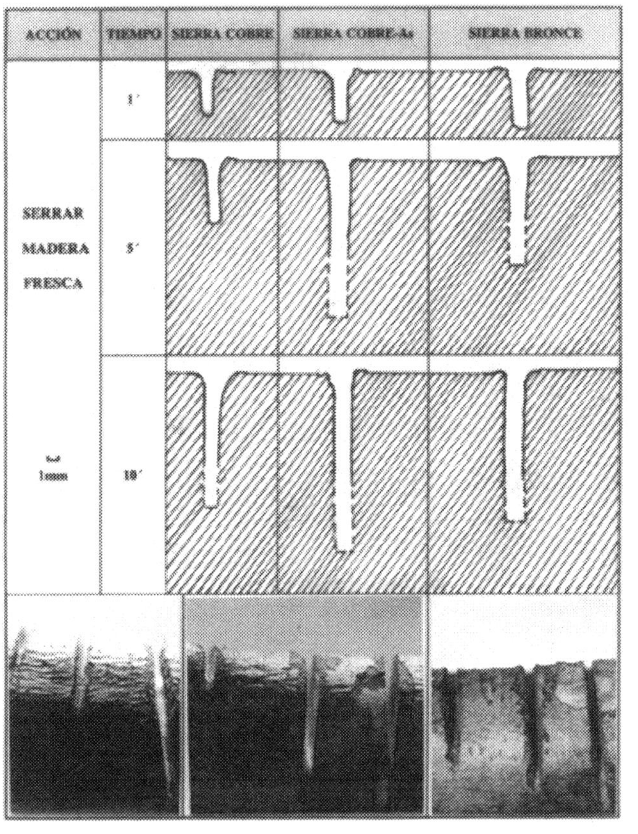

Figura 4: Aserrado de madera fresca con las tres sierras experimentales. Perfiles y fotografías de la acción en función de cada uno de los tiempos establecidos.

III. Resultados

III.1. Observaciones realizadas durante la experimentación.

III.1.1. El aserrado de madera fresca (fig. 4)

- *Sierra de cobre*: Durante el primer minuto de trabajo la sierra ha podido avanzar sin grandes esfuerzos mientras que, a partir de los 5 minutos el útil se queda encajado en el perfil, lo que permite realizar tan sólo acciones de *cortar*, es decir trabajar en una sola dirección. A los siete minutos la lámina de la sierra se atasca en el perfil y la excesiva presión sobre el filo ha doblado la lámina, por lo que para volver a utilizarla tuvo que ser enderezada previamente. A pesar de las dificultades, la sierra ha seccionado en el último tiempo algo más de la tercera parte del tronco de olivo.
- *Sierra de cobre arsenicado*: Durante el primer minuto de la acción se percibe que el útil profundiza más en la madera que en el caso anterior. A los 5 minutos de trabajo avanza bastante, pero tampoco de una forma lineal debido a que a menudo se queda atrapado en el perfil. A los 10 minutos de trabajo, aún con cierta

dificultad por la estrechez del perfil, la sierra ha llegado a seccionar casi la mitad del tronco.

- *Sierra de bronce*: Esta pieza avanza de una forma similar que la de cobre arsenicado sobre la madera fresca. Destacar también un perfil más ancho, debido a que se ha eliminado mejor el serrín durante la acción, pero la profundidad total alcanzada apenas supera a la de la sierra de cobre.

III.1.2. El aserrado de asta remojada (fig.5)

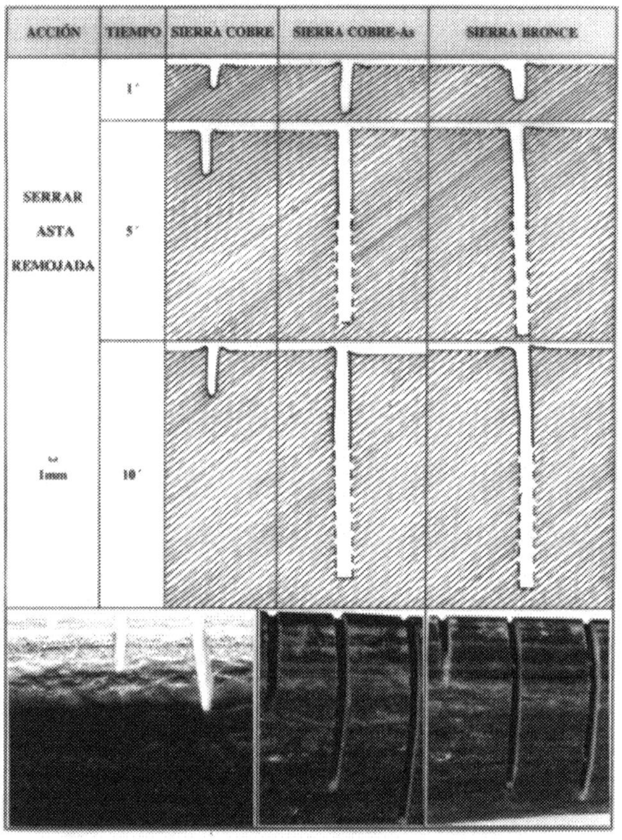

Figura 5: Aserrado de asta remojada con las tres sierras experimentales. Perfiles y fotografías de la acción en función de cada uno de los tiempos establecidos.

- *Sierra de cobre*: Una vez *encarrilada* la acción sobre el asta de ciervo, la sierra incide sin dificultad sobre la materia. En los tiempos siguientes avanza, pero más lentamente. Sobre todo, poco antes de finalizar el último tiempo parece que la presión que ejercida sobre el útil, no responde a un avance proporcional en la profundidad del perfil.
- *Sierra de cobre arsenicado*: La sierra incide sobre el asta sin dificultad, dejando un perfil más amplio que en el caso de la madera. A los 5 minutos de trabajo ha profundizado considerablemente en la materia y a los 7 minutos se dio por concluido el trabajo para evitar seccionar por completo el asta.
- *Sierra de bronce*: El aserrado de asta remojada durante el primer minuto de la acción la sierra incide a escasa profundidad por tener cierta dificultad en *abrirse camino* pero en el tiempo siguiente avanza echando con facilidad el serrín del perfil. Al igual que en el caso anterior, se interrumpió a los 7 minutos el trabajo con la finalidad de no seccionar por completo el asta.

III.1.3. El aserrado sobre hueso fresco (fig.6)

- *Sierra de cobre*: Para el aserrado sobre hueso fresco parece que la sierra avanza menos en los diferentes tiempos que sobre el asta, especialmente a partir de los primeros cinco minutos de trabajo.
- *Sierra de cobre arsenicado*: Durante los primeros minutos avanza con bastante rapidez sobre el hueso fresco llegando al canal medular a los 4 minutos. Aunque la grasa del hueso embota en algunos momentos el filo dentado, a los 10 minutos se seccionó el hueso casi por completo.
- *Sierra de bronce*: En el aserrado sobre hueso fresco se observan las mismas características que las descritas para la sierra de cobre arsenicado.

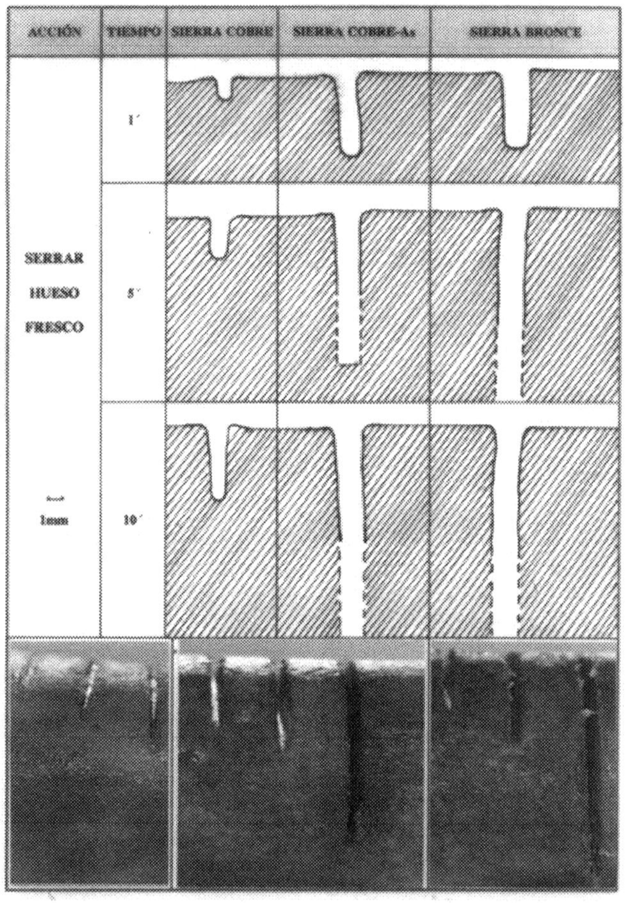

Figura 6: Aserrado de hueso fresco con las tres sierras experimentales. Perfiles y fotografías de la acción en función de cada uno de los tiempos establecidos.

III.2 Registro de las variables dependientes:

III.2.1 Huellas sobre la materia trabajada (fig.4-6)

En primer lugar, destaca el perfil tan característico que producen estos útiles al serrar las diferentes materias primas. En los tres casos se trata de huellas que se caracterizan por presentar perfiles con paredes perpendiculares a la superficie trabajada y paralelas entre sí. La anchura de las mismas apenas supera el grosor de la lámina del útil, tan sólo en algunos casos es algo mayor en la zona cercana a la superficie de la materia, probablemente resultado de una fricción más prolongada. Este tipo de perfil más abierto se manifiesta especialmente en el caso de la madera fresca, más susceptible a deformarse que las materias restantes (fig. 4). Generalmente, el fondo del perfil presenta una trayectoria horizontal y las esquinas en contacto con las paredes seccionadas son de trazo curvo (fig.4-6).

En segundo lugar, en relación con el avance de las diferentes sierras en función de los tiempos establecidos, podemos apreciar una serie de aspectos significativos que parecen estar en función de la materia prima:

- durante el primer minuto de trabajo sobre la madera fresca el avance en las tres sierras alcanza unas profundidades muy similares. Sin embargo, en el segundo tiempo es la sierra de cobre arsenicado la que mejor profundiza en la materia, algo que también se hace patente a los 10 minutos de trabajo.
- Los resultados anteriores nada tienen que ver con el aserrado del asta remojada. Aquí la sierra de cobre evidencia una escasa capacidad de profundizar en la materia, hecho que se percibe sobre todo en el último tiempo de la acción (fig.5). Sin embargo, las dos sierras restantes presentan diferencias mínimas en tiempos sucesivos de trabajo. Otro aspecto a destacar son los perfiles que se muestran más rectilíneos en relación con los del aserrado de madera. Al ser el asta una materia prima más compacta, se incide en ella con más regularidad, eliminando un mínimo de serrín.
- Por último, el aserrado de hueso fresco con la sierra de cobre destaca por ser la materia prima en la que menor profundidad ha alcanzado este útil. No ha sido posible registrar los perfiles de las sierras de cobre arsenicado y de bronce al seccionar éstas la cara craneal de la diáfisis antes de finalizar el segundo tiempo de trabajo.

III.2.2 Huellas sobre el utillaje empleado (fig.7)
Los dientes de la sierra de cobre, una vez concluida toda la experimentación, no han sufrido grandes cambios. Al terminar con el aserrado sobre asta apareció una pequeña franja más brillante sobre el filo dentado (fig.7.1). Sin embargo, queda por resaltar que los dientes no parecen haberse gastado, incluso se conservan algunas rebabas producidas por la lima al confeccionar algunos de los dientes.

Tampoco el filo de la sierra de cobre arsenicado ha presentado un desgaste significativo. Tan sólo señalar desde el punto de vista macroscópico un mayor brillo y eliminación de la coloración negruzca de óxidos del filo en una franja que abarca unos 10 mm desde el filo dentado, una vez concluido el aserrado del asta (fig.7.2).

Por último, en la sierra de bronce no se aprecia ninguna alteración en los dientes. Sólo destacar un conjunto de finas estrías en la zona medial de la lámina que la recorren de forma algo irregular, pero paralela a la trayectoria del filo. También éstas se han registrado una vez concluido el aserrado del asta de ciervo (fig.7.3).

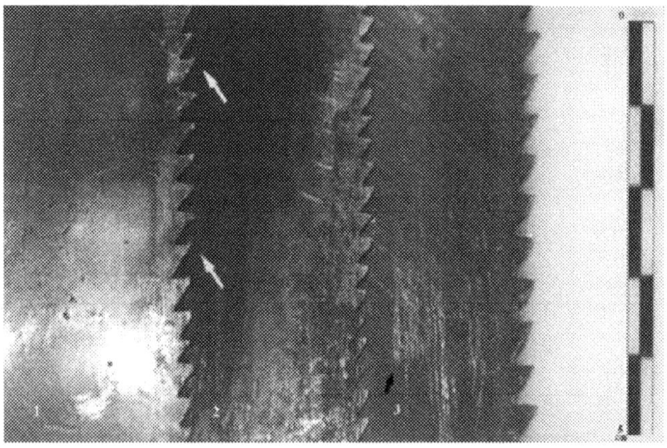

Figura 7: Detalle del filo dentado una vez concluida la experimentación. 1- Sierra de cobre, 2- Sierra de cobre arsenicado, 3- Sierra de bronce. Detalle de una banda de estrías horizontales en el centro de la lámina.

Discusión

La experimentación ha permitido observar una serie de aspectos interesantes sobre el utillaje y las materias trabajadas. En cuanto al **utillaje empleado** los resultados han sido llamativos. Se comenzó la experimentación con la sierra de cobre sobre la materia más blanda -el tronco de olivo- con la esperanza de que, al menos esta acción, la pudiera *sobrevivir* sin deformarse en exceso. Sin embargo, ha resultado sorprendente que la pieza pudo serrar, no sólo la madera, sino también materias tan duras como el asta o el hueso, aunque su capacidad de incidencia haya sido mucho menor. Una excesiva presión sobre la hoja al quedarse ésta muy encajada en el perfil de la madera provocó el doblamiento de la misma, teniendo que ser enderezada para continuar con la experimentación. Aunque la deformación provocada en la trayectoria de la lámina ha sido mínima, ésta ha podido ser la causa por la que la escasa profundidad alcanzada en las otras materias se deba a pérdidas de energía cinética aplicada sobre el útil en forma de un mayor rozamiento con las paredes seccionadas. De todas formas, la sierra ha mostrado escasas evidencias de uso -un área más pulimentada en la lámina próxima al filo- y una leve abrasión en el propio filo en un tiempo de casi 50 minutos de acción.

Las sierras de cobre arsenicado y de bronce, a excepción de un mayor pulimento en el filo de la primera y la aparición de finas estrías en la zona medial de la lámina de la segunda, no han sufrido desgaste alguno en los filos.

Sin querer abordar aquí el debate sobre la intencionalidad o no del arsénico en las diferentes producciones metalúrgicas prehistóricas, nos gustaría, en cambio traer a colación algunas características de las aleaciones de cobre y sus propiedades mecánicas. En su día, ya destacó Charles (1967) una serie de ventajas que aporta el arsénico al cobre, como por ejemplo: ser un eficaz agente desoxidante, reductor del punto de fusión, aportar una mejor forjabilidad en frío y en caliente, así como presentar una mayor resistencia corrosiva que otros cobres.

Posteriormente algunas de estas propiedades han sido matizadas, prestándose especial atención a las propiedades mecánicas de los metales y sus aleaciones. Aspectos como la dureza adquirida durante la forja en cobres con diferentes tasas de arsénico permiten destacar a Northover que la dureza del cobre puro es mínima durante la forja en frío (aprox. 50-120 VPN). Pequeñas cantidades de arsénico en torno al 2%, añadidas al cobre tampoco presentan una mayor ventaja, teniendo que producirse cobres arsenicados de en torno al 4% para que éstos adquieran con la forja propiedades de dureza y tenacidad que se asemejan a las de los bronces con contenidos medios de estaño (Northover 1989: 113; aprox. 200 VPN, fig.13.3). Sin embargo, en otros trabajos se llega a la conclusión que aleaciones con un rango entre un 2-6% de arsénico son óptimas para el trabajo en frío. Éstas presentan una adecuada ductilidad y al reducir su espesor hasta un 80% llegan a alcanzar unos grados de dureza de hasta 180 HV (Budd y Ottaway 1991: 139 y Figura 4). También Lechtman (1996) comprueba que las propiedades mecánicas entre cobres arsenicados y bronces con rangos de entre el 2-7% de arsénico o estaño en peso relativo, son muy similares, insistiendo además en otros parámetros importantes a considerar, como la resistencia a la tensión.

Cobres con tasas de arsénico superiores al 4% suelen ser infrecuentes en el registro arqueológico (Northover 1989: 113, 1998: 117). Esta observación atañe también al contenido de arsénico de las sierras de la Península Ibérica. Con una media de un 2% para las piezas calcolíticas, destacan incluso algunos ejemplares de la Edad del Bronce cuyos contenidos son tan exiguos que no merecen clasificarse en la categoría de *cobres arsenicados*. Tal vez tecnologías metalúrgicas más avanzadas como la forja puedan suplir esa ausencia, aspecto éste que tan sólo podremos conocer cuando en un futuro dispongamos de analíticas cuantitativamente más representativas.

De la muestra experimental se han obtenido los siguientes datos:

De la tabla 1 se desprende la relativa homogeneidad de los valores obtenidos para cada una de las piezas. Otro aspecto destacable es que, gracias a la forja, la sierra de cobre arsenicado ha duplicado su grado de dureza, e incluso supera a la obtenida para la sierra de bronce. Dicho resultado no deja de ser en cierta medida sorprendente, debido a que unos valores tan bajos para un bronce con una tasa de aleación de un 10% no coinciden - a pesar de la problemática que existe en hallar las respectivas equivalencias- con los obtenidos en los trabajos arriba mencionados, generalmente, más elevados (Northover 1991; Lechtman 1996). Esperemos que futuras analíticas con un mayor número de piezas aporten unos resultados más consistentes que los aquí expuestos. Sin embargo, a efectos de la experimentación, resulta evidente que la sierra de cobre arsenicado presente un comportamiento similar a la de bronce durante los aserrados de las diferentes materias primas.

SIERRAS/DUREZA	COBRE	COBRE-As	BRONCE
Dureza Rockwell F	48	100	73
1/16´´	50	102	75
60 Kg	46	104	79
	48	102	76

Tabla 1: Relación de valores de dureza obtenidos para cada una de las sierras experimentales. Los valores corresponden a dos medidas próximos al filo dentado y otra en la zona medial de la hoja.

Los **materiales trabajados** han sido elegidos en función de las posibles materias primas que pueden aparecer en el registro arqueológico. En primer lugar, la madera suele ser uno de los soportes básico para la elaboración de diversos enmangues de utillaje armamentístico o artesanal. Se ha elegido una madera compacta como la del olivo, aunque en estado fresco, más blando que la madera seca. Sin embargo la elección de la madera fresca presenta algún inconveniente. En el caso de sierras con láminas de escaso grosor (aprox. 1 mm.), la savia que rezuma durante el aserrado puede dificultar el deslizamiento del filo y la extracción del serrín húmedo que se queda apelmazado en el perfil. La segunda materia, el asta remojada, pierde dureza cuando está muy hidratada. Esta característica no afecta tanto a la superficie externa, sino sobre todo al tejido esponjoso interior, lo que permite acelerar el avance del útil una vez que ha seccionado la corteza exterior. Por último, el hueso fresco también es una materia que requiere mucha presión del útil para ser seccionada. La acción del aserrado ha presentado un menor avance respecto a las otras materias, debido a que el periostio, la grasa y, sobre todo, el tuétano han embotado los filos, obligando a limpiarlos con cierta frecuencia para proseguir con la experimentación.

La **acción de serrar** no siempre ha sido posible efectuarla de forma continúa. Esta circunstancia se manifiesta tanto en los primeros segundos de trabajo, como en los tiempos finales. Al iniciar la acción lo que se debe hacer durante los primeros segundos es *abrir camino* lo que obliga a incidir en un sólo sentido, porque en caso contrario, la sierra resbala sobre la superficie a trabajar. En los tiempos finales ocurre al revés, la sierra puede quedarse totalmente encajada en el perfil impidiendo una avance bidireccional.

Por último, en cuanto a **las huellas** obtenidas hay que destacar que las sierras metálicas producen en la materia trabajada un perfil muy característico con las paredes perpendiculares a la superficie de la misma y paralelas entre sí. El fondo del mismo es plano y los puntos de convergencia hacia las paredes seccionadas presentan perfiles curvos (fig.4-6). Este tipo de huella contrasta notablemente con el producido por el aserrado lítico que destaca por sus amplios perfiles en forma de "V" siendo relativamente sencillo diferenciarlos en el registro arqueológico (Liesau 1994 y 1998). La forma del perfil del aserrado metálico se debe fundamentalmente a la morfología laminar de las sierras y a su capacidad de profundizar homogéneamente en la materia, eliminando un mínimo de serrín. Por contra, llegados a cierta profundidad, los perfiles tan estrechos dificultan el avance por falta de espacio. Ésta es seguramente una de las razones, por la que, tanto en los aserrados actuales, como en las huellas del registro arqueológico aparece un cambio direccional del útil sobre la materia, es decir, el útil rota de tal forma que secciona la materia desde distintos ángulos. La consecuencia de la rotación provoca sobre la superficie seccionada la aparición de grupos de estrías de forma escalonada o estrías que se entrecruzan entre sí (Liesau 1988 y 1998).

Otro aspecto a valorar en un futuro es el estudio de otras variables, como la curvatura de la hoja, el proceso de elaboración de los dientes, su morfología y direccionalidad o la posibilidad del triscado. Así mismo, tampoco se debería descartar la posibilidad de un registro exhaustivo de las huellas de uso en las piezas arqueológicas

Conclusiones

Son ya antiguas las dudas que han surgido sobre la funcionalidad de algunas piezas prehistóricas en cobre, cuestionando, por ejemplo, la eficacia de algunas sierras por la maleabilidad y ductibilidad de su principal componente, el cobre. Marques da Costa (1908) señalaba que las sierras de Rotura -una de filo curvo (fig.1.2) y otra realizada a partir de una punta de lanza- se doblarían ante determinadas tareas como el aserrado de la madera, por lo que les asignó la función de hoz para recolectar gramíneas. Evidentemente, no podemos descartar el empleo de alguna de ellas en las tareas de recolección, sin embargo otras piezas calcolíticas presentan una morfología y unas dimensiones no adecuadas para ese tipo de actividades.

Uno de los aspectos más destacables de la experimentación es precisamente que el empleo de un instrumental de cobre prácticamente puro ha revelado una capacidad de seccionado y de resistencia ante algunas materias primas que no deja de sorprender. De las tres piezas experimentales, es precisamente la sierra de cobre la que peores condiciones de partida ha presentado. Al estar realizada sobre una lámina de cobre estandarizada, su escaso e uniforme grosor, unido a la gran maleabilidad del cobre puro, limita la presión que se puede ejercer desde el enmangue, aunque los resultados han mostrado que dicha presión ha afectado escasamente al filo dentado.

Otro aspecto a destacar se refiere a la *eficacia* de la sierra de cobre que está en directa relación con la materia trabajada. Se observa un menor avance a medida que las materias primas a trabajar son también más duras. Sin embargo, sobre la materia más blanda -la madera- el grado de dureza de la sierra de cobre o la de bronce no parecen ser un factor determinante a la hora de seccionarla bajo las mismas condiciones de trabajo. Esta es una circunstancia que cualquiera en su praxis de aserrado puede comprobar de forma subjetiva, constatando que el aserrado de materias blandas no requiere necesariamente de una sierra con un importante grado de dureza, ni que esta variable está en función de una mayor *eficacia* en el aserrado. Estos resultados parecen sino confirmar que las sierras, independientemente de su composición, han podido ser sometidas a determinadas tareas extractivas de materiales que no exigen de éstas unas propiedades mecánicas de tanta dureza y tenacidad como se espera de ellas desde un punto de vista actual.

Cabe preguntarse qué tipo de materiales se seccionaban con estas herramientas. ¿Se trataba fundamentalmente de materias orgánicas -madera, hueso, asta, marfil- para elaborar enmangues y otras industrias menores?. ¿Se realizaban también tareas extractivas de materias inorgánicas como algunos minerales para la confección algún útil o elementos de adorno?. ¿Qué grado de dureza y de tenacidad requieren las sierras con hojas de escaso grosor para poder cumplir con esas tareas? .

Independientemente de las cantidades de impurezas asociadas a los metalotectos explotados durante la Prehistoria, sería de sumo interés analizar y experimentar con una mayor gama de bajas tasas de arsénico para poder establecer valoraciones más objetivas de bondad y comportamiento de las sierras y en tiempos de acción más prolongados. La sierra experimental de cobre arsenicado que presenta una tasa de arsénico de tan sólo un 2% es un buen ejemplo de cómo el proceso de forja ha modificado las propiedades mecánicas de la pieza sin que se haya podido observar diferencia alguna con respecto a la sierra de bronce. Tal vez la vida media de un útil en bronce será más larga, ¿pero ello supone realmente una gran ventaja en un período como la Edad del Bronce donde la producción metalúrgica y el reciclado de piezas amortizadas son tecnologías generalizadas?

Los estudios metalúrgicos que abordan con detalle los grados de dureza, tenacidad y ductilidad de las aleaciones del cobre aportan una información valiosísima de cara a conocer sus propiedades en los diferentes proceso de trabajo. Sin embargo, el estudio de los procesos paleometalúrgicos prehistóricos requieren la incorporación de otros datos, siendo la arqueología experimental -con todos sus inconvenientes- una forma de aproximación para empezar a valorar algunos requisitos básicos sobre la funcionalidad de los artefactos, especialmente sobre los que se ejercen actividades de presión.

Agradecimientos

Este trabajo no se hubiese podido llevar a cabo sin la buena disposición y quehacer de Fernando González del Centro Nacional de Investigaciones Metalúrgicas (CENIM) autor de las sierras experimentales. Así mismo queremos expresar nuestro agradecimiento a Jesús Chao del CENIM por su amabilidad en realizar las pruebas de dureza a las piezas experimentales. Por último, a Salvador Rovira, por la lectura crítica del trabajo y por permitirme discutir muchos aspectos que han sido fundamentales para orientarme en el complejo mundo de la paleometalurgia.

Bibliografía

ALVARO DE, E. (1987), "La Edad del Cobre en el valle del Tajo",*Carpetania,* 1, pp. 11-42.

ARRIBAS, A., MOLINA, F., TORRE, F., NÁJERA, y. y SAEZ, T. (1978), "El poblado de la Edad del Cobre de "El Malagón" (Cullar-Baza, Granada)", *Cuadernos de Prehistoria de la Universidad de Granada,* 3, pp. 67-116.

ASTM (1995), *Annual Book of ASTM Standards*, vol. 3.01, Philadelphia.

AYALA, M. M., ORTIZ, R. y POLO, J. L. (1990), "El desarrollo de la metalurgia en la comarca de Lorca", en *Lorca Pasado y Presente. Aportaciones a la historia de la región de Murcia*, 1, pp. 105-126.

AYALA, M. M. (1991), *El poblamiento argárico en Lorca. Estado de la cuestión*, Ed Compobell S. A., Murcia.

BLEGEN, (1937), *Prosyma. The Helladic settlement preceding the Argive Heraeum,* Cambridge Art. The University Press, Cambridge.

BRANIGAN, K. (1974), *Aegean metalwork of the Early and Middle Age,* Monographics on Classical Archaeology, Oxford.

BUDD, P. y OTTAWAY, B.S. (1991), "The properties of arsenical copper alloys: implications for the development of eneolithic metallurgy", en DUDD, P., CHAPMAN, B., JACKSON, C., JANAWAY, R. y OTTAWAY, B. (eds), *Archaeological sciences 1989. Proceedings of a conference on the application of Archaeology, Bradford, Setpember 1989,* Oxbow Monograph 9, Oxford.

CARRASCO, J., GARCÍA SÁNCHEZ, M. y ANIBAL GONZÁLEZ, C. (1977), "Enterramiento Eneolítico colectivo en la Covacha de la Presa (Loja, Granada)", *Cuadernos de Prehistoria de la Universidad de Granada,* II, pp. 105-171

CHARLES, J.A. (1967), "Early Arsenical Bronces. A Metallurgical View", *American Journal of Archaeology*, 71, pp. 21-26.

DELIBES, G., FERNANDEZ-MIRANDA, M., FERNANDEZ-POSSE Mª. D., MONTERO, I. y ROVIRA, S. (1991), "Almizaraque (Almería, Spain). Archaeometallurgy during the chalcolithic in the southeast of the Iberian Península", en Mohen, J.P. y Éluere, C. (coords.), *Découverte du Métal.* Picard, Paris.

DELIBES DE CASTRO, G. y MONTERO RUÍZ, I. (coords.) (1999), *Las primeras etapas metalúrgicas en la Península Ibérica, II. Estudios Regionales,* Fundación José Ortega y Gasset, Ministerio de Educación y Cultura, Madrid.

DESHAYES, J. (1960), *Les outils de Bronce de L'Indus au Danube,* Institut Français d'Archeologie de Beyrouth Bibliothèque et Historique, LXXI, París.

EBERT, M. (1927/1928), *Reallexikon der Vorgeschichte*, vol. 11, Walter de Gruyter, Berlín.

ESTACIO DA VEIGA, S.P. (1989), *Antiguidades Monumentaes do Algarve*, III, Lisboa.

FERNANDEZ MANZANO, J. (1986), *Bronce Final en la Meseta Norte Española: El utillaje metálico,* Junta de Castilla y León. Consejería de Educación y Cultura, Valladolid.

FERNANDEZ-MIRANDA, M., FERNANDEZ-POSSE, Mª. D. y MARTIN, C. (1988), "Caracterización de la Edad del Bronce en La Mancha. Algunas proposiciones para su estudio", *Espacio, Tiempo y Forma,* Prehistoria, I, pp. 293-310.

GUTTIERREZ SAEZ, C. (1996), *Traceología. Pautas de análisis experimental*, Foro, Madrid.

HARRISON, R. (1974), "Ireland and Spain in the Early Bronze Age", *Journal of the Royal Society of Antiquaries od Ireland,* 104, pp. 52-73.

HARRISON, R y CRADDOCK, P., (1981), "A study of the Bronze Age Metalwork from the Iberian Peninsula in the British Museum", *Ampurias*, 43, pp. 113-179.

HOOK, D.R., ARRIBAS, A, CRADDOCK, P.T., MOLINA, F. y ROTHENBERG, B. (1987), "Copper and Silver in Bronze Age Spain", en WALDREN,W. y KENNARD, R.C. (eds.), *Bell Beakers of the western Mediterranean.* B.A.R., IS, 331 (1), pp. 147-172, Oxford.

HURTADO, V. y HUNT, M. (1999), "Extremadura", en DELIBES DE CASATRO, G. y MONTERO RUÍZ, I. (coords.), *Las primeras etapas metalúrgicas en la Península Ibérica. II. Estudios Regionales.* Instituto Universitario Ortega y Gasset, Ministerio de Educación y Cultura, Madrid, pp. 241-274.

LECHTMANN, H. (1996), "Arsenic Bronze: Dirty copper or chosen alloy? A View from the Americas", *Journal of Field Archaeology*, 23, pp. 477-514.

LEISNER, G. y LEISNER, V. (1943), *Die Megalithgräber der Iberischen Halbinsel,* Römish-Germanische Forschungen, 17, Walter de Gruyter & Co, Berlín.

LIESAU von LETTOW-VORBECK, C. (1988), "Estudio de la Industria en Asta de Ciervo de El Soto de Medinilla", *CuPAUAM* 15, pp. 183-213.

LIESAU von LETTOW-VORBECK, C. (1994), *Contribución al estudio arqueofaunístico durante la Edad del Hierro en la Submeseta Norte de la Península Ibérica*. Publicaciones en microfichas de la UAM. Madrid.

LIESAU VON LETTOW-VORBECK, C. (1998), *El Soto de Medinilla: Faunas de mamíferos de la Edad del Hierro en el valle del Duero (Valladolid, España)*, Archaeofauna, 7, Madrid.

LILLIU, G. (1988), *La Civiltà dei Sardi dal Paleolitico all´ etá dei Nuraghi*, Nuova Eri.

LULL, V. (1983), *La cultura de El Argar,* Akal/Universitaria, Madrid.

MARQUES DA COSTA, A. I. (1908), "Estaçoes prehistoricas dos arredores de Setúbal". *O Archeòlogo Portugués*, 13, pp. 270-280.

MONTERO RUÍZ, I. (1992), *Estudio arqueometalúrgico en el Sudeste de la Península Ibérica*, Tesis doctoral, Ed. Universidad Complutense de Madrid, Madrid.

MONTERO RUIZ, I. (1994), *El origen de la metalurgia en el sudeste de la Península Ibérica.* Instituto de Estudios Almerienses, Almería.

NORTHOVER, J., (1989). "Properties and use of Arsenic-Copper alloys", en HAUPTMANN, A., PERNICKA, A. E. y WAGNER, G.A. (eds.), *Archäometallurgie der Alten Welt.* Der Anschnitt, 7, pp. 111-118. Deutsches Bergbau- Museum, Bochum.

NORTHOVER, J. (1998), "Exotic alloys in antiquity", *Der Anschnitt*, Beiheft, 8, pp 113-121.

RODANES VICENTE, J.M. (1987), *La industria ósea prehistórica en el valle del Ebro. Neolítico-Edad del Bronce,* Colección Arqueología y Paleontología, 4. Serie Arqueología Aragonesa. Monografías. Zaragoza.

ROVIRA LLORENS, S., MONTERO RUÍZ, I. y CONSUEGRA RODRÍGUEZ, S. (1997), *Las primeras etapas metalúrgicas en la Península Ibérica*, Fundación Ortega y Gasset, Madrid.

SIMON GARCIA, J.L. (1998), *La metalurgia prehistórica valenciana,* Servicio de Investigación Prehistórica. Serie de Trabajos Varios, 93, Valencia.

SIRET, E. et L. (1890), *Las primeras Edades del Metal en el Sudoeste de España.* Barcelona.

SPINDLER, K. (1981), Cova da Moura, Madrider Beiträge 7, Maguncia.

TORRE, F. DE LA; MOLINA, F., CARRION, F., CONTRERAS, F., BLANCO, I, MORENO, Mª. A., RAMOS, A. y TORRE, Mª. P. (1984), "Segunda Campaña de Excavaciones (1983) en el Poblado de la Edad del Cobre en El Malagón (Cullar-Baza, Granada)", *Cuadernos de Prehistoria de la Universidad de Granada,* 6, pp. 9-131.

27. Efectismo y efectividad de las espadas argáricas a partir de una réplica experimental del ejemplar de La Perla (Madrid) depositado en el museo arqueológico de Cataluña

Elena Carrión Santafé, Javier Baena Preysler y Concepción Blasco Bosqued

Abstract

The paper describes an experimental study of the potential use of Argaric swords as deduced from the reproduction of a sample from La Perla, Madrid, at present one of the items of the Bento collection stored in Archaeological Museum of Catalonia (Barcelona). First we refer to the fabrication procedure of this kind of weapon, and in a second stage we evaluate the differences in efficiency and resistance through a different test. The arsenic content of the alloy will be considered, as well as the way that some procedures, such as the hammering of edges, affect the blade. The accidents or injuries caused by the experimental application are recorded too. Finally, these tests allow us to consider the possible meaning of this type of object within its chronological context, evaluating their functional significance according to the resistance tests.

1. La espada de La Perla

Se trata de una pieza dada a conocer por Pérez de Barradas (1936) hace algún tiempo, junto con el resto de los materiales integrados en la colección Bento que hoy se custodian en el Museo Arqueológico de Cataluña en Barcelona[1](MAC). Tradicionalmente enmarcada en el conjunto de espadas "argáricas" (Almagro Gorbea 1972), ha sido objeto de un reciente estudio por parte de este equipo de investigación dentro del marco de la revisión de la Colección Bento (Blasco *et al.* 2001).

Dicha revisión ha permitido detectar que la hoja estaba provista de un enmangue rematado en doble arco de herradura, semejante al de la mayoría de los ejemplares de las mismas características que apenas es visible a través de una débil huella de pátina. Así mismo se han contrastado los análisis realizados en su momento (Junghans *et al.* 1968) a partir de sendas muestras obtenidas del talón y de uno de los remaches. El resultado ha sido una colada de cobre con diferentes tasas de arsénico que oscilan entre el 2,4 % del remache y la hoja y el 4,54% del talón (Gómez 2001: 17), unos datos que nos han servido de base para las réplicas experimentales que también se han ceñido al peso (723 grs.) y a las medidas del original (533x96x5 mm.) (Blasco *et al.* 2001: 71).

En la publicación que da a conocer la pieza Pérez de Barradas sitúa su procedencia en el Arenero de La Perla, localizado a unos 800 m. del Arroyo Pradolongo y a unos 600 m. del Manzanares a su paso por el sur del municipio de Madrid (Pérez de Barradas 1936), en un punto ubicado a escasos metros del yacimiento conocido como Tejar del Sastre, por lo que ambos depósitos podrían corresponder a un mismo contexto original de fondos de cabaña a los que se asocia un enterramiento infantil en *pithos* en uno de los silos (Quero 1982). A ello se unen las propias características de las cerámicas que el Sr. Bento recogió en el mismo arenero, no sabemos si directamente asociadas a la espada o no; entre ellas abundan los perfiles de acusadas carenas medias o bajas, propias de los repertorios vasculares del Bronce antiguo y medio de la zona, lo que unido a las propias características morfológicas de la espada permite adscribir el yacimiento a un horizonte inmediatamente anterior al arranque de Protocogotas anterior al 1400 a.C., 1620 cal. BC. (Blasco *et al.* 1995).

En un trabajo previo se realizó un estudio comparativo de las características tecno-tipológicas del ejemplar, desde una perspectiva clásica de estudio (Blasco *et al.* 2001), pero creemos que la experimentación puede convertirse en una vía complementaria de estudio para la compresión de la potencialidad y significado de este tipo de objetos. Dentro de la línea de investigación que venimos desarrollando en los últimos años, hemos realizado un modelo de réplica y aplicación experimental que permita acercarnos al aspecto y funcionalidad reales de estas armas, así como a su significado social, simbólico y funcional.

---

[1] Este trabajo se enmarca en el proyecto de investigación BHA2001-0715 (MCYT). Queremos igualmente exponer nuestro agradecimiento al Museo Arqueológico de Cataluña (Barcelona), por las facilidades prestadas para el estudio de la espada.

2. La experimentación

2.1. La aleación de la colada

Se realizó un estudio detallado de la composición y técnica de fabricación de la pieza arqueológica. Como ya se ha comentado, los nuevos análisis realizados a partir de dos muestras, una tomada de uno de los remaches y la otra del talón pusieron de manifiesto una composición algo diferente, ya que mientras el remache ofrecía una tasa de arsénico de 2,4 %, coincidente con los anteriores resultados, el análisis de la segunda muestra, tomada sobre el talón contenía un 4,5% de arsénico. Con estos resultados hemos optado por realizar la réplica con una aleación media, concretamente con el 3 % de arsénico. Pues aunque pudiéramos pensar que hoja y remaches se han realizado con diferente colada, las dos tomas efectuadas en dos puntos distintos de la hoja tampoco son coincidentes, sin que pueda explicarse, a falta de metalografías, si hubo un enriquecimiento intencionado con polvo de arsénico en la superficie para proporcionarle un efecto estético determinado, tal como se ha documentado en una de las espadas del túmulo de Carnoët (Briard y Mohen 1974: 54).

2.2 El proceso de ejecución de los modelos experimentales

A fin de evaluar la repercusión funcional, tanto de la aleación, como de los procesos de endurecimiento mecánico (batido), se realizaron varias réplicas experimentales con distinta composición metálica y diferentes procedimientos de trabajo:

a) Muestra 1: Cobre puro laminado
b) Muestra 2: Cobre puro laminado + batido
c) Muestra 3: Cobre con 3% de As Fundido
d) Muestra 4: Cobre con 3% de As batido

El primer ejemplar fue realizado en el Laboratorio de Arqueología Experimental de la Universidad Autónoma de Madrid a partir de chapa industrial templada en frío por percusión (sobre la que lamentablemente no pudo controlarse el proceso de fabricación en su totalidad); el segundo ejemplar fue realizado por mediación de la empresa CAPA mediante recorte en chapa, e igualmente templado en frío por percusión. Las muestras 4 y 5 fueron realizadas por el CENIM (Centro Nacional de Investigaciones Metalúrgicas), bajo la supervisión de D. Fernando Fernández, a quien debemos además un valioso asesoramiento sobre los procedimientos óptimos de trabajo. El ejemplar 3 fue realizado mediante fundido sin batir; mientras que a la última muestra (4), realizada a partir de coquilla fundida, se le aplicó un insistente batido en toda su superficie, calentando el metal reiteradamente.

No se han seguido en la elaboración de las réplicas aquéllas técnicas arqueológicamente fidedignas, dado que en este caso el estudio no pretende un análisis del significado económico de la inversión de tiempo y esfuerzo. Así, se emplearon procedimientos actuales de corte y abrasión sobre planchas de cobre, en el caso de los ejemplares laminados, y de aleación en horno actual sobre molde de arena en el caso del ejemplar fundido.

Conseguida la forma se procedió a rebajar el peso de las réplicas mediante discos de lijado con el fin de ajustar el peso al modelo original, consiguiéndose una gran precisión con escasas desviaciones de entre 15 y 20 gr. que suponemos poco significativas en cuanto a la eficacia.

Antes de iniciar ensayos sobre la efectividad de los distintos modelos experimentales, es necesario destacar la enorme diferencia cromática entre las hojas de cobre puro y las aleadas con un 3 % de arsénico, muy rojizas las primeras y amarillentas las segundas. Una diferencia que, sin duda pudo ser tenida en cuenta por los primeros metalúrgicos que buscarían el efecto aúreo o argénteo, bien por enriquecimiento con arsénico de las superficies como en el caso de la espada 2 de Carnoët, a la que hemos hecho mención, bien mediante un enriquecimiento de las tasas de arsénico naturales, algo que pudo ocurrir en el caso que nos ocupa si es cierto que "cuando el porcentaje de este último [el arsénico] supera el 2% se entiende en general que se trata de una adición intencionada" (Healey 1993: 252).

Este hecho se explica por el supuesto valor simbólico de estas espadas que para algunos son ofrendas específicas de una minoría dirigente (Lull y Estévez 1986) o, al menos, "distintivos de rango" (Delibes *et al.* 1999: 58). Hipótesis que se ven avaladas por la existencia de algunas fundas aúreas de empuñaduras, como las de Guadalajara y Abía de la Obispalía (Almagro Gorbea 1974, Brandhern 1998), pero también por la utilización "de remaches de plata ubicados en los bordes de la pieza o el enmangue mediante maderas blandas y flexibles poco adecuadas para su uso ofensivo" (Simón 2001: 234).

En esta misma dirección, "la introducción de la aleación del bronce –cobre y estaño- entre el 1700-1500 A.C. no parece ir dirigida hacia una mejora de las propiedades mecánicas de los útiles y las armas, sino más bien hacia el aprovechamiento de sus cualidades estéticas, donde su adición permite obtener unas composiciones con tonalidades amarillas o plateadas, frente a las cobrizas" (Simón 2001: 235). Exactamente igual a lo que ocurre en las etapas previas con la adición del arsénico. Sin embargo, la analítica está evidenciando que no todas las armas de este tipo nos ofrecen tasas altas de arsénico o estaño (Gómez 2001: 17 y 19), no sabemos si por dificultad de obtener la composición o porque no siempre se buscó este efecto.

2.3. El procedimiento de fabricación: ¿espadas a molde?

Los técnicos del CENIM implicados en el experimento nos permitieron observar el proceso de fabricación, y aportaron numerosas anotaciones de interés. Para el ejemplar a molde fue vertida la aleación sobre un molde bivalvo de arena rica en sílice mezclada con agua, materiales de uso frecuente en este tipo de procesos y que aportan una gran dureza y consistencia a la caja. Para el ejemplar de la muestra 4 se procedió a un batido mecánico en caliente a partir de coquillas fundidas, aplicándose en este caso una percusión mecánica insistente en toda su superficie.

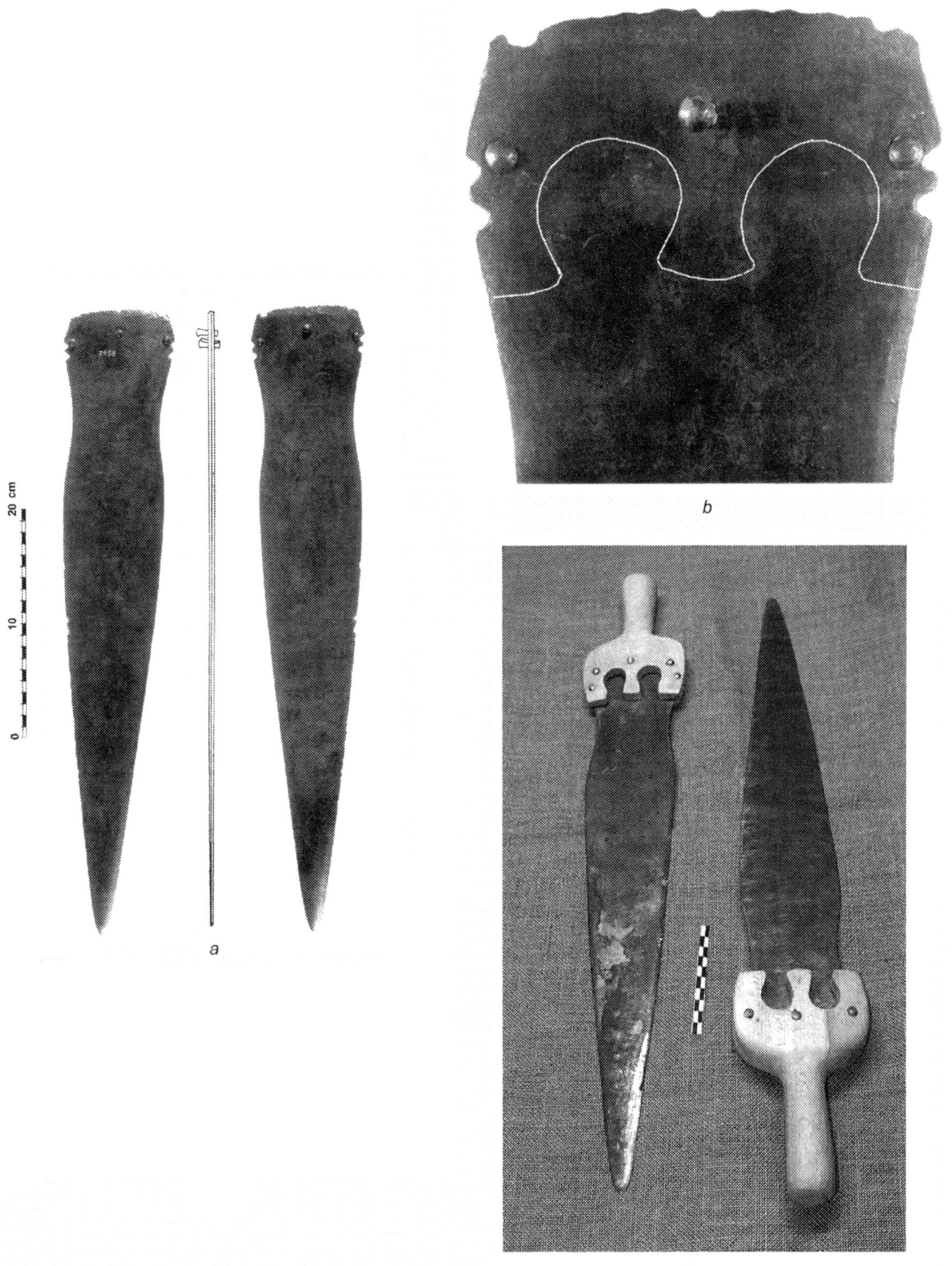

Figura 1: a) La espada de La Perla (Museo Arqueológico de Cataluña, Barcelona) b) Extremo proximal de la hoja, señalada en blanco la sombra diferencial originada por la empuñadura original c) Algunas de las réplicas con distintas posibilidades de enmangue.

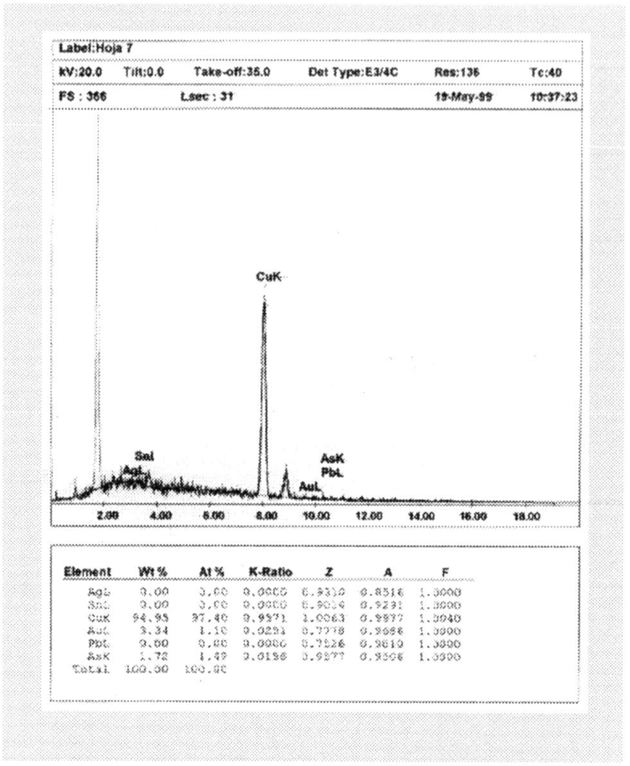

Figura 2: Composición metálica de la espada original.

Las observaciones de D. Fernando Fernández (técnico del CENIM) nos permitieron conocer las dificultades que suponía la ejecución del ejemplar mediante fundido. El mayor problema lo creaba el rápido enfriamiento de la colada porque no existía espesor suficiente para que la colada invadiera todo el molde antes de enfriarse. Por ello, fueron necesarias numerosas pruebas (fig. 3) hasta conseguir un resultado aproximado. Igualmente, se observó la escasa eficacia de un molde univalvo aplicado a este tipo de procedimientos, ya que el metal fluye incontroladamente hacia los bordes y no se consigue la característica forma plana que ofrecen las secciones. La simetría de estas piezas sería difícil de conseguir, por tanto, con moldes univalvos, o, al menos, sin intervención de procedimientos mecánicos (batido) correctores. Todo ello apoyaría el papel activo del batido en la morfología final, donde el machacamiento de los filos crea una parte central en resalte, llegando incluso a facilitarse la producción de nervaduras destacadas.

Respecto al batido, y en contra de algunas opiniones publicadas a este respecto (Gómez 2001), el procesado en frío resultaría escasamente operativo frente a un batido con calentamiento (en las réplicas realizadas, bastó una temperatura de 600-700º), siempre por debajo de los 900º, aplicado de forma paralela al golpeo y que aportaba una gran maleabilidad al metal. Además este procedimiento aumenta sustancialmente su dureza, tal como comentaremos posteriormente.

La limitada variedad de tipos que reflejan los moldes metalúrgicos de la Edad del Bronce, que en la mayoría de los casos se reducen a varillas y hachas planas, podrían ser un indicio de que en ellos se obtenían, además de las propias hachas, preformas a partir de las cuales, mediante forjado y recociendo sucesivamente el metal, se conseguía la pieza deseada. Un ejemplo nos lo ofrece el conjunto de moldes de Peñalosa, donde además de varillas y hachas planas sólo hay un molde para anillas y otro para punta con fuerte nervadura y vástago circular (Contreras *et al.* 1997: 103-104), objetos que no pueden conseguirse sólo con el forjado. Por el contrario no encontramos en la metalurgia del Bronce Antiguo y Pleno moldes de piezas planas como puntas de proyectil, puñales, alabardas o espadas, objetos que podrían obtenerse a partir de un bloque trapezoidal más grueso (hachas planas?), lo mismo que a partir de las varillas "y mediante martilleado se efectúan punzones, láminas, cinceles, puntas de flecha, puñales, etc." (Simón 1998: 313). Así, en la mayor parte de los casos parece tratarse de elementos de función de bloques, coquillas o lingotes masivos (una morfología de partida polifuncional) transformables mediante batido en útiles diversos, desde hachas a espadas largas.

2.4. Enmangue de la pieza

Realizadas las reproducciones nos propusimos poner a prueba un modelo de enmangue aproximado. Para ello fue especialmente fructífera la identificación de una pátina diferencial sobre la zona cubierta por el enmangue original, cuya materia orgánica había producido sobre el metal, por oposición a la zona expuesta. Aparecería así una sombra bien delineada que indicaba con claridad tanto la parte encajada en el mango, como la forma precisa de éste, que ofrecía una nítida disposición en doble arco de herradura (fig. 1). La observación de otras piezas arqueológicas procedentes de contextos cronológicamente similares, permite confirmar la existencia de señales parecidas en un buen número de ejemplares (ejemplares de Villaviudas, Guadalajara, Rodríguez Bauzá, Puertollano, El Argar, etc.). Así mismo se siguieron paralelos arqueológicos (tales como la espada de Gudalajara, o los grabados de las estelas de Preixana o del bajo Alentejo) para la elaboración de la morfología final del mango (Lucas 1998).

Sobre madera dura de cedro o haya se procedió a reproducir la forma aproximada, fijando la hoja con remaches de cobre. La aplicación de madera dura obedeció en parte al sentido común, corroborado por el dato del empleo de madera de olivo o acebuche en el enmangue de la espada o alabarda pertenecientes al ajuar de la cista nº 1 de Rincón de Almendricos (Ayala 1991: 101), aunque no podemos olvidar la utilización de otras maderas poco prácticas como el sauce de la alabarda que formaba parte del ajuar de la cista recuperada dentro de uno de los departamentos de Tabaiá (Badal 1990: 95-97), ya que se trata no sólo de una madera blanda sino también excesivamente flexible para formar parte de un enmangue de arma ofensiva. En todo caso, más importante que la dureza intrínseca del material resulta la consistencia interna del mismo, siendo especialmente delicada la existencia de vetas o nudos que promuevan la aparición de fracturas. Tal como comprobamos experimentalmente (fig. 5) la captura de nudos y vetas eleva el riesgo de fractura en el momento de la aplicación de los remaches, cuyo vástago de sección cuadrangular garantiza una mejor fijación que los de sección circular.

Figura 3: Proceso de fabricación. a) Calentamiento de la coquilla a 700º. b) Batido con asistencia de medios mecánicos. c) La réplica de cobre arsenicado en su molde. d) Sucesivas pruebas de fundido e) Rebaje posterior con medios modernos para ajustar el peso. g) Proceso de enmangue: fijación de los remaches.

La disposición de los remaches se hizo observando la disposición de los orificios en el original (de 4 mm. de espesor) junto a unas muescas laterales y superiores (fig. 1) que suponían un encaje adicional posterior. La fórmula resultó suficiente para una sujeción firme, y sólo transcurrido algún tiempo, al secarse la madera, se produciría cierta holgura poco significativa y recuperable. En un caso se aplicaron 5 remaches y en los demás ejemplares, sólo 3, siendo en este caso igualmente efectivo. Quizás modalidades de enmangue mediante cachas requirieran, no obstante, una mejor sujeción.

3. Experimentación con las réplicas

Con los cuatros ejemplares más arriba descritos, que como hemos visto diferían en su composición metálica tanto como en su tratamiento, se procedió a un test de efectividad. El estudio funcional se dividió en dos grupos de pruebas:

- Aplicación sobre un saco de arpillera cubierto de serrín recubierto de distintos materiales protectores (cuero, lana) y sobre un poste de madera reforzado por cuero; aplicación sobre piel seca de ciervo, caña, madera húmeda/seca, etc. Se trataba de evaluar la eficacia y resistencia de la espada ante distintas protecciones, siendo especialmente atentida la posibilidad de protecciones con cuero, opción ya valorada experimentalmente en otros trabajos experimentales (Coles 1977).

Figura 4. Distintas pruebas. a) Aplicación sobre poste estático con protección de cuero b) Aplicación sobre saco de arpillera sin protección. c) Aplicación sobre madera protegida por vellón de lana. d) Aplicación sobre paquete intestinal. e) Aplicación sobre saco de arpillera protegido con cuero. f) Aplicación sobre madera. g) Aplicación sobre cráneo de *ovis*.

- Aplicación sobre un individuo animal (*ovis*), que fue colgado recreando la disposición de un cuerpo humano erguido. Con ello pretendíamos una aproximación general a las posibilidades ofensivas del arma sobre cuerpos descubiertos.

Los golpes, aplicados siempre con intensidad similar y un mismo individuo, recogían distintas trayectorias:

- Golpe tajador
- Golpe penetrante
- Golpe transversal

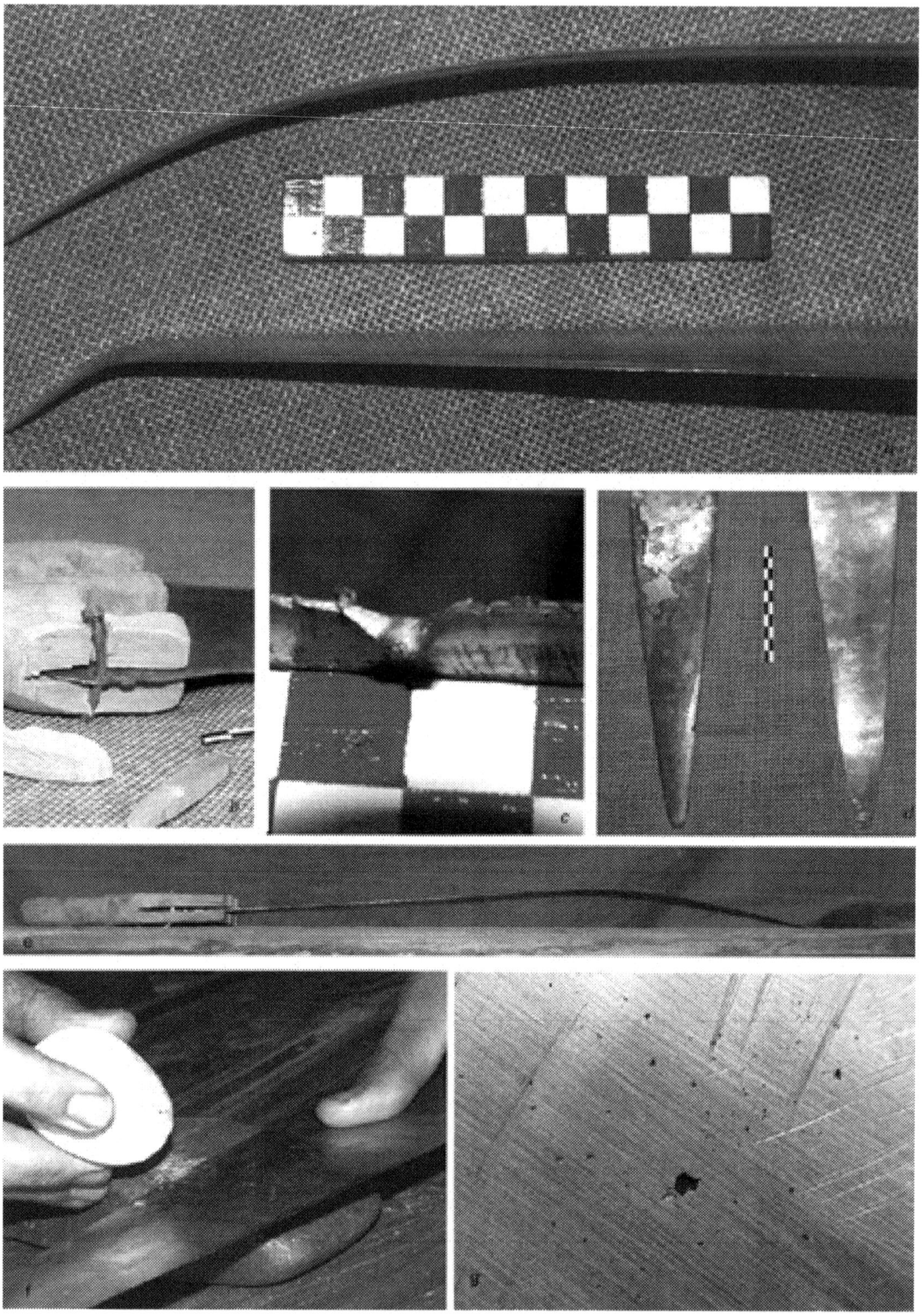

Figura 5: Efectos sobre la espada. a) Doblamientos por golpe penetrante. b) Roturas durante el remachado del mango. c) Rebabas por la aplicación de golpes transversales y perpendiculares. d) Alteraciones por jugos gástricos. e) Deformación general de la hoja por la aplicación de golpes planos. f) Recuperación del filo. g) Microburbujas resultantes del proceso de fundido.

- Golpe perpendicular
- Golpe plano

Penetrar. Se observó en todos los casos una aceptable eficacia en la penetración sobre tejido de arpillera, pero cuando se interponían materias protectoras como el cuero (0.25 cm) o lana disminuía notablemente la eficacia. En ninguno de los casos se conseguía atravesar el cuero de forma limpia, aunque esta limitación dependía muy directamente del espesor de la punta.

Tajar. El corte directo sobre arpillera sin protección resulta notablemente efectivo, pero, al igual que lo que sucedía con la penetración, la aplicación sobre materias protectoras restaba mucha eficacia al golpe. Sobre piel de ciervo, el corte resultó medianamente eficaz.

Golpear. Las espadas resultaban notablemente combadas tras su aplicación en golpe plano; su eficacia en golpes transversales y perpendiculares era media pero produciéndose melladuras y deformación del filo, de nuevo, al aplicarse con cuero protector (especialmente en los ejemplares no batidos).

Los materiales golpeados eran sujetados manualmente por algunos de los experimentadores, con el objeto de dar salida a la reacción creada por el impacto de la espada; en la medida de lo posible, se evitó la utilización de soportes fijos que podrían falsear los resultados.

Los resultados fueron sistematizados en cuadros, calibrando la eficacia sobre la materia tanto como la alteración sufrida por la espada. Se aplicó una escala subjetiva (de 0 a 4) para su registro.

- Experimentación sobre *ovis*. El individuo utilizado pesaba aproximadamente 60 kg y medía 1.5 m., y fue colgado de forma que no ofreciera resistencia al golpeo.

La penetración sobre paquete intestinal del animal (zona que no ofrecía protección ósea), se reveló altamente eficaz; las alteraciones producidas sobre la réplica fueron mínimas y quedaban limitadas a las ya aludidas alteraciones químicas por acción de los jugos gástricos (fig. 5).

El golpeo perpendicular sobre el cráneo resultó igualmente efectivo, produciéndose fractura ósea con intervención sobre la masa encefálica. Sin embargo en el caso de las pruebas con ejemplares no batidos aparecieron numerosas melladuras en los filos con rotura de los mismos, lo que implicaba una recuperación difícil del filo original.

El golpe cervical tajador (decapitación) no resultó efectivo, produciéndose en este caso notables deformaciones en la hoja de la espada. La penetración y corte sobre masa muscular se reveló por el contrario muy eficaz, con mínimas deformaciones en el arma.

La intervención sobre la caja torácica resultaba en general menos eficaz cuando se intentaron golpes transversales no controlados, pero notablemente efectiva, lógicamente, cuando la penetración coincidía con espacios intercostales.

4. Resultados

La principal sorpresa recibida tras la sistematización de los datos fue la escasa eficacia que el artefacto presentaba ante materias primas como el cuero, que en principio suponían una mínima protección. La aplicación de un vellón de lana restaba igualmente eficacia a los golpes en todas las trayectorias, produciendo en las espadas una acusada deformación (fig. 5). Esta circunstancia era observada tanto en los ejemplares en cobre como en el ejemplar en cobre arsenicado fundido sin batir. La eficacia crecía de forma evidente, sin embargo, en el caso de aplicación de batido mecánico.

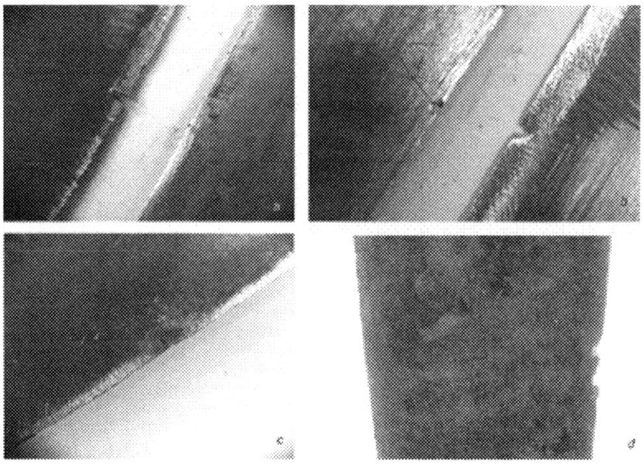

Figura 6: Las alteraciones de los filos. a) Comparación entre los efectos de golpeo de hoja contra hoja; izqda.; cobre; dcha.: cobre arsenicado batido. b) Melladuras en los filos: izqda.; cobre arsenicado batido; dcha: bronce. c) Recuperación parcial del filo tras melladura con rotura. d) Detalle del filo en la espada de La Perla; obsérvense las melladuras indicativas de golpes de baja intensidad.

Junto a la eficacia, las deformaciones producidas en la espada son importantes. Así, los golpes penetrantes producían un acusado doblez de la parte proximal, los golpes perpendiculares y transversales la existencia de deformaciones y roturas, y los golpes planos, una acusada pérdida del perfil original (fig. 5). Otro tipo de alteración muy importante y que fue registrada experimentalmente fue la producida por jugos gástricos (fig. 4), que al poco tiempo producían corrosiones químicas de la superficie.

Las deformaciones suponían problemas de fácil solución (piqueteado con un canto, corrección manual de los doblamientos), pero creando en el caso de éstos últimos una zona de debilidad que volvía a ponerse de manifiesto en aplicaciones sucesivas. Por otra parte, la existencia de roturas en los filos puede ser reparada mediante batido parcial, pero se originaban solapas de metal fracturado que no llegaban, lógicamente, a unirse (fig. 6).

Por otra parte, si las deformaciones del filo son fácilmente recuperables, el posterior proceso de afilado va modificando sustancialmente la morfología original de la pieza, cambiando la silueta hacia tipos con lados más paralelos y estrechos. Esto tiene una especial repercusión en lo que respecta al método de estudio de este tipo de piezas, donde las tipologías realizadas en base a morfologías de abandono pueden no ser indicativas de la vocación inicial del artesano.

5. Valoración final

Las conclusiones obtenidas pueden sintetizarse:

a) El alto contenido de arsénico, superior al 2 % podría ser una aleación intencionada para provocar un efecto cromático emulador de las cualidades aúreas.

b) La cadena técnica asociada a cada uno de los ejemplares interviene de forma esencial en el resultado final de eficacia y sobre todo en la resistencia de la pieza. Así, los ejemplares en cobre puro o cobre arsenicado no batido presentaban una limitada efectividad en acciones como penetrar y tajar cuando existiera algún tipo de protección sobre el cuerpo humano. Ésta podría consistir en un lienzo de cuero de distinto grosor o de vellones de lana aplicados directamente, y que, tal como fue comprobado experimentalmente, anulaban completamente la efectividad del arma.

a) Sin embargo, la situación variaba algo en el cobre batido (sensiblemente más eficaz) y sobre todo, en el caso del cobre arsenicado batido, donde aumentaba la eficacia, y la resistencia de la hoja. Las réplicas no batidas mostraban una gran debilidad en acciones sobre materiales duros, produciéndose rebabas y deformaciones en los filos, en ocasiones muy acusadas (especialmente en el test de golpeo sobre poste de madera revestida de cuero). Las acciones de golpeo plano producían así mismo numerosas deformaciones longitudinales en el perfil de la hoja, mientras los intentos de penetración (estocada) producían una deformación igualmente acusada centrada en el extremo distal de la hoja. Todos estos efectos se veían minimizados cuando se utilizaba el ejemplar *d* (cobre arsenicado al 3% batido).

b) La recuperación de las formas originales es sencilla y rápida, pero no total cuando existen roturas en los bordes. Los golpes perpendiculares y planos producían además numerosas melladuras, a veces simplemente deformaciones (fig. 5) y ocasionalmente roturas que no llegaban a soldarse nunca. Las sucesivas recuperaciones del filo irían produciendo, tal como hemos apuntado, un cambio en la silueta original.

c) En lo referente al enmangue, la opción presentada de 3 o 5 remaches sobre hoja sin lengüeta se reveló eficaz, sin que se produjeran fracturas, holguras ni desajustes durante su aplicación. No creemos que el tipo de madera (siempre que se cumplan unos mínimos requisitos de dureza y cohesión interna) influya de forma significativa en la eficacia.

Como conclusión final, pueden apuntarse algunas observaciones preliminares, que habrán de valorarse a la luz de sucesivas experimentaciones con ejemplares tratados con distintas técnicas en conjunción con la aplicación de aleaciones diversas:

1. El tratamiento por batido resulta un factor clave (según nuestras observaciones, mucho más que la aleación) en la eficacia, pero sobre todo en la resistencia de la pieza. Algunas opiniones (Simón 2002) confirmarían esta impresión experimental.

Por otra parte, algunos autores han apuntado la presencia de polimetalismo en las vetas de mineral en el área de Madrid (Blasco y Rovira 1992-1993) lo que podría explicar en algunos casos aleaciones que no parecen justificarse en un aumento sustancial de la eficacia. Este autor sugiere incluso que la introducción de estaño en momentos posteriores podría explicarse por el brillo áureo de algunas piezas de bronce, anotaciones ya realizadas por otros autores (Healey 1993) y que en algunos yacimientos podrían implicar incluso la aplicación de polvo de arsénico martilleado con una intención ornamental (Briard y Mohen 1974). Nuestra experimentación indicó igualmente un cambio notable en la tonalidad de la pieza, pero, además, la resistencia del ejemplar arsenicado aumentaba notablemente frente al cobre puro martilleado.

2. La observación de los procedimientos de fabricación lleva a pensar en una alta eficacia del tratamiento por percusión, frente a una utilidad moderada del fundido en molde. Así, en los intentos de fabricación mediante colada sobre molde de arena bivalvo (fig. 3) mostraban que la aleación se enfriaba rápidamente y no fluía por la totalidad del vaciado. Opiniones de artesanos actuales (D. F. Fernández, técnico del CENIM) nos confirmaron en la idea de la importancia del tratamiento por percusión frente al moldeado en el caso de las aleaciones de cobre, apoyado por un calentamiento paralelo a 600-700°. No olvidemos, por otra parte, la escasez de moldes de espada conocidos hasta el momento, lo que podría aludir, tal como hemos visto, a la existencia de formas básicas genéricas (especie de hachas-lingote) transformables por percusión como elementos básicos estándar de los intercambios.

3. La capacidad lesiva del arma es alta en cuerpos humanos desprotegidos, pero desciende en golpes sobre superficies protegidas con materiales como el cuero de un espesor medio (0.25 cm en la prueba efectuada). Su aplicación sobre piel desprotegida o recubierta por tejido simple es alta, siempre que se aplique sobre partes blandas sin hueso o incluso en golpes articulares sobre objetivos fijos. Este carácter social del armamento de la Edad del Bronce es innegable, y según algunas opiniones, explicaría suficientemente su presencia en algunos contextos contemporáneos peninsulares (Simón, J. L. 2002) donde no se advierte un carácter industrial en la producción.

En apoyo de un fuerte contenido social y ritual en el significado real de estas armas, las experimentaciones de J. Coles muestran (Coles 1977) una elevada eficacia de materiales alternativos (cuero) en la panoplia defensiva el Bronce europeo, frente a protecciones metálicas en los escudos. Mientras las réplicas de escudos en bronce resultaban abollados con frecuencia en combates experimentales, los lienzos de cuero sobre madera resistían con notable eficiencia embestidas de lanzas y golpes de espada.

En favor de una utilización ofensiva de estas piezas se observa en el ejemplar arqueológico (fig. 6) la presencia de melladuras dirigidas unidireccionalmente, y con secciones muy similares a las observadas por nosotros en las pruebas experimentales cuando se producía contacto entre hojas. Sin embargo, los golpes reproducidos en este caso fueron de intensidad baja, lo que alejaría el uso original del sentido de combate en sentido estricto y lo aproximaría a otros tipo de prácticas.

4. Las tipologías clásicas aplicados al estudio de este tipo de armas deben tener en cuenta la presencia de modificaciones sobre la silueta original cuando se producen melladuras y reafilados. La evolución lógica sería la pérdida de parte del carácter pistiliforme de algunas de estas hojas (en concreto, del ejemplar tomado como modelo para la experimentación; la espada de La Perla) y explicaría parte de la variedad tipológica del armamento de esta época.

Bibliografía

ALMAGRO GORBEA, M (1972), "La espada de Guadalajara y sus paralelos peninsulares", *Trabajos de Prehistoria*, 38, pp. 55-82, Madrid.

ALMAGRO GORBEA, M. (1974), "Orfebrería del Bronce Final en la Península Ibérica. El tesoro de Abia de la Obispalía, la orfebrería tipo Villena y los cuencos de Axtroki", *Trabajos de Prehistoria*, 31, pp. 39-100.

AYALA, Mª M. (1991), *La cultura del Argar en la comarca de Lorca. Estado de la cuestión.* Lorca.

BADAL, E. (1990), "Análisis anatómico de un fragmento de madera del yacimiento de Tabayá (Aspe, Alicante)", *Homenaje a Jerónimo Molina,* pp. 95-97, Murcia.

BLASCO C., BAENA, J., LUCAS, Mª R. y CARRIÓN, E. (2001), "La espada de La Perla. Una pieza excepcional conocida a través de la obra de Pérez de Barradas", *Estudios de Prehistoria y Arqueología madrileñas*, 11, pp. 69-85, Madrid.

BLASCO, C., CALLE, J. y SÁNCHEZ –CAPILLA Mª L. (1995), "Fecha de C14 de la Fase Protocogotas I del Yacimiento del Caserío de Perales del Río". *CuPAUAM,* 22, pp. 83-99, Madrid.

BLASCO, C. y ROVIRA, S. (1992-1993), "La metalurgia del cobre y del bronce en la región de Madrid", *Tabona*, VIII-II, pp. 397-415.

BRANDHERN, D. (1998), "Algunas consideraciones acerca de la espada de Guadalajara. ¿Un depósito excepcional desarticulado del Bronce Medio en la Meseta?, *Trabajos de Prehistoria*, 52, 177-184, Madrid.

BRIARD, J. y MOHEN, J.P. (1974), "Le tumulus de la forêt de Carnoët à Quimperlé", *Antiquités Nationales*, 6, pp. 56-60.

COLES, J. (1977), "Parade and Display". *Experiments in Bronze Age Europe". Studies presented in honour of Hugh Hencker.* Warminster.

CONTRERAS, F. *et al.* (1997), *Hace 4000 años.... Vida y muerte en dos poblados de la Alta Andalucía.* Granada.

DELIBES, G., FERNÁNDEZ MANZANO, J., FONTANEDA, E. y ROVIRA, S. (1999), *Metalurgia de la edad del Bronce en el Piedemonte meridional de la Cordillera Cantábrica. La colección Fontaneda.* Zamora.

GÓMEZ RAMOS, P. (2001), "La espada de La Perla. Estudio de las empuñaduras de remaches con doble arco: Un *unicum* en la serie de armas europeas de la Edad del bronce". *Gladius*, nº XXI, pp. 5-30, Madrid.

HEALEY, J.F. (1993), *Miniere e Metallurgia del mondo greco e romano.* Roma.

JUGHANS, S., SANGMEISTER, E. y SCHRÖEDER, M. (1968), *Kupfer und Bronze in der Frühen Metalzeit Europas. Katalog der Analysen Nr. 985-10040.* Stuienzu den Anfäbgen der Metallugie. (SAM 2, 3). Gebr. Mann Verlag. Berlín

LUCAS, Mª. R. (1998), "Algo más sobre el tesoro de Villena. Reconstrucción parcial de tres empuñaduras". *CuPAUAM*, 25 (1), pp. 157- 199.

LULL, V. y ESTÉVEZ, J. (1986), "Propuesta metodológica para el estudio de las necrópolis argáricas". *Homenaje a Luis Siret, Cuevas de Almanzora, 1984*, pp. 441-452, Madrid.

QUERO, S. (1982), "El poblado del Bronce Medio del Tejar del Sastre (Madrid)", *Estudios de Prehistoria y Arqueología madrileñas*, pp. 183-247, Madrid.

SIMÓN GARCÍA, J.L. (1998), *La metalurgia prehistórica valenciana.* SIP. Serie de trabajos varios, nº 93. Valencia.

SIMÓN GARCÍA, J.L. (2002), "Minería y metalurgia en el Levante peninsular durante la Edad del Bronce", V.V.A.A. *Catálogo de la Exposición: "Y acumularon tesoros. Mil años de Historia en nuestras tierras".* Comunidad Valenciana.

28. Huellas de trabajo en piezas dentarias de la población prehispánica de Gran Canaria

Teresa Delgado Darias, Javier Velasco Vázquez, Matilde Arnay de la Rosa, Emilio González Reimers y Ernesto Martín Rodríguez

Abstract

The aim of this paper is the study of paramasticatory wear in several prehistoric populations from Gran Canaria Island, in an attempt to analyze the relationships between these anomalous wears and some activities derived from the processing of raw materials. The analysis was carried out on 260 skulls from several funeral areas of the island, using macro and microscopic methods.

The nature this type of tooth wear, its location, and the number of individuals that display them are thought to be indicators of a specialization in the processing of raw materials. All these unusual dental abrasions were observed in females only, so this kind of activity was probably socially divided by gender.

The bioanthropological repertories are an effective tool for attempting a holistic and dynamic reconstruction of these populations and especially their productive models. The bioarchaeological studies must contribute to the understanding of the social processes of human groups of the past.

Introducción

En los últimos años el estudio de restos humanos procedentes de los contextos arqueológicos ha conocido un impulso realmente significativo. Un avance que no sólo ha tenido como motor de desarrollo la proliferación de técnicas analíticas, sino también las modificaciones en los preceptos conceptuales que han encauzado esta línea de investigación. De tal suerte que de constituir muchas veces meros referentes anecdóticos, anexos a las memorias de los trabajos de investigación de campo o notas de interés casi exclusivamente biomédico, estos estudios se han incorporado como estrategias de pleno derecho a las vías seguidas para la reconstrucción de los procesos sociales protagonizados por los grupos del pasado. A tal efecto, los estudios bioantropológicos, o quizá con mayor precisión bioarqueológicos (Spenser 1997), participan cada vez con mayor asiduidad en las aproximaciones que, desde diferentes campos, tienen como fin último el desarrollo de este análisis histórico.

Los estudios sobre restos humanos de la población prehistórica del Archipiélago pretenden, en la actualidad, una reconstrucción dinámica y fidedigna de los modos y calidad de vida de estos grupos. Una tendencia que está en consonancia con la progresiva modificación de las premisas conceptuales que rigen esta línea de investigación, así como la introducción de nuevas técnicas de análisis y la consolidación de equipos de trabajo con un marcado carácter multidisciplinar. Los exámenes de paleodieta y paleonutrición (González y Arnay 1992) de la población prehispánica canaria supusieron la definitiva apertura de esta línea de trabajo que, paulatinamente, ha visto diversificado tanto los materiales sometidos a estudio como las técnicas empleadas para ello. Producto de esta tendencia es la incorporación a la investigación bioarqueológica de trabajos sobre la antropología dental de estos grupos, que han aportado datos de gran valor concernientes a aspectos tales como la dieta de estas poblaciones (Chinea *et al.* 1998, Delgado 2001) o determinados hábitos culturales que dejan una huella evidente en la superficie de las piezas dentarias (Bermúdez de Castro y Arsuaga 1983, Delgado *et al.* 2001).

Uno de los campos más sugerentes dentro del amplio abanico de propuestas que se incluyen dentro de la denominada antropología dental, es el dedicado al análisis del uso de los dientes en actividades no alimentarias. Estas labores, en las que la dentición participa activamente, pueden provocar la aparición y desarrollo de una serie de marcadores muy característicos, que van desde patrones de abrasión, hasta fracturas de la corona o pérdidas traumáticas de piezas dentales (Spenser 1997). Por ejemplo, determinados tipos de desgastes no alimentarios en las superficies linguales, vestibulares o interproximales de las piezas dentales anteriores y posteriores se han asimilado a la manipulación, con ayuda de la boca, de fibras vegetales o materias blandas animales. Tanto los estudios de restos arqueológicos, como los desarrollados sobre poblaciones "primitivas" contemporáneas, permiten disponer en la actualidad de criterios para la identificación, descripción y genérica valoración de este tipo de evidencias en las poblaciones del pasado. No obstante, y como también se ha señalado para otros marcadores de actividad (Stirland 1992), su reconocimiento no lleva implícito que, al menos *a priori*, pueda establecerse una asociación directa entre, por ejemplo, un tipo de desgaste específico y una actividad manufacturera particular. A ello ha de añadirse la escasez de trabajos experimentales que permitan precisar las diferencias que sobre el esmalte podrían dejar las distintas materias primas susceptibles de ser trabajadas y los diversos gestos técnicos que al efecto pudieran haber sido empleados.

Los trabajos desarrollados en diversas poblaciones del pasado se limitan, normalmente, a la presentación de casuísticas más o menos amplias, en las que se pone de manifiesto la existencia de patrones de desgaste anómalos en los tejidos dentales. Podemos de este modo tener un referente comparativo en cuestiones como la preferente localización anatómica de este tipo de marcadores o su aspecto macro y microscópico, a fin de poder distinguirlos de otras anomalías patológicas o biodinámicas. El reconocimiento en estudios etnográficos de comportamientos técnicos diversos en los que los dientes tienen una responsabilidad destacada, ha constituido el elemento básico para justificar la directa asociación entre ciertos tipos de desgastes anómalos en poblaciones arqueológicas y el desarrollo por parte de éstas de actividades manufactureras.

Este tipo de evidencias adquiere un especial sentido cuando son integradas en el conjunto de procesos sociales que explican su existencia. Así, la reconstrucción de los modos y calidad de vida de las poblaciones del pasado, empleando los restos bioantropológicos como vehículo fundamental de análisis, no está desprovista de los problemas interpretativos y conceptuales que afectan al conjunto de los repertorios materiales arqueológicos. De ahí que no baste con una mera descripción de las alteraciones, modificaciones o anomalías observables en los restos humanos, sino que es preceptivo dotarlas de un sentido histórico.

Material y procedimiento de trabajo

Para la evaluación de este tipo de desgastes por trabajo en la población prehistórica de Gran Canaria[1], se ha abordado el estudio de una serie relativamente importante de individuos a fin de tener una visión certera de la prevalencia de este marcador y ajustar, además, los planteamientos metodológicos para abordar esta vía de análisis en un grupo con patrón dental con caracteres ciertamente particularizables (Delgado 2001). De este modo se procedió a examinar la existencia o inexistencia de desgastes de actividad en un repertorio poblacional compuesto por 264 individuos adultos, procedentes de diversos conjuntos sepulcrales de toda Gran Canaria: Picachos de Tifaracás, Arteara, Crucecitas, La Aldea, La Isleta, Agaete, Maspalomas, Hoya del Paso/Bco. de Guanarteme, Temisas, Linagua, Gáldar, San Pedro, Silva, Bentaiga/Tejeda, Valerón, Cuesta de la Negra, La Guanchía, Acusa y Andén de Tabacalete.

El sexo de los integrantes del muestreo fue establecido siguiendo los criterios morfológicos recogidos por W. Krogman y M. Y. Iscan (1989), y que son los habitualmente empleados en este tipo de trabajos. Siguiendo tal proceder, pudo valorarse como del total de los sujetos estimados, 105 correspondían a varones, 123 a mujeres, no pudiendo establecerse un grado de certeza óptimo en 36 casos, los cuales fueron clasificados como alofisos. La asignación de grupos de edad se realizó mediante la observación del grado de desgaste de las piezas dentarias, y, ya que la muestra se encontraba formada exclusivamente por individuos adultos, se utilizaron intervalos amplios de edad: 17-25, 25-35, 33-45 y >45 (Brothwell 1989).

Las correspondientes arcadas dentarias de esta población fueron, en un primer momento, inspeccionadas visualmente con luz directa y con la ayuda de una lente de 10 aumentos a fin de verificar la presencia o ausencia de desgastes anómalos en cada una de las piezas presentes del maxilar y la mandíbula. No obstante, la determinación de este tipo de marcadores atendiendo tan sólo a una valoración macroscópica resulta especialmente complicada y puede llevar a confusiones o a la inclusión dentro de esta categoría de otras anomalías observables en la superficie del diente y que no respondan a los parámetros antes aludidos. Por ello, para evitar errores en el diagnóstico y descartar que las trazas macroscópicas no fueran producto de lesiones correspondientes a problemas de oclusión, hipoplasias del esmalte u otras patologías dentarias (Ravy *et al.* 1996), se procedió a su análisis microscópico con la ayuda de una lupa binocular (Nikon PFX) y un microscopio óptico (Nikon Labophot-2). Para ello se realizaron negativos de las superficies de las piezas dentarias aplicando un material sintético especialmente diseñado para la obtención de moldes dentales (3M Express®). Cada uno de ellos se examinó a diferentes aumentos permitiendo, por un lado, descartar aquellos sujetos en los que tales desgastes eran producto de una mala oclusión o de patologías específicas y, por otro, completar las descripciones de los que sí respondían a desgastes por actividad.

Evidentemente estos marcadores de actividad no aparecen en las superficies de los dientes por el uso esporádico en las labores cotidianas. Por el contrario, su presencia comporta la repetición de una serie de actividades a lo largo de un período de tiempo tal que la materia prima empleada en el trabajo termine por erosionar los tejidos dentales. Es decir, estos "gestos técnicos" han de ser frecuentes, regulares y desarrollados en un lapso temporal prolongado. Precisamente en este hecho radica buena parte de la significación cultural de las hipótesis interpretativas que puedan ser estimadas a partir de su estudio.

[1] Se trata de materiales custodiados en los fondos de El Museo Canario, institución a la que debemos agradecer sinceramente las facilidades prestadas en todo momento para el desarrollo de este trabajo.

Resultados

La presencia de desgastes por actividad tan sólo se registró en cuatro de los sujetos examinados. Porcentualmente suponen el 1,5% del total de la población analizada y, además, se da la circunstancia de que los cuatro casos corresponden a mujeres. Para estimar las particularidades de cada una de las evidencias constatadas cabe reseñar algunos aspectos de interés.

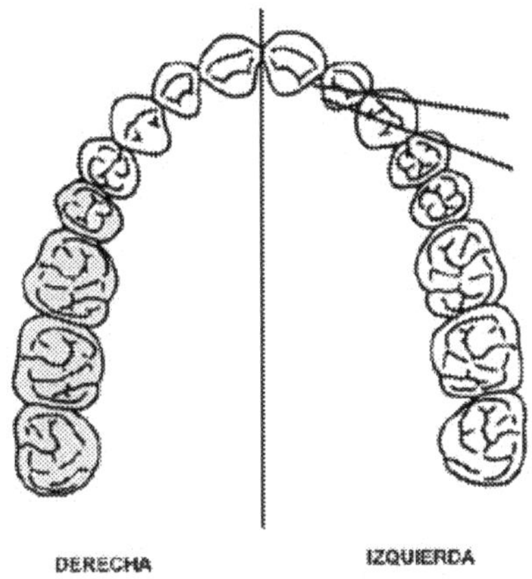

Figura 1

Caso 1 (fig.1). **Número 51** (Guayadeque). Corresponde a una mujer de entre 25 y 35 años. Los desgastes anómalos sólo se observan en el maxilar, en concreto en el segundo incisivo (^{2}I), canino izquierdo (^{i}C) y primer premolar (^{1}Pm) izquierdo. El segundo incisivo y el canino presentan dos líneas de desgaste visibles macroscópicamente que muestran una anchura y una profundidad relativamente homogéneas. En su interior pueden observarse numerosas microestrías que discurren paralelas al eje axial del surco y que pueden vincularse al repetido contacto de estas piezas con una materia abrasiva que sigue una trayectoria de tendencia lineal. Estas microestrías muestran mayor profundidad en su extremo distal, lo que respondería a que es precisamente en este lugar del diente donde el material responsable del desgaste ejerce una mayor presión.

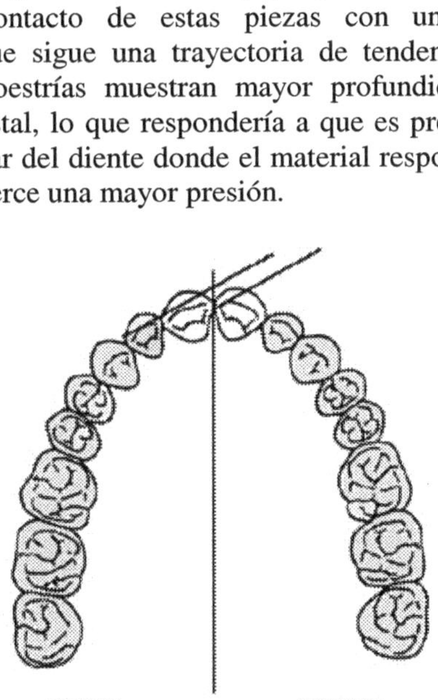

Figura 2

Caso 2 (fig.2). **Número 2003** (Guayadeque). Corresponde a una mujer de entre 33 y 45 años. En este ejemplo el desgaste por trabajo es perceptible en los dos incisivos centrales del maxilar (^{1}I, I^{1}) y en algunas de las piezas anteriores de la mandíbula (I_1, I_2, $_1$I, $_2$I). En la arcada superior los incisivos muestran un intenso desgaste de tendencia plana. Éste llega a ser tan significativo que ha provocado la práctica desaparición del esmalte en las áreas activas, con un marcado redondeamiento de las superficies labiales. La observación al microscopio reveló la existencia de numerosas microestriaciones de desarrollo longitudinal, que atraviesan transversalmente sendas superficies oclusales. En este caso los desgastes poseen una anchura y una profundidad mayores que en el ejemplo previo, producto más que probable del contacto directo de los tejidos dentales con una materia muy abrasiva. No obstante resulta difícil saber si la significación de estos desgastes es también atribuible a que se encuentran localizados en la dentina, que posee un grado de dureza sensiblemente menor que el esmalte.

Las piezas anteriores de la mandíbula cuentan, por su lado, con un patrón de desgaste característico que en ningún caso puede ser atribuido a su contacto con los dientes del maxilar .

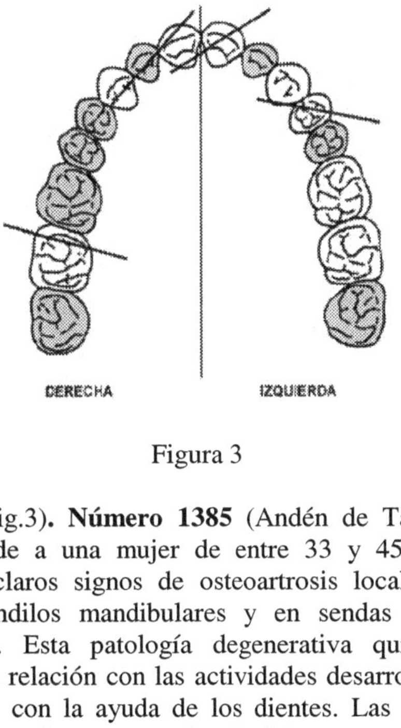

Figura 3

Caso 3 (fig.3). **Número 1385** (Andén de Tabacalete). Corresponde a una mujer de entre 33 y 45 años. Se observan claros signos de osteoartrosis localizados en ambos cóndilos mandibulares y en sendas cavidades glenoideas. Esta patología degenerativa quizá pueda ponerse en relación con las actividades desarrolladas por este sujeto con la ayuda de los dientes. Las huellas de trabajo se localizaron en ambos incisivos centrales (^{1}I, I^{1}), canino derecho y segundo molar (M^2).

El M^2 muestra una importante línea de desgaste en el extremo mesial de la cara oclusal, que culmina en la superficie vestibular y origina un intenso desgaste de apariencia semicircular. El canino derecho exhibe, en la superficie oclusal, un surco de dirección transversal a su eje cervical con salidas en vestibular y distal de la misma pieza. Esta traza termina por afectar al borde del esmalte del canino, describiendo un desgaste semicircular. Ambos incisivos centrales tienen varios surcos observables a simple vista, que por la superficie lingual, terminan afectando al final de su recorrido las áreas vestibulares del diente. En esta última región, la acción que ha provocado el desgaste motiva el deslascado de parte del esmalte, produciéndose una fractura concoidea de este tejido.

El análisis microscópico de todas estas piezas confirma la presencia de microestriaciones paralelas entre si y que, con una trayectoria lineal, siguen un recorrido coherente al señalado a escala macroscópica.

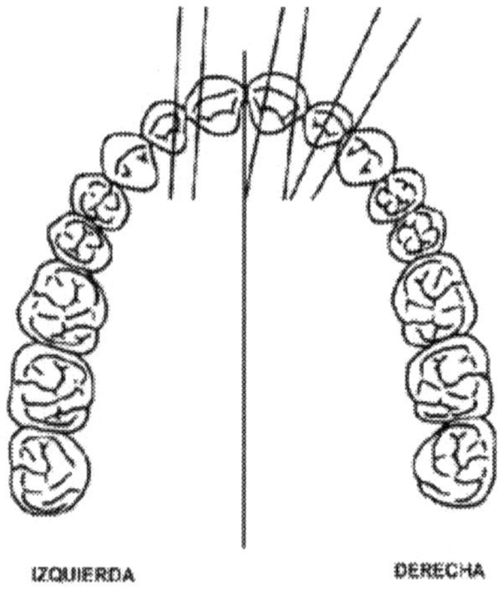

Figura 4

Caso 4 (fig.4)**. Número 994 (Andén de Tabacalete).** Nuevamente correspondiente a una mujer mayor de 45 años. En este caso puede observarse un intenso desgaste de los dientes anteriores de la mandíbula. Se trata de un desgaste que, afectando a las áreas oclusales de tales piezas, provoca que la región activa muestre una apariencia de tendencia plana, si bien ligeramente cóncava en las superficies vestíbulo linguales. El grado de abrasión ha sido tan importante que ha motivado la práctica desaparición del esmalte y una exposición generalizada de la dentina.

No se observa la definición de surcos en los tejidos dentales, sino un destacado pulido de las superficies oclusales, presentando un mayor grado de intensidad en sus caras mesiales. El análisis microscópico permite precisar que las microestrías se localizaban en prácticamente toda la superficie activa de los incisivos centrales, y en los flancos próximos a ellos de los incisivos laterales.

El uso de los dientes en actividades artesanales

La determinación de estos "desgastes anómalos" parece poner de manifiesto el empleo de los dientes en funciones no estrictamente alimentarias por parte de la población prehistórica de Gran Canaria. El análisis microscópico de estas evidencias permitió comprobar, además, que tales marcas no serían el producto de las pautas masticatorias habituales, ni la consecuencia de procesos postdeposicionales (King *et al.* 1999). Como norma, las microestriaciones observadas guardan un patrón constante y definido, con orientaciones y disposiciones muy características. La naturaleza longitudinal de las trazas indicadas puede ponerse en relación con unos particulares gestos en los que, mediante movimientos lineales, una materia prima dada abrasiona las superficies de los dientes. A dichas estriaciones han de añadirse otras modificaciones constatables en la superficie del esmalte dental, como es el caso de pequeñas fracturas -preferentemente localizadas en las regiones oclusales de las piezas dentales anteriores- y que pueden ser estimadas en directa asociación con los procesos gestuales que originan los desgastes extramasticatorios a los que antes hacíamos referencia.

La constatación de este tipo de trazas en más de un individuo evidencia que no se trata de un gesto particular vinculado a un único sujeto, sino que constituye, por así decir, un hábito social. El porcentaje de población para el que pudo reconocerse este marcador es relativamente limitado, especialmente si se compara con otros grupos humanos (Brown y Molnar 1989), si bien también es cierto que es similar, o superior incluso, a los resultados logrados en otros repertorios bioantropológicos (Spencer 1997). Esta circunstancia creemos que puede ser atribuida, más que a problemas de representatividad muestral, a la naturaleza de las actividades que originan estas evidencias y, quizá, a como se organizan éstas. Sin embargo, antes de profundizar en esta cuestión creemos conveniente hacer algunas valoraciones previas.

Los gestos

Los desgastes anómalos documentados para la población prehistórica de Gran Canaria pueden ser agrupados a grandes rasgos en dos categorías. La primera de ellas, evidenciada en los sujetos individualizados con los números 51 y 1385, podría caracterizarse, en términos muy generales, por la presencia de surcos en las superficies oclusales e interproximales de las piezas dentales, afectando preferentemente, aunque no de modo exclusivo, a los premolares, caninos e incisivos (fig. 5A y 5B). Estos desgastes, normalmente de morfología redondeada y apariencia macroscópica pulida, revelan en su análisis microscópico la presencia de numerosas microestrías de desarrollo longitudinal que transcurren en paralelo a su eje axial (fig. 5D). Normalmente estas trazas microscópicas muestran una mayor profundidad en uno de los extremos del surco, como consecuencia de la mayor presión ejercida en este lugar por parte del material que lo provoca. Estas pequeñas estrías si bien pueden presentarse fuera de sus límites, como norma suelen circunscribirse (al menos en mayor número y con más nitidez) en los límites definidos por la abrasión observable *a visu*. Por último señalar que es en esta categoría donde pueden documentarse más fácilmente la presencia de pequeñas fracturas oclusales en las piezas anteriores, especialmente incisivos (Capasso *et al.* 1999). El continuo rozamiento de la materia prima operada provocará, junto a la abrasión de la cara lingual, pequeños descascarillados del esmalte y la aparición de muescas localizadas en la línea de mordida (fig. 5C). Si tal gesto tiene continuidad, como es el caso, las fracturas pueden llegar a ser visibles a simple vista en la superficie de la pieza afectada.

En el segundo grupo, representado en esta muestra poblacional por los individuos 2003 y 994, los desgastes por trabajo no se encuentran circunscritos a una abrasión localizada, sino que se manifiestan por un pulido generalizado de la superficie activa del diente (fig. 6A). Este tipo de abrasión afecta de modo preferente a los incisivos, presentándose en un grado de desarrollo equivalente tanto en el maxilar como en la mandíbula. A escala microscópica se van a caracterizar por la presencia de abundantes microestrías que se reparten por toda o una parte de la superficie activa de la pieza dental, si bien sin terminar de definir surcos abrasivos. Cierto es que, como señalamos en páginas previas, estas pequeñas estrías pueden encontrarse agrupadas en "haces" (fig. 6B), si bien no resulta extraño observar otras que, aunque muy próximas, escapan de esta norma. Estas trazas parecen estar indicando un contacto intenso entre el material abrasivo y buena parte de la superficie del diente, pese a que puedan constatarse ligeras modificaciones en la intensidad y dirección de tal fricción. En principio, en este segundo grupo las microfracturas no suelen estar presentes a consecuencia del tipo, dirección e intensidad de la fuerza que ejerce sobre los tejidos dentales el material manipulado con ayuda de la boca.

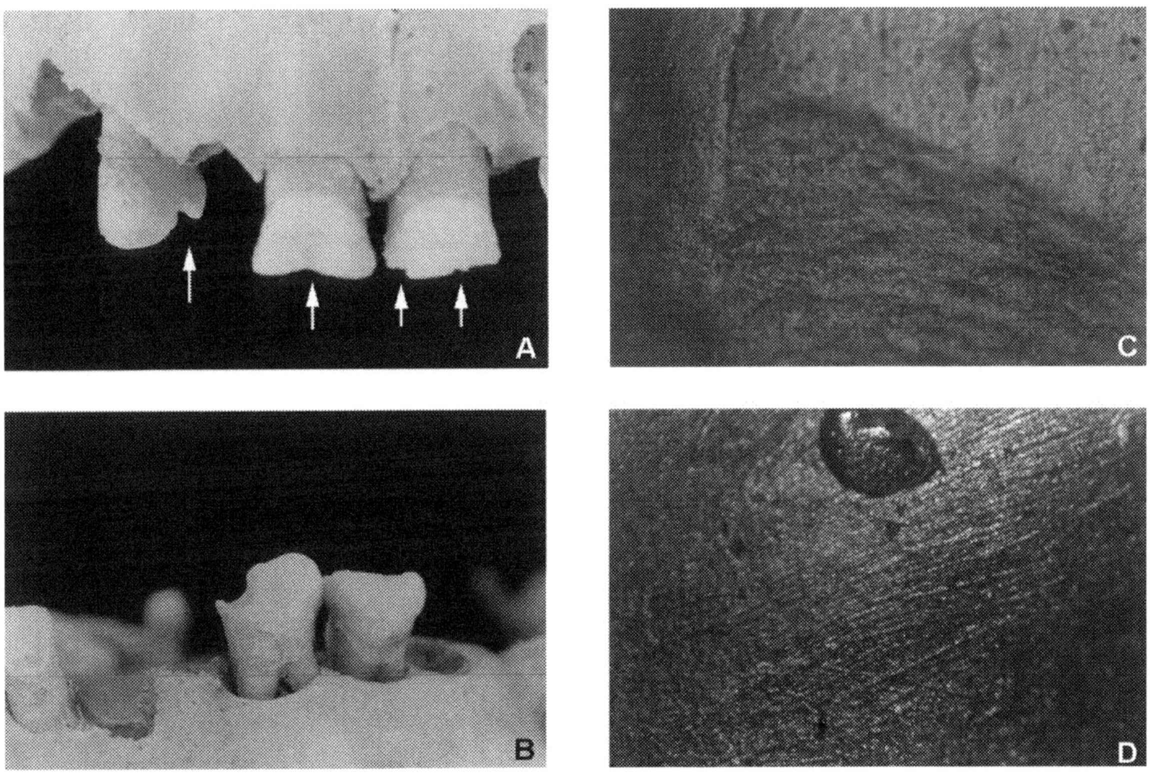

Figura 5: Primer grupo de desgastes por trabajo.

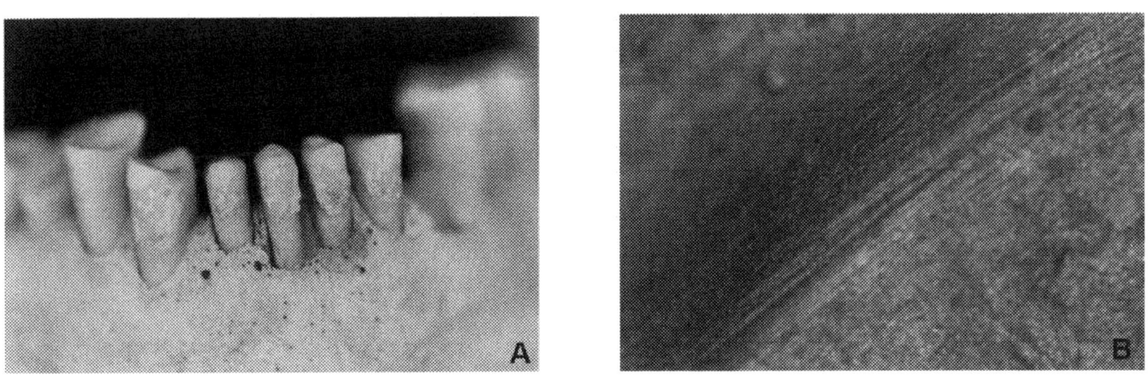

Figura 6: Segundo grupo de desgastes por trabajo.

El alto grado de abrasión observable sobre los tejidos dentales, tanto en un grupo como en otro, sería indicativo de que algún tipo de material ha friccionado la superficie de los dientes en unos comportamientos que pueden ser calificados de repetitivos y habituales (Spenser 1997). Pero, además, para los dos grupos descritos pueden llegar a valorarse gestos "técnicos" diferentes que justificarían las desigualdades a las que hemos aludido previamente.

En la primera de las categorías podría señalarse que un material abrasivo, probablemente de escaso porte y naturaleza flexible o semiflexible, estaría erosionando puntualmente las superficies oclusales o interdentales de las piezas dentales a consecuencia de un movimiento de trayectoria lineal continuado y repetitivo en el mismo emplazamiento. Este tipo de acciones se ha vinculado, de modo preferente, al trabajo con la ayuda de los dientes de fibras vegetales o materias blandas animales de escaso porte (como son tendones, tiras de piel, etc.). Los ejemplos etnográficos documentados para desgastes similares a los descritos en la población prehispánica de Gran Canaria, abarcan un amplio elenco de labores: Preparación de cuerdas para arcos (Milner y Spenser 1991, Capasso *et al.* 1999), cestería y cordelería (Spenser 1997, Alt y Pitcher 1998, Capasso *et al.* 1999, etc.), trabajo de la madera o el bambú (Lukacs y Pastor 1988). A pesar de la gran diversidad de actividades a las que se ha vinculado esta categoría de desgastes, parece existir un acuerdo general en señalar que éstos responderían a la manipulación con la ayuda de la boca de materias blandas animales o vegetales. Se trataría, en efecto, de un tratamiento mecánico de tales elementos, que se concretaría en acciones como su desbastado, dilaceración, ablandamiento, calibración, etc.

El segundo de ellos parece tratarse de un gesto con el que se persigue la sujeción con la ayuda de los dientes del elemento que está siendo objeto de manipulación. Esta circunstancia explicaría, además de su preferente localización en las piezas dentales anteriores, la presencia generalizada del desgaste anómalo en buena parte de las superficies activas y el hecho de que no se generalicen surcos macroscópicos. La aprehensión del material con la ayuda de los dientes podría originar una abrasión generalizada, a la vez que motivar que la fuerza aplicada se transmita, a lo largo del eje axial del diente, a su región radicular y a su soporte óseo, provocando niveles de estrés de baja intensidad que, a la larga, explicaría la pérdida en vida de piezas dentales. Pero, es más, el mencionado estrés puede incrementarse si al objeto sujetado le son aplicados repentinos movimientos vinculados al proceso de trabajo. Ello provocaría, además, la presencia de unas huellas de desgaste microscópico muy evidentes en algunos puntos, especialmente en las regiones vestibulares del diente, y con una dirección acorde a la trayectoria del movimiento aplicado a la materia manejada. En función del porte o la envergadura de los materiales sujetados con la ayuda de los dientes, los procesos abrasivos se localizarán en un número mayor o menor de dientes, así como en áreas más o menos extensas de éstos.

Los ejemplos etnoarqueológicos sobre el tipo de actividades que podrían originar esta categoría de desgastes son menos abundantes que en la categoría previa. En la mayoría de los casos se asocian a la aprehensión bucal de pieles durante la ejecución de diversas acciones, como su limpieza, corte, curtido, etc. (Capasso, *et al.* 1999). No obstante también se documentan otras actividades como las derivadas del trabajo de la madera, en la que ésta es aferrada entre los dientes mientras es desbastada, aguzada, descortezada... (Capasso, *et al.* 1999). Otras explicaciones argumentadas para poblaciones arqueológicas han sido, por ejemplo, la sujeción de antorchas de madera por parte de mineros (Alt y Pitcher 1998), la férrea fijación entre los dientes de tejidos vegetales mientras son tensados o anudados (Capasso, *et al.* 1999), o tecnologías vinculadas a la transformación en el medio oral de determinadas sustancias alimenticias (Alt y Pitcher 1998).

Los materiales

Cabe preguntarse, a partir de lo señalado hasta el momento, cuál sería el material que provocaría los desgastes por trabajo descritos y, evidentemente, a qué tipo de actividades se vincularían. Aunque ambos interrogantes no pueden tener una respuesta definitiva por el momento, dada la complejidad que como norma presentan estas evidencias, es necesario plantear algunas propuestas explicativas. Normalmente, y como hemos señalado, los patrones de desgaste (macro y microscópicos) similares a los observados en este grupo humano y en las zonas en las que se localizan, se asocian a la manipulación, con la ayuda de los dientes, de "fibras" de escaso porte. La naturaleza fibrosa y flexible o semiflexible de los elementos abrasivos responsables de los desgastes anómalos (equiparables a los observados en nuestra población) viene probada por el particular patrón de microestriación examinado (Irish y Turner 1987, Lukacs y Pastor 1988, Ravy *et al.* 1996). Éste, siguiendo lo ya señalado, presenta como principal característica (en el caso de las microestrías) su desarrollo rectilíneo y la disposición -a veces en auténticos haces- de líneas de desgastes paralelos entre sí.

En la mayor parte de las ocasiones se ha atribuido el origen de estas microestriaciones a los componentes silicios presentes en las fibras vegetales, según ha podido valorarse en poblaciones "primitivas" actuales. No obstante Ravy y colaboradores (1996) indican que no se han llevado a cabo estudios similares en grupos humanos en los que se constata el empleo de las piezas dentarias en la transformación o uso de materias blandas animales (cuero, tendones, etc.), con lo que, *a priori*, tampoco resulta descartable tal posibilidad en el presente estudio (Brown y Molnar 1989). De cualquier manera, en todos los casos, las abrasiones descritas son interpretadas como el testimonio directo del frecuente desarrollo de

actividades manufactureras o "artesanales" en las que los dientes constituyen una más de las "herramientas" empleadas en la transformación o manipulación de estas materias primas. En ningún caso, y como ya señalamos previamente, las estrías referidas pueden ser atribuibles a tareas esporádicas o carentes de continuidad. De ser así éstas hubieran resultado imperceptibles, incluso al microscopio, a consecuencia del constante "pulido" mecánico y químico al que se ven sometidas las superficies de las piezas dentarias.
Esta circunstancia, y el mencionado carácter lineal de la actividad que genera estos desgastes, pueden ser argumentos suficientes para vincular tales marcadores con la elaboración de manufacturas a partir de fibras vegetales o materias blandas animales. Unos trabajos que serían desarrollados de forma continuada, con ayuda de los dientes, por al menos un sector de la población prehispánica de Gran Canaria. Las materias primas en las que se confeccionan tanto los textiles y cordelerías vegetales aborígenes (Galván 1980), como el trabajo del cuero y la piel (Rodríguez 1997), presentan las condiciones idóneas para dejar tales marcas en los dientes si éstos eran utilizados en dicho proceso.

Las artesanías

Las fuentes etnohistóricas no aportan datos que permitan la reconstrucción global de los gestos técnicos empleados en estas "artesanías", con lo que resulta complicado establecer una asociación directa entre tales descripciones y las piezas dentales consideradas. No obstante, las noticias de cronistas y relatores sí introducen un parámetro de necesaria consideración dada la naturaleza de los materiales arqueológicos presentados en este estudio. Así, estos textos son recurrentes cuando señalan que existe una marcada división de género en lo que respecta al desempeño de estas labores. Por ejemplo, López del Ulloa (Morales Padrón 1993: 315) indica que "*las mugeres hasían esteras de juncos majados y curados para cubrise, y para colchón como está dicho queste y no otro hera su ordinario exercisio*". Antonio Sedeño (Morales Padrón 1993: 371), por su parte, recoge que "*tenían mujeres dedicadas para sastres, como para hacer loza de que usaban*", circunstancia a la que en unos términos equivalentes hace alusión Fray José de Sosa (1994: 284): "*para esta sastrería y para la losa que fabricaban para su servicio comun avia mugeres oficiales distrissimas*".

En cualquier caso, es necesario seguir profundizando en este tipo de cuestiones para la Prehistoria de Gran Canaria, toda vez que la división social del trabajo constituye uno de los elementos claves que puede contribuir a la reconstrucción del modelo productivo de esta sociedad. Un hecho por otro lado evidente ya que las fuentes etnohistóricas y, cada vez con mayor profusión, las arqueológicas (Hernández y Galván 1997, Navarro 1998, Velasco *et al.* 2001), redundan en que podamos entender esta ordenación del trabajo en unos términos equivalentes a los descritos por Bate (1998: 60): "*la existencia de individuos o grupos de especialistas dedicados a la producción de determinadas clases de bienes que constituyen ramas de la producción*". Puede considerarse, además, y siguiendo una misma línea argumental, que los criterios que rigen esta división de tareas no responderían, según se desprende de los datos disponibles, a condicionantes puramente técnicos o medioambientales, sino a variables de indudable carácter social, lo que favorece la estimación de aquellos elementos que definen el conjunto de relaciones de producción establecidas entre los integrantes de esta formación social.
Como ya señalábamos, los cuatro ejemplos sometidos a estudio corresponden a individuos de sexo femenino, un hecho éste especialmente llamativo si tenemos en cuenta las referencias antes transcritas. En este mismo sentido, la observación de un repertorio más amplio de cráneos de sujetos femeninos que el aquí presentado (123 de 264) ha permitido constatar que la existencia de este tipo de desgastes no constituye un hecho generalizado. Ambas circunstancias han de ser tenidas en cuenta a la hora de valorar la significación histórica de los resultados aquí expuestos, si bien es igualmente cierto que por el momento es imposible aportar cifras porcentuales definitivas.

A partir de lo señalado, cabría interrogarnos si los microdesgastes descritos corresponden, en efecto, al testimonio directo de una división social del trabajo, en el que una parte de la población asumiría un trabajo "especializado" o al menos no desarrollado con igual intensidad por el conjunto de la comunidad. Una posibilidad que no resulta descartable, al menos *a priori*, teniendo en cuenta varias cuestiones. En primer lugar, las continuadas referencias de las fuentes etnohistóricas a la existencia de la desigual ordenación de aquellas labores no encaminadas a la producción directa de alimentos. Así por ejemplo, además de las descripciones previamente transcritas, pueden traerse a colación narraciones como las que a continuación siguen: "*los canarios tenían entre ellos oficiales de hacer casas debajo y encima de la tierra, carpinteros*" (Torriani 1977: 112); "*tenían casas y oficiales que las hacían de piedra seca*" (Abreu Galindo 1978: 159). En segundo lugar, estas mismas noticias aluden a la gran importancia de los implementos elaborados a partir de fibras vegetales y materias blandas animales en numerosos aspectos de la vida cotidiana de estos grupos humanos (Morales Padrón 1993: 163, 315, 370-373, 436-437, etc., Abreu Galindo 1977: 157, 157, 160-161, etc.). En tercera instancia, la variedad y riqueza de evidencias arqueológicas de esta naturaleza es un indicio directo de la significación de dichos elementos para esta sociedad prehispánica. Estas razones resultan suficientes, en principio, para mantener la hipótesis de que al menos parte de la transformación de estas materias primas estuviera bajo la responsabilidad de "especialistas".

No obstante, y pese a lo dicho, creemos conveniente argumentar una cuarta cuestión. La existencia de un porcentaje reducido de individuos (1,5% del total y el 3,

25% de las mujeres) podría ser también un argumento para demostrar el carácter especializado de este tipo de actividades, o al menos para concluir que una fracción minoritaria de este colectivo hubiese emprendido este tipo de labores con mayor grado de intensidad. En otros grupos humanos en los que este tipo de trabajos son desarrollados cotidianamente por buena parte de sus integrantes, como por ejemplo entre los aborígenes australianos, la presencia de desgastes anómalos en las piezas dentarias alcanza frecuencias considerables. Por el contrario en aquellos para los que se propone unas mayores cotas de especialización, el grado de afección es sensiblemente inferior (Spenser 1997, Alt y Pitcher 1998). Al calor de lo indicado podría plantearse que en el caso de la población prehispánica de Gran Canaria el relativamente escaso tanto por ciento de sujetos en los que se reconocen estos indicios podría constituir el reflejo de que tan sólo una porción minoritaria de esta población desarrolló este tipo de trabajos con una especial intensidad, quizá en directa relación con una cierta especialización en la división de tareas.

Es pronto para saber si estas labores artesanales recaerían siempre en determinados sujetos o si en todo los casos los encargados de llevarlas a cabo eran de sexo femenino. Tampoco puede afirmarse, por el momento, si estas actividades, previsiblemente desarrolladas en los ámbitos domésticos, tendrían tan sólo el propósito de lograr el abastecimiento de la comunidad local o si parte de la producción así generada podría integrarse en los canales de redistribución (intercambio, etc.).

En un mismo sentido, cabe plantearse que si los desgastes no masticatorios descritos para las piezas dentarias de la población prehispánica de Gran Canaria constituyen una evidencia asimilable a una cierta especialización laboral, ¿cómo se llevaría a cabo tal división de tareas? y ¿de qué manera se procedería a la instrucción de las personas destinadas a desempeñarlas? En el caso de la cerámica prehispánica de la isla de la Palma se ha propuesto que esta actividad recaería en manos de ciertas mujeres que serían preparadas para este propósito por sus madres, también loceras (Navarro 1998). Para el aspecto concreto al que nos referimos desde estas páginas resulta por ahora muy complejo dar una explicación definitiva. A pesar de ello, las fuentes etnohistóricas aportan datos que pueden apoyar el establecimiento de algunas hipótesis de trabajo. Gómez Escudero (Morales Padrón 1993: 434) describe que los canarios tenían "*maestras para las niñas a enseñarles cantares i coser pieles i hacer thamarcos, todo a costa de el sustento que les daba el Rey; i había casas o cuebas onde acistían éstas*". Esta referencia puede ser valorada en el sentido de que este grupo humano trata de perpetuar, a partir de una instrucción regulada y normalizada, una parte al menos de la mencionada división social del trabajo. Al margen de lo sugerente que puede resultar tal propuesta, son aún pocas las pruebas arqueológicas directas que favorecen la definitiva articulación de modelos interpretativos, siendo preferible mantener la debida cautela al respecto.

Ha de significarse, en este sentido, el destacado papel que puede desempeñar el estudio de los restos humanos en este tipo de análisis. Los repertorios bioantropológicos constituyen así una herramienta realmente eficaz para acceder a un conocimiento íntegro y dinámico de estas poblaciones, en especial de todos aquellos aspectos concernientes a la ordenación del modelo productivo que caracterizó y definió la configuración histórica de esta formación social. Pese a lo dicho no pueden dejar de señalarse algunas cuestiones que pueden resultar de interés, tanto para abordar nuevos trabajos en esta línea como para precisar el alcance interpretativo de las propuestas hechas en páginas previas.

Otras consideraciones de trabajo

Resulta un hecho evidente que la presencia de desgastes anómalos como los descritos pueden ser atribuibles al uso de las piezas dentales en el desarrollo de determinadas acciones en las que se procede a la manipulación o la transformación de determinadas materias primas. Un uso que invita, en estos casos, a cualificar los dientes como una más de las herramientas empleadas por estas poblaciones en algunos de sus procesos de trabajo. Pese a ello, el empleo de la boca en labores cotidianas, sean éstas o no especializadas, no siempre debe llevar implícito la presencia de trazas como las descritas. Es más, ocasionalmente pueden pasar en absoluto inadvertidas -o simplemente no ser reconocibles como tales- ya sea por la naturaleza de la actividad desarrollada o bien por otros factores ajenos a las circunstancias que las originan. Si bien estas consideraciones pueden ser estimadas dentro de los márgenes de lo posible, los argumentos que llevan a respaldar tal proposición muestran diversos grados de contundencia.

Así, por ejemplo, numerosas referencias etnoarqueológicas apuntan a la participación de la dentición en la tecnología alimentaria, siendo partícipe en la preparación de determinados recursos, especialmente vegetales. Spenser (1997) recoge como entre los *Yora* y los *Shiwiar* las mujeres dedican numerosas horas al procesado bucal de la mandioca para la producción de una bebida fermentada (chicha). A tal efecto, se ha planteado que podría constituir un indicio arqueológico de tales comportamientos la mayor frecuencia de caries en un sector de la población (especialmente las mujeres) a consecuencia de la mayor exposición a los agentes cariogénicos. Resultaría sugerente hacer un planteamiento similar para las poblaciones prehispánicas del Archipiélago, especialmente a partir de algunas noticias recogidas en las fuentes etnohistóricas. Así para la isla de El Hierro tales noticias narran que: "*las raíces* [de helechos] *asadas llaman Jaran, las madres a sus hijos daban a la boca mascadas con manteca, llaman Aguamanes, comida de niños*" (Marín de Cubas 1993: 109). En términos muy parecidos se refieren a la población de Lanzarote cuando indican que "*las mujeres crían muchos hijos muy hermosos y graciosos (...) Las mujeres no tienen leche en sus tetas en aquella isla y amamantan a sus niños con la boca y por eso tienen generalmente el bezo inferior más largo que el superior, lo cual es una cosa muy repulsiva*" (Bontier y Le Verrier 1980: 70).

Este tipo de hábitos, caso de darse, introduce nuevos criterios a tener en cuenta a la hora de valorar la participación de los dientes en el desarrollo de determinadas actividades económicas, ya que este tipo de acciones no tiene porqué dejar unas huellas específicas en los tejidos dentales, o al menos, no reconocibles con el mismo grado de certidumbre que las reseñadas páginas atrás. De este modo, la transformación de recursos alimenticios en el medio bucal puede conllevar un incremento en la prevalencia de caries en el sector de la población encargado de llevar a cabo tal proceder, así como un aumento en la intensidad del desgaste de las piezas activas. No obstante, tal extremo no siempre podrá distinguirse netamente de aquellos comportamientos que son consecuencia de determinados hábitos de consumo (acceso desigual a los bienes alimenticios), el tipo de nutrientes ingeridos (elevado consumo de recursos cariogénicos) o el modo en el que son procesados los alimentos (incorporación de elementos abrasivos a la dieta -como arena o ceniza- que aceleran el desgaste de las piezas masticatorias).

Estos últimos aspectos a los que hemos hecho referencia son igualmente partícipes en el conjunto de consideraciones a tener en cuenta en el momento de evaluar la significación de los resultados expuestos en páginas atrás. De este modo, cuestiones como la prevalencia de la patología cariosa, las pérdidas antemortem de piezas dentarias, la incidencia de la enfermedad periodontal, el patrón y grado de desgaste de las superficies oclusales de los dientes, son aspectos que necesariamente deben ser estimados en el momento de abordar el tema aquí expuesto. Los resultados logrados por los estudios bioantropológicos para la población prehistórica de Gran Canaria constituyen un exponente válido de lo señalado hasta el momento.

En primer lugar, los análisis del grado y morfología que presenta el desgaste de las piezas dentales, así como el estudio del patrón de microestriación, son coincidentes al señalar para este grupo un consumo generalizado de una dieta especialmente abrasiva. Este hecho provoca una rápida e intensa pérdida de tejidos dentales, lo que podría conllevar la ocultación de huellas de trabajo, especialmente aquellas localizadas en las superficies oclusales.

En segundo lugar, esta intensa atrición, junto a la elevada prevalencia de caries y enfermedad periodontal documentada en este repertorio poblacional (Delgado, 2001), motiva una elevada pérdida de piezas dentales *antemortem*. Este hecho trae aparejado una doble circunstancia. Por un lado puede darse el caso de la desaparición de piezas empleadas en el desarrollo de actividades artesanales para las cuales, a consecuencia de su precoz caída, no puede verificarse la existencia o inexistencia de tales huellas de trabajo. Por otro lado la ausencia en vida de estas piezas dentales, normalmente las traseras, conlleva modificaciones en los procesos masticatorios y un incremento de la abrasión sobre los dientes delanteros, precisamente aquellos en los que las trazas de actividad suelen identificarse más asiduamente. El incremento del estrés masticatorio sobre premolares, caninos e incisivos podría haber supuesto, en algunos individuos de esta población, el enmascaramiento de las evidencias macro y microscópicas que hubieran testimoniado su empleo como herramienta de trabajo. Pero es más, la presencia de procesos de masticación anómalos puede originar que, en el transcurso del contacto de las piezas dentales entre sí, se originen desgastes cuya apariencia macroscópica pueda semejarse a los originados por su empleo en la manipulación o transformación de distintas materias primas. En estos casos, tan solo la observación microscópica puede contribuir a despejar esta duda.

La edad de los individuos sometidos a estudio, también constituye una variable a tener en cuenta en este proceso de análisis. A tal efecto, la continuidad en los hábitos alimentarios y extra alimentarios descritos previamente lleva implícito que cuanto mayor sea la edad del sujeto valorado, mayor dificultad habrá para determinar el empleo de las piezas dentales en el desarrollo de actividades cotidianas. Un hecho especialmente evidente si tenemos en cuenta que el grado de abrasión dental o la pérdida de dientes a raíz de esta circunstancia o consecuencia de procesos patológicos (caries, enfermedad periodontal, etc.) se incrementará a medida que avance la edad de esta persona.

Las consideraciones señaladas en párrafos precedentes se manifiestan con especial significación en los individuos femeninos de la población prehistórica de Gran Canaria, esto es precisamente en el segmento de población para el que ha podido reconocerse el empleo de los dientes en actividades "artesanales". Así en estudios desarrollados recientemente (Delgado 2001) se ha documentado como las mujeres de esta población mostraban una incidencia más elevada de caries dental[2], lo que unido al notable grado de desgaste de las superficies activas de los dientes, ayudaría a explicar que los sujetos de este sexo prácticamente doblen a los hombres en la pérdida de piezas dentales en vida. A la luz de los resultados mostrados en páginas previas, quizá pueda atribuirse un porcentaje, aunque sea mínimo, de caídas *antemortem* al desarrollo de actividades "artesanales" con la ayuda de la boca por parte de un sector de la población femenina.

En el mismo sentido, tales datos corroboran la significación de los resultados logrados hasta el momento, de tal suerte que el porcentaje de mujeres responsables de llevar a cabo estas "artesanías" podría haber sido mayor que el previamente estimado. Un hecho

[2] Un 31,6% de piezas cariadas en las mujeres frente al 26% en los hombres (T. Delgado 2001: 147).

lógico si estamos de acuerdo con que su patrón de salud oral haría más susceptible la ocultación de huellas de trabajo o la desaparición de los dientes más activos en tal proceder. Si bien no deja de resultar un ejercicio de especulación, cabría plantarse la posibilidad de que en el conjunto estudiado pudieran haber existido más individuos que habrían ejercitado actividades diversas con la ayuda de los dientes, aunque no fuera posible su preciso reconocimiento.

Bibliografía

ABREU GALINDO, J. de, (1977 [1632]), *Historia de la Conquista de las Siete Islas de Canaria*. Ediciones Goya. Santa Cruz de Tenerife.

ALT, K. y PITCHLER, S. (1998), "Artificial modification on human teeth", en K. Alt, F. Rösing y M. Teschler (eds.), *Dental Anthropology. Fundamentals, limits, and prospects*, pp. 387-415.

BATE, L.F. (1998), *El proceso de investigación en Arqueología*. Ed. Crítica. Barcelona.

BERMÚDEZ de CASTRO, J. y ARSUAGA, J. (1983), "L'usure anormale du collet de la dent chez les populations préhispaniques des Canaries", *L'Anthropologie,* 87 (4), pp.521-533.

BONTIER, P. y Le VERRIER, J. (1980), *Le Canarien. Crónicas francesas de la Conquista de Canarias*, Cabildo Insular de Tenerife, ACT, Santa Cruz de Tenerife.

BROTHWELL, D.R. (1989), "The relationship of tooth wear and aging", en M. Iscan (ed.) *Age markers in the human skeleton*, Charles Thomas Publisher, Illionois, pp. 303-318.

BROWN, T. y MOLNAR, S. (1989), "Interproximal grooving and task activity in Australia", *American Journal of Physical Anthropology*, 81, pp. 515-553.

CAPASSO, L., KENNEDY, K. y WILCZAK, C. (1999), *Atlas of occupational markers on human remains*, Journal of Paleontology, Monographic Publication, 3. Terrano.

CHINEA, D. *et al.* (1998), "Estudio comparativo de antropología dental entre poblaciones prehistóricas e históricas de Tenerife", *Actas XII Coloquio de Historia Canario-Americana* (1996), tomo I, pp. 349-362.

DELGADO DARIAS, T. (2001), *Los antiguos canarios a través de sus dientes*, Col Viera y Cavijo, 17, Ediciones Museo Canario.

DELGADO DARIAS, T., VELASCO VÁZQUEZ, J., GONZÁLEZ REIMERS, E., MARTÍN RODRÍGUEZ, E. y ARNAY de la ROSA, M. (2000), "Desgastes anómalos en la dentición de la población prehistórica de Gran Canaria, atribuibles al uso de palillos", *El Museo Canario*, 55, pp. 9-25.

FUSTE ARA, M. (1962), "Diferencias antropogeográficas de las poblaciones de Gran Canaria", *Anuario de Estudios Atlánticos*, 8 , pp. 67-86.

GALVÁN SANTOS, B. (1980), "El trabajo del junco y la palma entre los canarios prehispánicos", *Revista de Historia Canaria*, XXXVII, pp. 43-84.

GONZÁLEZ REIMERS, E. y ARNAY de la ROSA, M. (1992), "Ancient skeletal remains of the Canary Islands: Bone histology and chemical analysis", *Antrop. Anzeiger*, 50, pp. 201-215.

HERNÁNDEZ GOMÉZ, C. y GALVÁN SANTOS B. (1997), "Materias primas y fuentes de aprovisionamiento de recursos líticos en la prehistoria de Tenerife (Islas Canarias)", *II Reunió de Treball sobre aprovisionament de resursos lítics a la prehistòria, (Barcelona-Gava),* Rubricatum, 2, pp. 195-203.

IRISH, J. y TURNER, C. (1987), "More lingual surface attrition of the maxilary anterior teeth in american indians: Prehistoric Panamians", *American Journal of Physical Anthropology*, 73, pp. 209-213.

KING, T., ANDREWS, P. y BOZ, B. (1999), "Effect of taphonomic processes on dental microwear", *American Journal of Physical Anthropology*, 108, pp. 433-457.

KROGMAN, W.M. y ISCAN, M. (1989), *The human skeleton in forensic medicine*, Charles Thomas Publisher, Illinois.

LALUEZA FOX, C. y PÉREZ PÉREZ, A. (1994), "Cutmarks and *post-mortem* striations in fossil human teeth", *Human Evolution*, 9 (2), pp. 165-172.

LALUEZA FOX, C., PÉREZ PÉREZ, A. y TURBÓN, D. (1993), "Microscopic study of the Banyoles mandible (Girona, Spain): diet, cultural activity and toothpick use", *Journal of Human Evolution*, 24, pp. 281-300.

LUKACS, J. y PASTOR, R. (1988), "Activity-induced patterns of dental abrasion in prehistoric Pakistan: evidence from Mehrgarh and Harappa", *Am. Journal of Physical Anthropology*, 76, pp. 377-398.

MARÍN de CUBAS, T. (1993 [1694]), *Historia de las siete islas de Canaria*, Canarias Clásica Editorial. La Laguna.

MILNER, G. y SPENSER, C. (1991), "Teeth as artifacts of human behavior: Intentional mutilation and accidental modification", en M. Kelley y C.S. Larsen (eds.), *Advances in dental Anthropology*, pp. 357-378.

MORALES PADRÓN, F. (ed.) (1993), *Canarias: Crónicas de su Conquista*, Ediciones del Cabildo Insular de Gran Canaria. Madrid.

NAVARRO MEDEROS, J. (1998), "La cerámica aborigen de La Palma", *El Pajar. Cuaderno de etnografía canaria*, 3, pp. 17-22.

RAVY, E., CLÈRE, J. y PUECH, P. (1996), "Traces d'activités humaines sur dents du chalcolithique ardéchois", *L'Anthropologie*, 100 (4), pp. 574-588.

RODRÍGUEZ RODRÍGUEZ, A. (1997), "La tecnología de la piel y el cuero en la prehistoria de Canarias. Una aproximación etnoarqueológica", *Museo Canario*, 52, pp. 11-31.

SOSA, J. de (1994 [1678]), *Topografía de la Isla Afortunada de Gran Canaria,* Ediciones del Cabildo de Gran Canaria, Las Palmas de Gran Canaria.

SPENSER, C. (1997), *Bioarchaeology. Interpreting behaviour from the human skeleton*, Cambridge University Press. Cambridge.

STIRLAND, A. (1992), "Diagnosis of occupationelly related paleopathology: can it be done?", en D. Otner y A. Aufderheide (eds.), *Human Paleopathology. Current syntheses and future options*. Smithsonian Institution Press. Washington, pp. 40-50.

TORRIANI, L. (1978), *Descripción de las Islas Canarias*, Goya Ediciones. Santa Cruz de Tenerife.

UNGAR, P. y SPENSER, M. (1999), "Incisor microwear, diet, and tooth use in three amerindian populations", *American Journal of Physical Anthropology*, 109, pp. 387-396.

VELASCO, J., MARTÍN RODRÍGUEZ, E., GONZÁLEZ REIMERS, E., ARNAY de la ROSA, M. y BETANCOR, A. (2001), "Contribución de la bioantropología a la reconstrucción de los procesos productivos prehistóricos. Exostosis en el canal auditivo en la población prehispánica de Gran Canaria", *Trabajos de Prehistoria*, 58 (1), pp. 109-125.

WALLACE, A. (1975), "Did La Ferrassie I use his teeth as a tool?", *Current Anthropology*, 16, pp. 393-401.

SECCIÓN VI

RECOPILACIÓN BIBLIOGRÁFICA

29. Recopilación bibliográfica relacionada con el análisis funcional de autores hispanos y lusos.

Ignacio Clemente Conte

Hace ya un cuarto de siglo que se escribió el primer trabajo relacionado con el Análisis Funcional en España (Vila 1976). Tras una primera década en la que la ésta autora prácticamente trabajó en solitario en este campo de investigación y, especialmente, después de que la obra de S.A. Semenov se tradujera al castellano en 1981 bajo su iniciativa, diversos/as especialistas en análisis funcional nos hemos ido formando desde diversas perspectivas. Ahora, como queda patente en la publicación de este primer congreso de Análisis Funcional de España y Portugal, somos ya un número considerable y los trabajos publicados y en prensa (incluyendo tesis doctorales) son numerosos y reconocidos por la comunidad científica internacional. Éstos abarcan toda una amplia gama de estudios sobre materiales arqueológicos, especialmente líticos, pertenecientes a una diversidad cronológica que va desde el Paleolítico Inferior hasta materiales de yacimientos actuales o subactuales de sociedades cazadoras recolectoras e incluso el análisis de materiales etnográficos. Los temas tratados son variados incluyendo trabajos teóricos así como otros dedicados a la metodología del análisis funcional, entre los cuales se cuentan las últimas tendencias dedicadas al tratamiento de imágenes y análisis cuantitativos de los rastros de uso.

Como se puede observar en el listado de la recopilación bibliográfica que a continuación se expone, la mayoría de los trabajos se refieren a yacimientos arqueológicos del Estado español; sin embargo, queda patente también el trabajo de especialistas españoles (especialmente en los últimos años) aplicado a yacimientos de otros países como: Argentina, Francia, Italia, Rusia, Siria, Turquía, etc.

Los trabajos de autores lusos en análisis funcional son realmente escasos. Tan sólo recogemos un trabajo inicial de J. P. Pereira (1993) dedicado a una experimentación sobre materiales en cuarcita. La aplicación de este método por parte de especialistas y grupos de investigación portugueses acaba de empezar y se presentan por primera vez en esta publicación. Esperamos que este trabajo sirva de impulso a la aplicación de este método analítico a los materiales de yacimientos arqueológicos portugueses y que continúe la especialización de investigadores en este campo.

Quisiera agradecer la colaboración de todas aquellas personas que me han enviado sus reseñas bibliográficas y me han permitido poner al día esta base de datos. También quisiera, desde estas líneas, pedir disculpas por las posibles omisiones en las que haya podido incurrir, pues no ha sido esa mi intención sino todo lo contrario, intentar realizar una recopilación lo más completa posible. Espero que este trabajo sirva para resaltar el gran trabajo que venimos desarrollando dentro de esta disciplina y como aporte a cualquier investigador o investigadora de una documentación que le facilite la búsqueda de datos.

AA.VV. (J.M. Bermúdez de Castro, J.L. Arsuaga, E. Carbonell y J. Rodríguez (eds.) (1999), *Atapuerca. Nuestros antecesores*. Catálogo de la exposición "Atapuerca. Nuestros antecesores", Junta de Castilla y León. Fundación del Patrimonio Histórico de Castilla y León.

AA.VV. Equip Minferri (1997), "Noves dades per a la caracterizacio dels assentaments a l'aire lliure durant la primera meitat del II mil.lleni cal. BC: primers resultats de les excavacions en el jaciment de Minferri (Juneda, Les Garrigues)", *Revista d'Arqueologia de Ponent,* 7, pp. 161-211.

AA.VV. Equip Sarró (2000), "Les Roques del Sarró (Lleida, Segrià): Evolució de l'assentament entre el 3600 cal a.n.e. i el 175 a.n.e.", *Revista d'Arqueologia de Ponent,* 10, pp. 103-173.

ADSERIAS, M. (1986), *Estudi funcional del nivell neolític del Filador, Margalef de Montsant.* Tesina de Licenciatura inédita, Universidad de Barcelona.

ADSERIAS, M. (1990), "Sur l'utilisation du silex du niveau 2 de l'Abri du Filador (Margalef de Montsant, Catalogne, Espagne)", en Séronie-Vivien, M.R. y Lenoir, M. (dirs.), *Le silex de sa genèse à l'outil.* Cahiers du Quaternaire, 17 (II), pp. 619-620.

ALBERT, R, CALVO, M, y MANGADO, X. (1997), "Raw material supplies, microusewear and phytolith analysis of the lithic industry in the level II of Cova del Parco (Alòs de Balaghuer, La Noguera Spain)", en R. Schil y Z. Sulgostowska (eds.), *Man and flint proccedings of VII International Flint Symposium*, pp 161-166.

ALLUÉ, E., CARBONELL, E., CERVERA, Mª.M., BERMUDEZ DE CASTRO, J.Mª., BOJ, I., ESTEBAN, M., ESTIRADO, R.Mª., FERNANDEZ JALVO, Y., GABARRÓ, J.Mª., HORTOLÀ, P., LORENZO, C., MIRÓ, J.M., OLLÉ, A., PASTÓ, I., PERALES, C., PRATS, J.Mª., RODRÍGUEZ, X.P., ROSELL, J., SALA, R., VALLVERDÚ, J., VAQUERO, M. y VERGÈS, J.Mª. (1992), *Picamoixons: un assentament estratègic dels darrers caçadors-recol·lectors.* Museu d'Història de Tarragona / Lab. d'Arqueologia de la U.R.V. Col. Arqueologia d'intervenció, nº1, Tarragona.

ARIAS, P., ONTAÑÓN, R., GONZÁLEZ URQUIJO, J.E. e IBÁÑEZ, J.J. (1999), "El puñal de sílex calcolítico de La Garma A (Omoño, Cantabria)", *Estudios en homenaje al profesor Dr. García Guinea, Sautuola,* 6, pp. 219-228.

ARIAS, P., ALTUNA, J., ARMENDÁRIZ, A., GONZÁLEZ URQUIJO, J.E., IBÁÑEZ, J.J., ONTAÑÓN, R. y ZAPATA, L. (1999), "Nuevas aportaciones al conocimiento de las primeras sociedades productoras en la región cantábrica", *Saguntvm,* extra 2, pp. 549-557.

ARIAS CABAL, P., ALTUNA, J., ARMENDÁRIZ, A., GONZÁLEZ URQUIJO, J.E., IBÁÑEZ, J.J., ONTAÑÓN, R. y ZAPATA, L. (en prensa), "La transición al Neolítico en la región Cantábrica. Estado de la cuestión", en *III Congreso de Arqueología Peninsular,* Vila Real, 1999.

BARCELÓ, J.A., VILA, A. y GIBAJA, J. (2000), "An application of Neural Network to use-wear analysis", en "CAA'96 *Computer Applications and Quantitative Methods in Archeology.* BAR – International Series 845, Ed. Archeopress, pp. 63-69.

BARCELÓ, J.A., PIJOAN, J. y VICENTE, O. (2000), "Image quantification as archaeological description", en "CAA'2000 *Computing Archaeology for understanding the past.* BAR International Series 931, Ed. Archeopress, pp. 69-77.

BERGADÀ, M., BOJ, I, y SALA, R. (1990), "Analyse de la dynamique tripolaire de la couche 2 de l'Abri Romani" en M.R. Seronie-Vivien y M. Lenoir (eds.), *Le silex de sa genèse à l'outil,* Cahiers du Quaternaire, 17, pp. 537-545.

BOJ, I., CARBONELL, E., OLLÉ, A., SALA, R. y VERGÈS, J.Mª. (1993), "Mise en contraste de l'efficacité d'une chaîne opératoire", en P.C. Anderson *et al.* (dirs.), *Traces et fonction: les gestes retrouvés,* ERAUL nº 50(2), pp. 523-528, Service de Préhistoire, Université de Liège.

BOSQUET, D., HAESAERTS, P., MESTDAGH, H., PREUD'HOMME, D. y JARDÓN, P. (1998), "Le site Paléolithique Moyen de Remicourt. En Bia Flo I", *Notae Prehistoricae,* 18, pp.13-23.

BRIZ, I. y PIJOAN, J. (en prensa), "El registro lítico tallado del edificio Alpha del Puig Morter de Son Ferragut", en P. Castro, T. Escorza y M.E. Sanahuja (eds.), *Poblado Talayótico de Son Ferragut,* BAR International Series. Oxford.

CALVO TRIAS, M. (1996), *Estudio funcional de la industria lítica del nivel II de la Cueva del Parco (Alòs de Balaguer, La Noguera Lleida),* Tesis de Licenciatura Inédita, Universidad de Barcelona.

CALVO TRIAS, M. (1999), "Análisis funcional y actividades documentadas en el nivel II de la Cueva del Parco (Alòs de Balaguer, La Noguera Lleida)", *Pyrenae,* 28, pp. 9-23.

CALVO TRIAS, M. (1999), "Reflexiones en torno al concepto de útil, forma función y su relación con los análisis funcionales", *Pyrenae,* 30, pp. 17-38.

CALVO TRIAS, M. (2001), *Análisis funcional de la Cueva del Parco: Una aproximación a través de los análisis funcionales de la Industria lítica y los sistemas de información geográfica (SIG),* Tesis doctora Inédita, Universidad de Barcelona.

CALVO TRIAS, M. (2002), *Útiles líticos prehistóricos. Forma, función y uso,* Ed. Ariel Prehistoria, Barcelona.

CAÑABATE MUÑOZ, M.J. y BOTELLA LÓPEZ, M. (1983), "Las huellas de microdesgaste en útiles de sílex: un programa experimental", *Antropología y Paleoecología Humana,* 3, pp. 145-191. Granada.

CARBONELL, E. (coord.) (1992), "Abric Romaní, nivell H: un model d'estratègia ocupacional al Plistocè superior mediterrani", *Estrat* **5**, pp. 157-308. Igualada.

CARBONELL, E., BERMÚDEZ DE CASTRO, J.M., ARSUAGA, J.L., ALLUÉ, E., CÁCERES, I., CANALS, A., DÍEZ, C., HUGUET, R., OLLÉ, A., MOSQUERA, M., RODRÍGUEZ, X.P., ROSAS, A., ROSELL, J., SALA, R., VERGÈS, J.M. y VALLVERDÚ, J. (1998), "La revolución de Atapuerca", *Revista de Arqueología,* 210, pp. 14-24.

CARBONELL, E., GARCÍA-ANTÓN, D., MALLOL, C., MOSQUERA, M., OLLÉ, A., RODRÍGUEZ, X.P., SAHNOUNI, M., SALA, R. y VERGÈS, J.M. (1999), "The TD6 level lithic industry from Gran Dolina, Atapuerca (Burgos, Spain): production and use", *Journal of Human Evolution* ,**37**, pp. 653-693.

CASTRO, P., CHAPMAN, R., GILI, S., LULL, V., MICÓ, R., RIHUETE, C., RISCH, R. y SANAHUJA YLL, Mª E. (1999), *Proyecto Gatas, 2: La dinámica arqueoecológica de la ocupación prehistórica.* Monografías Arqueológicas. Consejería de Cultura de la Junta de Andalucía, Sevilla (capítulo 3).

CAUVIN, M.-C., ABBES, F., IBAÑEZ, J.J. y GONZALEZ URQUIJO, J.E. (2001), "L`outillage lithique de l`estructure 47 de Mureybet (9200 cal a.C.) en Syrie du nord", en I. Caneva, C. Lemorini, D. Zampetti y P. Biaggi (eds.), *Beyond tools: redefining the PPN lithic assemblages of the Levant,* pp. 217-242, ex Oriente, Berlín.

CLEMENTE CONTE, I. (1989), *Análisis morfológico y funcional de la industria microlítica de Shirokii Mis (yacimiento del Paleolítico Superior a orillas del Mar Negro, al NW del Caucaso).* Tesina de licenciatura (original en ruso). Universidad Estatal de Leningrado.

CLEMENTE CONTE, I. (1995), "Sílex y Lustre Térmico en el Paleolítico Medio; ¿Alteración o Técnica de Talla?. El ejemplo de Mediona I (Alt Penedès, Barcelona)", *Trabalhos de Antropologia e Etnologia,* 1º Congresso de Arqueologia Peninsular Vol. 35 (3), PP. 37-43. Sociedade Portuguesa de Antropologia e Etnologia, Porto.

CLEMENTE CONTE, I. (1996), *Instrumentos de trabajo líticos de los Yámanas (canoeros-nómadas de la Tierra del Fuego): una perspectiva desde el análisis funcional,* Publicaciones de la Universidad Autónoma de Barcelona. Edición microfotográfica. Tesis doctoral (1995).

CLEMENTE CONTE, I. (1997), *Los instrumentos líticos del Túnel VII: una aproximación etnoarqueológica.* Treballs d'Etnoarqueologia II, CSIC-U.A.B.

CLEMENTE CONTE, I. (1997), "Thermal alterations of flint implements and the conservation of microwear polish: preliminary experimental observations", en A. Ramos Millán y M.A. Bustillo (eds.), *Siliceous Rocks and Culture,* Universidad de Granada. pp. 525-535.

CLEMENTE CONTE, I. (en prensa), "Activities and production processes related to the lithic tools from Tunel VII site (Tierra del Fuego, Argentina)", *The recent archaeological approaches to the use-wear analysis and technical process.* The first studies in Honor of S.A. Semenov. BAR International Series, Oxford.

CLEMENTE CONTE, I. (en prensa), "El 'lustre de suelo' y la conservación de los micropulidos de uso. Resultados experimentales para una aplicación arqueológica: La Rogère 1, locus IV", en M. Brunet y M. Folgado (eds.), *Le site moustérien de la Rogère 1 (A89-96/104).* Document Final de Synthèse, AFAN.

CLEMENTE CONTE, I. (en prensa), "Un instrumento de trabajo inusual en caparazón de tortuga en Zamostje 2, La Edad de Piedra en la Llanura Europea, Museo Serguei Posad (ed.), pp. 311-315.

CLEMENTE CONTE, I. (en prensa), "Hide processing by Yamana people: working activities and consumption goods according to the ethnohistorical sources and their reflection in the lithic tool assemblage from the site Tunel VII (Tierra del Fuego, Argentina)", *Actas XIVe Congrès de l'U.I.S.P.P.*, Liège, 2001. BAR International Series.

CLEMENTE, I. y TERRADAS, X. (1993), "Matières premières et fonctions: l'exemple de l'outillage lithique des Yamana (Terre de Feu)", en P.C. Anderson, *et al.* (dirs.), *Traces et fonction: les gestes retrouvés*, ERAUL 50 (II), pp. 513-521.

CLEMENTE, I. y GIBAJA, J.F. (1995), "Distintos procesos de trabajo sobre recursos vegetales (cereales). Una aproximación a través de los rastros de uso", *Cultures i Medi de la Prehistòria a l'Edat Mitjana.* Xè Col.loqui Internacional d'Arqueologia de Puigcerdà, pp. 119-124.

CLEMENTE, I., MANSUR, M.E., TERRADAS, X. y VILA, A. (1996), "Al César lo que es del César... o los instrumentos líticos como instrumentos de trabajo", en J. Gómez Otero (ed.) *Arqueología. Sólo Patagonia.* Ponencias de las Segundas Jornadas de Arqueología de la Patagonia (CNP-CONICET), pp. 319-331.

CLEMENTE, I. y GIBAJA, J.F. (1998), "Working processes on cereals: an approach though microwear analysis", *Journal of Archaeological Science*, 25, pp. 457- 468.

CLEMENTE, I., GIBAJA, J.F. y VILA, A. (1999), "Análisis Funcional de la Industria Lítica procedente de los sondeos de Gatas", *Proyecto Gatas. 2 La dinámica arqueológica de la ocupación prehistórica.* Arqueología Monografías. Junta de Andalucía, Consejería de Cultura. pp. 341-347.

CLEMENTE, I. y GYRIA, E.Y. (en prensa), " Análisis de los instrumentos en costillas de alce del sitio Zamostje 2 (Nivel 7, excavaciones de los años 1996-7)", *Archaeological News*, nº 10, San Peterburgo.

CLEMENTE, I., PIJOAN, J. y VILA, A. (en prensa), "Informe referente al análisis de los restos líticos tallados de Son Fornés (Mallorca)", en V. Llull, R. Micó, C. Riuete y R. Risch (eds.), *Son Fornés,* Vol. 2., Ed. Consell Insular de Mallorca.

COLLIN, F. y JARDÓN P. (1990), "Analyse de la fonction des outils préhistoriques de l'industrie lithique en silex de la Grotte ornée de Gouy", en *Derniers chasseurs, premiers agriculteurs*, Actes du Museum de Rouen. Numéro Spécial, pp. 43-44.

COLLIN, F. y JARDÓN, P. (1993), "Travail de la peau avec des grattoirs emmanchés. Réflexions sur les bases expérimentales et ethnographiques", en P.C. Anderson *et al.* (dirs.), *Traces et fonction: les gestes retrouvés.* ERAUL, 50 (1), pp. 105-118.

CRIADO BOADO, F. (1980), "Aportaciones al estudio de la economía megalítica: análisis del microdesgaste en instrumentos líticos", *Gallaecia*, 6, pp. 197-204.

DELIBES de CASTRO, G. (1974), "Contribución al estudio de las funciones del hacha pulimentada. Resultados de la aplicación del sistema Semenov a 130 ejemplares de Tierra de Campos", *Zephyrus*, 25, pp. 151-154.

D' ERRICO, F. y JARDÓN, P. (1989), "L'Analyse des traces d'utilisation sur l'industrie de Grotta Ernesto (Val d'Antenne, Trentino) Trento", *Prehistoria Alpina* nº.29.

D' ERRICO, F. y JARDÓN, P. (1993), "Quelle fonction pour ces outils?. Elèments pour un débat sur l'avenir de la discipline", en P.C. Anderson, *et al.* (dirs.), *Traces et fonction: les gestes retrouvés.* ERAUL, 50 (2), pp. 489-492.

D' ERRICO, F., JARDÓN, P. y SOLER, B. (1993), "Techniques de perforation des coquillages et usures de suspension: critères d'analyse à base expérimentale", en P.C. Anderson, *et al.* (dirs.), *Traces et fonction: les gestes retrouvés.* ERAUL, 50 (1), pp. 243-254.

DÍAZ del RÍO, P., CONSUEGRA, S., PEÑA CHOCARRO, MÁRQUEZ, B., SAMPEDRO, C., MORENO, R., ALBERTINI, D. y PINO, B. (1997), "Paisajes agrarios prehistóricos en la meseta peninsular: el caso de "Las Matillas" (Alcalá de Henares, Madrid)", *Trabajos de Prehistoria*, 54 (2), pp. 93-111.

FABREGAS VALCARTE, R. (1992), "Ensayo de tala con un hacha de piedra pulida", *Trabajos de Prehistoria*, 49, pp. 337-345. CSIC, Madrid.

FABREGAS VALCARCE, R. (1992), "Estudio Funcional de útiles pulimentados: experimento de tala y análisis de microdesgaste", *SPAL*, 1, pp. 107-123.

FABREGAS VALCARTE, R. (1994), "Análisis del microdesgaste sobre artefactos tallados gallegos", *Gallaecia*, 13, pp. 9-36.

FULLOLA, J.M. y RODÓN, T. (1990), "Los estudios funcionales aplicados a la industria lítica prehistórica en España: antecedentes, resultados y nuevas perspectivas", *Ariadna*, 8, pp. 27-36.

GARCÍA PUCHOL, O. y JARDÓN GINER, P. (1999), "La utilización de los elementos geométricos de la covacha de Llatas (Andilla, Valencia)", *Recerquesdel Museu d'Alcoi*, 8, pp. 75-87.

GIBAJA BAO, J.F. (1993), "El cómo y el porqué de la experimentación en análisis funcional", *Revista de Arqueología*, 148, pp. 10-15.

GIBAJA BAO, J.F. (1994), *Análisis Funcional del material lítico de las sepulturas de la Bòbila Madurell (Sant Quirze del Vallès, Barcelona)*. Trabajo de Investigación de 3er ciclo universitario. Universitat Autònoma de Barcelona.

GIBAJA BAO, J.F. (1997), "Análisi funcional del material lític de la necrópolis del Camí de Can Grau". En Martí, Pou y Carlús (eds.), *Excavacions arqueológiques a la Ronda Sud de Granollers, 1994. La necrópolis del Neolític Mitjà i les restes romanes del Camí de Can Grau (La Roca del Vallès, Vallès Oriental) i els jaciments de Cal Jardiner (Granollers, Vallès Oriental)*, Excavacions Arqueológiques a Catalunya, nº 14. Generalitat de Catalunya. pp.128-141.

GIBAJA BAO, J.F. (1999), "Análisis del utillaje lítico de la necrópolis de Sant Pau del Camp (Barcelona): estudio morfológico y funcional", *IIº Congrès del Neolític a la Península Ibérica*, Saguntum, extra 2, pp. 187-192.

GIBAJA BAO, J.F. (1999), "Análisis del registro lítico de "El Recuenco" (Cervera del Llano, Cuenca)", *Archivo de Prehistoria Levantina*, XXIII, pp. 197-208.

GIBAJA BAO, J.F. (1999), "Análisis del registro lítico de la necrópolis de la Bòbila Madurell (Sant Quirze del Vallès, Barcelona): Una aproximación socio-económica". *Limes*. Revista d'arqueologia de Cerdanyola del Vallès, 6-7, pp. 5-18.

GIBAJA BAO, J.F. (2000), "La función del instrumental lítico tallado de la Draga (Banyoles, Pla de l'Estany)", en Bosch, Chinchilla y Tarrús (coords.), *El poblat lacustre neolític de la Draga. Excavacions de 1990-1998*, Monografies del Casc 2, pp. 206-213.

GIBAJA BAO, J.F. (2002), *La función de los instrumentos líticos como medio de aproximación socio-económica. Comunidades neolíticas del V-IV milenio cal BC en el noreste de la Península Ibérica.* Tesis doctoral. Universitat Autònoma de Barcelona.

GIBAJA BAO, J.F. (2002), "Análisis funcional del registro lítico de Fuente Álamo (Almería)", en R. Risch (ed.), *Recursos naturales, medios de producción y explotación social. Un análisis económico de la industria lítica de Fuente Álamo (Almería) 2250-1400 ANE.* P. von Zabern, Maguncia, pp. 163-177.

GIBAJA BAO, J.F. (en prensa), "Análisis funcional del Dolmen de les Maioles", *El Dolmen de les Maioles, monografía.*

GIBAJA BAO, J.F. (en prensa), "Ca N'Isach (Palau Sabardera, Girona, Pirineos Orientales): estrategias económicas y procesos de trabajo inferidos a partir del análisis funcional del material lítico", *IIº Congreso Internacional Historia de los Pirineos*, 11-14 Noviembre, Gerona.

GIBAJA BAO, J.F. (en prensa), "La Cultura de los Sepulcros de Fosa", en X. Alberch, J.M. Barris, J. Burch, J. Carreras, M. Ferrer, E. Mallorquí y X. Terradas (autores), *El Gironés*, Colección Historia de las comarcas de Gerona, Ediciones de la Diputación de Girona.

GIBAJA BAO, J.F. (en prensa), "Estudio traceológico de las puntas halladas en el sepulcro calcolítico de la Costa de Can Martorell". Monografía Costa Can Martorell, *Revista Laietania*, Mataro.

GIBAJA, J.F. y CLEMENTE, I. (1996), "Análisis Funcional del material lítico en las sepulturas de la Bòbila Madurell (Sant Quirze del Vallès, Barcelona)", *1er. Congrès del Neolitic a la Peninsula Ibèrica. Formació i implantació de les comunitats agrícoles*, Rubricatum, revista del Museu de Gavà. Vol. 1, (1), pp. 183-189.

GIBAJA, J.F. y CLEMENTE, I. (1997), "El tratamiento térmico del sílex y sus repercusiones en la determinación de los rastros de uso. Algunos ejemplos del neolítico en Cataluña", *Revista de Arqueología de Ponent*, 7, pp. 153-160.

GIBAJA, J.F., CLEMENTE, I. y VILA, A. (1997), "Una aproximación a través del Análisis Funcional a sociedades neolíticas del Noreste Peninsular", en Rodrigo de Balbín Behrmann y Primitiva Bueno Ramírez (eds.), *Actas del II Congreso de Arqueología Peninsular. Tomo II: Neolítico, Calcolítico y Bronce*, pp. 129-136. Fundación Rei Afonso Henriques - Zamora.

GIBAJA, J.F. y CLEMENTE, I. (en prensa), "Rastros de uso en instrumentos experimentales de cuarcita", *Homenaje a Antonio Arribas*, Universidad de Granada.

GIBAJA, J.F., CLEMENTE, I. y WÜNSCH, G. (en prensa), "Use wear analysis on stone tools from the necropolis of Bòbila Madurell and Camí de Can Grau (Barcelona, Spain)", *The recent archaeological approaches to the use-wear analysis and technical process. The first studies in Honor of S.A. Semenov.* BAR International Series, Oxford.

GIBAJA, J.F. y PALOMO, T. (en prensa), "Estudio morfo-tecnológico y funcional de las puntas halladas en el sepulcro calcolítico de la Costa de Can Martorell o Vinya D'en Tit (Dosrius, El Maresme)", *XII Col.loqui Internacional de Puigcerdà.* 10-12 noviembre 2000.

GIBAJA, J.F. y TERRADAS, X. (en prensa), "Exploitation du silex blond et organisation technique de la production lithique au Néolithique moyen dans le nord-est de la Péninsule Ibérique", *Terres et Hommes du Sud,* 126º Congrès des sociétés historiques et scientifiques, Toulouse, Francia. 9-14 Abril de 2001.

GIBAJA, J.F., BOSCH, A., PALOMO, A. y TARRÚS, J. (en prensa), "Harvesting tools from the neolithic site of la draga (girona, north-eastern spain): reconstruction from the study of wooden hafts and the use-wear analysis of lithic tools", *The recent archaeological approaches to the use-wear analysis and technical process,* International conference dedicated to the 100th anniversary of S.A. Semenov. Saint Petersburg, Rusia, 30 enero-5 febrero.

GONZÁLEZ URQUIJO, J.E. (1993), *Tecnología lítica y organización económica.* Tesis doctoral, Universidad de Deusto.

GONZÁLEZ, J.E. e IBÁÑEZ, J.J. (1993), "Utilización del instrumental lítico y funcionalidad del asentamiento en el yacimiento de Berniollo (Alava, España)", En P.C. Anderson *et al.* (dirs.), *Traces et fonction: les gestes retrouvés*, ERAUL 50 (1), pp. 97-104.

GONZÁLEZ, J.E. e IBÁÑEZ, J.J. (1994), *Metodología de análisis funcional de instrumentos tallados en sílex.* Serie de monografías Cuadernos de Arqueología de Deusto, 14, Universidad de Deusto, Bilbao.

GONZÁLEZ, J.E. e IBÁÑEZ, J.J. (1994), "Análisis funcional del utillaje en sílex del yacimiento magdaleniense de Laminak II (Berriatua Bizcaia), *Kobie,* 21, pp.154-171.

GONZÁLEZ URQUIJO, J.E., IBÁÑEZ, J.J., PEÑA, L., GAVILAN, B. y VERA, J.C. (1994), "Harvesting tasks in the Neolithic levels of 'Los Murcielagos' Cave. An Archeobotanical and Functional approach", *Helinium,* 34 (2), pp. 322-341.

GONZÁLEZ URQUIJO, J.E. e IBÁÑEZ, J.J. (1996), "La función de los útiles tallados neolíticos de la cueva de los Murciélagos de Zuheros (Córdoba)", *Actas del I Congreso del Neolítico en la Península Ibérica,* Rubricatum, vol. 1, pp. 169-176.

GONZÁLEZ URQUIJO, J.E. e IBÁÑEZ, J.J. (1997), "Fabricación de los útiles de piedra en el yacimiento de Urratxa III (Orozko, Bizkaia)", en M. Muñoz y E. Berganza (dirs.), *El yacimiento de la cueva de Urratxa III,* Cuadernos de Arqueología, 16, pp. 123-134, Universidad de Deusto.

GONZÁLEZ, J.E. e IBÁÑEZ, J.J. (1999), "Fabrication et utilisation de l'outillage à dos à la fin du Paléolithique Supérieur au Pays Basque", en A. Thevenin (ed.) y P. Bintz (dir.), *L'Europe des derniers chasseurs. Épipaléolithique et Mésolithique.* 5° Colloque International UISPP. Ëditions du CTHS, Paris, pp.109-114.

GONZÁLEZ URQUIJO, J.E., IBÁÑEZ, J.J. y ZAPATA, L. (1999), "El V milenio Cal BC en el País Vasco atlántico: la introducción de la agricultura y la ganadería", *Saguntvm,* extra 2, pp. 559-564.

GONZÁLEZ URQUIJO, J.E., IBÁÑEZ, J.J., PEÑA, L., GAVILAN, B. y VERA, J.C. (2000), "El aprovechamiento de recursos vegetales en los niveles neolíticos del yacimiento de Los Murciélagos, en Zuheros (Córdoba). Estudio arqueobotánico y de la función del utillaje", *Complutum,* 11, pp. 171-189.

GONZÁLEZ URQUIJO, J.E. e IBAÑEZ, J.J. (2001), "The contribution of microwear analysis to the definition of instruments. Examples from Tell Mureybit, Jerf el Ahmar and Tell Halula (N. Syrie, 10.000-7500 BP)", en I. Caneva, C. Lemorini, D. Zampetti y P. Biaggi (eds.), *Beyond tools: redefining the PPN lithic assemblages of the Levant*, pp. 205-216. Ex Oriente, Berlín.

GONZÁLEZ URQUIJO, J.E. e IBÁÑEZ, J.J. (en prensa), "The use of pebbles on several sites in Eastern Vizcaya between 12.000 and 10.000 B.P.", *Moudre et broyer. L'interpretation fonctionnelle de l'outillage de mouture et de broyage dans la préhistoire et la antiquité.*

GONZÁLEZ URQUIJO, J.E. e IBÁÑEZ, J.J. (en prensa), "The quantification of microwear polish using image analysis", *Journal of Archaeological Science.*

GONZÁLEZ URQUIJO, J.E. e IBÁÑEZ, J.J. (en prensa), "A new method for quantifying use-wear polish using image analysis", *The recent archaeological approaches to the use-wear analysis and technical process*, The first studies in Honor of S.A. Semenov. BAR International Series, Oxford.

GOÑI, A, RODRÍGUEZ, A.C., MARTÍN, D., CÁMALICH, M.D. y FRANCISCO, I. (1999), "La tecnología de los elementos de adorno personal en materias minerales durante el Neolítico Medio. El ejemplo del poblado de Cabecicos Negros (Almería)", en J. Bernabeu, y T. Orozco (eds), *Actes del II Congrés del Neolític a la Península Ibèrica, Universitat de Valencia, abril, 1999*, Saguntum, extra-2, pp. 163-170.

GRACE, R., ATAMAN, K., FABREGAS, R. y HAGGREN, CH. (1988), "A multivariate approach to the functional análisis of stone tools", en S. Beyries (ed.), *Industries Lithiques. Tracéologie et Technologie*, BAR International Series, 411 (ii), pp. 217-230.

GUTIÉRREZ SÁEZ, C. (1986), "Ficha para el estudio de huellas de uso sobre material lítico", *Revista de Arqueología*, 58, pp. 48-54.

GUTIÉRREZ SÁEZ, C. (1990), *Huellas de uso: pautas de análisis experimental,* Tesis Doctoral. Universidad a Distancia, Madrid.

GUTIÉRREZ SÁEZ, C. (1990), "Introducción a las huellas de uso: los resultados de la experimentación", *Espacio, Tiempo y Forma (Prehistoria y Arqueología)*, 3, pp. 15-53.

GUTIÉRREZ SÁEZ, C. (1991), "Notas en torno a la identificación en las huellas de uso: la cuestión del pulimento", *CuPAUAM*, 18, pp. 21-33.

GUTIÉRREZ SÁEZ, C. (1993), "Piezas con lustre del bronce final de Perales del Río (Madrid)", *Trabalhos de Antropologia e etnologia. Sociedade Portuguesa de Antropologia e Etnologia,* vol. 33 (3-4), pp. 319-334. Porto. II Actas 1° Congresso de Arqueologia Peninsular.

GUTIÉRREZ SÁEZ, C. (1993), "L'identification des activités à travers la tracéologie", en P.C. Anderson *et al.* (dirs.), *Traces et fonction: les gestes retrouvés*, ERAUL 50 (2), pp. 477-487.

GUTIÉRREZ SÁEZ, C. (1994), "Arqueología, Experimentación y Funcionalidad", en J.A. Lasheras (ed), *Homenaje al Dr. Joaquín. González Echegaray*, Museo y Centro Investigación de Altamira. Monografías N° 17, pp. 115-123.

GUTIÉRREZ SÁEZ, C. (1996), *Traceología. Pautas de análisis experimental.* Ed. Foro. Madrid.

GUTIÉRREZ SÁEZ, C. (1998), "Las huellas de talla", en J. Baena Preysler (coord.), *Tecnología lítica experimental. Introducción a la talla de utillaje prehistórico*, BAR International Series 271, pp. 205-210.

GUTIÉRREZ SÁEZ, C. (en prensa), "Aproximación al estudio traceológico de un conjunto de piezas metálicas del Bronce final de Guadalajara", *El Bronce final en la Meseta*, II Encuentros de Arqueología en Molina de Aragón.

GUTIÉRREZ SÁEZ, C., GÓMEZ, F.J., LAGÜERA, M.A. y PUMAREJO, P. (1986), "Trabajo arqueológico experimental", *Quima*, 9, pp.37-39, Santander.

GUTIÉRREZ SÁEZ, C., GONZÁLEZ URQUIJO, J.E. y IBÁÑEZ ESTÉVEZ, J.J. (1988), "Alteraciones microscópicas en el tratamiento convencional del material lítico: su incidencia en las huellas de uso", *Munibe*, 6, pp. 83-89. San Sebastián

GUTIÉRREZ SÁEZ, C., FORT GONZÁLEZ, R. y BUSTILLO REVUELTA, M. (1992), "The influence of specific surface areas on determination of polish in flint raw materials", Abstracts del *VI Flint International Symposium*, pp: 331-333, Instituto Tecnológico Geominero de España.

GUTIÉRREZ, C. y MARQUEZ, B. (1998), "Imbalance of the contribution of Traceology to prehistorical research", *Functional analysis of lithic artefacts: current state of research*, Proceedings of The XIII International Congress of U.I.S.S.P.P. Workshops tome II, pp. 1161-1166.

IBÁÑEZ ESTÉVEZ, J.J. (1993), *Métodos de análisis funcional e interpretación de resultados*, Tesis Doctoral, Universidad de Deusto, Bilbao.

IBÁÑEZ, J.J., GONZÁLEZ, J.E., LAGÜERRA, M.A. y GUTIÉRREZ, C. (1987), "Huellas microscópicas de talla", *Kobie*, 16, pp. 151-161.

IBÁÑEZ, J.J. y GONZÁLEZ, J.E. (1988), "Tecnología de talla en Laminak II. Estudio preliminar", *Kobie*, 17, pp. 25-46.

IBÁÑEZ, J.J., GONZÁLEZ, J.E., GUTIERREZ, C. y LAGÜERA, M. (1990), "Flaking traces: their characteristics according to the percussor type and the technique used", *Le silex: de sa genèse a l'outil*, Cahiers du Quaternaire, 17, pp. 547-553, Université de Bordeaux.

IBÁÑEZ, J.J., GONZÁLEZ, J.E., LAGÜERA, M.A. y GUTIÉRREZ, C. (1990), "Knapping traces: their characteristics according to the hammerstone and the techniques used", *Cahiers du Quaternaire*, 17 (II), pp. 547-553, Bordeaux.

IBÁÑEZ, J.J., GONZÁLEZ, J.E., RUIZ, R. y BERGANZA, E. (1993), "Huellas de uso en sílex en el yacimiento de Santa Catalina. Consideraciones sobre la manufactura del utillaje óseo y la funcionalidad del asentamiento", en P.C. Anderson, S. Beyries, M. Otte et H. Plisson (eds.) *Traces et fonction. Les gestes retrouvés*, ERAUL 50, pp. 225-234.

IBÁÑEZ, J.J. y GONZÁLEZ, J.E. (1995), "Utilización de algunos cantos rodados en el yacimiento magdaleniense de Laminak II (Berriatua, Bizkaia)", *Kobie*, 21, pp. 172-193.

IBÁÑEZ, J.J. y GONZÁLEZ, J.E. (1996), *From Tool Use to Site Function. Use-wear analysis in some Final Palaeolithic sites in the Basque country*, British Archaeological Report, International Series, 658, Tempus Reparatum, Oxford.

IBÁÑEZ, J.J., ZAPATA, L. y GONZÁLEZ, J.E. (1996), "Cueva de Kobaederra", *Arkeoikuska*, 95, pp. 153-158.

IBÁÑEZ, J.J. y GONZÁLEZ, J.E. (1997), "The use of burin apices", en A. Ramos y M.A. Bustillo (eds.), *Siliceous Rocks and Culture*, pp. 515.524, Colección Monográfica Arte y Arqueología, Universidad de Granada.

IBÁÑEZ, J.J. y GONZÁLEZ, J.E. (1997), "Análisis funcional de los útiles en piedra tallada del yacimiento de Urratxa III (Orozko, Bizkaia)", en M. Muñoz y E. Berganza (dirs.), *El yacimiento de la cueva de Urratxa III,* Cuadernos de Arqueología, 16, pp. 135-146, Universidad de Deusto.

IBÁÑEZ, J.J. y GONZÁLEZ, J.E. (1997), "Diversidad funcional de los asentamientos en el Final del Paleolítico Superior en el País Vasco", *2º Congreso de Arqueología Peninsular. Paleolítico y Epipaleolítico*, vol I, pp. 287-296.

IBÁÑEZ, J.J. y GONZÁLEZ, J.E. (1997), "La fabricación del utillaje lítico en el yacimiento de Kukuma (Araia, Alava)", en A. Baldeon y E. Berganza (eds.), *El yacimiento epipaleolítico de Kukuma. Un asentamiento de cazadores-recolectores en la Llanada alavesa (Araia, Alava),* Memorias de yacimientos alaveses, 3, pp. 89-97, Diputación Foral de Alava, Vitoria.

IBÁÑEZ, J.J. y GONZÁLEZ, J.E. (1998), "The production and use of lithic tools at the end of the Upper Palaeolithic in the Basque country (Spain)", en S. Milliken (ed.), *From raw-material procurement to tool production: lithic technology in Late Glacial and Postglacial Europe,* British Archaeological Report, International Series, 700, pp. 17-38.

IBÁÑEZ, J.J., GONZÁLEZ, J.E., PALOMO, A. y FERRER, A. (1998), "Pre-Pottery Neolithic A and Pre-Potterty Neolithic B lithic agricultural tools on the Middle Euphrates: the sites of Mureybit and Tell Halula", en A.B. Damania, J. Valkoun, G. Willcox y C.O. Qualset (eds.), *The origins of agriculture and crop domestication*, editado por ICARDA, IPGRI, FAO y GRCP University of California, Alepol, pp. 132-144.

IBÁÑEZ, J.J. y GONZÁLEZ, J.E. (1999), "La utilización de los raspadores en el final del paleolítico superior. Los yacimientos de Berniollo y Santa Catalina", *Nivel Cero*, 6-7, pp. 5-31.

IBÁÑEZ, J.J., GONZÁLEZ, J.E., ZAPATA, L., PEÑA-CHOCARRO, L. y BEUGNIER, V. (2001), "Harvesting without sickles: Neolithic examples from humid mountains", en S. Beyries y P. Petrequin (eds.), *Ethno-archaeology and its transfers*, British Archaeological Report, International Series, 5th Meeting of the EAA, Bournemouth, 1999.

IBÁÑEZ, J.J. y GONZÁLEZ, J.E. (en prensa), "La función de los útiles en el yacimiento de Tell Halula (8.700-7.500 BP), valle del Éufrates (Siria)", en M. Molist (dir), *Tell Halula. Un yacimiento neolítico del Valle del Éufrates. Memoria de los trabajos de los años 1993-1995*, Universidad Autónoma de Barcelona.

IBÁÑEZ, J.J., CLEMENTE, I., GIBAJA, J. y GONZÁLEZ, J.E. (en prensa), " Por sus hechos los conoceréis: el aporte del análisis de la función de los útiles de piedra para la explicación de las sociedades prehistóricas", *Revista Cota Zero* nº 17.

IBÁÑEZ, J.J. y GONZÁLEZ, J.E. (en prensa), "Use-wear at the millennium in western Europe: potential and limitations of a method", en N. Moloney y M.J. Shott (eds.), *Lithic Analysis at the Millennium*, Proceedings of the conference 'Lithic Analyis in the 1990s' at the Institute of Archaeology, University College London, March 1998, BAR International Series, Oxford.

IBÁÑEZ, J.J., PEÑA-CHOCARRO, L., GONZÁLEZ, J.E. y ZAPATA, L. (en prensa), "Les récipients en bouse de vache et argile non cuite (*tabtoba* et *tonna*) dans la région Jebâla (Maroc). Exemple d'un processus technique de type domestique", *Techniques et Culture.*

IBÁÑEZ, J.J., GONZÁLEZ URQUIJO, J.E., RODRÍGUEZ, A. y MOLIST, M. (en prensa), "The use of lithic tools (flint, obsidian, limestone) in the mid PPNB of Tell Halula (8700-8400 BP, Northern Syria)". *4th. Workshop on PPN Chipped Lithic Industries*, Nigde, Turquía, 2001.

IBÁÑEZ, J.J. y ZAPATA, L. (en prensa), "La función de los útiles de sílex del yacimiento de Pico Ramos", *Isturiz*, 11. Sociedad de Estudios Vascos.

JARDÓN GINER, P. (1990), "La metodología del análisis traceológico y su aplicación a conjuntos líticos prehistóricos", *Saguntum*, 23, pp. 9-37, Universidad de Valencia.

JARDÓN GINER, P. (1991), "La traceología: tras las huellas de los cazadores", *Un segle de arqueologia valenciana*, pp. 42-43. Servei d'Investigació Prehistórica de la Diputació de Valencia.

JARDÓN GINER, P. (1993), "Commentaire a l'ouvrage de M.E. Mansur-Franchômme, Microscopie du matériel lithique préhistorique", *Cahiers Ligures de Préhistoire et Protohistoire*, 4, pp. 292-294.

JARDÓN GINER, P. (1993), "La Pierre Préhistorique, Comptes-rendus", *Prehistoire Européenne*, 4, pp. 83.

JARDÓN GINER, P. (1996), *Funcionalidad de las Industrias Líticas del Paleolítico Superior. Tipología, tecnología y función de los raspadores,* Tesis Doctoral Europea, Universidad de Valencia.

JARDÓN GINER, P. (1997), "Analyse tracéologique du matériel lithique de la grotte du Bois Laiterie", en M. Otte y L.G. Strauss (eds.), *La grotte du Bois Laiterie.* ERAUL, 80, pp. 325-328.

JARDÓN GINER, P. (1997), "Analyse foctionnelle et techno-economique de grattoirs aurignaciens", *ERAUL*, 72.

JARDÓN GINER, P. (2000), *Los raspadores en el Paleoliítico Superior. Tipología, tecnología y función en la Cova del Parpalló (Gandía, España) y en la Grotte Gazel (Sallèles-Cabardès, Francia),* Diputación Provincial de Valencia. Servicio de Investigación Prehistórica. Serie de Trabajos Varios nº 97.

JARDÓN GINER, P. (2001), "Traceología. ¿Cómo averiguar la función de los útiles prehistóricos?. El caso de los raspadores de la Cova del Parpalló", en V. Villaverde (ed.), *De Neandertales a Cromañones. El inicio del poblamientohumano en tierras valencianas*, pp. 255-258. Universitat de València. Cinc Segles.

JARDÓN, P. y COLLIN, F. (1992), "Rapport d'étude tracéologique Mitoc Malul Galbe", *Préhistoire Européenne,* 3, pp. 73-75.

JARDÓN, P. y SACCHI, D. (1994), "Traces d'usage et indices de réaffûtages et d'emmanchements sur des gattoirs magdaléniens de la Grotte Gazel à Sallèles-Cabardès (Aude-France), *L'Anthropologie*, 98 (2-3), pp. 427-446.

JARDÓN, P. y BOSQUET, D. (1999), "Étude tracéologique du site paléolithique moyen de Remicourt", *Notae Prehistoricae*, 19, pp. 21-28.

JARDÓN, P., JUAN, J., MARTÍNEZ, R. y VILLAVERDE, V. (2000), "Les pointes solutréennes de faciès ibérique et les pointes néolithiques: étude de la morphologie, de la typologie et des fractures", en C. Bellier, P. Cattalain y M. Otte (dirs.), *La chasse dans la Préhistoire. Hunting in Prehistory,* Anthropologie et Préhistoire, Bulletin de la Société royale belge d'Anthropologie et de Préhistoire, Tome 111, pp. 44-53.

MAJÓ, T., RIBÉ, G., CLOP, X., GIBAJA, J.F. y SAÑA, M. (1999), "Bases conceptuales y metodológicas para una interpretación arqueoantropológica de las sepulturas neolíticas. El ejemplo de Cataluña", *IIº Congrés del Neolític a la Península Ibérica*, Saguntum, extra 2, pp. 461-468.

MANGADO, X., BARTROLÍ, R., CALVO, M., FULLOLA, J.M. y PETIT, M.A. (en prensa), "Les industries lithiques de la fin du paléolithique de la grotte du Parco (Alòs de Balaguer, Catalogne Espagne), *BSPF.*

MANSUR, M.E. y VILA, A. (1993), "L'analyse du matériel lithique dans la caractérisation archéologique d'une unité sociale", en P.C. Anderson *et al.* (dirs.), *Traces et fonction: les gestes retrouvés*, ERAUL 50 (2), pp. 501-512.

MANSUR, M.E. y CLEMENTE, I. (en prensa), "¿Tecnologías invisibles?. Confección, uso y conservación de instrumentos de valva en Tierra del Fuego", *Actas del XIV Congreso Nacional de Arqueología Argentina*, Rosario.

MÁRQUEZ MORA, B. (1998), "Galería (Atapuerca, Burgos), nivel TG10. Aplicación de un programa experimental para el estudio traceológico de conjuntos líticos del Pleistoceno medio", Complutum, *9, pp. 9-26.*

MÁRQUEZ MORA, B. (1998), Galería (Atapuerca, Burgos), Nivel TG10: Aplicación de un programa experimental para el estudio traceológico de conjuntos líticos del Pleistoceno medio, *Tesis de licenciatura. Universidad Complutense Madrid.*

MÁRQUEZ MORA, B. (en prensa), "Experimental use-wear analysis applied to a case study from Galería site (Atapuerca, Spain)", Proceedings of the Semenov Symposium.

MÁRQUEZ, B., OLLÉ, A. y SALA, R. (1999), "Análisis microscópico de los instrumentos de Galería (Sierra de Atapuerca). Actividades desarrolladas y formas de uso", en E. Carbonell, A. Rosas, J.C. Díez (eds.), *Atapuerca: Ocupaciones humanas y paleoecología del yacimiento de Galería,* Memorias, Arqueología en Castilla y León, 7. pp. 353-369.

MÁRQUEZ, B., OLLÉ, A., SALA, R. y VERGÈS, J. M. (2001), *"Perspectives methodologiques de l'analyse fonctionnelle des ensembles lithiques du pléistocène inférieur et moyen d'Atapuerca (Burgos, Espagne)",* L'Anthropologie, *105, pp. 281-299.*

MARTÍNEZ MOLINA, K. (1999), *Organización y funcionalidad de la producción lítica. Nivel Ja, Abric Romaní (Capellades, Barcelona),* Tesis de licenciatura inédita. Universitat Rovira i Virgili.

MARTÍNEZ, K. y RANDO, J.M. (2001), "Organización y funcionalidad de la producción lítica en un nivel del Paleolítico Medio del Abric Romaní. Nivel JA (Capellades, Barcelona)", *Trabajos de Prehistoria,* 58, pp. 51-70.

MARTÍNEZ, K., OLLÉ, A., SALA, R. y VERGÈS, J.M. (en prensa), "Discoid technology and use-wear analysis from the Abric Romaní", en M. Peresani (ed.), *Discoid flaking method in Europe: definition, variability and techno-functional aims,* BAR International Series, Oxford.

MAZO PÉREZ, C. (1989), *Análisis de huellas de uso en útiles de sílex del Paleolítico. Aplicación del método al estudio del nivel magdaleniense de Abauntz (Arraiz, Navarra),* Tesis Doctoral. Universidad de Zaragoza.

MAZO PÉREZ, C. (1991), *Glosario y cuerpo bibliográfico de los estudios funcionales en prehistoria,* Monografías Arqueológicas, 34, Departamento de Ciencias de la Antigüedad (Universidad de Zaragoza), 194 p.

MAZO PÉREZ, C. (1992), "Análisis funcional de las evidencias líticas de Zubialde (Álava)", *Memoria del yacimiento de Zubialde (Álava),* Diputación Foral de Álava, Inédito.

MAZO PÉREZ, C. (1997), "Análisis de huellas de uso: "del dicho al hecho…", *Veleia,* 14, pp. 9-39.

MAZO PÉREZ, C. (en prensa), "Variables en la definición de las cinemáticas de los artefactos líticos y sus respectivos modelos de desgaste", *Salduie,* 3. Revista de arqueología y Prehistoria. Universidad de Zaragoza.

MAZO, C. y RODANÉS, J.M. (1986), *Corpus de útiles pulimentados de la comarca de Monzón,* Ediciones del Instituto de Estudios Altoaragoneses, Huesca. 142 págs.

MAZO, C. y SOPENA, M.C. (1989), "Estudio comparativo de evidencias funcionales de dos conjuntos de útiles pulimentados: Monzón (Huesca) y Badarán (La Rioja)", *Bolskan,* 5, pp. 39-86, Instituto de Estudios Altoaragoneses. Diputación de Huesca,

MAZO, C. y CUCHI, J.A. (1992), "Sílex y Prehistoria: Análisis mineralógico de muestras silíceas de Huesca y Zaragoza", *Bolskan,* 9, pp. 9-50, Instituto de Estudios Altoaragoneses, Diputación Provincial de Huesca.

MAZO, C., LANASPA, J. y NAVAS, L. (en prensa), "El yacimiento de la Corona de Los Muertos (Hecho, Huesca)", *Salduie,* 3, Revista de arqueología y Prehistoria, Universidad de Zaragoza.

MAZO, C. y DOMINGO, R. (en prensa), " Análisis de huellas de uso de las puntas de flecha del sitio megalítico de Aizbita (Navarra)", *Trabajos de Arqeuología de Navarra.*

MENASANCH, M., RISCH, R. y SOLDEVILLA, J.A. (2002), "Las tecnologías del procesado de cereal en el sudeste de la Península Ibérica durante el III y II milenio ANE", en H. Procopiou (ed.), *Mouldre et Broyer,* Publicacions du C.R.N.S., Paris, pp. 81-110.

MOLIST, M., FERRER, A., GONZALEZ URQUIJO, J.E., IBAÑEZ, J.J. y PALOMO, A. (2001), "Elaboration et usage de l'industrie lithique de Tell Halula (Syrie du nord) depuis 8700 jusqu'à 7500 B.P.", en I. Caneva, C. Lemorini, D. Zampetti y P. Biaggi (eds.), *Beyond tools: redefining the PPN lithic assemblages of the Levant,* pp. 243-256, Ex Oriente, Berlín.

MORIEL FERNÁNDEZ, A. (1985), "Aplicaciones de una metodología de estudio de las funciones en las raederas de Cova Negra (Xativa, Valencia)", *Cuadernos de Prehistoria y Arqueología Castellonenses,* 11, pp. 17-84.

OLLÉ, A. (1996), *Estructura litotècnica i patrons funcionals al Plistocè Mitjà. El nivell TN2, (Complex de Galería, Sierra de Atapuerca, Burgos),* Tesi de Llicenciatura, Universitat Rovira i Virgili (Dep. d'Història i Geografia).

OLLÉ, A y VERGÈS, J.M. (1990), "L'experiment Filadèlfia", *Butlletí Arqueològic de Tarragona,* època V, anys 1988-1989, núms. 10 i 11, pp. 65-77.

OLLÉ, A. y VERGÈS, J.M. (1998), "Análisis morfotécnico y funcional de la industria lítica del poblado de Genó", en J.L. Maya, F. Cuesta y J. López Cachero (eds.), *Genó: Un poblado del Bronce Final en el Bajo Segre (Lleida),* Publicacions de la Universitat de Barcelona, pp. 203-223.

OLLÉ, A., VERGÈS, J.M. y GALIBERTI, A. (1999), "A preliminary microwear study of Acheulean artefacts from three Italian sites: Due Pozzi, Peverella and Grotta Paglicci", *Human Population Origins in the Circum Mediterranean Area: Adaptations of the Hunter-Gatherer Groups to Environmental Modifications,* ARKEOS, **5,** pp. 255-266.

OROZCO KÖHLER, T. (1999), "Señales de enmangue en el utillaje pulimentado del Neolítico valenciano", *II Congrés del neolític a la Península Ibérica,* Saguntum-Plav, extra 2, pp. 135-142.

PALOMO, T. y GIBAJA, J.F. (en prensa), "Protocolo experimental sobre el uso de puntas pedunculadas usadas como proyectiles". Monografía Costa Can Martorell, *Revista Laietania,* Mataro.

PERERA, M.A. y RODRÍGUEZ, A.C. (1995), "Las tenerías de Fuerteventura. Un estudio sobre el trabajo tradicional del cuero", *VI Jornadas de Estudios sobre Lanzarote y Fuerteventura",* pp.637-650.

PEREIRA, J.P. (1993), "A análise dos vestígios de uso em quartzito", *Trabalhos de Antropologia e etnologia.*

Sociedade Portuguesa de Antropologia e Etnologia, vol. 33 (1-2), pp. 51-68, Porto. Actas 1° Congresso de Arqueologia Peninsular.

PERETTO, C., AMORE, F.O., ANTONIAZZI, A., ANTONIAZZI, A., BAHAIN, J.J., CATTANI, L., CAVALLINI, E., ESPOSITO, P., FALGUÈRES, C., GAGNEPAIN, J., HEDLEY, J., LAURENT, M., LEBRETON, M., LONGO, L., MILLIKEN, S., MONEGATTI, P., OLLÉ, A., PUGLIESE, N., RENAULT-MISKOVSKY, J., SOZZI, M., UNGARO, S., VANNUCCI, S., VERGÈS, J.M., WAGNER, J.J. y TOKOYAMA, Y. (1998), "L'industrie lithique de Ca'Belvedere di Monte Poggiolo: stratigraphie, matière première, typologie, remontages et traces d'utilisation", *L'Anthropologie* 102 (4), pp. 343-465.

PIJOAN LÓPEZ, J. (2000), *Tècniques de visualització assistida per ordinador per l'anàlisi de traces d'ús en instruments lítics,* Treball d'investigació 3er cicle. Universitat Autònoma de Barcelona.

PIJOAN LÓPEZ, J. (2000), "Patrons de traces d'ús en imatges digitalizades". En: *Reunión de Experimentación en Arqueología,* colección "Treballs d'Arqueologia n° Especial" editado per L. Mameli, J. Pijoan i RAMU-Comunicat, U.A.B.

PIJOAN, J., BARCELÓ, J.A., BRIZ, I. y VILA, A. (en prensa), "Image quantification in use-wear analysis", *CAA'99 Making the connection to the past,* BAR International Series.

PIJOAN, J., BARCELÓ, J.A., BRIZ, I., VILA, A. y CLEMENTE, I. (en prensa), "Quantification and neural network in use-wear analysis", *The recent archaeological approaches to the use-wear analysis and technical process,* The first studies in Honor of S.A. Semenov, BAR International Series, Oxford.

RAMOS MILLÁN, A. (1990), "Use-wear Analysis and Archaeological Theory –A Restatement of Current Problems", *The Interpretative Possibilities of Microwear Studies,* AUN, 14, pp. 31-45, Uppsala.

RISCH, R. (1995), *Recursos naturales y sistemas de producción en el sudeste de la península Ibérica entre 3000 y 1000 ANE,* Tesis Doctoral. Universitat Autònoma de Barcelona, Ed. Microfotográfica, Bellaterra.

RISCH, R. (1999), "La industria lítica de la Cova des Mussol: determinación geológica y estudio funcional", en V. Lull, R. Micó, R.Risch y C. Rihuete, *La Cova des Càrritx y la Cova des Mussol. Ideología y Sociedad en la Prehistoria de de Menorca,* Consell Insular de Menorca, Maó, pp. 455-458.

RISCH, R. (2002), *Recursos naturales, medios de producción y explotación social. Un análisis económico de la industria lítica de Fuente Alamo (Almería), 2250-1400 ANE,* P. von Zabern, Maguncia.

RISCH, R. (2002), "Aproximación a las placas de piedra de la islas Baleares: análisis funcional de un ejemplar procedente de la Cova des Moro (Manacor)", en V. Guerrero y M. Calvo (eds), *Campañas de excavaciónes arqueológicas de 1995 y 1998 en la "Cova des Moro" (Manacor, Mallorca),* Consell Insular de Mallorca, Palma de Mallorca, pp. 61-74.

RISCH, R. (en prensa), "Los artefactos macrolíticos del yacimiento talayótico y postalayótico de Son Ferragut (Sineu, Mallorca)", en P. Castro, T. Escoriza y M.E. Sanahuja (eds.), *El poblado talayótico de Son Ferragut,* B.A.R., Oxford.

RODÓN BORRÁS, T. (1985), *Estudi traceològic-funcional: aplicació als jaciments de Font de la Vena, el Padró (Tavertet, Osona) i Sant Gregori (Falset, Priorat),* Tesis de Licenciatura inédita. Universidad de Barcelona.

RODÓN BORRÁS, T. (1990), "Chemical Process of Cleaning in Microwear Studies: Conditions and Limits of Attack. Application to Archaeological Sites", *The Interpretative Possibilities of Microwear Studies,* AUN, 14, pp. 179-184, Uppsala.

RODRÍGUEZ RODRÍGUEZ, A.C. (1993), *"La industria lítica de la isla de La Palma. Cuevas de San Juan, un modelo de referencia",* Tesis Doctoral, en microfichas. Secretariado de Publicaciones de la Universidad de La Laguna.

RODRÍGUEZ RODRÍGUEZ, A.C. (1993), "Analyse fonctionnelle des outillages lithiques en basalte de l'île de La Palma (Iles Canaries). Prémiers résultats", en P.C. Anderson *et al.* (eds.), *Traces et fonctions: le geste retrouvé,* ERAUL, 50, pp. 295-301.

RODRÍGUEZ RODRÍGUEZ, A.C. (1993), "L'analyse fonctionnelle de l'industrie lithique du gisement épipaleolithique/mésolithique d'El Roc de Migdia (Catalogne, Espagne). Résultats préliminaires", *Prehistoire Europeenne,* 4, pp. 63-84.

RODRÍGUEZ RODRÍGUEZ, A.C. (1993) "La evolución en la explotación de los recursos líticos en la Prehistoria de la Isla de La Palma", *I Encuentro de Geografía, Historia y Arte de la ciudad de Santa Cruz de La Palma. Volumen I Area de Prehistoria,* Patronato del Quinto Centenario de la fundación de S/C de La Palma. pp. 35-47.

RODRÍGUEZ RODRÍGUEZ, A.C. (1994), "À propos de lames à bords fortement émoussés du Néolithique et du Chalcolithique andalou", *Helinium,* XXXIV/2, pp. 225-234.

RODRÍGUEZ RODRÍGUEZ, A.C. (1997), "La tecnología de la piel y el cuero en la Prehistoria de Canarias. Una aproximación etnoarqueológica", *El Museo Canario,* LII, pp. 11-31.

RODRÍGUEZ RODRÍGUEZ, A.C. (1998), "Traceología de las obsidianas canarias. Resultados experimentales", *El Museo Canario,* LIII, pp. 21-58.

RODRÍGUEZ RODRÍGUEZ, A.C. (1998), "Primeras experiencias de análisis funcional en los instrumentos de basalto tallado de Canarias. El ejemplo del material prehistórico de la isla de La Palma", *Vegueta,* 3, pp. 29-46.

RODRÍGUEZ RODRÍGUEZ, A.C. (1999), "The Reconstruction of Ancient Leather Technology or How to Mix Methodological Approaches", *Urgeschichtliche Materialhefte,* 14, pp. 99-110.

RODRÍGUEZ RODRÍGUEZ, A.C. (1999), "La industria lítica tallada de Belmaco", en M.S. Hernández Pérez, *La Cueva de Belmaco. Mazo – Isla de La Palma.* Estudios Prehispánicos 7, Dirección General de Patrimonio Histórico, Gobierno de Canarias, Madrid.

RODRÍGUEZ RODRÍGUEZ, A.C. (1999), "Análisis funcional del instrumental lítico tallado del poblado de Cabecicos Negros", en M.D. Cámalich Massieu y D. Martín Socas (coords.), *El territorio almeriense desde los inicios de la producción hasta fines de la antigüedad. Un modelo: la depresión de Vera y cuenca del río Almanzora*, Arqueología Monografías, Ed. Junta de Andalucía, Consejería de Cultura, Sevilla. pp: 225-235.

RODRÍGUEZ RODRÍGUEZ, A.C. (1999), "The reconstruction of ancient leather technology or how to mix methodological aproaches. An example from the Canary Island prehistory", en L.R. Owen y M. Porr (eds.), *Ethno-analogy and the reconstruction of prehistoric artefact use and production*, Tübingen. Urgeschichtliche Materialhefte 14, pp. 141-152.

RODRÍGUEZ, A.C. y FRANCISCO ORTEGA, M.I. (1992), "Dos programas experimentales para el estudio de las industrias líticas de Canarias", *Tabona*, VII, pp. 7-17.

RODRÍGUEZ, A.C., MARTÍN, D., CÁMALICH, M.D. y GONZÁLEZ, P. (1996), "Las actividades tecnoeconómicas en "Cueva del Toro" (Antequera - Málaga) a través del análisis funcional", *Rubricatum*, 1, pp. 161-167.

RODRÍGUEZ, A.C. y NAVARRO, J.F. (1999), "La industria malacológica de la cueva de El Tendal", *Vegueta*, 4, pp. 85-110.

SALA RAMOS, R. (1987), "L'anàlisi traceològica i les metodologies d'estudi del Paleolitic", en E. Carbonell *et al.* (eds.), *Sistemes d'analisi en prehistòria*, pp. 193-215.

SALA RAMOS, R. (1993), *Introducció d'un model reològic de les deformacions microscòpiques per ús en objectes lítics,* Tesis de Licenciatura. Universidad de Barcelona.

SALA RAMOS, R. (1997), *Formes d'ús i criteris d'efectivitat en conjunts de mode 1 i mode 2: Anàlisis de les deformacions per ús dels instruments lítics del Plistocè inferior (TD6) i mitjà (TG11) de la Sierra d'Atapuerca*, Tesi Doctoral, Universitat Rovira i Virgili (Departament d'Història i Geografia).

SALA RAMOS, R. (1998), "The use efficiency of a Mode 1 lithic production system", en A. Antoniazzi, J. L. Arsuaga, *et al.* (eds.), *XIII U.I.S.P.P. Congress Proceedings - Forli, 8-14 September 1996. Workshops*, Tome II, pp. 1303-1316), Forlì, Italia: A.B.A.C.O.

SALA, R. y GIRALT, S. (1992), "Non-diffractive x-ray microanalysis to determine chemical alterations dues to experimental work in lithic use objects", *Proceedings of the 10th European congress on Electron Microscopy*, 1, pp. 317. Granada.

SALA, R., GIRALT, S. OLLÉ, A. y VERGÈS, J.M. (1998), "The process of wear formation. Archaeological approach", en L. Longo, R. Sala y C. Gutiérrez (coords.), *Workshop 17: Functional análisis of lithic artefacts: current state of the research*, XIII International Congress of Prehistoric and Protohistoric Sciences, 6 (II), pp. 1133-1141. A.B.A.C.O. Forli.

TERRADAS, X., VILA, A., CLEMENTE, I. y MANSUR, M.E. (1999), "Ethno-neglect or the contradiction between ethnohistorical sources and the archaeological record: the case of stone tools of the Yamana People (Tierra del Fuego-Argentina)", en L.R. Owen y M. Porr (eds.), *Ethno-analogy and the reconstruction of prehistoric artefact use and production*, Tübingen, Urgeschichtliche Materialhefte, 14, pp. 87-99.

TERRADAS, X. y GIBAJA, J.F. (2001), "El tratamiento térmico en la producción lítica: el ejemplo del Neolítico medio catalán", *Cypsela*, 13, pp. 29-56.

TERRADAS, X. y GIBAJA, J.F. (en prensa), "La gestión social del sílex melado durante el neolítico medio en el nordeste de la Península Ibérica", *Trabajos de Prehistoria*, 59/2.

UTRILLA, P y MAZO, C. (1985), "Piezas pedunculadas en el Paleolítico Inferior y Medio del valle del Ebro", *Tabona*, V, pp. 9-17. Secretariado de Publicaciones. Universidad de La Laguna.

UTRILLA, P., LÓPEZ, P. y MAZO, C. (1986), "Interpretación microespacial de una ocupación magdaleniense a través de análisis polínicos y de huellas de uso", *Arqueología Espacial*, 8, pp. 41-60. Teruel.

UTRILLA, P. y MAZO, C. (1992), "L'ocupation de l'espace dans la grotte d'Abauntz (Navarra, Espagne)", *Le peuplement magdalénien. Paleogeographie physique et humaine. Editions du Comité des Travaux Historiques et Scientifiques*, Actes du Colloque de Chancelade 1988, pp. 365-376. UTRILLA, P. y MAZO, C. (1996), "Non flint raw materials in la Rioja. A tentative interpretation", en N. Moloney, L. Raposo, y M. Santonja (eds.), *Non-Flint Stone Tools and the Palaeolithic Occupation of the Iberian Peninsula*, Bar International Series 649, pp. 63-80.

VERGÈS, J. M. (1996), *Impacte antròpic i pautes tecnofuncionals la Plistocè mitjà: la indústria lítica del nivell TD10 de Gran Dolina (Sierra de Atapuerca, Burgos),* Tesi de llicenciatura, Universitat Rovira i Virgili (Departament d'Història i Geografia).

VERGÈS, J.M., OLLÉ, A., LONGO, L. y PERETTO, C. (1999), "Microwear analysis of the Lower Pleistocene lithic industry of Monte Poggiolo (Forlì, Italy)", *Human Population Origins in the Circum Mediterranean Area: Adaptations of the Hunter-Gatherer Groups to Environmental Modifications,* ARKEOS, **5**, pp. 243-253.

VILA MITJÀ, A. (1976), *Estudi de les traces d'ús i desgast en els utils de silex,* Tesis de Licenciatura. Universitat de Barcelona.

VILA MITJÀ, A. (1977), "Analyse fonctionelle et analyse morphotechnique", *Dialektike*, 1977, pp. 54-58.

VILA MITJÀ, A. (1980), "Estudi de les traces d'ús i desgast en els instruments de silex", *Fonaments,*

Prehistòria i mon antic als Països Catalans, 2, pp. 11-55.
VILA MITJÀ, A. (1981), *Les activitats productives en el Paleolític i el seu desenvolupament (un exemple catala: El Castell sa Sala i El Cingle Vermell).* Tesis Doctoral. Universitat de Barcelona.
VILA MITJÀ, A. (1984), "Las actividades productivas a través del análisis funcional: un enfoque económico para el análisis lítico", *Primeras Jornadas de Metodología de investigación prehistórica,* Soria, pp. 417-421.
VILA MITJÀ, A. (1984), "Análisis funcional de tres complejos industriales del postglaciar en Cataluña", *Early Settlement in the Western Mediterranean Islands and the Peripheral Areas,* BAR International Series, 229, pp. 1315-1320.
VILA MITJÀ, A. (1985), *El Cingle Vermell: assentament de caçadors-recol.lectors del Xè mil.lenni B.P.,* Excavacions Arqueològiques a Catalunya, 5. Barcelona.
VILA MITJÀ, A. (1985), "Los instrumentos de trabajo en el paleolítico", *Revista de Arqueología,* 45, pp. 24-31.
VILA MITJÀ, A. (1986), *Introducció a l'estudi de les eines lítiques prehistòriques.* Universitat Autònoma de Barcelona. Bellaterra.
VILA MITJÀ, A. (1986), "Determinació del caràcter d'un lloc d'ocupació per les activitats que s'hi desenvolupen", *Arqueología Espacial,* 8, pp. 61-71. Teruel.
VILA MITJÀ, A. (1987), "L'assentament paleolític del Castell (Vilanova de Sau)", *Cypsela,* VI, pp. 111-123, Girona.
VILA MITJÀ, A. (1988), "Formulation analytique des caractères fonctionelles", en S. Beyries (ed.), *Industries Litiques. Tracéologie et Technologie.* BAR International Series, 411 (ii), pp. 189-206.
VILA MITJÀ, A. (1991), "Estudi funcional de les eines de silex del Cau d'en Calvet", *El Cau d'en Calvet, un enterrament del neolític.* Papers de Montgrí, 9, pp. 40-46.
VILA, A. y GALLART, F. (1991), "Aplicación del análisis digital de imágenes en Arqueología: el caso de los micropulidos de uso", en A. Vila (coord.), *Arqueología. Nuevas tendencias,* pp. 131-140.
VILA, A. y GALLART, F. (1993), "Caracterización de los micropulidos de uso: ejemplo de aplicación de análisis de imágenes digitalizadas", en P. Anderson *et al.* (dirs.), *Traces et fonctions: les gestes retrouvés,* ERAUL, 50 (2), pp. 459-466.
VILA, A., TERRADAS, X., CLEMENTE, I. y MANSUR, M.E. (1995), "La larga marcha: de roca a instrumento", en J. Estévez y A. Vila (coords.), *Encuentro en los conchales fueguinos,* Treballs d'Etnoarqueologia 1. CSIC-UAB. (Eds), pp. 261-273.
VILA, A. y CLEMENTE, I. (1997), "Anàlisi de la indùstria litica com a instrument de treball", *Historia, Societat i Cultura dels Països Catalans* (Enciclopedia Catalana) Vol.1: Els Temps Prehistòrics i Antics Fins al Segle V – Barcelona, pp. 106-107.
VILA, A. y CLEMENTE, I. (2000), "Reflexiones entorno al Congreso-Homenaje a S.A. Semenov", *Revista Atlántica-Mediterránea de Prehistoria y Arqueología Social,* 3, pp. 345-354.
ZAPATA, L., GONZÁLEZ URQUIJO, J.E., IBÁÑEZ, J.J., ALTUNA, J., MARIEZKURRENA, K. y DE LA RÚA, C. (2000), "Condiciones ambientales y aprovechamiento de recursos en el Neolítico. El yacimiento arqueológico de Kobaederra (Oma, Kortezubi)", *Investigación aplicada a la Reserva de la Biosfera de Urdaibai,* pp. 221-228, Unesco Etxea-Gobierno Vasco.
ZURRO, D., RISCH, R. y CLEMENTE, I. (en prensa), " Analysis of an ethnological mill: what to do with archaeological Items", *Actas XIVe Congrès de l'U.I.S.P.P.,* BAR International Series.

www.ingramcontent.com/pod-product-compliance
Lightning Source LLC
LaVergne TN
LVHW072249300926
849160LV00018B/1624

* 9 7 8 1 8 4 1 7 1 4 5 2 3 *